管道完整性管理技术丛书
管道完整性技术指定教材

管道完整性安全保障技术与应用

《管道完整性管理技术丛书》编委会　组织编写

本书主编　董绍华

副 主 编　闵希华　罗金恒　赵赏鑫　李　锴　王嵩梅

中国石化出版社

内 容 提 要

本书详细介绍了管道完整性系统控制与安全保障技术体系，阐述了管道线路安全保障技术、站场设施安全保障技术、储气库安全保障技术以及安全保障系统技术平台四个方面内容，提出了系列完整性关键技术方法，集成完整性管理系统的多项技术，开发数字化管道应急决策支持 GIS 系统，实现应急情况下管道数据的共享与应用，涵盖管道、站场、储库、信息平台等领域，为我国管道相关企业建立管道完整性安全保障技术体系提供技术支持。本书适用于长输油气管道、油气田集输管网、城镇燃气管网以及各类工业管道。

本书可作为各级管道管理与技术人员研究与学习用书，也可作为油气管道管理、运行、维护人员的培训教材，还可作为高等院校油气储运等专业本科生、研究生教学用书和广大石油科技工作者的参考书。

图书在版编目（CIP）数据

管道完整性安全保障技术与应用／《管道完整性管理技术丛书》编委会组织编写；董绍华主编. —北京：中国石化出版社，2019. 10
（管道完整性管理技术丛书）
ISBN 978-7-5114-5500-0

Ⅰ. ①管… Ⅱ. ①管… ②董… Ⅲ. ①石油管道-管道工程-完整性 Ⅳ. ①TE973

中国版本图书馆 CIP 数据核字（2019）第 190178 号

中国石化出版社出版发行
地址：北京市东城区安定门外大街 58 号
邮编：100011　电话：(010)57512500
发行部电话：(010)57512575
http://www. sinopec-press. com
E-mail：press@ sinopec. com
北京科信印刷有限公司印刷
全国各地新华书店经销
*
787×1092 毫米 16 开本 24.25 印张 568 千字
2020 年 1 月第 1 版　2020 年 1 月第 1 次印刷
定价：158. 00 元

《管道完整性管理技术丛书》编审指导委员会

《管道完整性管理技术丛书》
编写委员会

主　编：董绍华

副主编：姚　伟　丁建林　闵希华　田中山

编　委：（以姓氏拼音为序）

毕彩霞　毕武喜　蔡永军　常景龙　陈朋超　陈严飞
陈一诺　段礼祥　费　凡　冯　伟　冯文兴　付立武
高　策　高建章　葛艾天　耿丽媛　谷思雨　谷志宇
顾清林　郭诗雯　韩　嵩　胡瑾秋　黄文尧　季寿宏
贾建敏　贾绍辉　江　枫　姜红涛　姜永涛　金　剑
李海川　李　江　李　军　李开鸿　李　锴　李　平
李　强　李夏喜　李兴涛　李永威　李玉斌　李长俊
梁　强　梁　伟　林武斌　凌嘉瞳　刘　刚　刘　慧
刘冀宁　刘建平　刘　剑　刘　军　刘新凌　罗金恒
马剑林　马卫峰　么子云　慕庆波　庞　平　彭东华
齐晓琳　孙伟栋　孙兆强　孙　玄　谭春波　王　晨
王东营　王富祥　王立昕　王联伟　王良军　王嵩梅
王　婷　王同德　王卫东　王振声　王志方　魏东吼
魏昊天　毋　勇　吴世勤　吴志平　武　刚　谢　成
谢书懿　邢琳琳　徐春燕　徐晴晴　徐孝轩　燕冰川
杨大慎　杨　光　杨　文　尧宗伟　叶建军　叶迎春
余东亮　张　行　张河苇　张华兵　张　嵘　张瑞志
张振武　章卫文　赵赏鑫　郑洪龙　郑文培　周永涛
周　勇　朱喜平　宗照峰　邹　斌　邹永胜　左丽丽

序 PREFACE

油气管道是国家能源的“命脉”，我国油气管道当前总里程已达到13.6万公里。油气管道输送介质具有易燃易爆的特点，随着管线运行时间的增加，由于管道材质问题或施工期间造成的损伤，以及管道运行期间第三方破坏、腐蚀损伤或穿孔、自然灾害、误操作等因素造成的管道泄漏、穿孔、爆炸等事故时有发生，直接威胁人身安全，破坏生态环境，并给管道工业造成巨大的经济损失。半个世纪以来，世界各国都在探索如何避免管道事故，2001年美国国会批准了关于增进管道安全性的法案，核心内容是在高后果区实施完整性管理，管道完整性管理逐渐成为全球管道行业预防事故发生、实现事前预控的重要手段，是以管道安全为目标并持续改进的系统管理体系，其内容涉及管道设计、施工、运行、监控、维修、更换、质量控制和通信系统等管理全过程，并贯穿管道整个全生命周期内。

自2001年以来，我国管道行业始终保持与美国管道完整性管理的发展同步。在管材方面，X80等管线钢、低温钢的研发与应用，标志着工业化技术水平又上一个新台阶；在装备方面，燃气轮机、发动机、电驱压缩机组的国产化工业化应用，以及重大装备如阀门、泵、高精度流量计等国产化；在完整性管理方面，逐步引领国际，2012年开始牵头制定国际标准化组织标准ISO 19345《陆上/海上全生命周期管道完整性管理规范》，2015年发布了国家标准GB 32167—2015《油气输送管道完整性管理规范》，2016年10月15日国家发改委、能源局、国资委、质检总局、安监总局联合发文，要求管道企业依据国家标准GB 32167—2015的要求，全面推进管道完整性管理，广大企业扎实推进管道完整性管理技术和方法，形成了管道安全管理工作的新局面。近年来随着大数据、物联网、云计算、人工智能新技术方法的出现，信息化、工业化两化融合加速，我国管道目前已经由数字化进入了智能化阶段，完整性技术方法得到提升，完整性管理被赋予了新的内涵。以上种种，标志着我国管道管理具备规范性、科学性以及安全性的全部特点。

虽然我国管道完整性管理领域取得了一些成绩，但伴随着我国管道建设的高速发展，近年来发生了多起重特大事故，事故教训极为深刻，油气输送管道面临的技术问题逐步显现，表明我国完整性管理工作仍然存在盲区和不足。一方面，我国早期建设的油气输送管道，受建设时期技术的局限性，存在一定程度的制造质量问题，再加上接近服役后期，各类制造缺陷、腐蚀缺陷的发展使管道处于接近失效的临界状态，进入“浴盆曲线”末端的事故多发期；另一方面，新建管道普遍采用高钢级、高压力、大口径，建设相对比较集中，失效模式、机理等存在认知不足，高钢级焊缝力学行为引起的失效未得到有效控制，缺乏高钢级完整性核心技术，管道环向漏磁及裂纹检测、高钢级完整性评价、灾害监测预警特别是当今社会对人的生命安全、环境保护越来越重视，油气输送管道所面临的形势依然严峻。

《管道完整性管理技术丛书》针对我国企业管道完整性管理的需求，按照GB 32167—2015《油气输送管道完整性管理规范》的要求编写而成，旨在解决管道完整性管理过程的关键性难题。本套丛书由中国石油大学(北京)牵头组织，联合国家能源局、中国石油和化学工业联合会、中国石油学会、NACE国际完整性技术委员会以及相关油气企业共同编写。丛书共计10个分册，包括《管道完整性管理体系建设》《管道建设期完整性管理》《管道风险评价技术》《管道地质灾害风险管理技术》《管道检测与监测诊断技术》《管道完整性与适用性评价技术》《管道修复技术》《管道完整性管理系统平台技术》《管道完整性效能评价技术》《管道完整性安全保障技术与应用》。本套丛书全面、系统地总结了油气管道完整性管理技术的发展，既体现基础知识和理论，又重视技术和方法的应用，同时书中的案例来源于生产实践，理论与实践结合紧密。

本套丛书反映了油气管道行业的需求，总结了油气管道行业发展以及在实践中的新理论、新技术和新方法，分析了管道完整性领域面临的新技术、新情况、新问题，并在此基础上进行了完善提升，具有很强的实践性、实用性和较高的理论性、思想性。这套丛书的出版，对推动油气管道完整性技术进步和行业发展意义重大。

“九层之台，始于垒土”，管道完整性管理重在基础，中国石油大学(北京)领衔之团队历经二十余载，专注管道安全与人才培养，感受之深，诚邀作序，难以推却，以序共勉。

中国工程院院士

前　言

FOREWORD

截至2018年年底，我国油气管道总里程已达到13.6万公里，管道运输对国民经济发展起着非常重要的作用，被誉为国民经济的能源动脉。国家能源局《中长期油气管网规划》中明确，到2020年中国油气管网规模将达16.9万公里，到2025年全国油气管网规模将达24万公里，基本实现全国骨干线及支线联网。

油气介质的易燃、易爆等性质决定了其固有危险性，油气储运的工艺特殊性也决定了油气管道行业是高风险的产业。近年来国内外发生多起油气管道重特大事故，造成重大人员伤亡、财产损失和环境破坏，社会影响巨大，公共安全受到严重威胁，管道的安全问题已经是社会公众、政府和企业关注的焦点，因此对管道的运营者来说，管道运行管理的核心是“安全和经济”。

《管道完整性管理技术丛书》主要面向油气管道完整性，以油气管道危害因素识别、数据管理、高后果区识别、风险识别、完整性评价、高精度检测、地质灾害防控、腐蚀与控制等技术为主要研究对象，综合运用完整性技术和管理科学等知识，辨识和预测存在的风险因素，采取完整性评价及风险减缓措施，防止油气管道事故发生或最大限度地减少事故损失。本套丛书共计10个分册，由中国石油大学(北京)牵头组织，联合国家能源局、中国石油和化学工业联合会、中国石油学会、NACE国际完整性技术委员会、中石油管道有限公司、中国石油管道公司、中国石油西部管道公司、中国石化销售有限公司华南分公司、中国石化销售有限公司华东分公司、中国石油西南管道公司、中国石油西气东输管道公司、中石油北京天然气管道公司、中油国际管道有限公司、广东大鹏液化天然气有限公司、广东省天然气管网有限公司等单位共同编写而成。

《管道完整性管理技术丛书》以满足管道企业完整性技术与管理的实际需求为目标，兼顾油气管道技术人员培训和自我学习的需求，是国家能源局、中国石油和化学工业联合会、中国石油学会培训指定教材，也是高校学科建设指定教材，主要内容包括管道完整性管理体系建设、管道建设期完整性管理、管道风险评价、管道地质灾害风险管理、管道检测与监测诊断、管道完整性与适用性评价、管道修复、管道完整性管理系统平台、管道完整性效能评价、管道完整性安全保障技术与应用，力求覆盖整个全生命周期管道完整性领域的数据、风险、检测、评价、审核等各个环节。本套丛书亦面向国家油气管网公司及所属管道企业，主要目标是通过夯实管道完整性管理基础，提高国家管网油气资源配置效率和安全管控水平，保障油气安全稳定供应。

安全保障技术体系范围涵盖整个输送系统的管道线路、站场、储气库等运行维护全过程，覆盖管道线路安全保障技术、站场设施安全技术、储气库安全保障技术以及安全保障系统平台技术。在技术领域方面，具体包括管道内检测装备研制与应用、管道本体安全监测与控制、管道内部粉尘腐蚀机理与监测抑制、新型射流清管装备研制、管道地区等级升级风险评价与控制、管道地质灾害远程监测、站场阀门内漏量化检测技术、压缩机组状态监测与故障高精度诊断技术等；在信息化平台方面，建立了地下储气库完整性技术体系，形成了地下储气库风险评估、储气库井安全评价标准，建成了地下储气库完整性决策支持数字化仿真系统，开发了管道应急决策支持GIS数字化系统，实现了应急情况下管道数据的及时调取，满足了应急指挥方面信息查询分析的需求。

《管道完整性安全保障技术与应用》详细介绍了管道完整性系统控制与安全保障技术体系，重点阐述了管道完整性评估理论，提出了管道内涂层评估、管道直接评估、氢致开裂评估、管道适用性评估、SCC腐蚀评估等评估模型，研发了管道内检测技术与装备；建立了管道黑色粉尘组成分析、地区等级升级管道失效概率的半定量风险评价模型，研发了管道地质灾害监测系统，实现了全天候、复杂温度环境下的应变、位移监测及自动报警，并根据监测数值自动更改监测策略；建立了管道超声导波检测数据库，研发了天然气管道球阀内漏检测系统；开发了动力设施压缩机振动监测与诊断管理平台。

《管道完整性安全保障技术与应用》由董绍华主编，闵希华、罗金恒、赵赏鑫、李锴、王嵩梅为副主编，可作为各级管道管理与技术人员研究与学习用书，也可作为油气管道管理、运行、维护人员的培训教材，还可作为高等院校油气储运等专业本科生、研究生教学用书和广大石油科技工作者的参考书。

由于作者水平有限，错误和不足之处在所难免，恳请广大读者批评指正。

目录

CONTENTS

第1章　概　　述

1.1　管道安全现状

自1959年中国第一条油气长输管道建成以来，我国管道事业经历了60个春秋。在这60年的发展过程中，管道建设从无到有，至今已初步形成了“北油南运”“西油东进”“西气东输”“海气登陆”的油气输送格局，管道运输成为我国五大运输方式之一。

截至2018年底，我国油气长输管道总里程已达到13.6万公里，覆盖了31个省区市和特别行政区，近10亿人受益。油气管道建设在保障国家能源安全、改善能源结构、带动相关产业发展、推动经济增长等方面发挥了重要作用。沿海城市、乡镇居民生活得到了改善，居民用能方式发生了变化，天然气供应保障能力得到了增强，在一定程度上缓解了国内天然气供需矛盾。一方面，有利于提高清洁能源比重，优化能源消费结构；另一方面，推动了我国物资装备工业自主创新，带动了国内机械、电子、冶金、建材、施工建设及天然气利用等相关产业的发展。

随着1997年陕京线的建成投产，环渤海地区天然气利用水平得到了大幅度的提高。2005年陕京二线建成投产，使该区域内形成了以陕京线、陕京二线为主干线，华北输气管道、大港输气管道以及其他地方管道为辅的输气管网系统，多气源、多渠道的供气格局已经形成。目前该区域管网输送能力超过$210\times10^8m^3/a$。

随着国外资源的大量引进和国内资源的增储上产以及各地区市场的蓬勃发展，作为链接资源与市场纽带的管道也得到了长足的发展，我国油气管道仍将保持高速的发展势头。与此同时，为保障油气供应安全，还将配套建设大量地下储气库、LNG接收站、储备库等。由此形成资源多元、调运灵活、保障有力、供应稳定的全国性管网系统，未来油气管道完整性控制与安全保障任务十分繁重，有必要未雨绸缪，做好该领域的研究与应用工作。

油气安全目前已成为社会公共安全问题。2013年11月22日，位于山东省青岛经济技术开发区的东黄输油管道泄漏，原油流入市政排水暗渠，在形成密闭空间的暗渠内油气积聚遇火花发生爆炸，造成62人死亡、136人受伤，其直接原因是未大修导致管道腐蚀减薄破裂，原油泄漏流入排水暗渠，液压破碎锤产生火花引发爆炸。2014年7月31日，台湾高雄市前镇区多条街道陆续发生丙烯外泄，并引发多次大爆炸，共造成32人死亡、321人受伤，城市公共设施、财产损失难以估计。2018年6月10日，中缅天然气输气管道黔西南州晴隆县沙子镇段K0975-100m处因环焊缝脆性断裂导致天然气泄漏燃爆事故，造成1人死亡、23人受伤，直接经济损失达2145万元。

管道完整性管理与控制技术起源于20世纪70年代，当时欧美等工业发达国家在二战以后兴建的大量油气长输管道已进入老龄期，各种事故频繁发生，造成了巨大的经济损失和人员伤亡，大大降低了各管道公司的盈利水平，同时也严重影响和制约了上游油(气)田的正常生产。为此，美国首先开始借鉴经济学和其他工业领域中的风险分析技术来评价油气管道的风险性，以期最大限度地减少油气管道的事故发生率和尽可能地延长重要干线管道的使用寿命，合理地分配有限的管道维护费用。经过几十年的发展和应用，许多国家已经逐步建立起管道安全评价与完整性管理体系和各种有效的评价方法。

目前，美国、加拿大、墨西哥、欧洲各国等管道工业发达国家的管道公司对油气管道纷纷实施了完整性管理策略，取得了显著的经济效益，提高了管道系统的本质安全性。

在完整性管理的国家法律、法规方面，美国首先以立法的形式提出。美国国会于2002年11月通过了专门的H. R. 3609号法案，该法案于2002年12月27日经布什总统签署后生效。该法案第14章中要求管道运营商在后果严重地区(高后果地区)实施管道完整性管理计划，PSIA也写入了ANSI(美国标准学会)相关标准部分内容。基于PSIA法律，美国政府运输部(DOT)发布了输气管道和液体危险品管道安全性管理的建议规则、联邦政府关于在天然气管道高后果地区的完整性建议规则49 CFR 192、关于在危险液体管道高后果区的完整性管理建议49 CFR 195，推进并加速管道HCA区域的完整性评价，促进管道公司建立和完善完整性管理系统，促进政府发挥审核管道完整性管理计划方面的作用，增强公众对管道安全的信心。

为保障油气管道运输过程的安全，陕京线于2001年在国内首次提出了管道完整性管理，并成为实施管道完整性管理的试点。随后中国石油开始全面推广实施管道完整性管理，建成负责管道完整性管理的组织机构——管道安全评价与科技发展中心，按照管道本体、防腐有效性、管道地质灾害和周边环境、站场及设施、储气库站场及设施5个部分逐步推行，对管道进行腐蚀监测与管道智能内检测，在完整性技术应用方面做了大量的工作，取得了显著成效。在实施完整性管理过程中，北京天然气管道公司结合陕京管道实际情况，注重引进吸收国外先进技术和标准，逐步深化，并向纵深发展。

中国石油集团公司石油管工程研究院于2006年开始与Shafe合作，研究定量风险评价技术，开发了管道定量风险评价软件。2007年启动了塔里木油田管道完整性管理体系建设项目，建立了油田管道的完整性管理体系。近年来，在低温管道运行环境、储气库完整性管理与风险评价等方面做了大量工作。

近几年，通过研究和引进已基本建立起管道线路和站场方面的核心技术体系，成立了相对完善的完整性管理组织构架，如专业公司在管道科技中心下设完整性研究所，并提供定量风险评价、HAZOP分析等技术支持。自2007年起，天然气与管道分公司建立了审核机制和标准，每年邀请挪威船级社对其5家地区公司开展外部审核工作，持续改进其完整性管理水平。2009年，中国石油发布实施了企业标准《管道完整性管理规范》，成为我国第一套自主研发编制的管道完整性管理企业标准。2011年，中国石油管道完整性管理系统(PIS)在中国石油天然气与管道分公司上线，并逐步扩大完整性管理的应用范围，推广至其他业务链条，包括管道建设、LNG、下游城市燃气业务等领域。

中国石化集团公司于2005年6月成立了天然气分公司，负责中国石化天然气长输管道、区域管网、液化天然气(LNG)、压缩天然气(CNG)项目的建设与运营、天然气销售等业务。公司运营管理着国家“十一五”重点工程川气东送管道、榆济输气管道、山东天然气管网等4900余公里管道。川气东送管道工程于2007年8月底正式开工，2010年8月投入商业运行，管道全长2390km，其中干线管道西起四川普光，东至上海，全长1700km。

中国石化管道储运有限公司作为中国石化油气储运管道的专业化公司，负责管辖着37条在役和在建管线，管线全长6132.24km。2006年，管道储运分公司与国内企业联合开展长输管道内检测技术研究项目。2008年初，为鲁宁原油管道“量身定制”的直径720mm的漏磁内检测器在局部管段进行工业试验，并获得相关数据。2010年，又对鲁宁管道进行全面内检测。2011年对中洛管道进行全面内检测。2012年5月，中国石化成立了中石化长输油气管道检测有限公司，是中国石化唯一从事管道内检测业务的公司。

经过多年的国内外实践表明，管道完整性评价、完整性管理确实能够降低维护的费用，更大限度地延长管道使用寿命，这对于管道公司的后续维护和管理，将发挥更大作用。

1.2 管道安全保障的目的和意义

随着工程建设的快速推进，油气管道系统的安全问题日益凸显，如何保障油气管道系统设施的安全及实现对管道完整性有效控制，成为当今油气管道行业中的重要研究课题。

为保证我国油气管道的安全运行，提高管道的整体管理水平，实现与国际管道完整性管理的接轨，需要建立完善的管道完整性管理系统，包括技术体系和管理体系，编制完整性文件体系并使各项生产管理规范化，从而有利于管理者发现和识别管道危险区域，对各种事故做到事前预控。

管道途经地域复杂，地质灾害频发，经济发展状况差异性较大，使得管道的完整性控制与安全保障难度较大。同时，站场设施的功能和工作条件存在差异，使得管道、站场和储气库在运行、维护和管理中会面临着巨大的风险。针对管道，存在着智能检测精度不足、完整性管理不完善、管体修复不可靠、跨越河流风险高以及地质灾害评估困难等问题；针对油气站场，存在着低温设备评价缺乏手段、阀门内漏检测困难、站场设备检测不及时等问题；针对储气库，存在着盐穴型储气库的风险评估不准确、储气库井的完整性管理缺乏等。如不重视油气管道系统的安全保障问题，一旦发生事故将会给企业和社会造成重大的经济损失和社会影响，因此对于这些问题的研究具有十分重大的意义。

1.2.1 管道运行管理

长期服役的管道会由于外界载荷变化以及内部介质腐蚀产生裂纹或缺陷，需要管道内检测技术的支持。管道内检测技术在国内的发展只有三十多年的历史，并且前期没有投入到实际的工业应用中。直到1994年中国石油天然气管道局从美国引进漏磁检测设备开始，才真正着手漏磁检测技术的研究和应用。为应用横向漏磁检测技术，需要解决周向磁化与常规轴向磁化不同的问题；内检测器的速度控制需要有效地解决大排量、高流速的大口径管道中设备速度的自动控制问题。

在服役过程中，管道内涂层受天然气粉尘磨损作用、清管过程中的机械破坏和环境温度变化引起的蠕变应力的影响，导致内涂层被剥离、划伤和表面光滑度下降，剥离的涂层碎屑被冲刷到场站工艺设备中，例如在西气东输场站工艺设备检修中已发现该现象。如何评价在役管道内涂层质量情况，充分发挥其减阻增输作用，对提高管道运营的经济效益具有重要意义。同时，常规清管器在清管过程中对内涂层具有一定的磨损和剥离作用，涂覆内涂层的天然气管道清管适用性成为管道运营者面临的急需解决的问题。

在维护部分输气管网时，时常会发现管道内存在黑色粉尘。粉尘会增加输气阻力，使供气能耗上升，并且管道腐蚀后强度降低，使清管维护安全运行的风险加大，影响管道寿命与供气安全。同时，粉尘的组成和成因与管道腐蚀相关，由此成为维护管道和保证供气安全所必须考虑的问题。

管道沿途区域自然地理和地质环境复杂多样，不可避免地会受到各种地质灾害的威胁和侵害。地质灾害受地理环境、气候、人类活动影响显著且种类繁多，对管道的作用形式和危害程度也各不相同。地质灾害下管道变形与土壤移动监测预警系统的难点在于要迅速、及时、准确地掌握监测地区的山坡等产生的位移或斜坡运动速度等相关数据和时间。

对高钢级管道和在役老管道的完整性评价，缺少基于应变的管道失效评估准则、基于可靠性的管道失效评估准则、高钢级管道失效评估图技术、表面裂纹体的三维断裂准则、在役老管道焊缝失效评估图技术、弥散损伤型缺陷安全评价技术。

断裂力学为评价含缺陷管道和压力容器的失效完整性提供了科学依据，在20世纪70年代末到80年代初，裂纹张开位移(COD)设计曲线法在国际上的压力容器缺陷评定标准中占有统治地位。然而，COD法本身有其固有的缺点。COD的定义不严格，定义有多种，例如断裂韧性测试时的COD定义与含缺陷结构有限元计算时的COD定义就不一致。J积分法是一个在数学、力学上都非常严格的断裂力学参量，然而J积分的工程计算复杂，未能在压力容器缺陷评定中应用。而为了解决管道断裂问题，需要对压力容器的断裂机理进行深入研究。

在对多种修复产品开挖验证其修复效果的检测评价研究中发现，修复点在补强修复并回填一段时间后，会出现修复材料与管体脱黏、分层、空鼓、压边搭边和边界端头无封口或封口不完整等修复问题，这说明目前市场上的国内外补强修复产品存在修复材料本身和施工工艺等问题。造成这些问题的施工原因主要包括修复点管体表面处理不彻底、胶黏剂涂刷不均匀或局部漏涂、纤维布缠绕折皱或预紧力不足、修复层端头无封口措施等。但同时也存在材料自身的问题，包括缺陷填充材料易脆裂、底层胶黏剂与管体黏结力差、碳纤维因导电而发生电偶腐蚀和修复材料、修复套袖底层抗阴极剥离性能差等问题。

管道穿越地带地势复杂，河流众多，这给天然气管道的铺设带来了极大的问题，管道穿越这些障碍时主要采取跨越的方式，输气管道穿越河流部分是建设长距离输油管道不可避免的一项关键工程。在输气管道的跨越结构中应用较为典型的是悬索桥结构形式。但是悬索桥式跨越形式所处的自然条件比较恶劣，经常遭受雪载、风载、地震以及水击等外载荷作用，对管桥的危害极大。管桥在长输管道中具有相当重要的地位，一旦发生事故，不仅中断油气输送，影响油气田的开采，还会严重污染环境，造成重大的经济损失和社会影响。

水淹区域特殊的地质条件决定了一旦管道发生泄漏，则维抢修机械进场困难，抢修设备无法运输，修复条件难以满足。因此，开展水淹区输气管道抢维修技术与风险评价研究虽然具有很大挑战性，但是对于保证水淹区管道安全、经济运行，减少管道事故发生概率，延长管道使用寿命，合理分配维护费用，降低经济及社会损失具有重要意义。

天然气管道风险定量评估中存在着天然气管道失效概率计算方法、失效后果评估方法、管道目标可靠度评估方法、管道风险门槛(可接受风险准则)、管道风险综合评估方法、基于风险的管道检测方案优化等多项关键技术问题。

与此同时，我国正处于社会、经济高速发展阶段，城乡建设发展很快，这使得许多在役管道沿线在管道建设时期没有人烟的地区，已发展成为人口密集地区，甚至成为人口稠密的城市中心区域。输气管道沿线地区级别升级的情况越来越多，对在役管道的安全管理提出了挑战，必须采取风险控制措施，应对地区等级升级带来的一系列的问题。

长期以来，干线截断阀压降速率设定值的确定通常借鉴国内或国外的经验值。由于输气管道在事故状态下管内气体的流动为非稳态流动，流动规律复杂，因而对于不同口径以及在不同工况下运行的输气管道而言，管道全线采用一个统一的经验值往往具有很大的不确定性，可能会发生干线截断阀的误动作或事故状态下不能及时关断的情况。这样，就不能很好地使干线截断阀在事故状态下迅速关闭、最大限度地保护管道、减少经济损失。干线截断阀压降速率设定值的正确与否，直接关系到干线截断阀动作的准确性与及时性。因此研究各管线各种运行工况下干线截断阀压降速率设定值具有重要的意义。

1.2.2 油气站场运行管理

天然气站场作为天然气输配系统中的关键环节，具备天然气的储配、调度分流、工艺处理等功能。其中干线管道普遍可采用内检测的方法查出管道的缺陷，但由于站内管道经过气体的腐蚀和冲蚀，其管路普遍存在安全隐患，站内管道的检测问题一直没有得到很好的解决，传统的方法是使用超声波检测，但只能是逐点检测，效率不高。为了消除隐患及全面了解管道现状，预防由于腐蚀等原因造成的管道泄漏事故的发生，有必要对站场管道和不能实施内检测的管道进行超声导波检测，引进和开发先进的检测技术——管道超声导波技术，为油气管道运行提供科学、准确的检测数据，并在完整性评价的基础上，及时作出维修决策，同时，建立站场(压气站、阀室、储气库、分输站、泵站等)管道的基础档案资料，将事故消除在萌芽之中，这对于管道科学的管理和安全运行意义重大。

场站是油气介质输入和输出的场所，聚集了巨大的能量。油气站场重大危险事故基本上可以归结为巨大能量的意外释放，站场输配系统中聚集的能量越大，系统的潜在危险性越大。近几年我国天然气产业发展非常迅速，其利用范围和使用区域也逐步扩大，全国各地建成了许多天然气场站，包括集气站、净化站、输(配)气站、清管站和加压站等。这些油气场站中压力设备越来越多地被广泛应用，仅地面压力设备就包括分离器、过滤器、除尘器、清管设备等，而地面压力设备受输送介质和环境温度的影响，低温运行的情况经常存在。近年来，西气东输管道、陕京管道等在北方冬季寒冷区建立了许多场站。压力设备存在低温使用问题，也存在低温脆断的危险。

对于在设计、制造以及运输中形成的泄漏，可以通过前期有效的检查和检测进行可靠的控制；而对于阀门在安装和使用过程中造成的泄漏，往往不容易检测到，其泄漏形式主要是阀门连接处法兰或者阀杆填料涵密封损坏造成的外漏和由于阀座密封面失效而造成的内漏。据统计，80%的阀门泄漏是由于阀座密封面的损坏而引起的。石油化工生产中，阀门内漏更不容易被发现，时有发生的介质被污染、火灾爆炸、中毒事故等大多是由阀门内漏造成的。因此及时准确地发现阀门的内漏在实际生产过程中至关重要。

离心压缩机组是油气站场中的关键设备，压缩机组的安全、可靠运行对保障天然气输送具有重要意义。由于离心压缩机组工作环境恶劣，系统机械结构复杂，若没有有效的安全技术保障，将可能发生恶性停机事故，从而造成严重的经济损失、人员伤亡和环境污染等严重危害。目前，压缩机监测技术不足之处主要体现在：对离心机械的某些故障很难从理论上给出解释；现阶段一些在线监测诊断系统的自动诊断功能还比较欠缺，需要进一步完善；在线监测系统进行时域和频谱分析的过程中，往往某些高频信息的故障检测不到，使得频谱图失去价值。

在高压负荷下，随着运行时间的增长，压缩机组及其配管发生故障的频率越来越高，找出一种行之有效的压缩机故障诊断方法已变得尤为重要。同时随着天然气管道输量增加，在管道系统的运行过程中，系统组件由于振动引起的故障越来越多，建立有效的测试分析方法保证其安全运行状态是当前许多压气站、分输站面临的新课题。

1.2.3 储气库运行管理

地下储气库作为管道输送系统的储能环节有着储气量大、安全系数高、不易引发火灾及爆炸、经济效益好等优点，与金属气罐相比储气成本低，其隐蔽性和安全性适于战略储备。但天然气泄漏、火灾、爆炸的频繁发生表明地下储气设施是风险性很高的设施。目前国内的储气井还没有发生重大安全事故，但随着使用年限的增长，由于部件的磨损变形、锈蚀老化、密封失效以及意外事故等原因，就有可能引发天然气泄漏。

京58储气库群由三座类型不同的油气藏改建，包括处于开发后期的气顶油藏、衰竭的定容气藏和在试采阶段的含硫凝析气藏，其中气顶油藏和含硫凝析气藏改建地下储气库在我国尚属首次，建库关键技术尚未成熟，处于摸索前进阶段，存在各个储气库库容参数设计、单井的注采气能力、建库周期、运行方案及 H_2S 浓度预测等亟需解决的问题。

储气库风险评估技术涉及油气储运、安全工程、石油管工程和岩土工程领域等交叉学科，针对新建盐穴地下储气库进行风险预评估、在役盐穴地下储气库进行风险评估与风险控制，是储气库完整性管理技术体系的关键和核心技术。对储气库井安全性检测和评价长效管理机制采用完整性管理，具有重要意义。

1.2.4 信息决策支持

在管道应急状况下，及时提供管道本体、周边应急资源、维抢修队伍等信息，可提升抢修工作效率，尽快恢复供气；采用信息技术手段，建立全生命周期的管道完整性管理及信息平台，实现管道基础数据、运维数据、应急数据有机整合和共享，实现应急决策支持，可大大降低相应时间，减少经济损失，保障平稳供气。

由于储气库中机组功率大、转速高、压力超高、结构复杂、监控仪表繁多、运行及检修要求高等原因，在安装、检修、运行等环节稍有不当，都会造成机组在运行时发生种种故障，一旦往复压缩机组出现不可预见故障，将造成机组停机、影响正常注气生产；严重的恶性机械故障还将导致机组部件损坏，甚至导致爆炸、火灾等恶性事故，直接危及现场人员及设备安全，造成不可估量的经济损失。因此搭建往复压缩机组诊断平台准确地诊断机组健康状态，进一步提升往复压缩机组整体管理水平，深化设备的完整性管理，对于避免安全事故的发生和减少生产及维修损失具有非常重要的意义。

1.3 管道完整性安全保障技术内容

为完成以上4个方面的工作，本书分别从管道线路安全保障技术、站场设施安全保障技术、储气库安全保障技术以及安全保障系统平台技术四个方面出发，逐一进行了详细介绍(见图1-1)。

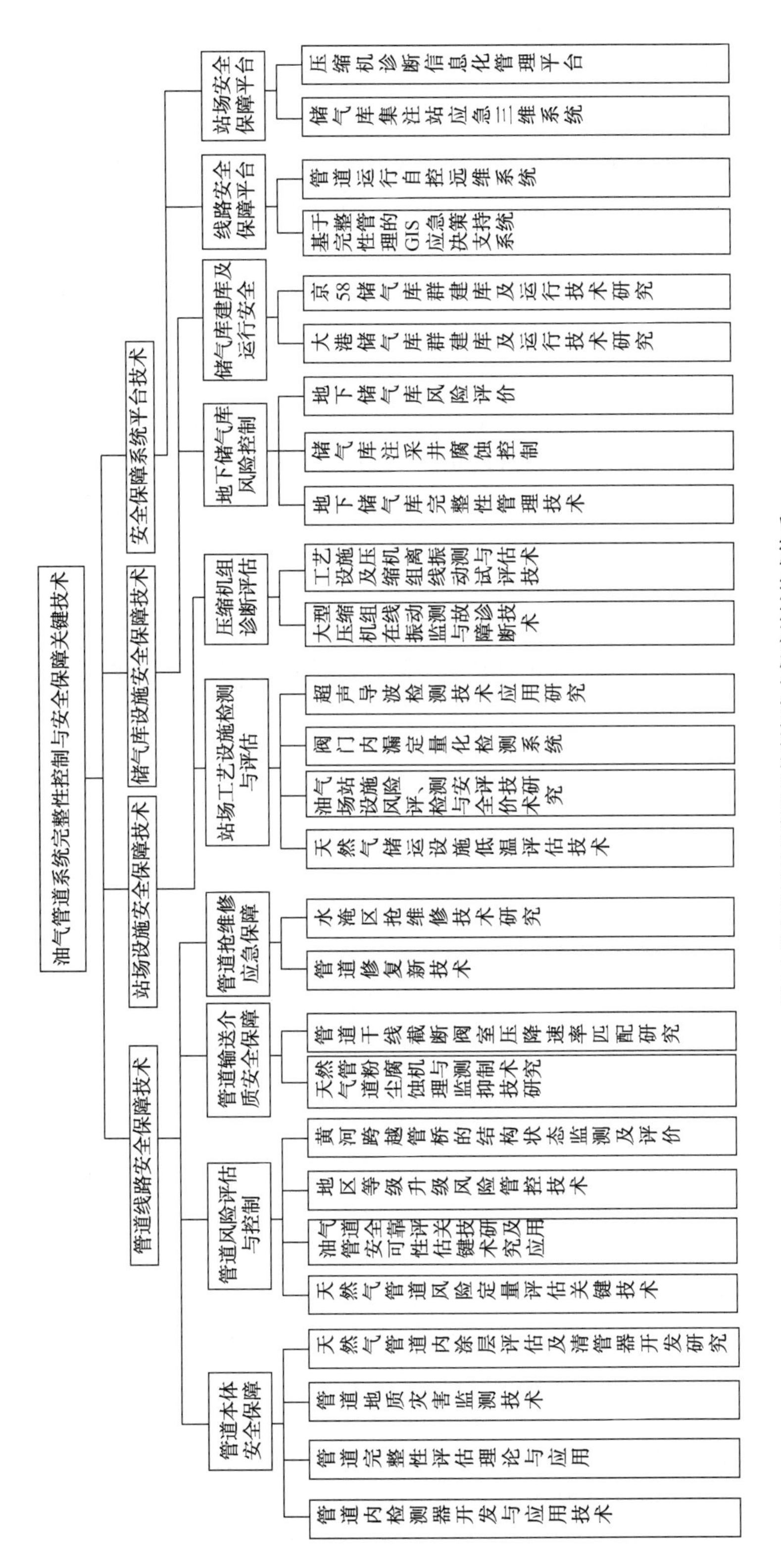

图1-1 油气管道系统完整性控制与安全保障关键技术体系

1.3.1 管道线路安全保障技术内容

针对管道内检测技术问题，结合原进口变形设备和通径仪的优缺点，开发了一系列高精度变形检测器，设备的精度和功能得到大幅提升，在工业现场广泛应用。内检测技术主要有轴向漏磁腐蚀检测技术、横向漏磁检测技术、电磁场超声检测技术、多通道变形检测技术、新建管道验收检测器技术、管道测绘检测技术、速度控制技术及管道清管技术。

在天然气管道内涂层评估方面，借鉴国外内涂层研究应用技术和结合我国管道内涂层的实际情况，通过涂层生产检验、模拟和试验分析等研究，识别了内涂层生产和运行过程中的失效因素，分析了内涂层寿命影响因素，形成了系统的管道内涂层检验和评估技术，建立了管道内涂层损伤数据库，并编制了一套完整的在役管道内涂层运行管理与检验指南文件，提出了延长管道内涂层寿命的管理措施。同时，为了研发适用于管道内涂层的新型清管器，开展了射流清管器皮碗耐磨性、清管器支撑防斜技术、清管器结构优化、运行仿真、射流磁力清管技术和高性能跟踪技术等研究，最终研制出了满足管道内涂层工业应用的新型清管器，并通过了现场应用验证。

针对天然气管道粉尘腐蚀机理与监测抑制问题，研究了黑色粉尘组成的元素分析技术、化合物分析技术、粉尘形成机理、管道腐蚀机理、腐蚀模型的建立和腐蚀的抑制方案。结合天然气管道生产运行的实际，通过现场天然气管道清管粉尘实地取样，开展了粉尘组成分析、成因推断、输气管道的腐蚀机理、腐蚀的物理模型建立、内腐蚀监测评价以及相应的抑制方法的研究。从管道输气系统内部的所处环境因素和腐蚀产物入手，考虑天然气管道粉尘中有机物和无机物共存、生命活性物质和非生命活性物质共存以及大量物质和微量及痕量物质共存的复杂因素，建立了一套系统的天然气管道粉尘分析和监测及抑制技术，得出了管道在复杂环境下、复杂输送介质下含 H_2S、CO_2、细菌等三方面腐蚀的机理。

针对我国大口径高压天然气管道的发展趋势，研究建立了系统的天然气管道定量风险评估方法。根据我国天然气管线失效特点，总结出了我国天然气管线 12 种失效形式和 3 种失效模式，分析了天然气管道风险因素，在国内首次建立了系统的天然气管道的定量风险评估方法。

在地质灾害的监测与管理方面，调研与分析了陕京线地质灾害，陕京一、二线沿途穿越沙漠、黄土区、地震带和活动断裂区，主要灾害形式包括冲沟、滑坡、泥石流、崩塌、断层、地裂缝地面沉降等。开发了管道地质灾害高风险点变形监测系统，系统具有实时监测和控制功能，具有边界报警功能，实用性强、可靠度高、易操作、易扩展，目前系统应用于北京输气处、山西输气处和陕西输气处地段实时监测。

在管桥健康监测研究方面，搭建了悬索式及斜拉索式跨越管段的实验模型，进行了介质流量、集中载荷和断索的模拟实验，以及模拟试验对应的斜拉式跨越管段的仿真模拟；对黄河悬索式跨越管段和涪江斜拉索式跨越管段的风载、雪载、地震和清管过程进行了模拟分析，得到了管桥各个结构的位移、应力响应规律；根据黄河悬索管桥的监测结果，对悬索管桥的有限元模型和仿真模拟结果进行了工程验证；根据两种管桥的实验和仿真结果以及国内外管桥事故的调研，总结了跨越管桥结构的失效模式及风险源。

针对水淹区抢维修问题，提出了水淹区管道的基本概念，调研了国外先进水下管道维修技术，制定了钢板桩围堰、土石方围堰、静压植桩围堰、螺旋沉桩围堰、射水沉桩围堰、潜水沉舱六种水淹区管道抢维修方案，并根据适应性排序优选了钢板桩围堰方案作为港清复线水淹区管道抢维修首选方案。重点研究了六种水淹区管道抢维修方案中的围堰技术，利用3D技术制作了围堰过程可视化视频，针对围堰易发生渗水的问题，总结了围堰渗水类型和原因，判别了围堰渗水高概率位置，提出了相应的堰中堰、清淤围堰、吹填牛皮砂加固地基、填充止渗材料、防水布覆盖等止渗措施。针对六种水淹区管道抢维修方案，汇总了水淹区管道抢维修作业必不可少的设备，包括水上运载设备、围堰设备和材料、排水设备、止渗材料以及软基处理材料等专用于水淹区管道抢维修的设备和物资，并根据所需设备提出了各水淹区管道抢维修方案初步预算计算方法。基于未确知测度理论建立了水淹区管道抢维修过程风险评价模型，对提出的六种抢维修方案进行了风险排序；基于鱼骨图法总结分析了抢维修过程中易发生的突发事故类型，并针对高风险突发事件提出了相应应急处置措施。

在完整性评价领域，吸收和利用国外近几年在管道完整性评价领域的最新研究成果和最新技术标准，对AFSP 2.0管道完整性评价软件进行全面改进和升级换代，开发出升级版的AFSP 3.0软件，可以对体积型缺陷、裂纹型缺陷、弥散损伤型缺陷、几何缺陷、机械损伤缺陷等管道可能存在的各类缺陷进行安全评定与可靠性评估，加速了油气管道完整性评价技术的推广应用。通过这些关键技术的研究，在国内首次建立了完善的油气管道完整性评价体系。

针对含硫化氢介质的管道完整性评价问题，为分析含氢致裂纹管道的安全程度，对于无氢条件下的完整性评价，从管道弹塑性断裂分析的工程方法出发，考虑氢致开裂断裂判据及氢浓度对管道断裂的影响，建立了管道新的失效评定关系，并给出失效评定图。确定在一定输送压力和H_2S含量下，含裂纹缺陷管道的安全度和安全范围，并给出了相应的安全系数。

针对管道缺陷修复问题，研究开发了新型修复管道碳纤维复合材料体系和产品、钢质管道补强修复带锈转化表面处理技术及其产品、预浸法复合材料管道补强修复技术及其产品和钢质管道复合修复层均匀加压固化技术及产品，改进了技术指标。通过上述技术改进，提高了修复补强技术的有效性及修复工程质量，确保修复补强效果和防腐效果的可靠性。

针对管道地区等级升级问题，对比分析了美国、加拿大、欧洲各国及国内关于输气管道地区等级划分标准的异同，并基于我国城镇地区人口分布统计数据，提出了国内输气管道地区等级划分的人口密度标准。根据不同地区等级管道的安全性要求，分别提出了四级地区管道的目标失效概率，并采用基于风险的方法，对目标失效概率进行了校正。基于应力-强度干涉理论，提出了地区升级管道的失效概率的定量分析方法，量化了不确定性对管道失效概率的影响，论证了管道地区等级升级的可行性及其风险控制的基本要求。建立了腐蚀管道和挖掘损伤管道的失效概率计算方法，给出了地区等级升级区域管道腐蚀缺陷的容限尺寸。制定了地区等级升级区域管道风险评价方案，包括识别地区等级变化、收集管道风险评价所需资料、计算失效概率、模拟失效后果、风险评价、实施风险减缓措施等步骤。考虑地区等级升级管道的风险因素，建立了地区等级升级管道的风险评价的指标体系，并开发了相应的工程应用软件。提出了建设施工爆破对输气管道影响的分析方法，开发了评价标准。

针对截断阀压降速率设定值确定的难题，采用不同计算方法对10类典型输气管道干线截断阀压降速率设定值进行比较分析。根据研究分析确定常用管道系统的推荐压降速率、延迟时间设定值及适用条件。研究按小于管道干线直径50%的泄漏口径作为管道执行机构压降速率设定值边界条件的可行性。总结管道运行经验，重点围绕截断阀误关断规律研究该规律对压降速率设定值的影响。调研了解国外管道执行机构压降速率设定情况，将国外有关经验纳入研究成果。

1.3.2 站场设施安全保障技术内容

针对站场低温运行存在的难题，对天然气场站低温运行压力设备的材质选择、服役环境、失效案例等情况进行了调研，识别了压力设备的主要失效模式和失效因素。完成了低温环境下压力设备专用无损检测方法适用性分析、专用预制缺陷试块、探头设计和制作以及检测信号识别分析，完成了缺陷试块和探头的实验室验证研究。建立了低温运行压力设备安全评价准则。总结分析了国内在用压力设备失效模式和失效原因。完成了在用压力容器低温脆断分析研究，并针对性地提出了防止低温脆断的防护措施。开展了压力容器失效分析技术研究，提出了失效分析思路，针对压力容器5种失效模式分别进行了故障树分析，提出预防处理措施。

针对站场工艺管道检测的难题，在国内首次系统地对场站的布局、设备、运行模式等进行了较为全面的了解，对现有的常规无损检测方法与超声相控阵和TOFD、超声导波、高频导波、超声波C扫描等无损检测方法进行了对比分析，结合场站地面设施布局，提出了设施检测优化配置方案。同时针对俄罗斯MTM检测技术、磁记忆应力检测技术和声发射检测技术的检测原理、应用现状、技术特点和相关标准进行了原理分析和现场检测，明确了各检测技术的适用性和局限性；识别出了储气库地面工艺设施的主要风险因素，通过对整个工艺设施的风险计算，识别高风险设施，制定风险检测和减缓计划等程序。基于58组含缺陷管道的全尺寸爆破试验结果，对NG-18、ASME B31G、RSTRENG、API 579、BS 7910、PCORRC等多种含腐蚀缺陷管道剩余强度评价标准的可靠性进行了分析，提出了精确性最高、分散性最小的适用性评价方法。同时，结合国外的振动诊断方法，将有限元仿真诊断方法应用于压缩机机组关键部位的振动诊断。同时，研究压缩机机组工况变化对机组的影响，在理论上分析振动剧烈的原因，提出改进措施，从而比较好地解决了压缩机机组某些部位剧烈振动的难题，对现场压缩机振动较大的洗涤罐，提出了增加合理支架的减振措施，达到了减振目的。

针对阀门内漏检测存在的不定量问题，确定了球阀内漏的主要方式，了解了球阀内漏后管内信号定性的特征；根据球阀发生内漏后管内声场特性和管路振动特性，开发了相应的传感器；建立了室内试验台架，研制了适合天然气管道特点的声信号采集和处理系统，开发了相应的信号分析、处理软件，针对球阀不同的内漏特点进行试验研究，得到了球阀发生内漏时的信号特征和判据；对球阀气体内漏喷流声场进行数值模拟，得到了球阀内漏后的流场、声场特性，为信号处理、分析提供了指导。在上述研究的基础上，针对不同的压力、内漏流量进行试验研究，通过信号的分析、处理，研究建立一个数学模型来表征内漏率与采集、处理得到的信号特征之间的关系；开展球阀内漏检测现场试验研究，研究实际管道球阀发生内漏后的信号特征，并将所开发球阀内漏检测装置用于现场球阀检测，利用现场检测结果，进一步完善检测装置的软件。

针对油气管道超声导波数据分析问题，对于不同介质情况，研究波形信号所对应的缺陷，建立了波形信号与油气管道缺陷对应关系库，建立了超声导波实验室及超声导波检测技术标准，通过在油气管道上的应用，形成了操作技术规范。建立了培训体系，开展了超声导波技术的培训认证工作，并在国内进行推广应用。

针对离心压缩机组的故障诊断难题，开发了电机、压缩机和齿轮箱的故障分析、诊断系统，完善了压缩机组预知维修，提高了压缩机组故障诊断水平，以便发现故障；转变维修模式，开展设备视情维修；节约维修费用，降低运行成本；积累故障诊断技术经验，提高机组管理水平。

针对站场工艺管线及压缩机前后配管离线振动测试技术，开发了压缩机配管振动状况的测试系统，对压缩机的运行状态进行诊断，深入剖析产生压缩机故障的成因，总结出一套用于阀门、管道系统、压缩机组配管的振动检测与评估的方法，杜绝压缩机事故发生，为压缩机检修及维修提供出科学的理论依据。建立了压缩机测试技术体系，包括振动测试设备系统操作、维护的程序文件、作业文件以及企业标准编制研究。

1.3.3 储气库安全保障技术内容

针对油气藏型储气库群建库及运行问题，解决了京 58 储气库注采层系优化评价技术、建库库容评价技术、注采运行工作气体积优化评价技术和注采井网部署优化评价技术。永 22 带油环的底水含硫化氢的凝析气藏建库方案研究重点解决了地质储量复算、气库井型优选及单井注采气能力优化设计、采出气中硫化氢含量预测及建库方案优化设计。京 51 凝析气藏建库方案研究重点解决了京 51 断块气井注采气能力优化设计、建库库容参数及运行方案优化设计技术。

岩穴储气库的风险评估技术，全面识别了盐穴型地下储气库运行过程中的风险因素，在国内首次建立了系统的盐穴型地下储气库风险评估方法，针对性地提出了盐穴型地下储气库风险控制措施，开发了功能完备的风险评估软件和地下储气库事故案例库系统，制定了国内首部盐穴型储气库风险评估标准《在役盐穴地下储气库风险评价导则》，形成了系统的盐穴型地下储气库风险评估技术体系。

在地下储气库完整性管理领域，提出了储气库完整性管理的基本概念及基本理论，根据储气库井场特点，提出了风险评价的方法。针对数据的采集、检查和综合，提出了数据来源、数据收集、检查和分析及数据整合要求。确定了地下储气库注采井检测的对象、内容和方法，建立了用于评估储气库生产井检测结果的卡片。通过分析储气库井存在的安全问题以及影响储气库井寿命的主要因素，完整性检测准备工作、完整性检测与评价技术研究，提出了储气库井完整性评价技术标准；通过储气库井安全检测与评价长效管理机制研究，确定了完整性管理原则，对储气库井完整性管理提出了工作建议。分析了注采井生产工艺及套管所受载荷类型，建立了套管、水泥环、地层岩石在注采工况下的力学分析模型，分析了注、采气时由于井筒压力及温度变化、地层压实等载荷作用下的套管、水泥环的应力；分析了储气库用 API 偏梯形螺纹及特殊扣不同套管接头的力学特性及气密封特性。完成了油套管材料 N80、P110 在模拟储气库腐蚀工况水气两相、油水气三相以及湿气腐蚀介质中 CO_2 腐蚀实验，研究了温度、CO_2 压力对模拟腐蚀介质中 CO_2 腐蚀速率的影响规律，分析了腐蚀产物微观形貌、成分与结构，根据腐蚀机理进行了油套管腐蚀寿命预测，提出了套管检测周期建议。

1.3.4 安全保障系统平台技术内容

针对管道完整性管理的应急决策支持问题，建立了基于管道完整性的 GIS 决策系统，构成以地理信息、管道运营、管道维护各类数据库为基础，以管道完整性信息网络为纽带，以标准、制度和安全体系为保障，以管道生产、维护各项管理业务流程优化为主线，以支撑管道决策为核心的一个互联互通、贯穿上下的管道建设、运营、决策支持和信息发布的系统。

在压缩机诊断信息化管理建设方面，在考虑压缩机振动信号和监测分析的前提下，把实时在线监测系统的数据和机组的工艺参数(机组的各级进出口压力、温度、负荷等)进行了结合，把发动机、涡轮增压器、冷却器等重要部件的振动及工艺信号进行了结合，综合诊断达到了较好的诊断应用效果。该项目包括测量传感器、安全栅、数据采集及服务器系统、大机组(往复压缩机、燃机、冷却器)综合状态监测软件系统，以提供往复压缩机、燃机、冷却器运行时机械性故障、热力性故障等潜在故障信息。以上信息可以对整个动设备运行状态及维修决策提供决策支持，帮助优化设备的运行，能够在公司内部局域网随时查看和分析该机组的运行状态。

通过以上四个方面关键技术的研究，为我国油气管道系统的安全可靠提供了有力的技术保障，并为我国的经济发展建设做出了显著的贡献。

第2章 管道线路安全保障技术

2.1 管道本体安全保障

2.1.1 管道内检测器开发与应用技术

1. 概述

“十五”以来，我国长输油气管道的建设得到了飞速发展，天然气管道建设向着大口径、高压力、高钢级、长距离方向发展。利用钢质管道输送油气已经成为我国能源发展的重要举措，它对促进国民经济的健康发展，缩小西部能源产地和东部发达地区经济差距起着重要作用。因此，油气管道质量和安全运行问题受到广泛的关注，围绕油气管道安全运营的检测技术问题也引起了政府和企业的高度重视。

全世界目前拥有油气干线管道百余万公里。据石油经济学家预测，今后几十年中全世界每年将增添50条管线。与此同时，全世界50%以上的管道已经使用了三十年以上，因腐蚀、磨损及意外损伤等导致的管道泄漏事故时有发生。

1）世界管道内检测技术发展现状

随着油气管道完整性管理理念的兴起，管道内检测技术也随之得到迅速发展。所谓管道内检测技术，就是在不影响油气管道输送条件下，通过使用智能检测设备(INTELLIGENT PIG)完成对管道存在缺陷的检测，并对所发现的缺陷进行适用性评价(FITNESS FOR PURPOSE)以进行科学合理的维修，它不仅可以保障管道安全运行，而且还可以延长管道使用寿命。当前国内外所应用的智能检测器主要以漏磁检测技术(MFL)和超声检测技术(UT)为典型代表，经过近40多年的发展，得到了工业界的广泛应用，为管道安全运行和科学管理提供了重要决策依据，内检测技术正向更高精度和更好适应性方向发展。由于受到的约束条件较少，漏磁检测技术发展表现更为突出，各种形式的漏磁检测技术相继涌现，其中，轴向漏磁检测技术发展最早并最为成熟，继之又出现了横向漏磁检测技术、三维探头漏磁检测技术和螺旋磁场检测技术。在超声检测技术方面，除了传统的压电超声技术，应用于天然气管道的电磁超声检测技术也已开始推广应用。同时，为满足特殊工况条件，出现了多功能组合检测器，一次性完成各种功能的检测，实现各种检测技术的优势互补。

2）我国管道内检测技术发展状况

管道内检测技术在我国的发展只有30多年的历史。20世纪80年代初期我国开始对管道检测技术进行研究，并取得了初步成果，但没有投入到实际的工业应用中。直到1994年中国石油天然气管道局从美国引进漏磁检测设备开始，才真正着手漏磁检测技术的研究和应用。

中国石油天然气管道局检测公司2003年通过与英国AT公司合作，开发研制了具有自主知识产权的40in(ϕ1016)大口径高清晰度漏磁检测器，从此翻开了检测公司具有划时代意义的一页。在此基础上，管道局检测公司先后完成了8in(ϕ219)~48in(ϕ1219)高清腐蚀检测设备系列化，并成功地在工业现场应用，为公司创造了良好的经济效益。

2009年，管道局依托于集团公司国家工程实验室设备，开展了三轴高清漏磁检测技术的研究，进行了大量的静态、动态试验及缺陷样件的三轴漏磁场信号的采集分析实验，并成功研制出了三轴漏磁检测器探头。2013年，管道局检测公司成功研制出了第一套三轴漏磁腐蚀检测设备——28in三轴漏磁腐蚀检测器，并在四川西南油气田某输气站段进行了6次共计144km的现场工业试验，试验结果基本符合预期，在磁场信号采集、小缺陷的量化方面有明显提高。截至2015年上半年，三轴高清晰度漏磁检测器已完成大部分口径的系列化工作，其技术水平达到了国际先进水平，标志着中石油掌握了三轴高清晰度管道漏磁检测器的研制技术，打破了国外的技术封锁，提高了我国的管道检测技术水平和扩大了服务领域。

2009~2014年，管道局检测公司与美国西南研究院合作，开展了电磁超声检测技术的研究工作。2014年完成样机的加工，2015年进行了工业现场应用；横向励磁漏磁检测技术和压电超声检测技术也已开展研究。

管道局检测公司结合原进口变形设备和通径仪的优缺点，开发了一系列高精度变形检测器，设备的精度和功能得到大幅提升，在工业现场广泛应用。经集团公司科技评估中心进行成果鉴定，技术水平达到国际先进水平。

当前检测公司所拥有的内检测技术主要有轴向漏磁腐蚀检测技术、横向漏磁检测技术、电磁场超声检测技术、多通道变形检测技术、新建管道验收检测器技术、管道测绘检测技术、速度控制技术及管道清管技术。

2. 关键技术与内容

1）轴向漏磁检测技术

漏磁检测技术是通过漏磁检测器在管道中运行，对钢质管道上存在的金属损失(点状、坑状、大面积等腐蚀)进行内检测，确定管道内外壁金属损失的大小、位置，为管道的安全运行和维护管理提供依据。

管道漏磁检测技术是利用设备自身携带的磁铁，在管壁全圆周上产生一个纵向磁回路场。如果管壁没有缺陷，则磁力线囿于管壁之内，均匀分布；如果管内壁或外壁有缺陷，则磁通路变窄，磁力线发生变形，部分磁力线将穿出管壁之外而产生所谓漏磁。

管道漏磁检测器主要用于在役管道内外壁腐蚀检测及新建管道的基线检测，适合口径为168~1219mm的在役油气管道的检测，并可出具管道完整性评估和分析报告(见图2-1~图2-6)。

为了能够更精确地描绘缺陷的特性，需要采用更密的采样间距及高精度的磁场传感器。同时鉴于磁场的矢量特性，三维漏磁检测技术也逐渐被人们所认识，开始大量使用(见图2-7)。

磁场以矢量形式存在，通过测试磁场在管道径向、轴向、周向三个方向矢量的大小能够更清晰地描绘整个缺陷处漏磁场的物理特性。漏磁场的特性分布是缺陷物理特征的表现形式，反映了缺陷的面积、深度、应力及几何边界的特性，通过深入分析能够获得比常规检测方法更为精确的结果(见图2-8)。

图 2-1　ϕ1219 腐蚀检测器

图 2-2　各种规格检测器

图 2-3　ϕ1016 腐蚀检测现场

图 2-4　苏丹 ϕ711 漏磁检测技术工程

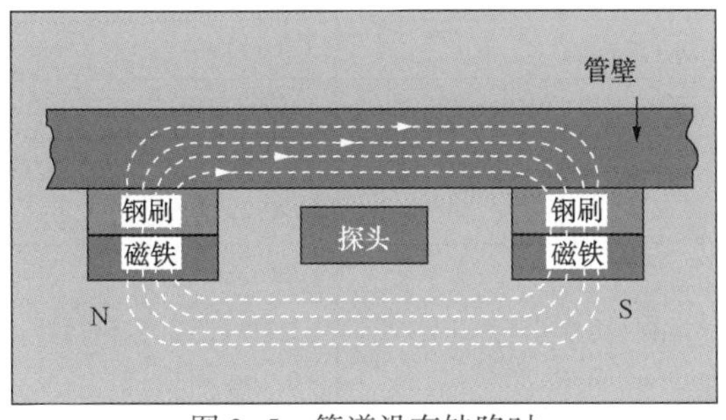

图 2-5　管道没有缺陷时

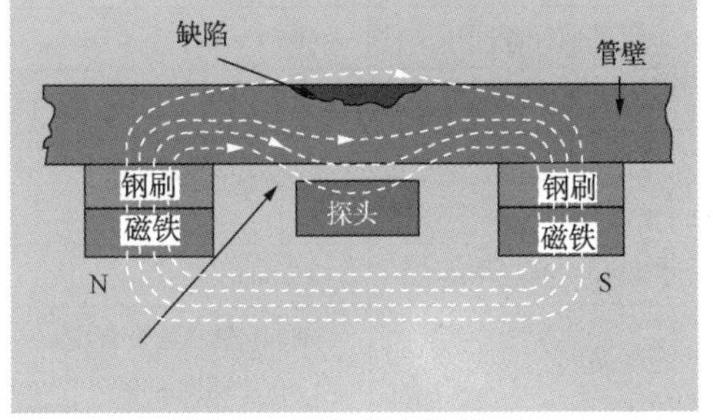

图 2-6　管道有缺陷时

图 2-7　三轴漏磁检测器

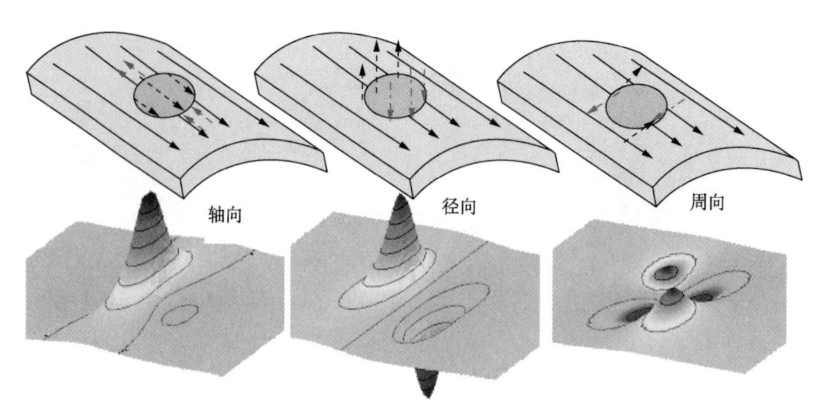

图 2-8 缺陷处磁场的空间分布

三轴腐蚀检测将是管道漏磁检测发展的大趋势，因为三轴检测器对比单轴具有明显的技术优势，如缺陷量化精度的提高，特别是在宽度和深度方面有明显提高。由于三轴探头相比单轴探头多采集了周向和径向二维方向的缺陷数据，因此以往单轴腐蚀检测器不能识别的缺陷，三轴腐蚀检测器能够识别到，如狭长轴向缺陷、螺旋焊缝缺陷等。

轴向漏磁检测器的技术指标见表 2-1。

表 2-1 轴向漏磁检测技术指标

类型 / 性能指标	轴向 MFL		
	标准清晰度	高清晰度	三轴高清
最低轴向采样距离	模拟记录	≥2mm	2mm
最低环向探测间距	40~150mm	8~17mm	4~12mm
可探测最小缺陷深度	管道壁厚的 20%	管道壁厚的 10%	管道壁厚的 5%
深度尺寸测定精度	管道壁厚的±15%	管道壁厚的 ±10%	管道壁厚的±(5%~10%)
长度尺寸测定精度	±13mm	±10mm	±10mm
定位精度	轴向(距参考环焊缝)±0.5m；环向±30°	轴向(距参考环焊缝)±0.1m；环向±5°	轴向(距参考环焊缝)±0.1m；环向±5°
检测速度	0.34~4m/s	0.5~5m/s	0.5~5m/s
可信度水平	80%	80%	80%
检测概率(POD)		90%	90%
检测结果确认度(POI)	90%	90%	90%
要求的最小检测速度		0.5m/s(感应线圈)；没有(霍尔效应传感器)	
要求的最大检测速度		4~5m/s	
最小磁化程度(要求排除速度敏感性和剩余磁化作用)		最小场强度：10~12kA/m；最小磁感应强度：1.7T	

2）横向漏磁检测技术

当造成局部漏磁场的缺陷取向与磁环方向垂直时所产生的漏磁场最大，也就是说当缺陷的取向与磁场平行时，缺陷处产生的漏磁场最小。这意味着采用常规漏磁检测方法，即轴向磁化时，对平行于管道轴向的凹槽检测能力最小，而这种缺陷与管道应力垂直，对管道具有更大的危险性。为了提高轴向凹槽类缺陷的检测能力，目前业界采用横向磁化方式。这时磁铁沿管道周向间隔布置，在磁铁间隔空的管壁内产生沿管道周向分布的磁场，传感器按照周向布置。

周向磁化与常规轴向磁化不同，需要解决诸多的实际问题后才能应用。幸运的是对于存储记录系统而言是相同的，不同之处在于检测器的磁路结构设计和传感器设计，同时还应考虑到在高速时速度对磁场的影响。需要解决两个磁极间磁场按梯度变化的问题，如图 2-9 所示。

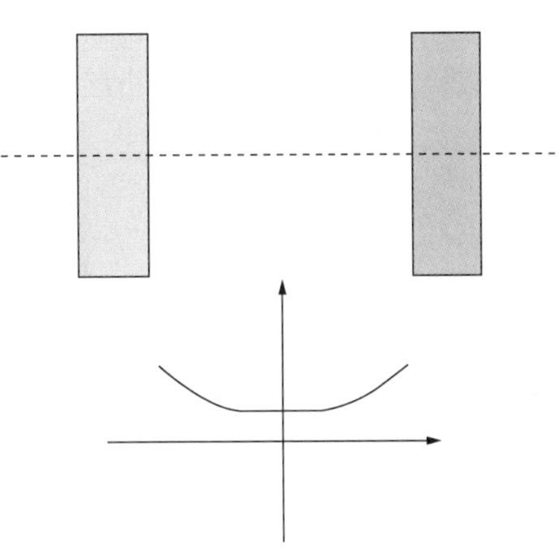

图 2-9　磁场的梯度变化

3）电磁超声检测技术

输油气管道常年不间断服役，管道在应力和腐蚀环境下容易产生应力腐蚀开裂（SCC）。由于管道内部介质产生应力的特点，管壁上产生的应力腐蚀裂纹沿轴向成簇分布。该种裂纹的劣化扩展会造成管壁大面积撕裂，从而导致灾难性后果。为了能够尽早检测出管道的 SCC 裂纹，减小管线运营的风险，需要研制管道裂纹检测技术及装备。

管道裂纹检测系统由管道裂纹检测器、调试系统、速度控制系统、地面标记系统和数据分析回放系统组成。其工作流程如图 2-10 所示。

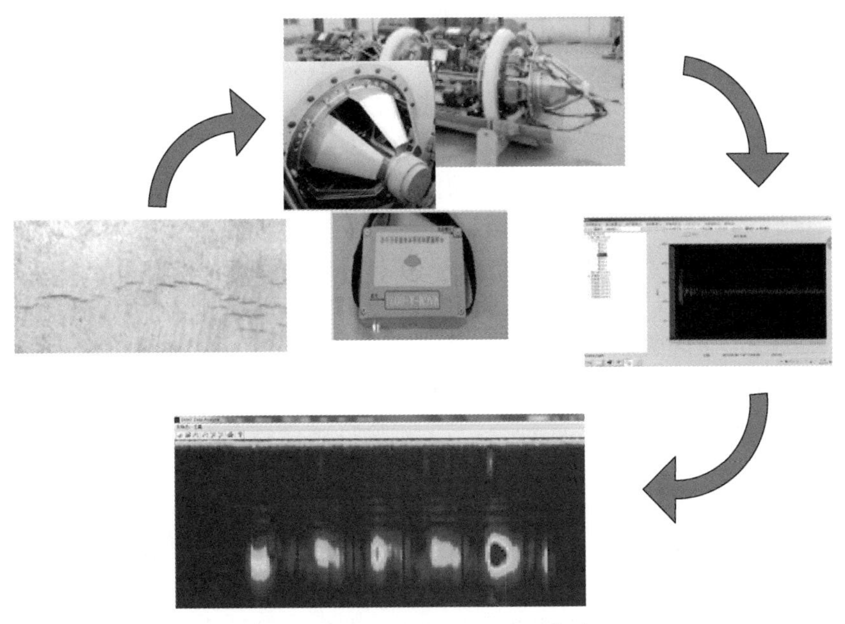

图 2-10　管道裂纹检测系统工作流程

超声波检测技术对裂纹缺陷的检测灵敏度相对较高，考虑到应用于输气管线，常规压电超声检测技术实施过程中需要耦合剂，所以最终采用基于磁致伸缩的电磁超声技术(EMAT)。传感器利用磁致伸缩效应在管壁中产生沿管壁周向传播的超声波，超声波在传播过程中遇到缺陷被反射回来，通过接收传感器接收到反射回波从而检测管壁 SCC 缺陷(见图 2-11)。

基于电磁超声的管道裂纹检测器(见图 2-12)，布置了 16 个电磁超声传感器，传感器由数据采集及时续控制系统控制，产生特定的(频率和数量)激励高压脉冲。接收传感器通过调整适当的增益接收返回的声波信号。DTC 与数据记录系统通过 SPI 总线通信将检测的数据存储到数据记录系统。在检测过程中通过地面的标记盒确定缺陷的相对位置。完成检测后下载检测数据通过数据分析回放软件进行分析，从而发现相应的 SCC 缺陷。

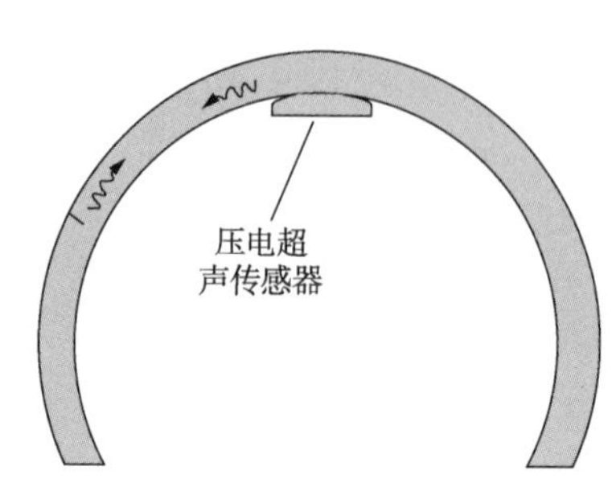

图 2-11 基于磁致伸缩效应 EMAT 工作原理

图 2-12 管道裂纹检测器

4）多功能复合检测技术

油气管道输送在国民经济中占有极为重要的战略地位，其基本要求是安全、高效。目前我国油气管道 70%以上都已经进入了事故多发期，近年来事故发生率持续升高，给人民的生命及财产安全带来了不可估量的损失。

管道事故多是由于管壁存在腐蚀或变形缺陷，尤其是变形缺陷处存在腐蚀缺陷，在长时间高压力环境下存在很高的风险，极易造成管道撕裂。我国的内检测技术主要以漏磁腐蚀检测(MFL)为主，变形检测技术以多通道为主。一直以来两者的检测数据都是单独存储处理，无法融合处理，很难判断在小变形缺陷上是否存在腐蚀缺陷，很不利于对管道运行进行完整性评估。

管道多功能复合检测器是集三轴主探头、内外壁缺陷区分探头(ID/OD)、变形探头、惯性测绘系统(Mapping)、壁厚测量及速度控制等多种高新技术于一体的高清晰度检测器，能够准确发现小变形上的腐蚀情况，提高腐蚀缺陷识别率；同时设备也具备测量管道的三维坐标和壁厚变化的功能；速度控制系统能有效地解决大排量、高流速的大口径管道中设备速度的自动控制问题，为实现检测器安全平稳运行以及获得最佳检测数据质量提供有力保障。

国外检测公司在管道复合检测技术上已经很成熟，其中 Rosen 公司、贝克休斯(BJ)公司研发了多套管道复合检测器，Rosen 公司能够根据需求实现不同检测器的组合。

开展多功能复合检测将是管道检测的大趋势，国内大口径管道检测市场主要是西气东输管道。近些年，受到国外高端检测技术的冲击，国内大口径管道检测市场主流将逐渐走向高精尖化，业主对管道的安全运行管理及完整性管理要求也是越来越高，多功能复合检测的市场也将越来越广阔。研制管道多功能复合检测器并拥有多功能复合检测设备后，将进一步增强市场竞争能力。

中国石油天然气管道局检测公司目前拥有多套三轴高清晰度漏磁腐蚀检测器及多通道变形检测器，都已通过多次现场工程检测验证，关键技术上已经基本成熟，为管道多功能复合检测器的研制提供了可靠的技术保障。目前检测公司研制成功并投入使用的有48in多功能复合检测器。

5）验收检测器技术

随着管道建设快速发展，验收检测作为新建管道投产前验收的重要手段之一，已受到管道业主的高度认可。验收检测包括管道变形缺陷检测、管道焊缝检测、弯头检测、壁厚检测以及管道走向检测，根据验收检测结果，业主可有效了解新建管道的建设状况，包括管道是否存在变形缺陷以及焊缝、弯头、壁厚、走向等特征信息，为管道完整性管理提供重要、翔实的管线基础数据。

管道在建设过程中因施工、地壳运动等多方面因素可能造成管体局部变形，投产前如无法有效地检测出这些缺陷，则会增加后期管道运营过程中的安全隐患，并使相应管道的修复工作难度加大。因此做好新建管线的变形检测验收工作，对确保管道安全、高效、按期投产具有重大意义。

预投产管道的动力源一般为压缩空气，其排量相比投产后的正常输量要小得多，在进行验收检测时也往往无法建立足够的背压，因而造成检测设备的运行速度极不稳定，且停球憋压后再次启动时的加速度很大，瞬间速度极快，可达到30m/s以上。面对如此恶劣的运行环境，现役的通径检测器以及测径板清管器在适用性、高速采集、检测精度等方面存在一些不足，都无法满足新建管道的验收检测需求。

新建管道是指未投产的管道，在进行验收时，一般进行铝板测径，按照GB 50369的规定，测径铝板无褶皱、无变形为合格。然而在实际操作过程中，往往会由于各种原因，仅仅采用铝板测径无法达到验收要求，另外，铝板测径只是初步探测管道内变形情况，无法实现对变形缺陷点的里程和大小的精确定位和定量，因此必须采用智能测径，确定管道中变形的位置和大小。其基本原理是采用机械臂通过聚氨酯隔离与管壁接触，当管道存在变形时，管道内部的几何形状变化会压缩机械臂变产生径向位移，位于机械臂根部的角位移传感器感应到角位移变化，并转换为电信号，传送到记录仪，经过放大转化后存到记录仪的存储器中，检测完成后，通过数据回放、分析处理，解析出管道上存在变形的位置和大小。

管道局检测公司开发的预投产管道验收检测器，通过机械结构设计的优化，以及传感器、探头和电子采集系统的研发，使之满足新建管道无需背压、速度快不稳定的恶劣运行环境以及对检测精度的要求。通过中缅管道国内、国外段大量的工业现场应用和现场缺陷点的开挖验证，证实了设备达到了预期的设计指标要求，得到了业主的高度认可。

目前，预投产管道验收检测器已经完成了从ϕ168至ϕ1422口径的系列化研制，大大提升了管道局在新建管道验收检测方面的技术实力，提高了市场竞争力。

6）多通道变形检测技术

随着管道建设的快速发展，变形检测作为新建管道验收的重要手段之一，已受到管道业主的高度认可。根据变形检测的结果，业主可有效了解新建管道的建设状况，包括管道是否存在变形、焊缝余高等信息。另外，在役管道运行一段时间后，也不可避免会产生变形，严重的变形不仅降低了管道输送效率，也影响了管道内腐蚀检测设备的顺利通过。腐蚀检测器通过能力相对较小，在投运腐蚀检测器前，必须对管道进行变形检测，了解管道的变形情况，然后才能投运腐蚀检测器，保证管道运营的安全。

目前国际上知名的检测公司都已经在推广和应用多通道高精度变形检测技术，由于与国外同行在此领域的竞争关系，掌握该技术的国外公司一直对我国实行技术封锁。已引进的检测设备技术的局限性，使检测结果无法令业主满意。

鉴于此，中国石油管道局组织开展了《高精度管道变形检测技术研究》课题的攻关，目的是提高我国管道检测的技术水平，靠自有检测技术保障我国油气管道的安全运行。检测公司研制完成了 ϕ219~ϕ1219 多套高精度变形检测器，并进行了多项现场工业管道的应用。

表 2-2 高精度变形检测(*DN* 350)与国外公司同类设备的数据对比

	检测公司	Enduro	Rosen(电涡流非接触)
连续工作时间	100~130h	38~100h	400h
变形能力(最小)	20%*D*	20%*D*	20%*D*
弯曲半径(最小)	1. 5*DN*	1. 5*DN*	1. 5*DN*
工作压力(最大)	10MPa	12. 9MPa	13. 5MPa
工作速度	0. 1~4m/s	0. 1~3. 58m/s	0. 5~5m/s
定位精度	±1%最近参考点	±1%最近参考点	±1%最近参考点
变形检测精度	±0. 5%*D*	±0. 5%*D*	±0. 5%*D*
椭圆度	±0. 5%*D*	±0. 5%*D*	2%*D*
灵敏度	0. 5mm	0. 5mm	0. 5mm
圆周位置度精度	±15°	±15°	±20°

注：*D* 为管道外径；*DN* 为管道公称直径。

从同口径的检测设备性能参数比对(见表 2-2)可见，国外现有的管道变形检测设备已经发展到多通道检测，由我国开发的管道变形检测设备也已经赶超了国际水平。

与国外相比，我国的技术性能参数达到了世界先进水平，但是价格却不足国外产品价格的 50%，具有很高的性价比和很好的市场竞争力。

7）走向测绘技术

惯性管道测绘系统(IPSS)搭载在管道检测器上，利用惯性组合导航技术，可以进行管道轨迹精确绘制(管道中心线)，以达到测绘管道轨迹和位移监测的目的(见图 2-13)。

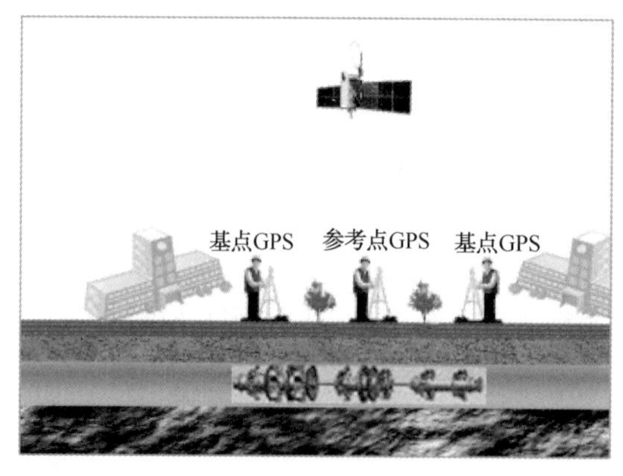

图 2-13 走向测绘系统

8）速度控制技术

速度控制系统由速度控制单元和备用安全装置构成，可搭载在智能检测器上（见图 2-14）。针对大排量、高流速的输气管线，速度控制单元通过调整泄流通道（见图 2-15），在不影响管道正常输量的条件下，将设备运行速度控制在一个预定范围内，保证管道检测的安全性和有效性。

图 2-14　搭载速度控制系统 ϕ1016 三轴漏磁腐蚀检测器

中石油研发的速度控制系统填补了国内空白，技术性能指标达到了国际先进水平。该系统可适用于各种口径的管道智能检测器，满足国内、外大输量天然气管道的检测需求。

图 2-15　速度控制系统泄流装置打开

9）地面标记系统

地面标记系统是整个漏磁检测系统的管外定位部分，是消除检测器里程累积误差、精确定位管壁缺陷的关键设备。

MAGM 强磁地面标记系统是埋在管道上方对漏磁内检测器的行进过程进行时间标记的定位仪器，是管道智能检测系统的重要组成部分（见图 2-16 和图 2-17）。它实现管道地面标记的具体过程为：标记之前，先对标记器进行授时，将上位机当前时间赋予 MAGM 标记器，从而使得标记器与管道智能检测器系统具备同一时间基准；授时完成后，标记器即可开始标记；标记完成后，上位机先读取标记器的当前时间，并与时钟源进行对比校验，若两者时间一致，说明标记器时间正确，若两者时间有差别，记录误差值；最后上位机读取标记器的存储数据，经过误差修正等数据处理过程，得到整个标记过程的通过时间，从而实现准确的管道地面标记。

图 2-16　MAGM 地面标记器

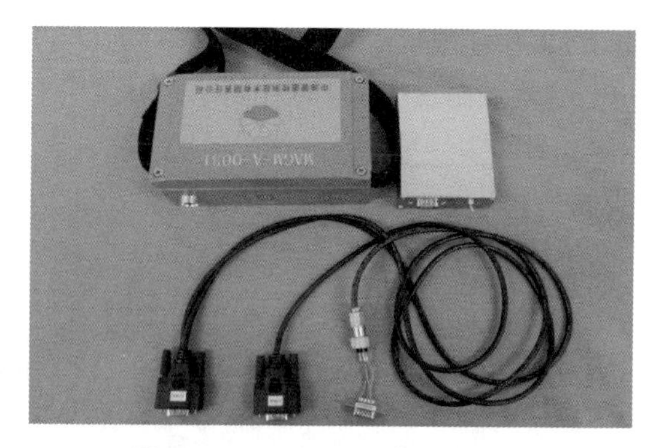

图 2-17　MAGM 地面标记器组成

10）数据分析评估系统

数据分析评估系统能够对管道智能检测器检测得到的管线信号进行分析，获取管线上的缺陷信息并对缺陷进行量化识别，最终得到完整、准确的检测报告(见图 2-18 和图 2-19)。检测报告是了解管道现状，科学合理地维护管道，进而对管道进行完整性管理的重要依据。

数据分析评估系统包括数据图形化模块、缺陷识别与度量模块、人工分析模块、分析结果汇总与报告模块、工程管理与用户管理模块。

该系统适用于各种口径管道智能漏磁检测器数据分析和完整性评估报告。

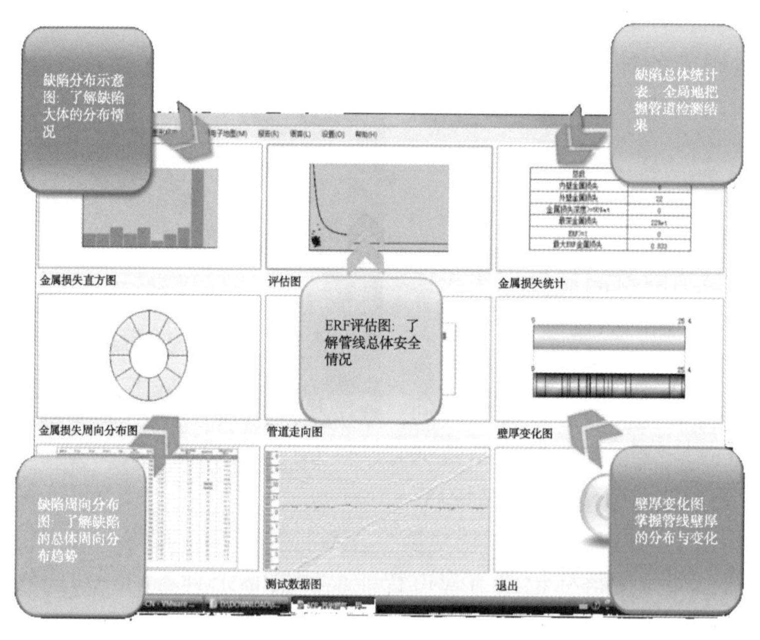

图 2-18　用户化报告软件界面图

数据分析报告提供以下内容：

（1）提供管道上腐蚀、机械损伤、管材缺陷、焊缝缺陷等金属损失缺陷的精确位置和尺寸。

图 2-19　管道检测数据显示图

(2) 提供管道上凹陷、椭圆度等几何变形缺陷的精确位置及尺寸(见图 2-20)。

(3) 提供管道上所有阀门、三通、弯头、法兰、锚固墩等管道附属装置的具体位置。

(4) 提供管道壁厚变化、管节长度、焊缝及交点位置等管线信息。

(5) 提供打孔盗油等管道第三方破坏的具体位置。

(6) 提供管道上所有缺陷、附属物、焊缝等管道特征的 GPS 坐标(见图 2-21)。

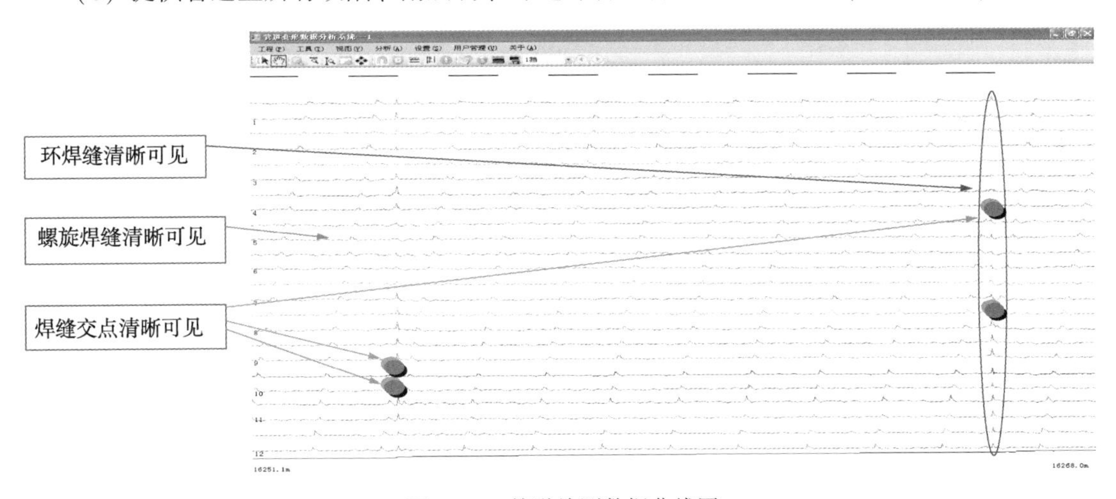

图 2-20　管道检测数据曲线图

11) 管道完整性评价

管道完整性评价是利用检测数据对含缺陷管道进行剩余强度评价和剩余寿命预测，对存在的隐患缺陷提前预警并提供维修建议，降低管道维护成本，保障管道安全、平稳、高效运行。

含缺陷管道完整性评价主要包括(见图 2-22~图 2-24)：

(1) 使用五种方法对单个缺陷点进行剩余强度评价。

(2) 评价结果能够以报告形式输出。

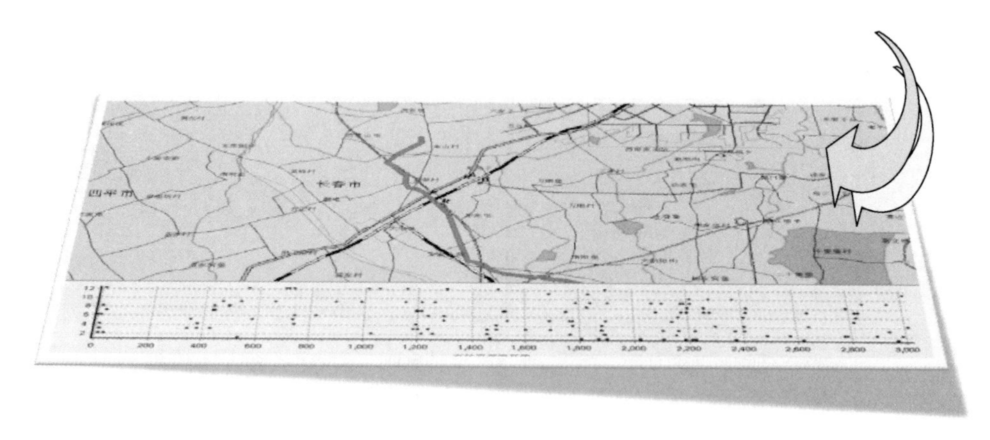

图 2-21　地理位置信息图

（3）软件有详细的数据查询功能。

（4）能够使用标准或检索资料提供的实例数据，来验证程序编写的准确性。

（5）针对评价结果，对含缺陷管道提供维护维修建议。

（6）用户管理模块。

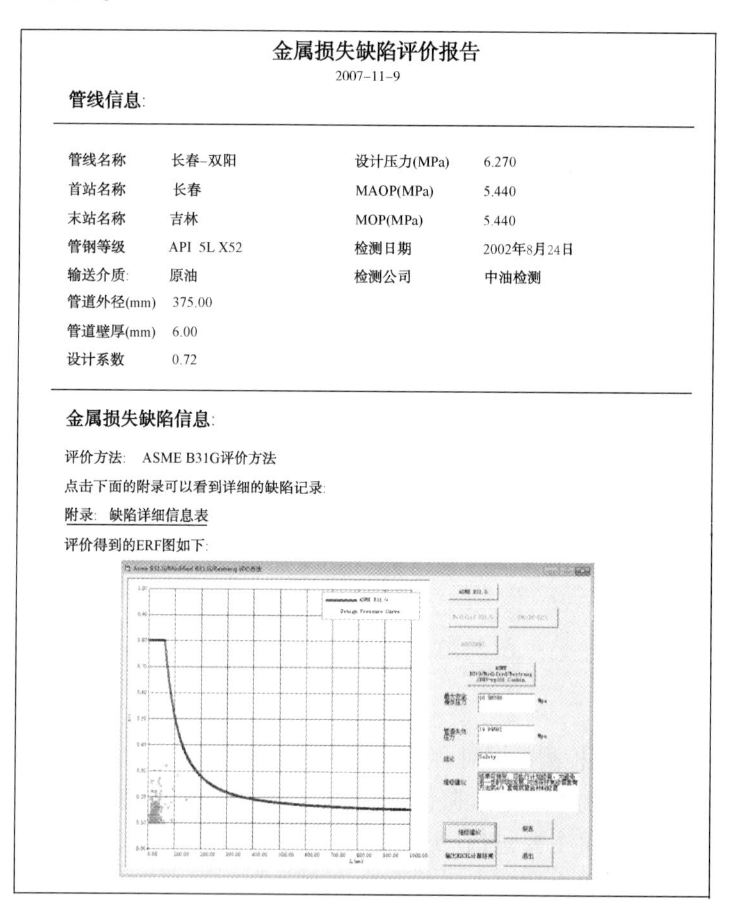

金属损失缺陷评价报告

2007-11-9

管线信息:

管线名称	长春–双阳	设计压力(MPa)	6.270
首站名称	长春	MAOP(MPa)	5.440
末站名称	吉林	MOP(MPa)	5.440
管钢等级	API 5L X52	检测日期	2002年8月24日
输送介质:	原油	检测公司	中油检测
管道外径(mm)	375.00		
管道壁厚(mm)	6.00		
设计系数	0.72		

金属损失缺陷信息:

评价方法: ASME B31G评价方法

点击下面的附录可以看到详细的缺陷记录:

附录: 缺陷详细信息表

评价得到的ERF图如下:

图 2-22　对评价结果出具的报告

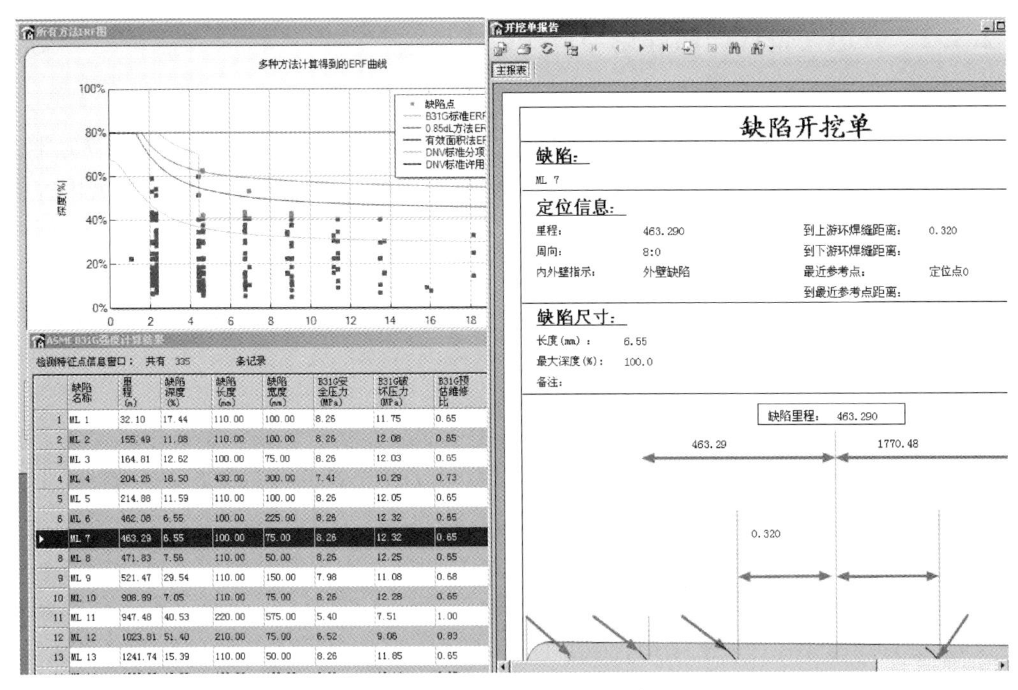

图 2-23　出具缺陷开挖单

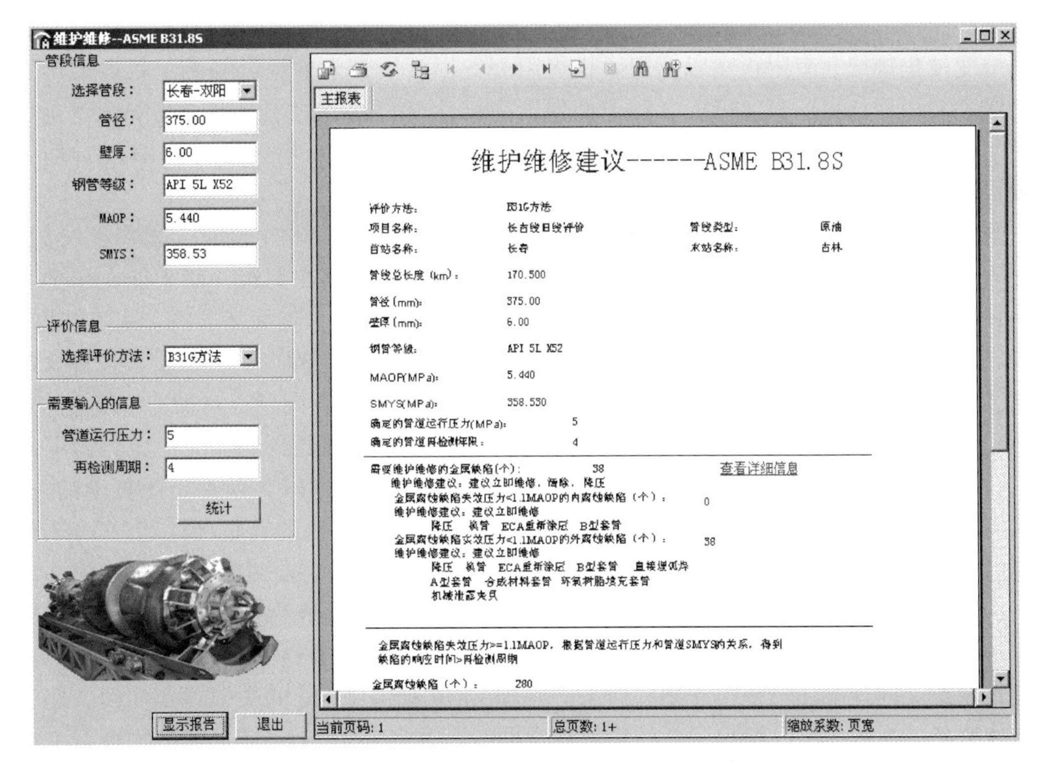

图 2-24　对评价数据进行分析并提供维修建议

2.1.2 管道完整性评估理论与应用技术

1. 概述

世界各国相继制定了管道完整性评价标准，这些标准制定的理论依据是断裂力学，断裂力学为评价含缺陷管道和压力容器的失效完整性提供了科学依据。1971年美国完善了ASME锅炉压力容器缺陷评定标准，至80年代末，英国焊接协会、国际焊接协会、日本焊接协会、美国机械工程师学会等相继公布了10部压力容器缺陷评定规范或指导性文件，这些标准按其理论分为四类：①(1976年)以英国中央电力局(CEGB)的R6失效评定图技术为代表的含缺陷结构失效评定方法；②(1977年)以美国ASME规范为代表的线弹性断裂理论评定方法；③(1980年)以英国BSI PD 6493为代表的COD理论评定方法，COD法是以窄条屈服D-M模型为基础，为了扩大应用于裂纹处于全屈服的断裂分析，用含中心穿透裂纹的宽板拉伸试验的结果，提出了一条确定裂纹容限的COD设计曲线；④(1982年)以美国电力研究院的EPRI方法为代表的以J积分理论为基础的评定方法。

在70年代末到80年代初，COD设计曲线法在国际压力容器缺陷评定标准中占有统治地位。然而，COD法本身有其固有的缺点。COD的定义不严格，定义有多种，例如断裂韧性测试时的COD定义和含缺陷结构有限元计算时的COD定义就不一致。在理论分析方面，除了均匀拉伸中心穿透裂纹板的窄条区屈服模型(D-M模型)外，没有什么力学分析解。英国、日本和我国在宽板试验时测量应变所取标距不统一，同一断裂试验所得COD设计曲线的差别必然很大，争论也无法统一。另外，COD设计曲线由于未考虑载荷性质、约束情况、材料应变硬化规律、有限板宽以及裂纹扩展阻力等因素所带来的综合影响，难以准确地表现裂纹尖端张开位移的真实情况。对于低强度高韧性材料制成的压力容器的安全评定更是如此。COD是一个经验值，没有明确的理论基础。所以，到80年代中期COD设计曲线方法就停滞不前了。

弹塑性断裂分析中的J积分法是一个数学、力学上都非常严格的断裂力学参量。J积分值在理论上也有着明确的物理意义。但过去由于J积分计算存在困难，而未能在压力容器缺陷评定中应用。然而，由于计算机的发展和计算技术的完善，各种基本的含缺陷结构的J积分已经都能计算，加之美国EPRI提出的弹塑性断裂分析的工程方法，提供了各种含缺陷结构J积分全塑性解的韧性断裂手册，解决了J积分的工程计算问题，对推动J积分的工程应用起到了很大的促进作用。弹塑性断裂理论研究所取得的重要进展，促使压力容器缺陷评定技术又有了新的进展，这一进展的代表就是英国CEGB的R6失效评定图技术的发展。起初英国中央电力局(CEGB)在1976年发表了题为“带缺陷结构的完整性评定”的R/H/R6报告(即R6方法)，给出了一条失效评定曲线，故亦称失效评定曲线法。1977年第一次修订，1980年第二次修订，1986年又作了第三次修订，这是一次极为重要的修订。

1986年以前的R6失效评定曲线(称为老R6曲线)，是以D-M模型为依据的，提出时对其物理意义的理解还不是很深刻。后来，美国EPRI研究了R6的失效评定曲线，用J积分取代窄条区屈服模型，给出了新的失效评定曲线。并将R6失效评定曲线的物理意义阐述得非常清楚，取纵坐标为双重坐标，即$(J_e/J)^{1/2}$及K_r，这里$K_r = K_I/K_{IC}$，实质上K_r反映了结构脆性断裂的程度，横坐标$L_r = P/P_0$是施加载荷P与塑性失稳极限载荷P_0之比，实质

上 L_r 反映了结构塑性失稳程度。当被评定点（L_r，K_r）落在评定曲线上时，表示结构失效。若被评定点落在曲线下方，则说明结构是安全的。

英国 CEGB 于 1986 年修改了 R6 标准，一般称为新 R6 标准，并在以下两个方面进行了分析和评定：①考虑了材料应变硬化效应，以 J 积分理论为基础，建立了失效评定曲线的三种选择方法，比 EPRI 方法更为简便；②裂纹延性稳定扩展的处理方法有了重大的变动，提出了缺陷评定的三种类型的分析方法，根据具体情况采用其中一种类型，进行所需要的分析和评定。

但无论是英国 1986 年修订后的新 R6 标准，还是美国的 EPRI 标准，都是无氢条件下的完整性评价，对于四川输气管道来讲，都有其局限性。这是由于四川输气管道中存在 H_2S 等腐蚀性物质，在管道内部形成应力、环境与材料的复杂系统，含 H_2S 的气体环境成为影响管道操作运行的重要因素，此时，氢致开裂应力强度因子 K_{ISCC} 小于无氢条件下的临界应力强度因子 K_{IC}，并且随着管道中 H_2S 初始浓度不同，氢致开裂应力强度因子 K_{ISCC} 亦不同。研究表明，环境断裂的安全评定问题不仅与材料的机械性能有关，而且与氢浓度的含量有关。因此，本节的重点是：考虑氢浓度和应力共同作用的影响，建立新的正确可靠的含氢致裂纹管道的完整性评定方法，并从失效评定图上反映氢浓度和应力作用的影响。

本节从管道弹塑性断裂分析的工程方法出发，考虑氢致开裂断裂判据，氢浓度对管道断裂的影响，建立了管道新的失效评定关系，并给出失效评定图。确定一定输送压力和H_2S含量下，含裂纹缺陷管道的安全度和安全范围，并给出了相应的安全系数。

2. 管道弹塑性断裂分析工程方法

美国的 EPRI 提出一种弹塑性的估算方法，这种方法是将弹性解和全塑性解相加到一起得到的弹塑性解，其表达式为：

$$\begin{aligned} J &= J_e(a_e) + J_p(a, n) \\ J &= \delta_e(a_e) + \delta_p(a, n) \\ \Delta &= \Delta_e(a_e) + \Delta_p(a, n) \end{aligned} \tag{2-1}$$

式中：$J_e(a_e)$、$\delta_e(a_e)$、$\Delta_e(a_e)$ 为按等效裂纹长度 a_e 协调后的弹性分量，均可表示为弹性应力强度因子 K_I 的函数，a_e 为考虑应变硬化而经塑性区修正后的裂纹长度。a_e 的表达式可用下式表示：

$$a_e = a + \Phi r_y \tag{2-2}$$

其中：

$$\Phi = \left[1 + \left(\frac{P}{P_0}\right)^2\right]^{-1}$$

$$r_y = \left(\frac{1}{\beta\pi}\right)\left(\frac{K_I}{\sigma_0}\right)^2\left[\frac{(n-1)}{(n+1)}\right]$$

式中：P 为当前载荷（单位厚度的广义力）；σ_0 为屈服应力；P_0 为以 σ_0 为基础的含裂纹构件的极限载荷（单位厚度）；对于平面应力状态 $\beta = 2$，对于平面应变状态 $\beta = 6$。

全塑性解只适用于裂纹结构完全屈服且整个结构可略去弹性应变的情况。通常在 P 大于 P_0 时才会屈服。另一种情况，P 小于 P_0 时则产生弹塑性屈服，大多数裂纹结构均处于弹塑性范围内，弹塑性解的基本前提是材料的应力应变关系满足 Ramberg-Osgood 应力应变方程（ROR 关系），其表达式为：

$$\frac{\varepsilon}{\varepsilon_0} = \frac{\sigma}{\sigma_0} + \alpha \left(\frac{\sigma}{\sigma_0}\right)^n \tag{2-3}$$

3. 弹性解和塑性解

断裂参量 J 积分、裂纹张开位移 δ 和裂纹在加载点(线)的位移 Δ 可表示为与载荷相关的一种通式：

$$J_e = f_1(a/W)\sigma_0\varepsilon_0 a\left(\frac{P}{P_0}\right)^2 = \frac{K_I^2}{\bar{E}}$$

$$\delta_e = f_2(a/W)\varepsilon_0 a\left(\frac{P}{P_0}\right)$$

$$\Delta_e = f_3(a/W)\varepsilon_0 a\left(\frac{P}{P_0}\right) \tag{2-4}$$

式中：a/W 为裂纹长度与试样宽度之比；$f_1(a/W)$ 、$f_2(a/W)$ 、$f_3(a/W)$ 均为 a/W 的函数；$\bar{E} = E$（平面应力）；$\bar{E} = (1 - v^2)/E$（平面应变）；K_I 为考虑缺陷系数的应力强度因子。

对于一种不可压缩的非线性材料或全塑性材料，其应力应变成幂次率关系。其断裂参量与载荷的相关表达式为：

$$J_P = h_1(a/W, n)\alpha\sigma_0\varepsilon_0 a\left(\frac{P}{P_0}\right)^{n+1}$$

$$\delta_P = h_2(a/W, n)\alpha\varepsilon_0 a\left(\frac{P}{P_0}\right)^n$$

$$\Delta_e = h_3(a/W, n)\alpha\varepsilon_0 a\left(\frac{P}{P_0}\right)^n \tag{2-5}$$

1）轴向裂纹应力强度因子

对于一个含轴向长裂纹管道，裂纹方向与管道轴向平行，内半径为 R_i ，外半径为 R_o ，壁厚为 W ，受均匀内压 P 的作用。这种形状的裂纹可看作平面应变状态。应力强度因子 K_I 可通过一加权积分求得，根据权函数理论，应力强度因子可由无裂纹体中假想位置处的“裂纹面应力” $\sigma(x)$ 经权函数 $m(a, x)$ 加权积分得到：

$$K = \int_0^a \sigma(x)m(a, x)\mathrm{d}x \tag{2-6}$$

式中：$a = A/W$, $x = X/W$, A 为裂纹长度，X 为沿裂纹方向的坐标，由于权函数 $m(a, x)$ 是裂纹体的几何特性(包括应力和位移边界的划分方式)，而与表裂纹体的受载条件无关，因此一经从某种受载情况导出，便可用来计算在任意裂纹面应力 $\sigma(x)$ 的作用下的应力强度因子。权函数的一般表达式为：

$$m(a, x) = \frac{\sqrt{\pi a W}}{\sqrt{2}\pi a f_0(a)}\left[\sum_{i=1}^{3}\beta_i(a)\ (a - x)^{i-3/2}\right] \tag{2-7}$$

式中：$f_0(a)$ 为裂纹面所受均布应力；$\sigma(x)$ 为 σ_0 时的无量纲应力强度因子，可表示为五阶多项式形式。

$$f_0(a) = \frac{K_0(A)}{\sigma_0\sqrt{\pi A}}\alpha_0 + \alpha_1 a + \alpha_2 a^2 + \alpha_3 a^3 + \alpha_4 a^4 + \alpha_5 a^5 \tag{2-8}$$

函数$\beta_i(a)$（$i=1$，2，3）可写为下列表达式：

$$\beta_1(a)=2f_0(a)a^{1/2}$$

$$\beta_2(a)=\left[4f_0'(a)+2f_0(a)+\frac{3}{2}g(a)\right]/a^{1/2}$$

$$\beta_3(a)=\left[g'(a)a-\frac{g(a)}{2}\right]/a^{3/2}$$

$$g(a)=\frac{5\pi}{\sqrt{2}}\Phi(a)-\frac{20}{3}f_0(a)$$

$$\Phi(a)=\frac{1}{2}\alpha_0^2+\frac{2}{3}\alpha_0\alpha_1 a+\frac{1}{4}(\alpha_1^2+2\alpha_0\alpha_2)a^2+\frac{2}{5}(\alpha_1\alpha_2+\alpha_0\alpha_3)a^3+$$

$$\frac{1}{6}(2\alpha_0\alpha_4+2\alpha_1\alpha_3+\alpha_2^2)a^4+\frac{2}{7}(\alpha_1\alpha_4+\alpha_2\alpha_3+\alpha_5\alpha_0)a^5+\frac{1}{8}(2\alpha_2\alpha_4+\alpha_3^2+2\alpha_5\alpha_1)a^6$$

$$+\frac{2}{9}(\alpha_3\alpha_4+\alpha_5\alpha_2)a^7+\frac{1}{10}(\alpha_4^2+2\alpha_5\alpha_3)a^8+\frac{2}{11}\alpha_5\alpha_4 a^9+\frac{1}{12}\alpha_5^2 a^{10}$$

将式(2-7)代入式(2-6)，得到应力强度因子表达式：

$$K=f_1\sigma\sqrt{\pi aW} \tag{2-9}$$

$$f_1=\frac{1}{\sqrt{2}\pi af_0(a)}\int_0^a\frac{\sigma(x)}{\sigma}\left[\sum_{i=1}^{3}\beta_i(a)\ (a-x)^{i-\frac{3}{2}}\right]\mathrm{d}x \tag{2-10}$$

式中：σ为参考应力，可取为内壁拉伸应力。式(2-10)已将裂纹面受任意裂纹面应力$\sigma(x)$时的应力强度因子简化为求裂纹面均布压力$f_0(a)$问题。

管道在一般载荷作用下，其裂纹面应力$\sigma(x)$通常由几个基本的函数形式组合而成，管道环向应力的表达式可应用弹性力学方法，得出无裂纹内壁环向应力为：

$$\sigma_\theta(r)=\frac{Pc^2}{1-c^2}\left[1+\left(\frac{r}{R_o}\right)^{-2}\right] \tag{2-11}$$

上式应力表示为多项式形式：

$$\sigma_\theta(r)=P\sum_{n=0}^{4}\alpha_n\ [(r-R_i)/(R_o-R_i)]^n \tag{2-12}$$

式中：r为半径；R_o为外半径；R_i为内半径。无量纲应力强度因子$f(r/R_o)^{-2}$项可参照式(2-8)得到如下关系式：

$$f(r/R_o)^{-2}=\frac{1}{(1-c)^2\sqrt{2}\pi af_0(a)}\left[\sum_{i=1}^{3}\beta_i(a)E_i\right] \tag{2-13}$$

式中：$c=R_i/R_o$，$\alpha_c=-\dfrac{c}{1-c}$，$E_1=\dfrac{-a^{1/2}}{\alpha_c(a-\alpha_c)}+\dfrac{\ln Z}{2(a-\alpha_c)^{3/2}}$，$E_2=\dfrac{-a^{3/2}}{\alpha_c(a-\alpha_c)}+\dfrac{2a^{1/2}-(a-\alpha_c)^{1/2}\ln Z}{2(a-\alpha_c)}$，$E_3=\dfrac{-2a^{3/2}}{\alpha_c}+3(a-\alpha_c)E_2$，$Z=[(a-\alpha_c)^{1/2}+a^{1/2}]/[(a-\alpha_c)^{1/2}-a^{1/2}]$。

承受内压P的管道轴向裂纹，在不同$\dfrac{R_i}{R_o}$比值下，式(2-8)中$f_0(a)$的表达式α_i可写为表2-3的形式。

表 2-3 管道轴向裂纹的参数值

$c = R_i/R_o$	α_0	α_1	α_2	α_3	α_4	α_5
0. 3	1. 191556	-4. 798586	13. 07094	-21. 97903	20. 064791	-7. 484711
0. 4	1. 379377	-3. 492814	6. 965000	-9. 530637	7. 659717	-2. 638263
0. 5	1. 666197	-2. 645377	3. 740372	-3. 941256	2. 641278	-0. 802239
0. 6	2. 124727	-2. 072915	1. 981018	-1. 428004	0. 643108	-0. 120061
0. 7	2. 921223	-1. 668519	0. 975446	-0. 263081	-0. 196925	0. 161786
0. 8	4. 554958	-1. 368140	0. 344792	0. 401653	-0. 743522	0. 381361
0. 9	9. 524935	-1. 121839	-0. 209860	1. 291837	-1. 821259	0. 898443
0. 95	19. 509867	-0. 977617	-0. 778835	2. 812252	-3. 893659	1. 917488
0. 97	32. 835945	-0. 872499	-1. 426535	4. 808916	-6. 647288	3. 273350
0. 98	49. 497471	-0. 766286	-2. 209019	7. 306942	-10. 097395	4. 972254

将式(2-11)代入式(2-10)，联立式(2-9)，考虑式(2-13)，则有：

$$f = \frac{K}{K_0} = \frac{c^2}{1 - c^2}\left[f_0(a) + f\left(\frac{r}{R_o}\right)^{-2}\right] \tag{2-14}$$

$$K_0 = \sigma_\theta(R_i)\sqrt{\pi a W}$$

$$\sigma_\theta(R_i) = \frac{Pc^2}{1 - c^2}\left[1 + \left(\frac{R_i}{R_o}\right)^{-2}\right] = P\frac{1 + c^2}{1 - c^2}$$

由(2-14)式，可求得应力强度因子 K 。

对于不同的 A/W 以及不同的 R_i/R_o，无量纲应力强度因子 f 如表 2-4 所示。

表 2-4 管道内壁轴向裂纹应力强度因子 $f=K/K_0$

A/W \ R_i/R_o	1/3	2/5	1/2	4/7	2/3	4/5	0. 95
0. 01	1. 083	1. 094	1. 1. 04	1. 109	1. 114	1. 118	1. 524
0. 1	0. 859	0. 930	1. 010	1. 055	1. 102	1. 150	1. 689
0. 2	0. 726	0. 834	0. 973	1. 058	1. 153	1. 256	1. 765
0. 3	0. 655	0. 786	0. 972	1. 098	1. 250	1. 434	1. 992
0. 4	0. 613	0. 762	0. 989	1. 154	1. 376	1. 682	2. 185
0. 5	0. 590	0. 753	1. 017	1. 221	1. 521	1. 994	2. 658
0. 6	0. 585	0. 761	1. 058	1. 300	1. 679	2. 367	3. 387
0. 7	0. 605	0. 795	1. 123	1. 401	1. 849	2. 793	3. 676

2）管道内表面椭圆裂纹的应力强度因子

对于非全长管道内部裂纹，大部分为椭圆形裂纹，其形状如图 2-25 所示。

图 2-25 中，管道长度为 $2L$，内半径为 R ，外半径为 R_o ，裂纹深度为 a ，裂纹长度为 $2b$ ，ϕ 为椭圆角，t 为管道壁厚，椭圆形裂纹的应力强度因子计算主要采用修正系数法，给出不同 t/R 、a/t 以及 a/b 情况下裂纹的修正系数。裂纹的应力强度因子可写为以下形式：

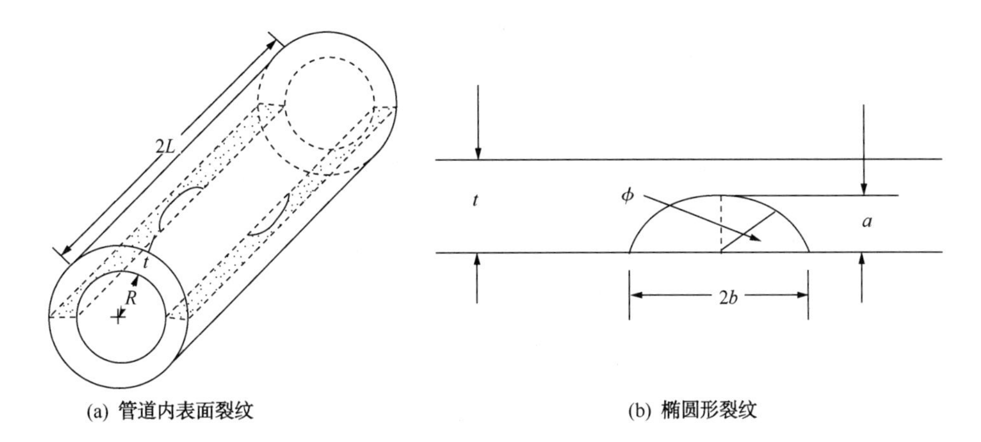

图 2-25　管道裂纹

$$K_{\mathrm{I}} = \frac{2PR_{\mathrm{o}}^2}{R_{\mathrm{o}}^2 - R^2}\sqrt{\pi b}\sqrt{\frac{1}{Q}}F(a/b,\ a/t,\ t/R,\ \phi) \tag{2-15}$$

式中：P 为管道内部工作压力，MPa；Q 为形状函数因子，$Q = \Phi^2$，Φ 为第二类椭圆积分，$\Phi = \int_0^{\frac{\pi}{2}}\left(\sin^2\theta + \frac{b^2}{a^2}\cos^2\theta\right)^{1/2}\mathrm{d}\theta$；$F$ 为边界修正因子。

Q 值也由下列经验公式给出：

$$Q = \Phi^2 = 1 + 1.464\left(\frac{a}{b}\right)^{1.65} \tag{2-16}$$

F 值可以写为：

$$F = 0.97\left[M_1 + M_2\left(\frac{a}{b}\right)^2 + M_3\left(\frac{a}{b}\right)^4\right]g\,f_\phi f_{\mathrm{c}} \tag{2-17}$$

其中各参数的值为：$M_1 = 1.13 - 0.09\ \frac{a}{b}$，$M_2 = -0.54 + 0.89/\left(0.2 + \frac{a}{b}\right)$，$M_3 = 0.5 - \frac{1}{0.65 + a/b} + 14\left(1 - \frac{a}{b}\right)^{24}$，$g = 1 + \left[0.1 + 0.35\left(\frac{a}{t}\right)^2\right](1 - \sin\phi)^2$，$f_\phi = [\sin^2\phi + (b/a)^2\cos^2\phi]^{\frac{1}{4}}$，$f_{\mathrm{c}} = \left(\frac{R_{\mathrm{o}}^2 + R^2}{R_{\mathrm{o}}^2 - R^2} + 1 - 0.5\sqrt{\frac{a}{t}}\right)\frac{t}{R}$。

在最大裂纹深度 b 顶端点，$\phi = \pi/2$，$g = 1.0$，$f_\phi = 1.0$，f_{c} 可写为：

$$f_{\mathrm{c}} = \left[\frac{(1 + t/R)^2 + 1}{(1 + t/R)^2 - 1} + 1 - 0.5\sqrt{\frac{a}{t}}\right]\frac{t}{R}$$

当 $\phi = \pi/2$ 时，管道边界修正因子与形状函数因子的综合影响系数 F_1 为：

$$F_1 = \sqrt{\frac{1}{Q}}F(a/b,\ a/t,\ t/R,\ \phi) \tag{2-18}$$

不同 t/R 、a/t 以及 a/b 情况下，F_1 的值如表 2-5 所示。

表 2-5 综合修正系数 F_1 的值

a/t	a/b = 0.2 时 F_1 的值					
	t/R = 1/5	t/R = 1/15	t/R = 1/25	t/R = 1/35	t/R = 1/40	t/R = 1/45
0.05	1.326784	1.127664	1.088789	1.072233	1.067072	1.063063
0.1	1.332079	1.137154	1.099128	1.082938	1.077891	1.073971
0.15	1.349095	1.155607	1.117886	1.101829	1.096824	1.092936
0.2	1.376393	1.182403	1.144607	1.128519	1.123506	1.119611
0.25	1.413106	1.217057	1.178879	1.162632	1.157569	1.153636
0.3	1.458476	1.259061	1.220248	1.203732	1.198586	1.194588
0.35	1.511738	1.307854	1.268190	1.251314	1.246055	1.241971
0.4	1.572078	1.362796	1.322101	1.304789	1.299395	1.295205
0.45	1.638612	1.423174	1.381300	1.363488	1.357939	1.353628
0.5	1.710378	1.488187	1.445019	1.426660	1.420940	1.416497
0.55	1.786333	1.556954	1.512409	1.493465	1.487564	1.482980
0.6	1.865343	1.628507	1.582533	1.562984	1.556895	1.552165
0.65	1.946789	1.701793	1.654371	1.634209	1.627928	1.623050
0.70	2.027564	1.775673	1.726817	1.706048	1.699578	1.694553
0.75	2.108068	1.848922	1.798680	1.777323	1.770671	1.765504
0.80	2.186213	1.920230	1.868682	1.846773	1.839949	1.834649

4. 含内表面轴向裂纹和椭圆裂纹管道的 J 积分解

对于含有裂纹的一定几何形状的构件，在载荷 p 的作用下，J 积分作为描述裂纹尖端应力应变场的有效参量，其值可表示为 J 积分弹性解和全塑性解之和，即

$$J(a,\ p) = J_e(a_e,\ p) + J_p(a,\ p,\ n) \tag{2-19}$$

对于内半径为 R_i 、外半径为 R_o 、壁厚 $t = R_o - R_i$ 的管道，如果内表面有深度为 a 的轴向长裂纹，未开裂的韧带 $c = t - a$ ，则在内压 p 的作用下，其 J 积分弹性解 J_e 为：

$$J_e(a_e,\ p) = \frac{(1-\nu^2)f^2K_I^2}{E} \tag{2-20}$$

$$f = \frac{K_I}{K_0} = \frac{(R_i/R_o)^2}{1-(R_i/R_o)^2}\left[f_0(a/t) + f\left(\frac{r}{R_o}\right)^{-2}\right]$$

$$K_0 = 2\frac{p}{1-(R_i/R_o)^2}\sqrt{\pi a}$$

式中：f 的值参见表 2-4；$f_0(a)$ 、$f(r/R_0)^{-2}$ 为无量纲应力强度因子；K_0 为参考应力强度因子；E 为弹性模量；ν 为泊松比。

对于内表面含椭圆裂纹的管道，其内半径为 R ，外半径为 R_o ，裂纹深度为 a ，裂纹长度为 $2b$ ，其 J 积分弹性解为：

$$J_{e}(a_{e},\ p)=\frac{(1-\nu^{2})K_{I}^{2}}{E} \tag{2-21}$$

$$K_{I}=\frac{2PR_{o}^{2}}{R_{o}^{2}-R^{2}}\sqrt{\pi a}F_{1}$$

$$F_{1}=\sqrt{\frac{1}{Q}}F(a/b,\ a/t,\ t/R,\ \phi)$$

对于椭圆形轴向裂纹，全塑性解 J_{p} 与裂纹深度、载荷大小、屈服应力、屈服应变等有关，二者的 h_{1} 函数值是相同的，表示为：

$$J_{p}(a,\ p,\ n)=\alpha\sigma_{0}\varepsilon_{0}(t-a)\left(\frac{a}{t}\right)h_{1}\left(\frac{p}{p_{0}}\right)^{n+1} \tag{2-22}$$

式中：α 为硬化系数；n 为硬化指数；σ_{0}、ε_{0} 为管材的屈服极限和屈服应变；h_{1} 为与 a/t 、R_{i}/R_{o} 以及硬化指数 n 有关的无量纲函数；p_{0} 为完全塑性状态（$n=\infty$）下管材的塑性失稳压力，其值为：

$$p_{0}=\frac{2}{\sqrt{3}}\frac{(t-a)\sigma_{0}}{(R_{i}+a)}=\frac{\sigma_{0}(1-a/t)}{\frac{\sqrt{3}}{2}\frac{R_{i}}{t}\left(1+\frac{t}{R_{i}}\ \frac{a}{t}\right)}$$

应变硬化指数 n 、硬化系数 α 与材料的屈服极限和屈服强度有关，对于工程计算，可通过实验室实测材料的真实应力应变曲线，然后应用最小二乘法按 Ramberg-Osgood 应力应变方程拟合，得到 α 和 n 的值。对于无量纲函数 $h_{1}(a/t,\ R_{i}/R_{o},\ n)$，只给出 $t/R_{i}=\frac{1}{5}\sim\frac{1}{20}$、$a/t=\frac{1}{8}\sim\frac{3}{4}$ 时管材的值，在实际应用中，天然气管道壁厚与管径比的范围均在 $t/R_{i}=1/5\sim1/45$ 内，在文献中查不到这些值，可对这些值进行多项式插值和外推，得到其他 t/R_{i} 、a/t 时的 $h_{1}(a/t,\ R_{i}/R_{o},\ n)$ 值，这个结果的正确与否，可应用 Ansys 5.3 进行 J 积分验证。受内压的轴向裂纹和椭圆形裂纹管道在不同 t/R_{i} 下 h_{1} 的数值，见表 2-6~表 2-9。

将 J 积分的弹性分量 J_{e}［见式(2-20)或式(2-21)］和全塑性分量 J_{p}［见式(2-22)］相加，得到含轴向内表面裂纹管道的 J 积分为：

$$J(a,\ p)=\frac{4\pi(1-\nu^{2})}{E}\left\{\left[\frac{(R_{i}/R_{o})}{1-(R_{i}/R_{o})^{2}}\right]^{2}\left[f_{0}(a/t)+f\left(\frac{r}{R_{o}}\right)^{-2}\right]\right\}^{2}a_{eff}p^{2}+\frac{\sigma_{0}^{2}}{E}\alpha\left(1-\frac{a}{t}\right)ah_{1}\left(\frac{p}{p_{0}}\right)^{n+1} \tag{2-23}$$

得到的含内表面椭圆形裂纹管道的 J 积分为：

$$J(a,\ p)=\frac{4\pi(1-\nu^{2})}{E}\left[\frac{1}{1-(R_{i}/R_{o})^{2}}\sqrt{\frac{1}{Q}}F\right]^{2}a_{eff}p^{2}+\frac{\sigma_{0}^{2}}{E}\alpha\left(1-\frac{a}{t}\right)ah_{1}\left(\frac{p}{p_{0}}\right)^{n+1} \tag{2-24}$$

式中：a_{eff} 为裂纹深度 a 按 Irwin 塑性修正后的有效裂纹值。

表 2-6　受内压的轴向裂纹管道 $t/R_i = \frac{1}{5}$ 时的 h_1 函数值

a/t	h_1 函数值						
	$n=1$	$n=2$	$n=3$	$n=5$	$n=6.67$	$n=7$	$n=10$
1/8	6.32	7.93	9.32	11.5	12.88	13.12	14.94
1/4	7.00	8.34	9.03	9.59	9.673	9.71	9.45
1/2	9.79	10.37	9.07	5.61	3.708	3.52	2.4.1
3/4	11.00	5.54	2.84	1.24	1.009	0.83	0.493

表 2-7　受内压的轴向裂纹管道 $t/R_i = \frac{1}{10}$ 时的 h_1 函数值

a/t	h_1 函数值						
	$n=1$	$n=2$	$n=3$	$n=5$	$n=6.67$	$n=7$	$n=10$
1/8	5.22	6.64	7.59	8.76	9.27	9.34	9.55
1/4	6.16	7.49	7.96	8.08	7.83	7.78	6.98
2/1	10.5	11.6	10.7	6.47	4.17	3.95	2.27
3/4	16.1	8.19	3.87	1.46	1.14	1.05	0.787

表 2-8　受内压的轴向裂纹管道 $t/R_i = \frac{1}{20}$ 时的 h_1 函数值

a/t	h_1 函数值						
	$n=1$	$n=2$	$n=3$	$n=5$	$n=6.67$	$n=7$	$n=10$
1/8	4.50	5.79	6.62	7.65	8.03	8.07	7.75
1/4	5.57	6.91	7.37	7.47	7.24	7.21	6.53
1/2	10.8	12.8	12.8	8.16	5.23	4.88	2.62
3/4	23.1	5.87	5.87	1.90	1.29	1.23	0.883

表 2-9　受内压的轴向裂纹管道的 h_1 函数值

a/t	n	h_1 函数值				
		$t/R_i = \frac{1}{25}$	$t/R_i = \frac{1}{30}$	$t/R_i = \frac{1}{35}$	$t/R_i = \frac{1}{40}$	$t/R_i = \frac{1}{45}$
1/8	$n=5$	7.316573	7.143811	7.020410	6.927859	6.855875
	$n=6.67$	7.539859	7.320716	7.164186	7.046788	6.955478
	$n=7$	7.550287	7.321906	7.158777	7.036430	6.941271
	$n=10$	7.461602	7.282596	7.161228	7.07375	7.007823
1/4	$n=5$	7.285859	7.190716	7.122756	7.071787	7.032145
	$n=6.67$	6.979929	6.869691	6.790950	6.731894	6.685961
	$n=7$	6.926716	6.813097	6.731940	6.671073	6.623732
	$n=10$	6.103573	5.968811	5.872552	5.800359	5.744208

续表

a/t	n	h_1 函数值				
		$t/R_i=\frac{1}{25}$	$t/R_i=\frac{1}{30}$	$t/R_i=\frac{1}{35}$	$t/R_i=\frac{1}{40}$	$t/R_i=\frac{1}{45}$
1/2	$n=5$	7.958001	8.063334	8.138572	8.195001	8.238890
	$n=6.67$	5.221715	5.314096	5.380083	5.429573	5.468065
	$n=7$	4.759573	4.815477	4.855409	4.885358	4.908652
	$n=10$	2.711600	2.776666	2.825102	2.862500	2.892222
3/4	$n=5$	2.014400	2.095555	2.155918	2.202499	2.239506
	$n=6.67$	1.283786	1.295738	1.304276	1.310679	1.315659
	$n=7$	1.271600	1.300370	1.321428	1.337500	1.350164
	$n=10$	0.898120	0.907444	0.913735	0.918249	0.921642

5. 含裂纹管道的完整性(失效)评定曲线

根据工程估算方法，J 积分[见式(2-19)]裂纹驱动力可表示为：

$$J=J'(a_e)\left(\frac{p}{p_0}\right)^2+J'(a,\ n)\left(\frac{p}{p_0}\right)^{n+1} \tag{2-25}$$

式中：$J'(a_e)\left(\frac{p}{p_0}\right)^2=J_e(a_e)$；$J'(a,\ n)\left(\frac{p}{p_0}\right)^{n+1}=J_p(a,\ n)$。

J 控制裂纹扩展条件下，裂纹扩展的平衡要求裂纹驱动力 J 等于裂纹扩展阻力 $J_R(\Delta a)$，即 $J(a,\ p)=J_R(\Delta a)$，则

$$J_R(\Delta a)=J'(a_e)\left(\frac{p}{p_0}\right)^2+J'(a,\ n)\left(\frac{p}{p_0}\right)^{n+1} \tag{2-26}$$

将此式两边用 $J_e(a,\ p)$ 除，可得到：

$$\frac{J_e(a,\ p)}{J_R(\Delta a)}=\frac{J_e(a,\ p)}{J'(a_e)\left(\frac{p}{p_0}\right)^2+J'(a,\ n)\left(\frac{p}{p_0}\right)^{n+1}} \tag{2-27}$$

并且

$$J_e(a,\ p)=J'(a)\left(\frac{p}{p_0}\right)^2 \tag{2-28}$$

根据 J 积分与 K_I 的关系式 $J=K_I^2/\bar{E}$，则 J 控制扩展的结果有：

$$\bar{E}J_R(\Delta a)=K_R^2(\Delta a) \tag{2-29}$$

式中：K_R 曲线是在小范围屈服条件下获得，只要满足 J 控制扩展条件，当裂纹扩展时，式(2-29)就成立，于是下式也成立：

$$K_r=K_1(a,\ p)/K_R(\Delta a)$$
$$J_r=J_e(a,\ p)/J_R(\Delta a) \tag{2-30}$$

将式(2-28)、式(2-29)代入式(2-27)，设 $L_r=p/p_0$，则

$$K_r^{-2}=\frac{J'(a_e)}{J'(a)}+L_r^{n-1}\frac{J'(a,\ n)}{J'(a)} \tag{2-31}$$

令 $H_e = J'(a_e)/J'(a)$，$H_n = J'(a, n)/J'(a)$，则式(2-31)可写为：

$$K_r = (J_r)^{1/2} = \left(\frac{L_r^2}{H_e L_r^2 + H_n L_r^{n+1}}\right)^{1/2} \tag{2-32}$$

式(2-32)即为使用 J 积分控制裂纹扩展的概念和 J 积分的工程估算方法，推导出的以 J 积分理论为基础的结构失效评定曲线方程。

(1)对于管道有限长椭圆形裂纹，可写为：

$$K_r^{-2} = \frac{a_e}{a}\left[\frac{F_1(a_e)}{F_1(a)}\right]^2 + L_r^{n-1}\frac{\alpha\sigma_0^2(1-a/t)h_1}{4\left[\frac{(1+t/R_i)^2}{(1+t/R_i)^2-1}\right]^2 \pi F_1^2 p_0^2} \tag{2-33}$$

(2)对丁管道全长轴向裂纹，可写为：

$$K_r^{-2} = \frac{a_e}{a}\left[\frac{f_0(a_e/t)+f\left(\frac{r}{R_0}\right)^{-2}}{f_0(a/t)+f\left(\frac{r}{R_0}\right)^{-2}}\right]^2 + L_r^{n-1}\frac{\alpha\sigma_0^2(1-a/t)h_1}{\pi\left[\frac{c^2(1+c^2)}{(1-c^2)^2}\right]^2\left[f_0(a/t)+f\left(\frac{r}{R_o}\right)^{-2}\right]^2 p_0^2} \tag{2-34}$$

式中：$p_0 = \dfrac{\sigma_0(1-a/t)}{\frac{\sqrt{3}}{2}\frac{R_i}{t}\left(1+\frac{t}{R_i}\frac{a}{t}\right)}$；$c = \dfrac{R_i}{R_o}$。

对于管道有限长椭圆裂纹 a_e/a 为：

$$\frac{a_e}{a} = 1 + \left(\frac{1}{\beta\pi}\right)\left(\frac{n-1}{n+1}\right)\left\{\frac{4\left[\frac{(1+t/R_i)^2}{(1+t/R_i)^2-1}\right]^2\pi F_1^2\left(1-\frac{a}{t}\right)^2}{\frac{3}{4}\left(\frac{R_i}{t}\right)^2\left(1+\frac{t}{R_i}\frac{a}{t}\right)^2}\right\}\left(\frac{L_r^2}{1+L_r^2}\right)$$

$$F_1(a_e) = \sqrt{\frac{1}{Q}}\ F\left(\frac{a_e}{a}\frac{a}{b},\ \frac{a_e}{a}\frac{a}{t},\ t/R,\ \phi\right)$$

对于管道全长轴向裂纹 a_e/a 为：

$$\frac{a_e}{a} = 1 + \left(\frac{1}{\beta\pi}\right)\left(\frac{n-1}{n+1}\right)\left\{\frac{\pi\left[\frac{c^2(1+c^2)}{(1-c^2)^2}\right]^2\left[f_0(a/t)+f\left(\frac{r}{R_o}\right)^{-2}\right]^2\left(1-\frac{a}{t}\right)^2}{\frac{3}{4}\left(\frac{R_i}{t}\right)^2\left(1+\frac{t}{R_i}\frac{a}{t}\right)^2}\right\}\left(\frac{L_r^2}{1+L_r^2}\right)$$

式(2-34)中右侧分子项第一、二项中：

$$f_0(a_e/t) = f_0\left(\frac{a_e}{a}\frac{a}{t}\right)$$

$$f\left(\frac{r}{R_0}\right)^{-2} = \frac{1}{(1-c)^2\sqrt{2}\pi a f_0(a_e)}\left[\sum_{i=1}^{3}\beta_i(a)E_i\right]$$

式(2-33)和式(2-34)即为含有限长椭圆形裂纹和含全长轴向裂纹管道的完整性评价曲线方程。

将完整性评价曲线方程以横坐标 $L_r = P/P_0$、纵坐标 $K_r = \sqrt{J_e/J}$ 的形式作出的图形（见图2-26）称为失效评定图，垂直截断线 L_{rmax} 以材料极限应力和屈服应力之和的一半与屈服应力的比值计算，评价曲线与截断线组成的区域为安全区域，待评定点 A 的坐标用（L_r，K_r）表示，如果评价点位于区域内部，则管道安全，反之则不安全。L_r 与 K_r 的大小也与结构的操作温度有关，不同的操作温度，评价点的坐标也不同，具体的参数如下：

（1）当操作温度在下转变温度时，将出现脆性断裂，因此以 K_{IC} 作为材料的断裂韧性，评定点计算如下：

$$K_r = \frac{K_I}{K_{IC}},\quad L_r = \frac{P}{P_0} \tag{2-35}$$

（2）当操作温度在过渡温度区时，以 J_{IC} 作为裂纹启裂的断裂韧性，评定点计算如下：

$$K_r(a,\ P) = \sqrt{J_e(a,\ P)/J_{IC}}\ ,\ L_r = \frac{P}{P_0} \tag{2-36}$$

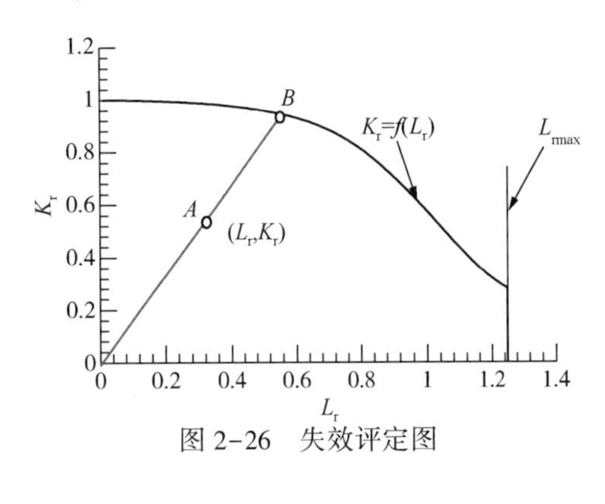

图2-26　失效评定图

（3）当操作温度在上转变温度时，将发生延性断裂，因此用 $J_R(\Delta a)$ 作为断裂韧性，评定点计算如下：

$$K_r(a,\ P) = \sqrt{J_e(a + \Delta a,\ P)/J_R(\Delta a)}\ ,\ L_r = P/P(a + \Delta a) \tag{2-37}$$

6. 含氢致裂纹管道的完整性(失效)评定曲线

氢环境下，在氢与外力的共同作用下，引起对材料的应力腐蚀作用，使材料的断裂韧性下降，即氢致开裂应力强度因子 K_{ISCC} 小于非氢条件下的临界应力强度因子 K_{IC}，由于管道中 H_2S 初始浓度不同，作用的程度不同，氢致开裂应力强度因子 K_{ISCC} 亦不同。在前面的章节中已经建立了氢致开裂的数学模型，其表达式为：

$$K_{ISCC} = \sigma^{f}_{max}(\pi l_c)^{1/2} - \frac{\mu\alpha C_H^*}{2(1-\nu)(\pi l_c)^{1/2}}\left[\left(1 + \frac{2l_c}{d^*}\right)^{1/2} - 1\right] \tag{2-38}$$

$$J_{ISCC} = \frac{2A}{I_n}\tilde{\sigma}_\theta(n,\ 0)\cdot\tilde{u}_\theta(n,\ \pi)\ \frac{K_{ISCC}^2}{E} \tag{2-39}$$

由于氢环境下管道材料的临界断裂应力强度因子 $K_{ISCC} < K_{IC}$，所以管道的承压能力下降，无氢条件下，管道的塑性极限失稳载荷为：

$$p_0 = \frac{2}{\sqrt{3}}\frac{(t-a)\sigma_0}{(R_i + a)} = \frac{\sigma_0(1 - a/t)}{\frac{\sqrt{3}}{2}\frac{R_i}{t}\left(1 + \frac{t}{R_i}\ \frac{a}{t}\right)} \tag{2-40}$$

有氢条件下，含氢管道的极限载荷为：

$$P_{th} = \left[\frac{2K_{ISCC}R_o^2}{R_o^2 - R^2}\sqrt{\pi\ a}\sqrt{\frac{1}{Q}}\ F(a/b,\ a/t,\ t/R,\ \phi)\right]^{-1} \tag{2-41}$$

在氢环境下，对于壁厚为 t 的管道来说，裂纹深度一定时，随着载荷的增加，可能发生断裂失效，也可能发生塑性失稳失效，含氢断裂极限载荷 P_{th} 与失稳极限载荷 P_0 的关系有两种可能，一种是 $P_{th} > P_0$，另一种是 $P_{th} < P_0$。当 $P_{th} > P_0$ 时，认为在管道启裂之前，发生塑性失稳，反之发生断裂失稳。氢环境下失效评定曲线方程 $K_r = f(L_r)$ 形式与非氢环境下相似。令 $L_r = P/P_{th}$，对于管道有限长椭圆形裂纹，则含氢致裂纹管道的完整性评价曲线方程为：

$$K_r^{-2} = \frac{a_e}{a}\left[\frac{F_1(a_e)}{F_1(a)}\right]^2 + L_r^{n-1}\left(\frac{P_{th}}{P_0}\right)^{n+1} \frac{\alpha\sigma_0^2(1 - a/t)h_1}{4\left[\frac{(1 + t/R_i)^2}{(1 + t/R_i)^2 - 1}\right]^2 \pi F_1^2 p_{th}^2} \tag{2-42}$$

将式(2-42)作成与图 2-26 相似的失效评定图，不同的是横坐标取 $L_r = P/P_{th}$，当 $P_{th} > P_0$ 时，发生塑性失稳的横坐标截断长度取 $L_{rmax} = \frac{(\sigma_0 + \sigma_u)}{2} \frac{P_0}{P_{th}}/\sigma_0$；当 $P_{th} < P_0$ 时，认为管道失效的形式只是由氢致开裂引起的，因此失效评定曲线的横坐标 L_r 的最大值 L_{rmax} 只取 1。待评定点的坐标 L_r 与 K_r 的大小也与管道的操作温度有关，不同的操作温度，评价点的坐标也不同，针对氢致开裂的断裂形式，具体的参数如下：

(1) 当操作温度在下转变温度时，将出现脆性断裂，因此以 K_{IC} 作为材料的断裂韧性，评定点计算如下：

$$K_r = K_I/K_{ISCC},\ L_r = P/P_{th} \tag{2-43}$$

(2) 当操作温度在过渡区温度时，以 J_{ISCC} 作为裂纹启裂的断裂韧性，评定点计算如下：

$$K_r(a,\ P) = \sqrt{J_e(a,\ P)/J_{ISCC}},\ L_r = P/P_{th} \tag{2-44}$$

7. 计算直管和弯管承受热、土压、土壤摩阻力的当量压力

上述失效评定曲线方程(2-33)和方程(2-34)，其外载荷只考虑管道裂纹的内压 P 作用，而实际管道除承受内压外，还要承受温度载荷、土压力、弯矩、土壤对管道的摩阻力，因此，需将这些载荷换算成管道的当量内压。

1) 温度的影响

当管道敷设时的温度与管道内部输送温度存在温度差 ΔT 时，则在管道内部产生轴向热应力，轴向热应力的表达式为：

$$\sigma_z = \alpha E\Delta T \tag{2-45}$$

式中：α 为热膨胀系数；E 为弹性模量；$\Delta T = T_1 - T_2$，其中 T_1 为管道敷设时的温度，T_2 为环境温度。

2) 考虑内压、土压、弯头曲率影响的共同作用

(1) 仅有内压和土压作用

$$\sigma_\alpha = (p - q_1)r/2t,\ \sigma_t = \frac{2R + r\sin\phi}{2(R + r\sin\phi)}\left[\frac{(p - q_1)r}{t}\right] \tag{2-46}$$

式中：σ_α 为轴向应力，MPa；σ_t 为环向应力，MPa；r 为直管道或弯管得半径；p 为内压，MPa；R 为弯头曲率半径，m；t 为弯头壁厚，m；ϕ 为计算应力点位置角度；q_1 为土压力，MPa。

弯头环向应力 σ_t 的最大应力为：

$$\sigma_t = \frac{2R - r}{2(R - r)}\left[\frac{(p - q_1)r}{t}\right] \tag{2-47}$$

沟埋式管道土压力(不计地面载荷)为:

$$q_1 = \frac{B\gamma_s}{2K_r \text{tg}\phi}\left[1 - \exp\left(-2\frac{H}{B}K_r \text{tg}\phi\right)\right] \tag{2-48}$$

上埋式土压力(不计地面载荷)为:

$$q_1 = \frac{1}{2HK_r \text{tg}\phi / D_0}\left[\exp\left(2\frac{H}{D_0}K_r \text{tg}\phi\right) - 1\right] \tag{2-49}$$

式中:γ_s 为回填土密度，取 18kg/m^3;H 为管顶覆土厚度，m;B 为管沟宽度，m,ϕ 为回填土内摩擦角，(°);D_0 为管子外径，m;$K_r \text{tg}\phi$ 的取值范围为散粒土 0.19，沙砾土 0.165，饱和天然砂土 0.15，普通黏土 0.13，饱和黏土 0.11。

(2) 弯头受内压、土压和弯头曲率影响共同作用应力

弯头受弯矩作用的轴向应力可表示为 $\sigma_{\text{Lmax}} = \beta_L \sigma_w$，环向应力表示为 $\sigma_{\text{qmax}} = \beta_q \sigma_w$，其中 $\beta_L = 0.83\left[1 + 2\left(\frac{r}{R}\right)^2\right](1/\lambda)^{2/3}$，$\beta_q = 1.8\left[1 - \left(\frac{r}{R}\right)^2\right](1/\lambda)^{2/3}$，弯头系数 $\lambda = \frac{Rt}{r^2}$，σ_w 为直管受由温度、土壤摩阻力引起的弯矩作用而产生的应力，当弯头受内压、土压和弯头曲率影响共同作用时，需对弯头的环向应力系数 β_q 进行修正，用 β_{qp} 表示:

$$\beta_{qp} = \beta_q / n_\sigma \tag{2-50}$$

式中:$n_\sigma = 1 + 3.25\frac{(p - q_1)r}{Et}(r/t)^{\frac{3}{2}}\left(\frac{R}{r}\right)^{\frac{2}{3}}$。

此时，弯头受内压、土压和弯头曲率影响共同作用的应力。

轴向应力为:

$$\sigma_{\text{Lmax}} = \beta_L \sigma_w \tag{2-51}$$

环向应力为:

$$\sigma_{\text{qmax}} = \beta_{qp}\sigma_w \tag{2-52}$$

式中:β_{pq} 为弯头环向应力修正系数。

如果管道回填土夯实，则不需考虑管道的沉陷，但是管道在温度和内压作用下，会产生伸缩变形，埋地管道及其防腐层受到土壤约束力的作用，在管道伸缩变形过程中，产生土壤摩擦阻力 F_f。因此，土壤摩擦阻力 F_f 引起的弯矩也必须考虑在内。摩阻力 F_f 为:

$$F_f = \pi D q_1 f_0 \tag{2-53}$$

式中:F_f 为管道周围长度上得摩阻力，N/m;D 为管子外径，m;f_0 为管壁与土壤之间的摩擦系数;q_1 作用于管道表面的土压力，Pa。

(3)计算直管道和弯管的当量内压

① 直管环向应力

直管轴向裂纹的环向应力(考虑内压、土压)为:

$$\sigma_1 = \frac{(P_0 - P_1)D}{2t} \tag{2-54}$$

式中：土压 p_1 直管和弯管计算公式相同；其他参数与前面定义相同。

② 直管轴向应力

直管环向裂纹的轴向应力(考虑内压、土压、温度、土壤摩阻力)为:

$$\sigma_1' = \frac{(P_0 - P_1)D}{4t} + E\alpha\Delta T \pm \frac{F_f}{A} \tag{2-55}$$

式中：A 为管道横截面积，m²；其他参数与前面相同。

③ 弯管的环向应力

弯管的环向应力(考虑内压、土压、弯矩)为：

$$\sigma_2 = \beta_{qp}\sigma_w \tag{2-56}$$

④ 弯管的轴向应力

弯管的轴向应力(考虑内压、土压、弯矩)为：

$$\sigma_2' = \beta_L\sigma_w \tag{2-57}$$

综合上述四种情况，管道分别所受的当量内压力可表示为：

$$P_r = 2\sigma_1 t/D\ ,\ P_r = 4\sigma_1' t/D\ ,\ P_r = \frac{2\sigma_2 t}{\beta_{qp}D}\ ,\ P_r = \frac{4\sigma_2' t}{\beta_L D} \tag{2-58}$$

8. ANSYS 有限元验证

1)有限元模型

为了验证评定曲线的正确性，新 R6 第三种方法和 EPRI 规程二指出，纵坐标 K_r 的计算必须经过可信的有限元程序验证，因此本书应用了美国 ANSYS 5.3 程序中断裂力学模块，采用的有限元模型是二维平面断裂模型，目的是计算含裂纹缺陷管道时的 J 积分。分别取计算外载荷为 $P = \left(0.1 \sim \frac{\sigma_0 + \sigma_u}{\sigma_0}\right)P_0$，$P_0$ 为塑性失稳极限载荷，此时可计算出裂纹扩展的应力强度因子 K_I 和管道的弹塑性 J 积分，从失效评定曲线可知，$L_r = P/P_0$，$K_r = \sqrt{J_e/J}$，其中 $J_e = K_I^2/E_1$[平面应力 $E_1 = E$，平面应变 $E_1 = E/(1-\nu^2)$]，通过分析 K_r、L_r 的值，可得到有限元解的材料的失效评定曲线，二维平面断裂模型采用的是平面 6 节点三角单元，处理上应用管道裂纹几何和边界对称的条件，对管道的一半进行计算，模型的两侧支点边界为固支。假设有两段管道的外直径为 600mm，壁厚为 15mm，管道内表面存在一轴向裂纹，且与壁厚的比为 $a/t = 1/2$，管道材料分别为 16Mn、20 号钢，屈服极限 σ_0、抗拉强度 σ_b、弹性模量 E、泊松比 ν、临界断裂强度因子 K_{IC} 等参数见相关资料，管道结构共划分 85 个单元，220 个节点，为了计算应力强度因子，裂纹附近的网格需要加密处理，材料非线性有限元方程的求解应用 Newton-Raphson 法，即完全切线刚度法求解。材料的硬化指数与硬化系数，通过输入应力应变关系数值得到，应用的屈服准则为 Mises 屈服准则，管道结构的单元划分如图 2-27 所示。当计算载荷 $P = 0.7P_0$ 时，管道的单元变形如图 2-28 所示。

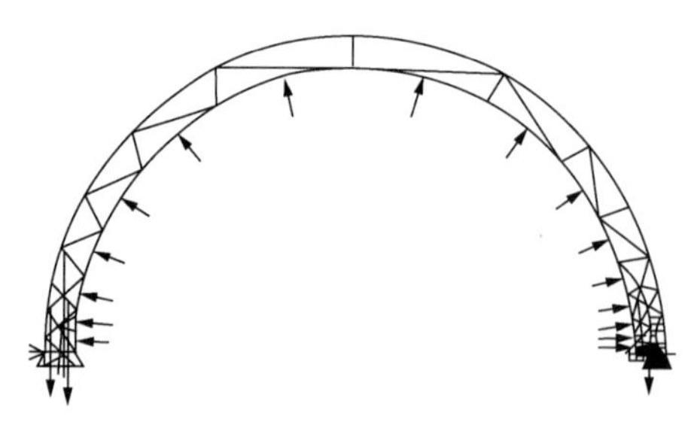

图 2-27 管道 J 积分计算模型网格划分

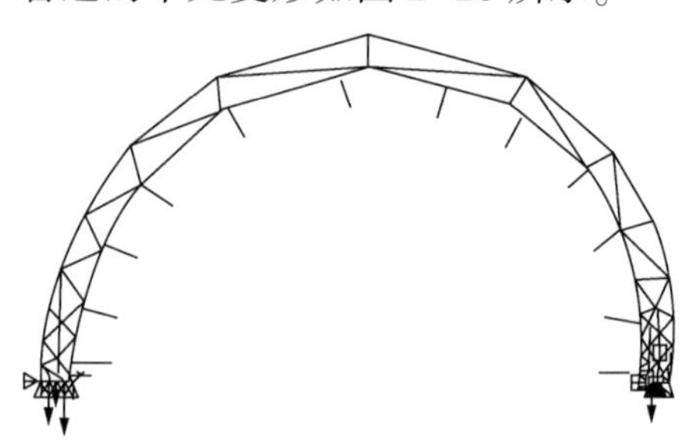

图 2-28 管道变形图

2) J 积分的计算

ANSYS 5.3 计算的 J 积分采用以下公式：

$$J = \int_{\Gamma} W\mathrm{d}y - \int_{\Gamma}\left(t_x \frac{\partial u_x}{\partial x} + t_y \frac{\partial u_y}{\partial y}\right)\mathrm{d}s \tag{2-59}$$

式中　Γ——环绕裂尖的任意路径；

W——应变能密度；

t_x——沿着 x 轴拉伸矢量，$t_x = \sigma_x n_x + \sigma_y n_y$；

t_y——沿着 y 轴拉伸矢量，$t_y = \sigma_y n_y + \sigma_{xy} n_x$；

σ——各应力分量；

u——位移矢量；

s——沿着路径 Γ 的距离。

利用管道结构塑性极限载荷 P_0 的计算式，分别取载荷 $P = (0.1, 0.2, 0.3, 0.4, \cdots, 1.3)P_0$，横坐标取 $L_r = P/P_0$，纵坐标取 $K_r = \sqrt{J_e/J}$，并与新 R6 第一方法及本节计算的数值相比较，以验证本节评价结果的正确性。计算的结果如图 2-29 和图 2-30 所示。

另有直径分别为 496mm 和 576mm 的管道，壁厚均为 8mm，管材为 X52，材料的屈服极限为 500MPa，拉伸强度为 634.5MPa，硬化指数为 13.347，硬化系数为 1.5236，断裂韧性 $K_{IC} = 167.4\mathrm{MPa}\sqrt{\mathrm{m}}$，管壁内表面长度分别为 30mm 和 20mm、深度为 4mm 和 3mm 的轴向裂纹，作出的完整性评价曲线如图 2-31 所示。

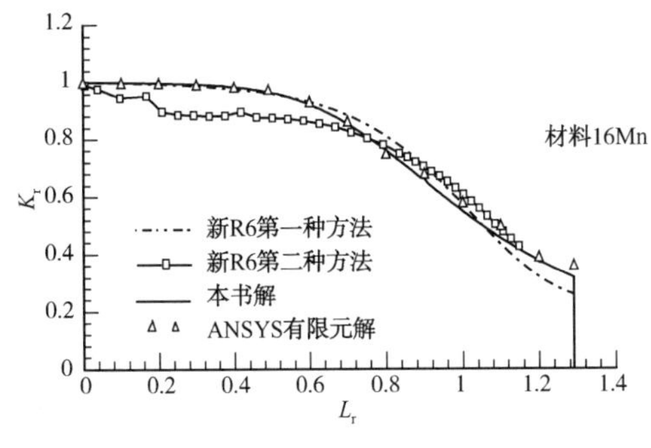

图 2-29　16Mn 评价曲线与新 R6 方法及有限元法的比较

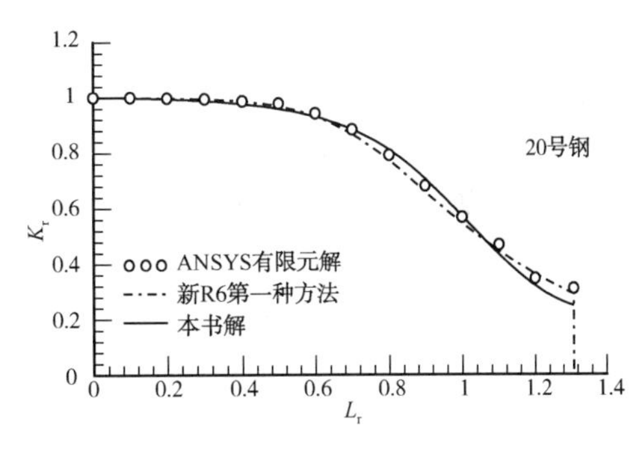

图 2-30　20 号钢评价曲线与新 R6 方法及有限元法的比较

图 2-29 为 16Mn 评价曲线与新 R6 第一、第二种方法及有限元计算的比较，从图中可以看出这四种方法的计算结果基本吻合，新 R6 第二种方法在 $L_r<0.7$ 的区域内安全范围略小，这是由于新 R6 第二种方法是通过实验得到的，由材料内部不均匀所致。图 2-30 为 20 号钢评价曲线与新 R6 第一种方法及有限元计算的比较，从图中可看出，三种方法较好地吻合。图 2-31 为不同缺陷下 X52 钢评价曲线与新 R6 方法及有限元法的比较，从图中可以以看出，本节解与有限元解吻合得相当好，新 R6 第一种方法与前两种方法略有差距，这是由于 X52 钢材料有屈服不连续点存在，不适合用新 R6 第一种方法评价。上述计算分析表明，本节弹塑性评价方法是正确的，结果是可信的。

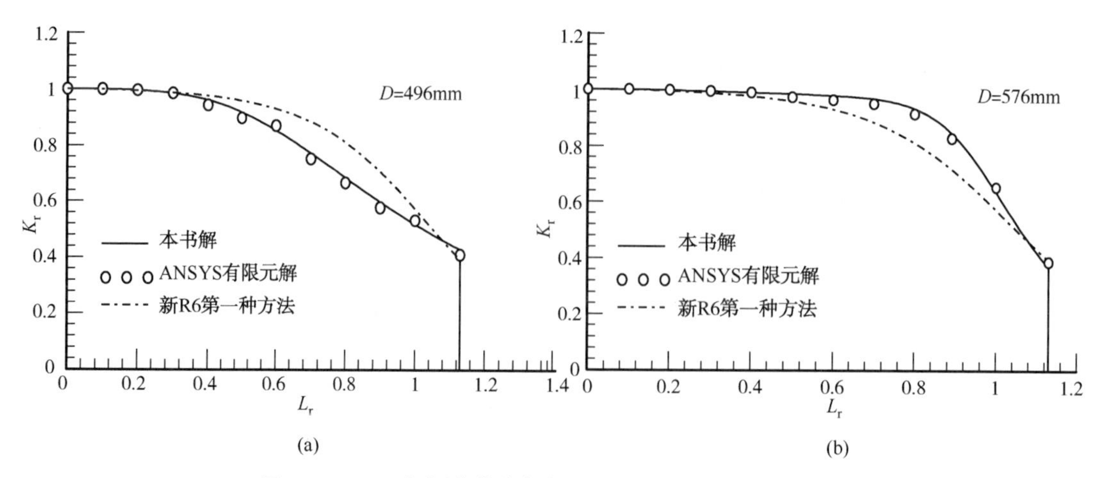

图 2-31　X52 钢评价曲线与新 R6 方法及有限元法的比较

9. 含 H_2S 天然气管道完整性评价

应用本节 5~7 中提出的方法，可对在役输气管道的完整性进行评价。下面分别对以下三种情况的管道进行评价：① 无氢条件下(只有内压作用)；② 含氢条件(只有内压作用)；③ 含氢条件(考虑内压、温度、土压和摩阻力的联合作用)。

1) 无氢条件下(只有内压作用)

以中国西南油气田分公司泸威线为例，管材为 16Mn，螺旋缝埋弧焊管外直径为 630mm，管壁厚 t = 8mm，操作压力 P = 3.5MPa，K_{IC} = 98.73MPa $\sqrt{m}$，屈服应力 σ_0 = 352MPa，抗拉强度 σ_b = 559.76MPa，材料的硬化指数 n = 6.375，硬化系数 α = 2.057，设管道内表面存在一轴向裂纹，裂纹深度与裂纹长度的一半之比为 1/5，裂纹深度与管道壁厚比 a/t 分别为 1/4、1/2、3/4 三种情况，应用本节提出的评价曲线，对该管道进行完整性评价，其评价曲线如图 2-32 和图 2-33 所示。

图 2-32 为不同 a/t、t/R 情况下管道失效评定曲线。对于图(a)和图(d)来讲，表面上看来，随着 a/t 的增大、t/R 的减小，安全范围增大了，但是此时注意的是评价点坐标(L_r，K_r)也增大，增大的幅度超过评价曲线增大的范围。因此，考察安全系数才是决定安全程度的最关键因素，通过计算得到，当 a/t=0.75、a/t=0.5、a/t=0.25 时，安全系数分别为 0.92、1.68、2.53；当 a/t=0.5 时，t/R=1/10、t/R=1/20、t/R=1/30 时的安全系数分别为 3.22、2.89、2.53；这也说明了在上述工况下，a/t=0.75 和 t/R=1/30 时的安全程度最低。从图(b)可以看出，新 R6 第一种方法与第二种方法评价曲线基本吻合，但实际上第二种方法较第一种方法得到的安全系数降低。从图(c)中可以看出，当 a/t=0.25 时，t/R=1/10、t/R=1/20、t/R=1/30 时的安全范围相差不大。

图 2-33 为不同 a/t、硬化指数 n 下的管道失效评定曲线，当 a/t=1/8 和 1/4 时，不同硬化指数评价曲线在 L_r =1 处相交，而当 a/t=1/2 和 3/4 时，评价曲线分布安全区域范围随着硬化指数 n 的增大而增加。实际计算表明，随着硬化指数 n 的增加，安全系数增大。

2) 含氢条件下(只有内压作用)

某油气田输气管道中的硫化氢浓度含量为 20~200mg/m^3，管道材质为 16Mn 和 20 号钢

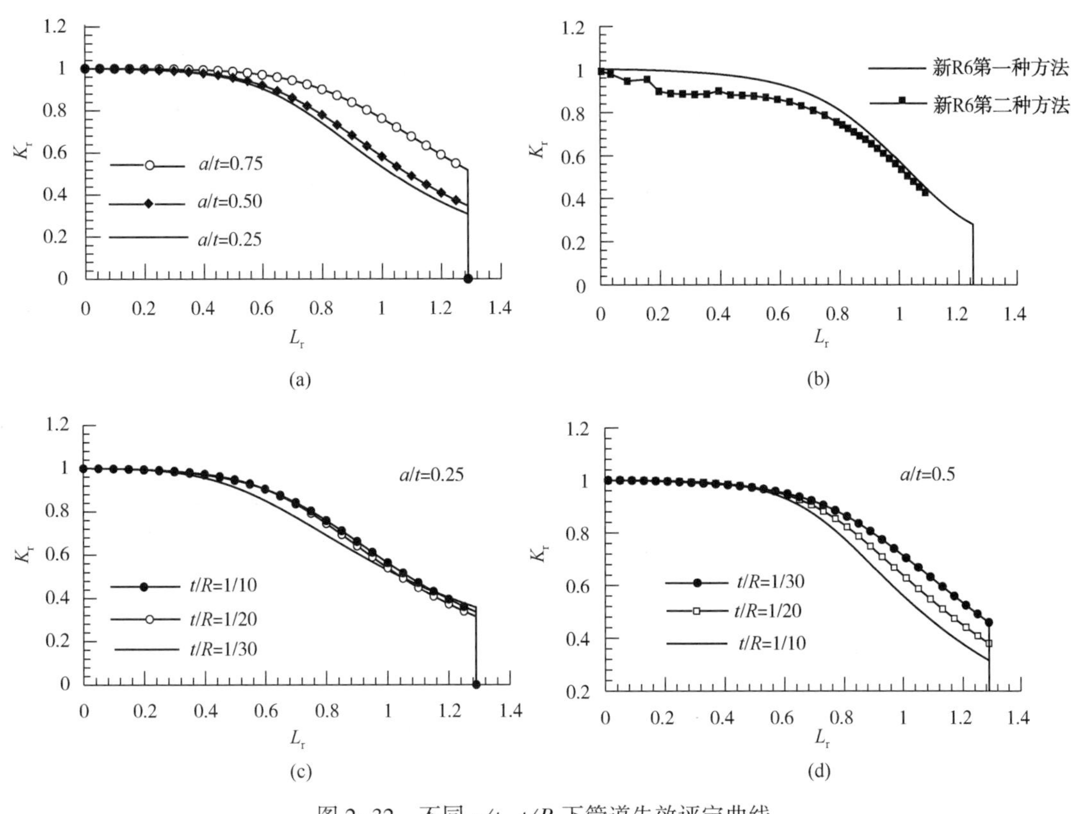

图 2-32　不同 a/t、t/R 下管道失效评定曲线

两种材料，16Mn 材料的机械性能见相关资料，20 号钢螺旋缝埋弧焊管外直径为 600mm，管壁厚度 $t = 8\text{mm}$，操作压力 $P = 4\text{MPa}$，$K_{IC} = 138.91\text{MPa}\sqrt{\text{m}}$，屈服应力 $\sigma_0 = 297.2\text{MPa}$，抗拉强度 $\sigma_b = 481.88\text{MPa}$，材料的硬化指数 $n = 6.775$，硬化系数 $\alpha = 2.309$，假设管道内表面存在一轴向裂纹，裂纹深度与裂纹长度的一半之比为 1/5，裂纹深度与管道壁厚比 a/t 为 1/4 和 1/2，对该管道进行缺陷评价，其评价曲线如图 2-34 所示。

从图 2-34 中得出，在同种工况下，含硫化氢的管道临界断裂强度因子 $K_{ISCC} < K_{IC}$，图中 A 点的纵坐标 K_r 小于 B、C 点，由于临界承压能力减小，因此 A 点的横坐标 K_r 大于 B、C 点，对于不同的硫化氢浓度，浓度越高，K_r 值增大，因此 B 点纵坐标小于 C 点，经过计算得出，缺陷评价点 A 无氢时的安全系数为 2.735873，当 H_2S 浓度为 50mg/m^3 时缺陷评价坐标点 B 点安全系数为 2.58774，当 H_2S 浓度为 100mg/m^3 时缺陷评价坐标点 C 点安全系数为 2.39494，随着浓度的增加，安全系数下降。缺陷评价点 A 无氢时的安全系数为 1.555367，当 H_2S 浓度为 60mg/m^3 时缺陷评价坐标点 B 点安全系数为 1.45713，当 H_2S 浓度为 120mg/m^3 时缺陷评价坐标点 C 点安全系数为 1.386884。

3）含氢条件（考虑内压、温度、土压和摩阻力的联合作用）

天然气埋地输送管道，材料分别为 16Mn 和 20 号钢，输送介质中湿 H_2S 含量为 100mg/m^3，管径为 508mm，壁厚为 8mm，直管轴向裂纹长度为 40mm，深度为 3mm，管道输送压力为 2MPa，管道出站输送压力为 3.5MPa，安装环境温度为 10℃，运行介质温度为 40℃，

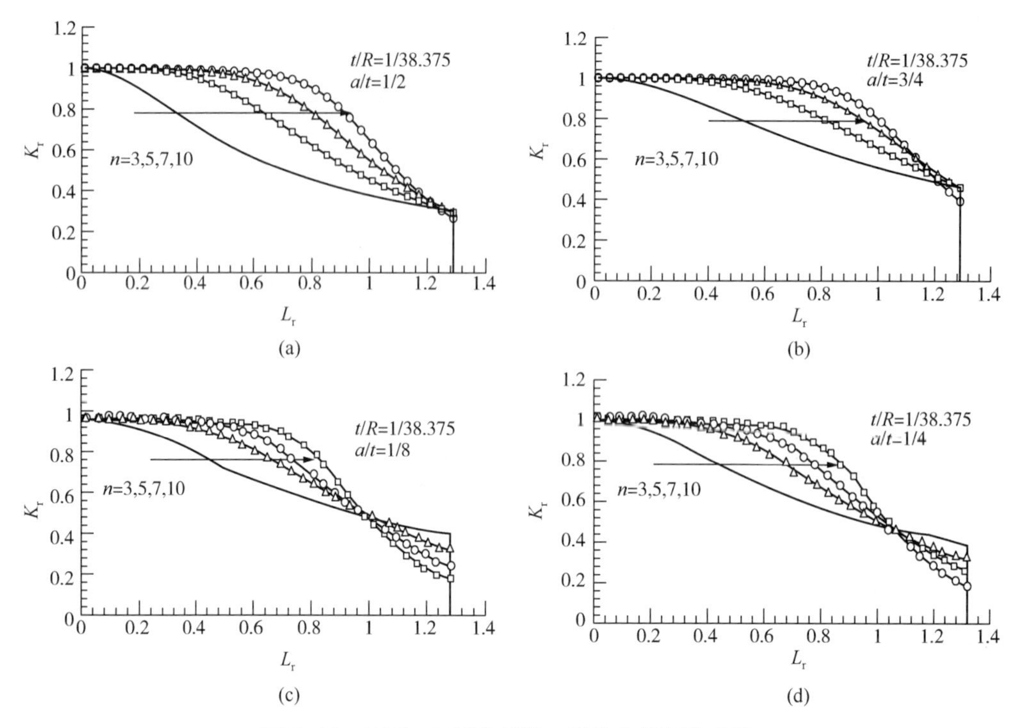

图 2-33　不同 a/t 硬化指数 n 下的失效评定曲线

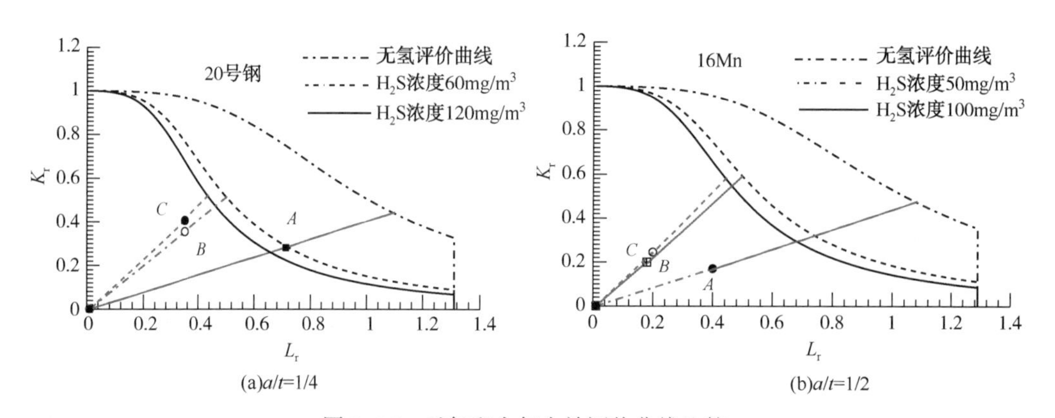

图 2-34　无氢和含氢失效评价曲线比较

埋地沟深为 1.2m，埋地沟宽 1.5m，管线的热膨胀系数为 1.2×10^{-5}，沉陷系数为 0.2，回填土密度为 1800kg/m^3，管道与土壤摩擦系数为 0.5，回填土内摩擦参数为 0.13，沉陷量为 5mm，16Mn 材料的弹性模量为 2.0×10^5N/mm^2，泊松比为 0.25，临界断裂应力强度因子为 K_{IC} 为 98.73MPa$\sqrt{m}$，硬化系数为 2.035，硬化指数为 6.375，屈服应力为 352MPa，断裂应力为 559MPa。20 号钢材料的弹性模量为 2.0×10^5N/mm^2，泊松比为 0.25，临界断裂应力强度因子为 K_{IC} 为 138.91MPa$\sqrt{m}$，硬化系数为 2.309，硬化指数为 6.675，屈服应力为 297.95MPa，断裂应力为 481.88MPa。

在上述条件下，对含 H_2S 输气管道进行完整性评价，给出管道的安全系数，并进行安全性判断。16Mn 和 20 号钢埋地管道的完整性评价曲线如图 2-35 和图 2-36 所示。

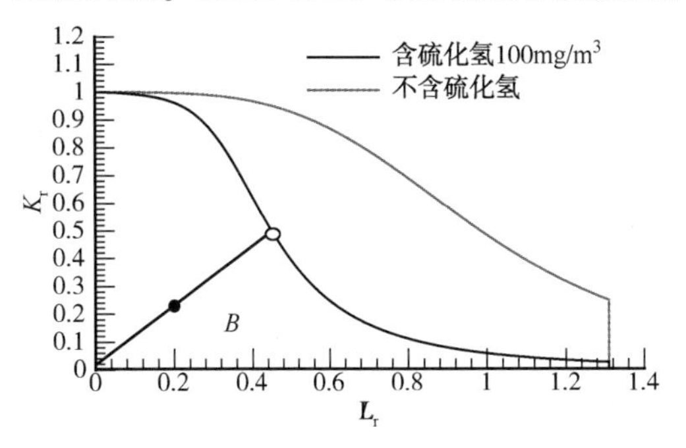

图 2-35 16Mn 管道完整性评价曲线

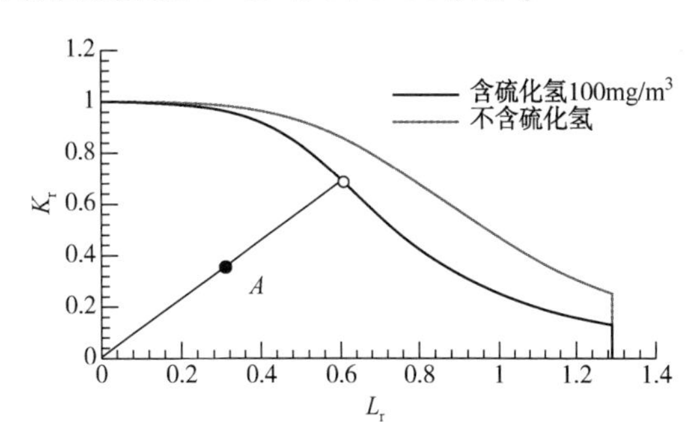

图 2-36 20 号钢管道完整性评价曲线

图 2-35 中，缺陷评价点 *A* 的坐标为(0.3102，0.3559)，对应的安全系数为 1.92613，从图中可看出，含硫化氢管道评价曲线安全区域范围变小。图 2-36 中，缺陷评价点 *B* 的坐标为(0.2011，0.2459)，对应的安全系数为 1.9804，从图中也可看出，含硫化氢管道评价曲线安全区域范围变小。

10. 结论

(1) 应用权函数方法计算了管道轴向裂纹应力强度因子值，这一方法考虑了管道内压、管道壁厚、缺陷裂纹长度、缺陷深度等的影响，为管道准确的安全评价打下基础，具有较高的精度。

(2) 本书使用外推法将全塑性系数 h_1 计算取值的范围扩大至 $\frac{t}{R} \geqslant \frac{1}{20}$，使得应用弹塑性工程方法进行输气管道的管道安全评价成为可能。提出的输气管道氢致开裂安全评价准则，与管道用钢在氢环境下的韧脆性断裂方式是一致的。

(3) 应用新 R6 第一种方法和第二种方法以及本书的 EP 方法对管道进行完整性评价，评价曲线基本吻合，这表明本书的评价方法是正确的。ANSYS 5.3 程序平面 J 积分的计算解与本书管道的弹塑性工程计算解 J 积分解相吻合，表明本书的全塑性系数 h_1 的计算方法是正确的。

(4) 将氢环境与非氢环境下管道缺陷裂纹的评价安全系数进行比较可知，氢环境下的管道安全系数减小，并且随着 H_2S 浓度越大，安全系数递减。

(5) 含氢管道的安全评价系数，不仅与管道内 H_2S 浓度有关，而且与材料的机械性能有关，裂纹缺陷的几何形状是影响安全系数的重要因素。因此降低输送管道中 H_2S 的浓度，适当提高材料的硬化系数，可增加含氢缺陷管道的安全系数。

(6) 考虑管道的埋地参数、内压、土压和摩阻力和温度的影响，应使用当量内压的概念作为管道的评价载荷。

2.1.3 管道地质灾害监测技术

1. 简介

长输管道担负着油气资源的主要输送任务，由于分布范围非常广阔，沿途区域自然地理和地质环境复杂多样，不可避免地会受到各种地质灾害的威胁和侵害。管道事故的发生不仅导致油气泄漏、管线停输，带来巨大经济损失，还有可能引发火灾、爆炸等事故，对生命财产、自然环境和社会安定带来严重后果和恶劣影响。

导致油气管道破裂或断裂的因素很多，包括第三方破坏、外腐蚀、内腐蚀、自然灾害、钢管早期损伤、环焊缝缺陷、设计缺陷、其他原因等。地质灾害与气象灾害、生物灾害等都是自然灾害的主要类型，地质灾害与地球动力活动直接相关，具有突发性、多发性、群发性和渐变影响等特点。由于地质灾害往往造成严重的人员伤亡和巨大的经济损失，所以在自然灾害中占有突出的地位。一般认为，地质灾害是指由于地质作用(自然的、人为的或综合的)使地质环境产生突发的或渐进的破坏，并造成人类生命财产损失的现象或事件。原国土资源部把地质灾害明确定义为：地质灾害是指包括自然因素或者人为活动引发的危害人民生命财产安全的山体崩塌、滑坡、泥石流、地面塌陷、地裂缝、地面沉降等与地质作用有关的灾害。因此，地质灾害是威胁管道安全运行的重要因素之一。

油气长输管线穿越地域类型复杂，往往遭遇各种潜在的地质灾害。我国是一个地质灾害多发的国家，地质灾害发生频率高、随机性大，崩塌、滑坡及泥石流等地质灾害时有发生。如陕京一、二线沿途穿越沙漠、黄土区、地震带和活动断裂区，主要灾害形式包括冲沟、滑坡、泥石流、崩塌、断层、地裂缝地面沉降等。

管道地质灾害受地理环境、气候、人类活动影响显著且种类繁多，对管道的作用形式和危害程度也各不相同。地质灾害直接引发土壤运动和地表变形，从而导致埋地管道在土体的作用下发生变形甚至失效。土体的复杂力学作用使管道产生拉裂、弯曲、压缩、扭曲、局部屈曲等破坏现象，特别是近年来大口径高强度管材的大范围应用，土体对埋地管道的作用更加显著，以至于管道产生椭圆化变形、局部褶皱和波状变形等破坏现象。

一般而言，地质灾害的发生包括三个因素：一是内在因素，即灾害地质体的特征因素；二是必要条件因素，即地质灾害发生的前提条件；三是诱发因素，即地质灾害发生的诱导因素。因此，应对管线沿线重点区域的地质状况进行监测，并根据监测结果制定相应的治理措施，进而防止地质灾害等引起管道的过度变形而发生破坏。

我国从20世纪90年代初开始油气管道完整性管理领域的研究和实践，通过“九五”和“十五”期间的研究攻关，在管道检测技术、含缺陷管道适用性评价、管道风险评估等方面都取得了大量卓有成效的研究成果。在管道完整性管理的过程中，对管道变形及管道周围的地质环境进行在线监测，可以为完整性管理提供必要的数据，同时，也可以为管道的安全运行提供预警。

地质运动应变监测用于长期的管道安全监测，实现灾害体治理工程之后的管道长期动态跟踪监控，进一步了解管道的稳定性特征。地质灾害下管道变形与土壤移动监测预警系统要求能够迅速、及时、准确地掌握监测地区的山坡等重点地区的斜坡产生的位移或斜坡运动速度等相关数据和时间，为滑坡、泥石流、洪水等地质灾害下管道变形与土壤运行预报提供及时准确的信息，供政府部门和决策部门作出正确决策，为灾前评估、决策提供依据，提前采取减灾措施，将灾害造成的危害和损失减少到最小。

地质灾害下管道变形与土壤移动监测预警系统要求各监测点采集的数据能够及时、可靠地传送到异地的计算机系统进行处理和分析。地质灾害下管道变形与土壤移动监测预警系统由传感器将采集的信息送到由单片机控制的数据采集系统进行数据的加工和处理，处理后的数据通过数据发送单元送到用户数据接收单元。数据接收单元再将接收到的数据送到计算机，由计算机对各数据采集点的数据进行处理、分析和报警。

由于油气管道一般都是以露天布置、野外无人值守方式工作，所以要求监控设备必须适合野外工作，具有较高的稳定性和环境适应能力。地质灾害的形成通常有一定的过程，在此过程中，管道应变、土壤压力、孔隙水压力、山体变形等参数会发生变化，通过针对特殊地段开展管道上述参数的远程监测，可以及时发现灾害的发生，通知抢险队采取应急措施，实现管道的安全控制，大大提高管道的安全性，减少因地质灾害造成的管道破坏。输气管道服役环境状态参数无线遥测系统就是根据以上原理开发的监测系统。输气管道服役环境状态参数无线遥测系统是基于单片机技术、传感器技术、计算机网络技术以及计算机软件技术等多种技术为一体的系统。

2. 关键技术

1）陕京线地质灾害调研与分析

对油气管道有影响的主要地质灾害有地质断层、地裂缝、山体崩塌、滑坡、泥石流、黄土湿陷、冲沟、地震、河流冲蚀、采空区等。陕京管线常见的地质灾害有如下几种：

（1）断层、地裂缝

断层和地裂缝是在地质形成过程中由于地壳的相互挤压、造山运动、火山、地震和人类活动等而引起地层断裂和错动而形成的。图 2-37 和图 2-38 分别为断裂构造剖面图和断层剖面图。

断层描述包括断层类型（正断层、逆断层和平移断层）、断层走向和倾向、断距。

断层对管道的危害：断层滑动导致管道变形（包括拉伸变形和挤压变形）和剪切破坏；断层容易引发山体崩塌和滑坡。地层错断引发管道破裂的形式如图 2-39 所示，图 2-40 为管道地质位移后发生塑性扭曲变形实物图。

（2）滑坡

滑坡是指斜坡上的岩体或土体，由于地下水和地表水的影响，在重力作用下，沿着滑动面所作的整体下滑运动。图 2-41 为滑坡形成示意图。

陕北晋西黄土滑塌灾害是黄土高原北部地区的一种特殊斜坡变形破坏类型。由于其突发性和频繁发生的特点，常造成大批窑洞、房屋倒塌和人员伤亡，并给该区铁路、公路和长输管道建设造成严重危害。

滑坡分类：① 根据物质组成可分为黄土、黏土、碎屑和基岩滑坡；② 根据岩性和构造可分为顺层面、构造面和不整合面滑坡等；③ 根据滑坡体厚度可分为浅层（数米）、中层（数米至 20m）和深层（数十米以上）滑坡；④ 根据触发原因可分为人工切滑、冲刷、超载、饱水、潜蚀和地震滑坡等；⑤ 根据年代可分为新、老、古滑坡；⑥ 根据运动形式可分为牵引和推动滑坡。

滑坡的形成主要包括两方面的因素：滑坡岩体结构和外部诱因，岩体结构包括岩性组成和构造裂隙；外部诱因包括降雨、雪和人类活动等。滑坡的形成、发展大致可分为蠕动变形阶段、滑动阶段和停息阶段，掌握其形态特征、发生发展和分布规律，滑坡是可以判别、预报和防治的。

滑坡监测：利用井眼位移计监测小量滑坡位移；利用水位指标器对地下水位进行监测，以确定滑坡可能发生的部位；利用管体焊接装置来监测地表滑动；利用应变仪监测地层移

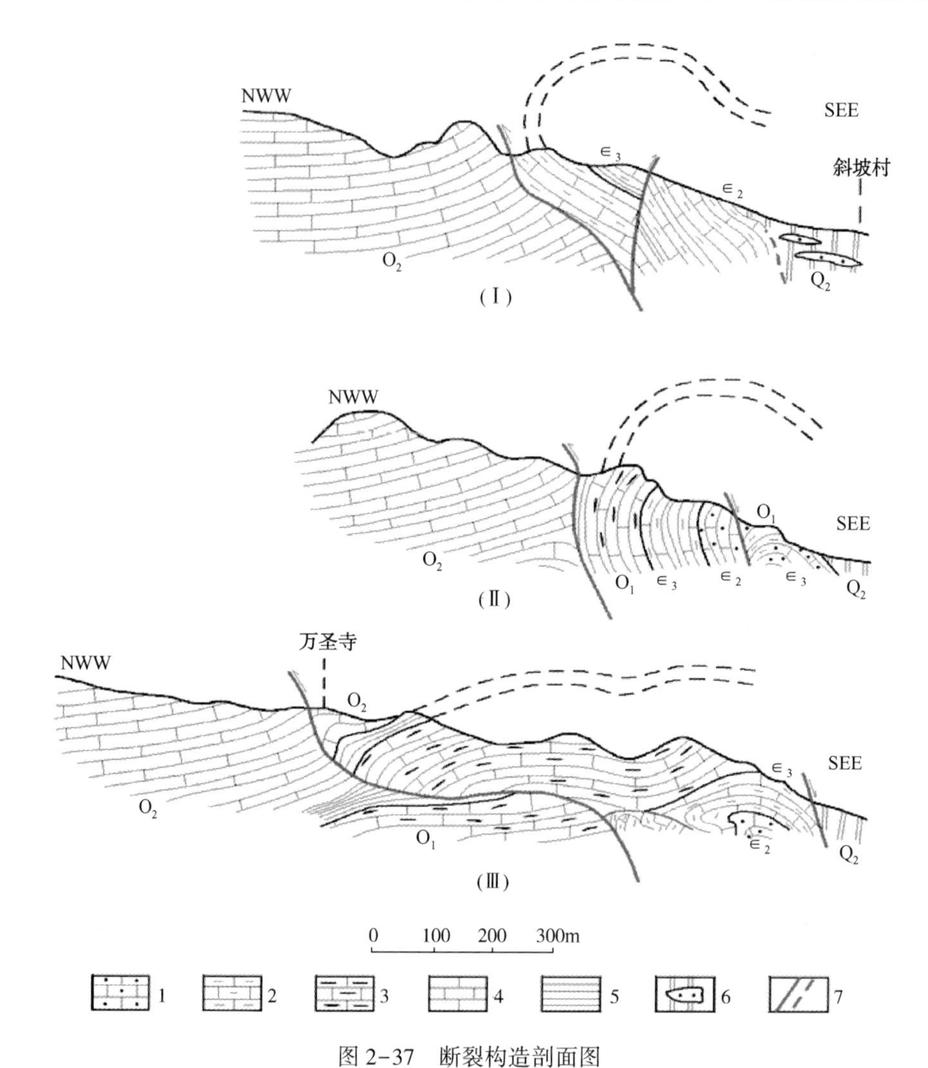

图 2-37　断裂构造剖面图

1—鲕状灰岩；2—泥质条带灰岩；3—燧石团块白云质灰岩；4—灰岩；5—泥岩；6—红色土；7—断层

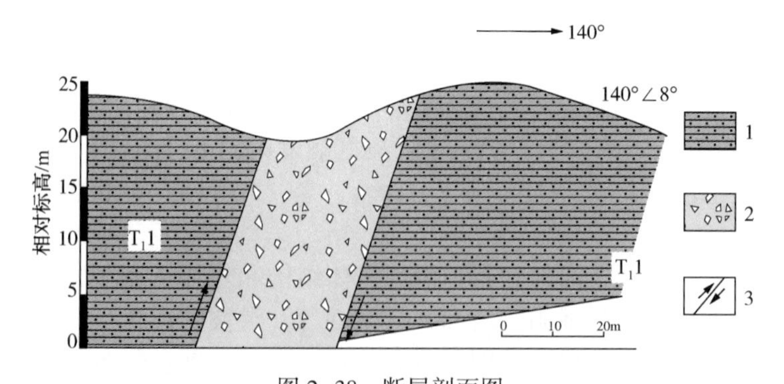

图 2-38　断层剖面图

1—砂岩；2—断层破碎带；3—逆断层

动导致的管道应变；用目测观察法来判断滑坡和塌方；用航测法监测管道位移。

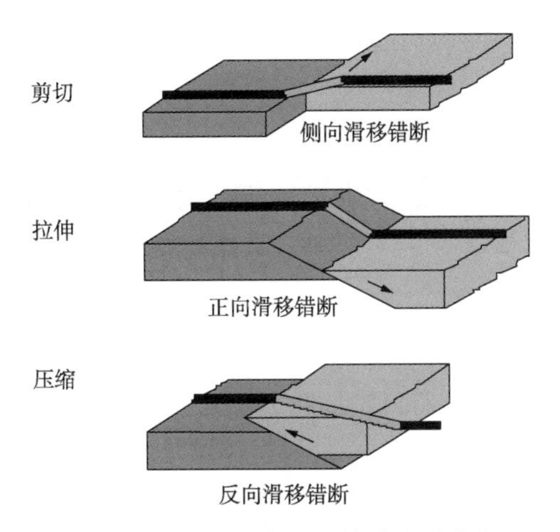

图 2-39　地层错断引发管道破裂形式

图 2-40　管道地质位移后发生塑性扭曲变形

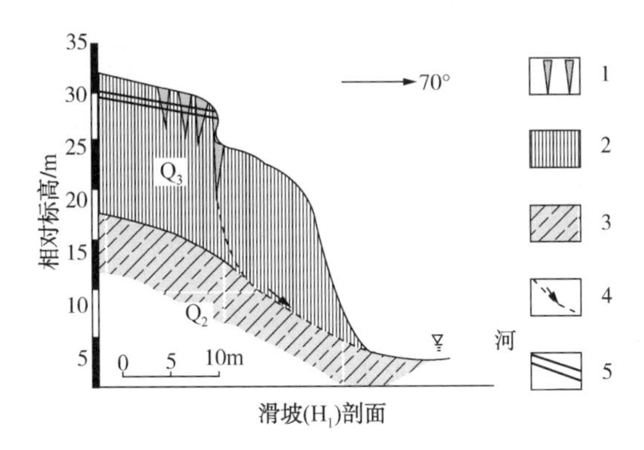

图 2-41　滑坡形成示意图

1—黄土裂缝；2—上更新统黄土；3—中更新统粉质黏土；4—滑移面及下滑方向；5—输气管线

滑坡对管道的危害如图 2-42 所示，滑坡引起管道变形，甚至导致管道破坏。

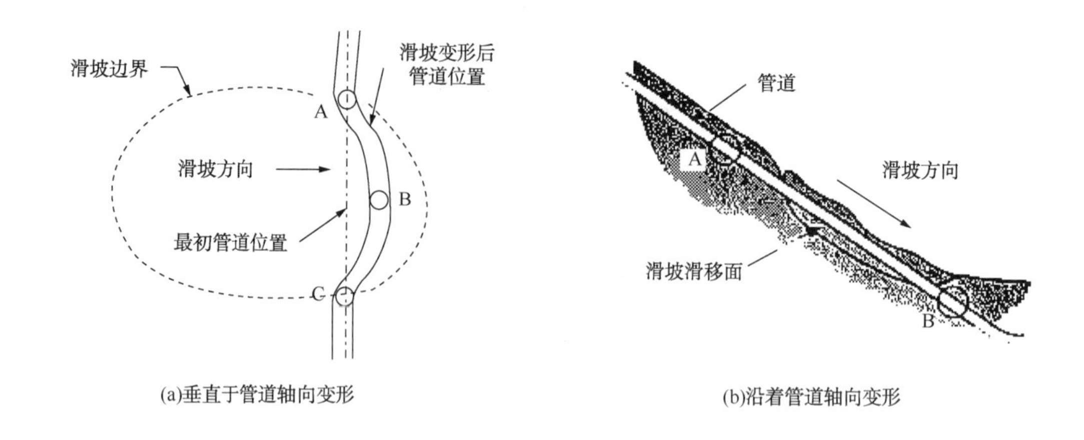

图 2-42　滑坡引起的管道变形

（3）黄土湿陷及冲沟

黄土湿陷性是黄土遇水浸湿后，突然发生沉陷的性质。黄土的化学成分以 SiO_2 为主，其次为 Al_2O_3、CaO 和 Fe_2O_3 等。黄土的物理性质表现为疏松、多孔隙，垂直节理发育，极易渗水，且有许多可溶性物质，很容易被流水侵蚀形成沟谷，也易造成沉陷和崩塌。黄土颗粒之间结合不紧，孔隙度一般为 40%～50%。图 2-43 为黄土冲沟的实景图，图 2-44 为滑坡造成悬管的实景图。

图 2-43　黄土冲沟

图 2-44　滑坡造成悬管

黄土湿陷及冲沟的发生，主要是在水力作用下黄土失去自承力，并在重力作用下形成陷落洞，在水力冲刷作用下形成冲沟。

对管道的危害性：黄土湿陷容易造成管道悬空，当悬空长度超过允许量后可造成管道断裂破坏；黄土冲沟可造成管道暴露、悬空和外力损伤。

(4) 泥石流

泥石流是指产生于山区沟谷中或山坡地上的、含有大量松散固体碎屑的、不均质的特殊洪流。泥石流具有突然暴发、历时短暂、来势凶猛、破坏力大等特点，是山区常见的一种地质灾害。根据固体物质成分的不同可分为泥流、泥石流和水石流三种。

泥石流的形成必须同时具备3个条件：① 流域内有丰富的、松散的固体物质；② 流域内谷坡陡、沟床比降大；③ 沟谷的中、上游区有暴雨洪水或冰雪融水和湖泊、水库决溃等提供充分的水源。在断裂构造发育、地震频发、降水集中、水土流失严重的山区，以及古冰川发育、现代冰川活跃的高山地区易形成泥石流。在时间上，泥石流多产生于数年干旱后，或人类不合理开发山地后的多雨暴雨年份，或气候转暖、冰川衰退、积雪消融、冻土解冻的年份。泥石流是高浓度的固、液两相流。固体物质含30%~80%，流体密度为1.5~2.3t/m^3。固体物质的多少、成分、补给方式决定了泥石流的性质、类型和规模。

泥石流有多种分类：

①按形成特点可分为冰川型、降雨型泥石流。

②按沟谷形态可分为沟谷型、山坡型泥石流。

③按物质组成可分为泥石流、泥流、水石流。

④按结构-流变可分为稀性泥石流(密度为1.5~1.8t/m^3，含沙量为800~1200kg/m^3)，紊动强；黏性泥石流(密度为>2.0t/m^3，含沙量为>1600kg/m^3)，以层流为主；过渡性泥石流，介于以上二者之间。

⑤按规模可分为小型(一次物质总方量<10×10^{4}m^3)、中型[一次物质总方量(10~50)×10^{4}m^3]、大型[一次物质总方量为(50~100)×10^{4}m^3]和特大型(一次物质总方量>100×10^{4}m^3)。图2-45为泥石流的形成过程示意图。

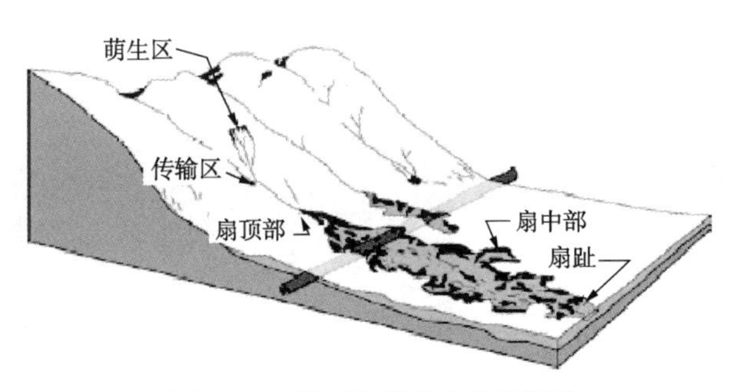

图2-45 泥石流形成过程示意图

对管道危害：泥石流对管道具有很大的破坏性，可以冲刷覆盖层而使管道暴露，对管道产生很大的冲击力，造成管道变形破损。

(5) 地表冲蚀

地表冲蚀包括侧向和垂向的河床冲刷，以及管道通过带的地表冲蚀和塌陷。图2-46为地表冲蚀示意图，图2-47为陕京大界则冲蚀悬管实景图。地表冲蚀可以造成管道出露和架空。我国陕京管线曾由于河床冲刷暴露，在洪水的涡击振动下导致振动疲劳断裂。

(6) 地震

地震对管道的影响主要是造成地层断裂和土壤液化(引起地层塌陷和大滑坡)。1976年我国秦京线就由于唐山大地震造成地层错动而导致管道断裂失效。地震造成土壤液化是由于在振动状态下，孔隙水压力不断上升，有效应力下降，直至为零，土壤表现为完全的液体行为。

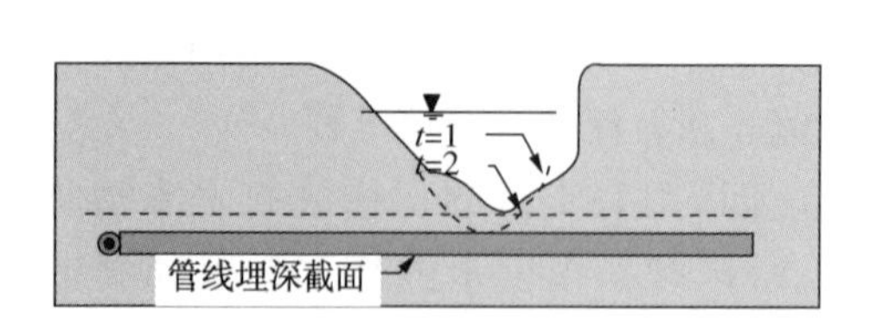

(a)冲刷灾害：在河流穿越处河道底部的局部深挖

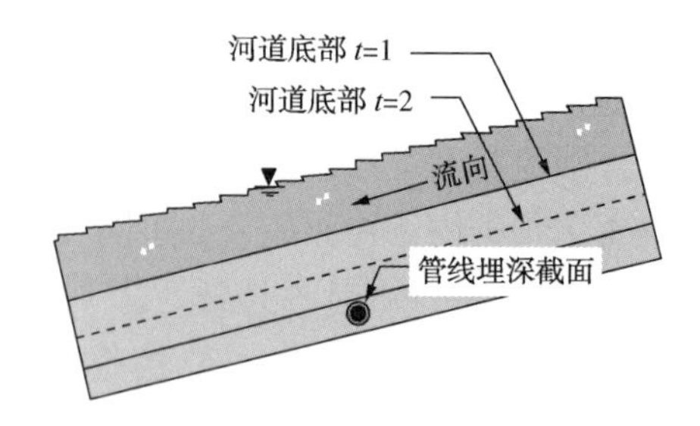

(b)河道埋深降级：河流穿越处河道底部的一般降低

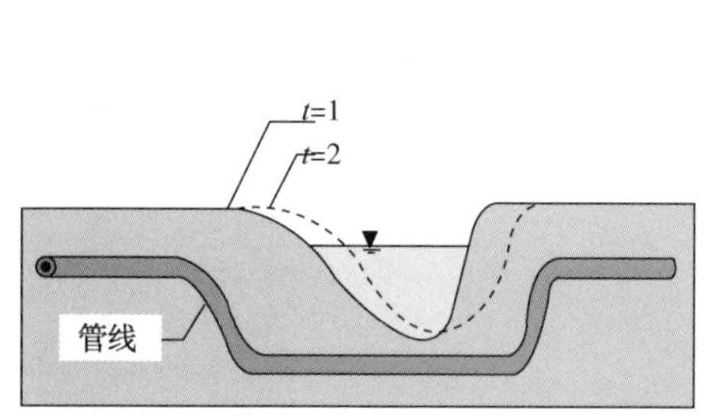

(c)河岸冲刷灾害：河流穿越处河岸向一个或两个下垂弯曲处运动

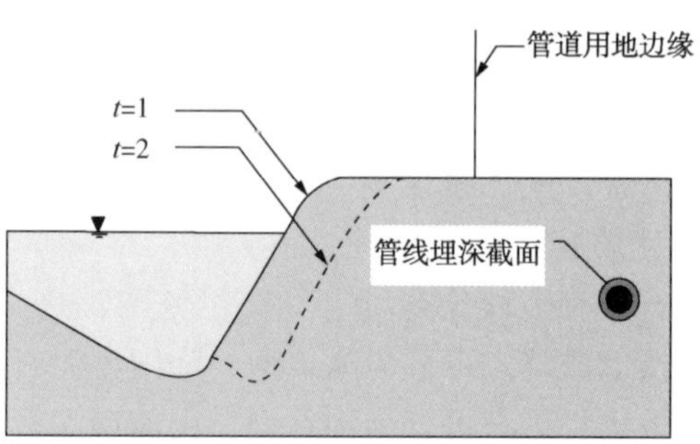

(d)侵蚀灾害：河岸向管线非穿越处部位运动

图 2-46 地表冲蚀示意图

图 2-47 陕京大界则冲蚀悬管

震陷是地震引起的土地竖向残余变形。因形成的机制不同，可以分为构造震陷、液化震陷、软土震陷、黄土震陷及其他震陷。震动作用下的主要效果是使土层变软，模量降低，因而产生震陷。

(7) 采空区

采煤后，采空区上覆岩层发生跨落、裂隙和沉降，当采厚大采深小时，波及地表使地表生产生移动、下沉、裂缝和塌陷。一般来说，采深 H 与煤层总采厚 M 之比 $H/M \leqslant 20$ 或

$H < 100 \sim 150$m 时，地表将可能发生塌陷或裂缝。

地下采空区影响的研究由来已久。2002 年我国从地下采出的煤炭达 14 亿吨，2003 年达 17. 36 亿吨，2004 年更是达到 18. 46 亿吨，地表沉陷中尤以采煤引起的地表沉陷最为突出。

根据国内外采矿经验，一般在 $H/M>30$ 且地层中没有较大的地质破坏情况下，煤采出一定面积后，会引起岩层移动并波及地表，其地表沉陷和变形在空间上和时间上都有明显的连续特征和一定的分布规律，常表现为地表移动盆地。在 $H/M<30$ 的情况下，煤采出一定面积后，会引起岩层移动并波及地表，其地表沉陷和变形在空间和时间上都有明显的不连续特征，常表现为地面裂缝和塌陷。

统计资料表明，地面塌陷面积与井下煤层开采面积之比平均值为 1. 2 ，塌陷容积与开采体积之比平均值为 0. 6~0. 7，缓倾斜和倾斜煤层开采，地表最大塌陷深度一般为煤层开采总厚度的 70%。图 2-48 所示为采空区塌陷示意图。

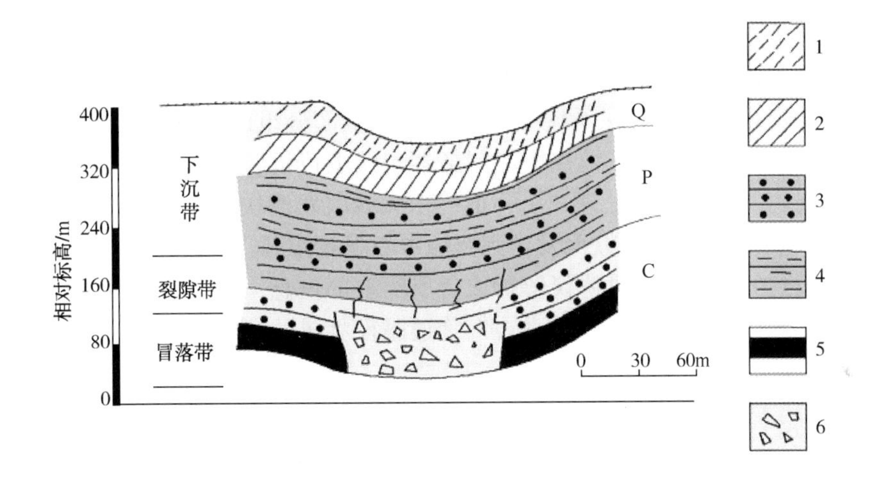

图 2-48　采空区塌陷示意图

1—粉土；2—黏土；3—砂岩；4—泥岩；5—煤；6—冒落体

采空区对管道的危害主要是引起地面沉降后，导致管道弯曲下沉或悬空，造成管道一些部位应力集中，当应力超过管道强度极限后，管道就会发生破裂。另外，采空区还可能导致地裂缝和滑坡等灾害，影响管道的安全。

煤矿采空后，地表变形是一个比较复杂的过程，它与采深、采厚、构造、顶板岩性、采煤方法、机械化程度、回采率大小有密切关系。为了有效避免因地质灾害而造成的人员伤亡和财产损失，保障人民生命财产安全，加强对地质灾害下管道变形与土壤移动监测预警系统的建设是非常必要的。对于管道储运公司来讲，采用经济合理的方案布置 24h 全天候的输油管道监控系统，才能够对于管网的安全给予有效的技术支持，从而减少损失。

根据以上的分析，结合陕京管线及周围的环境特点，充分考虑沿途无线信号的覆盖情况，最后在北京输气处、山西输气处和陕西输气处地段不同的地质灾害类型中各选取一点，作为监测试验点，进行监测设备的埋设与调试。

2）监测系统需求分析

陕京管道沿线存在很多不良地质体，容易引起各种地质灾害，如滑坡、崩塌、泥石流、黄土性湿陷、煤矿采空区塌陷等，这些地质灾害对管道安全造成严重威胁。

在此过程中，管道应变、土壤压力、孔隙水压力、山体变形等参数，会发生不同程度的变化，通过针对特殊地段开展的管道上述参数远程监测，可以防止或及时发现、处理灾害，并采取应急措施，实现管道的安全控制，大大提高管道的安全性，减少因地质灾害对管道造成的破坏。

根据前期调研的结果，并在与管道运行和维护技术人员充分交流意见的基础上，根据监测地点的实际情况，考虑到监测的实时性和便捷性，采用分布式监控系统，在监测现场就将模拟信号转换为数字信号，通过网络方式将数字信号传输到计算机。由于数字信号抗干扰能力强，而且可以采用总线方式进行传输，使得系统布线容易，易于扩展，抗干扰能力强。由于监测地点多数地处偏远山区，布线成本较高，难度较大，因此选择用无线传输的方式将监测数据传送到监控中心。按照现场数据采集-远程无线发送-控制端处理这一思路进行设计，确定系统框图。该系统主要由以下五个部分组成，分别是前沿信号采集仪、无线收发模块、移动通信网络、监控中心服务器以及上位机监控软件系统。前沿信号采集仪将传感器采集到的信号进行处理加工，最终由无线收发模块将数据通过 GPRS/CDMA 网络，也就是接入 Internet 国际互联网发送到监控中心服务器上，由监控中心服务器的上位机监控软件将采集到的数据，通过协议解析取得所需要的信息，在监控软件中将信息进行处理、存储、显示等操作，达到实时监测输气管道服役状况的功能，起到保护输气管道的作用。系统结构设计如图 2-49 所示。

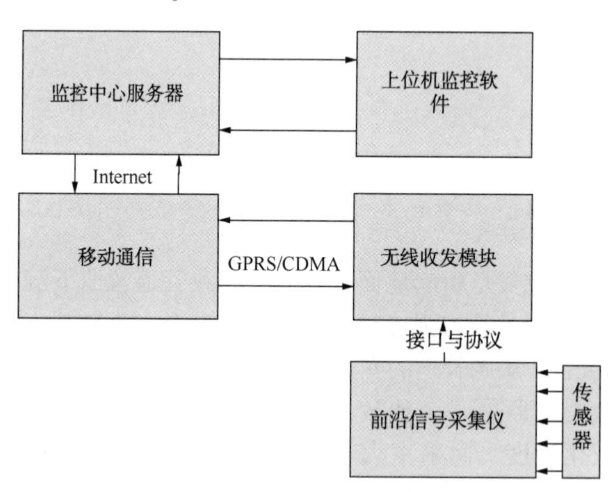

图 2-49　系统结构设计图

其中，监测系统具有以下特点：

（1）多参数远程监测。可对管道的应变、土壤的压力、孔隙水压和土壤倾斜度等多种参数进行监测，并将监测结果通过手机网络发送到控制端，实现远程监测。

(2) 多通道数据自动采集。采集系统可对两类输出信号(频率信号和电信号)的22个探头的数据进行自动采集。

(3) 高可靠性、可扩充性、待机时间长。系统充分考虑了防盗防水，通过改进单片机工作原理来延长系统硬件待机时间，软件和硬件在设计时充分考虑了可扩充性，方便日后增加不同类别的探头。

(4) 自动化程度高。监控软件适用于远程监控，不需要人为干涉，实现自动监测、自动调整采样频率、自动报警。许多参数(如报警策略、报警方法)可以由用户自行设置，用户实行分级管理。

3. 技术应用及创新点

1) 技术应用

陕京一、二线沿途穿越沙漠、黄土区、地震带和活动断裂区，主要灾害形式包括冲沟、滑坡、泥石流、崩塌、断层、地裂缝地面沉降等。管道地质灾害高风险点变形监测系统具有实时监测和控制功能，具有边界报警功能，实用性强、可靠度高、易操作、易扩展，目前系统应用于北京输气处、山西输气处和陕西输气处地段实时监测，并已取得以下监测研究成果：

(1) 分析了陕京线管道地质灾害特点，确定了地质灾害高风险点变形监测位置。

(2) 设计了一整套地质灾害远程监控硬件系统，该硬件系统具有高的可靠性，无需人工干预，可自动将采集到的数据传输到控制端。

(3) 设计了一整套数据远程监控软件系统，该系统基于网络，将监测到的数据进行实时处理和显示，超出极限值时系统自动报警。

2)创新点

(1) 采用动态监测策略设计，系统根据监测数值自动更改监测策略，可实现对危险点的重点监控，提高监测的目的性，同时可以最大限度地节约电能，延长电池使用时间。

(2) 将数据采集系统设计成CPU实时供电，再由CPU控制其他芯片的供电工作，从根本上大大延长了电池使用时间，解决了限制监测系统应用的瓶颈问题。

2.1.4　天然气管道内涂层评价技术及清管器开发

1. 简介

天然气管道内涂层不仅可以防止管道内壁腐蚀，延长管道使用寿命，减少维护工作量，而且还可以减小管道内壁阻力，增大管输量，提高管道输送效率，降低管道动力消耗。2000年，我国在西气东输一线干线管道上首次应用天然气管道内减阻涂层技术，随后建设的陕京二线、西气东输二线、三线天然气干线管道均采用双组分液体环氧涂料作为内减阻涂层。但是，由于涂装生产过程中受表面处理和涂装工艺等因素的影响，往往会引起质点、针孔等缺陷，从而造成管道内壁腐蚀，附着力降低。另一方面，在服役过程中，管道内涂层受天然气粉尘磨损作用、清管过程中的机械破坏和环境温度变化引起的蠕变应力的影响，导致内涂层被剥离、划伤和表面光滑度下降，剥离的涂层碎屑被冲刷到场站工艺设备中，在西气东输场站工艺设备检修中已发现该现象。如何评价在役管道内涂层质量情况，充分发挥其减阻增输作用，对提高管道运营的经济效益具有重要意义。同时，常规清管器在清管过程中对内涂层具有一定的磨损和剥离作用，涂覆内涂层的天然气管道清管适用性成为管道运营者面临的急需解决的问题。

为此借鉴国外内涂层研究应用技术和结合我国管道内涂层的实际情况，联合国内多家管道涂层涂装生产厂家和管道运营公司，通过涂层生产检验、模拟和试验分析等研究，识别了内涂层生产和运行过程中的失效因素，分析了内涂层寿命影响因素，形成了系统的管道内涂层检验和评估技术，建立了管道内涂层损伤数据库，并编制了一套完整的在役管道内涂层运行管理与检验指南文件，提出了延长管道内涂层寿命的管理措施。同时，为了研发适用于管道内涂层的新型清管器，开展了射流清管器皮碗耐磨性、清管器支撑防斜技术、清管器结构优化、运行仿真、射流磁力清管技术和高性能跟踪技术等研究，最终研制出了满足管道内涂层工业应用的新型清管器，并通过了现场应用验证。

2. 关键技术

1）天然气管道内涂层检测和评价指标体系

通过涂装现场调研，识别了生产过程中的涂装缺陷及形成原因，并根据分析研究建立了管道内涂层检测和评价指标体系，分为实验室评价指标和全尺寸试验评价指标。同时，完成了陕京二线服役管道内涂层现场取样，对取样管段完成了内涂层试验研究，检测项目包括黏结力试验、剥离试验、磨损试验、划伤试验、腐蚀试验及其他试验等。根据全尺寸系列试验要求，设计研制了管道内涂层全尺寸试验装置，包括热风循环设备、落砂试验设备、牵引设备和电气控制系统，并完成了系列全尺寸试验。在此基础上，编制了天然气管道减阻内涂层测试与评估方法标准和提出了管道内涂层运行管理与检测指南文件。

（1）管道内涂层涂装缺陷及形成原因

联合涂层涂装厂家，结合生产实际情况，对内涂层常见涂装缺陷及形成原因进行了概括总结，见表 2-10。

表 2-10　内涂层常见缺陷及形成原因

常见缺陷	形成原因
质点	管壁清理不干净、空气中微粒二次沉积
气泡或针孔	搅拌过程中进入的空气未能充分静止消泡 喷涂过程中带入的压缩空气 粗糙的底材，表面吸附的空气在涂装时，由于涂液润湿不良残留在底材表面上 涂料黏稠、压力过小、喷涂时行进小车速度过快、喷嘴有阻挡物等原因使喷涂雾化效果　不理想而产生气泡； 如有固体异物落在涂膜表面，它在下沉过程中由于“隧道”作用，也会产生气泡
缩孔或露底	存在一个与涂料的表面张力不同的不连续相——原因物质
凹坑	钢管在喷砂时液压油漏到管道表面，造成管道表面张力不均
橘皮	涂膜不能很好地流平
结皮或脱落	涂膜内部存在缺陷；涂膜承受着应力
流挂、流滴、流淌	分别与涂料在涂装过程和干燥过程中的流动性或流变特征有关，与基材处理也有关；与设备构造缺陷或喷枪磨损有较大关系；涂膜过厚

续表

常见缺陷	形成原因
螺旋线	与喷涂设备有关
厚度偏差	喷涂时涂料的雾化效果差；喷涂时钢管的转速、喷枪运动速率和涂料喷涂在钢管轴向上的有效宽度的配合不当
涂料缺陷	除液态环氧两种组分混配以外，还有原材料自身存在问题，环氧树脂含量过少，低成本树脂或助剂含量过高
外力破损	吊装、堆放、运输过程中，受到锐器击打、吊索刮擦等
二次污染	涂层表面黏附灰尘、飞虫、枯叶等外界杂质

（2）管道内涂层检测和评价指标

通过参照国外内涂层检测方法和国内实际情况，建立和完善了管道内涂层检测和评价指标体系，分为试验室评价指标和全尺寸评价指标。检测指标项目的试验方法、验收指标见表2-11。

表2-11 管道内涂层检测及评价指标

检测项目	试验项目	验收指标
试验室评价指标	盐雾试验	涂层应无起泡，拉拔撕裂长度小于或等于3.2mm
	水浸泡	距试样边缘6.3mm以内无起泡
	体积1∶1的水与甲醇混合液的浸泡试验	距试样边缘6.3mm以内无起泡
	剥离	涂层不应被以条状刮去，而应成片剥落，搓捻时，剥落片应成粉状颗粒。
	弯曲	弯曲圆柱直径13mm，目视检查，试片涂层应无剥落或开裂
	附着力	除切口处其他位置不得有任何剥离
	硬度(布式)	25℃±1℃时，大于或等于94
	压起泡	无起泡
	耐磨性	最小磨损系数23
	水压起泡	无起泡
	镜面光泽	Cardiner 60°光泽仪测取的涂层光泽大于或等于50
全尺寸评价指标	清管器拖拉	计算厚度减薄量
	热风循环	检测附着力
	落砂磨损	计算厚度减薄量

（3）管道内涂层试验室内检测和评价

从山西兴县取试验管两段，长度分别为6m和2m，6m的管段用来开展全尺寸试验的研究，2m的管段用来进行试验室形式试验的研究。通过以上一系列试验室内涂层型式试验研究，从结果可以看出，陕京二线在役内涂层试验管段大部分性能满足标准要求，但部分性能较差。现将以上试验的验收准则、方法及结果进行总结，见表2-12。

表 2-12 在役管道内涂层型式试验总结

试 验	验收准则	试验结果
盐雾试验	涂层应无起泡，拉拔撕裂长度小于或等于3.2mm	400h鼓泡，不合格
附着力	除切口处其他位置不得有任何剥离	合格，附着力良好
剥离	涂层不应被以条状刮去，而应成片剥落，搓捻时，剥落片应成粉状颗粒	合格
弯曲	弯曲成直径13mm或更大尺寸时，目视检查，板样涂层无剥离、附着力下降或开裂	存在剥离开裂现象，柔韧性较差，不合格
水浸泡	距试样边缘6.3mm以内无鼓泡	出现鼓泡，不合格
体积1∶1水和甲醇混合液浸泡试验	距试样边缘6.3mm以内无鼓泡	无鼓泡，合格
气鼓泡	无鼓泡	无鼓泡，合格
水压鼓泡	无鼓泡	无鼓泡，合格
耐磨性	最小磨损系数$A=23$	$A=34.7>23$

(4) 天然气管道减阻内涂层测试与评估方法标准

在管道内涂层型式试验和全尺寸试验研究及国内外内涂层评估标准和资料的收集整理的基础上，制定了标准《在役天然气管道减阻内涂层测试与评估方法》(Q/SY TGRC51—2013)。本标准规定了在役天然气输送管线管内涂层的实验室涂层试验、服役状态检验、验收要求和评估方法等。在役天然气管道减阻内涂层服役状况评估一般包括以下程序：评价指标体系确定；各级评价指标权重确定；评语集确定；评价对象测评表建立；根据试验结果和相关数据资料对评价对象打分评价；模糊变换处理；求出综合评价分。所编制的《在役天然气管道减阻内涂层测试与评估方法》主要用于在役管道内涂层的状态评估，提供开展管道内涂层评估的推荐程序和方法，指导管道完整性管理工作实践和实施。

(5) 管道内涂层运行管理与检测指南

影响在役天然气管道内涂层寿命的因素很多，既有客观因素，也有人为因素。因此，既要从技术上提高，也要从制度上健全、管理上重视。只有从各方面着手，综合考虑，采取适当的内涂层保护方法，才能确保管道的安全可靠运行。针对内涂层的运行管理分别提出了策略性措施、安全性措施、技术性措施和日常维护和宣传措施，并给出了在役管道内涂层管理上免于受到损伤的技术措施，包括严把施工质量关、加强运营维护管理、建立各级安全责任制、加强对燃气管道的日常巡检、重视生产数据管理、加强工艺系统的运行维护管理和强化上下游安全生产协调。同时，给出了涂层失效现象的检测方法，包括失光、粉化、裂纹、起泡、生锈、脱落、变色、长霉、玷污和泛金等。通过对在役管道内涂层重点地段的检验，可以对内涂层的服役性能状态进行全面清楚地掌握和了解。

2) 管道内涂层全尺寸试验装置研制和全尺寸系列试验

管道内涂层在服役过程中受天然气粉尘作用、环境应力对涂层的影响及清管器对内涂层的损坏等因素影响，往往会发生破损、脱落等情况。为了有效分析各种工况对天然气管道内涂层的影响，提高涂层的使用寿命，通过模拟实际工况条件，研发了天然气管道内涂层全尺寸设备，进行了粉尘磨损、热风循环和清管器拖拉试验，分别得到了天然气中携带粉尘、温度变化和清管器运行对涂层影响的试验数据。分析结果表明：天然气粉尘和清管器运行对管道内壁减阻涂层的磨损影响较大，温度变化产生的热应力对涂层的影响相对较小。因此，降低天然气中粉尘的含量，减小清管器皮碗与内涂层之间的摩擦系数，减少清管器过盈量和使用轻型清管器，均可以减轻天然气管道内涂层的损伤，从而延长其使用寿命。

研制的试验装置如图 2-50 所示。其中热风循环装置由风管、全尺寸钢管、电气控制系统组成，温度范围≤75℃。粉尘磨损试验装置由 1 套风循环试验装置、风管、磨料回收-添加装置、试验管组成，采用的代替粉尘的粒度为 400~600 目。清管器拖拉装置由 1 套智能检测器模拟体、机械牵引装置组成，试验是在常压状态下实施；考虑到试验的安全性，模拟体在管体内用机械牵引装置拖动。用液压缸牵引试验管子实现往复运动，该部分由钢管轨道、活动车架、液压系统(液压站、液压缸、液压回路)组成，管子拖动行程由液压缸调整，拖动速度由液压调速阀调速。

图 2-50　管道内涂层全尺寸试验装置

常规机械清管器在内壁做往复牵引试验，单从牵引试验数据可以看出(见图2-51)，清

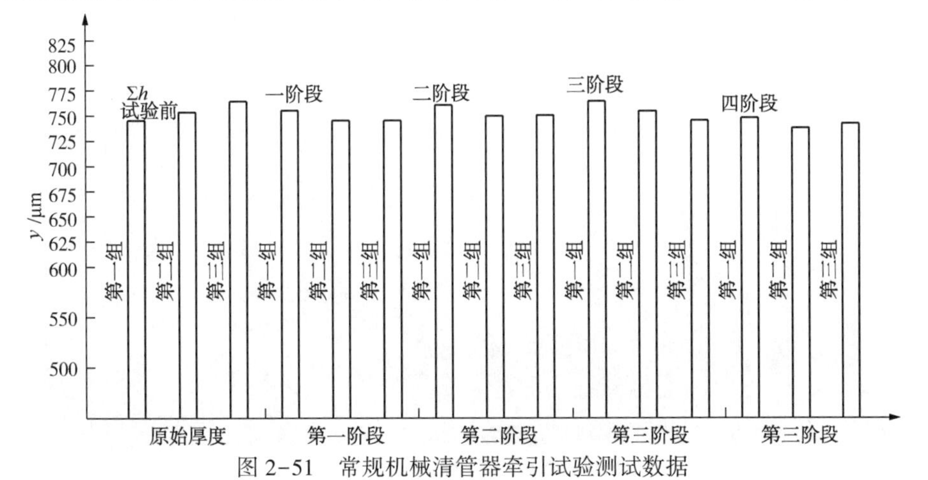

图 2-51　常规机械清管器牵引试验测试数据

管器密封盘(皮碗)对内壁减阻涂层厚度 y 减薄影响较小，但改变了内涂层的表面粗糙度，密封盘没有影响作用的前提是管道内壁足够的洁净，即密封皮碗与内涂层之间没有磨料存在。

通过 30 天不间断的粉尘磨损试验，并对所做磨损的内涂层表面用表面光洁度仪进行测试，如图 2-52 所示。根据结果可以确认天然气粉尘对内壁减阻涂层有冲刷作用，尽管粉尘粒径很小(800 目)，在高流速的管道内，粉尘相当于磨料，首先是改变了内涂层的表面粗糙度，虽然不很明显，但这种改变如果一直持续下去，内壁减阻涂层将会减薄。

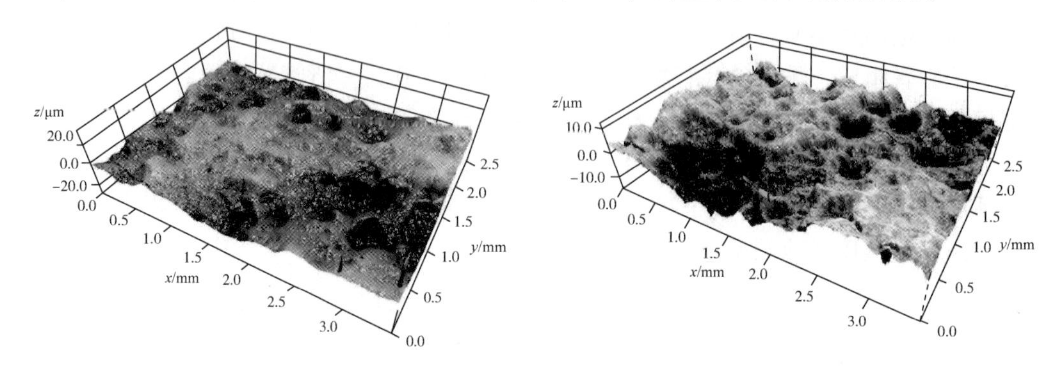

图 2-52　磨损试验前后的管道内涂层表面三维形貌

与防腐层(350μm)最大的不同就是内涂层厚度较薄，涂层固化时产生机械应力较小，同时热传导速度快，在使用温度范围内，温度的变化对内涂层的影响极小。通过内涂层热风循环应力试验，对管道内涂层附着力进行现场测试，结果为 2 级，合格。

3)试验管段内涂层电化学阻抗(EIS)研究

采用电化学交流阻抗技术研究了某干线服役近 5 年的天然气管道减阻内涂层在 3.5% NaCl 溶液中的电化学行为。结果表明：服役近 5 年后的环氧涂层由于存在一定量的孔道，使水分子很容易到达涂层/基底金属界面，涂层电阻下降很快，仅经过了 24h，涂层电阻就降低到小于 $106\Omega \cdot cm^2$；当涂层电阻降低到 $104\Omega \cdot cm^2$ 时，涂层性能劣化，出现鼓泡。通过研究得出了涂层的阻抗模型以及浸泡不同时间涂层的电容和电阻值。

首先，从试验管段上气割 500mm×200mm×壁厚的板材，再将其线切割成直径为 40mm、厚度为壁厚的圆片，如图 2-53 所示。

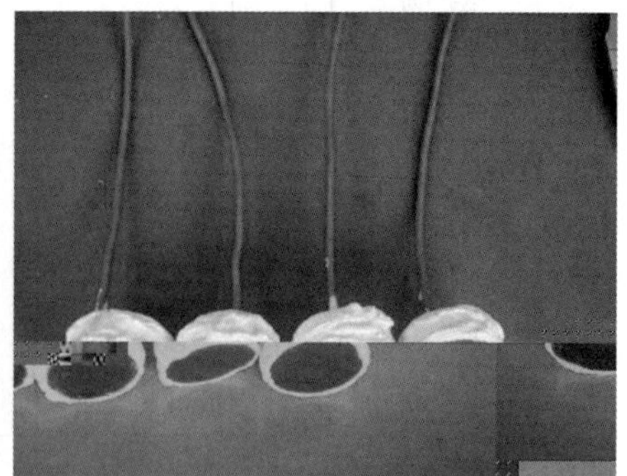

图 2-53　电化学试验试样

图2-53是涂层在3.5 %NaCl溶液中不同浸泡时间的电化学阻抗谱图。在Nyquist图中，高频段半圆表示涂膜的介电性能与屏蔽性能，低频段半圆表示涂膜破坏后在金属/介质界面产生的感应阻抗与双层电容。图2-54中的等效电路对涂层在3.5%NaCl溶液中0.5hBode图进行拟合。

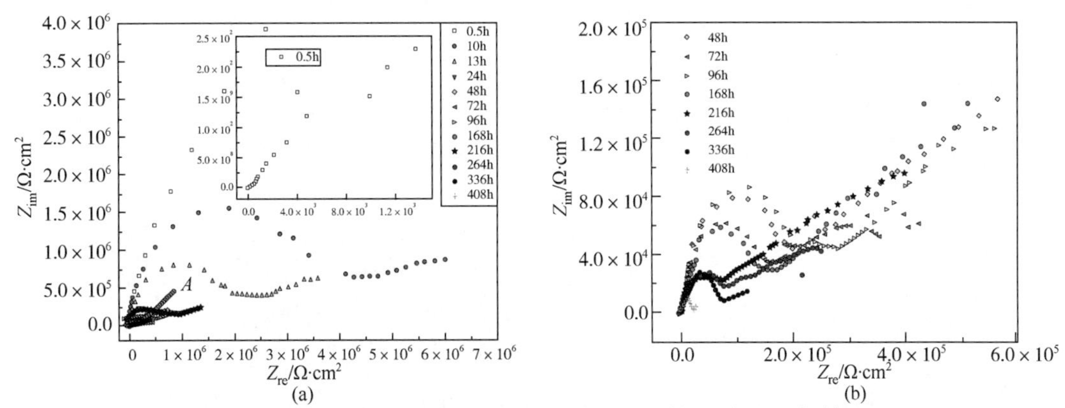

图2-53 涂层在3.5%NaCl溶液中不同浸泡时间的交流阻抗谱图

[图(b)为图(a)中A处局部放大图]

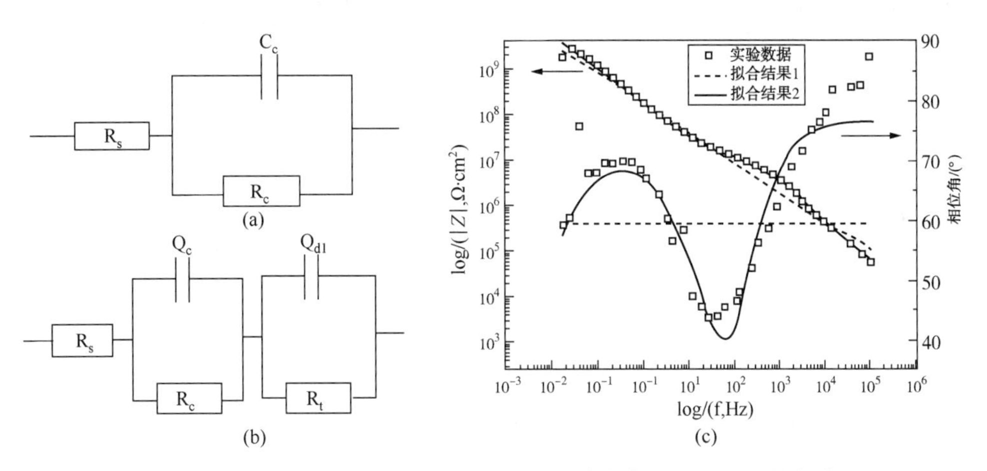

图2-54 两种等效电路对涂层在3.5%NaCl溶液中0.5hBode图的拟合图

内涂层在3.5%NaCl溶液中发生鼓泡的照片如图2-55所示。可以看出，随着浸泡时间的延长，鼓泡数量的增多，鼓泡大小也在不断增大，这说明更多的电解液向涂层底部渗透并与涂层下金属发生反应，生成大量反应气体使得鼓泡体积增加。

4）在役管道内涂层寿命影响分析

由于管道内涂层无法直接检验、检查，因此对在役管道内涂层运行期可靠性评估和寿命评价尤为重要。为提高在役管道内涂层寿命评价的科学性和合理性，提出一种基于模糊理论的在役管道内涂层寿命评价模型。该模型利用模糊变换将分层指标的模糊评价转换为总体模糊评价，结合评语集可求出最终评分。结合某天然气管道减阻内涂层实际情况确定

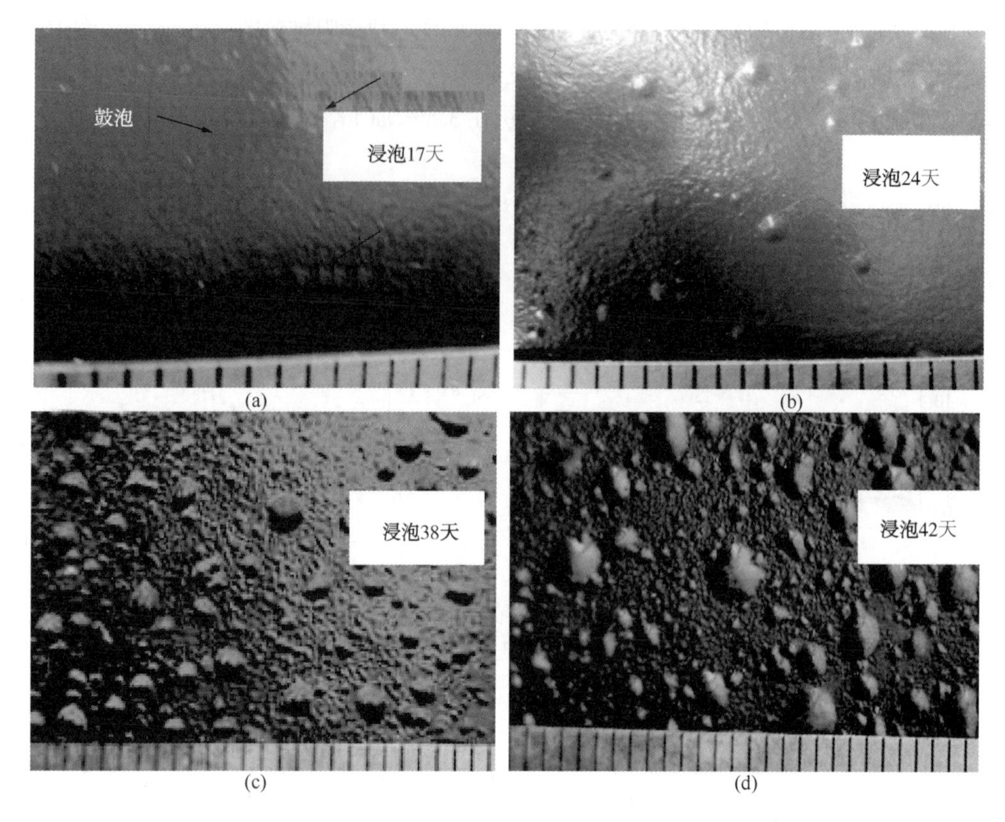

图 2-55　内涂层在 3.5%NaCl 溶液中发生鼓泡的照片

的指标体系为 4 个一级指标和 24 个二级指标，并应用于服役 5 年的天然气管道减阻内涂层寿命评估，结果表明是可行的。

（1）建立模糊评价模型

评价算法的系统模型结构如图 2-56 所示。

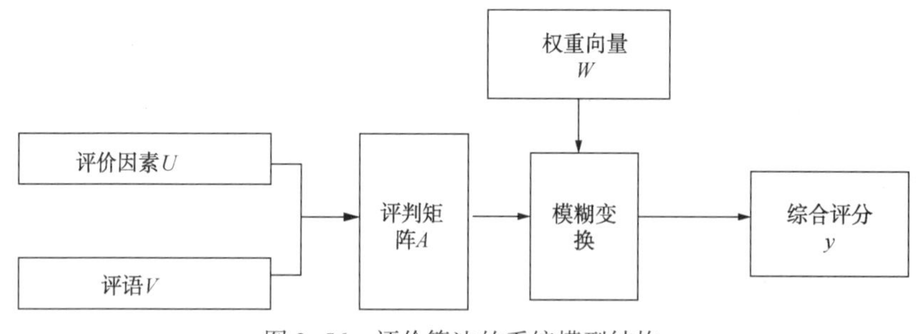

图 2-56　评价算法的系统模型结构

（2）确定评价指标体系

结合文献资料及实际内涂层涂装工艺，按照层次化的方法为天然气管道内涂层建立评测指标体系。结合某天然气管道减阻内涂层实际情况确定的指标体系为 4 个一级指标和 24 个二级指标，见表 2-13。

表 2-13　天然气管道内涂层评价指标体系

评价主体	评价指标	
	一级评价	二级评价
天然气管道内涂层寿命 U	涂层本身性能 U_1 0.40	附着力测试合格程度 U_{11}　0.27
		盐雾性能测试情况 U_{12}　0.18
		磨损系数测试情况 U_{13}　0.16
		弯曲性能合格程度 U_{14}　0.05
		硬度测试情况 U_{15}　0.03
		气压起泡合格程度 U_{16}　0.06
		水压起泡合格程度 U_{17}　0.03
		浸泡性能测试情况 U_{18}　0.08
		剥离性能合格程度 U_{19}　0.14
	涂敷过程因素 U_2 0.42	表面处理合格程度 U_{21}　0.26
		干膜厚度测试情况 U_{22}　0.15
		喷涂质量合格程度 U_{23}　0.20
		涂装缺陷检测情况 U_{24}　0.19
		涂敷环境条件情况(温度、湿度)U_{25}　0.11
		表面光洁度程度(锚纹深度、吸潮)U_{26}　0.05
		涂层光泽度程度(光滑减阻效果)U_{27}　0.04
	服役环境条件 U_3 0.12	天然气含腐蚀气体(H_2S、CO_2)情况 U_{31}　0.48
		天然气除尘效果程度 U_{32}　0.16
		清管器检测损伤情况 U_{33}　0.16
		快速泄压影响程度 U_{34}　0.07
		输送压力变化情况 U_{35}　0.04
		输送温度变化情况 U_{36}　0.09
	涂层老化 U_4 0.06	涂层服役年龄影响程度 U_{41}　0.75
		环氧树脂热降解影响情况 U_{42}　0.25

(3) 确定权重

采用层次分析法(AHP)确定评价指标权重，具体的标度评定标准见表 2-11。通过管道内涂层专家依照表 2-11 对确定的一级和二级指标分别两两对比，最终得到比较关系矩阵 $A=[a_{ij}]N\times N$，a_{ij}表示指标 u_i 对 u_j 的影响大小之比，规定 $a_{ij}=1/a_{ij}$。然后计算关系矩阵的特征向量及特征根，对关系矩阵进行一致性检验，最终计算各指标相对于目标层的权重 W，见表 2-13。

(4) 确定评语集

评语集 $V=\{v_1, v_2, v_3, v_4, v_5\}$

其中：v_1，优秀=95 分；v_2，良好=85 分；v_3，中等=75 分；v_4，较差=60 分；v_5，很差=40 分。

（5）模糊变换处理

由管道内涂层专家对评价对象(某在役管道内涂层性能)进行评价，假设对指标 U_i 作出级别 v_j 评价的人数占该组所有评测人数的比例为 r_{ij}，则 $R=[r_{ij}]M\times N$ 构成了论域 $U\times V$ 上的模糊关系。使用权重向量 W 对 R 进行模糊变换，得到该层对应指标在论域 V 上的模糊关系 $Q=W\circ R$，将 Q 进行归一化处理之后作为进行上一级指标评价的 R，继续进行模糊变换可得到总体模糊评价。模糊变换的计算公式如下：

$$q_j=\bigvee_{i=1}^{M}(W_j\wedge r_{ij})\quad(j=1,\ 2,\ \cdots,\ N)\tag{2-60}$$

(6)应用实例

结合某服役 5 年的天然气管道减阻内涂层具体情况来介绍该方法的应用。

根据上文求得各级指标对应的权重向量，利用相应的权重向量进行模糊变换 $Q_i = W_i\circ R_i$，得到一级指标的模糊评价关系：

$$R=[Q_1\quad Q_2\quad Q_3\quad Q_4]^T=\begin{bmatrix}0.0 & 0.474 & 0.32 & 0.128 & 0.078\\ 0.0 & 0.61 & 0.39 & 0.0 & 0.0\\ 0.0 & 0.371 & 0.629 & 0.0 & 0.0\\ 0.0 & 0.3 & 0.475 & 0.225 & 0.0\end{bmatrix}\tag{2-61}$$

对 R 进行模糊变换，得到总体模糊评价：

$$Q = W\circ R = [0.0\quad 0.511\quad 0.3211\quad 0.1041\quad 0.0639]\tag{2-62}$$

该结果表明，评价人员中无人认为某服役 5 年的天然气管道减阻内涂层综合寿命优秀，51.1%的人认为良好，32.4.1%的人认为中等，10.41%的人认为较差，6.39%的人认为很差。将总体模糊评价向量进行归一化处理后得到综合评分，该服役 5 年的天然气管道减阻内涂层寿命评价最终得分为 76 分。

5）管道内涂层数据库及评估软件

涂层状况数据库及寿命影响分析系统采用模块化的设计方案。根据系统功能分析，将系统分为 5 大功能模块：系统维护模块、数据维护模块、数据查询模块、寿命影响分析模块以及帮助模块。考虑到所要存储和管理的数据量庞大，关系相对复杂，本系统的数据库采用基于 SQL Server 2005 搭建的关系型动态数据库，由用户资料库、管道信息库、涂层涂装信息库、涂层服役信息库、涂层寿命影响分析信息库 5 个子库构成。最终形成了在役管道内涂层数据库及评估软件，如图 2-57 所示。

图 2-57 软件系统登录界面

6）清管器与管道内涂层力学模型建立

为了研究清管器与管壁之间的力学关系，模拟了在实际工况状态下，清管器通过过程中的受力情况，针对 1016 射流清器工作状态开展了专项计算分析工作。

（1）皮碗式清管器与管道内涂层力学模型

皮碗式清管器在燃气钢管清管过程中的磨损与清管器运行摩擦力直接相关。而摩擦力的大小与清管器的运行速度、皮碗过盈量以及皮碗的材料性质等因素相关。当清管器通过水平管道并作匀速运动时，其受力分析如图 2-58 所示。

可以得到驱动清管器运行的空气压力与大气压力及摩擦力的平衡关系：

$$PS = P_0S + f \tag{2-63}$$

式中：P 为压缩空气推动力(绝对压力)，Pa；S 为被清通管道的截面积，m^2；P_0为大气压；Pa；f 为清管器与管道内壁的摩擦力，N。

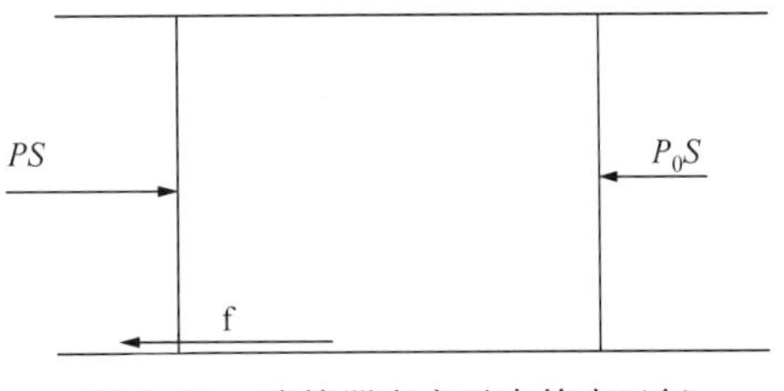

图 2-58　清管器在水平直管中运行

以三皮碗清管器为例，计算可以获得较真实的皮碗弹性模量。设管道外径 D 为 325mm，壁厚 δ 为 8mm，所采用的三皮碗清管器(见图 2-59 所示)外径 D_0 为 318mm，质量 m 为 30.2kg，皮碗过盈量 ε 为 3%。

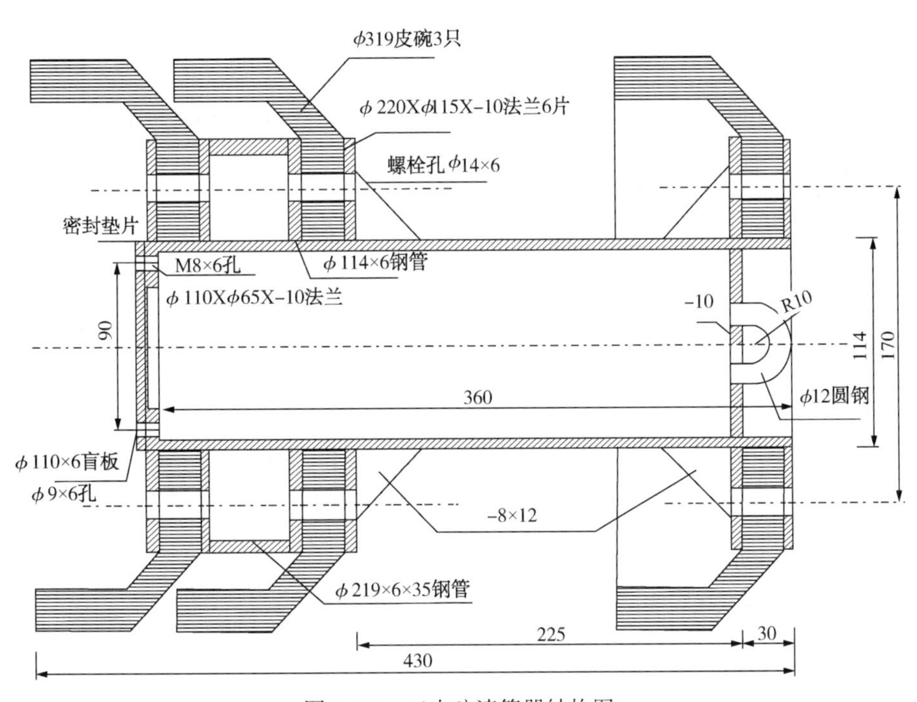

图 2-59　三皮碗清管器结构图

每片皮碗与管壁的接触宽度 l 为 0.05m，则三皮碗清管器与管道内壁的接触面积为：

$$A = 3l\pi D = 3 \times 0.05 \times 3.14 \times 0.309 = 0.146\text{m}^2 \tag{2-64}$$

所以，该皮碗材料的弹性模量 E 为：

$$E = \frac{P'S - \mu mg}{\mu\varepsilon A} = \frac{6 \times 10^4 \times \left[\pi \times \left(\frac{0.309}{2}\right)^2\right] - 0.8 \times 30.2 \times 9.8}{0.8 \times 0.03 \times 0.146} = 1.2 \times 10^6\ \text{Pa} \tag{2-65}$$

根据计算所得的皮碗材料弹性模量，在给定的管道条件下，由以下两式可以分别计算不同过盈量情况下清管器运行的摩擦力和驱动力：

$$f = \mu(mg + \varepsilon EA) \tag{2-66}$$

$$P = \frac{\mu(mg + \varepsilon EA)}{S} \tag{2-67}$$

（2）钢丝刷清管器与管道内涂层力学模型

同样，建立了钢丝刷清管器与管道内壁涂层之间的力学模型，模型如图 2-60 所示。采用力矩-面积法进行了求解，受力分析如图 2-61 所示。

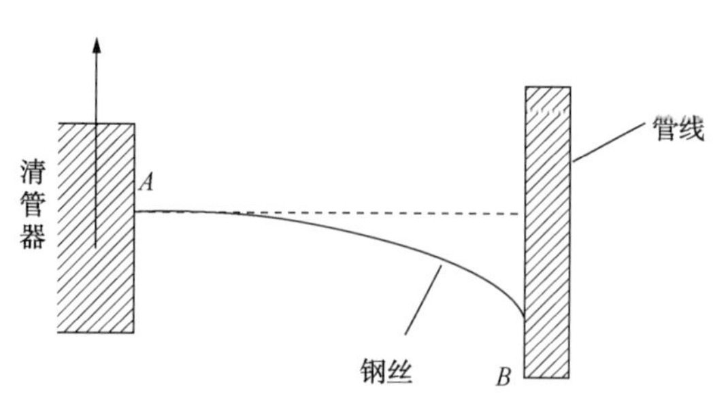

图 2-60　钢丝刷清管器与管壁力学模型

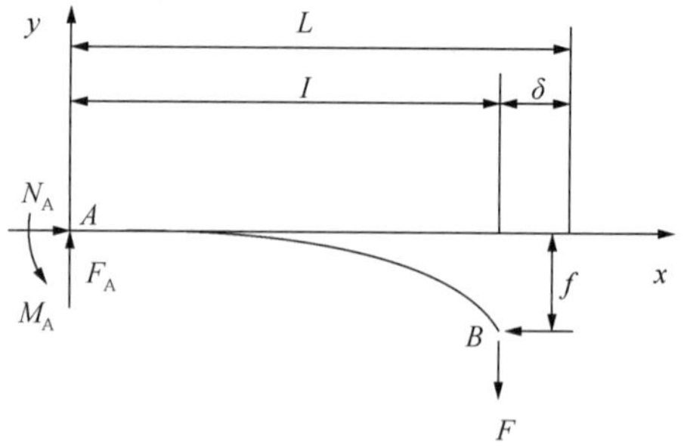

图 2-61　受力分析图

最终求得钢丝刷端部对管壁的压力为：

$$N = \frac{\pi^3 d^4 E}{4 \times 64(L - \delta)^2} = \frac{\pi^3 E d^4}{256(L - \delta)^2} \tag{2-68}$$

（3）清管器匀速运动中的受力分析模型

清管器运行过程中受力情况分析如图 2-62 所示。

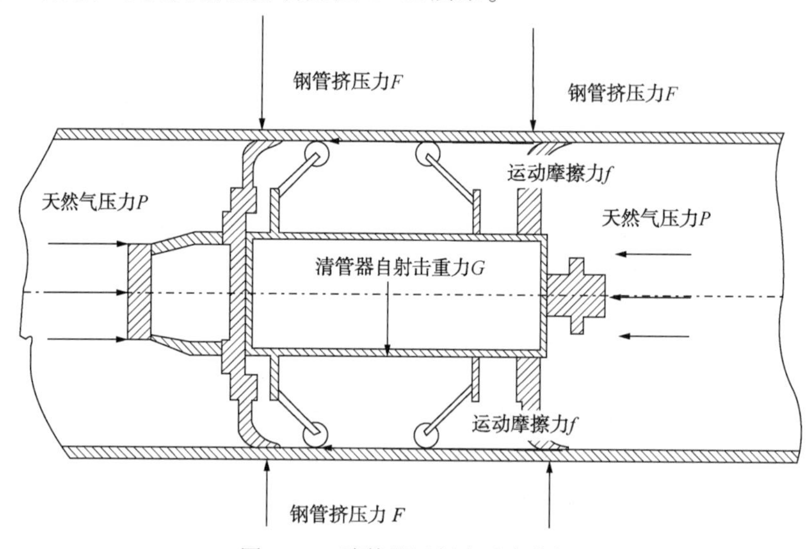

图 2-62　清管器运行中受力分析

当清管器通过管道运动时，可建立驱动清管器运行的天然压力、摩擦力、重力、挤压力关系式：

$$ma = P - f \tag{2-69}$$

$$P = \int p \mathrm{d}S \tag{2-70}$$

$$f = \mu(G + \varepsilon EA), \quad A = \sum \pi DL_i \tag{2-71}$$

7）射流清管器皮碗耐磨性

经过多次配比试验，得出最佳的配比方案，使得皮碗的耐磨性能达到0.01，为世界领先水平，如图2-63所示。多次现场试验证明，研制的皮碗磨损均匀，最大单边磨损量为0.43mm/43km，达到1‰OD/100km，远高于磨损量为5‰OD/100km的指标要求。收球时清理出黑色粉末2kg，化验结果证明大部分为铁粉。

8）射流清管器支撑防斜技术

常规清管器不能解决皮碗单边偏磨现象，皮碗单边偏磨造成皮碗过早失去密封性能，缩短了清管器的运行距离。所以在检测器上加装了支承轮，用支承轮支撑整个检测器重量，皮碗只提供密封作用，清管器的支撑力完全由支承轮提供，皮碗只起密封和清管的作用，这样就彻底解决了皮碗单边偏磨的现象。

图2-63 自主研发的皮碗

支承轮清管器装有2个碗形皮碗和前后两组支承轮系统，每组支承轮系统由8套支承轮组成，如图2-64所示。

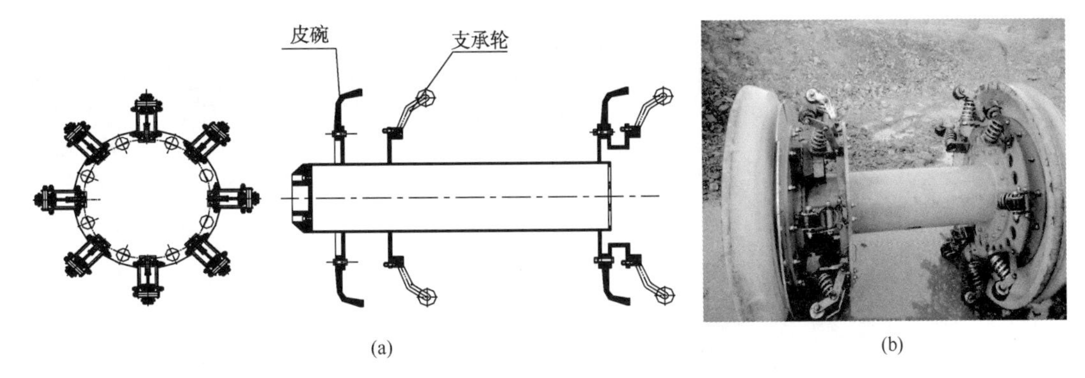

(a) (b)

图2-64 支承轮清管器示意图及实物样品

已研制的带有支承轮系统的ϕ1219和ϕ813系列清管器，分别在西气东输和新疆塔里木油田英买利项目中使用，使用效果良好，皮碗无偏磨现象。

9）射流清管器结构优化

射流清管器由于减少了皮碗数量，并且减少了皮碗对管壁的正压力，虽然射流装置可以把清管器前端的粉尘吹向前方，但如果清管器前端粉尘堆积过多，射流装置可能不能提供足够的力量吹动粉尘，再加上皮碗数量少，很容易将粉尘成堆地越过去。因此，针对射流清管器的这项不足，在射流皮碗的后端安装了磁铁，磁铁通过钢刷将磁力传导至管壁，使被越过的粉尘可以吸附在钢刷上，弥补了皮碗少的缺陷。

10）射流磁力清管技术

该技术采用“多圈钢刷，错位排列”的方法。也就是说磁块和被做成束状的钢刷，环绕清管器骨架在上下左右四个方向固定四块，形成一圈，然后间隔一定距离绕骨架再固定一圈，第二圈要和第一圈错位排列，这样就形成了两圈八块钢刷。该方案即不影响钢刷吸附铁屑的能力，又增加了清管器的通过能力。为检验支撑轮磁力射流清管器的清管效果，进行了支撑轮磁力射流清管器与普通清管器清理效果对比试验。支撑轮射流磁力清管器(见图2-65)结合了射流孔吹和磁铁吸附两方面的清理特点，只用了一次便将杂物全部清出管道，达到了预期的试验效果。

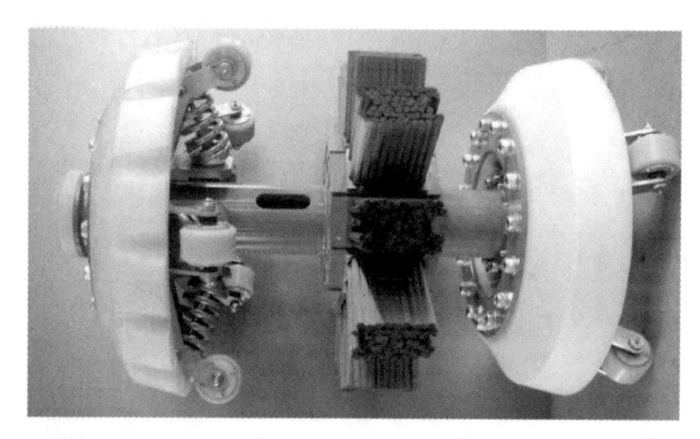

图 2-65　ϕ660 支撑轮磁力射流清管器

11）高性能跟踪系统

研制的新型非插入式过球指示器采用磁场及电磁场感应探头，并且集成了 GPRS 功能。当新型非插入式过球指示器辨别到清管器通过时，发射机发出电磁场信号或磁块发出磁场信号，新型非插入式过球指示器发出报警信号并记录过球时间，同时，新型非插入式过球指示器通过 GPRS 网络与控制室上位机软件建立实时对话，将过球信息通过 GPRS 网络上传至控制室上位机软件，控制室的操作人员便可以通过过球信息判定清管器当前状态，实现清管器的实时跟踪，如图 2-66 所示。

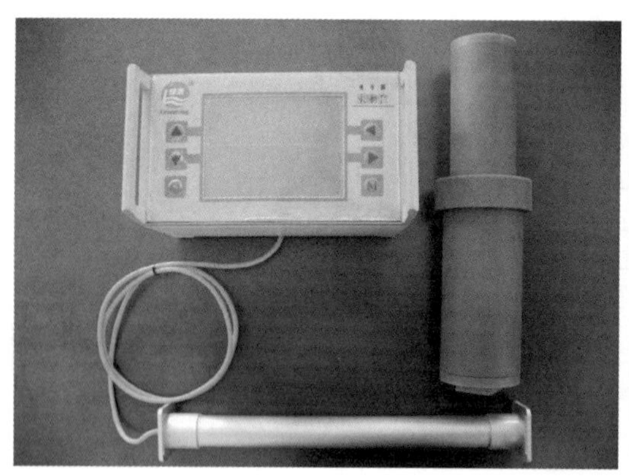

图 2-66　便携式数字跟踪仪及现场试验

3. 创新点

在根据我国干线天然气管道内涂层自主研制和应用的特点，并结合国内外内涂层技术现状调研的基础上，识别了内涂层的失效因素，形成了在役管道内涂层检验和评定方法，提出了管道内涂层损伤控制技术措施，编制了运行管理与检测指南文件，在国内首次建立了系统的管道内涂层评估方法和适用于内涂层管道的射流清管技术。

2.2　管道风险评估与控制

2.2.1　天然气管道风险定量评估技术

1. 简介

针对我国天然气管道特点，特别近年来大口径高压天然气管道的发展趋势，将引进消化吸收和自主创新相结合，进行了系统性的理论方法研究、技术开发和现场应用，解决了天然气管道风险定量评估中的多项关键技术问题，包括天然气管道失效概率计算方法、失效后果评估方法、管道目标可靠度评估方法、管道风险门槛(可接受风险准则)、管道风险综合评估方法、基于风险的管道检测方案优化等。针对上述关键技术问题，研究建立了系统的天然气管道定量风险评估方法，开发了功能完备的定量风险评估软件，制定了石油行业标准《油气输送管道风险评价导则》(SY/T 6859—2012)，在国内首次建立了系统的天然气管道风险定量评价技术体系。

天然气管道风险定量评估技术包括天然气管道失效概率定量计算方法和失效后果评估方法、气体泄漏率简化估算方法、管道目标管道确定方法、管道风险可接受准则、基于事故树的管道风险控制措施优化、基于风险的管道检测方案优化等。

该技术在西气东输二线、陕京输气管道、新疆塔里木油田克轮输气管道、西气东输一线等国内重要天然气管道和西安市天然气管网风险评估中得到成功应用，识别出了管道高风险因素、高后果区段和高风险区段，为优化管道检测维修方案，以及开展基于风险的管道完整性管理提供了有力的技术支持和科学依据，保障了天然气管道安全运行，取得了显著的经济效益和社会效益。

2. 关键技术

1）天然气管道定量风险评价技术

采用基于历史失效数据和基于可靠性理论的计算模型，考虑天然气管道失效模式对后果的影响，建立了管道失效概率计算方法；分析了管道事故灾害类型，研究建立了管道泄漏速率模型和各种事故灾害模型，并考虑财产损失、人员伤亡、管道破坏、服务中断和介质损失等管道失效后果情景，建立了天然气管道失效后果的定量估算模型；在管道失效概率计算模型和失效后果估算模型研究的基础上，研究建立了管道风险计算和分析方法。

(1) 管道失效概率估算计算模型

在失效概率计算模型方面，针对内腐蚀、外腐蚀、制造缺陷、地质灾害、建造缺陷、地震灾害、第三方损伤等12种风险因素，考虑泄漏孔的尺寸大小，将管道失效区分为小泄漏、大泄漏和断裂三种失效模式，建立了基于历史失效数据和基于可靠性的管道失效概率计算模型。

① 基于历史失效数据的管道失效计算模型

基于历史失效数据的管道失效概率基本模型如下式：

$$R_{f_{ij}}=R_{fb_j}M_{F_{ij}}A_{F_j} \tag{2-72}$$

式中：R_{fb_j}为失效原因j的基线失效概率；$M_{F_{ij}}$为失效模式因子，指对失效原因j、失效

模式 i 的相对失效概率；A_{F_j} 为失效原因 j 的失效概率修正因子。

基线失效概率 R_{fb} 被定义为对一个特定工业部门、运营公司或管线系统的参比管段的平均失效概率。基线失效概率 R_{fb} 通过管道运营公司的历史失效数据统计分析得到。当缺少这方面的数据时，基线失效概率 R_{fb} 的估计也可以通过被政府部门、工业协会和顾问专家收集和发布的历史失效事故数据估算得到。

失效模式因子 M_F 是指由于小泄漏、大泄漏和断裂造成管线失效的相对概率。不同的失效原因造成的主要失效模式有所不同。失效模式因子也主要通过历史失效数据统计分析获得。

失效概率修正因子 A_F 是用来反映被评价管道属性对基线失效概率的影响。针对不同的失效原因，利用所评价管道的实际属性进行计算，几种典型的失效概率修正因子如下：

a. 外腐蚀：

$$A_F = K_{EC}\left[\frac{\tau_{ec}^*}{t}(T+17.8)^{2.28}\right]F_{SC}F_{CP}F_{CF} \tag{2-73}$$

b. 内腐蚀：

$$A_F = K_{ICG}\left(\frac{\tau_{ic}^*}{t}\right)V_0F_{H_2S}F_{scale}F_{pH}F_{oil}F_{cond}F_{inhibit} \tag{2-74}$$

c. 第三方损伤：

$$A_F = K_{MD}R_{HIT}P_{F\backslash H} \tag{2-75}$$

d. 应力腐蚀开裂(SCC)：

$$A_F = K_{SCCH}\left(\frac{\tau_{SCC}^*}{t}\right)F_{SCCH}F_{PSH}\max(F_{TSH},\ F_{SSH})F_{TT}F_{SF}\quad(\text{高 pH 值环境}) \tag{2-76a}$$

$$A_F = K_{SCCN}\left(\frac{\tau_{SCC}^*}{t}\right)F_{SCCN}F_{PSN}\max(F_{THN},\ F_{SSN})\quad(\text{中性 pH 值环境}) \tag{2-76b}$$

对于地质灾害、制造缺陷、地震灾害等几种原因导致的失效，由于管线失效事故与管线位置和具体管线关系很大，在失效概率估算时，不能采用通过具体管线属性调整历史失效概率的方法，应根据特定管线属性建立失效概率估算模型：

a. 制造缺陷：

$$R_f = N_{SW}P_{SWF} \tag{2-77a}$$

$$P_{SWF} = P\quad(\text{当 } N_L > N_R \text{ 时}) \tag{2-77b}$$

b. 地震灾害：

$$R_f = R_{f500}/500 \tag{2-78a}$$

$$R_{f500} = 7.82u_{PG_{500}}{}^{0.56}P_{LIQ}F_{JNT} \tag{2-78b}$$

② 基于结构可靠性的管道失效概率计算模型

由于管道载荷的波动、管材强度变化以及缺陷的复杂性，造成载荷和抗力的不确定性，这时管道失效概率的计算只有通过标准可靠性模型进行计算，如图 2-67 所示。如果缺陷处载荷超过了抗力，则失效会在缺陷处发生(图中两个分布的重叠区)。因此，失效概率就是载荷超过抗力的概率。对于不同的失效形式，如外腐蚀、内腐蚀、应力腐蚀开裂、裂纹、地质灾害、机械损伤缺陷等，需要建立不同的可靠性模型计算不同失效模式的管道失效概率。

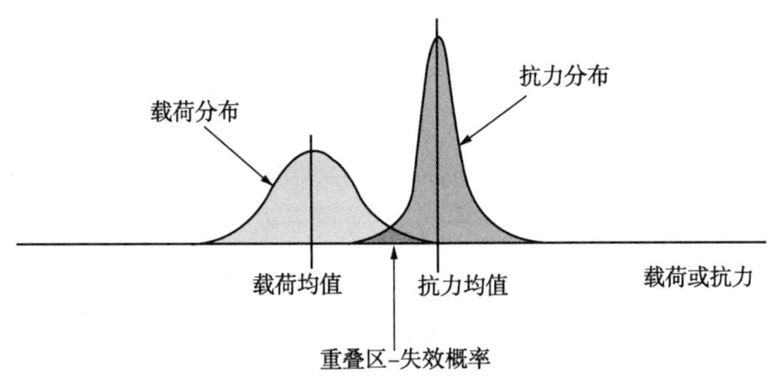

图 2-67　管道失效概率计算

在计算管道失效概率时，需要考虑两方面的因素：

a. 时间相关性：为了和与时间无关失效概率联合，将时间相关概率转化为标准年平均概率形式；

b. 同时考虑多个响应函数：对应不同失效模式，同时考虑不同失效准则，得到不同模式的失效概率。

与时间相关的管道失效概率模型如下，τ 时刻前的失效概率等于失效时间小于 τ 的概率，也就是等于失效时的累计概率分布，可用下式表述：

$$F_T(\tau)=p[P>R(\tau)]=p[R(\tau)-P<0] \tag{2-79}$$

时间段$(\tau_1,\ \tau_2)$内的失效概率可以利用失效概率累计分布 $F_T(\tau)$计算，关系式如下：

$$p_f(\tau_1,\ \tau_2)=p(\tau_1<\tau<\tau_2)=\frac{F_T(\tau_2)-F_T(\tau_1)}{1-F_T(\tau_1)} \tag{2-80}$$

上式表明时间段内发生失效是有条件的，τ_1 前没有发生失效。可以用来计算以下概率：

a. 时间 τ'前的失效概率，式(2-80)变为：

$$p_f(0,\ \tau')=p(0<\tau<\tau')=\frac{F_T(\tau')-F_T(0)}{1-F_T(0)} \tag{2-81}$$

b. 时间段$(\tau_1,\ \tau_2)$内的年失效概率计算式为：

$$\bar{p}_f(\tau_1,\ \tau_2)=\bar{p}(\tau_1<\tau<\tau_2)=\frac{F_T(\tau_2)-F_T(\tau_1)}{1-F_T(0)} \tag{2-82}$$

τ'时间前发生小泄漏(sl)的概率计算式为：

$$p_{sl}(0,\ \tau')=\frac{F_{T|sl}(\tau')-F_{T|sl}(0)}{1-F_{T|sl}(0)}p(sl) \tag{2-83}$$

$F_{T|sl}(\tau)$为发生小泄漏时的累计概率分布函数。同样，每年的概率可以用下式计算：

$$\bar{p}_{sl}(\tau_1,\ \tau_2)=\frac{F_{T|sl}(\tau_2)-F_{T|sl}(\tau_1)}{1-F_{T|sl}(0)}p(sl) \tag{2-84}$$

与式(2-83)和式(2-84)类似的公式可以应用于大泄漏和断裂情况。

(2) 天然气管道失效后果估算模型

天然气管道后果模型的估算结果一般用三个数来衡量管道失效后果：死亡人数用来衡

量与人员安全相关的后果；财产损失费用来衡量经济后果；综合影响用来衡量整个失效后果。失效后果估算模型的框架如图 2-68 所示。

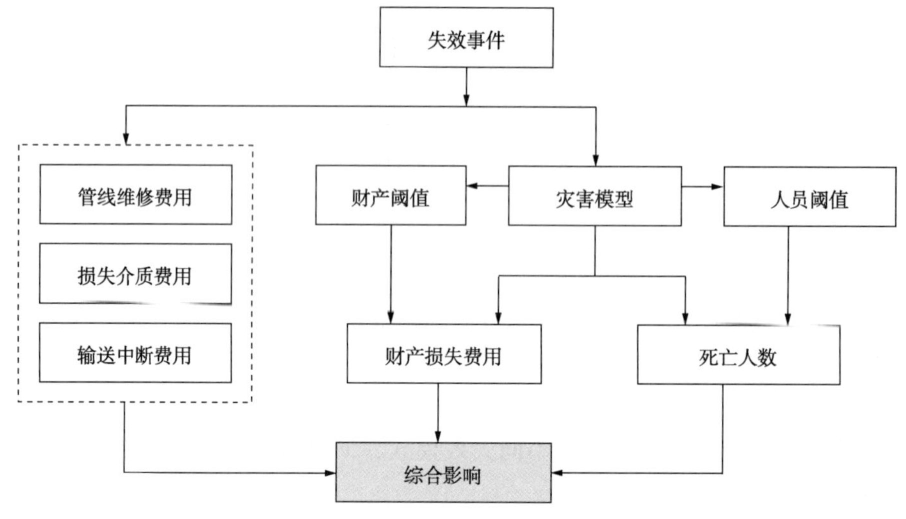

图 2-68　管道失效后果分析图

① 灾害模型

管道发生失效后，会发生各种各样的灾害，灾害种类依赖于输送介质和大气稳定性。通常对于天然气管道，可能的灾害有喷射火(JF)、蒸气云火(VCF)、蒸气云爆炸(VCE)及有毒或能使人窒息的蒸气云(VC)，如图 2-69 所示。

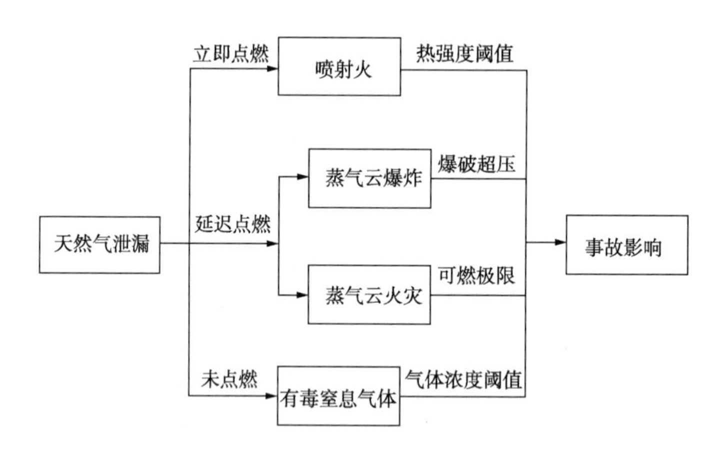

图 2-69　天然气管道事故事件树

在失效后果评估中，管道输送介质泄漏率的精确估算是非常关键的，直接影响到后果估算的准确性。由于用现有的严格动力学方程计算泄漏量过程较为繁杂，且 Y-D Jo 和 B. J. Ahn 提出的一级近似简化模型所估算出的泄漏率与理论计算相比，存在 20%左右的正偏差。因此，通过对稳态流动条件下动量方程中动能项的近似处理，建立了流体泄漏率的二级近似估算模型，该模型可以使误差减小到 7%以内，克服了严格动力学方程的繁杂和一级近似的误差。

$$Q_p = \frac{\frac{\pi d^2}{4}\sqrt{\frac{1}{2\bar{L}}\left(\frac{\gamma p_0 \rho_0}{\gamma+1}\right)\left(\frac{\eta}{1+\eta}\right)}}{\left(1+\frac{\eta(\beta-1)}{(1+\eta)}\right)} \tag{2-85}$$

经转换，天然气泄漏等效速率为：

$$Q_{eff} = \alpha Q_p \geqslant Q_0 A_h / A_0 \tag{2-86}$$

喷射火灾害的危害以热辐射强度来衡量，火源附近热辐射强度的分布为：

$$I_F = \frac{P}{4\pi r^2} P = \chi Q_{eff} H_c \tag{2-87}$$

蒸气云爆炸的危害以爆炸超压来衡量：

$$P_E = \exp\left\{9.097 - \left[25.13\ln\left(\frac{r}{M_{TNT}^{1/3}}\right) - 5.267\right]^{1/2}\right\} \leqslant 14.7\text{psi} \tag{2-88}$$

蒸气云火和有毒窒息气体的影响范围都是根据受影响区域的天然气浓度来衡量的，泄漏点附近地面高度的天然气最大浓度分布利用高斯散布模型计算：

$$C_{max} = 0.5C_c\left[\text{erf}\left(\frac{x}{\sqrt{2}\sigma_x}\right) - \text{erf}\left(\frac{y-u_a t_s}{\sqrt{2}\sigma_x}\right)\right] \quad (\text{当 } x \leqslant 0.5u_a t_s \text{ 时}) \tag{2-89a}$$

$$C_{max} = C_c \text{erf}\left(\frac{u_a t_s}{2\sqrt{2}\sigma_x}\right) \quad (\text{当 } x > 0.5u_a t_s \text{ 时}) \tag{2-89b}$$

$$C_c = \frac{Q_{eff}}{\pi\sigma_y\sigma_z u_a}\exp(-y^2/2\sigma_y^2) \tag{2-89c}$$

② 死亡人数的计算

死亡人数是灾害种类、灾害强度以及此类灾害情况下人员允许的强度阈值的函数。在坐标点(x, y)处，设灾害强度为$I(x, y)$，死亡概率为$p[(x, y)]$，人口密度为$\rho(x, y)$，则大小为$\Delta x\Delta y$的面积内死亡人数为：

$$n(x, y) = p[I(x, y)] \times [\rho(x, y)\Delta x\Delta y] \tag{2-90}$$

整个区域内的死亡总人数按下式计算：

$$N = \sum_{\text{Area}} p[I(x, y)] \times \rho(x, y)\Delta x\Delta y \tag{2-91}$$

③ 财产损失费用的计算

管道失效后，泄漏的介质发生火灾或爆炸事故，不仅对管道附近的人员造成伤害，建筑物、农田等也会遭到不同程度的损害。总的财产损失包括两部分：更换损伤建筑及其附属设施的费用；现场复原费用，包括现场的清理和补救。财产损失的计算公式为：

$$c_{dmg} = \sum c_u \times g_c \times A \tag{2-92}$$

式中：c_u为单位面积复原费用；g_c为地面的有效覆盖，定义为财产总面积和地面总面积的比率；A为灾害发生的总面积。

④ 总的经济损失

总的经济损失包括管道检测和维护的直接费用以及与管道失效相关的风险费用，用来反映管道公司总的经济成本。计算公式如下：

$$c=c_{main}+c_{prod}+c_{rep}+c_{int}+c_{clean}+c_{dmg}+a_{n}n \tag{2-93}$$

式中：c_{main}为管线检测和维护的直接费用；c_{prod}为损失介质费用；c_{rep}为管道维修费用；c_{int}为管道输送中断费用；c_{clean}为现场清理费用；c_{dmg}为财产损伤费用；a_{n}为常数，是将死亡人数转化为经济费用的参数；n为死亡人数。

⑤ 综合影响

为了更加直观地表示管道失效对公众、运营公司带来的影响，把失效事故对人员、财产以及管道公司运营成本的影响合成一个参数来综合考虑。可以用两种方法来衡量管道失效的综合影响：一种是货币当量法；另一种是用严重指数法。货币当量法是将死亡人数当量费用，然后加到总费用中，构成一个用现金形式表示的管线失效后果综合参量。严重指数法是将死亡人数和总费用转化为严重性分数，然后构成一个用严重性分数形式表示的管线失效后果综合参量。可按下式进行计算：

货币当量法：
$$I_{eq}=c+a_{n}n \tag{2-94a}$$

严重性分数法：
$$I_{se}=\beta_{c}c+\beta_{n}n \tag{2-94b}$$

式中：c为总的经济损失；n为死亡人数；a_{n}为管道公司或社会愿意支付的避免某个统计生命死亡的费用；β_{c}、β_{n}分别为将经济损失、人员死亡转化为严重性分数的转化系数。

（3）管道风险水平计算

管道的风险水平是将失效概率（每千米每年的失效次数）与失效结果（如经济费用、死亡人数、综合影响等）相乘得到的。把与三种可能的失效模式（小泄漏、大泄漏及断裂）相关的风险分量加起来得到每种失效原因的风险水平，计算出的风险估计值以每千米每年作为基础。在计算管道风险水平时，首先计算区段的风险水平，然后基于区段风险水平计算管段的风险水平。区段是指管道上特征参数相同的连续一段管道；管段是管道上连续的一段，在风险评估分析以及制定维护计划时作为一个独立的一段管道处理。

（4）风险评估及控制

管道风险评估及控制包括定点分析、管段分析和维护方案确定三个方面的功能。

定点分析是在管道沿线上任取一点进行个体风险分析。定点分析包括单个风险轮廓、风险趋势分析和敏感性分析。单个风险轮廓是指在管道沿线上任取一点，查看此点个体风险水平距离管道远近的关系。单个风险轮廓分析主要用来评估公众安全风险水平和设置安全距离。风险趋势是指在管道上任取一点，查看此点个体风险水平如何随时间变化。风险趋势主要用来分析管道上给定点个体风险水平的变化规律。管段分析用来对管道上各个管段进行风险排序，从而定位管道上的高风险段，并依此实施强化的维护措施。管段分析可以通过失效概率和风险水平计算结果开展分析工作，为维护方案的确定提供依据。通过对比不同维护方案的收益/费用比，可以对管道各种可能的维护方案进行比较以确定最佳维护行动。

2）管道风险因素识别方法和控制措施

在管道风险因素分类的基础上，对各种风险因素作深入分析，找出其影响因素，并从现有管道风险因素分类出发，建立了管道失效事故树。通过对事故树进行定性分析和最小割集的求解，分析管道失效与基本事件之间的逻辑关系，建立管道风险因素识别方法，并提出了风险因素识别的数据需求和来源；在事故树最小割集分析的基础上，提出风险控制选择方案，并针对各失效因素制定出相应的风险预防措施，从而为风险控制措施的制定提供科学依据和优化方案，有助于管理者根据管道实际情况选择适用有效的风险缓解措施。

3）管道可接受风险准则

风险可接受准则对提高定量风险评价的科学性、适用性具有关键性的影响，是根据风险评价结果制定风险控制措施的重要依据。通过调研分析了国内外风险可接受准则的研究和应用情况，确定了管道可接受风险准则的表述形式；在此基础上收集整理了我国事故和人员死亡统计资料，研究制定了我国管道风险的可接受准则，包括个体风险、社会风险和经济风险。在制定的《油气输送管道风险评价导则》（SY/T 6859—2012）中，将研究制定的人员风险可接受准则纳入其中，作为推荐可接受准则，为开展风险评价和管理提供了依据。

在个体风险中，考虑了个体风险参与有风险活动的主观意愿程度，建立了包含个体风险的表达式：

$$IR<\beta\cdot 10^{-4} \tag{2-95}$$

社会风险考虑了公众对于严重事件的规避心理，结合我国管道事故数据统计分析和管道建设速度，建立了基于 $F-N$ 曲线的社会风险可接受准则：

$$1-F_N(x)<\frac{10^{-4}}{x^2} \tag{2-96}$$

个体风险和社会风险也可表述为如图 2-70 和图 2-71 的形式。

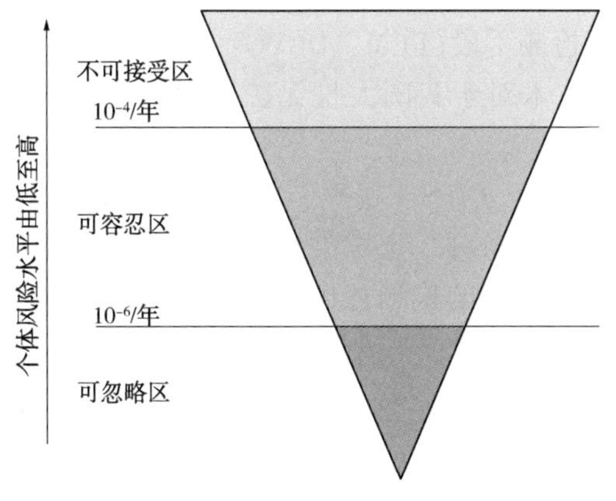

图 2-70　管道个体风险可接受标准推荐值

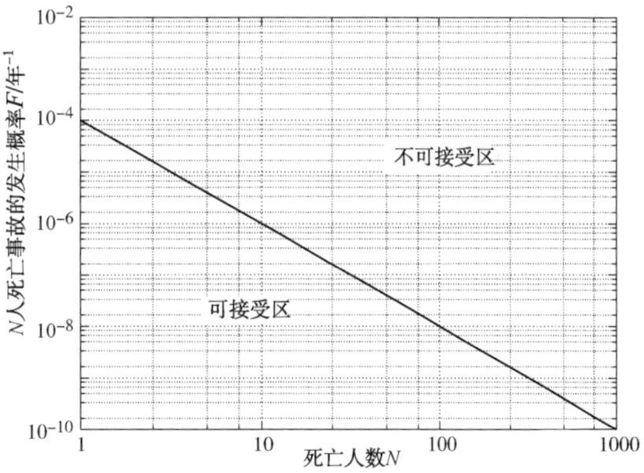

图 2-71　管道社会风险可接受准则推荐值

4）天然气管道可靠性评估技术与西气东输二线可靠度评估

基于管材测试数据样本，建立了高钢级管线钢断裂韧性与夏比冲击功之间的经验模型，如式（2-97）所示。统计分析了 X80 管线钢母材屈服强度、抗拉强度、焊缝抗拉强度以及母材与焊缝夏比冲击功的概率分布参数，为西气东输二线的可靠度评估提供了计算模型，计算分析了西气东输二线的可靠度。

$$K_{\mathrm{Ic}}=22.3632\times(CVN)^{0.4262} \tag{2-97}$$

基于模糊数学理论，考虑天然气管道输送压力、管径、地区级别等影响失效后果的主要因素，建立了管道目标可靠度和可接受失效概率的确定方法。解决了困扰管道可靠度分析的一个关键技术难题，为西气东输二线可靠度评估提供了依据。目标可靠度确定方程如下：

$$\mu_{\mathrm{D}}^{-}(w_{\mathrm{i}})=\frac{1}{2}-\frac{1}{2}\sin\frac{\pi}{10^{-3}-10^{-6}}\left(w_{\mathrm{i}}-\frac{10^{-3}+10^{-6}}{2}\right)\quad(10^{-6}\leqslant w_{\mathrm{i}}\leqslant 10^{-3})\tag{2-98}$$

采用结构可靠性的分析方法，并考虑材料性能分散性、管道维护的影响、缺陷漏检概率、缺陷扩展等影响因素，按照典型腐蚀环境和严重腐蚀环境两种情况完成了西气东输二线完整管道和运营阶段的可靠性评估(见图 2-72)。

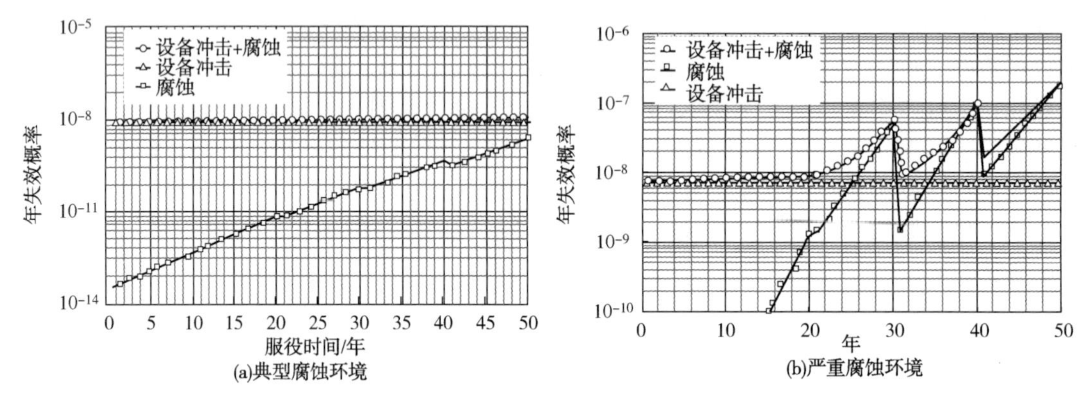

图 2-72　管道最终极限状态失效概率

5）基于风险的检测方案优化

在管道风险评估技术研究的基础上，结合我国管线的特点，开发出了基于风险的管道检测程序优化技术，包括管线风险评估、管线风险排序和基于风险的管道检测程序优化等；将基于风险评估的管道检测程序优化技术和管道外检测手段(PCM、DCVG、CIPS 和开挖检测等)相结合，形成了特色的管道外检测技术，该技术对于我国大量无法采用内检测技术(Smart Pig)检测的在役管道具有很强的适用性。

基于风险的检测技术，利用 PCM、DCVG、Pearson、CIPS、超声、X 射线等检测手段，在防腐层漏点及破损检测的基础上，综合考虑管道技术条件、土壤类型、周围人口密度等因素，对管线进行风险评估和风险排序，并进行基于风险的检测程序的优化，确定开挖检测点，再采用 C 扫描等手段进行详细检测。基于风险的检测技术成功应用于西气东输管线、陕京管线、西安市天然气管网、塔里木油田克轮管线、塔中四-轮南管线、靖西管道等十余条管线，为这些管线的安全评估和维修提供了重要决策依据。

6）管线风险评价行业标准制定

在管道风险评价技术研究和国内外风险评估标准和资料的收集整理的基础上，制定了行业标准《油气输送管道风险评价导则》(SY/T 6859—2012)。该标准明确了开展管道风险评估的目的和意义，提出了系统的管道风险评估流程，包括管道风险因素识别、风险评估所需数据的收集、管道失效概率分析、管道失效后果分析以及管道风险措施的制定，并根据我国国情提出了管道可接受风险推荐准则。所编制的《油气输送管道风险评价导则》主要用于新建或者在役管道的风险评估，提供开展管道风险评估的推荐程序和方法，指导管道完整性管理工作实践和实施。

3. 技术应用及创新点

1)技术应用

天然气管道风险定量评估技术在西气东输二线风险评估中得到了应用。基于管道风险评价和可靠性评估结果，对西气东输二线管道优化设计方案提出了相应的意见，并对管道建成后的安全管理提出了依据和建议，从而实现了从管道设计、施工到投产各阶段都考虑管道的安全问题，将西气东输二线管道系统的风险水平控制在可接受的范围内，真正做到管道本质安全。通过对本技术的研究和在西气东输二线的应用，将管道安全运行管理措施前移，在管道的设计和建设阶段就对管道所面临的风险因素进行识别和评价，有效地降低了管道的风险水平，为西气东输二线建成后的安全运行奠定基础。

该技术还在西气东输一线、陕京输气管道、塔里木油田克轮输气管道等国内重要天然气管道和西安天然气管网的风险评估中得到成功应用，为上述天然气管道的安全运行和应急管理提供了有力的技术支持和科学依据。

制定的行业标准《油气输送管道风险评价导则》（SY/T 6859—2012）明确了系统的管道风险评估程序，使得管道风险评估工作有章可循，促进了风险评估技术的规范化和推广应用力度，从而提高了管道行业的安全管理水平，确保了管道长期安全经济可靠运行。

因篇幅有限，下面仅介绍西气东输二线的应用情况。

西气东输二线是我国迄今为止最大规模的输气管道系统，是我国又一重要的能源动脉。二线穿过地貌单元复杂，线路长、管径大、压力高，加之天然气是易燃、易爆物质，管道一旦发生破裂或泄漏，很容易造成爆炸和大范围的火灾，特别是在人口稠密地区，极易造成灾难性后果，除人员伤亡和直接的经济损失外，还会造成极坏的社会与政治影响。因此，西气东输二线的安全运行面临着更高的要求和挑战。

基于风险评价结果，对西气东输二线管道优化设计方案提出了相应的意见，为设计单位提供技术支持，并对管道建成后的安全管理提出了依据和建议。图 2-73～图 2-76 为西气东输二线风险评估部分结果。

2）创新点

（1）根据我国天然气管线失效特点，总结出了我国天然气管线 12 种失效形式和 3 种失效模式，分析了天然气管道风险因素，在国内首次建立了系统的天然气管道的定量风险评估方法，包括基于历史失效数据和基于可靠性理论的失效概率估算方法、失效后果估算方法及管道风险定量计算方法，开发了天然气管道定量风险评估软件，制定并发布了《油气输送管道风险评价导则》（SY/T 6859—2012）石油行业标准，形成了较完善的天然气管道风险定量评估技术体系。

（2）针对内腐蚀、外腐蚀、应力腐蚀开裂、第三方破坏、制造缺陷等 12 种天然气管道风险因素，在国内首次建立了系统的失效概率计算模型和方法。

（3）在国际上首次提出了基于模糊数学理论的天然气管道目标可靠度确定方法，解决了天然气管道可靠度评估的技术难题。

（4）在国内首次研究制定了我国天然气管道的风险可接受推荐准则，包括个体风险、社会风险和经济风险可接受准则，为管道运营企业制定风险判据提供了科学依据。

（5）通过对稳态流动条件下动量方程中动能项的近似处理，建立了流体泄漏率的二级近似估算模型，应用该模型可以使误差减小到 7%以内，克服了严格动力学方程的繁杂和一级近似的误差。

（6）建立了基于风险的天然气管道检测程序优化技术，包括管线风险评估、管线风险排序和基于风险的管道检测程序优化等。将基于风险的管道检测程序优化技术和管道外检测手段相结合，形成了有特色的天然气管道外检测技术，该技术对于我国大量无法采用内检测技术检测的在役天然气管道具有很强的适用性。

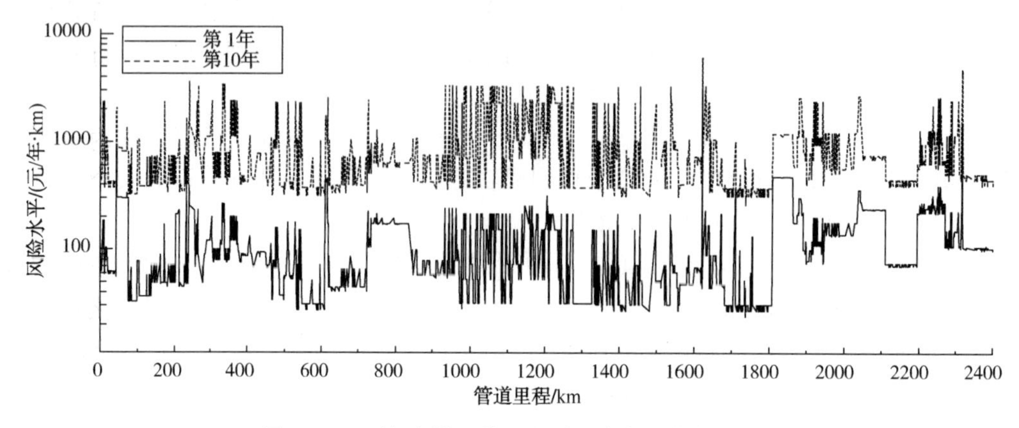

图 2-73　西气东输二线西段总风险水平全线分布

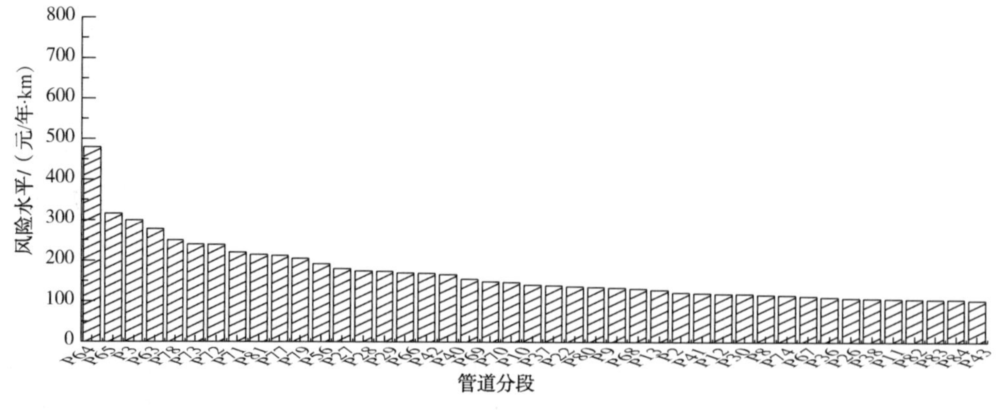

图 2-74　西气东输二线西段风险水平分段排序

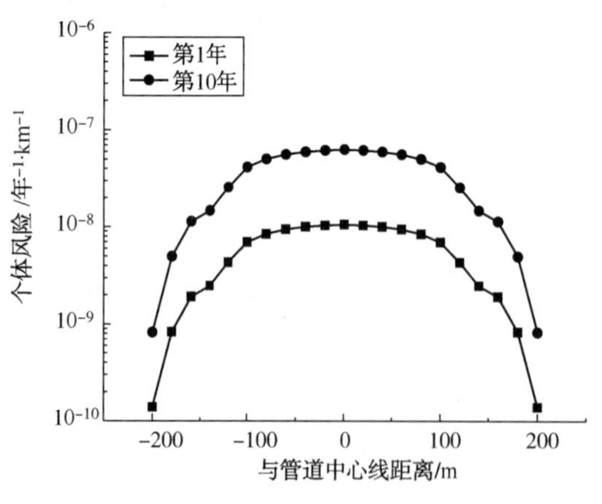

图 2-75　西段 80km 处风险轮廓

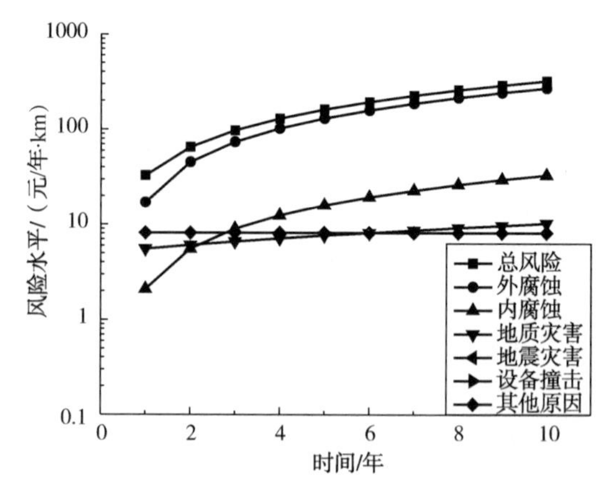

图 2-76　西段 80km 处风险水平发展趋势

2.2.2　油气管道安全可靠性评估技术

1. 简介

油气管道安全可靠性评估技术结合了材料科学与工程及石油管工程，属于能源安全技术领域，适用于高钢级管道与在役老管道的剩余强度评价、剩余寿命预测、安全可靠性评估及风险评估。

针对高钢级管道和在役老管道的完整性评价技术，将消化吸收和自主创新相结合，进行了系统性的理论探索、技术开发和现场应用研究，解决了油气管道完整性评价中的多项关键技术问题，包括基于应变的管道失效评估准则、基于可靠性的管道失效评估准则、高钢级管道失效评估图技术、表面裂纹体的三维断裂准则、在役老管道焊缝失效评估图技术、弥散损伤型缺陷安全评价技术，并对国内天然气管道采用0.8设计系数的安全可靠性与可行性进行了评估与分析。充分吸收和利用国外近几年在管道完整性评价领域的最新研究成果和最新技术标准，对AFSP 2.0管道完整性评价软件进行全面改进和升级换代，开发出升级版的AFSP 3.0软件，可以对体积型缺陷、裂纹型缺陷、弥散损伤型缺陷、几何缺陷、机械损伤缺陷等管道可能存在的各类缺陷进行安全评定与可靠性评估，加速了油气管道完整性评价技术的推广应用。通过这些关键技术的研究，在国内首次建立了完善的油气管道完整性评价体系。

该技术在西气东输二线安全预评估、陕京管道安全评价、西安市天然气管网安全评价、克乌成品油管道复线安全评价以及多个油气田集输管网安全评价中得到成功应用，节省了管道公司和油气田公司的管理成本，有效地减少了管道安全事故的发生，带来了显著的经济效益和社会效益。

2. 关键技术

1）基于应变的管道失效评估准则

通过研究地质灾害条件下的土壤断层位移分量、受拉断层管道应变行为、受压断层管道应变，建立了土壤断层条件下管道最大应变计算模型和计算方法；在分析土壤沿管道轴向和垂直管道轴向运动条件下管道弹性应变行为和弹塑性应变行为基础上，建立了管道拉伸最大应变和屈曲最大应变的计算模型和方法；建立了任意地面运动条件下管道应变的数值分析方法。

在系统分析管道径厚比、内压、屈强比、焊缝匹配系数、屈服强度等因素对管道抵抗变形能力影响规律的基础上，采用量纲分析方法，并结合收集到的实物管子变形试验数据拟合验证，建立了管道在压缩和弯曲条件下的临界应变计算模型和方法。所建立的管道在压缩和弯曲条件下的临界屈曲应变计算公式比CAN/CSA Z662和DNV-OS-F101中提供的公式更为可靠。

量纲分析法确定临界应变公式的基本形式：

$$\varepsilon_{\mathrm{crit}}=a\times\left(\frac{D}{t}\right)^{b}\times\left(1+\frac{p}{p_{\mathrm{y}}}\right)^{c}\times\left(\frac{E}{\sigma_{\mathrm{y}}}\right)^{d}\times\left(\frac{\sigma_{\mathrm{y}}}{\sigma_{\mathrm{b}}}\right)^{e}\times\alpha_{\mathrm{gw}} \tag{2-99}$$

基于收集到实物试验数据，通过数值拟合建立临界屈曲应变预测公式：

压缩： $$\varepsilon_{c}^{crit}=74.21\times\left(\frac{D}{t}\right)^{-2.31}\times\left(1+\frac{p}{p_{y}}\right)^{1.59}\times\left(\frac{E}{\sigma_{y}}\right)^{0.67}\times\left(\frac{\sigma_{y}}{\sigma_{b}}\right)^{-3.84}\times\alpha_{gw} \tag{2-100}$$

弯曲： $$\varepsilon_{b}^{crit}=1.006\times\left(\frac{D}{t}\right)^{-0.37}\times\left(1+\frac{p}{p_{y}}\right)^{3.84}\times\left(\frac{E}{\sigma_{y}}\right)^{0.05}\times\left(\frac{\sigma_{y}}{\sigma_{b}}\right)^{-2.98}\times\alpha_{gw} \tag{2-101}$$

形成了针对西气东输二线用X80大变形管线钢管的屈曲应变极限预测模型，并据此发布了X80大变形钢管及直管用热轧钢板技术条件。针对中缅管线对X70大变形钢管的显微组织、力学性能、应变时效、变形能力等问题展开研究，根据研究成果发布了中缅油气管线用大变形钢管技术条件，并以此技术条件为指导展开大变形钢管的国产化及采购工作。

2）基于可靠性的管道失效评估准则与安全可靠性评估方法

在研究完整管道、含缺陷管道极限状态函数的基础上，基于可靠性理论，建立了完整管道、含裂纹型缺陷管道、含局部腐蚀缺陷管道以及含点腐蚀缺陷管道的失效概率计算方法，相应的计算公式如式(2-102)、式(2-103)、式(2-104)和式(2-105)所示。在此基础上，建立了评价参数敏感性分析方法，计算公式如式(2-106)所示。通过敏感性分析，可找出影响结构安全可靠性的关键变量，并在工程实践中尽可能减小关键变量的分散性和随机性，即降低关键变量的变异系数，以提高结构的安全可靠性。

$$p_{f}=P\left[2ctF\sigma_{f}-PD<0\right] \tag{2-102}$$

$$p_{f}=P\{(1-0.14L_{r}^{2})\left[0.3+0.7\exp(-0.65L_{r}^{6})\right]-K_{r}<0\} \tag{2-103}$$

$$p_{f}=P\left\{\frac{2m_{f}\sigma_{s}t}{D}\left[\frac{1-d/t}{1-d/(tM_{t})}\right]-P<0\right\} \tag{2-104}$$

$$p_{f}=P\left\{\frac{2m_{f}\sigma_{s}t}{D}\left[\frac{1-d/t}{1-d/(tM_{t})}\right]+\frac{m_{f}\sigma_{s}d}{D}-P<0\right\} \tag{2-105}$$

$$\alpha_{i}\approx\frac{P(C_{x1},C_{x2},\cdots,C_{xi}+\Delta C_{xi},\cdots,C_{xn})-P(C_{x1},C_{x2},\cdots,C_{xi},\cdots,C_{xn})}{\Delta C_{xi}} \tag{2-106}$$

基于工厂测试数据样本，建立了高钢级管线钢断裂韧性与夏比冲击功之间的经验模型，如式(2-97)所示。统计分析了X80管线钢母材屈服强度、抗拉强度、焊缝抗拉强度以及母材与焊缝夏比冲击功的概率分布参数，为西气东输二线的可靠度评估提供了计算模型，计算分析了西气东输二线的可靠度。

基于模糊数学理论，考虑管道输送压力、管径、地区级别等影响失效后果的主要因素，建立了管道目标可靠度和可接受失效概率的确定方法。解决了困扰管道可靠度分析的一个关键技术难题，为西气东输二线可靠度评估提供了依据。目标可靠度确定方程如式(2-98)所示。

基于损伤理论，通过研究腐蚀损伤随时间演化规律、损伤沿壁厚方向分布规律和损伤材料宏观力学性能退化规律，并结合有限元分析，建立了弥散型腐蚀损伤管道的完整性评价方法，其中剩余寿命预测模型的表达式如式(2-107)和式(2-108)所示。

$$E=E_{0}(1-te^{-x/\beta t}) \tag{2-107}$$

$$\sigma_{s}=\sigma_{s0}\sqrt{(1-\alpha_{1}te^{-x/\beta t}/2.01)\cdot(1-\alpha_{1}te^{-x/\beta t})/(1+28.42\alpha_{1}te^{-x/\beta t}/9)} \tag{2-108}$$

3）X80 高钢级管道断裂评估图技术

通过测定 X80 管线钢母材、焊缝及热影响区的断裂韧性，利用断裂力学理论与 R6 方法，建立了 X80 管线钢母材与焊缝的选择 2 和选择 3 的失效评估曲线，如图 2–77 所示，相应的评估曲线方程分别如式(2–109)、式(2–110)、式(2–111)和式(2–112)所示。研究结果表明，通用失效评估曲线并非 X80 管线钢最保守的评估曲线。

母材选择 2：　$$K_r=1.75/\{1+\exp[(L_r-1.32)/0.19]\}-0.77 \tag{2-109}$$

焊缝选择 2：　$$K_r=206.80/\{1+\exp[(L_r-2.24)/0.19]\}-205.82 \tag{2-110}$$

母材选择 3：　$$K_r=2.77/\{1+\exp[(L_r-1.26)/0.22]\}-1.77 \tag{2-111}$$

焊缝选择 3：　$$K_r=0.77/\{1+\exp[(L_r-0.75)/0.06]\}+0.23 \tag{2-112}$$

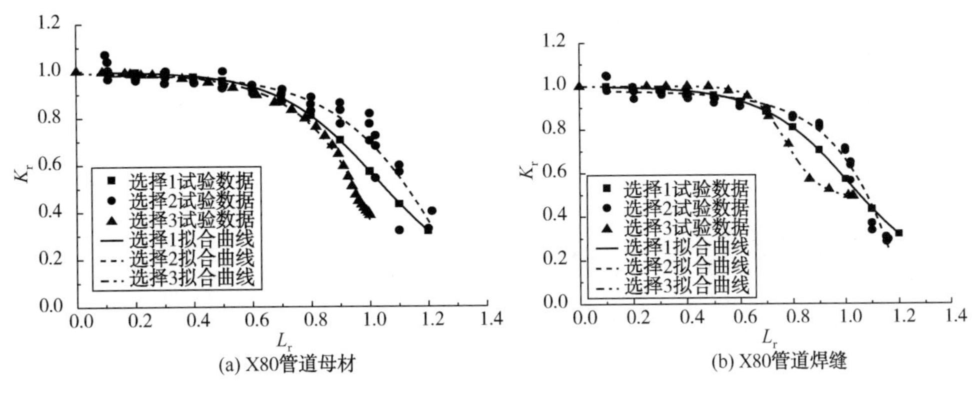

图 2–77　X80 管道失效评估图

4）在役老管道焊缝断裂评估图技术

采用 R6 方法结合试验研究，在测量在役老管道管材 16Mn 螺旋焊缝、X52 螺旋焊缝和 X52 环焊缝 CTOD 断裂韧度的基础上获得三种试验焊缝材料含裂纹型缺陷的选择 2 和选择 3 失效评估曲线，选择 3 曲线方程如式(2–113)、式(2–114)和式(2–115)所示，并建立了相应的失效评估图。

16Mn：　$$K_r=(1-0.149L_r^2)^{-\frac{1}{2}}[0.232+0.768\exp(-0.86L_r^6)] \tag{2-113}$$

X52 螺旋焊缝：　$$K_r=(1-0.124L_r^2)^{-\frac{1}{2}}[0.244+0.756\exp(-1.034L_r^6)] \tag{2-114}$$

X52 环焊缝：　$$K_r=(1-0.074L_r^2)^{-\frac{1}{2}}[0.239+0.761\exp(-0.711L_r^6)] \tag{2-115}$$

针对焊缝缺陷“裂纹+错边”和“裂纹+噘嘴”组成的复合缺陷进行了分析研究，通过受力分析以及缺陷断裂力学参量方法计算，建立了复合焊缝缺陷断裂分析的理论模型，推导出了复合焊缝缺陷应力强度因子的理论计算公式，建立了复合焊缝缺陷疲劳裂纹扩展与寿命预测模型，并采用有限元方法校核了应力强度因子理论公式的计算结果。

5）含表面裂纹管道三维断裂特性及失效评估准则研究

通过 X70 管线钢中心表面裂纹体的三点弯曲试验，研究发现对于三维裂纹采用单一 K 参量表征方法，对于裂纹尖端应力场强度和损伤过程已经失效，二维断裂力学参量 K_{IC} 已不是表面裂纹体的客观参量。提出了穿透裂纹和表面裂纹的统一断裂准则，即三维断裂力学准则，其表达式如式(2–116)所示。

$$K_Z = K\sqrt{F(T_Z)} \leqslant K_{ZC} \tag{2-116}$$

研究表明，三维起裂韧性参量 K_Z 能够很好地描述表面裂纹体的试验现象，并且与表面裂纹的几何尺寸和裂纹形态无关。将三维断裂力学准则和失效评估图技术相结合，可以对含表面裂纹管道进行安全评定。

6）采用较高设计系数对管道安全可靠性的影响及可行性研究

调研分析了较高设计系数在美国和加拿大的应用现状和设计系数对管道事故率的影响。对比了 0.72 与 0.8 设计系数下天然气管道的事故率、临界缺陷尺寸、穿孔抗力、可靠度和风险水平以及止裂韧性要求，并采用全尺寸气体爆破试验(见图 2-78)对止裂韧性指标进行了验证。在此基础上，研究了提高设计系数对天然气管道安全可靠性的影响，分析了国内一级地区采用 0.8 设计系数的可行性，并对国内采用 0.8 设计系数提出了合理建议。

图 2-78　全尺寸气体爆破试验现场状况

7）AFSP 2.0 管道完整性评价软件的升级换代

采用目前最先进的面向对象的软件设计方法和基于控件开发方法，消化吸收了多项国际上最新的油气管道安全评价标准规范和研究成果，对油气管道完整性评估软件(AFSP 2.0)进行了升级。升级后的软件(AFSP 3.0)主要包括剩余强度评价、剩余寿命预测、可靠度计算与评价案例库四大模块，如图 2-79 所示。该软件可对油气管道体积型缺陷、裂纹型缺陷、弥散损伤型缺陷、几何缺陷、机械损伤缺陷进行全面的完整性评价。

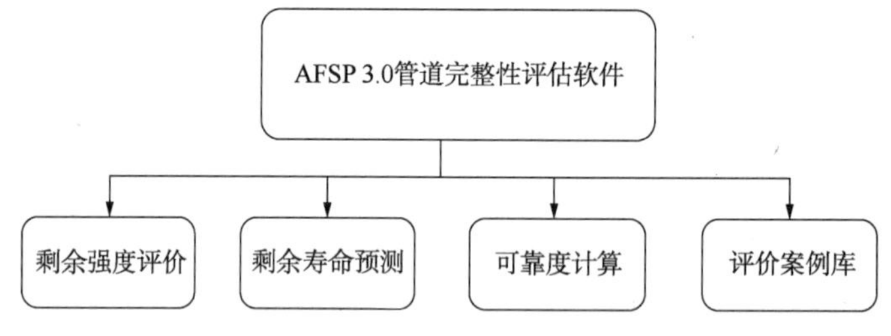

图 2-79　完整性评价软件模块示意图

开发的软件功能完备，能实现油气管道完整性评估的各个需求，使用方便，有良好的人机交互界面和可操作性。典型的软件界面如图 2-80 所示。

3. 技术应用及创新点

1）技术应用

油气管道安全可靠性评估技术进一步完善和改进了现有的管道完整性评价理论和方法，可以在油气管道安全评估中推广应用。高钢级管道可靠性分析方法和结果在西二线管道风险评估中得到了应用，可靠性和风险评估结果为优化管道设计提供了重要依据。

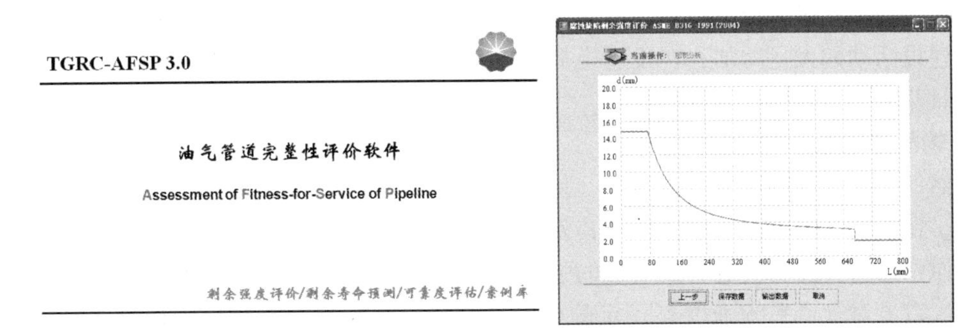

图 2-80　油气管道完整性评价软件 AFSP 3.0 典型界面

该技术研究建立的地震和地质灾害条件下管道位移与应变之间的关系及管道承受最大应变与管道在弯曲和压缩条件下的临界屈曲应变(许用应变极限)的理论计算公式，为地震和地质灾害条件下管道应变设计和安全评估提供了科学依据，已经用于西气东输二线与中缅管线大变形钢管技术指标的确定。

该技术研究建立的高钢级管道断裂评估图技术已经在西气东输二线管道风险评估中得到了应用，可靠性和风险评估结果为优化管道设计提供了重要依据。国内一级地区天然气管道采用0.8设计系数可行性研究成果为0.8设计系数在国内的应用，提供了科学的决策参考依据。

该技术研究建立的在役老管道焊缝缺陷检测分析和安全评估技术已在东北管网庆铁线得到应用，通过结合庆铁线无损检测结果，评估了庆铁线在各类焊缝缺陷下的极限承压能力，为庆铁线的维修改造提供了决策依据，取得了显著的经济效益和社会效益。

2）创新点

(1) 建立了基于应变的管道失效评估方法与弯曲和压缩条件下管道临界应变的理论计算公式。与国际上现有的预测公式相比，考虑的因素更为全面，预测结果更为可靠。

(2) 首次建立了基于模糊数学理论的管道目标可靠度确定方法，解决了管道可靠性分析中的关键技术难题。建立了系统的基于可靠性的管道失效评估方法和准则，包括完整管道与含缺陷管道的可靠性计算方法、评价参数的敏感性分析方法及管道目标可靠度确定方法。

(3) 首次建立了含表面裂纹的管道三维断裂准则，克服了二维断裂力学参量描述和表征表面裂纹的裂纹尖端应力场强度的局限性，实现了表面裂纹体和穿透裂纹体断裂评定准则的统一。

(4) 建立的弥散损伤型缺陷剩余强度评价方法克服了现有评价方法的过分保守性，在国际上首次建立了弥散损伤型缺陷剩余寿命预测方法。

(5) 油气管道完整性评价软件可以对腐蚀缺陷、裂纹缺陷、几何缺陷(错边和噘嘴)以及弥散损伤型缺陷等各类缺陷进行确定性评价和概率完整性评价。

2.2.3　地区等级升级风险管控技术

当前，我国正处于社会、经济高速发展阶段，城乡建设发展很快，这使得许多在役管道沿线在管道建设时期没有人烟的地区，已发展成为人口密集地区，甚至成为人口稠密的城市中心区域。输气管道沿线地区级别升级的情况越来越多，对在役管道的安全管理提出了挑战，必须采取风险控制措施，应对地区等级升级带来的一系列的问题。此外，由于城乡基本建设活动的大量增加，在役管道周边爆破施工的情况日渐增多，爆破安全间距引发的矛盾日益突出。

1. 输气管道地区等级研究

天然气输送管道输送的高压易燃、易爆介质，一旦发生泄漏，可能引发严重的人员伤亡事故。在输气管道的设计中，保障其安全性的指导思想有两种：一是控制管道自身的安全性，原则是严格控制管道及其构件的强度和严密性，并贯穿到全寿命过程；二是控制安全距离，它虽对管道系统强度有一定的要求，但主要是控制管道与周围建构筑物的距离，以此对周围建构筑物提供安全保证。

欧美国家输气管道设计采取的主要安全措施，是随着公共活动的增加而降低管道应力水平，即增加管道壁厚，以强度确保管道自身的安全，从而为管道周围建筑物提供安全保证。这种“公共活动”的定量方法就是确定地区等级，并使管道设计与相应的设计系数相结合。按不同的地区等级，采用不同的设计系数来保证管道周围建构筑物的安全。显然这种做法比采取安全距离适应性更强，线路选择比较灵活，也较经济合理。

1）国内外地区等级划分标准比较

比较国内外管道地区等级划分标准，在地区等级划分级别、管段区域划分以及人口密度指数上都有所差别，如表 2-14 所示。

表 2-14　国内外地区等级标准比较

<table>
<tr><th>标　准</th><th>建筑物密度</th><th>人口密度/(人/km²)</th><th colspan="2">地区等级</th><th>设计系数</th><th>划分地段</th></tr>
<tr><td rowspan="5">美国 ASME B31.8</td><td>基本无人区</td><td></td><td rowspan="2">一级</td><td>一类</td><td>0.8</td><td rowspan="5">中心线两侧各 200m 范围内，任意划分成长度为 1.6km</td></tr>
<tr><td>≤10</td><td></td><td>二类</td><td>0.72</td></tr>
<tr><td><46</td><td></td><td colspan="2">二级</td><td>0.6</td></tr>
<tr><td>≥46</td><td></td><td colspan="2">三级</td><td>0.5</td></tr>
<tr><td>多层建筑</td><td></td><td colspan="2">四级</td><td>0.4</td></tr>
<tr><td rowspan="4">加拿大 CSA Z662</td><td>≤10</td><td></td><td colspan="2">一级</td><td>0.72</td><td rowspan="4">中心线两侧各 200m 范围内，任意划分成长度为 1.6km</td></tr>
<tr><td><46</td><td></td><td colspan="2">二级</td><td>0.6</td></tr>
<tr><td>≥46</td><td></td><td colspan="2">三级</td><td>0.5</td></tr>
<tr><td>多层建筑</td><td></td><td colspan="2">四级</td><td>0.4</td></tr>
<tr><td rowspan="5">国际 ISO 13623</td><td></td><td>无人区</td><td colspan="2">一级</td><td></td><td rowspan="5">中心线两侧各 200m 范围内，任意划分成长度为 1.5km</td></tr>
<tr><td></td><td>≤50</td><td colspan="2">二级</td><td></td></tr>
<tr><td></td><td>≤250</td><td colspan="2">三级</td><td></td></tr>
<tr><td></td><td>≥250</td><td colspan="2">四级</td><td></td></tr>
<tr><td></td><td>多层建筑</td><td colspan="2">五级</td><td></td></tr>
<tr><td rowspan="3">英国 BSI PD 8010-1</td><td></td><td>≤250</td><td colspan="2">一级</td><td>0.73</td><td rowspan="3">中心线两侧宽度由管道直径和压力确定，任意划分成长度为 1.6km</td></tr>
<tr><td></td><td>≥250</td><td colspan="2">二级</td><td>0.6</td></tr>
<tr><td></td><td>多层建筑</td><td colspan="2">三级</td><td>0.4</td></tr>
</table>

续表

标　　准	建筑物密度	人口密度/(人/km²)	地区等级		设计系数	划分地段
中国 GB 50251	基本无人区		一级	一类	0.8	中心线两侧各 200m 范围内，任意划分成长度为 2km
	≤15			二类	0.72	
	<100		二级		0.6	
	≥100		三级		0.5	
	多层建筑		四级		0.4	

2）地区等级与人口密度

我国的地区等级划分标准是以规定地段的居民户数为依据，这种划分标准有不合适之处，就是仅按建筑物划分，并不能区分人口密度的大小。近年来，一些研究机构开始了基于人口密度划分地区等级的研究工作。加拿大 C-FER Technologies 就是这种研究机构之一，他们建议采用人口密度进行地区等级划分。在其研究报告中，给出了不同地区等级人口密度的上限和下限的平均值、标准差，如表 2-15 所示。

表 2-15　不同地区等级人口密度统计

地区等级	下限/(人/km²)	上限/(人/km²)	平均/(人/km²)	标准差/(人/km²)
A	0	0	0	0
B	>0	≤40	10	8
C	>40	≤400	114	80
D	>400	*N/A*	1080	604

根据图 2-81 所示的人口密度 9 级的划分，可以将我国人口地理分布划分为集聚核心区、高度集聚区、中度集聚区、低度集聚区、一般过渡区、相对稀疏区、绝对稀疏区、极端稀疏区、基本无人区等 9 大类型。

其中，极端稀疏区和基本无人区土地面积占全国的 51.9%，覆盖了中国一半以上的国土面积，这也说明，在管道的地区分级增加基本无人区一个类别是非常必要的。

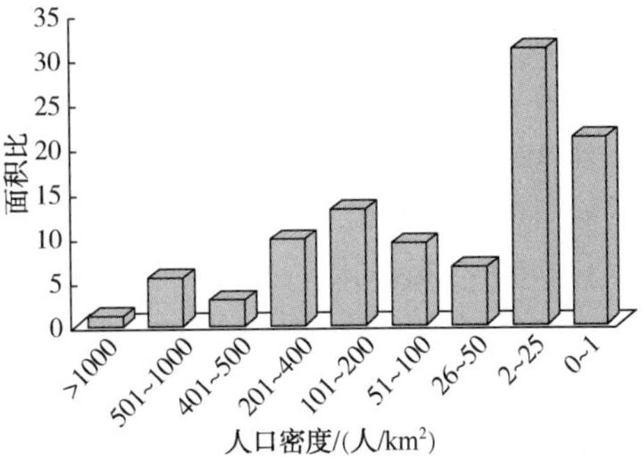

图 2-81　不同人口密度区占国土面积

(1) 陕京一线管道地区等级升级统计

对陕京管道进行地区等级调查，确认地区等级升级共 135 处。其中一级地区升级到三级地区 1 处，一级地区升级到四级地区 1 处，其余 133 处都是从二级地区升级到三级地区。

(2) 陕京二线管道地区升级统计

对陕京管道进行地区等级调查，确认地区等级升级共 78 处。其中一级地区升级到三级地区 4 处，其余 74 处都是从二级地区升级到三级地区。

2. 基于风险的输气管道目标失效概率

失效概率是衡量不同地区等级管道安全性要求的重要指标，管道风险控制应以满足目标失效概率作为安全与否的界限，但是国内外尚没有明确对不同地区等级管道给出目标失效概率，因此，有必要对不同地区等级管道的安全性要求进行研究，给出目标失效概率，为输气管道的地区等级升级提供依据。

1）风险的定义

对于给定的一段管道，基于风险的方法被用来定义最大允许失效概率，即目标失效概率。根据风险的定义，该方法遵循以下公式：

$$r=p\times c \tag{2-117}$$

式中：p 代表管道每公里年的失效概率；c 是对失效后果的衡量。

基于式(2-117)，最大允许失效概率 p_{max} 定义为：

$$p_{max}=r_{max}/c \tag{2-118}$$

式(2-118)表明，最大允许失效概率(并因此产生的目标可靠性)是失效后果 c 和每年最大容许风险等级 r_{max} 的函数。因此，确定目标失效概率需要一个适当的后果模型和一个可接受的容许风险标准。

2）失效后果

由于天然气具有漂浮性，泄漏出来的天然气会卷入大量的空气使其浓度降低，形成气云。当气云的浓度达到燃烧爆炸极限时，遇到火源就会发生燃烧爆炸。图 2-82 是天然气管道泄漏后果的事件树。

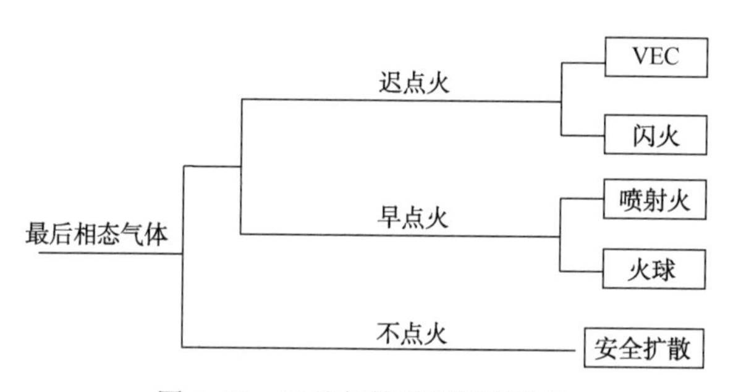

图 2-82 天然气管道泄漏事件树

天然气泄漏后产生的燃烧、爆炸事故对周边地区人员或物体的破坏形式主要是热辐射和冲击波，因此应根据热辐射和冲击波建立伤害准则。

地区等级升级管道风险评价采用热辐射量 30kW/m^2、9kW/m^2、4kW/m^2 三个级别作为火灾后果的伤害和破坏准则。通常用超压来确定事故中冲击波引起的伤害范围。

3）可接受风险水平

可接受风险水平是衡量系统风险大小的标准准则，地区等级升级管道应满足风险可接受水平的相关标准与规定。

由于量化风险的复杂性，针对风险的多样性，使用不同的风险度量方式，这些风险度量方式可以分为两大类：与社会风险相关和与个人风险相关。社会风险通常衡量的是由于管道事故所造成的总体死亡频率；而个人风险衡量的是由于管道失效而使特定个体所遭受的风险，它通常由每年因管道事故所造成的处于管道危险区的人员的死亡概率来计算。

4）目标失效概率

参考国内外关于输气管道地区等级划分及安全性要求，建议的不同地区等级的管道目标失效概率如表 2-16 所示。

表 2-16　目标失效概率

地区等级	目标失效概率	可靠性指数
一级	10^{-3}	3.09
二级	10^{-4}	3.71
三级	10^{-5}	4.26
四级	10^{-6}	4.75

5）基于风险的失效概率校正

基于以上提出的管道目标失效概率，评价在不同地区的风险(社会风险和个人风险)，并根据风险可接受原则，验证以上提出的目标失效概率的合理性。表 2-17 为校正时使用的地区等级与人口密度。

表 2-17　地区等级与人口密度

地区等级	失效概率	人口密度/(人/km^2)
一级	10^{-3}	75
二级	10^{-4}	500
三级	10^{-5}	1000
四级	10^{-6}	2000

一级地区为低密度场所，二级地区为中密度场所，三级和四级地区为高密度场所。

3. 地区等级升级管道的失效概率的定量分析

为定量评估地区等级升级管道风险，控制地区等级升级管道的风险水平，提出了地区等级升级管道的失效概率分析方法，主要分析地区等级升级管道由于腐蚀和第三方破坏而导致的失效概率。

1）基本方法

(1) 应力强度干涉理论

管道的失效概率分析是以结构可靠性理论中的应力-强度分布干涉模型为基础的，该模型揭示了管道强度失效的原因和管道强度可靠性的本质。

一般要求管道的强度高于其所受最高压力，但由于管道本身的强度值与应力值的离散性，使应力-强度两概率密度曲线在一定的条件下可能相交(见图 2-83)，相交的区域如图中的阴影部分，也就是管道可能出现失效的区域，称为管道应力强度干涉区。由图 2-83 也可以看出，即使在管道的安全系数大于 1 的情况下，仍然会存在一定的不可靠度，所以仅仅只进行管道安全系数的计算显然是不够的，还需要进行可靠度的计算。管道强度可靠性计算，就是要搞清楚管道的应力与其强度的分布规律，严格控制管道失效的概率，以满足管道的安全等级要求。图 2-84 给出了管道剩余强度可靠性的计算过程。

(2) 一阶矩法

一般情况下，管道的极限状态涉及多种因素，如管材强度、管道外径、管道壁厚、缺陷深度、缺陷长度、运行压力等，这些因素都是随机变量，正因为如此，管道的极限状态函数是多随机变量函数，其失效概率的求解可采用矩法。

设 $y=f(X)=f(X_1, X_2, \cdots, X_n)$ 为相互独立的随机变量 $X_1, X_2, \cdots, X_n$ 的函数。若已知这些随机变量的均值分别为 $\mu_1, \mu_2, \cdots, \mu_n$，求函数的均值及标准差。

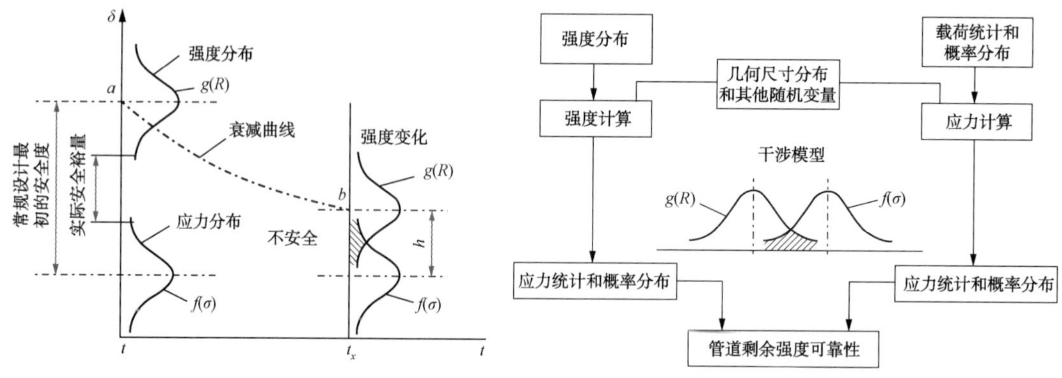

图 2-83　管道应力强度分布曲线　　　　图 2-84　管道剩余强度可靠性计算

将函数在点 $X=\begin{bmatrix} X_1 \\ X_2 \\ \vdots \\ X_n \end{bmatrix}=\begin{bmatrix} \mu_1 \\ \mu_2 \\ \vdots \\ \mu_n \end{bmatrix}=\mu$ 处用泰勒展开式展开，则有：

$$y=f(X)=f(X_1, X_2, \cdots, X_n)=f(\mu_1, \mu_2, \cdots, \mu_n)+\sum_{i=1}^{n}\frac{\partial f(X)}{\partial X_i}\Big|_{X=\mu}(X_i-\mu_i)$$
$$+\frac{1}{2}\sum_{j=1}^{n}\sum_{i=1}^{n}\frac{\partial^2 f(X)}{\partial X_i \partial X_j}\Big|_{X=\mu}(X_i-\mu_i)(X_j-\mu_j)+R_n \tag{2-119}$$

式中：R_n 为余项。

取式(2-119)的期望，得：

$$\begin{aligned} E(y)&=E[f(X)]=E[f(X_1, X_2, \cdots, X_n)] \\ &=E[f(\mu_1, \mu_2, \cdots, \mu_n)]+\sum_{i=1}^{n}\frac{\partial f(X)}{\partial X_i}\Big|_{X=\mu}E(X_i-\mu_i) \\ &+\frac{1}{2}\sum_{j=1}^{n}\sum_{i=1}^{n}\frac{\partial^2 f(X)}{\partial X_i \partial X_j}\Big|_{X=\mu}E(X_i-\mu_i)(X_j-\mu_j)+E(R_n) \end{aligned} \tag{2-120}$$

上式又可改写为：

$$\begin{aligned} E(y)&=f(\mu_1, \mu_2, \cdots, \mu_n)+\sum_{i=1}^{n}\frac{\partial f(X)}{\partial X_i}\Big|_{X=\mu}E(X_i-\mu_i) \\ &+\frac{1}{2}\sum_{j=1}^{n}\sum_{i=1}^{n}\frac{\partial^2 f(X)}{\partial X_i \partial X_j}\Big|_{X=\mu}E(X_i-\mu_i)(X_j-\mu_j)+E(R_n) \end{aligned} \tag{2-121}$$

因 $X_1, X_2, \cdots, X_n$ 为独立的随机变量，故在删去等于零的项和忽略 $E(R_n)$ 项后，则上式又可化简为：

$$E(y)\approx f(\mu_1, \mu_2, \cdots, \mu_n)+\frac{1}{2}\sum_{i=1}^{n}\frac{\partial^2 f(X)}{\partial X_i^2}\Big|_{X=\mu}\mathrm{var}(X_i) \tag{2-122}$$

如果各个 $\mathrm{var}(X_i)(i=1, 2, \cdots, n)$ 的值很小，则式(2-122)右边的第二项可忽略，则

$$E(y)=E[f(X)]\approx f(\mu_1, \mu_2, \cdots, \mu_n)=f[E(X_1), E(X_2), \cdots, E(X_n)] \quad (2-123)$$

现在对式(2-122)右边的前两项取方差，得：

$$\mathrm{var}(y) \approx \mathrm{var}[f(\mu_1, \mu_2, \cdots, \mu_n)] + \mathrm{var}\left[\sum_{i=1}^{n} \frac{\partial f(X)}{\partial X_i}\Big|_{X=\mu}(X_i-\mu_i)\right] \quad (2-124)$$

并且 $\mathrm{var}[f(\mu_1, \mu_2, \cdots, \mu_n)]=0$，故上式又可写成：

$$\mathrm{var}(y)=\mathrm{var}\left[\frac{\partial f(X)}{\partial X_1}(X_1-\mu_1)+\frac{\partial f(X)}{\partial X_2}(X_2-\mu_2)+\cdots+\frac{\partial f(X)}{\partial X_n}(X_n-\mu_n)\right]_{X=\mu} \quad (2-125)$$

上式可以简化为：

$$\mathrm{var}(y) \approx i = \sum_{i=1}^{n}\left\{\frac{\partial f(X)}{\partial X_i}\Big|_{X=\mu}\right\}^2 \mathrm{var}(X_i) \quad (2-126)$$

如上面所讨论的随机变量 X_1，X_2，…，X_n 为决定管道失效压力的一些参数，而 $y=f(X)=f(X_1, X_2, \cdots, X_n)$ 是含缺陷管道失效压力的表达式，则用上述方法就可求出失效压力分布参数。

2）地区等级升级管道的失效概率分析

按照设计要求，管道的强度应大于其所受应力，即

$$\mu_S \leqslant F\mu_R \quad (2-127)$$

式中 F 即为管道处在不同地区等级的设计系数，其值小于1。

$$\beta=\frac{1-F}{\sqrt{C_R^{\ 2}+(F\cdot C_S)^2}} \quad (2-128)$$

式(2-128)确定了设计系数、管道强度及应力变异系数之间的关系，也可写成：

$$C_R^{\ 2}+(F\cdot C_S)^2=\left(\frac{1-F}{\beta}\right)^2 \quad (2-129)$$

根据上式，可以看到，设计系数一定，管道的安全水平并不是确定的，而是取决于管道强度与应力的变异系数，强度或应力的变异系数越大，管道的安全水平就越低。

根据应力-强度干涉理论，降低应力或强度的方差可以提高管道的可靠性，这在实际工作中就是采取具体措施，降低一些主要参数的分散性，或防止一些偶然事件对管道的冲击。这也可以说明管道地区等级升级后，通过采取一定的措施，可以提高管道的安全性达到要求的安全水平。

按式(2-129)，在目标失效概率确定的情况下，应力和强度的方差必须满足一定的要求，才能达到不同地区等级地区管道的安全性水平，如图2-85所示，由于在高等级地区，管道强度远大于应力，即有较大的安全裕量，所以允许管道的强度或应力可以有较大的方差。

而当地区等级升级时，必须减小管道强度或应力的方差，以满足地区等级升级后对管道的安全性要求。图2-86为一级地区管道升级为二、三、四级地区管道时，强度和应力方差需满足的要求。图2-87为二级地区管道升级为三、四级地区管道时，强度和应力方差需满足的要求。图2-88为三级地区管道升级为四级地区管道时，强度和应力方差需满足的要求。

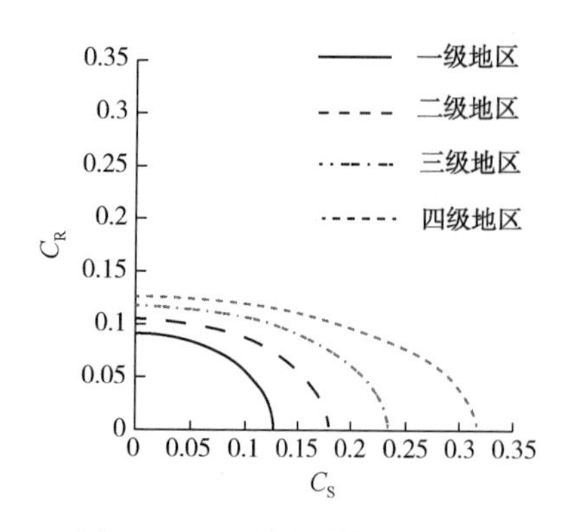

图 2-85 不同地区等级要求的管道强度与应力方差

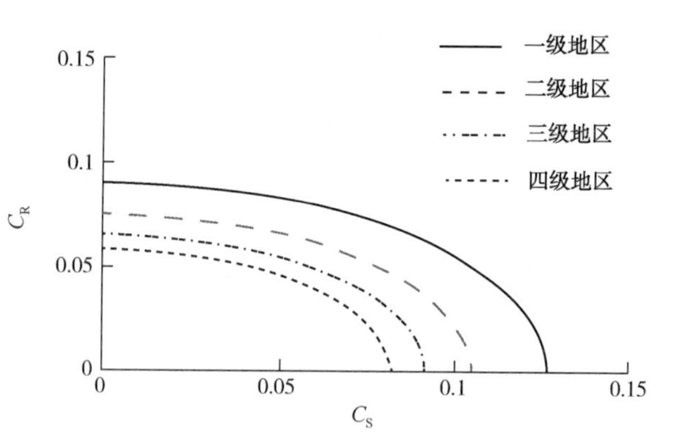

图 2-86 一级地区等级升级管道的强度和应力变异系数

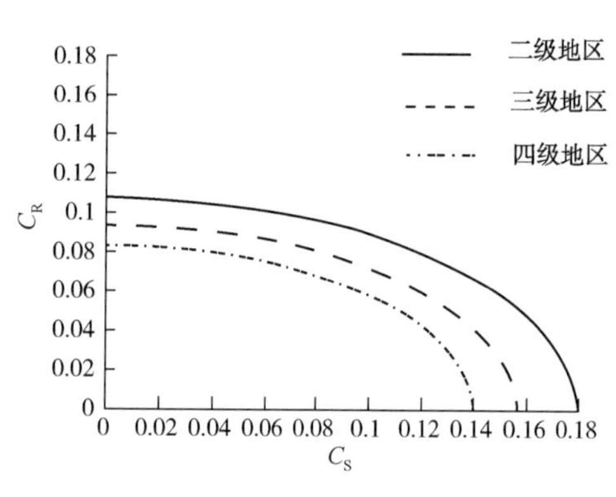

图 2-87 二级地区等级升级管道的强度和应力变异系数

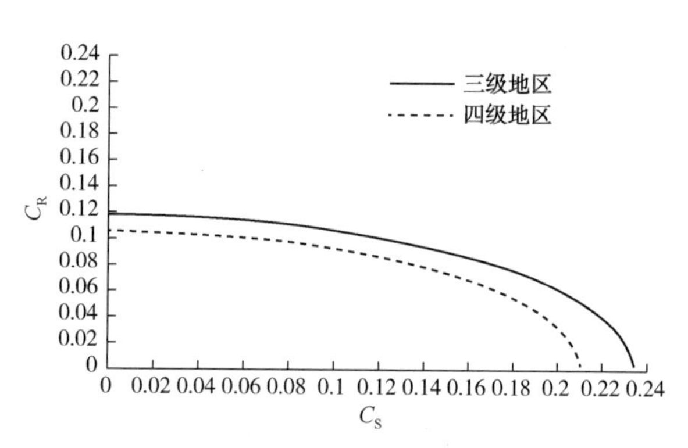

图 2-88 三级地区等级升级管道的强度和应力的变异系数

3）地区等级升级管道的缺陷容限尺寸

维修系数 J 定义为含缺陷管道剩余强度值与管道所承受内压的比值，即

$$J=\frac{\mu_R}{\mu_S} \tag{2-130}$$

那么式(2-130)变为：

$$\beta=\frac{J-1}{\sqrt{(JC_R)^2+C_S{}^2}} \tag{2-131}$$

由式(2-131)解得管道维修系数 J 为：

$$J=\frac{1+\beta\sqrt{C_S{}^2+C_R{}^2-\beta^2C_S{}^2C_\delta{}^2}}{1-\beta^2C_R{}^2} \tag{2-132}$$

式中：β 为可靠性指标；C_S 为管道所受内压变异系数；C_R 为含缺陷管道剩余强度的变异系数。

上述推导表明，维修系数与地区等级的目标失效概率相关，也与管道的强度与应力的变异系数相关。表 2-18 是根据不同强度和应力的变异系数确定的不同地区等级管道的维修系数。

表 2-18 不同地区等级管道的维修系数

地区等级 \ 变异系数	$C_R=5\%$ $C_S=5\%$	$C_R=8\%$ $C_S=8\%$	$C_R=0$ $C_S=10\%$	$C_R=10\%$ $C_S=0$
一级	1.25	1.43	1.37	1.39
二级	1.30	1.55	1.45	1.50
三级	1.36	1.66	1.51	1.62
四级	1.41	1.77	1.57	1.75

4）时间相关的管道失效概率模型

将可靠度看作是时间的函数，考虑检测和维护的影响。

考虑到腐蚀缺陷是不断发展的，假设缺陷增长率为线性，即

$$v_d=\Delta d/\Delta t \tag{2-133}$$

$$v_l=\Delta l/\Delta t \tag{2-134}$$

式中：v_d 是腐蚀缺陷沿深度方向即径向的腐蚀速率；v_l 为沿轴向的腐蚀速率；Δd 是两次腐蚀缺陷深度检测值之差；Δl 为两次腐蚀缺陷长度的检测值之差；Δt 为两次检测的时间之差，$\Delta t=t-t_0$，t_0 为最近一次检测的时间，t 为腐蚀寿命预测时的时间。

考虑到腐蚀速率，腐蚀缺陷的理论尺寸如式(2-135)、式(2-136)所示。

$$d=d_0+v_d(t-t_0) \tag{2-135}$$

$$l=l_0+v_l(t-t_0) \tag{2-136}$$

式中：d_0、l_0 是 t_0 时刻腐蚀缺陷的深度和长度值。

随时间变化的管道的失效压力为：

$$p_b=\frac{2\sigma_f\delta}{D}\left(\frac{1-\dfrac{d_0+v_dt}{\delta}}{1-\dfrac{d_0+v_dt}{\delta}\dfrac{1}{M}}\right) \tag{2-137}$$

分别对陕京一线、二线的数据进行计算。

陕京一线的管线属性如表 2-19 所示。

表 2-19 陕京一线的管线属性

管道属性(X60)	均值	标准差	*COV*
管道外径 D/mm	660	0	0
壁厚 t/mm	7.1	0	0
缺陷深度 d/mm	2	0.3	0.15
缺陷深度方向生长速度 v/(mm/a)	0.2	0.02	0.1
缺陷长度 L/mm	30	1.5	0.05
最小屈服极限 *SMYS*/MPa	413	0	0
MAOP/MPa	6.4	0.64	0.1

陕京一线的壁厚为一级地区 7.1mm、二级地区 8.7mm、三级地区 10.3mm、四级地区 12.7mm，分别对应的设计系数为 0.72、0.6、0.5、0.4。管线的设计压力为 6.4MPa。

失效概率计算时采用 Monte Carlo 法进行模拟仿真，考虑到模拟仿真的准确性，使用一百万次仿真以得到一个更稳定、更准确的结果。图 2-89 显示，失效概率随时间增大，经维修后，可显著降低。

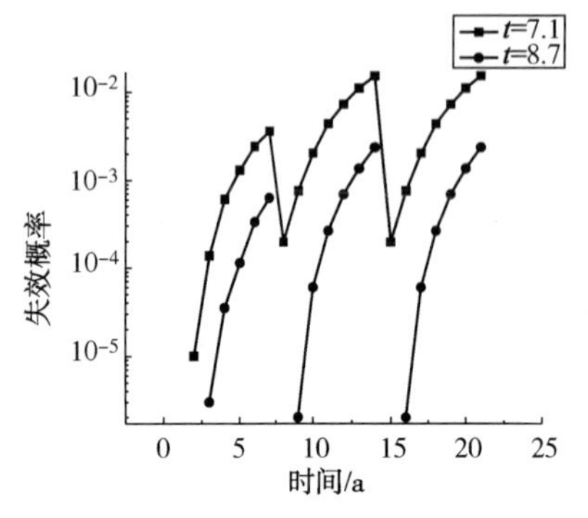

图 2-89 陕京一线失效概率随时间的变化

5）挖掘损伤概率分析

分析采用了 PR-244-9729.1 给出的管道抗挖掘机穿孔能力模型：

$$R=[1.17-0.0029(D/t)](L+W)t\sigma_u \tag{2-138}$$

式中：R 为抗穿孔能力；D 为管径；t 为壁厚；L 为挖掘机齿的长度；W 为挖掘机齿宽度；σ_u 为管材抗拉强度。

根据式(2-138)，可以计算出陕京管道抗挖掘机穿孔能力如表 2-20 所示。

表 2-20 陕京管道抗穿孔能力

管　段	直径/mm	壁厚/mm	等级	抗穿孔能力/t
陕京一线	660	7.1	X60	31.5
陕京一线	660	8.7	X60	40.8
陕京一线	660	10.3	X60	50.0
陕京一线	660	12.7	X60	63.9
陕京二线	1016	14.6	X70	76.3
陕京二线	1016	17.5	X70	94.6
陕京二线	1016	21	X70	116.7
陕京二线	1016	26.2	X70	149.5

挖掘机穿孔失效状态可表示为 $R-G_{挖掘机}<0$，因此，失效概率为 $P_f=P(R-G_{挖掘机}<0)$，利用 Monte Carlo 法可计算失效概率。

按上述方法计算陕京一线管道挖掘损伤概率，计算参数如表 2-21 所示，分别得到：一级地区 $P_f=0.255420$，二级地区 $P_f=0.062655$，三级地区 $P_f=0.003559$，四级地区 $P_f=0.000001$。可以看到，四级地区的管道抗挖掘损伤的能力较强。

表 2-21 陕京一线管道挖掘损伤概率计算参数

参　数		单位	均值	标准差	参数分布类型
管道直径		mm	660	0	确定量
壁厚	一级地区	mm	7.1	0	确定量
	二级地区	mm	8.7	0	确定量
	三级地区	mm	10.3	0	确定量
	四级地区	mm	12.7	0	确定量
挖掘机斗齿长度		mm	90	28.9	矩形分布

续表

参　数	单位	均值	标准差	参数分布类型
挖掘机斗齿宽度	mm	3.5	0.866	矩形分布
抗拉强度	MPa	517	15.51	标准正态分布
挖掘机重量	t	30	3	伽马分布

4. 地区等级升级管道失效概率的半定量评价方法

定量评价需要大量的数据资料来量化每一风险因素对目标造成的影响，这在实际工作中很难做到，因此，可采用半定量的评价方法。半定量评价法不需建立精确的数学模型和计算方法，而是根据有关法规、规范及标准，依靠评价人员的知识、实践经验等的直观判断，或运用逻辑推理来确定系统中各种危害事件的关系，以及对系统安全的影响程度等，合理打分。由于其可操作性强，因而广泛用于管道的风险评价之中。

1）地区等级升级管道风险评价流程

定量风险评估是对危险进行识别，借助于定量风险评估所获得的数据和结论，并综合考虑经济、环境、可靠性和安全性等因素，制定适当的风险管理程序，帮助管理者作出安全决策。地区等级升级区域输气管道的风险评价流程如图2-90所示。

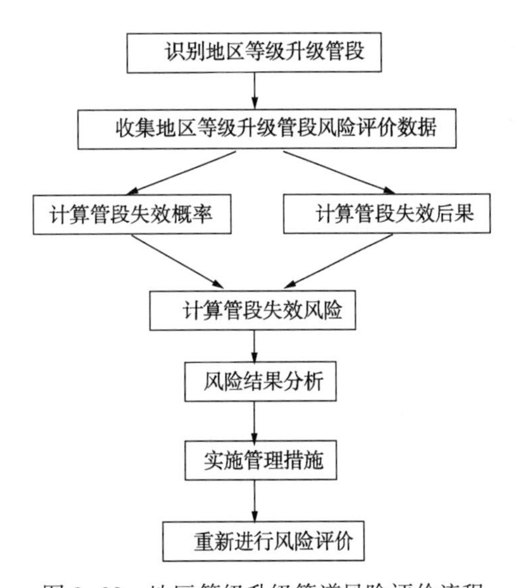

图2-90　地区等级升级管道风险评价流程

2）失效概率模型

将管道的失效因素分为6类，分别是外腐蚀、内腐蚀、机械损伤、地面移动、应力腐蚀开裂、金属疲劳。

3）基本失效概率

管道的基本失效概率根据统计得到，由各失效因素引起的失效概率如表2-22所示。

表2-22　基本失效概率

失效因素	基本失效概率	失效因素	基本失效概率
外腐蚀	3.0×10^{-4}	地面移动	—
内腐蚀	0.5×10^{-4}	应力腐蚀开裂	—
机械损伤	3.0×10^{-4}	金属疲劳	—

4）失效概率调整因子

（1）外腐蚀

外腐蚀导致管道失效是由于有腐蚀性的土壤破坏了防腐层。引起管道暴露在土壤中的因素有防腐层类型和防腐情况、阴极保护水平、土壤腐蚀性、运行年限等。

失效概率调整因子 AF 反映了上面这些因素对外腐蚀对应的基本失效概率的影响，表达式如下：

$$AF=K_{EC}\left[\frac{A}{\delta}(T+17.8)^{2.28}\right]F_{SC}F_{CP}F_{CT}F_{CC} \tag{2-139}$$

式中：K_{EC}为1.69×10^{-5}；A为管道运行年数；δ为管道壁厚；T为管道运行温度；F_{SC}为土壤腐蚀因子；F_{CP}为阴极保护因子；F_{CT}为防腐层类型因子；F_{CC}为防腐层状况因子。

（2）内腐蚀

影响管道内腐蚀的因素有输送气体的腐蚀性、管道运行年限、管道壁厚等。

失效概率调整因子AF反映了上面这些因素对内腐蚀对应的基本失效概率的影响，表达式如下：

$$AF=K_{IC}\left(\frac{A}{\delta}\right)F_{PC} \tag{2-140}$$

式中：K_{IC}为1.53×10^{-1}；A为管道运行年数；δ为管道壁厚；F_{PC}为输送物质腐蚀因子。

（3）机械损伤

机械损伤通常是由第三方挖掘和建设活动造成的。管道遭受机械损伤的可能性与管道受到机械干扰的可能性和机械干扰导致管道失效的可能性有关。

失效概率调整因子AF反映了上面这些因素对内腐蚀对应的基本失效概率的影响，表达式如下：

$$AF=K_{MD}P_{HIT}P_{F/H} \tag{2-141}$$

式中：K_{MD}为2.49×10^{1}；P_{HIT}为管道处于机械干扰的概率；$P_{F/H}$为机械干扰导致管道失效的可能性。管道处于机械干扰的概率P_{HIT}的计算公式如下：

$$P_{HIT}=[R_{ACT}P_{DPT}][P_{MRK}P_{CALL}+P_{ACC}-(P_{MRK}P_{CALL}P_{ACC})][P_{INT}+P_{DET}-(P_{INT}P_{DET})] \tag{2-142}$$

式中：R_{ACT}为建设活动的相对概率；P_{DPT}为管道有足够埋深的概率；P_{MRK}为管道标志不够的概率；P_{CALL}为管道挖掘告示和响应系统不够的概率；P_{ACC}为挖掘者忽视管道标志的概率；P_{INT}为巡线间隔时间太长导致没能发现建设活动的概率；P_{DET}为巡线人员疏忽导致没能辨别出对管道有破坏性的建设活动的概率。

建设活动的相对概率R_{ACT}的计算公式如下：

$$R_{ACT}=1.0F_{LU}F_{XING} \tag{2-143}$$

式中：F_{LU}为用地因子。

（4）地面移动

土壤下沉、冻胀、滑坡、地震等地面移动可能会导致管道失效。管道由于地面移动失效的可能性与地面移动的可能性和管道承受地面移动的能力有关。

失效概率计算式如下：

$$P_f=R_{MV}P_{F/M}F_{JNT} \tag{2-144}$$

式中：R_{MV}为年地面移动事故率；$P_{F/M}$为地面移动时管道失效的概率；F_{JNT}为管道连接因子。

（5）应力腐蚀开裂

管道在应力集中并发生外腐蚀的地方容易发生应力腐蚀开裂。管道由于应力腐蚀开裂失效的可能性与影响管道外腐蚀的因素、诱发应力腐蚀开裂的环境因素、产生循环应力的因素有关。

失效概率计算式如下：

$$P_f = AF_{外腐蚀} F_{SCC} F_{TH} F_{SR} F_{CPF} \tag{2-145}$$

式中：F_{SCC}为SCC诱发因子，用来衡量土壤环境诱发SCC的程度（例如化学成分、pH值等）；F_{TH}为极限压力因子；F_{SR}为压力幅度因子；F_{CPF}为阴极保护因子。

应力比SR的计算公式如下：

$$SR = \frac{PD}{2tS} \tag{2-146}$$

式中：P为管道运行压力；D为管径；t为管道壁厚；S为管道屈服强度。

金属疲劳主要考虑焊缝疲劳开裂导致的管道失效。管道由于金属疲劳失效的可能性与焊缝类型、应力幅度、应力循环次数等有关。

失效概率计算表达式如下：

$$P_f = N_{SW} P_{SWF} \tag{2-147}$$

式中：N_{SW}为管道单位长度上焊缝的个数；P_{SWF}为焊缝失效的概率。

5. 爆破对地区等级升级管道的影响分析

随着中国社会的快速发展，长距离输送管线周边的施工爆破增多，在埋地管线附近开展工程施工爆破时，需要从细节上严格规范管线附近爆破的种类和过程，做到既能保证既有管线的安全运行，又能满足施工的要求。不同地区为满足规划和发展的新需要，实施新的开挖甚至爆破施工是难以避免的，这就要求我们必须重视埋地管线周边爆破对管线特别是地区等级升级管道安全性的影响。

1）爆破振动与管线之间的相互作用

（1）爆破振动波对埋地管线的作用

爆破振动不同于天然地振动，其振动时间很短，从几百毫秒到几秒不等，对于毫秒级的爆破振动而言，只要质点振幅没有超过管道允许的最大值，一般来说是安全的，不用考虑持续时间对管道结构的影响；但是对于达到几秒的爆破，这就需要特别给予关注，因为地震波对建筑物长时间的持续动力作用会导致管道的疲劳损伤，对管道的结构造成很大的破坏。

软硬程度不同的地表地层，地震波的传播速度不同，地震波的放大作用也不同，产生的地表地应变和位移值均不同。位于软场地的管道地震反应大，破坏也较严重。应该调查和收集各方面资料进行研究分析，划分出对管道抗震有利、不利和危险地段，以便在工程设计时尽量选择对工程抗震有利的地段，避开危险地段进行建设。

在埋地管道的计算与分析中，与地上管道相比，埋地管道除承受地上管道的载荷外，受到的载荷还有：回填土重量引起的外压力；车辆的轮压力或地面堆置载荷；沿管线遇到土壤不均匀沉陷，以及由于施工开挖，使地基产生不均匀沉陷而出现的力。这也是埋地管道比地面管道相对复杂的方面。

（2）地区等级升级条件下爆破对管线的影响

地震波对管道最大轴向应变ε_{max}与可操作荷载引起的轴向应变ε相结合，按照以下公式计算：

当$\varepsilon_{max}+\varepsilon \leqslant 0$时：

$$|\varepsilon_{max}+\varepsilon| \leqslant [\varepsilon_c]_v \tag{2-148}$$

当 $\varepsilon_{max}+\varepsilon>0$ 时：

$$\varepsilon_{max}+\varepsilon \leqslant [\varepsilon_t]_v \tag{2-149}$$

式中：ε_{max} 为地震波引起管道的最大轴向拉、压应变；ε 为由于内压和温度变化产生的管道轴向应变；$[\varepsilon_t]_v$ 为埋地管道抗振动的轴向容许拉伸应变；$[\varepsilon_c]_v$ 为埋地管道抗振动的轴向容许压缩应变。

容许拉伸应变按表 2-23 取值。

表 2-23 管道材料容许拉伸应变

拉伸强度极限 σ_b/MPa	容许拉伸应变$[\varepsilon_t]_v$
$\sigma_b<552$	1.0%
$552\leqslant\sigma_b<793$	0.9%
$793\leqslant\sigma_b<896$	0.8%

埋地直管道在地震波作用下所产生的最大轴向应变按下式计算：

$$\varepsilon_{max}=\pm\frac{v}{2v_{se}} \tag{2-150}$$

式中：v 为峰值速度；v_{se} 为场地土层等效剪切波速，按照表 2-24 取值或者实测。

表 2-24 土的类型划分和剪切波速范围

土的类型	岩土名称	土层剪切波速范围/(m/s)
坚硬土或岩石	稳定岩石，密实的碎土石	$v_{se}>500$
中硬土	中密、稍密的碎石土，密实、中密的砾、粗、中砂，黏性土和粉土，坚硬黄土	$250<v_{se}\leqslant500$
中软土	稍密的砾、粗、中砂，除松散外的细、粉砂，黏性土和粉土，填土，可塑黄土	$140<v_{se}\leqslant250$
软弱土	淤泥和淤泥质土，松散的砾，新近沉积的黏土和粉土，填土，流塑黄土	$v_{se}\leqslant140$

2）管线在爆破振动作用下的安全运行措施

（1）风险评价分析

风险评价技术最佳的描述方法是“评分系统”，它是将可能增加管道风险的不同环境和条件等赋予分值。其分值来源于对以往事故的统计和操作人员的经验之综合。这种方法的最大优势在于包括了大量的信息。在评分过程中，分数值反映的是一种参数相对于其他参数的重要程度。相对而言，这套评分技术简单易懂。调查管道风险进程大体分两个部分：一是罗列一个详细分项清单及所有可能导致管线故障的事件相对权重；二是分析评价事故可能发生的潜在危险程度。详细的分项可进一步地分为四个指数(见图 2-91)。

为得到某一危险的后果系数，即泄漏影响系数，需考虑管道运输产品的特性、管道运行情况及管道位置等因素，包括和产品泄放相关的剧烈和长期的危害。最终的风险评估值即指数和与泄漏影响系数之比。

（2）基于爆破影响的埋地管道安全性评价

爆破振动对管道的破坏在管道风险评价基本模型中属于第三方损害。在仅考虑爆破影响下的情况下，将影响第三方风险的因素和分数值归结为如下：

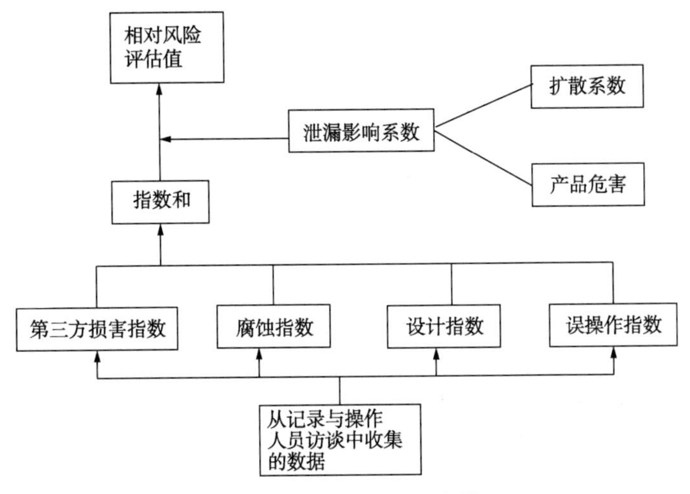

图 2-91　风险评价的基本模型

① 管线覆盖层的最小深度	0~20 分	20%
② 爆破距离	0~20 分	20%
③ 炸药量	0~20 分	20%
④ 地面设施	0~5 分	5%
⑤ 公共教育	0~11 分	11%
⑥ 直呼系统	0~11 分	11%
⑦ 管道用地标志	0~2 分	2%
⑧ 巡线频率	0~11 分	11%
	0~100 分	100%

管线覆盖层最小深度是管道覆盖层最浅的地方。对于管线而言，其最大的潜在危险在于最小深度的覆盖层，而忽略其他地方的深度。评价者根据多年收集的数据制定出一个简易公式，方便根据覆盖层厚度评定分数：

覆盖层厚度(in)÷3=分数值(直到最大值 20 分)

根据爆破距离对管道应变的影响程度进行以下赋值：

① 爆破距离小于 40m	20 分
② 爆破距离介于 40~120m	15 分
③ 爆破距离介于 120~260m	8 分
④ 爆破距离大于 260m	0 分

根据炸药量对管道的影响程度进行以下评分：

① 炸药量小于 30kg	0 分

① 炸药量小于 30kg 0 分

② 炸药量介于 30~45kg 10 分

③ 炸药量大于 45kg 20 分

地面设施是介于属性和预防措施之间的一个模糊的条件。评价者应建立评分表，对有地面设施的管段，要依照能减少第三方风险的情况进行评分。

① 没有地方设施 5 分

② 有地面设施 0 分

公共教育会使第三方活动对管道的损害起着明显的警醒作用，大多数的第三方活动都不是有意对其造成损害，而是在无意识的情况下造成的，是因为对地下管道的位置和线路没有明确的概念因此才会对其产生损伤。

管道公司应教育公民了解管线有关的事情，这样才能极大地减少第三方损害事件的发生。

① 挨家挨户教育管道附近居民 2 分

② 对社会团体定期进行教育 2 分

③ 对施工挖掘者进行宣传教育 4 分

④ 广告宣传 2 分

⑤ 每年与当地官员会晤 1 分

为此，特建立了直呼系统，它是专门用于服务的系统，可以在接收到挖掘通知后，及时反映给地下设施的拥有人。评价工作者应评估直呼系统对所评价管道的有效作用，主要依赖于以下几个因素：

① 对呼叫有合适的响应 4 分

② 立法 2 分

③ 已经确定的有效性和可靠性记录 2 分

④ 满足最低的 ULCCA 标准 2 分

⑤ 广泛宣传让社会了解 1 分

管道用地标志是对管道走廊可识别度和可检测度的衡量。清楚且易识别的管道用地，能减少第三方损害，且有助管道泄漏的观察。评价人员必须建立清晰明白的参数评价表。

① 管道路由畅通，地标清晰可见 4 分

② 管道路由清晰，地标到位 3 分

③ 管道用地上茂盛植被未彻底清除 2 分

④ 管道用地被茂盛植被覆盖 1 分

⑤ 不能辨认管道用地且没有标志　　0分

事实证明在管道附近进行巡检对减少第三方侵扰是一种行之有效的方法。巡检频率及其有效性在评定巡检分值的时候应予以考虑。当逐渐增加的第三方活动没有及时报告时，巡检就变得更加重要。评价表如下：

① 每天巡检　　11分

② 每周4次　　8分

③ 每周3次　　6分

④ 每周2次　　4分

⑤ 每月1~4次　　2分

⑥ 每月不到1次　　1分

⑦ 未巡检　　0分

6. 地区等级升级管道的风险减缓措施

1）技术改造

（1）改线　管道经过地区已经发展成为规划区或人口密集地区，鉴于管线现状运行环境，该类型管道建议将改变线路路由作为重要的地区升级管道隐患整治措施。对于管道壁厚达不到输气管道工程设计规范要求，且腐蚀程度较严重，处于人口密集地区的管道，应首先考虑改线。

（2）拆迁　地区升级管道多存在违章占压，多为房屋直接占压，部分为厂房占压和围墙圈占，该类型管道若维持原路由不变，应首先根据管道保护法要求将管道中心线两侧5m范围内的建构物拆除，并配合其他措施通过加强巡检和管道安全宣传保证管道运行安全。

（3）更换管道　在更换管道的时候要用更厚、承压能力更强的管道来保证管输能力不降低。与管道设计时的情况比较，管道地区等级发生变化时，若管道出现表2-25中所述情况中的一种时，需按《输气管道工程设计规范》（GB 50251）重新设管道计壁厚并予以更换管道，或降低管道运行压力。

表2-25　地区等级升级管道需更换管道或降低运行压力的情况

序号	管道情况
1	管道地区等级上升为4级
2	管道是裸管
3	管道有皱褶
4	管道在3级地区，并且运行时的应力超过72%*SMYS*
5	水压试验没有达到1.25*MAOP*
6	执行内检测时发现存在威胁管道安全的缺陷
7	升级地区管道3年内未进行过内检测

（4）降低运行压力　49 CFR 192. 611 中规定当管道某部分地区等级发生变化时，需要确认管道这部分的最大允许操作压力是否满足要求，若不满足需要对其进行改变。管道上某部分最大允许操作压力所对应的环向应力与管道的地区等级不相符时，若管道还是很完好的，需要根据以下 3 个方面来确认或是改变管道这部分的最大操作压力：

① 如果管道先前已试压不小于 8h，那么在 2 级地区最大允许操作压力应是测试压力的 0. 8 倍，在 3 级地区最大允许操作压力应是测试压力的 0. 667 倍，在 4 级地区最大允许操作压力应是测试压力的 0. 555 倍。在 2 级地区最大允许操作压力对应的环向应力不应超过最小屈服强度的 72%，在 3 级地区最大允许操作压力对应的环向应力不应超过最小屈服强度的 60%，在 4 级地区最大允许操作压力对应的环向应力不应超过最小屈服强度的 50%。

② 最大操作压力要减小到使其对应的环向应力不大于新管道在此地区等级所允许的操作压力。

③ 地区等级升级的管道按要求进行试压，并按以下方面确定最大允许操作压力：在 2 级地区最大允许操作压力是再测试压力的 0. 8 倍，在 3 级地区最大允许操作压力是再测试压力的 0. 667 倍，在 4 级地区最大允许操作压力是再测试压力的 0. 555 倍；在 2 级地区最大允许操作压力对应的环向应力不应超过最小屈服强度的 72%，在 3 级地区最大允许操作压力对应的环向应力不应超过最小屈服强度的 60%，在 4 级地区最大允许操作压力对应的环向应力不应超过最小屈服强度的 50%。

（5）加设钢筋混凝土盖板或盖板涵　管线穿过有大车频繁过往的场区、道路等时，部分管线已做盖板涵或混凝土盖板保护，为防止管道受到施工、取土等第三方破坏，建议对管道经过上述地区时未做保护的地段完善管道防护措施，增加盖板或盖板涵，并加强上述地区的监控，防止重型机械碾压或施工对管道造成破坏波及盖板(涵)。

（6）现浇混凝土连续覆盖　对于山区或平原地段，管线经过各类河流、沟渠，或在河床及漫滩内敷设的，特别是壁厚等级不符合设计规范中用管等级和强度设计标准的，可考虑增加现浇连续混凝土覆盖，加强管道对水流冲击的抵御能力，同时也可防止管道穿孔泄漏造成的燃气泄漏。

（7）地质灾害防护　对于滑坡、塌陷、采空区区域实施开挖和回填夯实，积极开展水工防护与预防，防止地质灾害的发生。

（8）管道并行、交叉及密闭空间防护措施　新建并行管道应保持 6m 以上间距，新建交叉段管道上下净间距应保持 500mm 以上距离，对于不满足间距要求的应限期整改。同时可采用加强并行和交叉管段防腐等级的方式进行管道防护，交叉段管道可在管道交叉处设置坚固的绝缘隔离物，对于部分管段的箱涵、暗涵和套管等构成的密闭空间应采用吹砂填实或增加排气管的方式避免气体泄漏后的积聚，并加强安全监管，对该类管道配备专业的气体泄漏检测装备，通过加密该管段巡检、加密管道内检测、加强地质灾害预防措施的完善等措施来降低并行和交叉段管段天然气泄漏风险。

2）检测与维护

（1）密间隔电位检测　如果升级管段前 4 年未进行过密间隔电位检测，并修复了破损的防腐层，则应在确认地区升级后的 1 年内，完成升级管段的密间隔电位检测，并及时修复破损的防腐层。以后，可根据需要，定期对地区升级管道进行密间隔检测，最长不超过

7年。

（2）防腐层状况检测　如果在确认地区升级的前4年未对管道防腐层进行直流电压梯度DCVG或交流电压梯度ACVG测试，并修复了防腐层缺陷，则应在确认地区升级后1年内，完成对每段特别许可管段进行直流电压梯度DCVG或交流电压梯度ACVG测试，对检测中发现的中等或严重的防腐层缺陷（即DCVG大于等于35%*IR*或ACVG大于等于50dBμV）进行修复。对每一ECDA分区，至少要进行2处开挖或修复。以后可根据需要，定期对地区升级管道进行密间隔检测，最长不超过7年。

（3）内检测　如果在确认地区升级的前4年内没有对管道进行过内检测（高分辨率漏磁和高分辨率变形检测），须在确认地区升级后的6个月内进行管道内检测，并修复发现的严重缺陷。以后，可根据需要，定期对管道进行内检测，最长不能超过7年。

（4）杂散电流控制　如果管道存在杂散电流干扰问题，则应在确认地区升级后的1年内，落实防止杂散电流引起管道腐蚀的各项措施。

（5）补口　地区升级管段中补口处不能存在对阴极保护的屏蔽。如果不清楚防腐层的类型或已知补口屏蔽了环焊缝接头处的阴极保护，须特别注意以下事项：

① 在确认地区升级后的6个月内，必须移除所有的屏蔽补口，如收缩套筒，替换为非屏蔽的补口。

② 分析环焊缝内检测记录，查找潜在的腐蚀迹象。

③ 如果内检测表明了腐蚀迹象，且未知补口处的环焊缝缺陷深度超过壁厚的30%，则必须在每次内检测中开挖此处环焊缝，直至所有未知的环焊缝补口被替换。

④ 如果在地区升级管段的环焊缝或管道中出现SCC，则必须在发现SCC的6个月内对其进行修复。

（6）缺陷修复　根据ASME B31G《腐蚀管道剩余强度确定手册》（0.85*dL*）或RSTRENG来计算失效压力比，确定缺陷修复的响应时间如表2-26所示。

表2-26　缺陷维修的时间响应

地区等级变更	管道运行应力%*SMYS*	立即维修		1年内维修		监测应用	
		FPR	壁厚损失	*FPR*	壁厚损失	*FPR*	壁厚损失
1到2	≤72%	≤1.10	≥80%	≤1.39	≥50%	>1.39	<50%
2到3	≤60%	≤1.10	≥80%	≤1.67	≥50%	>1.67	<50%
1到3	≤72%	≤1.10	≥80%	≤1.39	≥40%	>1.39	<40%

注：*FPR*是失效压力比，即设计系数的倒数。

3）日常管理

结合我国的实际情况，管道运营商可分析管道沿线地区等级升级地区的城市开发建设、人口经济发展、土壤塌陷、第三方破坏形势，应根据不同情况采取如下措施进行风险削减：

（1）加强巡检力度和管道安全宣传　巡线对于减少第三方侵扰是一个行之有效的方法。巡线质量取决于巡线频率和巡线人员素质。巡线频率越高，发现管线危险的概率越大，所以应根据实际情况尽量地增加巡线频率，最大巡线频率为每天一次。加强公共宣传能减少管线遭受第三方侵害。在宣传过程中，给毗邻管道的居民解释管道业务以及同他们的利害关系，让他们知道管道的准确位置，搞懂管线的地面标志及有关管道的事情。定期给居民发送信息手册，附带一些有奖励性的实用物质，如卷尺、记事簿等，物品上印有管道公司名称及全天开通的电话号码。

（2）完善挖掘告知/响应系统　可由数个管道公司共同建立一个通信系统，提供一个电话号码给挖掘承包商及其公众，要求通告和记录他们从事开挖活动的内容。然后，这个信息传递给该直呼系统的相关成员，使他们有机会与挖掘人联系，并用临时标记标识他们的设施，随时跟踪挖掘活动并检测其地下设施。

（3）建立风险档案　建立健全地区升级管道的情况及整改措施档案，加强对于地区升级管道的风险监控检测和资料完善工作。对地区升级管道的风险记录和检测应做到实时更新，使监控中心和维护站的检测结果同步。

2.2.4　黄河跨越管桥的结构状态监测及评价技术

1. 简介

我国地势复杂，河流众多，这给天然气管道的铺设带来了极大的问题，管道穿越这些障碍时主要采取跨越的方式，输气管道穿越河流部分是建设长距离输油管道不可避免的一项关键工程。在输气管道的跨越结构中应用典型的是悬索桥结构形式。但是悬索桥式跨越形式所处的自然条件比较恶劣，经常遭受雪载、风载、地震以及水击等外载荷作用，对管桥的危害极大。管桥在长输管道中具有相当重要的地位，一旦发生事故，不仅中断油气输送，影响油气田的开采，还会严重污染环境，造成重大的经济损失和社会影响。因此为了确保穿越管道的安全运营，应开展对相关管桥的研究。

陕京管桥在建成后，由于受到气候、腐蚀、氧化或老化等因素影响，以及长期在静载和活载的作用下，易于受到损坏，相应地其强度和刚度会随时间的增加而降低。管桥已运行了 15 年，所处位置酸雨较多，桥体结构材料受到了一定程度的腐蚀，同时管桥基础附近大量开矿，黄河河水的涨落，尤其是洪水的涨落，有可能会对基础造成一定的影响。因此需要对陕京燃气悬索跨越管桥建立健康状态监测与安全评估系统来评估大桥在运营期间其结构的承载能力、运营状态和耐久能力等以确保管线的安全运行。

跨越管桥的安全是关系到国计民生的大事，必须确保管桥的安全。“安全生产，预防为主”，保证本质安全是安全生产的重要基础，而跨越管道与跨越结构是保证管道本质安全的重要因素。悬索跨越结构在服役过程中，必然要承受自身及介质的重力荷载和环境荷载，发生疲劳、腐蚀和老化等作用，造成损伤积累、导致抗力衰减，因此对管桥进行健康状态监测是十分有必要的。

目前工程上常用的用于监测锚索预应力状态的测力计有四类，即差动电阻式、电阻应变计式和电感式传感器。这些传感器安装在锚垫板和锚具之间，通过测量其所受的压力值来推算锚索的预应力。但此测量技术易受外界恶劣环境的影响而使测量精度降低，如电磁干扰、酸碱腐蚀、材料老化和潮湿环境等，且难以实时在线地监测锚索的分布式应力状态。近年来，应用光纤传感技术监测锚索及构筑物的应力和应变状态，越来越受到工程界的重视，并开始得到广泛应用。这是因为，光纤传感器具有许多优点，如良好的耐久性、抗腐蚀、抗电磁干扰、适合于在恶劣环境中长期工作等。因此研究如何将光纤传感技术应用于大型预应力锚索系统具有重要的理论意义和工程意义。

2. 关键技术

由于管桥所处的环境比较恶劣，影响桥梁结构安全性的因素比较多，所以会用到测量不同类型数据的传感器，各种传感器根据其特点会被布置在管桥上不同的位置。传感器实时监测的数据会通过信号采集系统由无线或有线的传输装置传递到监测中心，监测中心会对数据进行处理，从而对结构进行健康评估，并根据评估结果进行维护和修复。实际上这就构成了无线传感器网络，它是集分布式信息采集、信息传输和信息处理技术于一体的网络信息系统，是一种以数据为中心的网络。其目的是有效地感知获取以及传输传感器节点所感知的数据。黄河管桥监测系统工作流程如图2-92所示。

管桥健康监测系统共由以下几个部分组成：①数据采集系统，主要由传感器、传感器数据处理系统、以太网数据传输和公共机数据处理几部分组成；②远程数据传输系统，主要由GPRS提供无线网络，通过FTP协议将数据传送到远程监控中心；③数据库管理系统，主要由远程监控中心的数据库系统构成，会对传送过来的数据进行分析和储存。

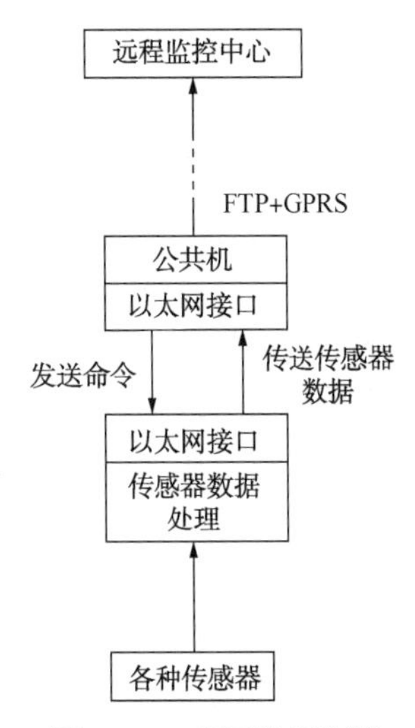

图2-92　黄河管桥监测系统的总体框架

1）传感系统设计

传感系统的设计即监测方案制定，主要工作内容有监测项目、监测部位及监测传感器的选择等。其中监测项目一般包括结构工作环境、材料特性及结构静动力响应等三大类；监测部位的选择要从结构受力的角度出发，并考虑到结构设计建造中的具体情况等综合确定；监测传感器所需的费用占健康监测系统总费用的大部分，在传感器的选择上应遵循技术可行、性能可靠及稳定耐久等原则。

数据采集部分主要由传感器组成，所以对于传感器的选型至关重要，要考虑到工况、精确度、抗干扰能力、经济性等多方面因素。而随着科技的发展，传感器的类型越来越多，测量方式也日新月异，由于本系统需要测的是温度和应变，所以主要从常用的温度、应变传感器进行比较选型。应变是某一构件长度变化量与原来长度的比值，是一个无量纲量。目前有许多测量应变的方法。应用于桥梁监测与试验的应变传感器有以下几种：

（1）电阻应变片传感器　原理：利用应变片的电阻变化与被测结构物的应变成正比的原理来测量应变。优点：首先是应变片的大小有各种规格，对于均质材料且应力梯度很大的结构部位，可以用尺寸很小（如1mm×2mm）的应变片来测某一点的应变，而对于混凝土等非均质材料可以用尺寸较大（如5mm×10mm）的应变片来测结构某一部位的平均应变；其次是电阻应变片的动态响应性能好，能测量出变化很快的应变。缺点：测量结果受导线连接处的接触电阻变化的影响，长时间测量会产生零点漂移等。结论：用电阻应变片作为传感器的应变测量方法适用于短时间的静力或动力试验，而不大用于长期监测。

（2）振弦式应变计　原理：利用被测结构物的应变与振弦频率之间的关系来测量应变。优点：传感器结构简单，工作可靠，输出信号为标准的频率信号，所以非常方便计算机处理或代手段的电路调理。缺点：首先是振弦式应变计的尺寸不能做得很小，对应力梯度大的部位难以测出某一点的应变；其次是目前这种方法还不能测量变化很快的应变。结论：振弦式应变计适用于静态应变或应变变化较慢的长期监测的场合。

（3）光纤应变传感器　原理：典型的光纤应变传感器有两种基本的形式，即Bragg光栅应变计和外腔干涉应变计。Bragg光栅应变计是利用不同的光栅长度反射不同波长的光这一特性来测量结构物的应变的。外腔干涉应变计是利用反射光的波长与外腔中两面反射镜的距离有关这一特性来测量结构物的应变的。优点：首先是动态响应特性好，能测量变化很快的应变(动态应变)，抗电磁干扰能力强，精度高，灵敏度高，信号衰减小；其次是数据可多路传输，便于计算机连接，易于实现分布式测量。缺点：所用设备的价格较高，除一些特殊的场合，目前尚不能完全替代电阻应变片和振弦式应变传感器。

用于测量温度的温度传感器主要有以下几种：

（1）热电偶温度传感器　原理：利用热电偶的热电效应，根据热电动势和温度的关系测出所测的温度。优点：构造简单，感温部分热容量小，相对滞后较小短时间即可达到平衡，可对变化较快的温度进行连续测量。缺点：灵敏度比热电阻低，容易受到环境干扰信号的影响，也容易受到前置放大器温度漂移的影响，500℃以下精度及稳定性差。结论：适合要求精度不高的情况。

（2）铂电阻温度传感器　原理：根据电阻值与温度变化的关系测出温度。优点：在氧化性介质中，甚至高温下，其物理化学性能稳定，精度高，性能可靠，对结构不造成影响。缺点：在还原性介质中，特别在高温下，易被玷污变脆，输出信号小，易受磁场干扰。结论：精度高，但不宜在高温下应用，对环境适应性差，且受磁场干扰。

（3）热敏电阻温度传感器　原理：同样是利用电阻随温度变化的原理，但是电阻温度系数比铂电阻大，灵敏度更高。优点：灵敏度高于前两种；体积小；热惯性小，适合快速测量；电阻大，导线电阻变化对测量结果的影响小；过载能力强；工作温度范围广；寿命长，价格便宜。缺点：互换性差，测量范围窄，受磁场干扰。结论：环境适应力强，寿命长，适合长期监测用，且灵敏度高，价格便宜。

（4）晶体管温度传感器　原理：利用晶体管的基极-发射极电压随温度变化的关系测出温度。优点：与前三种传感器相比，其灵敏度高，线性度好，体积小，时间常数小，输出阻抗稳定，不需要冷端补偿。缺点：受磁场干扰，影响结构性能。结论：虽然精度高，但是由于影响结构性能，不适合埋入式进行结构监测。

（5）光纤温度传感器　原理：典型的光纤温度传感器有两种基本的形式，即Bragg光栅温度计和外腔干涉温度计。Bragg光栅温度计是利用不同的光栅长度反射不同波长的光这一特性来测量结构物的温度的。外腔干涉温度计是利用反射光的波长与外腔中两面反射镜的距离有关这一特性来测量结构物的温度的。优点：体积小，重量轻，灵敏度高，单位长度上信号衰减小，精度高，响应时间短，抗电磁场干扰能力强，耐腐蚀，耐久性强，埋入结构中对结构几乎无影响，数据可多路传输，便于计算机连接，易于实现分布式测量；可多参数测量。缺点：辅助设备多，价格贵。

经过以上对比得出的结论是用光纤传感器测量温度和应变，原因如下：①只有光纤传感器可以测量多种参量，在解析测量数据时会比较方便；②电阻应变片传感器适用于短时间的静力或动力试验，而不大用于长期监测；③虽然振弦式应变计与应变光纤传感器都适用于长期监测，但是由于光纤传感器有很多优于振弦式应变计的优点，例如不受电磁干扰、精度更高、远程传输信号减少等，虽然价格会高一些但是由于需要高精度的测量结果，所以会选择光纤传感器；④在只进行温度监测的情况下，上述温度传感器还有热电偶温度传感器均可胜任温度的长期监测工作，但是在多种参量同时测量的情况下，光纤传感器因其可以测量多种参量就会更加有优势，不仅如此，光纤传感器是上述传感器中精度最高、受磁场干扰最小的，而且环境适应力强，对结构没有影响，最符合本系统的要求。

综上所述，在众多传感器中，光纤传感器是最符合设计要求的。光纤传感器如图 2-93 和图 2-94 所示。

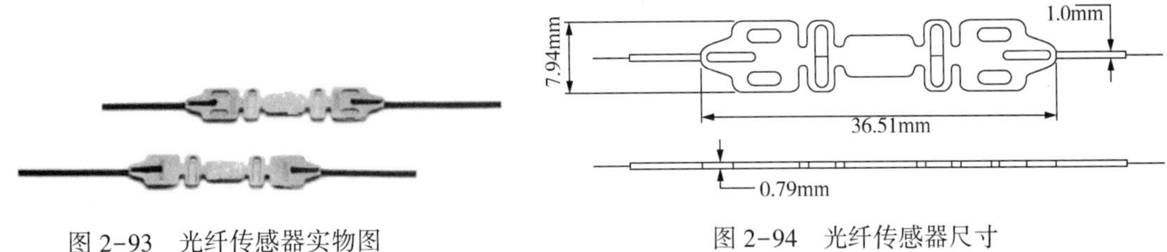

图 2-93 光纤传感器实物图

图 2-94 光纤传感器尺寸

2）确立传感器布置方案

对于陕京一线黄河管桥选择的监测项目是结构应变响应。建立结构的有限元模型，并根据现场结构损伤勘测结果对模型进行修正，用修正后的模型模拟管桥在各个工况下的响应，找出结构的关键位置作为监测部位。

（1）主索上传感器的布置方案 在各种工况下，主索的最大应力出现在主索与塔顶的连接段，再加上考虑光纤传感器的安装位置，所以将光纤传感器布置在如图 2-95 所示的位置。由实际的管桥结构可知，主索与塔顶的链接段共有 8 处，因此，需要 8 对光纤传感器。

（2）下稳定索上传感器的布置方案 下稳定索起着支撑桥面桁架及管道结构的作用，对保证管道和桥面桁架的稳定性有着重大意义。经过模拟分析，下稳定索的起始位置为其强度分析的薄弱之处，所以光纤传感器应布置在此处，如图 2-96 所示。下稳定索有一对，因此需要 2 对光纤传感器。

图 2-95 主索监测点

（3）桥面桁架的传感器布置方案 桥面桁架是黄河管桥的主要受力结构，对其进行强度分析和应力监测有着重要的意义，根据模拟结果可知，在不同的工况条件下桥面桁架的最大应力处出现在 1/4 桥跨杆件处和 1/2 桥跨杆件处，大约在第 13 节桁架处和第 27 节桁架处，如图 2-97 所示。所以需要 2 对光纤传感器布置在这两个位置处。

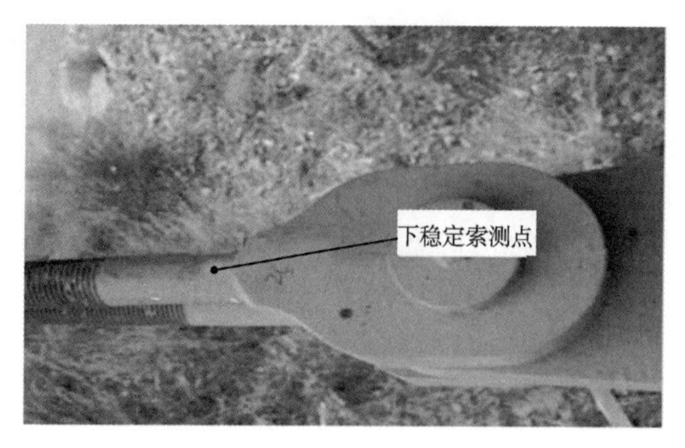

图 2-96　下稳定索监测点

图 2-97　桥面桁架监测点

（4）塔架上的传感器布置方案　黄河管桥的塔架有两座，分别位于黄河两岸陕西省府谷县和山西省保德县两地界。它们由两根主索连接起来，起着支撑主索、吊索以及整个管桥的作用，对其进行强度和应力监测有着重大意义。根据模拟结果，塔架结构的最大应力位置主要出现在塔架的支腿处，如图 2-98 所示。经过研究决定，在每个塔架的支腿处的最薄弱位置对称地布置 2 对光纤传感器，一共 4 对。

图 2-98　塔架支腿监测点

各个光纤传感器之间由光纤串联起来，最后连接在光纤光栅传感解调仪上。每个光纤传感器和管桥结构的固定方式为点焊，并且为每个光纤传感器设计了保护壳，这样可保证光纤传感器在恶劣天气条件不会脱落，仍然能正常工作。综上所述，黄河管桥光纤传感器的布置方案如表 2-27 所示。

表 2-27　光纤传感器布置方案

管桥的具体结构	布置位置	计算依据	测点数	光纤传感器数目	固定方式
主索	主索与塔顶的连接段	4×2	8	16	点焊
下稳定索	下稳定索的起始位置处	1 对	2	4	点焊
桥面桁架	在第 13 节桁架处和第 27 节桁架处	2	2	4	点焊
塔架	塔架的支腿处	2×2	4	8	点焊
小计			16	32	

3）传感器的安装

光纤的作用是将各个光纤传感器串联起来，并将光纤传感器所测的物理信号传送给光纤光栅传感解调仪。其中通向管桥各个结构上的光纤，采用特制的光纤固定器来固定，保持其在大风天气牢固性。在布置光纤时，存在死角的地方采用螺旋结构予以解决。

为保证测量数据的准确性和精度，光纤光栅解调仪的每个通道连接的光纤最多只能传送 10 组数据。由于一共布置了 32 个光纤传感器，有 32 组数据需要传送，所以按照光纤光栅解调仪每个通道负责传送 8 组数据，一共需要布置 4 根光纤。下面把这 4 根光纤依次编号为光纤 A、光纤 B、光纤 C 和光纤 D，为避免光信息衰减问题，综合考虑光纤走线最短以及具体施工的方便性和可行性，得出光纤和光纤传感器连接的最佳方案如表 2-28 所示。表 2-29是光纤传感器测点的编号及布置位置。

光纤传感器的施工过程如图 2-99 所示。

图 2-28 光纤串联传感器的方案

光纤编号	串联的传感器
A	保德县境内塔架顶部主索上的 4 对传感器，共 8 个
B	府谷县境内塔架顶部主索上的 4 对传感器，共 8 个
C	保德县境内塔架支腿处的 2 对传感器和下稳定索上的 2 对传感器，共 8 个
D	府谷县境内塔架支腿处的 2 对传感器和桥面桁架上的 2 对传感器，共 8 个

表 2-29 光纤传感器测点的编号及布置位置

编号	A1	A2	A3	A4
位置	保德塔顶主索	保德塔顶主索	保德塔顶主索	保德塔顶主索
编号	B1	B2	B3	B4
位置	府谷塔顶主索	府谷塔顶主索	府谷塔顶主索	府谷塔顶主索
编号	C1	C2	C3	C4
位置	保德塔架支腿	保德下稳定索	保德下稳定索	保德塔架支腿
编号	D1	D2	D3	D4
位置	桥桁架 1/4 处	桥桁架 1/2 处	府谷塔架支腿	府谷塔架支腿

光纤传感器的施工过程如图 2-99 所示。

(a) 打磨

(b) 点焊上光纤传感器

(c) 表面绝缘处理

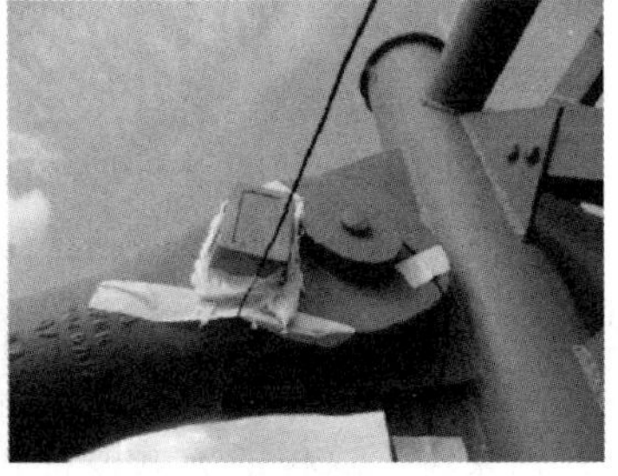

(d) 加上保护罩

图 2-99 光纤传感器施工过程图

4）数据采集系统设计

数据采集系统主要负责数据的采集和整理，为下一步的远程传输做好准备工作。其设计应满足以下技术要求：

（1）系统应具有与其安装位置、功能和预期寿命相适应的质量和标准；

（2）通信协议、电气、机械、安装规范应采用相应国家标准或兼容规范；

（3）系统具有实时自诊断功能，能够识别传感器失效、信号异常、子系统功能失效或系统异常等；

（4）数据采集单元能24h连续采样，在风、雨、地震等恶劣环境下仍能正常工作；

（5）数据采集及传输可实现远程控制，采样参数可远程在线设置；

（6）数据采集软件应具有数据采集、数据初步处理和缓存管理功能；

（7）传输网络的设计和构造要满足相关标准、规范的要求。

陕京一线黄河悬索管桥的数据采集系统是实时在线而且长期进行的，所以必须采取自动化数据采集装置，传统的工作流程一般为：传感器将测量的非电量转换成容易量测的电量后，通过模/数转换，将数字量直接输入到计算机中。数据采集硬件系统配合相应的软件系统组成一套数据采集系统，数据采集系统主要由光纤传感器、光纤解调仪、公共机及Enlight软件四部分组成，其中光纤传感器负责数据的采集工作，光纤解调仪负责解调出光纤所测出的数据，公共机负责承载Enlight软件，而Enlight软件负责将解调出的数据进行分析处理并保存，为下一步数据的传输做好准备。它们工作的流程如图2-100所示。

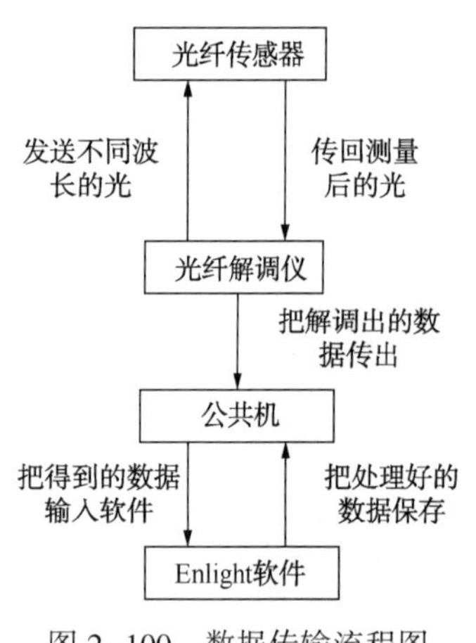

图2-100　数据传输流程图

5）数据传输系统设计

数据传输系统主要的功能是把现场公共机中Enlight软件定时保存的文档每隔30min自动传送到远程监控中心的计算机中。在数据传输系统中需要考虑的问题有两个：一是如何使现场的公共机与远端的计算机连接；二是如何将文档传送过去。

数据传输方式主要有两种，一种是有线传输，另一种是无线传输，由于管桥地理位置比较偏僻，没有城市用的有线网络连接现场的公共机，因此只能依靠无线传输的方式来传输数据，无线传输方式有很多种，如红外线、蓝牙、无线数传电台、WIFI、GPRS、3G、UWB、Zigbee，但是能够进行远程数据传输的就只有GPRS和3G。

6）数据处理与分析系统设计

数据处理与分析系统包括各类数字信号的处理，如数字滤波、消除噪声、统计分析以及参数识别等，主要是从采集到的各种原始信息中提取有用信息，为结构损伤识别和状态评估积累数据信息。这个过程一般是编制相应程序，在数据采集时同步完成。

鉴于存储量的限制，数据的采集是分时段进行的。在某些设定的时刻连续采集n个数据，例如在一天中的所有整点时刻每隔30s采集一次数据，连续采集10次后停止，直到下一个整点时刻再开始采集。这样的方式既能保证数据的连续性和有效性，又能节约存储空间。光纤光栅传感分析软件Enlight将采集的数据作初步的存储，为了保证用于评估的数据具有一定的可靠度，在进行评估前需要编制程序对监测数据进行预处理。数据的预处理包括三个步骤：

（1）根据拟合优度 X^2 检验法，对每个采集时段的监测数据（某时刻开始连续测得的 n 个数据）的分布函数进行假设检验，确定该时段监测数据的分布类型（考虑主要的几种随机数据分布类型：正态分布、对数正态分布、威布尔分布、极值分布、伽马分布）。

（2）根据矩估计原理，即

$$\begin{cases} \bar{x} = \mu \\ \dfrac{1}{n}\sum_{i=1}^{n} x_i^2 = \mu^2 + \sigma^2 \end{cases}$$

估计各个采集时段监测数据的均值 μ 和方差 σ。

（3）将各个采集时段取具有 95%保证率的数值作为该时段的实测值。

7）评估系统设计

类似于桥梁结构，管桥结构是复杂的系统，影响其安全性与耐久性的因素众多，且很复杂，大多数因素不能通过定量的方法用函数关系表达出来，而更多的则需要依靠专家的经验、判断。同时对于管桥的评估，如果不加以分析、简化，即使是经验丰富的专家处理起来也很困难。因此，对管桥的评估中就采用了层次分析法，把管桥工作状态评估这样的复杂问题分解为相对简单的多个子问题，对每个子问题进行分析评估后再综合评估结构整体状态。

（1）层次分析法原理

层次分析法（Analytic Hierarchy Process，AHP）的理论结构是美国著名运筹学家、匹兹堡大学教授 A. L. Saaty 教授于 1980 年在他的著作《层次分析法》中确立的。它是一种实用的多准则决策方法，可以统一处理决策中的定性与定量因素。

层次分析法将影响管桥工作状态的各因素条理化、层次化，把对某个状态影响程度相近或联系比较紧密的因素放在一起，形成一层，建立起多层的层次关系结构模型。这样，复杂问题被简单化，我们只要搞清某一层次的某个指标跟与其相关的上一层次指标的关系以及跟与其相关的下一层次指标的关系即可。一般说来，影响最底层指标状态的因素相对较少，其实际状态比较容易确定，然后再按照加权综合的方法由底层指标的状态得到上层指标的状态，逐层综合，得到整个管桥的状态。因此，对于管桥结构，AHP 方法的主要思路如下：①建立管桥递阶层次结构；②构造两两比较判断矩阵；③计算指标权重；④检验判断矩阵的一致性。

（2）阈值对比法原理

由于阈值对比法具有简单明了的特点，目前应用较广，尤其适合对单根构件或者结构的某一局部部位的评估，而且局部评估的因素单一，因此悬索管桥的局部安全评估采用阈值对比法。阈值对比法首先通过初期的统计归纳、实验研究、分析计算，确定与各种状态一一对应的征兆（即基准模式或阈值），然后将获得的监测值与基准模式进行比较，立即可获得结构的状态。因此只要根据前期有限元模拟结果，确定出悬索管桥各监测部位的响应阈值，并将监测数据进行统计，得出具有一定可靠度的特征数据，再将特征数据与阈值进行对比即可得出该部位的安全状态。

对于陕京一线黄河管桥，先通过对全桥关键受力部件的检测，较为详实地掌握各部件的结构现状和缺损状况，再按缺损状况对全桥有限元模型进行修正，然后对管桥各个工况作有限元模拟，确定出各监测点的响应阈值，以此确定各监测点的响应等级。

（3）管桥全桥综合评估

按照层次分析法确定管桥阶梯层次结构及层次结构中各指标的权重，根据阈值对比法评估层次结构中最底层指标的安全状态得分，可以计算得出全桥综合评估得分。根据计算出的全桥综合评估得分给出其安全状态及处理意见。

8）数据管理系统及报警系统设计

在这一部分建立专门数据库，完成各种原始数据及后续分析结果数据的存储，并实现结构相关信息的可视化和决策数据库的智能化，实现对结构健康状态的实时跟踪，对异常状况具有实时报警功能，为决策管理人员提供信息支持，提高桥梁的管理水平。

通信系统除了将采集到的数据传输到监控中心外，还应当具备将监测结果进行远程传输和报警的功能。采用在商业上已取得巨大成功的客户机/服务器网络系统，使用电话线和调制解调器实现计算机之间的远程传输，将监测网络系统连接到 Internet 上，实现方便和真正的远程监测。通信系统除了采用有线通信外，还可同时建立无线通信体系，以保证通信的畅通。

黄河管桥监测系统智能实时远程监控软件工作流程如图 2-101 所示。

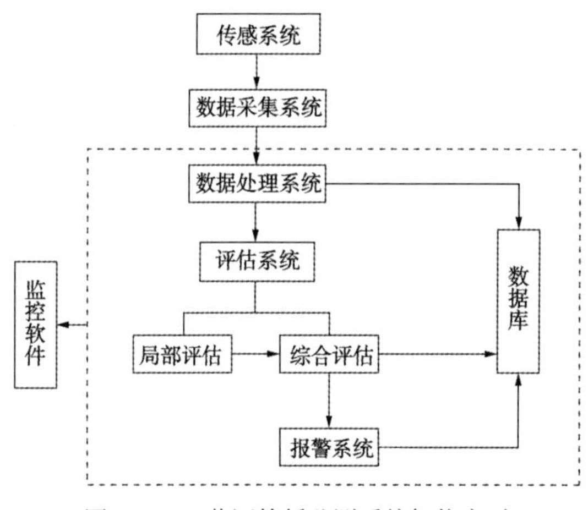

图 2-101　黄河管桥监测系统智能实时远程监控软件工作流程图

3. 技术应用及创新点

1）技术应用

黄河管桥监测系统的应用，解决了油气管道跨越管桥安全可靠性问题，提出跨越管桥安全可靠性检测评价技术，为我国各种管桥安全监察、管桥企业安全运行管理、检验机构管桥安全检验提供了技术支持与保障。为进一步提高我国输油输气管桥的运行管理水平、减少事故、延长各种管桥使用寿命和提高相关企业的经济效益提供了技术支持，对促进社会可持续发展、建设和谐社会、提高管理水平具有重要的现实作用。同时，可促进我国管道运输事业及相关行业的发展，提高我国检测行业的技术实力，缩小我国检测技术与国外的差距，增强我国管道检测行业在国际市场上的竞争力，培养和造就一批素质优良的专业技术骨干，满足我国目前管道检测技术人才短缺的局面，从而产生良好的社会效益。主要应用成果如下：

（1）搭建悬索式及斜拉索式跨越管段的试验模型，进行了介质流量、集中载荷和断索的模式试验，以及模拟试验对应的斜拉式跨越管段的仿真模拟；

（2）对黄河悬索式跨越管段和涪江斜拉索式跨越管段的风载、雪载、地震和清管过程进行了模拟分析，得到了管桥各个结构的位移、应力响应规律；

（3）根据黄河悬索管桥的监测结果，对悬索管桥的有限元模型和仿真模拟结果进行了工程验证；

（4）根据两种管桥的试验和仿真结果以及国内外管桥事故的调研，总结了跨越管桥结构的失效模式及分析源；

（5）编制了综合数据库管理软件和安全运营及预警报警系统软件，建立了完整的悬索管桥结构健康监测系统。

2）创新点

（1）多种风险分析　运用有限元软件系统地分析了悬索管桥和斜拉索管桥在多种自然风险下，各个结构产生的应力、应变、位移等关键参数，为今后建立风险评价模型提供了数据参考。

（2）仿真模拟与实际工程相互验证　首先对悬索管桥模型静力分析，找出管桥各个结构的潜在危险点，为实际工程中光纤光栅传感器的布置位置提供依据；然后根据建成动态的管桥结构健康状态监测系统，检验管桥模型动力分析的正确性与准确性。

（3）拉索断裂模型试验　考虑了斜拉索跨越管桥在斜拉索断裂状态下，管桥的位移、应变等参数变化，通过试验，初步得出管桥失效过程中的结构变化。

2.3　管道输送介质安全保障

2.3.1　天然气管道粉尘腐蚀机理与监测抑制技术

1. 概述

天然气管道中的黑色腐蚀粉尘产物（棕褐色有刺激性气味粉末），会增加输气阻力，使供气能耗上升，管道腐蚀后强度降低，清管维护安全运行的风险加大，影响到管道寿命与供气安全。同时，粉尘的组成和成因与管道腐蚀相关，如何有效准确地监控管道的腐蚀情况，是维护管道和保证供气安全所必须考虑的问题。因此，开展天然气管道粉尘腐蚀机理与监测抑制技术研究对于管道安全运行意义重大。

结合天然气管道生产运行的实际，通过现场天然气管道清管粉尘实地取样，开展了粉尘组成分析、成因推断、输气管道的腐蚀机理、腐蚀的物理模型建立、内腐蚀监测评价以及相应的抑制方法的研究。从管道输气系统内部的所处环境因素和腐蚀产物入手，考虑天然气管道粉尘中有机物和无机物共存、生命活性物质和非生命活性物质共存以及大量物质和微量及痕量物质共存的复杂因素，建立了一套系统的天然气管道粉尘分析和监测及抑制技术，得出了管道在复杂环境下、复杂输送介质下含 H_2S、CO_2、细菌等三方面腐蚀的机理，根据腐蚀机理，开发了管道内部粉尘的抑制剂，并经过现场清管器运行注入试验，效果明显，减少粉尘量达到 50%，系统科学地解决了管道内粉尘组成及成因、抑制等问题，对保障天然气管道安全运行具有广阔的应用前景和实际意义。

天然气管道粉尘腐蚀与监测抑制技术已经应用于陕京天然气管道生产实践中，应用后，通过现场维护清管废物的分析比较，现场的管道内部粉尘量由原来的 2850kg 下降到 300kg 左右，去除其他清管等辅助措施外，使用抑制技术减少的粉尘量应至少达到 50%，效果明显，对于天然气管道的运行安全和完整性管理发挥了重要作用。

2. 天然气输气管道粉尘组成分析的分析方法

1）无机组成分析

（1）原子吸收(AAS)分析法　原子吸收分析法是当代最重要的化学元素分析方法之一。其基本原理是：当光谱发出的特征辐射通过原子蒸气时，基态原子将吸收能量由基态跃迁到激发态，发生共振吸收，产生原子吸收光谱。对输气管道中粉尘这种复杂的体系可以提供比较准确的定量分析结果，但是由于该方法是将样品溶解后进行分析，为了节约成本和节省时间，最好能事先知道样品中的大致组成。所以，将该方法与光电子能谱结合起来，就能快速准确地获得粉尘中元素的定量分析结果。

（2）X 射线衍射(XRD)化合物分析法　X 射线衍射法是目前测定晶体结构和组成的重要手段，应用极为广泛。X 射线作用于晶体时，会在晶体中产生周期性变化的电磁场，迫使晶体原子中的电子也进行周期振动。这样，振动的电子就成了一个新的发射电磁波的波源，以球面波的形式向四面八方散发出与入射 X 光波长、频率、周相相同的电磁波。这些次级电磁波互相干涉，叠加，在某一方向得到加强或抵消的现象称为衍射。管道粉尘涉及的化合物非常多，用 X 射线衍射可以获得无机化合物的组成，将获得的结果与光电子能谱(XPS)法的结果进行比对，尤其由光电子能谱(XPS)取得的化学态，对于无机化合物的组成是一个有力的认定。

（3）电子探针分析法　电子探针分析法是用于检测样品中微米区域内化学成分的方法，其电子探针的电子枪可发射高能电子束，轰击样品表面。通过电子与物质的相互作用，在作用的微区内产生特征 X 射线，这些 X 射线反映了该微区内的化学组成和物理特征的各项信息。其特点是无损分析，形貌和成分能同时进行定位分析，具有较广泛的元素分析范围。分析区域细小，在 1μm 之内，所以其绝对灵敏度达 $10^{-15} \sim 10^{-18}$，是其他分析方法难以比拟的。缺点是只能分析固体样品，对超轻元素结果较差。电子探针取得的结果可以与原子吸收、XPS 和 X 射线衍射获得的结果互相验证。

2）有机组成分析

（1）紫外可见吸收光谱法　使用该方法可判断粉尘中的有机物是否含有共轭基团。

（2）红外光谱法　当红外光照射化合物分子时，部分红外光被吸收，并引起处在电子能级基态或激发态的分子振动或转动能级跃迁，由此而形成的分子吸收光谱称为红外光谱。使用该方法可探测粉尘样品中的有机物是否含有具有特征吸收的官能团。

（3）核磁共振(NMR)法　有磁矩的(具有自旋行为的)原子核若处于磁场中，则核的磁矩会与其所处磁场相互作用而引起核的自旋能级分裂(塞曼效应)，此时若有适当频率的电磁波照射，就会产生对射频能的吸收，同时实现在核自旋能级之间的跃迁，即核磁共振。将磁性核产生的共振信号与射频频率对应记录下来，可得到核磁共振波谱图，即可进行化合物的结构和定量分析。使用该方法可检测粉尘样品的有机组成中各化命物的结构。

（4）色谱-质谱(GC-MS)法　色谱法是一种以分配平衡为基础的分离法。分离体系包括两相，一相固定，一相流动，当两相作相对运动时，反复多次地利用混合物中所有组分配平衡性质的差异使彼此得到分离。当流动相是气相时，就称为气相色谱。管道粉尘中有机物的结构非常相近，需要分离分析。

3）微生物分析

（1）常规分析

① 分离用培养基：马铃薯浸汁琼脂（分离真菌）、牛肉浸汁琼脂（分离细菌）、燕麦粉琼脂（分离细菌）、天门冬素琼脂（分离防线菌）。

② 分离方法：称 0.19g 粉尘样品，均匀地直接撒在备好的四种培养基的平皿上；用无菌水梯度稀释至 1/10、1/100 两个稀释度，在盛有不同培养基的平皿上，涂以 0.2mL 稀释后的样品，两种稀释度需重复一次；将平皿放入 28℃恒温箱，2~4 天取出挑菌。

（2）专门分析

根据所取样品的特殊性以及有关文献调研，推断粉尘中可能含有某些特殊细菌，因此对样品中的细菌进行了专门培养和分离。

① 分离用培养基：分离氧化硫硫杆菌培养基、分离氧化亚铁硫杆菌培养基。

② 分离方法：取以上两种液体培养基各 100mL 分别放入 250mL 锥形瓶中，再分别向内加入 1g 粉尘，上摇床振动培养 7 天后，取液体培养物涂片用光学显微镜检查。

4）粉尘组成分析流程

粉尘组成分析流程如图 2-102 所示。

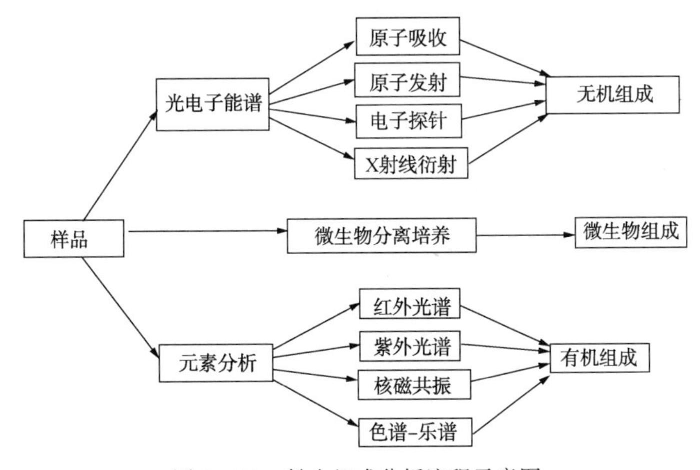

图 2-102　粉尘组成分析流程示意图

5）试验结果及讨论

对不同取样点的粉尘样品进行了无机化合物、有机化合物及微生物的定性定量分析，用元素分析、原子吸收及发射等方法获得了粉尘中存在的各种元素的种类及其含量，用 X 射线光电子能谱及 X 射线衍射等方法获得了无机化合物的组成及含量，用气相色谱-质谱联用、红外及核磁共振结合的方式得到了有机化合物的结构，通过细菌分离培养的方式探测到了 5 种细菌。为了阐明粉尘中各种成分产生的原因，对微生物与无机及有机化合物的作用机理进行了研究，以此为依据，探明了粉尘各成分的成因，为建立抑制管道腐蚀的方案奠定了基础。

6）组成与取样时间及取样地点的相关性

（1）粉尘组成随取样时间的变化

① 原油性质：以灵丘与紫荆关为界，灵丘以前基本为轻质油，紫荆关以后基本为中质油。对比 2000 年 10 月和 8 月的样品，除胶质，沥青质外，各项有机物含量（油、烃等各项指标）均上升。据分析样品中的油质混合物可能是因为压缩机在清洗管道时带入的。

② 榆林压气站取样，从图 2-103、图 2-104、图 2-105 可以看出元素 S、Fe、Mn 随取样时间变化，S 上升，Fe、Mn 下降。这可能是由于管道输送条件、管道材料改善，天然气气质的提高，使管道腐蚀减小造成的。

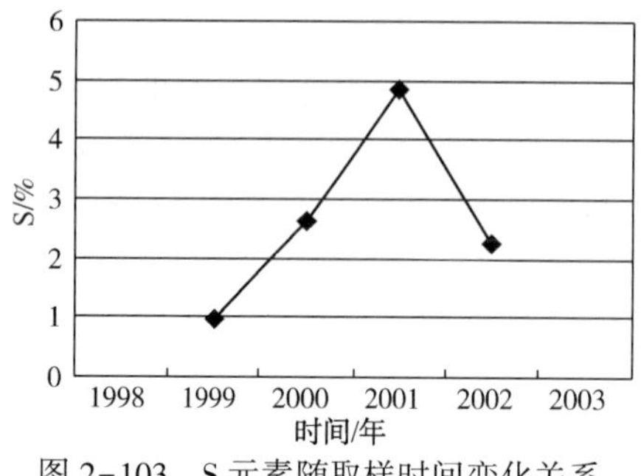

图 2-103 S 元素随取样时间变化关系

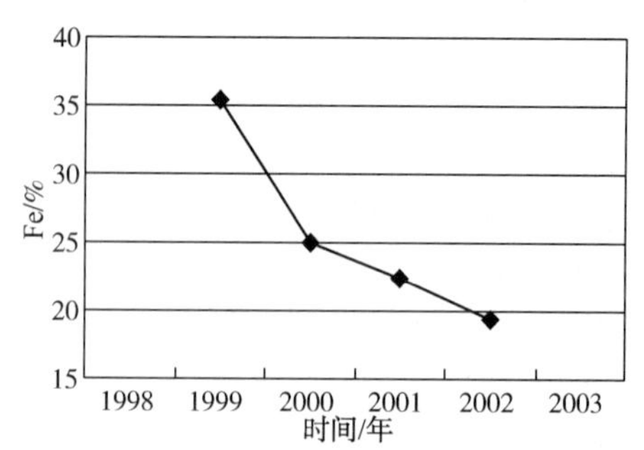

图 2-104 Fe 元素随取样时间变化关系图

（2）粉尘组成随取样地点的变化

硫的含量变化成峰形，峰值在神木，如图 2-106 所示。一方面，Fe+S→FeS，导致粉尘中 S 的含量上升；另一方面，FeS 具有较好的晶格点阵，可附着在管壁上，从而对管道又有了保护性，使粉尘中 S 的含量下降。这是两种相互竞争的作用，在输气管道运行初期，前者起决定作用，以后后者逐渐起主导作用。

铁的含量先明显下降，然后基本保持稳定，拐点在神池，如图 2-107 所示。很明显是钝化的结果。腐蚀产物为 FeS、$FeCO_3$、FeOOH，尤其是 FeOOH，据有关文献，FeOOH 可形成坚固而致密的保护层，具有极强的钝化保护作用。

锰的变化趋势如图 2-108 所示。

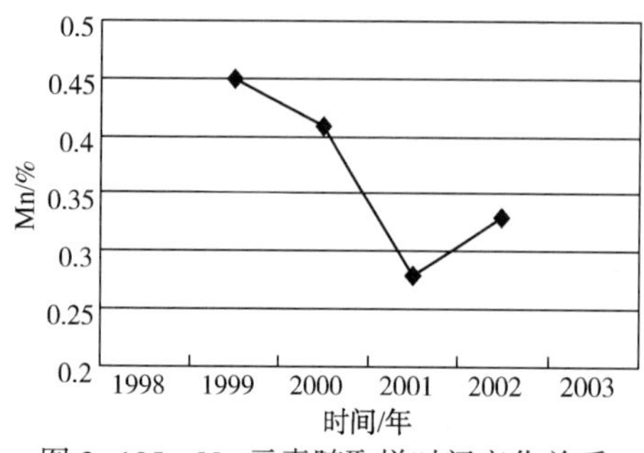

图 2-105 Mn 元素随取样时间变化关系

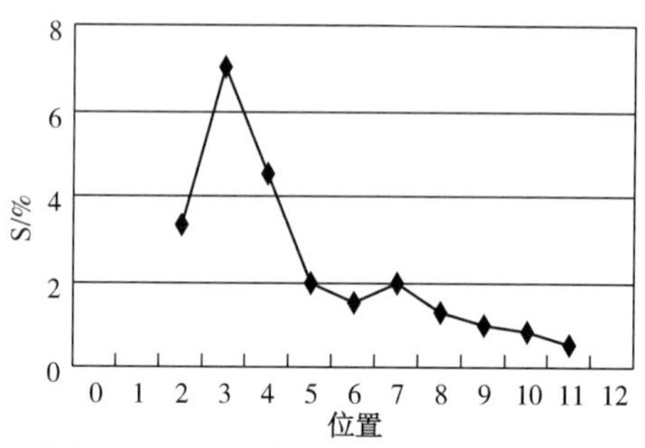

图 2-106 S 元素随取样地点变化关系

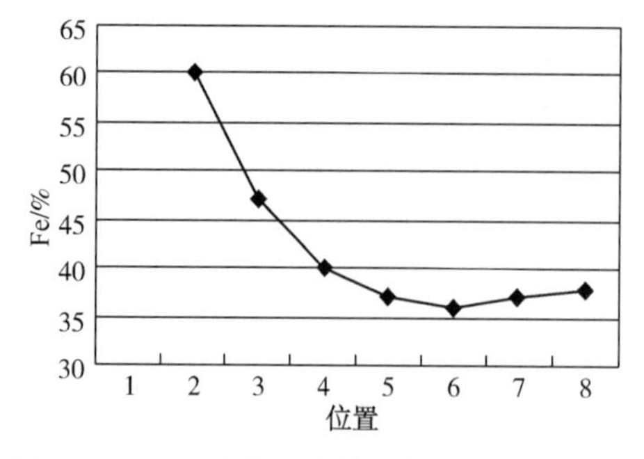

图 2-107 Fe 元素随取样地点变化关系

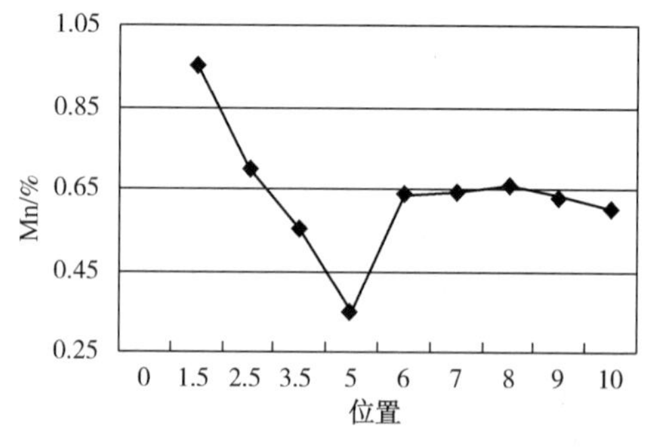

图 2-108 Mn 元素随取样地点变化关系

锰元素含量的变化肯定与体系中存在的微生物的作用有关，因为本体系中存在的微生物可以通过氧化锰获得能量。

有关数据列表见表2-30~表2-32。

表2-30　粉尘无机组成检测结果(2006~2008年)　mg/g

管　段	序号	针铁矿 FeOOH	$Fe(OH)_3$	菱铁矿 $FeCO_3$	Fe_3O_4	$CaSO_4$	S_8	MnO_2	钾长石	钠长石	方解石 $CaCO_3$	黏土矿物
靖边首站~榆林压气站	1	√	√	13.2	√	19.7	√	0.98	3.7	3.8	1.7	8.7
榆林压气站~神木清管站	2	√	√	2.9	√	21.8	√	0.71	3.4	3.6	1.4	9.7
神木清管站~府谷压气站	3	√	√	2.9	√	22.6	√	0.54	2.9	3.6	1.5	9.2
府谷压气站~神池清管站	4	√	√	3.8	√	21.8	√	0.34	2.6	3.4	2.3	11.2
神池清管站~应县压气站	5	√	√	3.7	√	23.8	√	0.34	2.9	2.9	2.5	12.3
应县压气站~灵丘清管站	6	√	√	2.8	√	22.9	√	0.61	3.1	2.1	2.5	11.9
灵丘清管站~紫荆关清管站	7	√	√	2.8	√	23.8	√	0.64	3.1	2.4	2.6	12.2
紫荆关清管站~衙门口站	8	√√	√	2.7	√	23.6	√	0.66	2.8	2.4	2.7	12.1
琉璃河站~永清站	9	√	√	3.6	√	22.6	√	0.64	2.7	2.7	2.4	11.7
永清站~通州站	10	√	√	3.8	√	23.4	√	0.67	2.6	2.6	2.4	16.8
衙门口站分离排污	11	√	√	3.8	√	22.4	√	0.58	2.4	2.5	2.6	16.8
榆林入口砂样	12	√	√	3.9	√	23.9	√	0.63	2.3	2.4	2.9	16.1

注：√表示体系中存在该化合物，但由于检测方法的原因不能给出准确定量的结果。

表2-31　粉尘有机组成检测结果(2006~2008年)　mg/g

管　段	序号	汽油	煤油-柴油	蜡-重油	胶质-沥青质	残余碳	残余油
靖边首站~榆林压气站	1	0.71	2.34	0.12	0.18	7.21	4.69
榆林压气站~神木清管站	2	0.87	6.24	0.34	0.12	7.02	4.99
神木清管站~府谷压气站	3	1.78	8.93	0.86	0.22	8.56	15.67
府谷压气站~神池清管站	4	0.92	4.45	0.23	0.21	10.97	11.23
神池清管站~应县压气站	5	1.34	5.21	0.79	0.13	19.21	7.78

续表

管　段	序号	汽油	煤油-柴油	蜡-重油	胶质-沥青质	残余碳	残余油
应县压气站~灵丘清管站	6	1.88	9.78	0.53	0.16	12.34	8.95
灵丘清管站~紫荆关清管站	7	1.57	4.34	4.57	0.07	17.22	6.73
紫荆关清管站~衙门口站	8	0.89	3.23	3.64	0.23	11.10	4.32
琉璃河站~永清站	9	0.72	4.34	3.45	0.12	9.87	6.78
永清站~通州站	10	0.56	3.31	2.34	0.16	8.97	8.99
衙门口站分离排污	11	0.59	2.21	0.77	0.11	8.68	6.78
榆林入口取样	12	0.99	0.97	0.87	0.10	7.68	3.34

表 2-32　典型元素含量随取样地点变化数据　　%

地点 \ 含量 \ 元素	S	Fe	Mn
1. 靖边	—	—	—
1.5 靖边→榆林	3.23	—	0.94
2. 榆林	—	60.42	—
2.5 榆林→神木	7.04	—	0.71
3. 神木	—	44.64	—
3.5 神木→府谷	4.78	—	0.54
4. 府谷	—	40.35	—
5. 神池	2.26	37.00	0.34
6. 应县	1.35	35.19	0.61
7. 灵丘	2.02	35.95	0.64
8. 紫荆关	1.17	36.30	0.66
9. 衙门口	0.54	—	0.64
10. 琉璃河	—	—	0.58
11. 永清	0.30	—	—

3. 管道干线内腐蚀产物分析

1）概述

管道内部腐蚀分析产物为天然气管道腐蚀监测装置的探头附着物，该探头在净化的天然气管道中放置约 4~5 年后在表面发现有明显腐蚀，第一件是陕京天然气管道永清站腐蚀探头，第二件是永清站磨蚀探头，第三件是应县站腐蚀探头，通过 X 射线的结构分析、SEM 的微观观察以及腐蚀产物的检测来分析探头的附着物、腐蚀产物以及影响腐蚀的物质成分。

2）试验过程和结果

三个探头的宏观腐蚀形貌如图 2-109 所示，腐蚀产物层很薄，局部甚至可观察到探头基体表面。其中应县腐蚀探头表面有呈黑色的黏稠状物质，呈现出油类有机物与腐蚀产物混合在一起的特征。永清磨蚀探头表面呈浅黄色，部分表面露出基体的银白色表面。永清腐蚀探头表面有呈黄褐色的腐蚀产物，呈现出较为明显的锈蚀特征。

3）大张坨储气库站场腐蚀分析

大张坨储气库的管线属于调峰气库，其冬季采气，夏季将未用的气注入系统中，冬季采出的天然气与储藏的地质气藏状况有关，其腐蚀量的变化与干线不同。因此，针对大张坨储气库的腐蚀速率分析，对于分析整个系统的腐蚀状况分析具有重要意义。

图 2-109 探头腐蚀产物的宏观形态

2009 年对大张坨储气库更换内腐蚀监测探头，并对探头的腐蚀产物和原因进行了分析。

（1）探头腐蚀现场分析

本次更换的探头安装在管道的 12 点位置并受到管道输送介质的不断冲击。从现场取下来的探头来看，探头表面成黑色，并可以闻到类似臭鸡蛋的味道。探头除了与探针基体断开外，探头表面并无可见的裂纹，探头外面包裹着黑色的腐蚀产物。

（2）探头物理、化学性能测试

腐蚀产物化学点滴定性在实验室中用稀盐酸滴在腐蚀产物上，有气泡并可闻到臭鸡蛋的味道，说明产生的气体是 H_2S。

（3）表面物理成分分析

根据现场分析和现场信息，为了进一步确认腐蚀形态，了解腐蚀机理以及影响因素，采用 SAE X 射线能谱分析腐蚀产物（见表 2-33～表 2-35）。

表 2-33 2 点位置的元素成分

元 素	*k* 比	*ZAF* 修正值	质量分数/%	原子分数/%
Mg—(Ka)	0.00169	0.5381	0.3061	0.6715
Si—(Ka)	0.01484	0.8444	1.7133	3.2537
S—(Ka)	0.03769	1.0488	3.5028	5.8269
Mn—(Ka)	0.00963	0.9804	0.9579	0.9300
Fe—(Ka)	0.93615	0.9758	93.5199	89.3179

表 2-34 3 点位置的元素成分

元 素	*k* 比	*ZAF* 修正值	质量分数/%	原子分数/%
Na—(Ka)	0.02323	0.3987	5.2713	10.7134
Si—(Ka)	0.00251	0.8342	0.2719	0.4523
S—(Ka)	0.03097	1.0223	2.7404	3.9934

续表

元　素	*k* 比	*ZAF* 修正值	质量分数/%	原子分数/%
Cl—(Ka)	0.16040	1.0165	14.2726	18.8105
K—(Ka)	0.02727	1.0299	2.3955	2.8625
Ca—(Ka)	0.01350	1.0635	1.1479	1.3382
Fe—(Ka)	0.74212	0.9083	73.9006	61.8298

表 2-35　4 点位置的元素成分

元　素	*k* 比	*ZAF* 修正值	质量分数/%	原子分数/%
S—(Ka)	0.01042	1.0675	0.9724	1.6814
Mn—(Ka)	0.00243	1.0008	0.2418	0.2440
Fe—(Ka)	0.98716	0.9958	98.7859	98.0746

(4) 腐蚀产物形态分析

SAE X 射线能谱分析说明在此位置含有较多的 S 元素，其他元素还有 Mn、Si、Mg 等。从前面的腐蚀产物化学点滴定性分析知道腐蚀产物为硫化物，说明在管道中含有较多的 H_2S 气体。H_2S 是金属腐蚀的重要酸性气体之一，常见的 H_2S 腐蚀的形态有均匀腐蚀、点蚀、硫化物应力腐蚀开裂(SSCC)和氢致破裂(HIC)，HIC 常伴随着钢表面的氢鼓泡(HB)。在有水存在的情况下，H_2S 的腐蚀机理如下：

$$H_2S+Fe+H_2O \longrightarrow Fe_xS_y+2H$$

H_2S 腐蚀钢铁，生成 Fe_xS_y(Fe_9S_8、Fe_3S_4、FeS_2、FeS)，Fe_9S_8 疏松，无保护作用，FeS 较紧密，有一定的保护作用。产物的结构与 H_2S 的浓度和温度有关，Fe_xS_y 膜相对于钢铁是阴极，其电位为 0.2~0.4V，一般在室温下腐蚀产物为 Fe_9S_8 等，60℃以上为 FeS。从 2 点位置和整个表面的形态来看(见图 2-110)，腐蚀为片层状分布，结构不致密，部分腐蚀产物已从探头表面脱落。从位置 3 来看，由于管道内有凝析水的存在，水电离增加了探头表面的导电性，电离方程为：

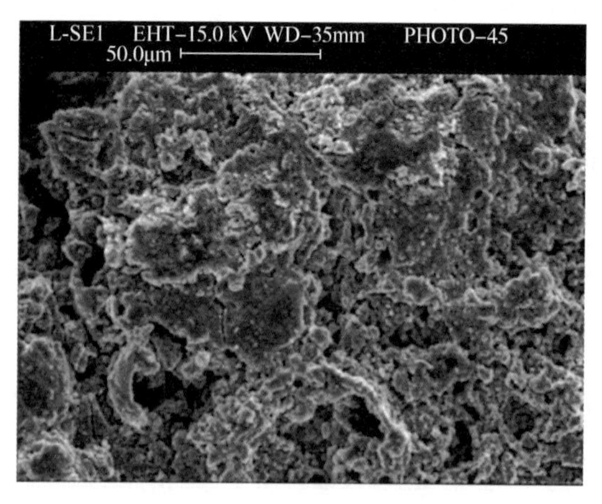

图 2-110　探头表面放大 1000 倍照片

$$H_2O \rightleftharpoons H^+ + OH^-$$

在此环境下由于 Cl^- 的离子半径小，淌度大，是活性阴离子，它可以优先进入点蚀和缝隙形成闭塞电池(Oceluded Corrosion Cell，OCC)，由于闭塞电池内的金属阳离子 Fe^{2+} 浓度升高，加快了阳极溶解，形成自催化酸化作用。蚀坑内为阳极，蚀坑外大面积金属为阴极，构成小阳极、大阴极的活化-钝化电池，使蚀孔加速长大，造成 Cl^- 浓度在蚀坑内的聚集。这也解释了为什么 3 点位置 Cl^- 含量高的原因。

4 点位置由于腐蚀产物在管道输送介质的冲击作用下脱落，腐蚀尚未深入，成分分析知道此点的元素成分与探头的原始成分相似，仅含有少量的硫元素，还没有形成点蚀坑和缝隙，Cl^-还未进入此区域。这也说明了 Cl^-不是腐蚀剂或者说不是去极化剂。

（5）小结

由于大张坨储气库的管道内有水蒸气和 H_2S 气体的存在而成为腐蚀性环境。探头在有凝析水存在的情况下发生如下的反应：$H_2S+Fe+H_2O \longrightarrow Fe_xS_y+2H$。根据 H_2S 的浓度和环境的温度，腐蚀产物有所不同。一般在室温下腐蚀产物为 Fe_9S_8，其结构疏松，形成点蚀坑和裂缝。然后由于 Cl^-的自催化酸化作用，使蚀孔加速长大，造成 Cl^-浓度在蚀坑内的聚集，在电场作用下，Fe^{2+}的浓度增加，加快了阳极的溶解形成如图 2-110 所示的腐蚀形态。

管道内腐蚀主要是由于储存和输送的介质的各方面特性所决定。众所周知，若在没有水汽的环境下，普通的钢铁金属在室温下会产生不可见的氧化膜，会抑制内部进一步的氧化作用，此时钢铁的表面将长期保持着光泽。金属的腐蚀是指金属在肉眼看不见的薄膜层下所发生的腐蚀，在该条件下钢材的腐蚀实质上是水膜下的电化学腐蚀，水是主要因素(一般湿度越大，腐蚀性越强)。由于水是一种电解质，可以离解成 H^+和 OH^-，而且还能溶解大量的离子，水的 pH 值不同对金属和氧化物的溶解腐蚀具有明显的影响，进而引起金属的腐蚀。

当管道中的天然气中存在着水汽，并且水汽浓度超过临界湿度(铁的临界湿度约为65%)时，金属表面会有很薄的一层水膜存在，就会发生均匀腐蚀。另外，若天然气中含有酸性介质 CO_2、H_2S、SO_2 等，就会形成弱酸，对金属及氧化物的腐蚀会显著加快。

此外，天然气中含有固体粉尘颗粒会对管道弯头或弯曲部位的内壁造成冲刷，产生磨蚀效应，造成壁厚减薄。

目前可以采取的措施主要有：

① 天然气处理。主要是去除天然气中促进腐蚀的有害介质(固体和液体)，降低天然气的固体颗粒含量和含水率，以减少有害介质带来的磨蚀和腐蚀。

② 添加化学药剂。在天然气中添加少量阻止或减缓金属腐蚀的物质，如缓蚀剂等，以减少天然气介质对金属的腐蚀。

③ 采取合理的防腐蚀设计及改进生产工艺流程以减轻或防止金属的腐蚀。

4. 管道内部腐蚀机理分析

1）概述

管道输送介质为天然气，如果管道输送商品气脱硫、脱水处理不好，混杂游离水，又混杂了 CO_2、H_2S 等酸性气体，在温度、压力、流速以及交变应力等多种因素的影响下，管道的内腐蚀将十分严重，即使采取防腐措施也收效甚微。因此，对天然气管道内 CO_2、H_2S 腐蚀作用规律及腐蚀机理进行研究，是实施有效的内防腐措施的关键。

细菌腐蚀会导致覆盖层呈鳞片状剥落，进而使管表面或其设施的表面产生坑蚀，乃至穿孔。而此前，此种结果都被误认为是电化学腐蚀后果。细菌腐蚀常与 CO_2 和 H_2S 腐蚀相结合，导致氢致破裂(HIC)腐蚀等。已经查明，细菌群体的名目繁多，但主要是硫酸盐还原菌(SRB)和广酸菌(APB)。

2）粉尘形成机理

粉尘是由管输天然气所含的某些杂质与输送管道相互作用而产生的，粉尘中的成分主要是S_8、$FeCO_3$、FeS、FeOOH、$CaSO_4$、$Fe(OH)_3$、MnO_2及硅酸根离子等单质及化合物。

铁的几种化合物形成机理：FeS来自硫化氢应力腐蚀，由无机离子与SRB相互作用形成；$Fe(OH)_3$来自CO_2腐蚀和细菌所造成的氧浓差电池腐蚀，FeOOH和Fe_3O_4由$Fe(OH)_3$失水形成；$FeCO_3$是CO_2腐蚀的结果。

但是，由于自养型铁细菌的存在，它将氧化腐蚀产生中亚铁腐蚀产物为高价铁的化合物，所以腐蚀产物中含大量高价铁的化合物，可能还有少量亚铁化合物。

锰的转化与铁相似，许多细菌和真菌可以沉积出MnO_2。

S可能来自H_2S的氧化，但是其细菌或化学氧化机理还不清楚。由于其位于管道内，含氧少，$S \rightarrow SO_4$的需氧反应难以进行，所以腐蚀产物中含大量单质S_8。

硫化物和水分的存在可以说是粉尘产生的源头，再加上氧气与多种微生物的存在，通过极其复杂的物理、化学、生化过程，产生硫化氢腐蚀、多种电化学腐蚀和微生物腐蚀等多种情况，从而形成粉尘这一极其复杂的体系。

3）CO_2腐蚀机理

（1）单相流管道CO_2腐蚀

单相流管道中金属发生CO_2腐蚀，整个腐蚀分为CO_2在水溶液中溶解并形成不同的参与腐蚀反应的活性物质、反应物通过流体传递到金属表面、阴极和阳极分别发生电化学反应及腐蚀产物向溶液中传递四个步骤。各步骤的物理及化学反应如下：

① CO_2在溶液中的溶解：

$$CO_2+H_2O \longrightarrow H_2CO_3$$
$$H_2CO_3 \longrightarrow HCO_3^-+H^+$$
$$HCO_3^- \longrightarrow CO_3^{2-}+H^+$$

② 反应物传递（溶液向金属表面）：

$$H_2CO_3(\text{溶液}) \longrightarrow H_2CO_3(\text{金属表面})$$
$$HCO_3^-(\text{溶液}) \longrightarrow HCO_3^-(\text{金属表面})$$
$$H^+(\text{溶液}) \longrightarrow H^+(\text{金属表面})$$

③ 金属表面的化学反应：

$$2H_2CO_3+2e \longrightarrow 2HCO_3^-+H_2$$
$$2HCO_3^-+2e \longrightarrow H_2+3CO_3^{2-}$$
$$2H^++2e \longrightarrow H_2$$
$$Fe \longrightarrow Fe^{2+}+2e$$

④ 腐蚀产物的扩散（金属表面到溶液）：

$$Fe^{2+}(\text{表面}) \longrightarrow Fe^{2+}(\text{溶液})$$
$$CO_3^{2-}(\text{表面}) \longrightarrow CO_3^{2-}(\text{溶液})$$

（2）多相流管道CO_2腐蚀

对多相流条件下（整管流动或段塞流）暴露在CO_2环境中的腐蚀产物微观结构进行了研究，发现腐蚀产物具有四个特征，即铁腐蚀产物形成膜结构、在铁素体中含有碳化铁、金属表面的晶体物质是碳酸铁以及金属的腐蚀形态随流体状况的变化而变化。

图 2-111 显示了扩散层质子和碳酸的传质过程及金属表面发生的阴极反应。质子从很多区域通过边界层扩到金属表面，碳酸的通量与 H_2CO_3 及 CO_2 水合物的扩散速度有关，其中氢离子和碳酸的扩散是控制反应进程的主要步骤。反应化学方程式如下：

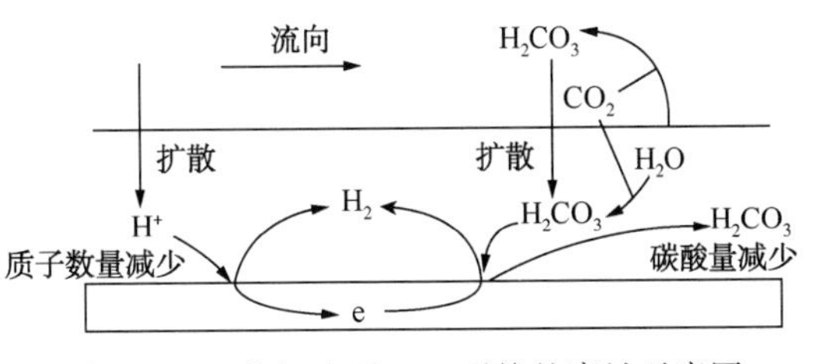

图 2-111　多相流下 CO_2 系统的腐蚀示意图

$$CO_2+H_2O \longrightarrow H_2CO_3$$

$$H_2CO_3 \longrightarrow HCO_3^-+H^+$$

$$H_2CO_3+e \longrightarrow HCO_3^-+H$$

$$2H^++e \longrightarrow H_2$$

(3) 硫化氢腐蚀机理

① 硫化氢电化学腐蚀

硫化氢只有溶解在水中才具有腐蚀性。H_2S 在水中发生离解：

$$H_2S \longrightarrow H^++HS^-$$

$$HS^- \longrightarrow H^++HS^{2-}$$

$$Fe \longrightarrow Fe^{2+}+2e\text{（阳极反应）}$$

$$2H^++2e \longrightarrow H_{ad}+H_{ad} \longrightarrow H_2\text{（阴极反应）}$$

$$\downarrow$$

$$H_{ad} \longrightarrow \text{钢中扩散}$$

H_2S 离解产物 HS^-、S^{2-} 吸附在金属表面，形成吸附复合物离子 $Fe(HS)^-$。吸附的 HS^-、S^{2-} 使金属的电位移向负值，促进阴极放氢的加速，而氢原子为强去极化剂，易在阴极得到电子，大大削弱了铁原子间金属键的强度，进一步促进阳极溶解而使钢铁腐蚀。

② H_2S 应力腐蚀开裂(SSCC)

在 H_2S 腐蚀引起的管道破坏中，H_2S 应力腐蚀开裂(SSCC)造成的破坏最大，所占比例也最大。金属管道在应力和特定的环境介质共同作用下所产生的低应力脆断现象，称为应力腐蚀开裂(SCC)，应力腐蚀开裂只有在同时满足材料、介质、应力三者的特定条件下才会发生。金属管道钢硫化物应力腐蚀开裂(SSCC)产生的条件：一是输送介质中酸性 H_2S 含量超过临界值；二是存在拉应力。

天然气管道硫化物应力腐蚀开裂(SSCC)过程是一个复杂的过程，它涉及电化学、力学及金属物理等多个层面。首先，该管道表面比较粗糙，存在划痕、凹坑和钝化膜的不连续性，由于其电位比其他部位低，存在电化学的不均匀性而成为腐蚀的活泼点，以致成为裂纹源。在 H_2S 的作用下，发生如下反应：

$$Fe \longrightarrow Fe^{2+}+2e\text{（阳极）}$$

$$H_2S \longrightarrow H^++HS^-\text{（阴极）}$$

$$HS^- \longrightarrow H^++HS^{2-}$$

$$2H^++2e \longrightarrow H_2\uparrow$$

由于 H^+的存在而消除了阴极极化，有利于电子从阳极流向阴极，加强了腐蚀过程，即氢去极化腐蚀。这些裂纹源在电化学腐蚀和制造过程中产生的高应力作用下，表面这些点很快形成裂纹，这时应力集中于裂纹尖端，起到撕破保护膜的作用。在应力与腐蚀的交替作用下，致使裂纹向纵深方向发展，直至断裂。

（4）细菌腐蚀机理

陕京管道内部腐蚀产物大部分源于细菌性腐蚀，从查阅的生产运行记录中可以看出，由于投产初期工期较紧张，水压试验后，清管扫线造成部分管段管道内部干燥不彻底，有大量外部细菌侵入，造成了管道的细菌性腐蚀，初期管道内部腐蚀产物激增，管道细菌腐蚀是致使管道内部腐蚀的重要原因。

微生物腐蚀的基本原理是：微生物吸取 H^+，生成腐蚀代谢物，直接地影响到腐蚀的程度，而氧扩散或离子传输的还原作用则间接地影响到腐蚀，通常以附着在金属表面或埋藏在被称为生物膜的胶状有机母体中的微生物为媒介物。由于生物膜的存在大大改变了邻近金属的局部化学性质，从而加速了腐蚀过程。当低碳钢上出现生物膜时，其腐蚀速度以指数上升。

好氧菌的腐蚀机理：利用新陈代谢形成的酸造成氧浓差电池而引起腐蚀。

厌氧菌的腐蚀机理：参与阴极去极化过程。

本体系中参与腐蚀的好氧菌菌有铁细菌和硫氧化菌，厌氧菌有硫酸盐还原菌等。

① 铁细菌是细菌腐蚀中最为常见的一种，有的是自养型，中性环境下生长。铁自养型细菌靠氧化水中亚铁生成高价铁获得能量，分泌出大量 $Fe(OH)_3$，积累为褐铁矿。不含铁的水中，只要其他条件好，该细菌也可以从管道等铁器表面吸收铁而生存，特别偏爱 Fe 与 Mn 的有机化合物。介质中的 CO_2 通过铁细菌的同化作用，为铁细菌的生长繁殖提供了极为有利的条件。酸性环境有利于铁细菌发育，而碱性环境不利于铁细菌的生长。

在靠近管壁的地方，氧的含量比外界较贫乏，有利于厌细菌的生存。它一方面像其他许多菌一样具有附着在金属表面的能力，另一方面又能在管内壁形成氧浓差电池，造成腐蚀。其腐蚀机理：管道内壁形成浓差电池。

$$2Fe \longrightarrow 2Fe^{2+}+4e\text{（阳极过程）}$$

$$O_2+2H_2O+4e \longrightarrow 4OH^-\text{（阴极过程）}$$

$$2Fe^{2+}+4OH^- \longrightarrow 2Fe(OH)_2\text{（腐蚀产物）}$$

$$2Fe(OH)_2+1/2O_2+3H_2O \longrightarrow Fe(OH)_3\text{（腐蚀产物）}$$

$$2Fe+1/2O_2+3H_2O \longrightarrow Fe(OH)_3\text{（总反应）}$$

② 硫细菌能氧化单质硫、硫代硫酸盐、亚硫酸盐和若干连多硫酸盐而产生强酸，它们在硫的转化过程中起重要作用。硫细菌绝大多数是严格自养菌，从 CO_2 中获得碳，个别菌兼性自养，大多数硫细菌是严格好氧菌。相对来说，该菌的腐蚀并不普遍，但一旦出现后果惊人。氧化硫硫杆菌就属于此类，它们的产酸腐蚀反应如下，

$$Na_2S_2O_3+2O_2+H_2O \longrightarrow Na_2SO_4+H_2SO_4$$

$$FeS+7O_2+H_2O \longrightarrow 2FeSO_4+2H_2SO_4$$

③ 硫酸盐还原菌（SRB）属专性厌氧菌，在一定条件下能将 SO_4^{2-} 还原为 S^{2-}，进而形成副产物 H_2S，对金属有很大的腐蚀作用；在腐蚀反应中会产生 FeS 沉淀。溶解铁浓度的减少

会降低 SRB 生长的速度。在管道腐蚀产物的环境体系中，好氧菌有助于硫酸盐还原菌的生长。好氧菌本身就生长在系统中的管壁上，生长的同时消耗氧。所以在好氧菌的下面会形成厌氧环境，这样就为硫酸盐还原菌提供了良好的生存场所。其腐蚀特征为：点蚀区充满黑色腐蚀产物，即硫酸亚铁；产生深的坑蚀，形成结疤，在疏松的腐蚀产物下面出现金属光泽；点蚀区表面由许多同心圆构成，其横断面呈锥形。有人提出了 SRB 参与阴极去极化过程的理论。

$$4Fe+SO_4^{2-}+4H_2O \longrightarrow 3Fe(OH)_2+FeS+2OH^-(\text{总反应})$$

④ 假单袍菌和芽袍杆菌都属于黏泥形成菌，国内习惯称为腐生菌，是好氧异养菌。它们产生的黏液和其他物质一起形成黏膜附着在管线和设备上，造成生物垢，同时也产生氧浓差电池引起管道的电化学腐蚀。

$$2Fe \longrightarrow 2Fe^{2+}+4e(\text{阳极过程})$$

$$O_2+2H_2O+4e \longrightarrow 4OH^-(\text{阴极过程})$$

$$2Fe+1/2O_2+3H_2O \longrightarrow Fe(OH)_3(\text{总反应})$$

管道防护使用杀菌剂，但是它对浮游细胞有效，对固着细胞则无效，而固着细胞是造成腐蚀及形成沉淀的主凶，所以需要研制一种同时抗需氧和厌氧菌的杀菌剂。

(5) 腐蚀程度的表征

根据前面的研究和检测结果，腐蚀的速度及程度可表示如下：

$$\frac{dF}{dt}=\frac{dC_{FeS}}{dt}+\frac{dC_{FeCO_3}}{dt}+\frac{dC_{FeOOH}}{dt}+\frac{dC_{FeS}}{dt}-\frac{dC_{Fe}}{dt} \tag{2-151}$$

从式(2-151)可以看出：只要检测出粉尘和钝化膜中有关元素及化合物的含量随时间的变化，就可以获得腐蚀的速度机腐蚀程度。考虑到取样的难度，假定输气管道中气流的速度为匀速，则近似地用各元素及化合物在管道中不同位置的质量代表不同时间的质量，因此可以获得腐蚀速度与程度的近似结果。

4) 小结

(1) CO_2 腐蚀反应机理较复杂，在不同流相下具有不同的腐蚀机理及反应特点。对于单相流分为溶解、物质传递、电化学反应、传递四个过程。对于多相流质子从很多区域通过边界层扩散到金属表面，碳酸的通量与 H_2CO_3 及 CO_2 水合物的扩散速度有关，其中氢离子和碳酸的扩散是控制反应进程的主要步骤。

(2) H_2S 电化学腐蚀和 H_2S 应力腐蚀开裂(SSCC)对油气管道内腐蚀影响较严重。仅当 H_2S 溶解于水中才有腐蚀性。应力腐蚀开裂只有在同时满足材料、介质、应力三者的特定条件下才会发生。

(3) 得出了细菌腐蚀、H_2S 腐蚀、CO_2 腐蚀的体系综合表征，管道内部腐蚀体系腐蚀的速度及程度可如式(2-151)所示。

5. 管道内部内腐蚀监测

1) 监测技术的国内外现状及发展趋势

随着腐蚀监测技术的发展，先后出现了监测孔法、挂片法、电阻法、电法学法、线性极化探针、电磁感应法等多种腐蚀监测方法，不同的监测技术各有其优缺点和适用范围。

除了上述几种方法外，目前发展较快的方法还有电化学噪音法、电化学发射谱法、光纤腐蚀监测法等。

2）腐蚀监测技术方案

随着信息技术及工业现场总线技术的发展和广泛应用，越来越多的腐蚀监测仪器由便携工作模式向在线工作模式转变，内腐蚀监测仪器由单一的便携式工作模式向多点的、在线的工作模式转变。

腐蚀监测仪器的智能化发展很快，出现了许多以微处理器为核心的商品化的腐蚀监测系统，智能化是微处理器与仪器一体化的实现，它不仅能测试、输出监测信号，还可以对监测进行存储、提取、加工、处理，满足动态的、快速的、多参数的各种测量和数据处理的需要，智能化仪器已经成为腐蚀监测仪器发展的一个主要趋势。

具有多功能的腐蚀监测仪器不但在性能上比单一功能仪器高，而且由于各种方法相互补充。使数据解释更为准确，设计一个合适的探针就可以进行各种不同类型的测试，如电化学阻抗测试、感抗探针测试等，因为这些测试之间的差别仅仅在于输入信号和分析方法不同，而这种差别是可以通过软件的设计来实现的。

随着数据库、网络技术的发展，实时在线的智能化监测仪能随时将现场数据传送到监控室，建立数据库，实现网络化管理及腐蚀监测数据的信息共享。

腐蚀监测技术方案利用管道内腐蚀监测电磁感应技术，采用 Microcor 插入式探头开展管道内腐蚀监测数据的采集，提出管道内部腐蚀的金属损失腐蚀量。

3）内腐蚀监测系统的组成

（1）监测位置

全线共设 11 个监测站场，分别为陕京一线的靖边压气站、榆林压气站、应县压气站、永清分输站、石景山站，陕京二线的榆林、阳曲、石家庄、永清站和石景山站及大张坨储气库。

（2）内腐蚀监测系统的状态

内腐蚀监测系统分腐蚀和磨蚀两种，陕京一线的永清分输站、石景山站和陕京二线榆林站各安装 2 套监测系统(腐蚀和磨蚀)，其余站场各装 1 套腐蚀监测系统。目前，这些设备现场运行状况良好。

根据实现腐蚀速率的实时在线监测需要，结合陕京管道系统已建成完整的企业内部局域网，因此选定 Microcor 网络式腐蚀在线监测系统(见图 2-112)。通过该系统，相关腐蚀管理人员可通过企业局域网实时查看各个监测点的腐蚀变化情况。

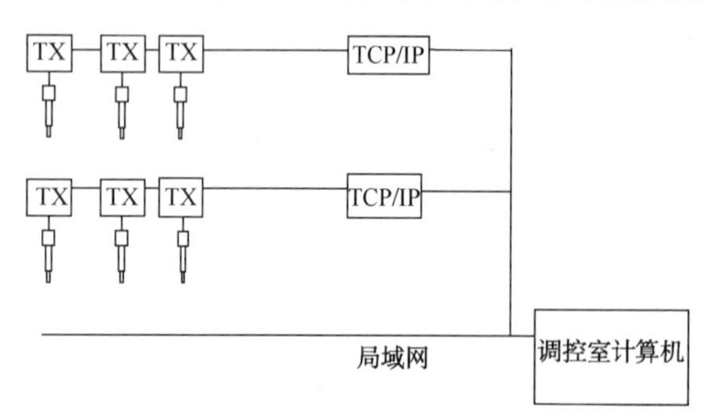

图 2-112 在线监测系统结构图

4）数据分析评价

（1）评价标准

根据《钢质管道及储罐腐蚀控制工程设计规范》(SY 0007—1999)和《钢质管道内腐蚀控制标准》(SY/T 0078—1993)有关规定，管道内壁的腐蚀控制应满足表 2-36 规定的介质腐蚀性的要求。

表 2-36　管道及储罐内介质腐蚀性分级标准

项　目	等　级			
	低	中	高	严重
平均腐蚀速率/(mm/a)	<0. 025	0. 025~0. 125	0. 126~0. 254	>0. 254
点蚀腐蚀速率/(mm/a)	<0. 305	0. 305~0. 610	0. 611~2. 438	>2. 438

注：以两项指标中的最严重结果为准。

国际上，NACE 标准为：小于 10μm/a。

(2) 2003~2009 年各站内腐蚀速率统计

通过对 2003~2009 年度各站内腐蚀监测数据的分析，可以看出各站平均年腐蚀速率的对比情况，如图 2-113~图 2-118 所示。

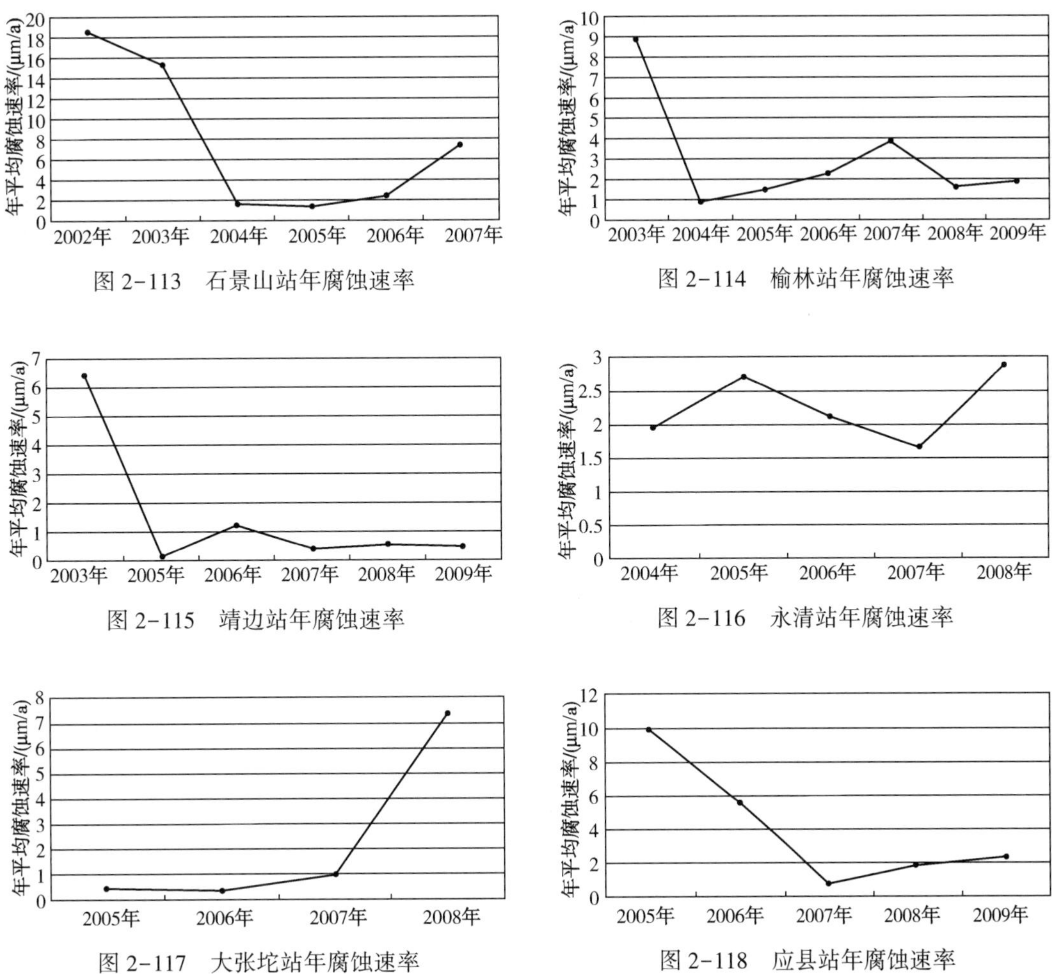

图 2-113　石景山站年腐蚀速率

图 2-114　榆林站年腐蚀速率

图 2-115　靖边站年腐蚀速率

图 2-116　永清站年腐蚀速率

图 2-117　大张坨站年腐蚀速率

图 2-118　应县站年腐蚀速率

(3) 数据分析结论

① 从数据分析来看，干线各站年腐蚀速率呈逐渐下降趋势，主要是由于管道内粉尘大量减少，从而引起腐蚀量减少。

② 大张坨储气库年腐蚀速率呈逐年增加的状态，是由于大张坨储气库采气量增加，同时地质构造中含水层量逐年增加，从而引起管道内腐蚀增加。

③ 永清站也受到大张坨储气库来气影响，2008 年呈现略微上升的趋势。

④ 陕京一线系统内粉尘的变化情况反映了该系统通过各项控制措施、抑制剂的应用以及清管措施的采用，使干线粉尘量逐年减少，腐蚀减少。

6. 抑制腐蚀的方法

1）H_2S 腐蚀防护方案

干燥的 H_2S 对管道没有腐蚀，天然气中富含 H_2S 和 H_2O，湿 H_2S 对钢材具有强的腐蚀性，对焊接管道尤甚。而 H_2S 应力腐蚀决定于管道表面状态和应力水平。其腐蚀机理为形成原电池反应而发生的电化学腐蚀。其总反应为：

$$Fe+H_2S \longrightarrow FeS+2H$$

此腐蚀过程中形成 FeS 腐蚀产物，它是一种有缺陷的结构，与钢铁表面的黏结力差，易脱落，易氧化，电位较正，可以作为阴极与钢铁基体构成一个活性的微电池，对钢铁基体继续进行腐蚀。2 个 H 原子可以结合形成 H_2，也可以在钢铁中扩散，进入钢中的 H 优先在夹杂物中富集。

随着钢中氧化物和 MnS 的体积分数的减小，钢抗硫化物应力腐蚀的能力会增大，因此减小钢中氧、硫等杂质含量，可增加抗硫化物应力腐蚀的能力。管道组织的不均匀性是产生应力的原因。可通过降低管道硬度，提高成分纯洁性、组织均匀性，减小介质浓度及管道的阴极保护等措施来减小应力腐蚀。

2）CO_2 腐蚀防护方案

干燥 CO_2 气体本身没有腐蚀性，CO_2 较易溶于水，在碳氢化合物中溶解度更高，当其溶于水中，会促使钢铁发生电化学腐蚀。

铁在 CO_2 水溶液中的总反应为：

$$CO_2+H_2O+Fe \longrightarrow FeCO_3+2H$$

反应中生成 H，可能减小溶液酸度，促进硫化氢的应力腐蚀。局部腐蚀中，腐蚀产物（$FeCO_3$）、垢（$CaCO_3$）或其他生成物膜在钢铁表面不同区覆盖度不同，不同覆盖度的区之间形成了具有很强自催化特性的腐蚀电偶或闭塞电池。CO_2 的局部腐蚀就是这种腐蚀电偶作用的结果。

防护方案如下：

（1）保障商品气的质量：要监测气体的质量，水露点应符合标准要求，脱硫脱水并尽量除去其中的 CO_2。

（2）HCO_3^- 和 Ca^{2+} 等共存时钢铁表面易形成保护性能的表面膜，可降低腐蚀速度。当 $4<pH<6$ 时，H_2CO_3 在水溶液中主要以 HCO_3^- 形式存在，可通过调节酸度来降低腐蚀。

3）微生物腐蚀防护方案

细菌腐蚀在许多行业中都是存在的，尤其是在石油和天然气行业中比较明显。研究表明：石油天然气行业面临较多的菌种，如腐生菌、铁细菌、硫酸盐还原菌、真菌、霉菌等，其中腐生菌、铁细菌和硫酸盐还原菌对油田生产造成的危害最大。

由于这些菌种的存在，对油田和天然气生产造成的危害是必然的，因此要采用行之有效的方法来杀灭细菌才能保证生产。在众多方法中，投加杀菌药剂不失为一种行之有效的方法。

由于对天然气输气管道的粉尘成因研究较少，所以目前还没有用于输气管道抑制细菌腐蚀的材料。

（1）微生物腐蚀的抑制

由于微生物的危害会造成严重的后果，因此人们采取了各种措施，研制了多种杀生剂，来杀灭、控制微生物的生存与繁殖。传统的杀生剂大都有一定的局限性或者说相对不足，有的还会带来一定的副作用。

杀虫剂根据其作用机理可分为氧化性杀生剂和非氧化性杀生剂。氯是最常应用的一种氧化性杀生剂，它价格低廉、有效并且使用方便。氯溶解于水中生成盐酸和次氯酸，而起杀生作用的是次氯酸。次氯酸在水中电离成氢离子和次氯酸根，次氯酸根是不起杀生作用的，当 pH 值>9 时，游离氯大部分以次氯酸根形式存在，次氯酸含量极小。因此，在 pH 值低时氯的杀生效果较好，pH 值高时效果下降，氯耗增加。

由于所研究的输气管道中的细菌腐蚀有其特殊性，例如好氧菌和厌氧菌同时存在，自养型和兼养型的细菌并存，加上体系中存在的有机物和无机物对细菌的作用都有影响，存在的酸性气体如 H_2S 和 CO_2 等对细菌的腐蚀效果有增强作用，因此，在考虑细菌腐蚀抑制剂时要同时考虑上述因素。

（2）输气管道腐蚀抑制剂

抑制剂的各组成成分的配方配比研究是开发抑制剂的关键，基于上述研究结果及不同杀菌剂的性能，考虑到杀菌剂的效用和安全因素，对于管道腐蚀产物的环境体系中存在的三种腐蚀（H_2S 应力腐蚀、CO_2 腐蚀和细菌腐蚀），已完成的粉尘分析结果表明，三种腐蚀中细菌腐蚀所占比重最大，这与美国的有关研究结果不谋而合，因此考虑抑制腐蚀应以抑制（甚至消除）细菌腐蚀为主，兼顾其他两种腐蚀的抑制。而抑制细菌腐蚀的最有效的方法是使用杀菌剂，在管道腐蚀产物的环境体系中的细菌腐蚀的主要原因是硫细菌、铁细菌和硫酸盐还原菌，因此提出了如表 2-37 所示杀菌剂的配方。

表 2-37　杀菌剂的配方

组　分	质量分数
十二烷基二甲基苄基氯化铵	15%
戊二醛	15%
异噻唑啉酮衍生物	3%～15%

该复合杀菌剂的性能特点是：①淡黄色透明液体，略带特殊气味，易溶于水，可任意比例与水相溶，有利于现场使用；②对体系中的铁细菌、硫细菌和硫酸盐还原菌有强烈的抑制和杀灭作用，能达到灭菌作用，有效地抑制腐蚀；③由于采用复合配方，提高了药剂的渗透性和杀菌效果，另外还可以起到缓蚀效果，长期使用，细菌不产生抗药性；④该配方的 pH 值为 5～7，可以有效地抑制 H_2S 和 CO_2 腐蚀。

根据配比，开展了抑制剂使用效果的实验室研究。为检验上述配方在抑制细菌的效果，进行了一系列对比实验：样品 1 为 10g 铁粉+5g 硫粉+5g 输气管道中的粉尘，将该样品在室温下(25℃)放置 24h，测定其中 FeOOH 及 SO_4^{2-} 的含量；样品 2 为样品 1 中加入 50mL 抑制剂溶液在室温放置 24h 的混合物，测定其中 FeOOH 及 SO_4^{2-} 的含量。对比实验的结果列于表 2-38 中。

表 2-38 对比实验结果

样 品	FeOOH	SO_4^{2-}
样品 1	5.30%	34.2%
样品 2	1.03%	6.24%

对比实验结果表明，使用的细菌腐蚀抑制剂在实验条件下可使腐蚀率下降 80%以上。

4）现场工业试验

2008 年 6 月~2009 年 6 月间进行了多组对比试验，2008 年 7 月新研发的抑制剂进入工业生产阶段，按照抑制剂的组分及加工过程进行了小批量化生产，使用清管技术将其应用到现场管道中，主要通过采取压力表、注水口将缓蚀剂注入，然后使用密封新型和支撑性能较好的射流清管器开始对各段(即粉尘产生比较集中的管段，如府谷至神池、神池至应县、应县至灵丘、灵丘至紫荆关、紫荆关至石景山、琉璃河至永清段管线)进行带入式地加入管道全线，并对对管道进行粉尘的收集，效果良好。

在 2009 年 7 月在日常清管作业中，清出的粉尘量大幅度降低。详细数据对比如表 2-39 和表 2-40 所示。

表 2-39 使用抑制剂以前清管的粉尘数量

序号	清管站	清出粉尘数量/kg
1	神池(发检测体 3 次)	700
2	应县(发检测体 1 次)	400
3	灵丘(发检测体 1 次)	400
4	紫荆关(发检测体 1 次)	500
5	石景山(发检测体 1 次)	400
6	永清(发检测体 2 次)	350
7	全线发模拟体和清管器	100
总计		2850

表 2-40 使用抑制剂后清管的粉尘数量

序号	清管站	清出粉尘数量/kg
1	神池(发检测体 3 次)	60
2	应县(发检测体 1 次)	30
3	灵丘(发检测体 1 次)	35
4	紫荆关(发检测体 1 次)	40

续表

序号	清管站	清出粉尘数量/kg
5	石景山(发检测体1次)	60
6	永清(发检测体2次)	50
7	全线发模拟体和清管器	20
总计		295

从粉尘清管的结果上看，每段的粉尘量大大减少，由原来的2850kg下降到295kg，原因主要是由于采用了高效的抑制剂产品，另外同时采用了新型射流清管器，这种清管器带动整个抑制剂均匀地在管道内部分布，使抑制剂的全管体分布较为均匀，起到了良好的效果。

2.3.2　管道干线截断阀室压降速率匹配技术

1. 概述

1）背景

输气管道干线截断阀系统由干线截断球阀、气液联动执行结构(执行器)以及由压力传感器和微处理器组成的自动控制系统组成。国内输气管道气液联动执行机构大多采用美国SHAFER公司生产的Shafer执行器，自动控制系统采用与Shafer执行器配套使用的Line Guard 2000/2100系统。

Line Guard 2100系统中的压力传感器以一定时间间隔(5s)通过引压管对所在点处的干线压力进行检测，Line Guard 2100系统中微处理器记录、存储并对压力数据进行分析比较，当检测到的压降速率/压力满足预先设定的关阀条件，并且达到预先设定的延迟时间后，关阀条件仍然满足，则此时Line Guard 2100系统会触发电磁阀来控制气液联动执行机构动作，从而迅速将阀门关闭。

输气管道的干线截断阀压降速率设定值以及该压降速率持续时间是决定阀门是否关闭的重要条件。长期以来，干线截断阀压降速率设定值的确定通常借鉴国内或国外的经验值。实际上，由于输气管道在事故状态下管内气体的流动为非稳态流动，流动规律复杂，因而对于不同口径以及在不同工况下运行的输气管道而言，管道全线采用一个统一的经验值往往具有很大的不确定性，可能会发生干线截断阀的误动作或事故状态下不能及时关断的情况。这样就不能很好地使干线截断阀在事故状态下迅速关闭，不能最大限度地保护管道及减少经济损失。随着我国天然气管道输送行业的飞速发展，输气管道向着大口径、高压力、长距离的方向发展，为了更好地保证输气管道安全运行，最大限度地降低地震、洪水等灾害给输气管道及周边环境造成的经济损失和危害，对干线截断阀执行机构动作的准确性要求将越来越高。干线截断阀压降速率设定值的正确与否，直接关系到干线截断阀动作的准确性与及时性。因此研究各管线各种运行工况下干线截断阀压降速率设定值具有重要的意义。

2）主要内容

采用不同计算方法对1422mm/12MPa、1219mm/12MPa、1219/10MPa、813mm/10MPa、

711/10MPa、660mm/10MPa、610mm/6.3MPa、508mm/6.3MPa、406mm/6.3MPa 共 9 类典型输气管道干线截断阀压降速率设定值进行比较分析。根据研究分析确定：

(1) 常用管道系统的推荐压降速率、延迟时间设定值及适用条件。

(2) 研究按小于管道干线直径 50%的泄漏口径作为管道执行机构压降速率设定值边界条件的可行性。

(3) 总结管道运行经验，重点围绕截断阀误关断规律研究该规律对压降速率设定值的影响。

(4) 调研了解国外管道执行机构压降速率设定情况，将国外有关经验纳入研究成果。

(5) 分析结论包括影响因素的程度、压降速率值确定方法等。

为了得到管道在泄漏与关阀操作中的压降速率，共对 12 条管道分别进行了泄漏工况模拟和关阀模拟，各管道工况信息如表 2-41～表 2-43 所示。

表 2-41 管道工况信息表

管道序号	管道尺寸/设计压力/(mm/MPa)	设计输量/($10^9 m^3/a$)
1#	1422/12	30
2#	1219/12	30
3#	1219/10	30
4#	1016/10	17
5#	813/10	8.3
6#	711/10	7
7#	660/10	3.5
8#	610/10	3.5
9#	660/6.4	3
10#	610/6.4	3
11#	508/6.4	3
12#	406/6.4	1

表 2-42 管道破裂工况模拟条件

管道序号	管道破裂案例数	破裂直径/mm	操作压力范围/MPa	上游阀距破裂点距离/km
1#	108	450，500，600，700	10～12，8～10	0，4，8，12，16，20，24，28，32
2#	81	400，500，600	6～8	
3#	81	400，500，600	8.0～9.5，6.5～8.0，5.0～6.5	
4#	81	300，400，500		
5#	81	300，400，500		
6#	81	250，300，400		

续表

管道序号	管道破裂案例数	破裂直径/mm	操作压力范围/MPa	上游阀距破裂点距离/km
7#	81	200，300，400		
8#	81	200，300，400		
9#	54	200，300，400	5.0~6.0，4.0~5.0	
10#	54	200，300，400		
11#	54	150，200，300		
12#	54	150，200，300		
合计	891			

表 2-43　管道关阀模拟条件

管道序号	关阀案例数	操作压力范围/MPa	阀门距离/km
1#	24	10~12，8~10	4，8，12，16，20，24，28，32
2#	24	6~8	
3#	24	8.0~9.5，6.5~8.0，5.0~6.5	
4#	24		
5#	24		
6#	24		
7#	24		
8#	24		
9#	16	5.0~6.0，4.0~5.0	
10#	16		
11#	16		
12#	16		
合计	256		

2. 干线截断阀室压降速率计算方法

1）管道 TGENT 仿真模型的建立

采用 TGENT 进行管道仿真，仿真模型使用的天然气组分参数如表 2-44 所示。

表 2-44　天然气组分参数

组　分	质量分数/%	组　分	质量分数/%
CH_4	96.226	n-C_5H_{12}	0.016
C_2H_6	1.77	C_6H_{14}	0.051
C_3H_8	0.3	C_{7+}	0.038
i-C_4H_{10}	0.062	CO_2	0.473
n-C_4H_{10}	0.075	N_2	0.967
i-C_5H_{12}	0.02	H_2S	0.002

当输气管道的某个管段发生泄漏时，可能会导致管段下游的压缩机停机，当所研究泄漏点上游或下游阀室距下游压气站较近(40km 以内)时，压气站停机可能影响干线截断阀的压降速率检测值。因此在确定压气站上游阀室(40km 以内)的压降速率设定值时，需要根据各管线的具体工况核定。

为验证单个管段模拟结果的可靠性，截取陕京二线中 Blkv04_ 1#杜家湾阀室至 Blkv09_ 6#斜塔阀室之间的管段进行分析(见图 2-119 和表 2-45)。

图 2-119　陕京二线杜家湾阀室至斜塔阀室管段 TGNET 模型

表 2-45　单个管段仿真的边界条件

序　号	名　称	模　式	最大流量/(10^4m^3/d)	最大压力/MPa
1	Supply01	最大压力		9.061
2	Deliv-1	最大流量	4895.28	

注：单个管段的边界条件取值为完整管道稳态运行时对应位置的压力与流量值。

对于误关断工况，当 Blkv06 关断时，检测 Blkv07 处的压降速率值如图 2-120 所示。

对于泄漏工况，将泄漏点取在 Blkv06 和 Blkv07 之间 1/2 位置处，泄漏口径为 400mm，泄漏扩展时间为 5s，所得上、下游截断阀室处的压降速率变化趋势如图 2-121 和图 2-122 所示。

从单个管段和完整管道的模拟结果来看，对于所研究阀室距压气站 40km 以外的工况，只需对进气点进行压力控制和对用气点进行流量控制，就能使单个管段的模拟结果很好地符合整条管道的模拟结果。

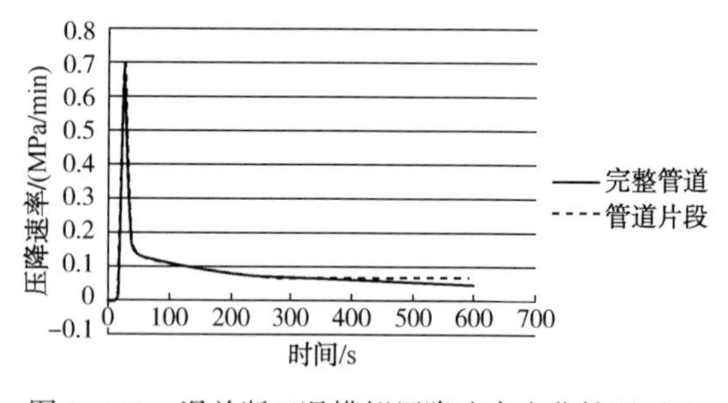

图 2-120　误关断工况模拟压降速率变化情况对比

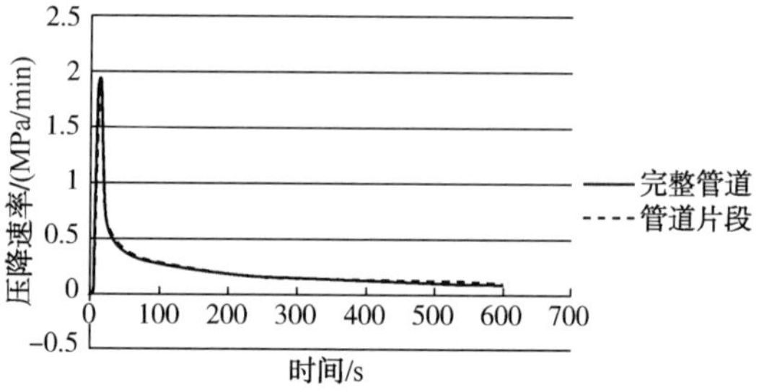

图 2-121　泄漏点上游阀室压降速率对比

2）Shafer 执行机构压降速率计算方法

Shafer 气液联动执行机构配套 Line Guard 电控单元每 5s 记录一次压力值，如图2-123 所示。

第 t 秒的压力值的平均值为：

$$P_{avg(t-60)}=\frac{p_1+p_2+p_3+p_4}{4} \tag{2-152}$$

第 t-60s 的压力值的平均值为：

$$P_{avg(t-60)}=\frac{p_{13}+p_{14}+p_{15}+p_{16}}{4} \tag{2-153}$$

压降速率值计算公式为：

$$P_{avg}=\frac{(p_{13}-p_1)+(p_{14}-p_2)+(p_{15}-p_3)+(p_{16}-p_4)}{4} \tag{2-154}$$

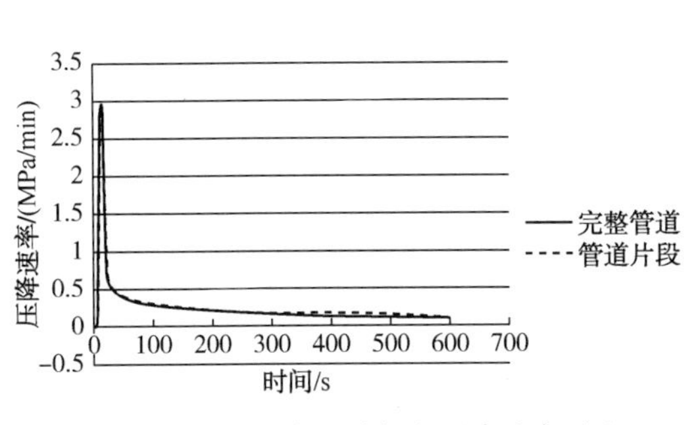

图 2-122　泄漏点下游阀室压降速率对比

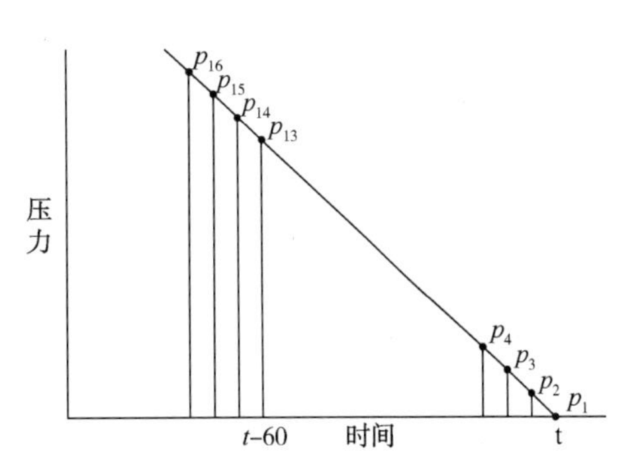

图 2-123　Line Guard 2100 压力数据取样示意图

Line Guard 2100 系统每 5s 钟取一次压力值，其计算得到的压降速率也是以 5s 为间隔，如 p_1 点处计算一个压降速率值，5s 后再计算得到一个压降速率值。用 TGNET 软件模拟时，每秒都可以获得压力值，计算时可以做到压降速率值每秒更新，以便补充 p_1 到 p_2 之间的 4 个点的压降速率值。

3. 典型输气管道干线截断阀室压降速率设定值

1）管道系统信息

西气东输四线为 1422mm/12MPa 管道系统（1#管道系统），管径为 1422mm，设计压力为 12MPa，设计输量为 $300\times10^8\text{m}^3/\text{a}$，即 $8570\times10^4\text{m}^3/\text{d}$。

（1）泄漏模拟工况设计

不同运行压力范围：12~10MPa、10~8MPa、8~6MPa；

不同阀室间距：0km、4km、8km、12km、16km、20km、24km、28km、32km；

不同泄漏口径：*DN*450、*DN*500、*DN*600、*DN*700；

案例数量小计：108 个。

（2）关阀模拟

不同运行压力范围：12~10MPa、10~8MPa、8~6MPa；

阀室间距：4km、8km、12km、16km、20km、24km、28km、32km；

案例数量小计：24 个。

2）持续时间 120s 时各模拟工况压降速率检测值统计分析

在 120s 压降速率持续时间设定值下，各泄漏工况能被检测到的压降速率最大值如图 2-124~图 2-129 所示，各阀门误关断工况能被检测到的压降速率最大值如图 2-130 所示。

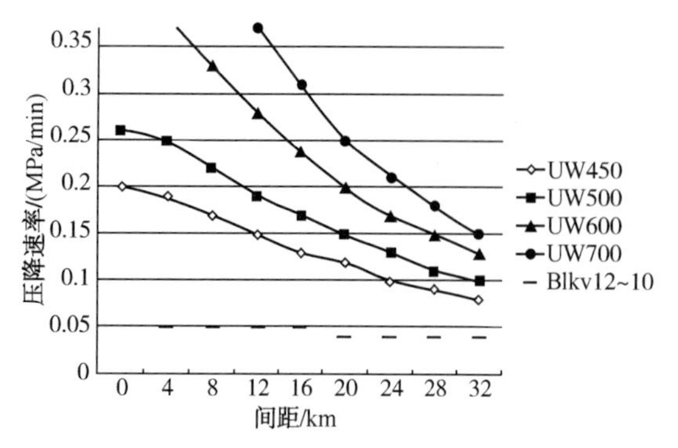

图 2-124 1#管道系统 12~10MPa 运行压力泄漏点上游阀室压降速率检测值

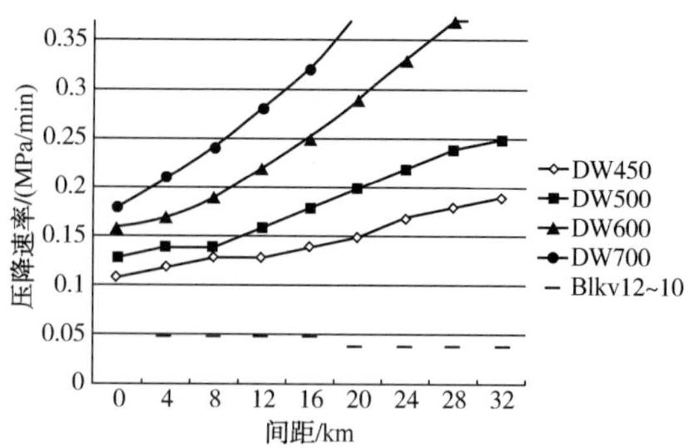

图 2-125 1#管道系统 12~10MPa 运行压力泄漏点下游阀室压降速率检测值

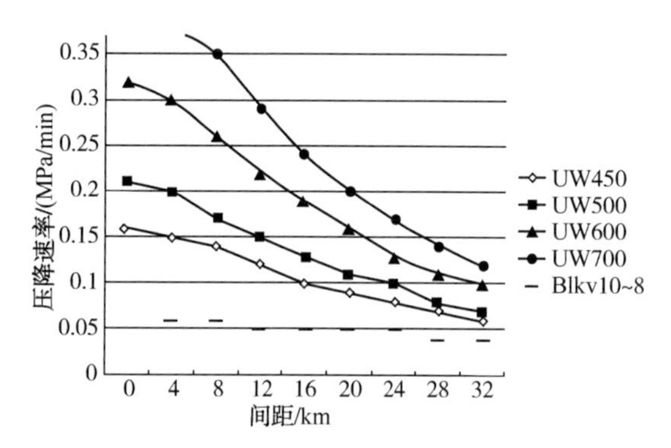

图 2-126 1#管道系统 10~8MPa 运行压力泄漏点上游阀室压降速率检测值

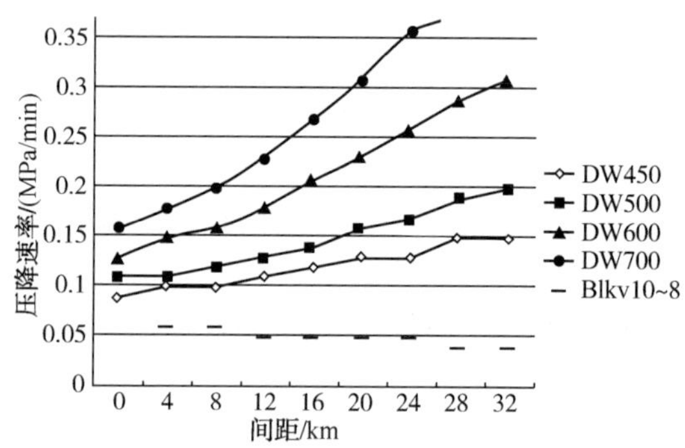

图 2-127 1#管道系统 10~8MPa 运行压力泄漏点下游阀室压降速率检测值

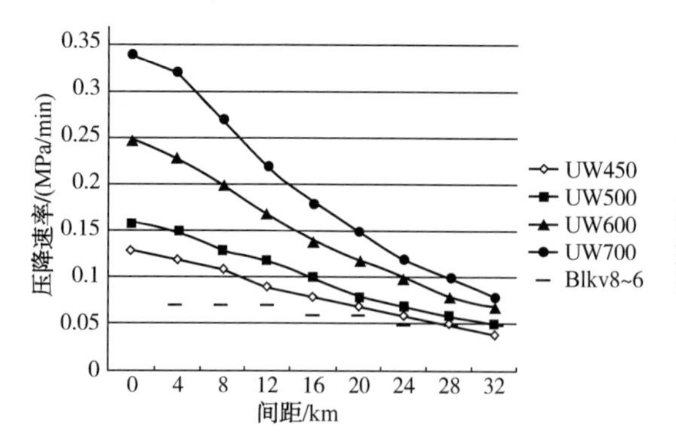

图 2-128 1#管道系统 8~6MPa 运行压力泄漏点上游阀室压降速率检测值

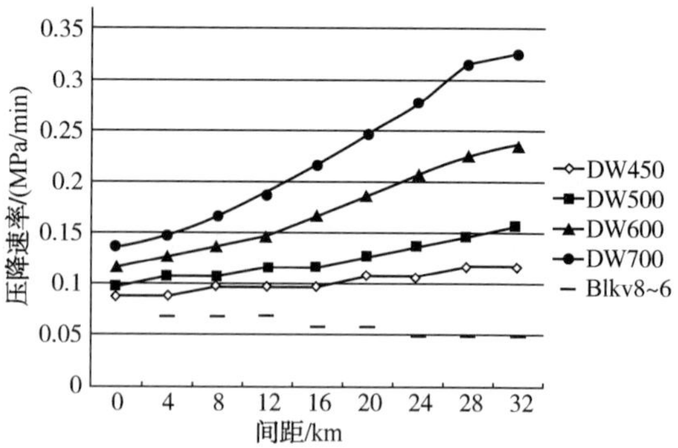

图 2-129 1#管道系统 8~6MPa 运行压力泄漏点下游阀室压降速率检测值

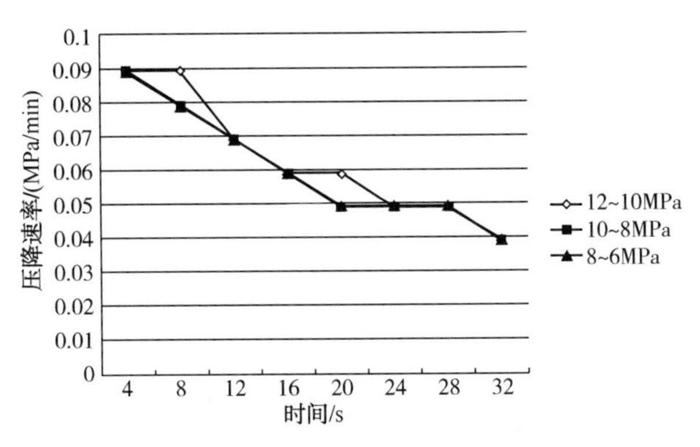

图 2-130 1#管道系统误关断压降速率检测值

干线截断阀室处的天然气流速如表 2-46 所示。

表 2-46 不同运行压力范围截断阀室处的天然气流速

运行压力范围	12~10MPa	10~8MPa	8~6MPa
流速/(m/s)	4.32	5.36	7.07

120s 压降速率持续时间下，各工况所能检测到的压降速率最大值如表 2-47~表 2-50 所示。根据模拟结果，推荐干线截断阀压降速率设定值为 0.09MPa/min。表中粗体数字表明截断阀室处检测值低于设定值，无法检测而不能及时关断。

表 2-47 1#管道系统 12~10MPa 运行压力泄漏压降速率检测值 MPa/min

压力/MPa 泄漏口径/mm	12~10(上游)									12~10(下游)								
	0km	4km	8km	12km	16km	20km	24km	28km	32km	0km	4km	8km	12km	16km	20km	24km	28km	32km
*DN*450	0.199	0.189	0.169	0.149	0.129	0.119	0.099	0.089	**0.079**	0.109	0.119	0.129	0.129	0.139	0.149	0.169	0.179	0.189
*DN*500	0.259	0.249	0.219	0.189	0.169	0.149	0.129	0.109	0.099	0.129	0.139	0.139	0.159	0.179	0.199	0.219	0.239	0.249
*DN*600	0.379	0.379	0.329	0.279	0.239	0.199	0.169	0.149	0.129	0.159	0.169	0.189	0.219	0.249	0.289	0.329	0.369	0.379
*DN*700	0.379	0.379	0.379	0.369	0.309	0.249	0.209	0.179	0.149	0.179	0.209	0.239	0.279	0.319	0.379	0.379	0.379	0.379

表 2-48 1#管道系统 10~8MPa 运行压力泄漏压降速率检测值 MPa/min

压力/MPa 泄漏口径/mm	10~8(上游)									10~8(下游)								
	0km	4km	8km	12km	16km	20km	24km	28km	32km	0km	4km	8km	12km	16km	20km	24km	28km	32km
*DN*450	0.159	0.149	0.139	0.119	0.099	0.089	**0.079**	**0.069**	**0.059**	0.089	0.099	0.099	0.109	0.119	0.129	0.129	0.149	0.149
*DN*500	0.209	0.199	0.169	0.149	0.129	0.109	0.099	**0.079**	**0.069**	0.109	0.109	0.119	0.129	0.139	0.159	0.169	0.189	0.199
*DN*600	0.319	0.299	0.259	0.219	0.189	0.159	0.129	0.109	0.099	0.129	0.149	0.159	0.179	0.209	0.229	0.259	0.289	0.309
*DN*700	0.379	0.379	0.349	0.289	0.239	0.199	0.169	0.139	0.119	0.159	0.179	0.199	0.229	0.269	0.309	0.359	0.379	0.379

表 2-49 1#管道系统 8~6MPa 运行压力泄漏压降速率检测值 MPa/min

压力/MPa 泄漏口径/mm	8~6(上游)									8~6(下游)								
	0km	4km	8km	12km	16km	20km	24km	28km	32km	0km	4km	8km	12km	16km	20km	24km	28km	32km
*DN*450	0.129	0.119	0.109	0.089	**0.079**	**0.069**	**0.059**	**0.049**	**0.039**	0.089	0.089	0.099	0.099	0.099	0.109	0.109	0.119	0.119
*DN*500	0.159	0.149	0.129	0.119	0.099	**0.079**	**0.069**	**0.059**	**0.049**	0.099	0.109	0.109	0.119	0.119	0.129	0.139	0.149	0.159

续表

泄漏口径/mm \ 压力/MPa	8~6(上游)									8~6(下游)								
	0km	4km	8km	12km	16km	20km	24km	28km	32km	0km	4km	8km	12km	16km	20km	24km	28km	32km
*DN*600	0. 249	0. 229	0. 199	0. 169	0. 139	0. 119	0. 099	**0. 079**	**0. 069**	0. 119	0. 129	0. 139	0. 149	0. 169	0. 189	0. 209	0. 229	0. 239
*DN*700	0. 339	0. 319	0. 269	0. 219	0. 179	0. 149	0. 119	0. 099	**0. 079**	0. 139	0. 049	0. 169	0. 189	0. 219	0. 249	0. 279	0. 319	0. 329

表 2-50　1#管道系统误关断压降速率检测值　　MPa/min

压力区间/MPa \ 阀室间距/km	4	8	12	16	20	24	28	32
12~10	0. 089	0. 089	0. 069	0. 059	0. 059	0. 049	0. 049	0. 039
10~8	0. 089	0. 079	0. 069	0. 059	0. 049	0. 049	0. 049	0. 039
8~6	0. 089	0. 079	0. 069	0. 059	0. 049	0. 049	0. 049	0. 039

表 2-47~表 2-49 表明，对于 1422mm/12MPa 管道系统(1#管道系统)，当压降速率延迟时间为 120s 时，推荐干线截断阀压降速率设定值设为 0. 09MPa/min，可检测到 98. 15%泄漏口径为 *DN*700mm 的泄漏工况、96. 30%泄漏口径为 *DN*600mm 泄漏工况、88. 89%泄漏口径为 *DN*500mm 的泄漏工况、83. 33%泄漏口径为 *DN*450mm 的泄漏工况。同时还可以看出，泄漏口径越大，泄漏越易于检测，泄漏口径越小，泄漏越不易于检测。

对给定的压降速率设定值，同一泄漏口径造成的泄漏能被检测到的情况是不同的。以 *DN*500mm 泄漏口径为例，对于推荐的干线截断阀压降速率设定值 0. 09MPa/min，当运行压力为 12~10MPa 时，所有泄漏工况均可以被检测到；当运行压力为 10~8MPa 时，可检测到 88. 89%泄漏工况；当运行压力为 8~6MPa 时，可检测到 77. 78%泄漏工况。运行压力越高，泄漏工况越易于检测。

泄漏点位置(泄漏点与上游阀室的间距)越靠近上游阀室，泄漏越易于检测；泄漏点位置越远离上游阀室，泄漏越不易于检测。

表 2-50 表明，阀门误关断引起的压降速率均小于对应压力、间距条件下泄漏引起的压降速率。运行压力越大，距离上游阀室越近，能检测到因阀门误关断引起的压降速率值越大。

3）持续时间 90s 各模拟工况压降速率检测值统计分析

在 90s 压降速率持续时间设定值下，各泄漏工况能被检测到的压降速率的最大值如图 2-131~图 2-136 所示，各阀门误关断工况能被检测到的压降速率的最大值如图 2-137 所示。

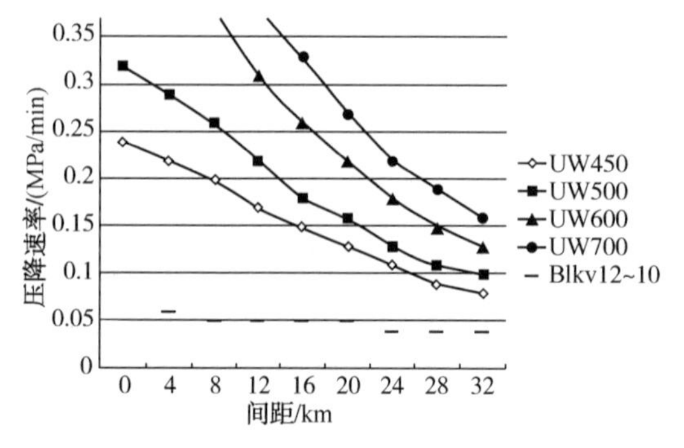

图 2-131　1#管道系统 12~10MPa 运行压力泄漏点上游阀室压降速率检测值

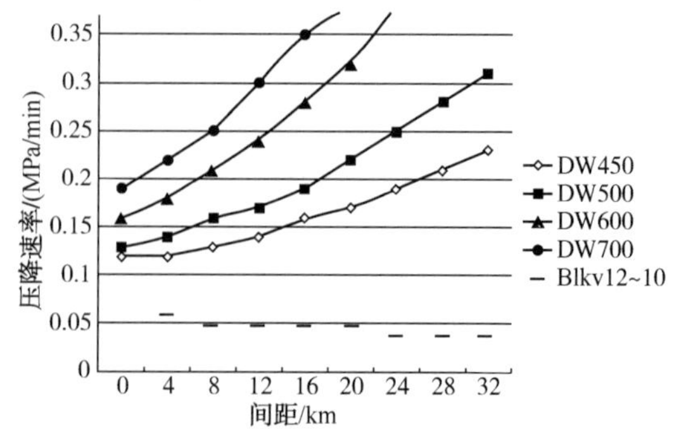

图 2-132　1#管道系统 12~10MPa 运行压力泄漏点下游阀室压降速率检测值

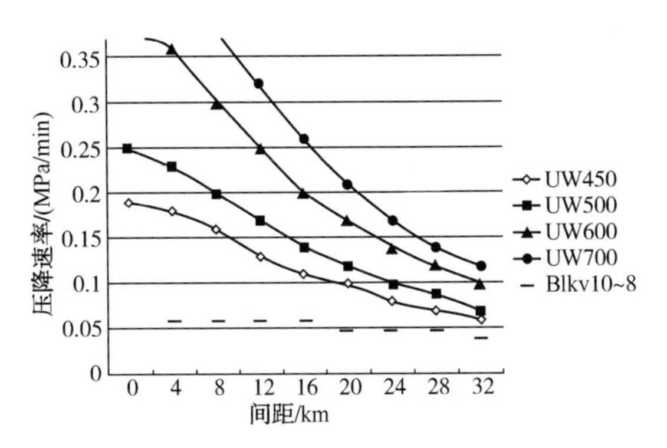

图 2-133　1#管道系统 10~8MPa 运行压力泄漏点上游阀室压降速率检测值

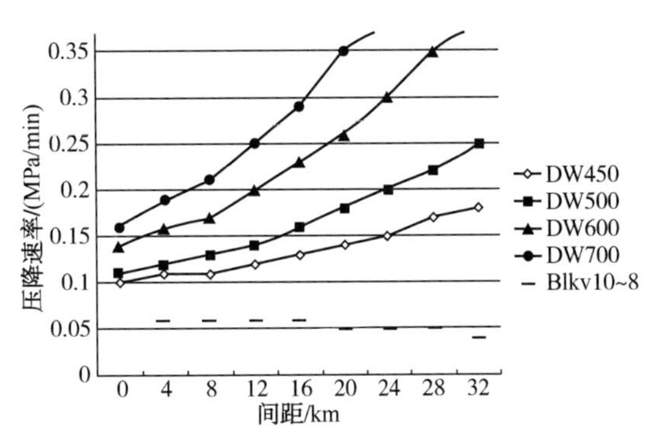

图 2-134　1#管道系统 10~8MPa 运行压力泄漏点下游阀室压降速率检测值

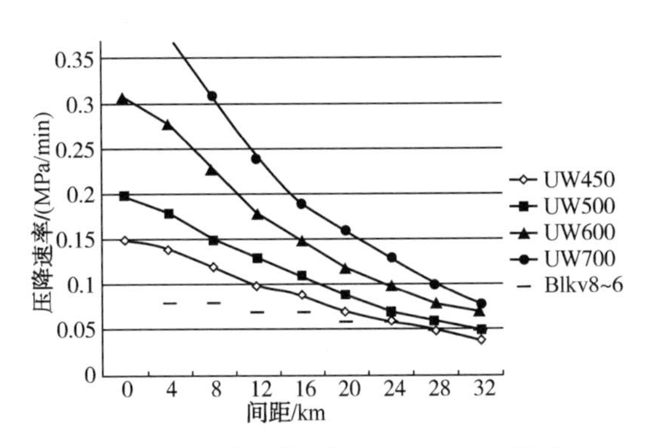

图 2-135　1#管道系统 8~6MPa 运行压力泄漏点上游阀室压降速率检测值

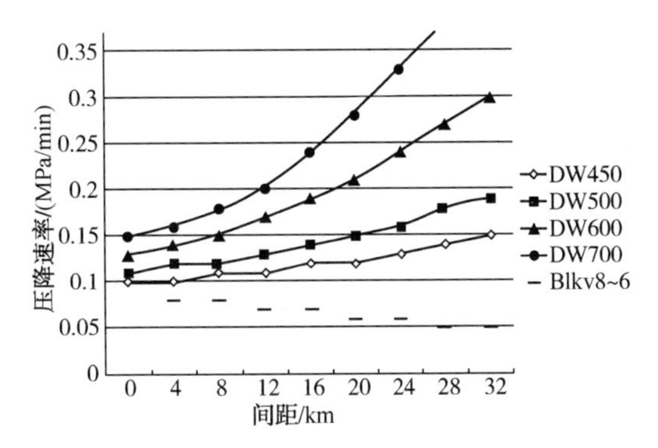

图 2-136　1#管道系统 8~6MPa 运行压力泄漏点下游阀室压降速率检测值

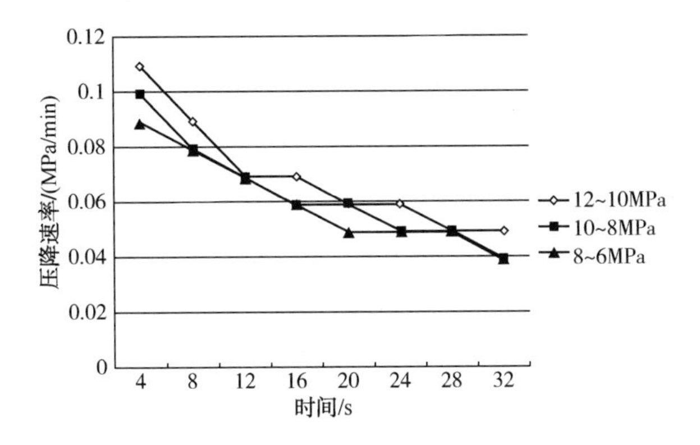

图 2-137　1#管道系统误关断压降速率检测值

压降速率持续时间设定值为 90s 时，各工况能检测到的压降速率最大值如表 2-51~表 2-54所示。根据模拟结果，推荐干线截断阀压降速率设定值设为 0.11MPa/min。表中粗体数字表明截断阀室处检测值低于设定值，无法检测而不能及时关断阀门。

表 2-51　$1^{\#}$管道系统 12~10MPa 运行压力泄漏压降速率检测值　　MPa/min

泄漏口径/mm ＼ 压力/MPa	12~10(上游)									12~10(下游)								
	0km	4km	8km	12km	16km	20km	24km	28km	32km	0km	4km	8km	12km	16km	20km	24km	28km	32km
*DN*450	0.239	0.219	0.199	0.169	0.149	0.129	0.109	**0.089**	**0.079**	0.119	0.119	0.129	0.139	0.159	0.169	0.189	0.209	0.229
*DN*500	0.319	0.289	0.259	0.219	0.179	0.159	0.129	0.109	**0.099**	0.129	0.139	0.159	0.169	0.189	0.219	0.249	0.279	0.309
*DN*600	0.379	0.379	0.379	0.309	0.259	0.219	0.179	0.149	0.129	0.159	0.179	0.209	0.239	0.279	0.319	0.379	0.379	0.379
*DN*700	0.379	0.379	0.379	0.379	0.329	0.269	0.219	0.189	0.159	0.189	0.219	0.249	0.299	0.349	0.379	0.379	0.379	0.379

表 2-52　$1^{\#}$管道系统 10~8MPa 运行压力泄漏压降速率检测值　　MPa/min

泄漏口径/mm ＼ 压力/MPa	10~8(上游)									10~8(下游)								
	0km	4km	8km	12km	16km	20km	24km	28km	32km	0km	4km	8km	12km	16km	20km	24km	28km	32km
*DN*450	0.189	0.179	0.159	0.129	0.109	**0.099**	**0.079**	**0.069**	**0.059**	**0.099**	0.109	0.109	0.119	0.129	0.139	0.149	0.169	0.179
*DN*500	0.249	0.229	0.199	0.169	0.139	0.119	**0.099**	**0.089**	**0.069**	0.109	0.119	0.129	0.139	0.159	0.179	0.199	0.219	0.249
*DN*600	0.379	0.359	0.299	0.249	0.199	0.169	0.139	0.119	**0.099**	0.139	0.159	0.169	0.199	0.229	0.259	0.299	0.349	0.379
*DN*700	0.379	0.379	0.379	0.319	0.259	0.209	0.169	0.139	0.119	0.159	0.189	0.209	0.249	0.289	0.349	0.379	0.379	0.379

表 2-53　$1^{\#}$管道系统 8~6MPa 运行压力泄漏压降速率检测值　　MPa/min

泄漏口径/mm ＼ 压力/MPa	8~6(上游)									8~6(下游)								
	0km	4km	8km	12km	16km	20km	24km	28km	32km	0km	4km	8km	12km	16km	20km	24km	28km	32km
*DN*450	0.149	0.139	0.119	**0.099**	**0.089**	**0.069**	**0.059**	**0.049**	**0.039**	**0.099**	**0.099**	0.109	0.109	0.119	0.119	0.129	0.139	0.149
*DN*500	0.199	0.179	0.149	0.129	0.109	**0.089**	**0.069**	**0.059**	**0.049**	0.109	0.119	0.119	0.129	0.139	0.149	0.159	0.179	0.189
*DN*600	0.309	0.279	0.229	0.179	0.149	0.119	**0.099**	**0.079**	**0.069**	0.129	0.139	0.149	0.169	0.189	0.209	0.239	0.269	0.299
*DN*700	0.379	0.379	0.309	0.239	0.189	0.159	0.129	**0.099**	**0.079**	0.149	0.159	0.179	0.199	0.239	0.279	0.329	0.379	0.379

表 2-54　$1^{\#}$管道系统误关断压降速率检测值

压力区间/MPa ＼ 阀室间距/km	4	8	12	16	20	24	28	32
12~10	0.109	0.089	0.069	0.069	0.059	0.059	0.049	0.049
10~8	0.099	0.079	0.069	0.059	0.059	0.049	0.049	0.039
8~6	0.089	0.079	0.069	0.059	0.049	0.049	0.049	0.039

表 2-51~表 2-53 表明，对于 1422mm/12MPa 管道系统($1^{\#}$管道系统)，当压降速率持续时间为 90s 时，推荐干线截断阀压降速率设定值设为 0.11MPa/min，可检测到 96.30%泄漏口径为 *DN*700mm 的泄漏工况、92.59%泄漏口径为 *DN*600mm 泄漏工况、85.19%泄漏口径为 *DN*500mm 的泄漏工况、72.22%泄漏口径为 *DN*450mm 的泄漏工况。泄漏口径越大，泄漏越易于检测，泄漏口径越小，泄漏越不易于检测。

对给定的压降速率设定值，同一泄漏口径造成的泄漏能被检测到的情况是不同的。以 *DN*600mm 泄漏口径为例，对于推荐的干线截断阀压降速率设定值 0.11MPa/min，当运行压力为 12~10MPa 时，所有泄漏均被检测到；当运行压力为 10~8MPa 时，可检测到 94.44%泄漏工况；当运行压力为 8~6MPa 时，可检测到 83.33%泄漏工况。运行压力越高，泄漏工况越易于检测。

此外，泄漏点位置(泄漏点与上游阀室的间距)越靠近上游阀室，泄漏越易于检测；泄漏点位置越远离上游阀室，泄漏越不易于检测。

表2-54表明，阀门误关断引起的压降速率均小于对应压力、间距条件下泄漏引起的压降速率。运行压力越高，距离上游阀室越近，能检测到因阀门误关断引起的压降速率值越大。

压降速率持续时间越长，能检测到的压降速率值越小。因此，压降速率持续时间为120s的干线截断阀压降速率设定值0.09MPa/min小于压降速率持续时间为90s的干线截断阀压降速率设定值0.11MPa/min。

4. 干线截断阀压降速率设定值变化规律

1）截断阀误关断对压降速率设定值的影响规律

延迟时间设定值取120s，利用阀门误关断阀室间距4km的模拟结果，由4#管道系统及陕京一二线系统以外的各工况模拟结果，可以拟合得到阀门误关断下游截断阀室压降速率大小和阀室所处运行压力和阀门处的天然气流速之间的关系：

$$ROD(v,\ p)=-0.091+0.01853v+0.01229p-0.0005969v\cdot p-0.0001577p^2 \quad (2-155)$$

式中：ROD 为压降速率检测值，MPa/min；v 为误关断阀门处的流速，m/s；p 为误关断阀门处的压力，MPa。

利用式(2-155)对4#管道系统阀门误关断压降速率进行预测，并与实际模拟值对比，结果如表2-55所示。

表2-55　4号管道系统模拟实际结果及预测结果对比

流速/(m/s)	4.67	5.73	7.4
压力/MPa	9.13529	7.55314	5.92575
软件模拟值/(MPa/min)	0.069	0.069	0.079
公式模拟值/(MPa/min)	0.0692	0.073	0.087
误差大小/(MPa/min)	0.0002	0.004	0.008

压降速率预测值与实际值的误差都小于0.01MPa/min。考虑到压降速率实际值的搜索

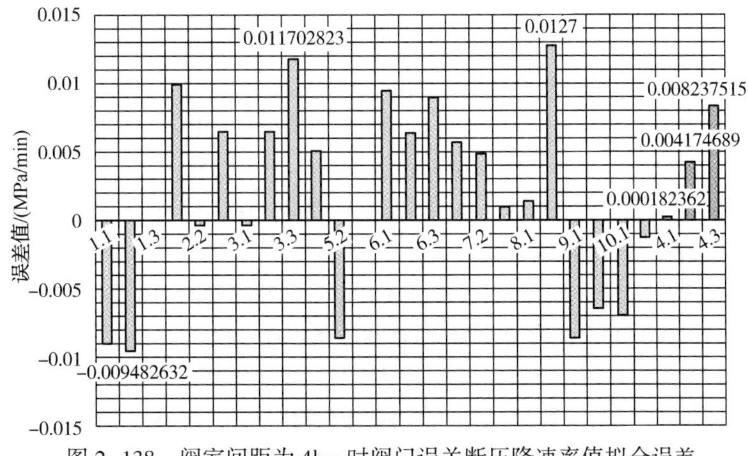

图2-138　阀室间距为4km时阀门误关断压降速率值拟合误差

步长为0.01MPa/min，该公式预测结果具有一定的准确性。图2-138统计了式(2-155)计算结果与所有工况的实际值的误差，误差大小在-0.0095~0.0127MPa区间内，误差绝对值大于0.01MPa/min的只有3号管道系统6.5~5.0MPa运行压力范围和8号管道系统5.0~4.0MPa运行压力范围两种情况。

图2-139为按式(2-155)作出的压降速率值的等高线图。

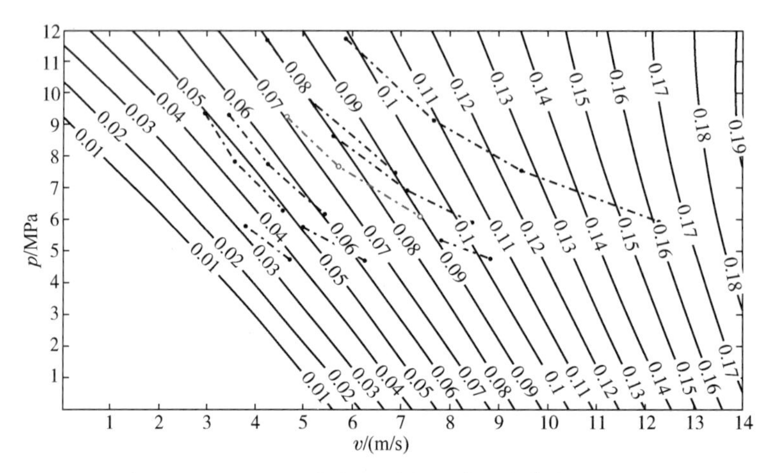

图2-139 阀室间距为4km时阀门误关断压降速率值与压力、流速的关系

由图2-139可以看出：

(1) 在运行压力一定时，截断阀室处的流速越大，压降速率检测值越大；

(2) 截断阀室处天然气流速一定时，运行压力越大，压降速率检测值越大；

(3) 随着截断阀室处天然气流速的增大，运行压力对压降速率检测值的影响逐渐减小。

对于1#~10#管道系统，由于年输量不变，当阀室所处运行压力降低时，阀室处的流速增大，图2-139上的虚线即是各工况的状态变化曲线，由于状态变化曲线的斜率大于压降速率等高线的斜率，所以当运行压力减小时，压降速率检测值增大。

利用公式(2-155)和图2-139可以预测不同管道阀门误关断后下游4km处可以检测到的最大压降速率值，在此基础上增加一定的富余量，例如20%~30%的富余量，可以得到推荐的管道压降速率设定值。

延迟时间设定值取120s，利用阀门误关断阀室间距8km的模拟结果，可以拟合得到阀门误关断下游截断阀室压降速率检测值大小和阀室所处运行压力和阀门处的天然气流速之间的关系如式(2-156)所示，误差范围为(-0.010, 0.010)MPa/min。

$$ROD(v, p) = -0.0687 + 0.01467v + 0.009608p - 0.0002617v \cdot p - 0.0002343p^2 \quad (2-156)$$

延迟时间设定值取120s，利用阀门误关断阀室间距16km的模拟结果，可以拟合得到阀门误关断下游截断阀室压降速率检测值大小和阀室所处运行压力和阀门处的天然气流速之间的关系如式(2-157)所示，误差范围为(-0.007, 0.010)MPa/min。

$$ROD(v, p) = -0.02218 + 0.005379v + 0.002046p + 0.0008016v \cdot p - 6.605 \times 10^{-5}p^2 \quad (2-157)$$

延迟时间设定值取120s，利用阀门误关断阀室间距24km的模拟结果，可以拟合得到阀门误关断下游截断阀室压降速率检测值大小和阀室所处运行压力和阀门处的天然气流速之间的关系如式(2-158)所示，误差范围为(-0.004，0.009)MPa/min。

$$ROD(v, p) = -0.01317+0.0009306v+0.001519p+0.001168v \cdot p-0.0001599p^2 \tag{2-158}$$

延迟时间设定值取120s，利用阀门误关断阀室间距32km的模拟结果，可以拟合得到阀门误关断下游截断阀室压降速率检测值大小和阀室所处运行压力和阀门处的天然气流速之间的关系如式(2-159)所示，误差范围为(-0.004，0.006)MPa/min。

$$ROD(v, p) = -0.0144+0.002606v+0.0008857p+0.0005499v \cdot p+7.174\times10^{-5}p^2 \tag{2-159}$$

以5#工况运行压力范围为6.5~5.0MPa、阀室间距为4km为例，研究不同阀门关断时间对压降速率设定值的影响，如图2-140所示。

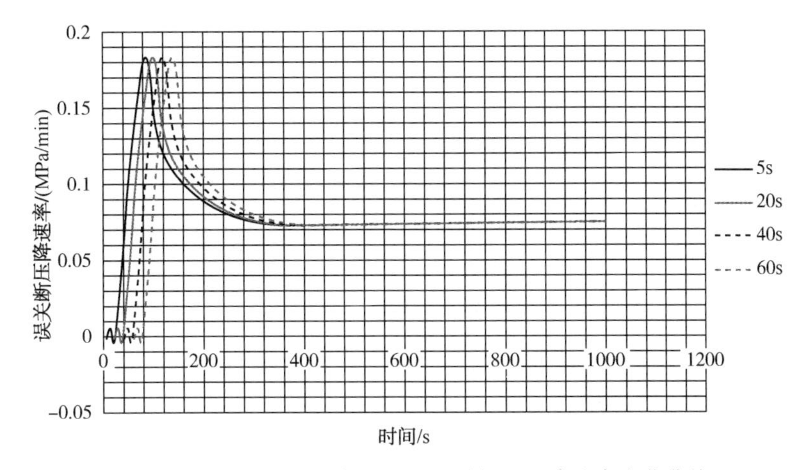

图2-140　不同阀门关断时间下下游阀室压降速率变化曲线

移动图中的曲线，得到图2-141。从图2-141中可以看出，在研究的关阀时间内压降速率曲线基本重合，可知阀门关断时间对下游阀室压降速率值的影响很小。

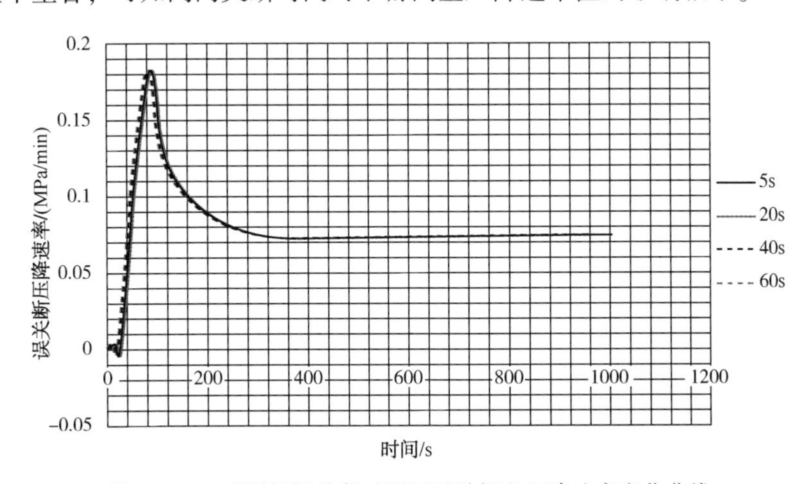

图2-141　不同阀门关断时间下下游阀室压降速率变化曲线

2）小于半口径泄漏作为截断阀压降速率设定值边界条件的可行性

若想检测到所有的半口径泄漏工况，必须降低压降速率的设定值，以便能够检测到最低运行压力下最远处的(32km)泄漏工况。表2-56为120s延迟时间设定值下，半口径泄漏工况所能检测到的压降速率最小值。

表2-56 半口径泄漏工况压降速率检测值最小值

编号(管径/mm、压力/MPa、流量/m^3)	半口径泄漏120s/(MPa/min)
1#(1422，12，8570)	0.08
2#(1219，12，8570)	0.06
3#(1219，10，8570)	0.04
4#(1016，10，4850)	0.05
5#(813，10，2371)	0.07
6#(711，10，2000)	0.05
7#(660，10，1000)	0.06
8#(610，10，1000)	0.05
9#(610，6.3，850)	0.04
10#(508，6.3，850)	0.03
11#(406，6.3，280)	0.03
12#(660，10，4850)	0.04

表2-57统计了在此设定值下各工况阀门发生连锁关断的比率和发生连锁关断的临界间距，小于此间距的阀室都可能发生连锁关断。

表2-57 发生连锁关断的临界间距

编号(管径/mm、压力/MPa、流量/m^3)	工况总数/连锁关断数	临界间距/km
1#(1422，12，8570)	24/6	8
2#(1219，12，8570)	24/24	32
3#(1219，10，8570)	24/24	32
4#(1016，10，4850)	24/4	28
5#(813，10，2371)	24/5	12
6#(711，10，2000)	24/21	28
7#(660，10，1000)	24/0	—
8#(610，10，1000)	24/7	16
9#(610，6.3，850)	16/9	20
10#(508，6.3，850)	16/16	32
11#(406，6.3，280)	16/5	12
12#(660，10，4850)	16/0	—

由表2-56和表2-57可以看出，在以半口径泄漏为边界条件确定压降速率设定值时，要能检测到所有半口径泄漏工况，压降速率的设定值中很多会低于干线截断阀误关断的检测值，会引起干线截断阀连锁关断。

将小于半口径泄漏工况作为截断阀压降速率设定值边界条件时，压降速率设定值需要调得更低(见表2-58)，更增加了干线截断阀连锁关断的概率，所以不适宜将小于半口径泄漏作为截断阀压降速率设定值边界条件。

表2-58　三分之一口径泄漏工况压降速率检测值最小值

编号(管径/mm、压力/MPa、流量/m^3)	三分之一口径泄漏 120s/(MPa/min)
1#(1422，12，8570)	0.04
2#(1219，12，8570)	0.04
3#(1219，10，8570)	0.03
4#(1016，10，4850)	0.03
5#(813，10，2371)	0.04
6#(711，10，2000)	0.03
7#(660，10，1000)	0.03
8#(610，10，1000)	0.03
9#(610，6.3，850)	0.02
10#(508，6.3，850)	0.02
11#(406，6.3，280)	0.02
12#(660，10，4850)	0.01

表2-59统计了在此设定值下各工况阀门发生连锁关断的比率和发生连锁关断的临界间距，小于此间距的阀室都可能发生连锁关断。

表2-59　发生连锁关断的临界间距

编号(管径/mm、压力/MPa、流量/m^3)	工况总数/连锁关断数	临界间距/km
1#(1422，12，8570)	24/21	28
2#(1219，12，8570)	24/24	32
3#(1219，10，8570)	24/24	32
4#(1016，10，4850)	24/17	24
5#(813，10，2371)	24/24	32
6#(711，10，2000)	24/18	28
7#(660，10，1000)	24/24	32
8#(610，10，1000)	24/7	32
9#(610，6.3，850)	16/16	32
10#(508，6.3，850)	16/16	32
11#(406，6.3，280)	16/16	32
12#(660，10，4850)	16/16	32

5. 结论及建议

1）主要结论

(1) 干线截断阀只能用于检测半口径及半口径以上的爆管事故，无法检测到管道中发生的一些小口径的泄漏工况，例如小的机械损伤和腐蚀穿孔等。

(2) 运行压力对干线截断阀室压降速率的影响较大。对泄漏工况而言，管道运行压力越低，上下游阀室的压降速率值越小，泄漏越难于检测。

（3）泄漏口径越大，泄漏越易于检测；泄漏口径越小，泄漏越不易于检测。

（4）泄漏点位置距离阀室越近，则泄漏工况越容易被检测到。

（5）与下游阀室相比，上游阀室更难检测到下游管段的泄漏工况。

（6）在相同的压力、间距条件下，阀门误关断引起的压降速率一般小于泄漏引起的压降速率。

（7）两个阀室的距离越近，上游阀室误关断后，下游阀室压降速率值越大。

（8）基于阀门误关断不引起下游阀室连锁关断的原则，确定的压降速率设定值受运行压力和天然气流速影响较大。在运行压力一定时，截断阀室处的天然气流速越大，压降速率检测值越大；截断阀室处天然气流速一定时，运行压力越大，压降速率检测值越大；随着截断阀室处天然气流速的增大，运行压力对压降速率检测值的影响逐渐减小。

（9）以阀门误关断不引起下游阀室连锁关断作为压降速率设定值边界条件时，当运行压力和输量一定时，干线管径越小，截断阀压降速率设定值越大。

（10）以半口径泄漏为边界条件确定的压降速率设定值，很可能会引起干线截断阀连锁关断。

（11）不适宜将小于半口径泄漏作为截断阀压降速率设定值边界条件。

（12）压降持续时间设定值越长，则压降速率设定值应越小。但120s持续时间和90s持续时间对应的压降速率设定值相差不大。

（13）阀门关断时间对下游阀室压降速率值的影响很小。

2）建议

（1）12个典型工况干线截断阀压降速率设定值结果如表2-60所示。

表2-60 阀室间距4km时各工况干线截断阀压降速率设定值结果 MPa/min

编号（管径/mm、压力/MPa、流量/m^3）	120s	90s
1#（1422，12，8570）	0.09	0.11
2#（1219，12，8570）	0.11	0.12
3#（1219，10，8570）	0.15	0.17
4#（1016，10，4850）	0.11	0.13
5#（813，10，2371）	0.08	0.09
6#（711，10，2000）	0.1	0.12
7#（660，10，1000）	0.04	0.05
8#（610，10，1000）	0.06	0.07
9#（610，6.3，850）	0.05	0.06
10#（508，6.3，850）	0.11	0.12
11#（406，6.3，280）	0.04	0.05
12#（660，10，4850）	0.04	0.04

注：压降速率设定值建议在表中数据的基础上增加20%~30%的富余量。

（2）可以根据阀室间距的不同分别设定干线截断阀的压降速率值，表2-61和表2-62

列出了四类地区典型阀室间距下干线截断阀压降速率参考设定值。

表 2-61　120s 延迟时间下不同阀室间距各工况干线截断阀压降速率设定值结果 MPa/min

编号(管径/mm、压力/MPa、流量/m³)	8km	16km	24km	32km
1#(1422，12，8570)	0.09	0.06	0.05	0.04
2#(1219，12，8570)	0.11	0.1	0.08	0.06
3#(1219，10，8570)	0.1	0.09	0.08	0.06
4#(1016，10，4850)	0.1	0.09	0.07	0.05
5#(813，10，2371)	0.06	0.05	0.04	0.05
6#(711，10，2000)	0.07	0.06	0.05	0.04
7#(660，10，1000)	0.04	0.03	0.02	0.02
8#(610，10，1000)	0.04	0.04	0.03	0.03
9#(610，6.3，850)	0.04	0.04	0.03	0.02
10#(508，6.3，850)	0.09	0.07	0.05	0.04
11#(406，6.3，280)	0.04	0.03	0.02	0.02
12#(660，10，4850)	0.04	0.03	0.03	0.02

注：压降速率设定值建议在表中数据的基础上增加20%~30%的富余量。

表 2-62　90s 延迟时间下不同阀室间距各工况干线截断阀压降速率设定值结果 MPa/min

编号(管径/mm、压力/MPa、流量/m³)	8km	16km	24km	32km
1#(1422，12，8570)	0.09	0.07	0.06	0.05
2#(1219，12，8570)	0.12	0.11	0.08	0.07
3#(1219，10，8570)	0.15	0.12	0.09	0.07
4#(1016，10，4850)	0.11	0.09	0.07	0.05
5#(813，10，2371)	0.08	0.07	0.05	0.04
6#(711，10，2000)	0.1	0.08	0.06	0.04
7#(660，10，1000)	0.04	0.04	0.03	0.02
8#(610，10，1000)	0.06	0.05	0.04	0.03
9#(610，6.3，850)	0.06	0.04	0.03	0.02
10#(508，6.3，850)	0.11	0.08	0.05	0.04
11#(406，6.3，280)	0.05	0.03	0.02	0.02
12#(660，10，4850)	0.04	0.03	0.03	0.02

注：压降速率设定值建议在表中数据的基础上增加20%~30%的富余量。

（3）压降速率设定值可以根据管道的实际情况预留不同的富余量。

（4）各管道公司应根据压气站启机工况对压降速率设定值进行核算，特别是对于压气站距离与其前面的截断阀室距离比较近的情况。

2.4 管道抢维修应急保障

2.4.1 管道修复新技术

1. 简介

针对现场施工经验及对多种修复产品开挖验证其修复效果的检测评价研究发现，修复点在补强修复并回填一段时间后，出现修复材料与管体脱黏、分层、空鼓、压边搭边和边界端头无封口或封口不完整等修复问题，说明目前市场上的国内外补强修复产品存在修复材料本身和施工工艺等问题。造成这些问题的施工原因主要包括修复点管体表面处理不彻底、胶黏剂涂刷不均匀或局部漏涂、纤维布缠绕折皱或预紧力不足、修复层端头无封口措施等。但同时也存在材料自身的问题，包括缺陷填充材料易脆裂、底层胶黏剂与管体黏结力差、碳纤维因导电而发生电偶腐蚀和修复套袖底层抗阴极剥离性能差等问题。

针对现场施工和开挖验证发现的问题，结合最新的化工产品对整个补强修复复合材料体系进行了产品改进和技术提高，研究开发了新型修复管道碳纤维复合材料体系和产品、钢质管道补强修复带锈转化表面处理技术及其产品、预浸法复合材料管道补强修复技术及其产品和钢质管道复合修复层均匀加压固化技术及产品。通过上述技术改进，以提高修复补强技术的有效性及修复工程质量，确保修复补强效果和防腐效果的可靠性。

2. 关键技术

针对修复材料与管体脱黏、分层、空鼓、压边搭边和边界端头无封口或封口不完整等修复问题，结合最新的化工产品对整个补强修复复合材料体系进行了产品改进和技术提高，重点包括4个方面：①管体缺陷复合修复材料胶黏剂、绝缘底胶及填料改进；②钢质管道补强修复带锈转化表面处理技术；③预浸法管道补强修复复合材料胶黏剂；④钢质管道复合修复层均匀加压固化工艺。

1）管体缺陷复合修复材料胶黏剂、绝缘底胶及填料改进

（1）缺陷填充材料

缺陷填充材料由甲、乙两组分组成，其各组分的质量比见表2-63，甲、乙两组分的配比为(6~7)：1。该填充材料室温条件下(大于15℃)，指触干燥时间为1~2.5h，工作温度范围为-60~150℃，压缩强度为85~100MPa，线膨胀系数为15×10^{-6}/K(接近钢材)。

表2-63 缺陷填充材料组分质量比

组　分	材　料	质量比
甲组分	E-51环氧树脂	30~70
	钢粉	50~100
	银粉	10~40

续表

组　分	材　料	质量比
甲组分	无规羧基丁腈橡胶	10~25
乙组分	改性胺固化剂	5~20
	气相二氧化硅	1~10
	2,4,6-三(二甲氨基甲基)-苯酚	2~10
	KH550 硅烷偶联剂	0~15

(2) 抗阴极剥离绝缘底胶

抗阴极剥离绝缘底胶也由甲、乙两组分组成，甲、乙两组分的配比为(80~100)：28。其各组分的质量比见表 2-64，底胶厚度为 0.1~1mm。该底胶 25℃固化 168h 后，钢-钢拉伸剪切强度为 20.2~21.3MPa(GB/T 7124—2008)，根据 GB/T 23257—2017 其剥离强度达 170N/mm，阴极剥离测试无明显变化。

碳纤维布为增强体，是复合材料的主要承载原材料，其抗拉强度为 2500~5000MPa，拉伸弹性模量为 100~350GPa，每平方米质量为 200~400g，延伸率为 1.0%~2.5%，幅宽为 50~1500cm，长度为每卷 100m。

表 2-64　抗阴极剥离绝缘底胶组分质量比

组　分	材　料	质量比
甲组分	CYD128 环氧树脂	100
	端环氧基丁腈橡胶	10~30
乙组分	JA112 型固化剂	20~45
	KH550 硅烷偶联剂	1~5

(3) 层间胶黏剂

层间胶黏剂为复合材料基体，是将管体载荷传递给增强体碳纤维布的材料。层间胶黏剂材料由甲、乙两组分组成，其各组分的质量比见表 2-65，甲、乙两组分的配比为(2~4)：1。采用碳纤维(T300)增强后的复合材料拉伸强度高达 1228~1414MPa，弹性模量达 95GPa 左右。

表 2-64　层间胶黏剂材料组分质量比

组　分	材　料	质量比
甲组分	E-51 环氧树脂	30~60
	CYD128 环氧树脂	40~70
	纳米固体橡胶胶粉	1~15
	活性稀释剂 678	0~20
	消泡剂 550	0~2
乙组分	改性胺固化剂	30~60
	气相二氧化硅	3~8
	KH550 硅烷偶联剂	1~5

（4）全尺寸试验验证

采用电动手工打磨的方法在试验管道外表面自制了常见的矩形缺陷和沟槽缺陷，对缺陷进行碳纤维修复补强，试验管段依据《输送钢管静水压爆破试验方法》（SY/T 5992—2012）进行爆破试验。采用阶梯式加载方式加压至41.2MPa时，未补强母材出现撕裂型破坏，而缺陷处无明显变化，如图2-142所示。

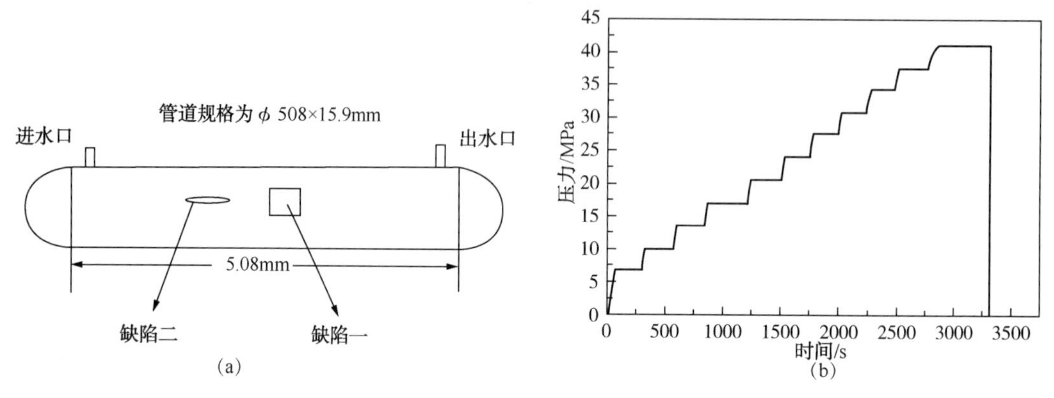

图2-142　全尺寸水压爆破试验

2）钢质管道补强修复带锈转化表面处理技术

带锈管材的带锈转化液由磷化液和成膜液组成，它与基材附着力良好，更耐腐蚀，可保护管材基体金属不受水和其他腐蚀介质影响。

（1）磷化液

它的作用是将钢质管材的氧化物与磷酸作用生成耐腐蚀的磷酸盐钝化膜，与磷酸及亚铁氰化钾一起作用生成不溶于水的、具有较强遮盖性能的防锈颜料，从而防止基材进一步腐蚀。其反应如下：

$$3FeO+2H_3PO_4 \longrightarrow Fe_3(PO_4)_2\downarrow +3H_2O$$

$$Fe_2O_3+2H_3PO_4 \longrightarrow 2FePO_4\downarrow 3H_2O$$

$$3Fe_3O_4+8H_3PO_4 \longrightarrow Fe_3(PO_4)_2\downarrow +6FePO_4+12H_2O$$

$$3H_4Fe(CN)_6+2Fe_2O_3 \longrightarrow Fe_4[Fe(CN)_6]_3+6H_2O$$

为了溶解磷酸还需加入溶剂，如水、乙醇、异丙醇、正丁醇。磷化液各组分的质量比如表2-66所示。

表2-66　磷化液各组分质量比

组　分	材　料	质量比
反应物	磷酸	70~90
	亚铁氰化钾	10~30
溶剂	乙醇	100

（2）成膜液

为了使锈层转化物更牢固固定在钢基体上，需要用溶解于溶剂中的与基体具有牢固附着力的成膜液，成膜液由高分子材料、防锈颜料、促进剂和溶剂等组成。高分子材料有环氧树脂、酚醛树脂、聚乙烯醇缩甲醛、聚乙烯醇缩乙醛、聚乙烯醇缩丁醛等，防锈颜料有四盐基锌黄、滑石粉和磷酸铬等，促进剂有硫酸钴和二氧化锰等。

成膜液各组分质量比如表 2-67 所示。

表 2-67　成膜液各组分质量比

组　分	材　料	质量比
高分子材料	10%聚乙烯醇缩丁醛	70~90
	E-44 环氧树脂	5~10
	脱水蓖麻油	1~5
防锈颜料	滑石粉	1~5
促进剂	硫酸钴	0.1~0.5
	二氧化锰	0.1~0.5
溶剂	二甲苯	2~5
	丁醇	2~5

带锈转化液为双组分，甲组分为磷化液，乙组分为成膜液，甲、乙两组分的配比为（2~3）：1。刷涂或喷涂用量为 9~14m^2/kg，使用时现配现用，转化膜 25℃表干需 2h，25℃实干需 24h，外观平整、光滑，转化膜固化后冲击 50kg·cm 合格。另外，转化膜室温固化 24h、48h 和 168h，按 GB/T 9286 进行划格法附着力试验为 0 级。根据 GB/T 23257 其剥离强度达 170N/mm，阴极剥离测试无明显变化。转化膜使用温度范围为 -40~60℃。

3）预浸法管道补强修复复合材料胶黏剂

所研发的钢质管道修复补强预浸料由增强体和基体树脂组成，同时给出了预浸料的制备和使用方法。

（1）增强体

所使用的增强体为碳纤维布，作为预浸料成型复合材料的主要承载原材料，其抗拉强度为 2500~5000MPa，拉伸弹性模量为 100~350GPa，每平方米质量为 200~400g，延伸率为 1.0%~2.5%，幅宽为 50~1500cm，长度为每卷 100m。

（2）基体树脂

基体树脂是将管体载荷传递给增强体碳纤维布的材料，它由混合树脂、潜伏性固化剂、增韧剂和溶剂组成。基体树脂各组分的质量比见表 2-68。

表 2-68　预浸料基体树脂组分质量比

组　分	材　料	质量比
混合树脂	固体环氧树脂	50~70
	液体环氧树脂	30~50
潜伏性固化剂（钝化咪唑）	2-甲基咪唑	0.3~1
	液态聚乙二醇	1~10
	乳酸	0.3~1

续表

组　分	材　料	质量比
增韧剂	端环氧丁腈橡胶	5~20
溶剂	丙酮	100

(3) 潜伏性固化剂制备方法

潜伏性固化剂(钝化咪唑)是由咪唑与酸铬合反应而成，酸性越强，钝化效果越好，基体树脂储存稳定性也越好，但固化温度也越高，必须恰当选择。钝化咪唑制备过程为：将0.3~1mL的2-甲基咪唑搅拌溶解于1~10mL液态聚乙二醇中，控制反应温度不超过60℃，搅拌滴加0.3~1mL乳酸，滴加完后，再搅拌2h，冷却至室温，静置过夜备用。

(4) 基体树脂制备方法

基休树脂制备过程为：在5000mL烧杯中加入0.5~1.5kg丙酮溶液，开始搅拌，搅拌过程中加入50~200g端环氧丁腈橡胶，使溶解均匀，再逐步加入500~700g固体环氧树脂使之溶解，再加入300~500g液体环氧树脂，搅拌溶解成均一液体，再加入6~30g自制钝化咪唑，即成。室温高时，丙酮挥发快，可适量补充，将该基体树脂溶液密封，备用。保质时间为室温不超过72h，如储存温度为-28℃，则保质时间为2个月。

(5) 预浸料制备方法

在适当的容器中，倒入已恢复至室温的基体树脂溶液，再将准备好的单向碳纤维布放入，溶液必须淹没碳布，盖上容器盖子，浸2~3min，取出碳纤维布平整放于隔离纸上，在干净的室内，室温(室温23℃±2℃，相对湿度≤65%)晾干72h，即可使用。

(6) 预浸料储存方法及注意事项

23℃±2℃下密封储存保质期为15天，-28℃下密封储存保质期为3个月。本预浸料制成的复合材料使用温度为-40~60℃。预浸料制备场地，必须严禁烟火，并配备灭火器材；低温储存后使用预浸料必须是恢复至室温后(从冷藏柜中取出至少2h)，才能开启密封袋。

4) 钢质管道复合修复层均匀加压固化工艺

根据现场施工要求，管道复合修复补强层均匀加压固化装置为耐热加压气囊，应满足以下技术要求：

(1) 温度要求　与界面接触要求耐140~150℃温度。

(2) 尺寸要求　宽度在300~350mm之间，长度可绕过管径为250~1016mm的管道，可对接成圆筒(如管径增大，可延长制作长度)。

(3) 耐压要求　工作压力0.3MPa，应保证气囊沿钢管轴向方向剖面线与钢管轴向平行。

(4) 固定的要求　可使气囊方便地附着于管道并使压力均匀地传递于管道上。

根据以上技术参数的要求，首先对加压气囊的骨架材料进行了选择。根据以往研制的经验，要有效地传递空气压力，需要胶面柔软、传递介质薄的材料。同时，要达到耐温140~150℃、工作压力0.3MPa条件下使用，在单层情况下，只有采用K27的芳纶材料才能满足要求。因此选择K27芳纶材料，其物理性能见表2-69。

表 2-69 K27 芳纶材料性能参数

项目名称	指标值	项目名称	指标值
经向拉伸强度/(N/m)	9083	纬向拉伸强度/(N/m)	8600
厚度/mm	0.2	热空气老化性能/℃	500

但是，鉴于采用的K27芳纶材料的黏着性能较差，考虑到耐温性能，选择使用氯丁胶作为附着的橡胶材料，其配方如下：氯丁胶121(山西大同橡胶厂)，80~100份；氧化锌，2~8份；氧化镁，3~6份；硬脂酸，1~3份；通用炭黑，15~30份；硫酸钡，5~15份；变压器油，5~15份；邻二丁酯，10~20份；NA-22，0.2~0.8份。

考虑到现场施工的方便性和可操作性，设计了便于和管道圆周贴合的耐热加压气囊结构，如图2-143所示。并且，根据结构示意图要求，设计了与结构图相对应的模具设计图。

通过多次试制和工艺摸索，最终制定出了耐热加压气囊制作工艺流程：

(1) 胶液配制。按照干胶：溶剂(乙酯)=(1~2)：4的比例配制胶液。

(2) 囊胚缝纫：

① 裁取长度(根据管道周长确定)×340的芳纶布2片，在其一面先浸渍5%的KH550酒精溶液，放置于60℃的烘箱中烘干。按照表2-70规定涂刷，注意固定涂刷中的形状，作为囊皮加强层使用。

表 2-70 干燥时间表

胶液名称	浓 度	干燥时间/min			
		第一遍	第二遍	第三遍	第四遍
主体胶液	(1~2)：4	10~40	10~40	10~40	晾干隔离

注：表中时间指在温度25~35℃、湿度75%以上的操作时间。

② 裁取长度(根据管道周长确定)×310的芳纶布1片作为芯布，与处理好的囊皮胶面朝外，然后进行缝纫。缝纫好后即作为囊胚备用，停放时间不能超过24h。

(3) 主体胶片的制取。使用压延机压延出0.8mm和0.4mm的胶片，制取时采用垫布隔离，使用前展开停放，充分收缩，停放时间大于12h、小于96h。

(4) 加压气囊成型。在囊皮的缝纫线外的夹层(即未涂胶液一侧)补涂KH550处理剂和胶液粘贴0.4mm的胶片，然后在囊胚外层粘贴0.8mm胶片。注意粘贴前胶片和囊胚上要涂刷胶液，停放10~20min，刚好干透，表面用手触摸不湿不黏即可。粘贴时注意排尽囊中的空气。注意安装内胎气嘴的位置需要提前标定，不粘0.4mm的胶片，从外密封。

(5) 胶囊硫化。将胶囊放入模具，表面刷涂少量滑石粉，机台参数设定为5MPa、145℃、硫化40min即可。

(6) 使用颚式平板硫化机，将两个内胎气嘴装好即可。

(7) 气密试验：一个内胎气嘴接入压力表，一个内胎气嘴接气管，升压至0.3MPa不漏气并保压即可。

均匀加压气囊使用方法如下：

(1) 将两个内胎气嘴一个接入气压表，一个接于打气筒，缠卷于修复补强层加压表面，复合修复补强层和气囊中间用耐热聚酯薄膜隔离。

（2）使用绑带捆扎固定，避免胶囊过度膨胀。

（3）缓慢加压充至0.3MPa，利用气压表控制压力，使用专用工具按压内胎气嘴中的气针排放多余的气压。

（4）使用后排尽压力后再进行拆卸，拆卸后表面涂抹滑石粉密闭储放，避免日光直射及与有机溶剂混杂，避免针刺和尖锐物体。

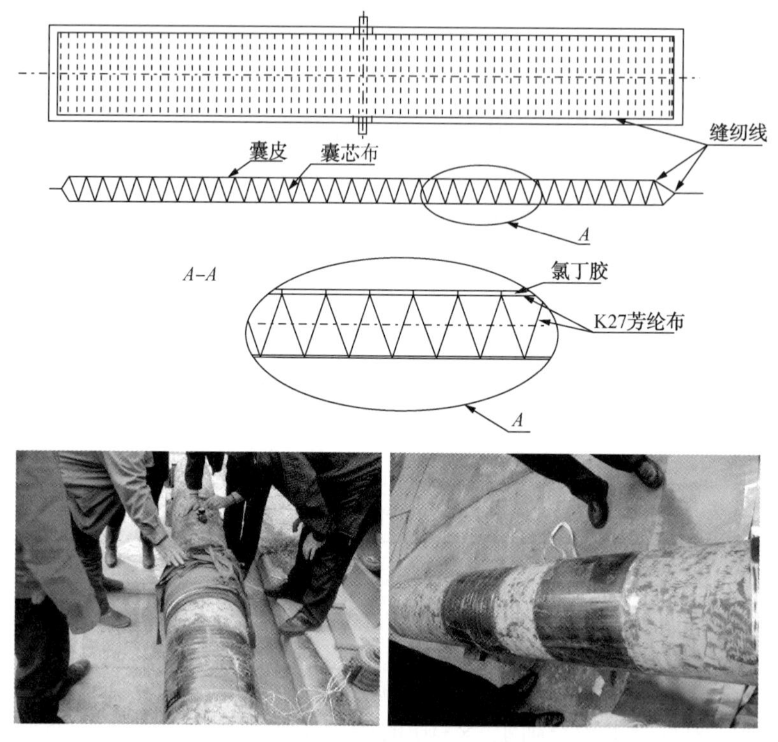

图2-143 加压气囊的结构及现场施工

修复补强完成一周后，对试验管道表面的复合材料套袖进行了整体剥离，并进行了拉伸试样取样和性能测试，试验数据见表2-71。结果表明，复合材料制作过程中适当均匀地加一定压力，可将多余基体树脂挤出，去除鼓泡、空洞，使增强材料较好贴合并致密，增强与管体的黏结力，从而避免脱黏、分层和空鼓等缺陷的产生，提高复合材料的强度。

表2-71 有无加压固化修复补强层厚度及力学性能变化情况

项　目	修复补强层厚度/mm	层间剪切强度/MPa	拉伸强度/MPa	弹性模量/GPa	剥离强度/（N/cm）
不加压固化	2.47	37.2	950	85.4	145
均匀加压0.3MPa	2.16	41.5	1147.5	97.6	190
变化量	减小12.5%	增大11.6%	增大20.7%	增大14.3%	增大30%

3. 创新点

（1）研制开发出专用的复合材料体系及改进的施工方法，可有效避免脱黏、分层、空鼓等施工问题及缺陷填充材料的脆性断裂、底层胶黏剂阴极剥离和电偶腐蚀等问题，确保复合材料修复体系与钢质管体之间具有良好的匹配性，使管道承压能力达到或超过无缺陷时状态。

(2) 带锈转化液的使用可减少补强修复管道表面处理工序，提高施工效率，降低人工打磨成本，确保修复补强效果和防腐效果的可靠性。

(3) 预浸法修复补强技术可有效避免胶黏剂涂刷不均匀或局部漏涂，确保修复补强复合材料抗拉强度和弹性模量稳定，现场安装简单，可有效提高现场施工质量和补强效果。

(4) 不锈钢薄带紧固均匀加压固化工艺能有效避免整个复合体系固化期间脱黏、分层及空鼓的产生，明显提高修复层和管体黏结力，确保施工的可靠性和有效性。加热固化还可以保证在潮湿寒冷的恶劣环境下修复体系能够快速有效固化，提高复合修复补强技术抗环境影响的能力，缩短施工周期。

2.4.2　水淹区抢维修技术

1. 概况

陕京输气管道西起陕西省靖边县，途经陕西省、内蒙古自治区、山西省、河北省，东达北京市大兴区采育镇，承担着向北京及周边地区输送清洁能源的重任。陕京一线输气管道工程全长 1256km，管径为 660mm，设计年输气量为 $33\times10^8m^3$，是我国当时陆上距离最长、管径最大、所经地区地质条件最为复杂、自动化程度最高的输气管道。陕京二线输气管道工程，全长 932km，管径为 1016mm，设计年输量为 $120\times10^8m^3$。陕京三线全长 896km，西起陕西榆林首站，东至北京良乡分输站，设计年输气量为 $150\times10^8m^3$。全线共穿跨越大型河流 5 条，中小型河流 238 次，大中型黄土冲沟 15 次，铁路 15 次，主干公路 86 次，全线水下穿越部分长度超过 100km。港清复线河北段线路全长约 42.43km，设计输气规模为 $2230\times10^4m^3/d$(调峰规模)，穿越大型河流 422m，穿越小河、沟渠 364m；港清复线天津段线路全长 67.1km，管径为 $\phi711mm$，输气规模为 $2230\times10^4m^3/d$(调峰规模)，穿小沟渠 20 次，共 532m，穿越鱼塘 2700m，共计穿越水淹区域达 25%以上。输气管线穿越河流和沼泽地、水淹区的方式根据地质、水流环境的不同而不同，有隧道穿越、定向钻、大开挖、水淹式等。由于穿越式相较于跨越式管道有着不受水流速度、水域宽度、通航等限制且安全可靠，所以成为很多管道工程通过河流的首选方案。

水淹区是针对港清复线特殊情况提出的新概念，是指由于独流减河改道而在港清复线埋地管道上形成的大片淹没水域。水淹区形成后港清复线较长管段成为水下管道，且形成管道与河流同向延伸的特殊情况。水淹区域特殊的地质条件决定了一旦管道发生泄漏，维抢修机械进场困难，抢修设备无法运输，修复条件难以满足。因此，开展水淹区输气管道抢维修技术与风险评价研究虽然具有很大挑战性，但是对于保证水淹区管道安全、经济运行，减少管道事故发生概率，延长管道使用寿命，合理分配维护费用，降低经济及社会损失具有十分重大的意义。

2. 水淹区管道破坏形式研究

参考国外管道事故的统计结果，根据我国油气管道发生的事故情况统计，在破坏因素中占第一位的是腐蚀破坏，占第二位的是第三方破坏，占第三位的是失稳、强度破坏，占第四位的是疲劳破坏和人员误操作，占第五位的是设计失误。针对我国油气管道早期施工设计经验欠缺、受政治原因、工期提前、设计方案频繁变更、水土流失和绿色植被破坏等原因的影响，以下这几种因素在我国穿越管道的破坏中所占比例较大：

（1）疲劳破坏　是指在河水流动、河床地质运动和地震载荷冲击等交变载荷作用下，管道穿越段的应力在小于其许用应力的状态下，发生结构或者功能失效。管道由于受到河床下切和水流冲刷等原因影响，出现部分或者全部裸露，进而使部分管道处于悬空状态——管跨，在水流冲击作用下会产生周期性的涡旋发放现象，形成涡激振动。当此周期性的激振力的激振频率与管道本身的固有频率构成共振时，管道会出现大振幅的振动，形成疲劳累积损伤，这是导致管道发生疲劳破坏的主要原因，也是穿越管道所特有的现象。

（2）第三方破坏　是指在穿越管道附近，由于人类的生命活动（如工矿企业生产、河底挖沙、捕捞作业、偷盗设备及原油等因素）导致管道在结构或者性能方面的失效。我国穿越管道在河滩、岸边地段经常受到人为破坏，此类事故能占到总事故的25%左右。近年来第三方破坏的事故有渐增的趋势，主要是偷盗输油设备及原油情况增多造成的。

（3）腐蚀破坏　腐蚀损伤是引起水下管道破坏的主要因素之一。管内腐蚀是管道内部的微生物、湿气、氯化物、O_2、CO_2 和 H_2S 等腐蚀性成分综合作用的结果，一般包括油水混输、油水交替输送造成的腐蚀，特别是含硫油气管道，会产生酸性物质，对管道的腐蚀非常大；管外腐蚀包括水流腐蚀、大气腐蚀、水下土壤腐蚀，是引起水下管道腐蚀破坏的主要原因，水中溶解的氧量和河水流速也会影响海底管道的腐蚀速度。

（4）设计失误　是指在输油管道穿越段的设计过程中，在设计方法、计算模型、计算结果、安全系数选取、水文地质勘察获取的资料不足等设计方面的各种失误而导致管道发生的破坏，这种现象在我国的早期输油管道设计中存在较多。

（5）人员误操作　是指穿越管道在施工、设计、运营、维护等过程中，因人为因素或者设备、仪器操作过程中的误差等原因造成的管道失效。在我国由于相关部门的内部保护和人情观念，此类事故上报率极低，大多以其他破坏形式上报。

（6）失稳、强度破坏　是指穿越管道大面积腐蚀，壁厚变薄，强度降低，由于轴向力变大，横向干扰力加强，或者外力过大（如洪水冲击、泥石流、地震引起的土壤不均匀沉降等）原因产生的失效。该失效的发生主要取决于管道的强度、动力特性和外载荷的特点及其相关规律。

3. 水淹区输气管道抢维修方案制定

1）水下先进维修技术

水下先进维修技术主要包括机械连接修理法、钢套维修法、水下机械式三通维修法、水下焊接维修法。机械维修连接技术是利用机械连接器对管道破损段进行封装或整体替换的维修方法，根据连接方法的不同可分为螺栓式法兰连接法、卡爪式法兰连接法和螺栓夹具连接法。水下焊接是在水环境中进行的焊接作业，水下焊接修补有3种方法，即水下湿法焊接、水下局部干法焊接和水下干式焊接。近年来，又出现了水下摩擦叠焊、等离子焊等新方法。

2）水淹区管道抢维修前期准备工作

（1）抢维修应急响应程序

水淹区管道抢修事件现场处理流程如图2-144所示。

水淹区管道抢维修应急响应前期准备工作如下：

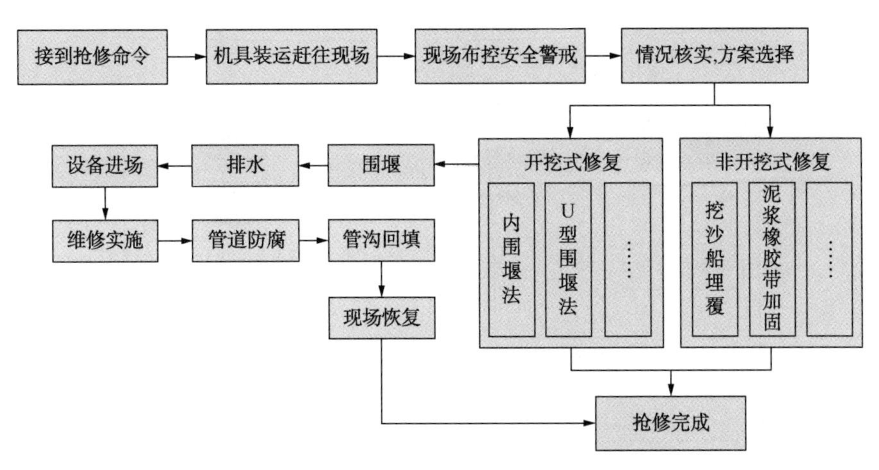

图2-144　水淹区管道抢维修现场处理流程图

① 预案启动响应　当接到抢修令后维抢修队随即启动应急响应程序，组织力量参加抢险救援。

② 先遣组赶往现场　先遣人员在下达抢修令后10min内出发，赶往现场与场站对接。

③ 物资装车　人员集合，由维抢修队负责人下达抢修令，分配抢修任务。任务下达后，各小组随即装运抢修物资，在30min内组织抢险设备、物资装车完毕并分批赶往抢修现场。

④ 现场勘查　先遣人员到达现场，判断事件程度，核实现场情况；协助站场人员设置安全警戒、隔离措施；向属地管理处应急处置领导小组组长汇报。

（2）抢修前的准备工作

抢维修前工作具体实施步骤如下：

① 根据管道泄漏气量情况，确定降低管道工作压力或停输；

② 对管道泄漏气体扩散易引燃的范围采取措施；

③ 抢修人员统一穿戴好防火防毒面具，采用铜质工具开挖抢修操作坑；

④ 管道泄漏点实施封堵之前，禁止使用机械开挖管道泄漏点抢修操作坑；

⑤ 抢修现场配备专业消防人员及消防车，对抢修现场实施监护；

⑥ 配备大量排量不等的水泵、泥浆泵和各功率的发电机来加强施工作业面的排水。

（3）抢维修现场布置

抢维修现场包括各种抢维修工具、运输车辆(包括推土机、卡车、吊车、越野车、冲锋艇、直升机、小货车)等。因此需在岸边划定抢维修工作准备区，以便消防应急车辆、现场指挥车辆、抢修车辆等停靠。抢维修现场布置如图2-145所示。

（4）抢维修辅助作业

抢维修辅助作业是为抢维修现场施工提供后勤支持和保障的一些作业，主要包括照明、通风、动力供给(气、电、液压源)、消防作业等。在进行抢维修施工的过程中，辅助作业是决定抢险抢修能否顺利进行的重要保证。

3）冲管、漂管的修复

由于水流的长期冲蚀或者施工等原因，管线露出河床或者悬空，容易引发冲管、漂管

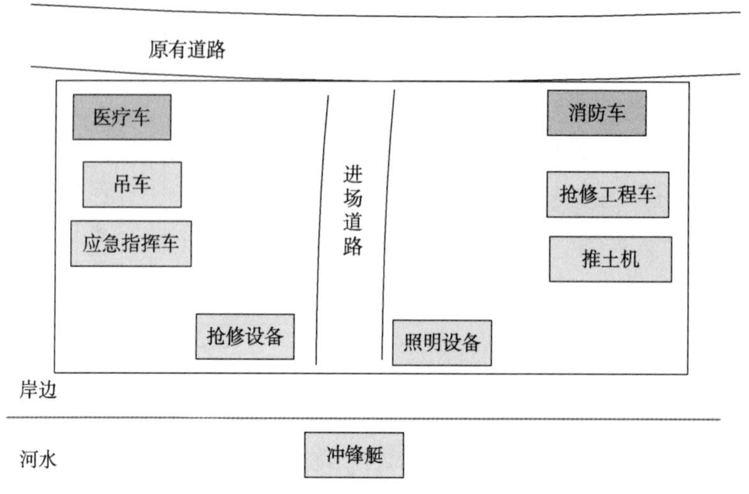

图 2-145　抢维修现场布置情况

和管道悬空事故。冲管、漂管和管道悬空往往是管道断裂事故的隐患，必须及时修复。所需设备包括船、木桩、管线夹紧装置、弹性橡胶带、灌浆装置、挖泥船、微波测距仪、回音测深仪等。操作步骤分为：①挖泥船埋覆；②打桩回淤；③泥浆橡胶袋加固。

4）钢板桩围堰技术

当管道发生破损甚至泄漏，必须进行封堵、换管等操作时，其抢维修流程与冲管、漂管的抢维修方案有显著不同，应采取围堰的方式。钢板桩围堰是一种无土围堰法，其好处在于钢板桩可以重复使用。钢板桩采用自密封设计，在工作状态下，钢板桩相互啮合，互为支护。由于抢维修工作重在高效，为节约抢修时间，采用钢板桩施打形成封闭围堰的施工方案。钢板桩围堰技术优点包括：钢围堰适用于当地可用土方少或外购成本高，湖床或河床为非石方地质的地区；钢围堰承受水压力大，密封效果好，能保证在较高水头压力下不会弯曲变形；出现局部泄漏时处理方法简单，对于钢板桩局部变形所造成的泄漏，可采用防水布在迎水面对泄漏处及其两侧进行包裹的办法进行处理，简单快捷；可有效避免坍塌情况发生，为防止钢板桩倾倒，采用管桩支护或钢索牵引约束，可避免堤坝坍塌的情况出现；对环境破坏、影响小，采用钢围堰处理河流、湖泊等地段，不仅减少了对水体的污染，也可避免施工对管线作业带以外的河床或湖床的影响。

（1）围堰技术要点

围堰平面方式可根据具体情况确定，对于管道破坏长度较短，所需抢维修设备非大型设备，可采用冲锋舟牵引浮箱装载设备的方式通过的情况，可采用内围堰法，即在河道中央围出一块独立的区域，抽水后形成干作业面；对于水面较宽、水深较浅，且管道破坏距离较长，需要大型设备抢修的情况，可采用 U 型围堰法，即围堰不需要横贯整个水面范围，而要留出一段并将两条拦河坝端部顺水流方向修筑挡水坝，三坝形成 U 型围堰，围堰之外仍然可以通水。该方法较导流法的优点是不用增加导流渠的工作量，且围堰用料要比修整个截流坝要省。围堰平面图如图 2-146 及图 2-147 所示。

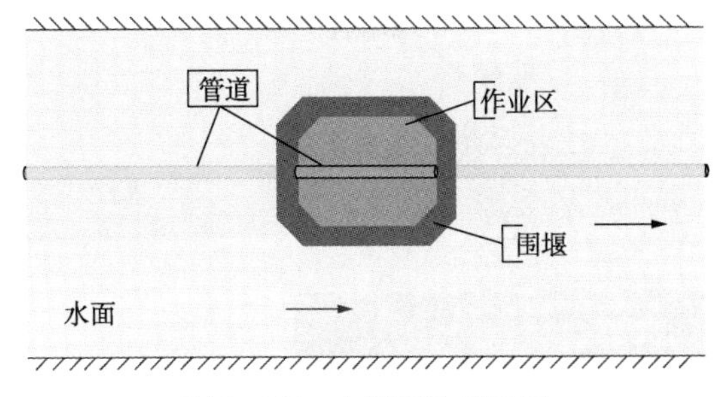

图 2-146　内围堰法平面图

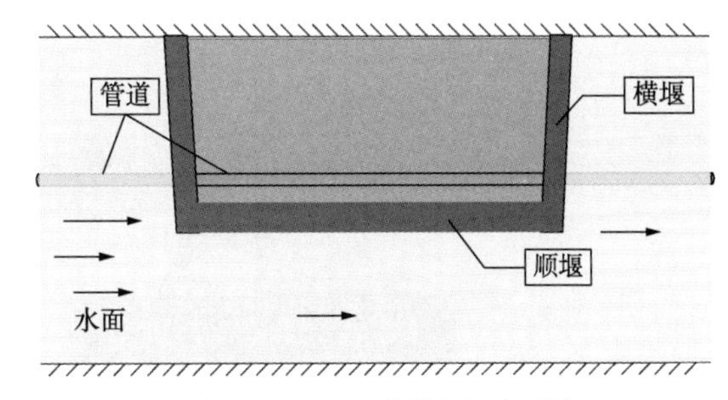

图 2-147　U 型围堰法平面图

围堰平面大小可由以下方法确定：以管沟中心线为中心横向 7m、纵向大于换管段 5m 设置围堰，作业坑的设计为底部宽度 4m，坡度 45°，长度为欲换管长加 3m，深度为管底部下 1m。

（2）施工步骤

施工时采用打钢板桩围堰施工，具体施工措施如下：

① 围堰前的准备：先调查各河涌的涨、退潮情况，以确定围堰施工的具体时间及位置，降低围堰的施工难度；为了吊运钢板桩，需要在钢板桩顶以下 10cm 处的中心位置用气割等方法割开一个洞，洞的直径约为 5cm；当吊运钢板桩时，需将吊线和钢板桩用钩环牢固地连接起来；钢板桩的下部要束上足够的绳子，以确保其在吊装时不会剧烈晃动。

② 打设钢板桩：

a. 安装导向架　通过设置导向架可以确保打桩时的稳定和打桩位置的准确。导向架的结构形式取决于导向架是设置在陆地上还是水上。常用夹紧式导向架。在平行于钢板桩墙定位轴线的两边，每隔 2~4m 打入一个导桩，并在导桩与钢板桩之间附上导梁，如图 2-148 所示。

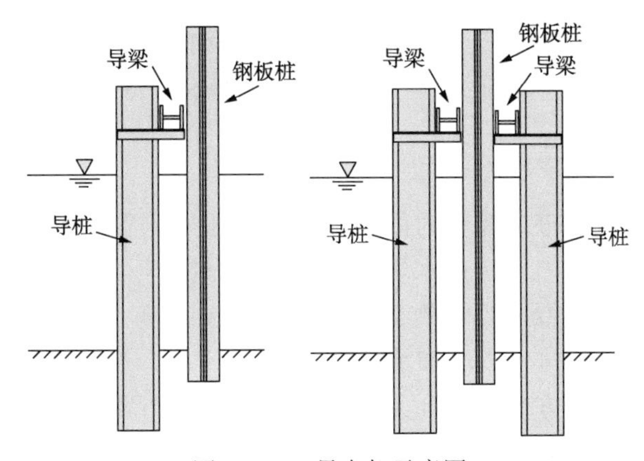

图 2-148　导向架示意图

b. 打钢板桩　对于水深小于 2m 的区域，可采用单排钢板桩围堰，对于水深大于 2m 的区域，可采用双排钢板桩围堰，双排钢板桩围堰采用打设双排正反密扣拉森钢板桩，内填土袋的形式，两排钢板桩间距为 1. 5m。考虑到坝的防渗功能，可在两条坝的迎水面上用无纺布做防渗层。筑坝断面如图 2-149 所示。

③ 围堰加固：钢板桩外用土袋夹黏土筑成围堰；外侧采用砂土袋堆砌，钢板桩与砂土

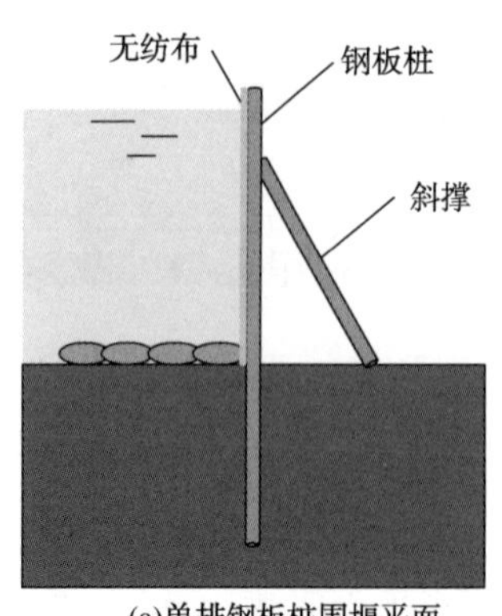

(a)单排钢板桩围堰平面

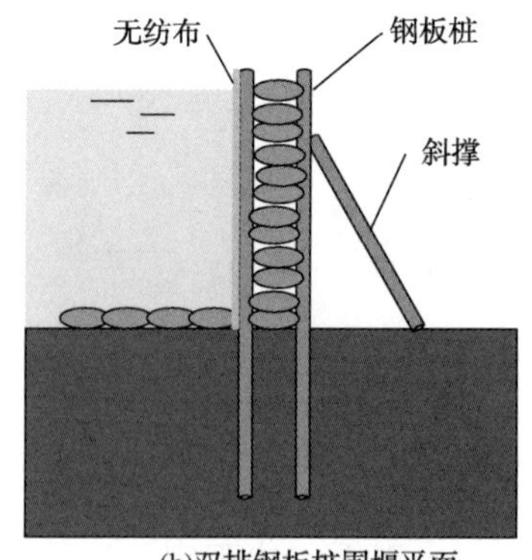

(b)双排钢板桩围堰平面

图 2-149 筑坝断面图

袋间用黏土填实；土袋应采用松散的黏性土，不得含有石块、垃圾、木料等物。

④ 排水：围堰施工完成后，先排除积水，在钢板桩内侧应再筑一条低土堤，防止围堰渗水进入施工面。两侧用集水坑排水，再用水泵把渗水抽走，根据实际采用一定数量的潜水泵或泥浆泵，用发电机 24h 进行供电，直到抢修结束。

⑤ 抢修人员进入抢修现场，统一穿戴好防火防毒面具，组织人工采用铜质工具开挖管道泄漏点抢修操作坑，避免工作时工具与管道金属或石头发生撞击产生火花，引燃管道泄漏出的天然气，危害抢修人员的生命。

⑥ 根据破坏管道泄漏量确定是否需要进行封堵操作，抢修现场在没有对管道泄漏点实施封堵之前，禁止使用机械开挖管道泄漏点抢修操作坑，防止机械工作时出现火花引发大火。

⑦ 根据管道破坏形式确定焊接方案，对其进行修复。

修复工作完成后按设计要求进行回填，拆除围堰钢板桩。拔钢板桩前向围堰内灌水。拔出钢板桩后拆除砂土袋，应由下游开始，由堰顶至堰底，背水面至迎水面，逐步拆除。

5）土石方围堰技术

（1）围堰技术要点

土石方围堰相对于钢板桩围堰较为简单廉价，需额外购置相关围堰设备，仅用装满砂石的编织袋在施工作业区域内修筑挡水墙，然后用水泵抽排干净作业区域内的存水，清净底部淤泥，如时间允许则进行适当晾晒，然后进行干土回填、压实。对于局部承载能力较低的河床敷设枕木或者钢管排，以增加承载力。

其优势在于：所需土石方廉价，且无需额外购置相关围堰设备，能够在一定程度上降低方案预算；堰体发生渗漏时处理方法简单。其劣势在于：围堰耗时较长，抢维修完毕后堰体不易拆除，造成管道占压现象；堰体稳定性较差；围堰过程中砂石若不慎击中管道则带来新的损伤。

（2）施工步骤

土石方围堰施工技术较为简单，与钢板桩围堰过程类似，同样分为围堰前准备、围堰、加固、排水、进场等几大流程。需要注意的是由于土石方围堰容易形成管道占压现象，因此在管道上方投放沙袋时需小心轻放，防止尖锐的石块对管道造成二次损伤，带来新的隐

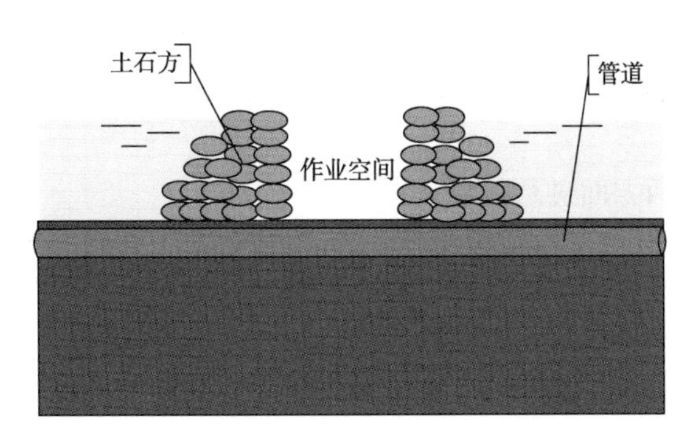

图 2-150　土石方围堰剖面示意图

患。土石方围堰剖面如图 2-150 所示。

6）静压植桩围堰技术

（1）技术要点

传统的动能打桩机就是利用冲击力将桩贯入地层的桩工机械。按照桩锤动力来源不同，常见的打桩设备有落锤打桩机、汽锤打桩机、柴油锤打桩机、液压锤打桩机等。静压植桩机应用了与各类传统型打桩机完全不同的桩基贯入工艺机理。静压植桩机采用的是通过夹住数根已经压入地面的桩(完成桩)，将其拔出阻力作为反力，利用静载荷将下一根桩压入地面的“压入机理”。

钢板桩可用于永久性建筑物的码头、护岸、防波堤、道路挡土墙、止水墙等，也可用于临时性建筑物的挡土墙、双重围堰、筑岛等。高强耐用的钢管板桩和钢管桩，可以应用于河流和港湾的洪水、潮灾的防治、桥墩基础的抗震加固以及桥梁的基础桩等工程。

（2）施工步骤

静压植桩围堰技术所需设备为静压植桩机及其配套的钢板桩、钢管桩等。静压植桩围堰方案的施工步骤如下：

① 清理施工场地，平整路面等，保证施工场地无杂草、碎石等。

② 打设前期夹持钢板桩，利用锤击或震动等方式打设前期夹持钢板桩，将钢板桩打入合适深度，防止因地基松动引起的机体不稳定；如在水中施工，需使用箱式平台搭建临时施工作业面。

③ 利用起重机、吊车等将植桩机架设在已打入地面的钢板桩上，利用静压植桩机的自动喂桩、植桩过程即可实现围堰过程。

④ 与其他围堰过程类似，围堰完成后进行抽水、止水即可进行下一步抢维修工作。

7）螺旋沉桩围堰技术

(1)技术要点

管道发生破坏穿孔引起天然气泄漏事故时，陆地管道的抢维修技术一般分为两种：一种是不停输带压封堵；另一种是停输，放空事故管道之后再进行换管或者带压封堵。陆地管道的抢维修技术直接应用于水淹区管道存在两个技术难点：一是水下不停输带压封堵技术需要一系列配套水下设备以及技术纯熟的潜水员，目前管道运营公司难以满足；二是停输放空之后容易发生管道内进水事故，如抢修完成后再排水无疑大大延长了抢维修时间，管道内大量进水必然给管道安全平稳运行带来巨大隐患。

因此，提出防爆型的围堰方案以及相应设备，可在天然气泄漏环境中进行围堰，待围堰抽水工作完成后再停输放空，可有效防止管道进水事故的发生，提高抢维修工作效率，降低抢维修工作难度。

防爆施工需从以下两方面进行控制：

① 通风　降低现场可燃气体浓度至安全范围内，保证天然气浓度低于0.5%，抢修全过程连续检测可燃气体浓度，现场使用防爆轴流风机强制通风。

② 控制点火源　严格控制明火及电火花，不使用铁制品，所用到的电机电器必须是防爆型。

（2）施工步骤

该方案的施工步骤如下(见图2-151和图2-152)：

① 接到警报，抢维修物资装车运达现场(陆地)，陆地布置与图2-145相同；

② 围堰设备装船，利用驳船、拖船等水上设备将围堰设备运送至管道破坏位置；

③ 沉桩，使用螺旋桩机或射水沉桩方式沉桩，避免撞击电火花；

④ 插板，每个桩体上设计卡槽，将钢板或木板等插入桩体卡槽，桩体与板体结合处使用密封剂密封；

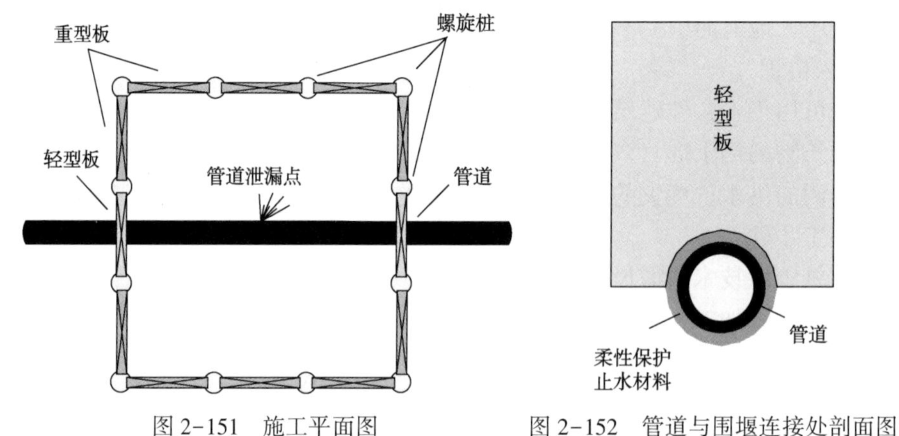

图2-151　施工平面图　　图2-152　管道与围堰连接处剖面图

⑤ 抽水，可使用多个大排量防爆抽水泵、泥浆泵等排出堰体内的水、淤泥等；

⑥ 围堰加固，可使用沙袋、配重袋等在堰内对堰体进行加固，一则可防止抢修过程围堰倾斜倒塌，二则可起到止水防水作用；

⑦ 设备及人员进场，停输或降压，人员进场进行抢修作业。

8）射水沉桩围堰技术

（1）技术要点

射水沉桩是采用高压水流的喷射力将土基冲动后由回流带出地面而成孔，同时利用桩的自重在孔中自然下沉的施工方法。冲孔和沉桩同时进行，边冲孔边沉桩，因高压水的喷射力很强，各种土体都能很快松动。射水沉桩施工以其工期短、投资省、质量好、工艺简单易行等优点在道路交通施工行业广泛采用，是软基处理行之有效的施工方法。

（2）施工步骤

射水沉桩施工方法步骤如下：

施工时，将桩放在设计位置立起来垂直于地面，四周扶好，接着将喷射管对准桩脚处开始射水冲孔，使桩垂直地徐徐下沉。在沉桩过程中，要注意掌握好喷射管的喷口位置，使桩能垂直下沉。如果桩径大，桩身较长，可用吊装机具立桩，待桩沉一段后，再用人力扶桩。人力扶桩较易掌握桩的垂直度，等桩沉至设计深度后，把喷射管慢慢退出(喷灌机要继续运行)，使桩周围空隙再次冲填密实。若在黏土层中施工，要边退管边向孔中填砂土，否则，桩身周围可能密实性较差，固结剪力小，降低桩的承载能力。

射水沉桩一般有内冲内排、内冲外排和外冲外排等。实心桩只能采用外冲外排，空心桩或管桩一般采用内冲内排或内冲外排，口径大的管桩可采用内外冲排。内冲内排法是由水管喷嘴向桩端土层射水，搅动后的泥沙用压缩空气辅助沿桩身内腔从桩顶排出。射水沉桩法的冲排方式如图 2-153 所示。

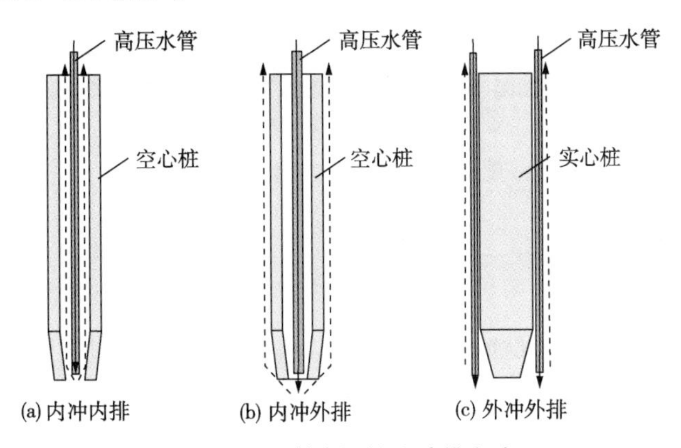

图 2-153　射水沉桩法冲排方式

9）潜水沉舱法

水下作业主要是采用干式舱，建议在干式舱的四周安装高压水枪和强力自吸泥浆泵，高压水枪用于冲开土层、泥沙等，强力泥浆泵用于抽水、泥沙等，在下放安装的过程中，一边开挖一边安装，当管线裸露出来时就可以进行维修了。

对水速超过 1m/s、水深在 10m 以内的河流，采用设计成上面敞口的潜水沉舱，将管子封闭到舱内，排除舱内的水，然后进入干燥的舱内进行修理工作。这种方法的缺点是造价高。沉舱效果图如图 2-154 所示。

10）围堰止水方案

围堰的难点在于保障堰体稳定性及密封性。渗漏可分为地质渗水和接触渗水。地质渗水是因河床土层存在空隙、裂隙、断层等地质情况造成的；接触渗水是因围堰接头不密实和围堰与河床接触不密实造成的。

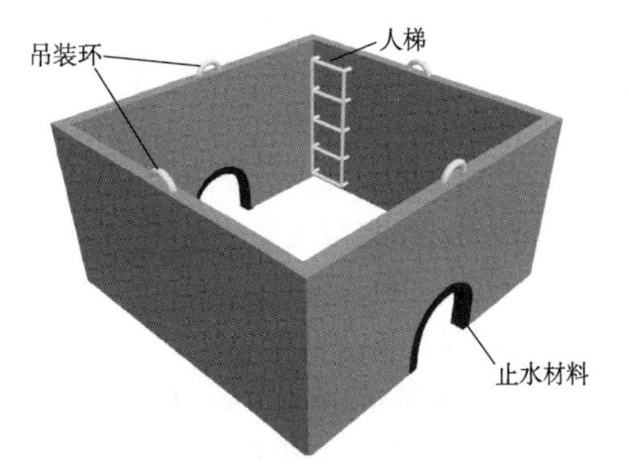

图 2-154　沉舱设计效果图

（1）地质渗水

围堰防渗漏的主要难点在于围堰与河床的接触防渗漏，一方面是由于水淹区河床起伏不平，另一方面则是因为河床淤泥的存在，导致围堰与河床接触不密实。为解决围堰与河床的接触渗漏问题，提出以下方案：

① 堰中堰防渗漏方案

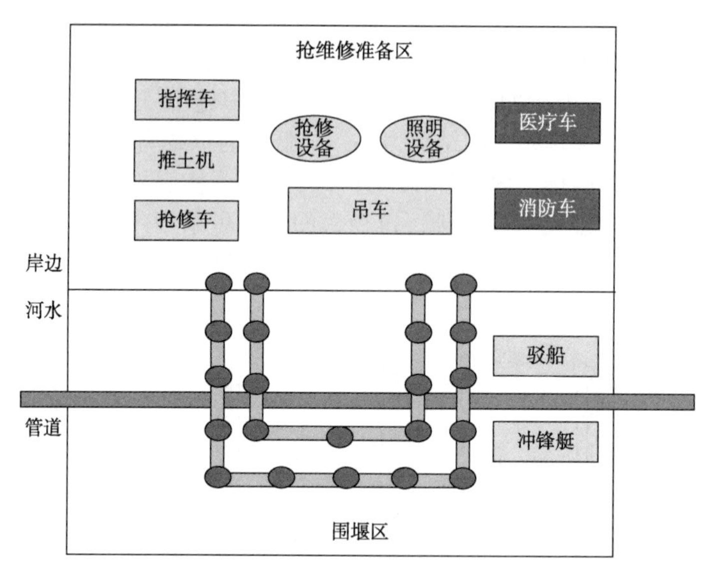

图 2-155　U 型围堰堰中堰示意图

堰中堰是指在原围堰的内部或外部再进行一层围堰，以 U 型围堰为例，其堰中堰方案如图 2-155 所示。当堰中堰围堰完成后，先用泵抽掉堰与堰之间的水，然后根据抽水后的情况采取不同的防渗漏措施：

a. 围堰效果良好，且河床淤泥量少。针对这种情况只需在围堰接头处使用防渗止水材料(围堰接头处的防渗漏也可在围堰时进行)；在围堰与河床接触处加入一些粗砂，利用粗砂的自沉降性质(当渗流通过土体内钢板缝时，水中夹带的细颗粒泥沙逐渐沉积)防渗，同时还可加入沙包对围堰进行加固。

b. 围堰效果较好，少量渗漏，但是河床有大量淤泥。针对这种情况，除做好围堰接头处的防渗漏外，需向淤泥加入水泥系固化剂或生石灰，然后对其进行搅拌，最后将改性后的淤泥堆砌到围堰与河床接触处，起到加固与防渗漏的作用。

c. 围堰效果差，渗漏严重，围堰降水不能形成干燥施工场地。针对这种情况需要用高压旋喷向围堰河床接触处注水泥膏浆来形成堰间板墙状凝结体，板墙状凝结体可以起到加固围堰与防渗漏的作用。

当针对不同情况进行完围堰加固和防渗漏处理后，再抽掉内围堰的水，然后视情况再对内围堰与河床接触处做一定的加固和防渗漏处理。

② 清淤围堰方案

围堰与河床接触不密实的主要原因是有淤泥的存在，因此在设计围堰防渗漏方案时，可以采用围堰之前或同时清淤的方法来防止围堰渗漏。针对不同的淤泥厚度和不同的积水情况，分别采用“进占清淤，跟进换填”和“清淤超前，填筑跟进”的方式进行围堰施工。

在淤泥软土较厚、积水较多的地段，采用“进占清淤，跟进换填”的方式施工，即直接在该部位采用填筑料进占 5~10m，然后反铲退挖清淤，最后进行围堰填筑；在淤泥软土较薄、积水较少的地段，采取“清淤超前，填筑跟进”的方式进行施工，即反铲超前清淤10~30m后，跟进进行围堰填筑。在采取这两种方式施工的过程中，必须确保水下部分填筑的土体厚度能够满足打桩插围堰板的承力要求。完成围堰后，在围堰与河床接触处加入一些粗砂，利用粗砂的自沉降性质加强围堰防渗漏处理。

（2）接触渗水

围堰接头接触渗水的出现可能是由于钢板桩设计接头不密实，水压、腐蚀等导致钢板桩接头变形等原因造成的。因此提出填充防渗漏材料、防水布覆盖等方案。围堰接头处充填止渗材料，如遇水膨胀橡胶、聚氨酯灌浆材料等；还可以利用防水布进行防渗漏处理。

围堰与管道接触渗水的原因一般是淤泥含水量过高或软基过于松软。利用淤泥软基的排水固结特性，即淤泥过载承压时水分会随时间逐渐排出的特性，可使用吹填牛皮砂加固地基的止渗措施。充分利用牛皮砂良好的不透水性和弹塑性，在围堰与管道交界处大范围抛填牛皮砂，增大围堰基础的受力面积，以达到提高基础承载力的要求，以期解决软土地基围堰稳定性和整体性差的问题。

4. 水淹区管道抢维修相关设备及预算

1）设备概况

油气管道抢维修作业所需设备种类繁多，涉及管沟开挖与支护设备、抢险抢修设备、泄漏处理与环保设备、抢修辅助设备及野营装具、消防及个人防护装具、检测仪表、站场设备检修工具设备、指挥通信设备和抢维修装备运载工具等类型。

2）管道修复通用设备

管道修复通用设备指的是抢维修工作中各种必需设备，即无论是埋地管道的抢维修还是水下管道的抢维修都需要用到的设备，这些设备抢维修队(中心)一般都有配备。通用设备包括运载设备、起重设备、发电机、切管机、焊接设备、抽水泵、风机、运管机以及其他手持工具等。抢维修物资包括修复过程中需要用到的卡具、检测仪表、防护设备等。

3）水淹区管道修复专用设备

（1）围堰设备

① 钢板桩　钢板桩是通过热轧或者冷弯工艺轧制成片状的钢桩体，桩与桩之间通过锁口相扣连成整体，以承受水平力为主的挡土、水的围护结构。钢板桩在大型管道敷设、临时沟渠开挖的挡土、挡水及码头、护墙、挡土墙堤防护岸等工程中发挥着重要作用。钢板桩的优点：可以重复使用、造价低、环保无污染、施工简便、作业高效。

钢板桩长度根据现场实际情况定制，其长度L满足下式：

$$L \geqslant H+l+h \tag{2-160}$$

式中：L为钢板桩长度，m；H为水深，m；l为钢板桩河床以下长度，一般取3m；h为钢板桩高于水面的高度，一般取0.5m。

② 钢管桩　钢管板桩、钢管桩支护结构具有以下特点：相对于钢板桩，钢管板桩、钢管桩的截面刚性和抗弯刚度高；工程适用性好；通过在钢管板桩锁口部注入砂浆，可以形成具有高止水性能的钢管板桩支护结构；规格众多，选择性强；承载能力大；桩长容易调整，经济效益高；挤土有限。

③ 打桩锤　表2-72为各种打桩锤的工作原理、施工条件以及优缺点对比。

表 2-72　打桩锤对比一览表

		锤击法				振动法
		柴油锤	蒸汽锤	液压锤	落锤	振动锤
工作原理		蒸汽带动活塞循环运转造成桩锤强制下落	蒸汽带动活塞循环运转造成桩锤强制下落	液压带动活塞循环运转造成桩锤强制或自由下落	通过卷扬机使桩锤因自重而自由落下	桩锤的上下振动力
适用的钢板桩类型		所有类型	所有类型	所有类型	所有类型	所有类型
施工条件	设施规模	大	大	大	小	大
	噪声	大	大	中	中	中
	振动	大	大	大	中	大
	耗能	大	大	大	小	大
	施工速度	快	快	快	慢	慢
优点		工作效率高	打桩力可调	打桩力可调	打桩力可调；打桩设施简单	打桩和拔桩均可
缺点		噪声和振动较大；润滑油飞散	噪声和振动较大	振动较大	工作效率低	噪声和振动较大

④ 静力植桩机　传统的动能打桩机就是利用冲击力将桩贯入地层的桩工机械。按照桩锤动力来源不同，常见的打桩设备有落锤打桩机、汽锤打桩机、柴油锤打桩机、液压锤打桩机等。静压植桩机应用了与各类传统型打桩机完全不同的桩基贯入工艺机理，它采用的是通过夹住数根已经压入地面的桩(完成桩)，将其拔出阻力作为反力，利用静载荷将下一根桩压入地面的“压入机理”。

⑤ 其他辅助机具物品　在进行围堰、施工便道修筑、排水、作业带开拓时需要用到的其他辅助机具物品包括土工布、土工栅格以及土工格室等。水网、淤泥地段土质松软，如不事先开拓施工作业带并进行加固，则施工设备及材料将难以进入现场。为此，在作业带开拓及加固中采用表 2-73 所示的辅助机具物品。

表 2-73　围堰辅助机具物品

编　号	设备名称	用　途
1	土工布	隔离、防护
2	土工栅格	增大软弱地基的承载能力，使大型设备可以通过
3	土工格室	增大软弱地基的承载能力，使大型设备可以通过
4	道木排	临时道路敷设
5	快速路面	开辟临时道路

(2) 运载设备

按照油气管道抢维修任务特点和作业需要，作业人员和装备应全部实现车载化。可根据管道所处的地域、环境特点以及装备种类和数量，利用运载卡车、越野骑车、特种车、水陆两栖车等完成装备、人员运载，并可配置或租用适当数量的油罐车、消防车、水面作业船只、装载机(吊车)等专用工程车辆。

运载设备包括陆地运载与水上运载。陆地运载设备与常规抢维修运载无异，水上运载设备负责将抢维修设备机具自岸边运送至管道破坏处，包括冲锋艇、驳船、拖船等(见表2-74)。另外钢围堰施工最重要的一个环节就是钢板桩的打设，其施工质量直接影响到围堰的成型及密封性能。驳载体是承载打桩设备的临时设备，驳载体可根据所处地段的实际情况，采用驳船或者浮箱拼接而成。水深较大的可通航地段宜采用驳船，不可通航地段宜采用多功能浮箱拼装而成。为保证打桩的顺利进行，驳载体必须有相当的稳定性及承载能力。在条件允许的情况下，驳载体面积宜较大，这样才能保证一定的稳定性，并要留有一定的安全裕量，一般情况下，浮力安全系数应在1.5~2.5之间。

表2-74　运载设备一览表

编号	设备名称	用　途	备　注
1	冲锋艇	牵引小型抢修设备通过河面，到达围堰处	
2	驳船	为挖掘机或起重机等提供支撑，便于水上操作	设备简单、吃水浅、载货量大
3	拖船	为驳船提供动力	

此外，其他如消防及个人防护装具、检测仪表、指挥通信设备等与陆上埋地管道相同，此处不再赘述。另外抢维修作业中所需如挖掘机、综合焊接车、履带式、运管车、油罐车、消防车、装载机等专用工程车辆可作为站场固定配置装备或就地租用。

(3) 防泄漏及堰体止水材料

在抢维修工作实施前，需要对正在泄漏的管道进行包裹，尽量降低其泄漏速率，保障施工安全；在围堰施工中，需要对堰体之间的缝隙进行堵漏，防止堰体渗水。针对水利工程领域应用较为广泛的各种防渗漏材料进行对比分析，比较适合的防泄漏及堰体止水材料有以下几种：凯夫拉纤维、SBS改性沥青、遇水膨胀橡胶、聚氨酯灌浆材料、防水布等。

4) 抢维修方案预算

(1) 通用设备

通用设备指的是无论何种地形的管道抢维修都可能会用到的设备，包括运输设备、管沟开挖设备、切割设备、焊接设备、封堵设备、发电机、抽水泵、轴流风机、检测检验仪表、人员防护设备、其他工具等。对水淹区管道抢维修方案过程中必不可少的设备进行分析汇总，主要包括水上运载设备、围堰设备和材料、排水设备、止渗材料以及软基处理材料等专用于水淹区管道抢维修的设备和物资，不包括抢维修通用设备和物资；然后按照相关设备汇总表得出方案预算计算公式，结合预估管道破坏长度、事故地点水深以及设备材料市价可得出具体预算金额。

(2) 专用设备

水淹区抢维修专用设备包括上面提到的围堰设备、水上运载设备以及防泄漏止水材料等。

总体方案预算 C_y 可分为两部分，一部分为设备费 C_e，另一部分为材料费 C_m，单位为万元，设备费包括围堰设备的购置、运载设备的租用等，材料费包括防渗止水材料的购置、临时路面材料的购置等。

假设河水深度为 H(m)，管道破坏长度为 L(m)，按照围堰平面设置原则(以管沟中心线为中心横向 7m、纵向大于换管段 5m 设置围堰)，所需围堰长度为：

$$7\times2\times2+(L+5+5)\times2=48+2L$$

下面以钢板桩围堰、土石方围堰、静压植桩围堰等为例详述方案预算的计算过程，其他方案预算可参照此过程。

① 钢板桩围堰

钢板桩围堰需要采购或租用钢板桩、打桩设备、相应的临时水上作业平台等设备，以及相应的防渗止水材料、临时路面材料、堰体支护材料等，因此钢板桩围堰所需花费计算公式为：

$$C_y=C_e+C_m \tag{2-161}$$

计算围堰所需钢板桩质量 M(t)，已知围堰长度为(48+2L)，假设所选用的钢板桩宽度为 w(m)，长度为 l(m)，理论质量为 m(kg/m)，以上参数可查询钢板桩型号参数表，最后得出所需钢板桩质量计算公式为：

$$M=\frac{(48+2L)}{1000w}\times l\times m \tag{2-162}$$

设钢板桩的购置费用为 c 万元/吨，则可得出钢板桩的购置费用 C_{e1} 为：

$$C_{e1}=\frac{(48+2L)}{1000w}\times l\times m\times c \tag{2-163}$$

钢板桩围堰的必要设备如打桩机、驳船、快艇等的租用费用分别为 C_{e2}、C_{e3}、C_{e4} 等，则钢板桩围堰的总体花费计算公式为：

$$C_y=\sum C_{ei}+C_m \tag{2-164}$$

② 土石方围堰预算

土石方围堰无需特别采购相关设备，仅依靠抢维修队现有相关设备，加上土石、沙袋及租用的相关的水上运输设备、防渗漏材料、临时路面等材料即可完成，因此有：

$$C_y=C_e+C_m$$

所需土石方由围堰长度、围堰高度(至少高于河水深度 0.5m)及围堰宽度共同决定，设围堰宽度为 W(m)，则土石方围堰的体积为：

$$V=W\cdot(H+0.5)\cdot(48+2L) \tag{2-165}$$

设当地土石方采购单价为 c 万元/立方米，则土石方的采购价 C_{m1} 为：

$$C_{m1}=c\cdot W\cdot(H+0.5)\cdot(48+2L) \tag{2-166}$$

最后，再加上必要的防渗漏材料、临时路面等材料费 C_{m2}、C_{m3}，以及相应的设备租用费 C_{e1}、C_{e2}等，即可计算出土石方围堰所需花费为：

$$C_y=\sum C_{ei}+C_{mi} \tag{2-167}$$

③ 静压植桩围堰

静压植桩围堰统一需要采购或租用钢板桩或钢管桩，同时还需要采购或租用静压植桩机、起重机、驳船、快艇等设备，以及相应的防渗止水材料、临时路面材料、堰体支护材料等，因此其所需花费计算公式为：

$$C_y = C_e + C_m$$

如采用钢板桩围堰，则钢板桩购置费用计算与前文一致。如采用钢管桩围堰，设每米宽墙钢管桩重量为m(kg/m)，所使用的钢管桩长度为l，其购置费用为c万元/吨，则所需钢管桩花费计算公式为：

$$C_{e1} = \frac{m \cdot l \cdot c \cdot (48+2L)}{1000} \tag{2-168}$$

静压植桩机、起重机、驳船、快艇等设备所需花费分别为C_{e2}、C_{e3}、C_{e4}、C_{e5}，则静压植桩围堰的总体花费计算公式为：

$$C_y = \sum C_{ei} + C_m$$

④ 螺旋沉桩围堰

该方案包括螺旋桩机的购置费用C_{e1}，桩体、板体的购置费用C_{e2}，起重机、驳船、快艇等设备的租用费用C_{e3}、C_{e4}、C_{e5}，以及相应的防渗止水材料、临时路面材料、堰体支护材料等费用，因此其所需花费计算公式为：

$$C_y = \sum C_{ei} + C_m$$

⑤ 射水沉桩围堰

该方法所需射水机可利用现有工具自制，主要花费即桩体的费用，计算方法与静压植桩围堰方法中的钢管桩计算方法一致。加上必要的防渗止水材料、临时路面材料、堰体支护材料等，其所需花费计算公式为：

$$C_y = \sum C_{ei} + C_m$$

⑥ 潜水沉舱法

该方法主要花费包括沉舱制造费，相关起重设备、驳船等的租用费，加上必要的防渗止水材料、临时路面材料等，其所需花费计算公式为：

$$C_y = \sum C_{ei} + C_m$$

(3) 预算统计表

根据水淹区管道抢维修方案所需设备制定了预算表(见表2-75)，该表格中仅包含水淹区管道抢维修过程中某种方案的所必须设备，不包括抢维修队已配备的通用设备，不包括人工费，不包括抢维修工作对环境造成污染后的赔偿费。

表2-75　水淹区管道抢维修方案预算统计表

抢维修方案	物资/设备	备　注	预算计算方法(万元)
钢板桩围堰	钢板桩	一般钢材厂有售(按设计定制)	$C_{e1}=\frac{(48+2L)}{1000w}\times l\times m\times c$
	打桩船	打桩船可用驳船和打桩设备组装而成	C_{e2}
	抽水泵	根据实际采用一定比例的潜水泵或泥浆泵	C_{e3}
	水上平台/浮箱	水深较浅区域可利用浮箱等设备搭建水上平台	C_{e4}
	驳船/快艇	驳船和快艇可在沿河港口租赁；备有六人座带后甲板的MF610快艇	C_{e5}

续表

抢维修方案	物资/设备	备　注	预算计算方法(万元)
钢板桩围堰	辅助材料	包括止渗、软基处理、临时进场道路搭建材料等	C_m
	$C_y = \sum C_{ei} + C_m$		
土石方围堰	土石方	当地沙石、土石等，可就地取材或购置	$C_{m1} = c \cdot W \cdot (H+0.5) \cdot (48+2L)$
	沙袋	聚乙烯或聚丙烯编织袋	C_{m2}
	拖船	可在沿河港口租赁	C_{e1}
	抽水泵	根据实际采用一定比例的潜水泵或泥浆泵	C_{e2}
	快艇	六人座带后甲板的 MF610 快艇	C_{e3}
	辅助材料	包括止渗、软基处理、临时进场道路搭建材料等	C_{m3}
	$C_y = \sum C_{ei} + C_{mi}$		
静压植桩围堰	钢板/管桩	一般钢材厂有售(按设计定制)	$C_{e1} = \dfrac{m \cdot l \cdot c \cdot (48+2L)}{1000}$
	静压植桩机	日本原装进口	C_{e2}
	抽水泵	根据实际采用一定比例的潜水泵或泥浆泵	C_{e3}
	起重机	当地起重机租赁公司租用	C_{e4}
	驳船/快艇	驳船和快艇可在沿河港口租赁；备有六人座带后甲板的 MF610 快艇	C_{e5}
	辅助材料	包括止渗、软基处理、临时进场道路搭建材料等	C_m
	$C_y = \sum C_{ei} + C_m$		
螺旋沉桩围堰	钢管桩	一般钢材厂有售(按设计定制)	$C_{e1} = \dfrac{m \cdot l \cdot c \cdot (48+2L)}{1000}$
	板材	普通钢板	C_{e2}
	防爆螺旋桩机	普通螺旋桩机达不到防爆要求，需要根据方案设计定制防爆螺旋桩机	C_{e3}
	防爆抽水泵/防爆风机	按方案要求定制相应的防爆潜水泵和泥浆泵以及风机	C_{e4}
	水上平台/浮箱	水深较浅区域可利用浮箱等设备搭建水上平台	C_{e5}
	驳船/快艇	驳船和快艇可在沿河港口租赁；备有六人座带后甲板的 MF610 快艇	C_{e5}
	辅助材料	包括止渗、软基处理、临时进场道路搭建材料和防爆涂层等	C_m
	$C_y = \sum C_{ei} + C_m$		

续表

抢维修方案	物资/设备	备　注	预算计算方法(万元)
射水沉桩围堰	钢管桩	一般钢材厂有售(按设计定制)	$C_{e1}=\frac{m\cdot l\cdot c\cdot(48+2L)}{1000}$
	防爆射水机	需根据方案设计定制防爆射水机	C_{e2}
	防爆抽水泵/防爆风机	按方案要求定制相应的防爆潜水泵和泥浆泵以及风机	C_{e3}
	水上平台/浮箱	水深较浅区域可利用浮箱等设备搭建水上平台	C_{e4}
	驳船/快艇	驳船和快艇可在沿河港口租赁；备有六人座带后甲板的 MF610 快艇	C_{e5}
	辅助材料	包括止渗、软基处理、临时进场道路搭建材料和防爆涂层等	C_m
	$C_y=\sum C_{ei}+C_m$		
潜水沉舱	干式舱	根据方案要求自主设计定制	C_{e1}
	高压水枪	高压射流清淤水枪	C_{e2}
	抽水泵	根据实际采用一定比例的潜水泵或泥浆泵	C_{e3}
	大型吊装设备	可向当地大型吊装设备公司租用	C_{e4}
	驳船/快艇	驳船和快艇可在沿河港口租赁；备有六人座带后甲板的 MF610 快艇	C_{e5}
	辅助材料	包括止渗、软基处理、临时进场道路搭建材料等	C_m
	$C_y=\sum C_{ei}+C_m$		

通过对比分析技术，可得出六种方案的预算排序为：C(土石方围堰)<C(钢板桩围堰)<C(射水沉桩围堰)<C(螺旋沉桩围堰)<C(潜水沉舱)<C(静压植桩法)。

土石方围堰因无需外购相关设备，因此预算最少；钢板桩围堰、射水沉桩围堰及螺旋沉桩围堰因需采购钢板桩、钢管桩等相关围堰材料，预算高于土石方围堰；潜水沉舱的干式舱设计研制较贵，且方案实施时由于体积庞大需要配备大型吊装设备；静压植桩法需要购买国外先进静植桩机，价格昂贵，因此预算最高。

5. 水淹区管道抢维修过程风险辨识及评价方法

1）抢维修过程风险因素识别

水淹区管道抢维修过程风险可归结为环境风险、人员风险、设备风险、管理风险四大类，如图 2-156 所示。

2）抢维修过程风险评价模型

(1) 风险评价指标体系建立

由鱼骨图法辨识结果可得知，水淹区管道抢维修过程风险因素多、演化路径复杂、作

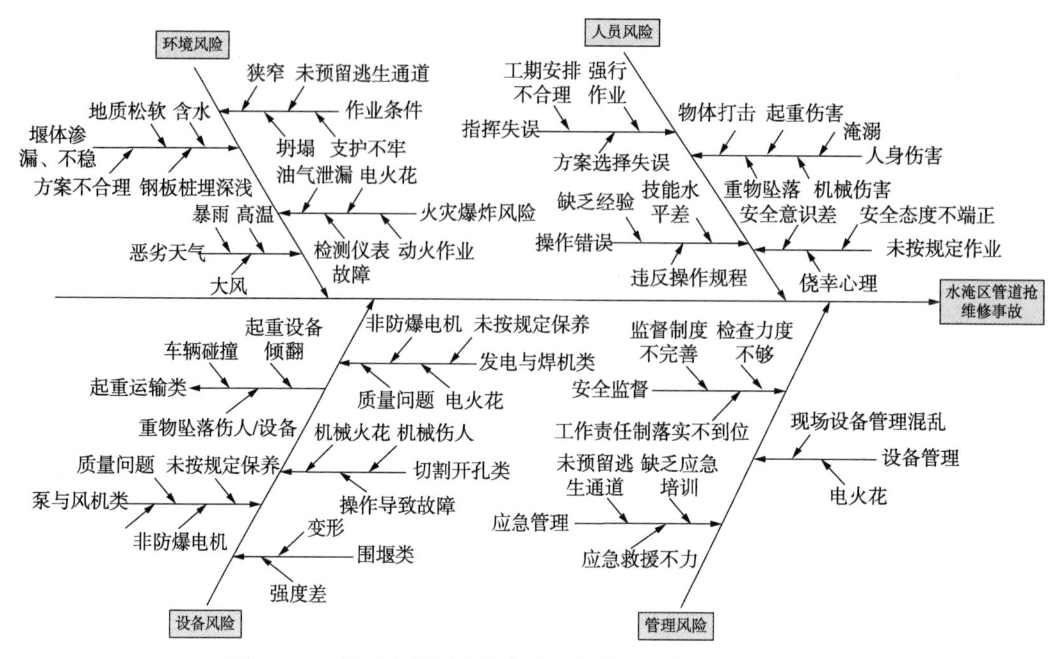

图 2-156　基于鱼骨图法的水淹区管道抢维修过程风险辨识

业条件苛刻、设备众多、操作人员密度高，危险能量和导致危险能量释放的因素较多，如不能采取合理的措施进行事故预防和控制，一旦发生事故，必将造成无法挽回的损失。抢维修过程风险评价模型意在评价抢维修过程风险，同时对六种抢维修方案进行风险评价并排序，从而评价出施工过程风险性最小的方案，对方案的选择提供参考指导。水淹区管道抢维修过程风险评价指标体系如图 2-157 所示。

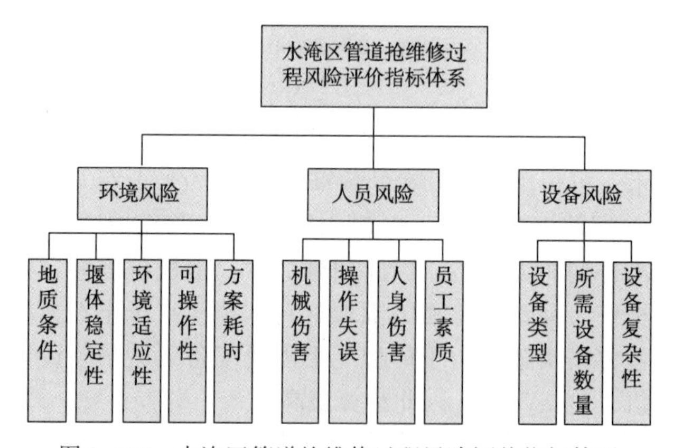

图 2-157　水淹区管道抢维修过程风险评价指标体系

（2）未确知测度模型评价程序

抢维修过程风险评价是应用科学合理的评价方法，通过对影响抢维修过程的各个因素分别进行评价分析，确定抢维修过程风险级别。把抢维修过程风险影响因素划分为三类，即环境因素、人员因素和设备因素。首先建立以这三类评价因素为单元的评价空间，划分各评价指标的危险等级，并构造相应的单指标未确知测度函数，然后根据评价对象的实际情况确定各评价指标的评价值，结合未确知测度函数算出各指标的未确知测度值，最终采用置信度识别准则进行识别，判断评价对象属于哪一类危险等级，其程序如图 2-158 所示。

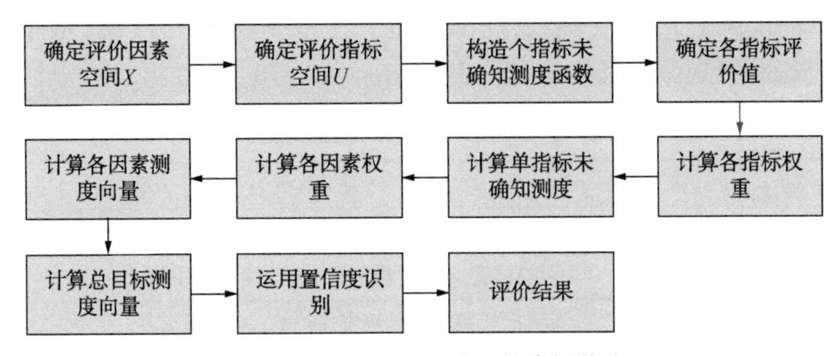

图 2-158　未确知测度模型综合评价流程

（3）抢维修过程风险等级划分

在建立抢维修过程综合评价模型过程中，需要对抢维修过程危险性进行等级划分，以抢维修过程危险等级作为参照标准来衡量危险程度，并对危险性进行比较。评价等级是评判者对评判对象可能的各种结果所组成的集合，设有 m 种评价结果所构成的评价等级，通常用 V 来表示，$V=\{v_1, v_2, \cdots, v_m\}$，$v_i(i=1, 2, \cdots, m)$代表各个可能的评价结果。对于不同的评价体系，一般具有不同的评价等级。对评价等级的划分目前尚未形成公认准则。评价指标特性和评价等级数划分为多少，是一个涉及相应规范、已有方法及实践经验等多方面因素的问题。评价等级数量划分得太少，不利于真实合理地反映危险性情况；评价等级划分得太多，则会加大确定等级间界限的难度。

综合考虑水淹区地质环境因素、抢维修过程风险性质等因素，将水淹区管道的抢维修风险划分为 3 级，即：

Ⅰ级—无风险，抢维修工作可按操作规程顺利进行；

Ⅱ级—中等风险，下一步的抢维修工作应与该危险状态下的防控措施同步进行，保证危险程度不再上升；

Ⅲ级—高度风险，必须立即停止作业并进行相应的降低风险的措施。

（4）抢维修过程风险综合评价指标分级标准

在抢维修过程风险评价过程中的定性指标无法直接参与评价，需要通过特定的处理方法将定性指标转化为定量指标，方能进行指标的综合评价，且转化后的指标不会影响评价结果。因此采用分级标准量化法，根据一定的规则，分段对指标赋值。例如，采用分段 5 区间方法处理时，可按下式进行定量化计算：

$$x_{ij}=\begin{cases} a, & A_{ij}=Text_1 \\ b, & A_{ij}=Text_2 \\ c, & A_{ij}=Text_3 \\ d, & A_{ij}=Text_4 \\ e, & A_{ij}=Text_5 \end{cases} \tag{2-169}$$

式中：$a \sim e$ 为常数，可根据实际情况，如按 1-3-5-7-9 等方式来确定；A_{ij}表示第 i 类

第 j 个定性指标的原始状态描述；$Text_1 \sim Text_5$ 表示“优秀”“良好”等。

推荐采用分级标准量化法，将每个指标分为 3 级(即Ⅰ级、Ⅱ级、Ⅲ级，分别表示无风险、中等风险、高度风险)，每一个级别都规定一个取值标准和数值(数值建议取 1、3、5)。将各指标进行等级划分，具体情况见表 2-76～表 2-78。

表 2-76　环境风险评价指标分级标准

评价指标	分　级	评分标准	取值范围
地质条件	Ⅰ级	地质条件稳定，含水量较低	1
	Ⅱ级	地质条件稳定性一般，含水量中等	3
	Ⅲ级	地质条件稳定性较差，含水量高	5
堰体稳定性	Ⅰ级	堰体十分稳定	1
	Ⅱ级	堰体稳定性一般	3
	Ⅲ级	堰体稳定性较差	5
环境适应性	Ⅰ级	抢维修方案环境适应性强	1
	Ⅱ级	抢维修方案环境适应性一般	3
	Ⅲ级	抢维修方案环境适应性差	5
可操作性	Ⅰ级	抢维修方案操作性强	1
	Ⅱ级	抢维修方案操作性一般	3
	Ⅲ级	抢维修方案操作性差	5
方案耗时	Ⅰ级	抢维修方案快速，耗时短	1
	Ⅱ级	抢维修方案较快，所耗时长一般	3
	Ⅲ级	抢维修方案较慢，所耗时长较长	5

表 2-77　人员风险评价指标分级标准

评价指标	分　级	评分标准	取值范围
机械伤害	Ⅰ级	发生机械伤害的概率小	1
	Ⅱ级	发生机械伤害的概率一般	3
	Ⅲ级	发生机械伤害的概率大	5
操作失误	Ⅰ级	发生操作失误的概率小	1
	Ⅱ级	发生操作失误的概率一般	3
	Ⅲ级	发生操作失误的概率大	5
人身伤害	Ⅰ级	发生人身伤害事故的概率小	1
	Ⅱ级	发生人身伤害事故的概率一般	3
	Ⅲ级	发生人身伤害事故的概率大	5
员工素质	Ⅰ级	员工素质高，技术熟练	1
	Ⅱ级	员工素质一般，技术一般	3
	Ⅲ级	员工素质差，技术差	5

表 2-78　设备风险评价指标分级标准

评价指标	分　级	评分标准	取值范围
设备类型	Ⅰ级	所需设备类型种类简单	1
	Ⅱ级	所需设备类型种类一般	3
	Ⅲ级	所需设备类型种类多	5
所需设备数量	Ⅰ级	所需设备数量较少	1
	Ⅱ级	所需设备数量多	3
	Ⅲ级	所需设备数量十分多	5
设备复杂性	Ⅰ级	设备复杂程度低	1
	Ⅱ级	设备复杂程度一般	3
	Ⅲ级	设备复杂程度高	5

(5) 层次分析法评价步骤及指标权重计算

层次分析法的目的是确定指标的权重系数，即首先把一个系统分成若干层次，然后选取恰当的指标，计算出每个指标的权重系数。层次分析法的主要步骤如下：

① 建立指标体系

应用层次分析法之前要先构建一个有层次的结构模型。层次分析法模型的层次结构大致可以分为三层，即目标层、准则层、指标层。

② 构造判断矩阵

构造判断矩阵前必须进行标度的设置，标度是指事物之间比较量化的结果。层次分析法中一般采用1~9标度法，用数值来表示每个层次上的两个指标相对于上一层次的相对重要性程度，如表2-79所示。

表 2-79　判断矩阵的标度及其含义

标　度	含　义
1	比较两个元素，具有同等重要性
3	比较两个元素，前者比后者稍微重要
5	比较两个元素，前者比后者明显重要
7	比较两个元素，前者比后者强烈重要
9	比较两个元素，前者比后者极端重要
2,4,6,8	表示上述相邻判断的中间值

假设要比较 n 个指标 $X=\{x_1, x_2, \cdots, x_n\}$ 对某因素 Q 的影响，采取对因子两两比较建立判断矩阵，每次选取两个因子 x_i 和 x_j，用 a_{ij} 表示 x_i 和 x_j 的相对重要度之比，比较结果用矩阵 $A=(a_{ij})_{m\times n}$ 表示，则矩阵 A 为 $Q-X$ 的判断矩阵。

判断矩阵 $A=(a_{ij})_{m\times n}$，对于任意 i，$j=1, 2, \cdots, n$ 具有以下特性：

$$a_{ij}>0,\ a_{ij}=\frac{1}{a_{j\,i}},\ a_{ii}=1 \tag{2-170}$$

③ 确定权重

构造出判断矩阵$A=(a_{ij})_{m\times n}$后要进一步计算各指标的相对权重。根据特征根法，当矩阵A为一致性矩阵时，其最大特征值对应的最大特征向量归一化后就是各指标的相对权重。求取判断矩阵的最大特征值及其对应的特征向量的方法有很多种，推荐使用和法进行计算，步骤如下：

a. 对矩阵A进行按列归一化处理，得到矩阵$B=(b_{ij})_{m\times n}$。

$$b_{ij}=\frac{a_{ij}}{\sum_{i=1}^{n}a_{ij}}\quad(i,\ j=1,\ 2,\ \cdots,\ n)\tag{2-171}$$

b. 将矩阵B按行相加，得到向量$W=(W_1,\ W_2,\ \cdots,\ W_n)^T$。

$$W_i=\sum_{j=1}^{n}b_{ij}\quad(i=1,\ 2,\ \cdots,\ n)\tag{2-172}$$

c. 将向量W进行归一化处理，得到权重向量$\overline{W_i}$。

$$\overline{W_i}=\frac{W_i}{\sum_{i=1}^{n}W_i}\quad(i=1,\ 2,\ \cdots,\ n)\tag{2-173}$$

d. 计算矩阵A的最大特征值λ_{max}。

$$\lambda_{max}=\sum_{i=1}^{n}\frac{A\overline{W_i}}{n(\overline{W_i})_i}\quad(i=1,\ 2,\ \cdots,\ n)\tag{2-174}$$

④ 一致性检验

标度法构建的判断矩阵A受到人为因素的影响，可能存在逻辑错误，导致判断矩阵的不一致性。理论上当判断完全一致时，最大特征根$\lambda_{max}=n$，但这在实际情况中不可能出现，所以计算中λ_{max}的值无限接近于n时，就认为判断矩阵是一致的。计算公式如下：

$$CI=\frac{\lambda_{max}-n}{n-1}\tag{2-175}$$

式中：n为矩阵的阶数。

从式(2-175)可以看出，一致性与矩阵的阶数相关，阶数越大，越难达到一致性，所以要对CI进行修正。T. L. Satyt 提出的平均随机一致性指标RI(Random Index)修正方法应用最为广泛，平均一致性指标RI如表2-80所示。一致性比率的计算公式如下：

$$CR=\frac{CI}{RI}\tag{2-176}$$

当一致性比率$CR<0.1$时，认为判断矩阵A具有一致性，否则应该对判断矩阵进行修正或者重新构造。

表2-80　平均随机一致性指标*RI*取值表

阶数	1	2	3	4	5	6	7	8	9	10
RI	0.00	0.00	0.52	0.90	1.12	1.24	1.35	1.42	1.46	1.49

水淹区管道抢维修过程风险评价指标体系如图2-157所示，要针对每种方案计算风险大小，按照层次分析法步骤对评价指标权重进行计算。各层指标判断矩阵及权重计算结果见表2-81~表2-84。

表 2-81　一级指标判断矩阵及权重

	环境风险	人员风险	设备风险	权重 W	最大特征值 λ_{max}
环境风险	1	2	2	0.4934	3.0536
人员风险	1/2	1	2	0.3108	
设备风险	1/2	1/2	1	0.1958	

表 2-82　二级指标判断矩阵及权重(1)

	地质条件	堰体稳定性	环境适应性	可操作性	方案耗时	权重 W_1	最大特征值 λ_{max}
地质条件	1	1/2	1/2	1/2	1	0.1262	5.0209
堰体稳定性	2	1	1.5	1.5	2	0.2959	
环境适应性	2	2/3	1	1	1.5	0.2187	
可操作性	2	2/3	1	1	1.5	0.2187	
方案耗时	1	1/2	2/3	2/3	1	0.1407	

表 2-83　二级指标判断矩阵及权重(2)

	机械伤害	操作失误	人身伤害	员工素质	权重 W_2	最大特征值 λ_{max}
机械伤害	1	1/3	1/4	1/2	0.0983	4.0206
操作失误	3	1	1/2	1.5	0.2676	
人身伤害	4	2	1	2	0.4375	
员工素质	2	2/3	1/2	1	0.1966	

表 2-84　二级指标判断矩阵及权重(3)

	设备类型	所需设备数量	设备复杂性	权重 W_3	最大特征值 λ_{max}
设备类型	1	1/2	1/3	0.1571	3.0536
所需设备数量	2	1	1/3	0.2493	
设备复杂性	3	3	1	0.5936	

(6) 抢维修过程风险评价未确知测度模型

用未确知集合描述“不确定性”现象时，关键在于构造合理的未确知测度函数。直线型未确知测度函数是应用最广、最简单的测度函数，在各个领域方面均得到了广泛应用，故采用直线型未确知测度函数。直线型未确知测度函数如图 2-159 所示，其表达式如下：

$$\begin{cases} \mu_i(x)=\begin{cases} \dfrac{-x}{a_{i+1}-a_i}+\dfrac{a_{i+1}}{a_{i+1}-a_i} & (a_i<x\leqslant a_{i+1}) \\ 0 & (x>a_{i+1}) \end{cases} \\ \mu_{i+1}(x)=\begin{cases} 0 & (x\leqslant a_i) \\ \dfrac{-x}{a_{i+1}-a_i}+\dfrac{a_{i+1}}{a_{i+1}-a_i} & (a_i<x\leqslant a_{i+1}) \end{cases} \end{cases} \tag{2-177}$$

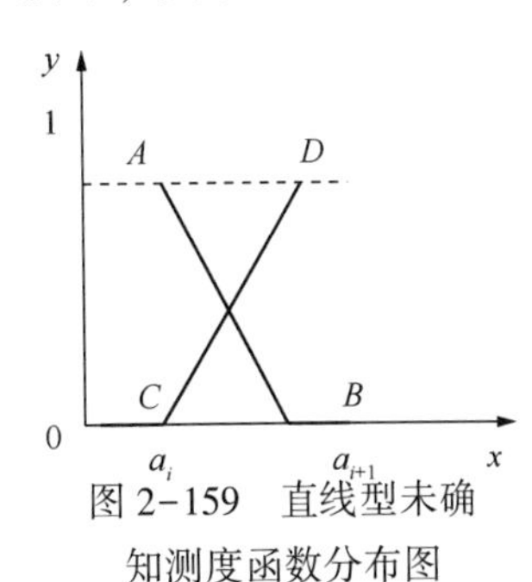

图 2-159　直线型未确知测度函数分布图

在抢维修过程风险评价中，评价等级分为无风险、中等风

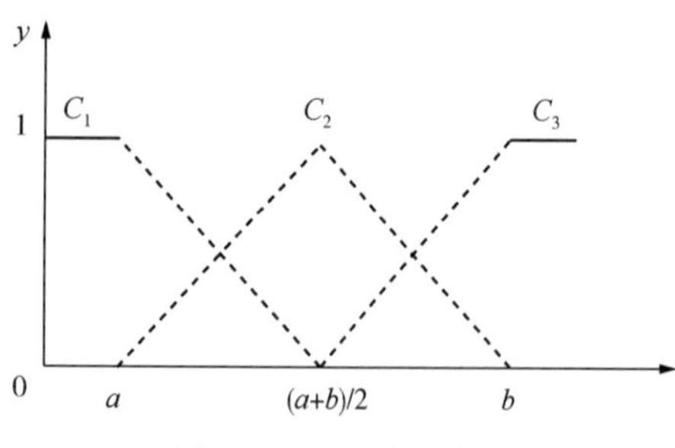

图 2-160　测度函数图像

险、高度风险三个等级，构造了未确知测度评价模型的评价空间$\{C_1, C_2, C_3\}$，其中，$C_1=\{$无风险$\}$，$C_2=\{$中等风险$\}$，$C_3=\{$高度风险$\}$，即

$$\begin{cases} x_i \in c_1 & (x>a) \\ x_i \in c_2 & (a \leqslant x<b) \quad (0<a<b) \\ x_i \in c_3 & (x>b) \end{cases} \tag{2-178}$$

根据直线性未确知测度函数构造方法，经过计算，图 2-160 所示指标的测度函数为：

$$\begin{cases} \mu(x \in c_1)=\begin{cases} 1 & (x<a) \\ \dfrac{a+b-2x}{b-a} & \left(a \leqslant x<\dfrac{a+b}{2}\right) \\ 0 & \left(x \geqslant \dfrac{a+b}{2}\right) \end{cases} \\ \mu(x \in c_2)=\begin{cases} 0 & (x<a \text{ 或 } x \geqslant b) \\ \dfrac{2x-2a}{b-a} & \left(a \leqslant x<\dfrac{a+b}{2}\right) \\ \dfrac{2b-2x}{b-a} & \left(\dfrac{a+b}{2} \leqslant x<b\right) \end{cases} \\ \mu(x \in c_3)=\begin{cases} 0 & \left(x<\dfrac{a+b}{2}\right) \\ \dfrac{2x-a-b}{b-a} & \left(\dfrac{a+b}{2} \leqslant x<b\right) \\ 1 & (x \geqslant b) \end{cases} \end{cases} \tag{2-179}$$

由于所选定性指标，是通过分级标准量化法进行了量化处理，且按照数值 1、3、5 进行了赋值，故图 2-161 定性指标的测度函数如下：

$$\begin{cases} \mu(x \in c_1)=\begin{cases} 1 & (x<1) \\ \dfrac{3-x}{2} & (1 \leqslant x<3) \\ 0 & (x \geqslant 3) \end{cases} \\ \mu(x \in c_2)=\begin{cases} 0 & (x<1 \text{ 或 } x \geqslant 5) \\ \dfrac{x-1}{2} & (1 \leqslant x<3) \\ \dfrac{5-x}{2} & (3 \leqslant x<5) \end{cases} \\ \mu(x \in c_3)=\begin{cases} 0 & (x<3) \\ \dfrac{x-3}{2} & (3 \leqslant x<5) \\ 1 & (x \geqslant 5) \end{cases} \end{cases} \tag{2-180}$$

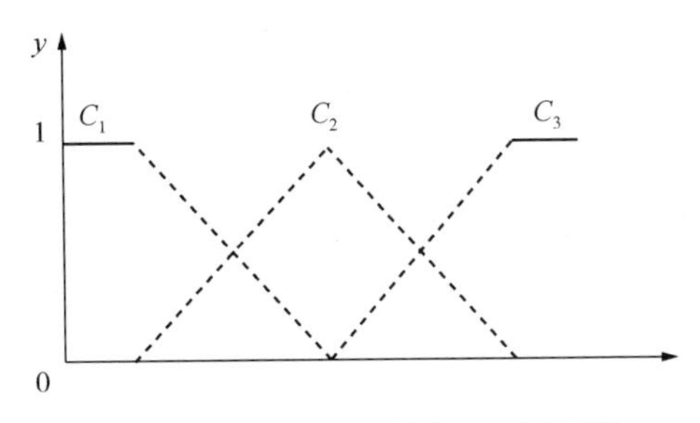

图 2-161　极大型定性指标测度函数

根据水淹区管道抢维修过程风险评价指标体系的递阶层次结构，抢维修过程风险综合评价指标体系包括三类评价因素，且每类因素都是相对独立的整体，因此水淹区管道抢维修过程风险评价指标体系中每个评价因素都可以作为一个对象进行评级。这三类评价因素共同构成了抢维修过程风险综合评价的未确知测度模型的评价空间，记为 X：

$$X=\{X_1,\ X_2,\ X_3\} \tag{2-181}$$

式中：X_1，X_2，X_3分别表示环境风险因素、人员风险因素、设备风险因素。

所要评价对象 X_i需要测量 m 个指标值$\{I_1,\ I_2,\ \cdots,\ I_m\}$，若 x_{ij}表示第 i 个对象 X_i关于第 j 个指标 I_j的测量值，则 x_j可以表示为一个 m 维向量，则有：

$$X_i=\{x_{i1},\ x_{i2},\ \cdots,\ x_{im}\} \tag{2-182}$$

在用层次分析法划分的抢维修过程风险评价指标体系层次结构中，抢维修过程危险性综合评价的三类因素均包含二级指标，环境风险因素包含 5 个二级指标($I_1\sim I_5$)，人员风险因素包含 4 个二级指标($I_6\sim I_9$)，设备风险因素包含 3 个二级指标($I_{10}\sim I_{12}$)。根据实际情况得出所有评价指标的分值，分别为：

$$\begin{aligned} X_1&=\{x_1,\ x_2,\ x_3,\ x_4,\ x_5\}\\ X_2&=\{x_6,\ x_7,\ x_8,\ x_9\}\\ X_3&=\{x_{10},\ x_{11},\ x_{12}\} \end{aligned} \tag{2-183}$$

根据各指标的未确知测度函数和得分值求出各评价指标的未确知测度值，从而得到各评价因素的单指标未确知测度矩阵，分别为：

$$B_1=(\mu_{1jk})_{5\times 3}=\begin{bmatrix} \mu_{111} & \mu_{112} & \mu_{113}\\ \mu_{121} & \mu_{122} & \mu_{123}\\ \mu_{131} & \mu_{132} & \mu_{133}\\ \mu_{141} & \mu_{142} & \mu_{143}\\ \mu_{151} & \mu_{152} & \mu_{153} \end{bmatrix} \tag{2-184}$$

$$B_2=(\mu_{2jk})_{4\times 3}=\begin{bmatrix} \mu_{211} & \mu_{212} & \mu_{213}\\ \mu_{221} & \mu_{222} & \mu_{223}\\ \mu_{231} & \mu_{232} & \mu_{233}\\ \mu_{241} & \mu_{242} & \mu_{243} \end{bmatrix} \tag{2-185}$$

$$B_3=(\mu_{3jk})_{3\times3}=\begin{bmatrix}\mu_{311} & \mu_{312} & \mu_{313}\\ \mu_{321} & \mu_{322} & \mu_{323}\\ \mu_{331} & \mu_{332} & \mu_{333}\end{bmatrix} \tag{2-186}$$

前面已通过层次分析法计算出指标权重。由水淹区管道抢维修过程综合评价因素单指标测度矩阵$\mu_{ijk}(i=1,\ 2,\ 3;\ j=1,\ 2,\ \cdots,\ m;\ k=1,\ 2,\ 3)$，利用下式计算出水淹区管道抢维修过程风险综合评价单因素测度向量A_i：

$$A_i=W_i\times B_i \quad (i=1,\ 2,\ 3) \tag{2-187}$$

则多因素测度矩阵A为：

$$A=\begin{bmatrix}A_1\\ A_2\\ A_3\end{bmatrix}=\begin{bmatrix}\mu_{11} & \mu_{12} & \mu_{13}\\ \mu_{21} & \mu_{22} & \mu_{23}\\ \mu_{31} & \mu_{32} & \mu_{33}\end{bmatrix} \tag{2-188}$$

则多因素测度向量μ为：

$$\mu=w\cdot A=(\mu_1,\ \mu_2,\ \mu_3) \tag{2-189}$$

式中：$w=(w_{X_1},\ w_{X_2},\ w_{X_3})$。

对于有序评价空间，不适合采用“最大隶属度”识别准则，而应采用“置信度”识别准则。在水淹区管道抢维修过程风险综合评价中，评价等级分为无危险、中等风险和高度风险三个等级，构造了未确知测度评价模型的评价空间$\{C_1,\ C_2,\ C_3\}$，为评价空间U的一个有序分割类，则可引入置信度评价准则。

设λ为置信度($\lambda>0.5$，一般取值0.6或0.7)，令

$$k_0=\min\left\{k:\ \sum_{l=1}^{k}\mu_{il}\geqslant\lambda,\ (k=1,\ 2,\ \cdots,\ p)\right\} \tag{2-190}$$

则判定危险等级属于第k_0个等级，C_{k_0}。

相比于模糊综合评价方法，未确知测度评价方法满足了“归一性”和“可加性”，并且可以对评价空间进行有序划分；采用的置信度判别准则更加科学，而模糊综合评价的结果采用最大隶属度判别原则进行处理，会使评价结果产生失真。因此，未确知测度评价方法更加合理准确。如果需要还可以用下述准则进行排序：

$$q(x_i)=\sum_{k=1}^{k}\mu_{ik}(c_k)\times n_k \tag{2-191}$$

式中：n_k按公差为2的等差数列取值，此处可取[1 3 5]，根据$q(x_i)$的大小对x_i进行比较和排序。

(7) 基于未确知测度模型的抢维修过程风险评价及排序

利用未确知测度模型对抢维修过程风险进行评价，以钢板桩围堰过程为例，环境风险评价指标、人员风险评价指标、设备风险评价指标分别表示为X_1、X_2、X_3，其中，X_1包含5个评价指标，记为$X_1=\{x_1,\ x_2,\ x_3,\ x_4,\ x_5\}$，$X_2$包含4个评价指标，记为$X_2=\{x_6,\ x_7,\ x_8,\ x_9\}$，$X_3$包含3个评价指标，记为$X_3=\{x_{10},\ x_{11},\ x_{12}\}$。其各项指标得分如表2-85所示。

表 2-85　钢板桩围堰过程指标风险得分

风险因素	评价指标	得分
环境风险因素	地质条件	3.5
	堰体稳定性	1.5
	环境适应性	1.5
	可操作性	2
	方案耗时	2
人员风险因素	机械伤害	2
	操作失误	1.5
	人身伤害	1.5
	员工素质	2
设备风险因素	设备类型	5
	所需设备数量	4
	设备复杂性	4.5

根据各个指标的未确知测度函数和实测值求出各评价指标的未确知测度值，从而得到各评价因素的单指标未确知测度矩阵，分别为：

$$B_1=\begin{bmatrix}0 & 0.75 & 0.25\\0.75 & 0.25 & 0\\0.75 & 0.25 & 0\\0.5 & 0.5 & 0\\0.5 & 0.5 & 0\end{bmatrix},\ B_2=\begin{bmatrix}0.5 & 0.5 & 0\\0.75 & 0.25 & 0\\0.75 & 0.25 & 0\\0.5 & 0.5 & 0\end{bmatrix},\ B_3=\begin{bmatrix}0 & 0 & 1\\0 & 0.5 & 0.5\\0 & 0.25 & 0.75\end{bmatrix} \tag{2-192}$$

计算综合评价因素测度向量 A_1、A_2、A_3：

$$A_1=W_1\times B_1$$

$$=[0.1262\quad 0.2959\quad 0.2187\quad 0.2187\quad 0.1407]\begin{bmatrix}0 & 0.75 & 0.25\\0.75 & 0.25 & 0\\0.75 & 0.25 & 0\\0.5 & 0.5 & 0\\0.5 & 0.5 & 0\end{bmatrix} \tag{2-193}$$

$$=[0.5656\ 0.4030\ 0.0316]$$

$$A_2=W_2\times B_2$$

$$=[0.0983\quad 0.2676\quad 0.4375\quad 0.1966]\begin{bmatrix}0.5 & 0.5 & 0\\0.75 & 0.25 & 0\\0.75 & 0.25 & 0\\0.5 & 0.5 & 0\end{bmatrix} \tag{2-194}$$

$$=[0.6763\ 0.3237\ 0]$$

$$A_3 = W_3 \times B_3$$

$$= [0.1571 \quad 0.2493 \quad 0.5936] \begin{bmatrix} 0 & 0 & 1 \\ 0 & 0.5 & 0.5 \\ 0 & 0.25 & 0.75 \end{bmatrix} \tag{2-195}$$

$$= [0 \ 0.2731 \ 0.7269]$$

多因素测度矩阵 A 为：

$$A = \begin{bmatrix} A_1 \\ A_2 \\ A_3 \end{bmatrix} = \begin{bmatrix} 0.5656 & 0.4030 & 0.0316 \\ 0.6763 & 0.3237 & 0 \\ 0 & 0.2731 & 0.7269 \end{bmatrix} \tag{2-196}$$

多因素测度向量 μ 为：

$$\mu = W \cdot A = (\mu_1, \mu_2, \mu_3)$$

$$= [0.4934 \ 0.3108 \ 0.1958] \begin{bmatrix} 0.5656 & 0.4030 & 0.0316 \\ 0.6763 & 0.3237 & 0 \\ 0 & 0.2731 & 0.7269 \end{bmatrix} \tag{2-197}$$

$$= [0.4893 \ 0.3529 \ 0.1579]$$

在水淹区管道抢维修过程风险综合评价中，评价等级分为无危险、中等风险和高度风险三个等级，构造了未确知测度评价模型的评价空间，为评价空间有序分割类，因此不适用"最大隶属度"原则，应采用置信度评价准则对评价结果进行判定。判定公式如式(2-190)所示(λ 取 0.7)。

则判定危险等级属于第 k_0 个等级。此处，$\mu(1)+\mu(2)>0.7$，因此钢板桩围堰的危险等级属于第二个等级，中等风险。

根据排序计算公式[见式(2-191)]可得 $q_1=2.3375$。

同理，计算其余方案的抢维修过程风险测度向量及风险值以便对各个方案进行风险排序。

土石方围堰各指标评分见表 2-86，根据排序计算公式可得 $q_2=3.0122$。

螺旋沉桩围堰各指标评分见表 2-87，根据排序计算公式可得 $q_3=2.9881$。

静压植桩围堰各指标评分见表 2-88，根据排序计算公式可得 $q_4=1.9127$。

射水沉桩围堰各指标评分见表 2-89，根据排序计算公式可得 $q_5=3.0299$。

潜水沉舱法各指标评分见表 2-90，根据排序计算公式可得 $q_6=3.0274$。

表 2-86 土石方围堰过程指标风险得分

风险因素	评价指标	得分
环境风险因素	地质条件	3.5
	堰体稳定性	4.5
	环境适应性	3
	可操作性	2.2
	方案耗时	3.5

续表

风险因素	评价指标	得分
人员风险因素	机械伤害	1.5
	操作失误	1
	人身伤害	1
	员工素质	1
设备风险因素	设备类型	5
	所需设备数量	4.8
	设备复杂性	4.8

表 2-87　螺旋沉桩围堰过程指标风险得分

风险因素	评价指标	得分
环境风险因素	地质条件	3
	堰体稳定性	2.2
	环境适应性	2.5
	可操作性	2.2
	方案耗时	2.8
人员风险因素	机械伤害	3
	操作失误	3.5
	人身伤害	3
	员工素质	1
设备风险因素	设备类型	4
	所需设备数量	4.5
	设备复杂性	4.5

表 2-88　静压植桩围堰过程指标风险得分

风险因素	评价指标	得分
环境风险因素	地质条件	3
	堰体稳定性	1.2
	环境适应性	1
	可操作性	1.2
	方案耗时	1
人员风险因素	机械伤害	1.5
	操作失误	1
	人身伤害	1
	员工素质	1
设备风险因素	设备类型	4.5
	所需设备数量	4
	设备复杂性	4.5

表 2-89　射水沉桩围堰过程指标风险得分

风险因素	评价指标	得分
环境风险因素	地质条件	4.5
	堰体稳定性	2.8
	环境适应性	2.8
	可操作性	1.5
	方案耗时	4
人员风险因素	机械伤害	2
	操作失误	3
	人身伤害	2
	员工素质	1
设备风险因素	设备类型	3.5
	所需设备数量	3.2
	设备复杂性	2.8

表 2-90　潜水沉舱过程指标风险得分

风险因素	评价指标	得分
环境风险因素	地质条件	4
	堰体稳定性	1
	环境适应性	2.5
	可操作性	3.5
	方案耗时	3.2
人员风险因素	机械伤害	4.5
	操作失误	4
	人身伤害	3.2
	员工素质	1
设备风险因素	设备类型	3.5
	所需设备数量	3.2
	设备复杂性	2.8

各个方案在实际施工过程中的风险大小与其评价结果得分值大小一致，则六种方案的风险排序为：q(静压植桩围堰)<q(钢板桩围堰)<q(螺旋沉桩围堰)<q(土石方围堰)<q(潜水沉舱法)<q(射水沉桩围堰)。

即静压植桩围堰方案风险性最小，因其自动化程度较高，且无需临时施工平台，故而风险因素较少，风险值也较低；钢板桩围堰其次，因钢板桩之间环环相扣，能够形成稳定的堰体；螺旋沉桩及土石方围堰风险性居中；潜水沉舱法因需大型起重设备，故而施工过程风险性较大；射水沉桩则因堰体稳定性欠佳导致风险性较大。

6. 水淹区管道抢维修施工过程突发事件应急处置措施

1）抢维修过程危险有害因素分析

（1）介质危险性分析

天然气一般分为以下四类：一是从气井开采出来的气田气，称纯天然气；二是伴随石油一起开采出来的石油气，又称石油伴生气；三是含石油轻质馏分的凝析气田气；四是从井下煤层抽出的矿井气。纯天然气的组分以甲烷为主，还含有少量的二氧化碳、硫化氢、氮和微量的氦、氖、氩等稀有气体。天然气具有易燃易爆性、扩散性，其中的硫化氢还具有毒性。

（2）操作危险性分析

因水淹区的特殊地形条件，导致水淹区管道的抢维修工作复杂、难度大，其实施过程涉及的危险因素也较多，主要包括以下内容：

① 由于设备管理不当或设备自身缺陷导致的设备伤害，如起重设备倾翻、吊装重物下坠、设备间的意外碰撞、围堰密封差导致堰体渗水漏水、封堵设备缺陷引发天然气外泄、可燃气体报警设备缺陷导致现场可燃气浓度超标等；

② 抢维修施工人员不熟练或缺乏相关安全意识导致人身伤害，如动火施焊前对动火区域未进行仔细检查、对施焊人员未预留逃生路线、未按要求提供相应的防护用品、管沟开挖时由于操作工人疏忽对管道造成的二次伤害等；

③ 由于监管不到位导致的安全管理隐患，如安全监督和检查不力、事故防范及应急管理准备不足、作业安排不当、施工过程和操作方法不妥当等。

（3）环境危险性分析

环境危险性分析主要从施工操作环境角度进行分析，由于施工环境恶劣，不仅加深了管道抢维修工作难度，同时也加大了抢维修工作的风险性。水淹区管道抢维修工作环境风险主要包括以下内容：大型抢维修机械要进入现场必须有相对宽阔的道路，而水淹区施工现场的淤泥、沙石等降低了设备进场效率；使用围堰导流或者截流法进行排水作业时，围堰易发生倾塌、渗水、漏水等事故；抢维修工作完成后未及时恢复地貌，对当地环境造成了一定的破坏；抢维修施工过程中遭遇极端恶劣气候如暴雨、高温等。

2）极端恶劣天气下的应急处置措施

（1）雨天施工应急处置措施

因雨天施工会极大地增加抢维修工作的难度及危险程度，因此抢维修施工应在泄漏险情允许的情况下尽量避免雨天施工。如无法避免，在施工过程中降小雨时，首先要用防雨布对主要电气设备进行遮盖，防止发生电气设备烧毁、漏电等事故。在施工现场，给工作人员发放防雨用具，保证工作人员正常进行操作。如施工过程中突降大雨时，除了执行按小雨情形下的各项措施外，还应在抢维修施工作业区域内搭建临时防雨棚，避免雨水直接冲刷管道表面。同时加快抢维修进度，尽快完成施工。必要时采取临时抢维修处置措施，如降压输送、临时封堵等，待雨停后再进行维修。

（2）高温天气施工应急处置措施

如夏季施工遭遇高温天气，主要应加强对现场工作人员的防护。给高温作业人员发放透气、导热系数较小的浅色工作服、毛巾、防护手套等，工作服宜宽松，以保证通风良好。

采取有效的通风、隔热、降温措施，给露天工作人员发放遮阳物品，搭设遮阳防护棚。提供充足的饮用水，尽量避免中暑情况发生。配备相关的药品、急救箱等，一旦发生人员中暑事件，及时进行救治。

3）抢维修过程突发事件的应急处置措施

（1）堰体变形坍塌事故

堰体发生异常情况时，应按以下流程解决：①向抢维修小组负责人报告坍塌位置、坍塌程度及进水量，负责人指挥应急；②组织抢险小组用驳船牵引钢板，然后采取加打钢板桩、斜撑支护、沙袋加固等方法阻止围堰体变形，及时缓解围堰坍塌趋势；③一旦围堰坍塌加速，围堰无法承受动水冲击时，组织快艇迅速撤离人员；④如果发生围堰掩埋事故，立即请求潜水队支援，现场抢救小组迅速开挖起吊倒塌堰体，救出掩埋人员。

（2）围堰渗水、漏水事故

围堰渗水、漏水事故包括两种形式，一种是围堰与河床接触位置渗水，即堰底渗水，另一种是围堰缝隙渗水。由于河床淤泥软基的防渗能力差或钢板桩深度不够容易导致堰底渗水，针对这种情况，可采取的应急处置措施包括：①调整钢板桩深度或在渗漏严重处加打钢板桩；②沙袋压底，增强软基承载能力的同时减少渗水量；③挖集水坑，将渗水聚集到一处之后用抽水泵排出堰体外。针对围堰缝隙渗水事故，可采用止水材料填充缝隙的方式进行止水，亦可采用防水布覆盖在堰体的迎水面，利用水压力止水。

（3）天然气泄漏事故

抢维修施工现场对天然气泄漏事故的处置原则应以预防监控为主，同时提前制定好相应的紧急堵漏措施并为现场工作人员制定好紧急逃生路线，必要时疏散现场人员。天然气大量泄漏应急处置措施如下：①停止一切动火作业控制火源，组织作业人员撤回安全警戒区，让窒息人员立即脱离现场接受治疗，采用便携式天然气报警仪检测泄漏天然气的浓度；②防止天然气聚集，用开花水枪和防爆风机对泄漏处进行降温和稀释；③组织抢修小组，穿戴防爆装备靠近泄漏点，对泄漏点进行临时性封堵；④封堵完成后，驱散天然气至安全浓度再继续抢维修作业。

（4）船舶倾覆事故

船舶倾覆事故的引发原因包括设备超载、载荷分布不均、违反操作规程、天气原因等。预防翻船事故的安全对策措施包括：严禁超载，重量要分置，尽量保持平衡；加强现场设备管理，避免出现载荷分布不均情况；配备相关水上技术人员，提高作业人员安全意识，切忌松懈，疏忽大意。一旦船舶发生险情，现场知情人员需及时拨打电话报警，请求消防队到场排险救援，同时组织人员撤离至安全地点；在消防队来临之前组织人员在事发船只的船头、船尾用钢缆加固缚紧；将船上物体调运下船，减轻倾斜方的重量；调运排水设备向船外排水，使船体回复平衡或减小倾斜度，尽量阻止船体倾覆；对于已经发生倾覆的船舶，应迅速解救伤员，抢救设备。

第3章 站场设施安全保障技术

3.1 站场工艺设施检测与评估

3.1.1 油气储运设施低温评估技术

1. 简介

天然气站场作为天然气输配系统中的关键环节，具备天然气的储配、调度分流、工艺处理等功能。同时，场站是天然气输入和输出的场所，聚集了巨大的能量。天然气站场重大危险事故基本上可以归结为巨大能量的意外释放，站场输配系统中聚集的能量越大，系统的潜在危险性越大。近几年我国天然气产业发展非常迅速，其利用范围和使用区域也逐步扩大，全国各地建成了许多天然气场站，包括集气站、净化站、输(配)气站、清管站和加压站等。这些天然气场站中压力设备越来越多地被广泛应用，仅地面压力设备就包括分离器、过滤器、除尘器、清管设备等，而地面压力设备受输送介质和环境温度的影响，低温运行的情况经常存在。我国幅员广大，油田分布面广。北方地区冬季气温较低，最低月(一月)平均气温在-20℃以下，我国东北最北部漠河县极端最低温度曾低到-52.3℃。而近年来，西气东输管道、陕京管道等在北方冬季寒冷区建立了许多场站。压力设备存在低温使用问题，也存在低温脆断的危险。

因此对天然气场站低温运行压力设备的材质选择、服役环境、失效案例等情况进行了调研，识别了压力设备主要失效模式和失效因素。完成了低温环境下压力设备专用无损检测方法适用性分析、专用预制缺陷试块、探头设计和制作以及检测信号识别分析，完成了缺陷试块和探头的实验室验证研究。建立了低温运行压力设备安全评价准则。总结分析了国内在用压力设备失效模式和失效原因。完成了在用压力容器低温脆断分析研究，并针对性地提出了防止低温脆断的防护措施。开展了压力容器失效分析技术研究，提出了失效分析思路，针对压力容器5种失效模式分别进行了故障树分析，提出了预防处理措施。将形成的低温运行安全评价技术在陕京一线、二线进行了应用。

2. 关键技术

1) 天然气场站低温运行压力设备失效因素识别及机理分析

对天然气场站低温运行压力设备的基本资料、材质选择、壁厚范围、服役环境、失效案例等情况进行了调研，分析了国内外压力设备设计制造标准和安全评价标准，识别了压力设备的主要失效模式和失效因素。

(1) 主要材质调研结果见表3-1。陕京管道场站的露天管道、设施材质多为16Mn、20#、16MnR(新牌号为Q345R)、SA516-70N(相当于中国20#)、20R(新牌号为Q245R)、

15MnNbR(新牌号为 Q370R)、L245。其中，16MnR、20R 和 15MnNbR 为绝大多数管道和设备用材质。

表 3-1 陕京管道场站设备主要材质调研结果

地区及站点	主 要 材 质
河北处	Q345R、16Mn、16MnⅢ
陕西处	20R、Q345R、16MnR、SA516-70N、Q235A
山西处	16MnR、20R、20#、Q345R、15MnNbR、SA516-70N、Q370、X70、Q235A、SUS304
京 58 储气库	Q345R、Q245R、16Mn
大港储气库	16MnR、16MnDR、16MnR、20R、Q235-B、20#

(2) 管道及设备壁厚调研见表 3-2。结果表明壁厚分布较宽，为 6~76mm，但绝大多数管道和设备壁厚分布于 24~32mm。

表 3-2 陕京管道场站设备壁厚调研结果

地区及站点	主 要 材 质
20R(Q245R)	24mm、26mm
16MnR(Q345R)	6mm、8mm、10mm、12mm、14mm、16mm、18mm、20mm、23mm、24mm、28mm、32mm、40mm、42mm、46mm、50mm、52mm、54mm、74mm、76mm
15MnNbR(Q370R)	32mm、36mm、38mm、40mm、42mm、48mm
X60	12.7mm、16mm
X70	16mm、21mm、26.2mm

(3) 目前陕京管道存在两种低温情况：一是场站内部工艺管道由于调压温降较大，出现结冰和结霜现象；二是冬季高寒地区场站在停输保压阶段，管壁和设备壁温接近于外界环境低温。陕京管道各个场站冬季最低环境温度如图 3-1 所示。结果表明，陕京一线、二线场站大多位于我国北方冬季寒冷地区，场站压力设备低温环境下运行受到影响。

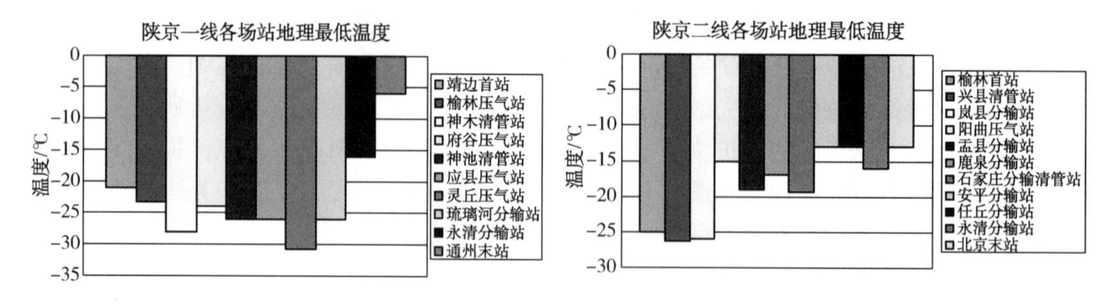

图 3-1 陕京一线、二线各场站冬季最低环境温度

2) 天然气场站低温运行压力设备定量无损检测技术

完成了低温环境下压力设备专用无损检测技术适用性研究，包括检测方法适用性分析、专用预制缺陷试块、探头的制作、检测信号识别以及缺陷试块和探头的实验室验证研究，如图 3-2~图 3-4 所示。

图 3-2 预制缺陷试块及缺陷尺寸 DR 数字成像验证

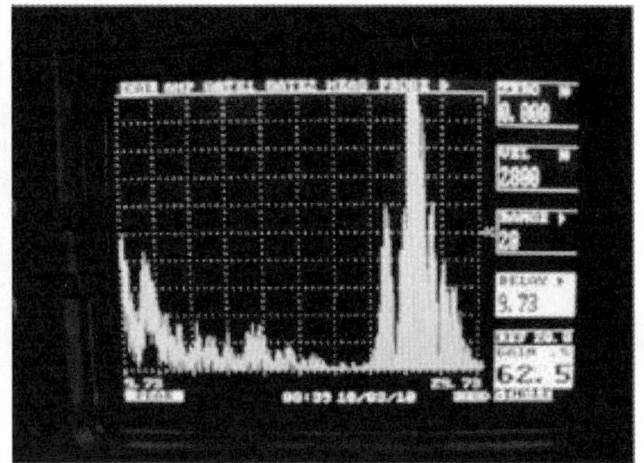

图 3-3 专用无损检测探头及裂纹缺陷信号识别

图 3-4 对 36 块预制缺陷试块和专用探头准确性的验证试验

3）天然气场站低温运行压力设备安全评价技术

完成了压力设备常用材料理化性能检测、低温韧性厚度效应、低温失效评估图建立和疲劳特性试验研究，建立了低温运行压力设备安全评价准则。

（1）根据材质调研结果，联系采购了压力容器用钢板（20R、16MnR 和 15MnNbR），并验证了钢板的理化性能，如图 3-5 所示。

（2）依据《金属材料 准静态断裂韧度的统一试验方法》（GB/T 21143），完成了压力容器常用材料低温韧性壁厚效应研究，壁厚范围为 7~28mm，低温温度为 0℃、-20℃、-40℃，结果如图 3-6 所示。

图 3-5 采购的三种常用材质钢板及理化性能验证项目

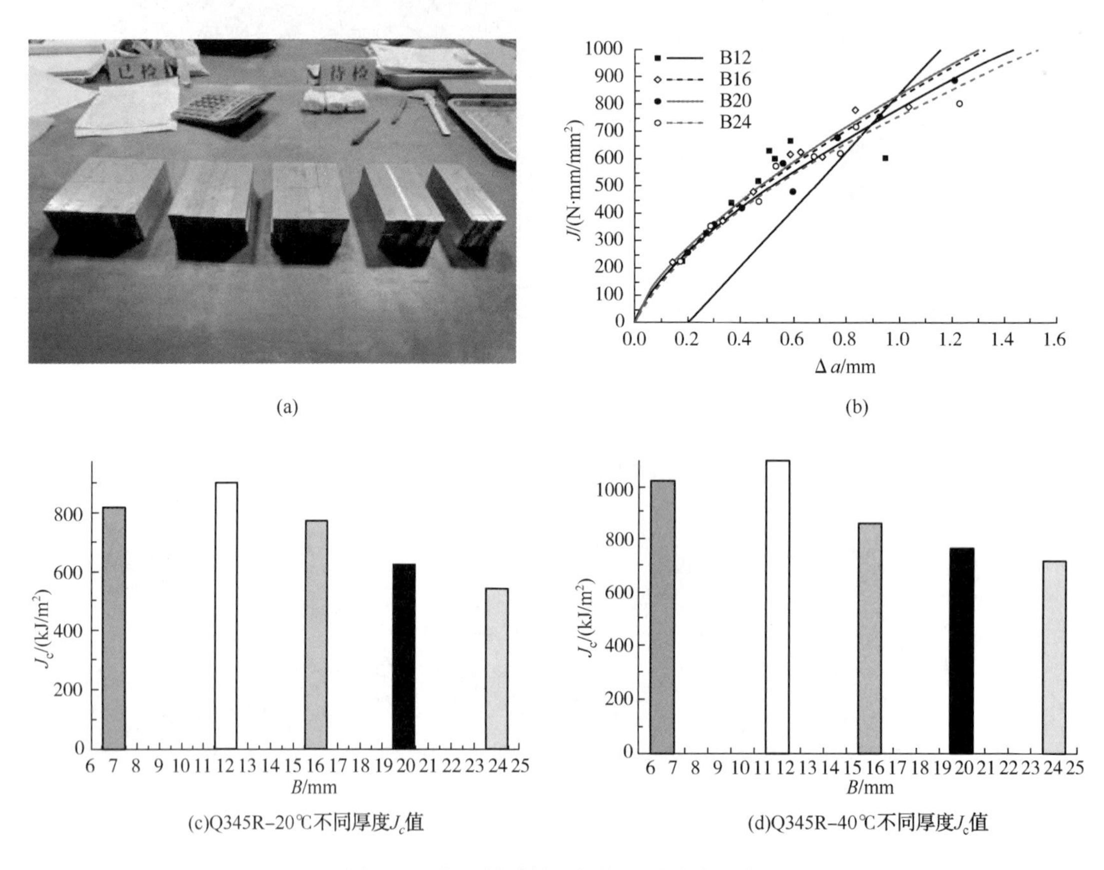

图 3-6 常用材质低温韧性壁厚效应研究

(3) 依据《金属材料低温拉伸试验方法》(GB/T 13239)和《金属材料 准静态断裂韧度的统一试验方法》(GB/T 21143)，完成了压力容器常用材料低温失效评估图建立，如图 3-7 所示。

(4) 依据《金属材料 疲劳试验 疲劳裂纹扩展方法》(GB/T 6398)，完成了压力容器常用材料疲劳特性研究，如图 3-8 所示。

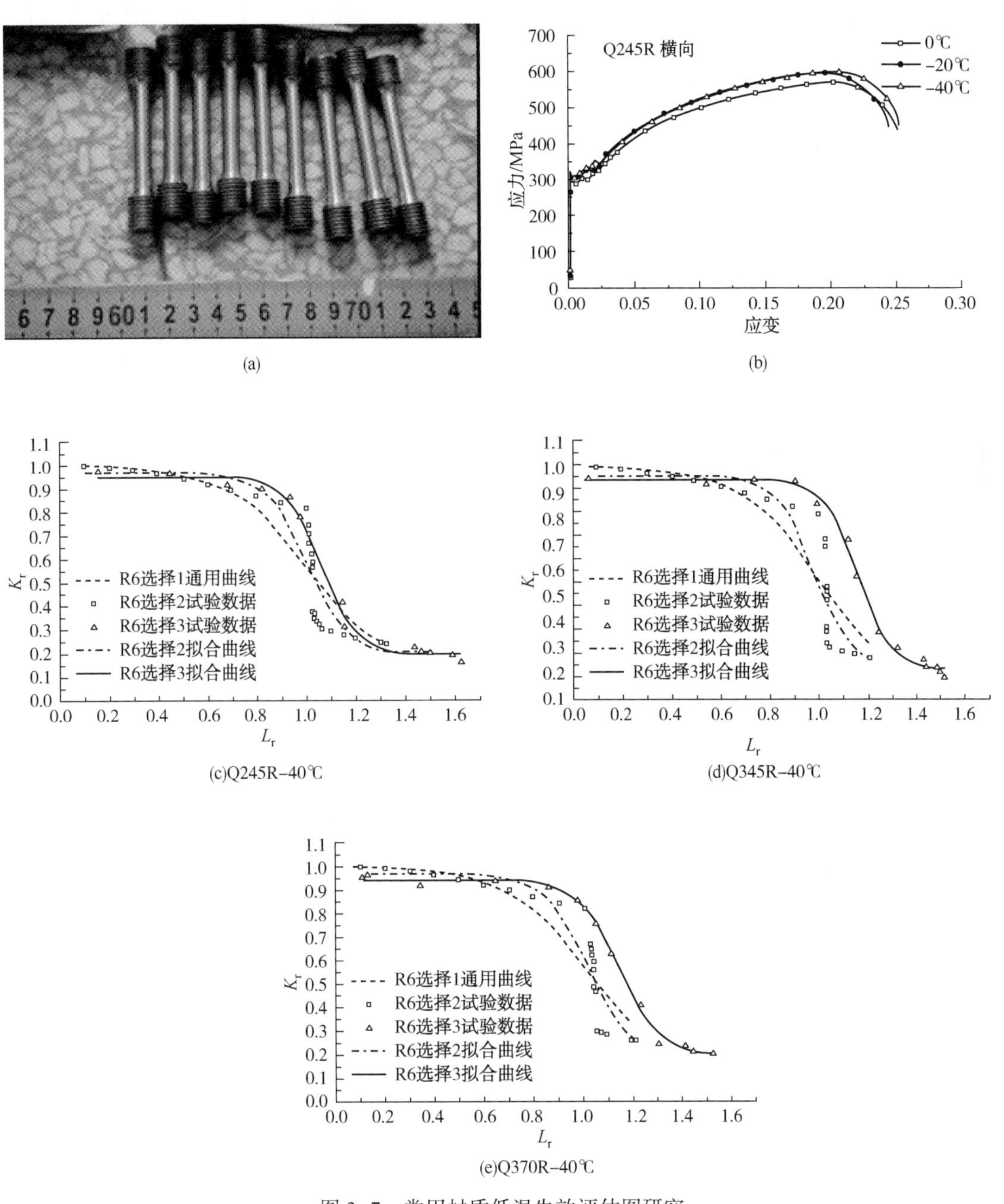

(c)Q245R-40℃

(d)Q345R-40℃

(e)Q370R-40℃

图 3-7　常用材质低温失效评估图研究

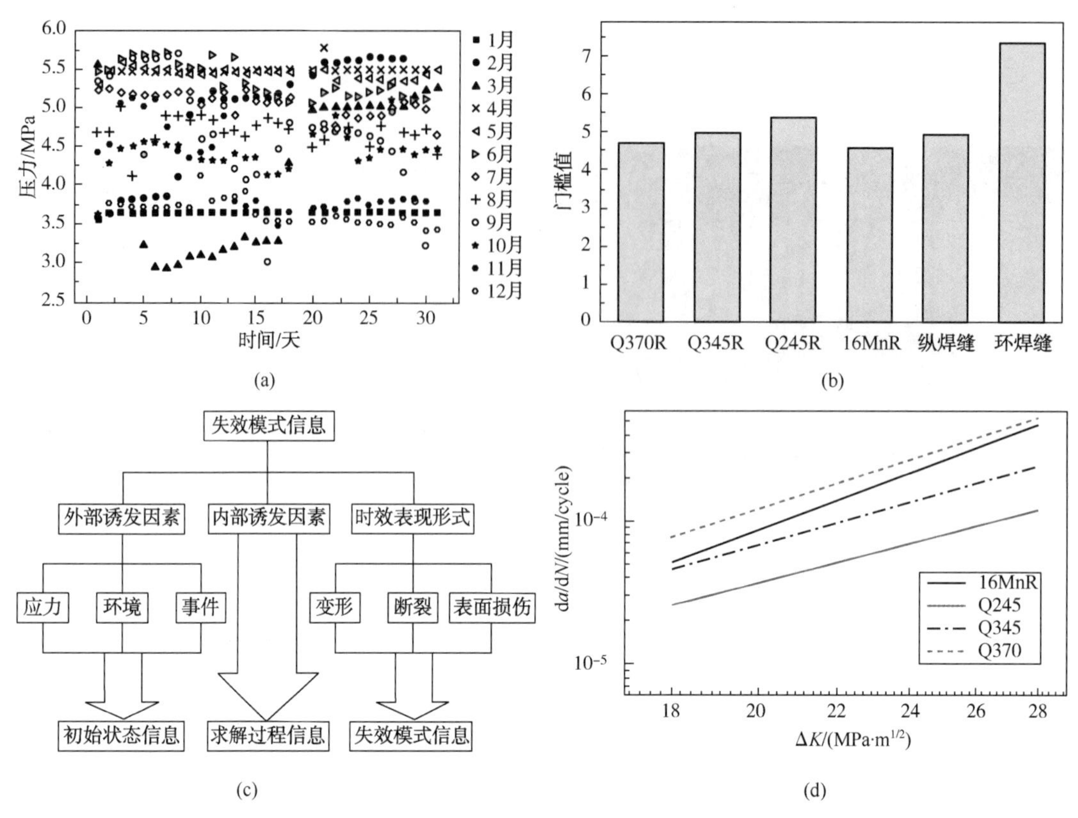

图 3-8 常用材质疲劳特性研究

（5）完成了低温运行压力设备安全评价准则研究，包括体积型缺陷评价准则(见表 3-3)和裂纹型缺陷评价准则(见图 3-9)。

表 3-3 国外部分标准金属管道腐蚀缺陷(体积型)缺陷剩余强度评价方法

方法	缺陷截面形状	鼓胀修正因子 M	流变应力 σ_f/MPa	失效内压 P/MPa
NG-18	矩形(缺陷面积 $A=Ld$)	$\left[1+0.6275\dfrac{L^2}{Dt}-0.003375\left(\dfrac{L^2}{Dt}\right)^2\right]^{2.5}$	$\sigma_f=\sigma_s+68.95$	$\dfrac{2\sigma_f t}{D}\left(\dfrac{1-\dfrac{d}{t}}{1-\dfrac{d}{t}M^{-1}}\right)$
Original ASME B31G	抛物线($A=2Ld/3$)	$\left(1+0.8\dfrac{L^2}{Dt}\right)^{0.5}$	$1.1\sigma_s$	$\dfrac{2\sigma_f t}{D}\left(\dfrac{1-\dfrac{2d}{3t}}{1-\dfrac{2d}{3t}M^{-1}}\right)$，当 $L^2/(Dt)\geqslant 20$ 时；$\dfrac{2\sigma_f t}{D}\left(1-\dfrac{d}{t}\right)$，当 $L^2/(Dt)>20$ 时
Modified ASME B31G	抛物线($A=0.85Ld$)	$\left[1+0.6275\dfrac{L^2}{Dt}-0.003375\left(\dfrac{L^2}{Dt}\right)^2\right]^{2.5}$，当 $L^2/(Dt)\leqslant 50$ 时；$0.032\dfrac{L^2}{Dt}+3.3$，当 $L^2/(Dt)>50$ 时	根据情况取 $1.1\sigma_s$ 或 $\sigma_f=\sigma_s+69$ 或 $\sigma_f=(\sigma_s+\sigma_b)/2$	$\dfrac{2\sigma_f t}{D}\left(\dfrac{1-0.85\dfrac{d}{t}}{1-0.85\dfrac{d}{t}M^{-1}}\right)$

续表

方法	缺陷截面形状	鼓胀修正因子 M	流变应力 σ_f/MPa	失效内压 P/MPa
API 579	—	$\left(1+0.79\dfrac{L^2}{Dt}\right)^{0.5}$	$\sigma_f=(\sigma_s+\sigma_b)/2$	$\dfrac{2\sigma_f t_{man}}{D}\left[\dfrac{\dfrac{t_{mm}}{t_{min}}}{1-\left(1-\dfrac{t_{mm}}{t_{min}}\right)M^{-1}}\right]$
BS 7910	矩形、平底形状	$\left(1+0.31\dfrac{L^2}{Dt}\right)^{0.5}$	$\sigma_f=\sigma_b$	$\dfrac{2\sigma_f t}{D}\left(\dfrac{1-\dfrac{d}{t}}{1-\dfrac{d}{t}M^{-1}}\right)$

注：(1)在实际应用时，ASME B31G、BS 7910、API 579 在失效内压计算时，均含安全因子。

(2)上表中，A 表示缺陷壁厚断面面积，mm^2；L 表示缺陷轴向长度，mm；d 表示缺陷深度，mm；t 表示钢管壁厚，mm；D 表示管道外径，mm；σ_f 表示流变应力，MPa；σ_s 表示屈服强度，MPa；σ_b 表示抗拉强度，MPa；M 表示鼓胀因子；t_{man} 表示缺陷处最小测量壁厚，t_{min} 表示管道最小要求壁厚。

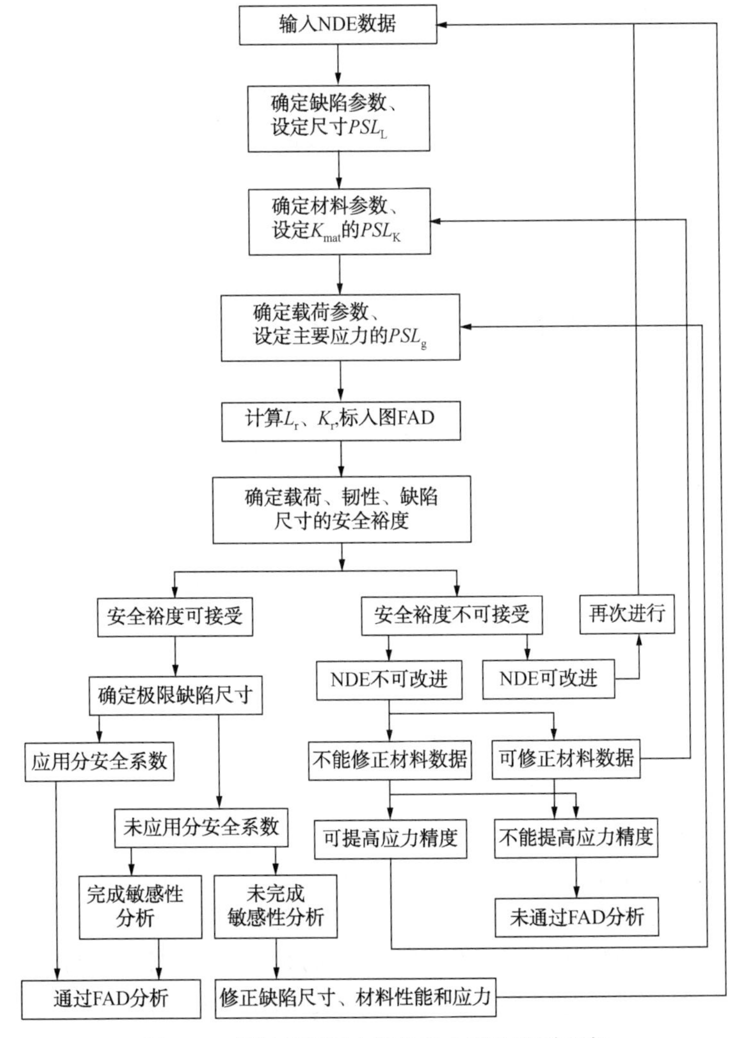

图 3-9　低温运行压力设备安全评价准则研究

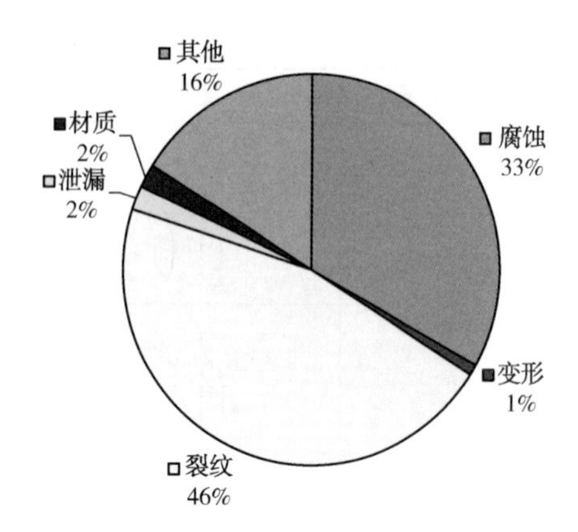

图 3-10 固定式压力容器常见缺陷类型分析

4）天然气压力设备低温脆断失效分析技术

总结分析了国内在用压力设备失效模式和失效原因。完成了在用压力容器低温脆断分析研究，并针对性地提出了防止低温脆断的防护措施。开展了压力容器失效分析技术研究，提出了失效分析思路，针对压力容器 5 种失效模式分别进行了故障树分析，提出了预防处理措施。

（1）完成了国内在用压力设备失效模式和失效原因统计分析，如图 3-10 所示。

（2）系统地开展了压力容器失效分析技术研究，提出了失效分析思路，针对压力容器 5 种失效模式分别进行了故障树分析，提出了预防处理措施，如图 3-11 所示。

3. 创新点

（1）研制了场站低温运行压力设备专用检测试块及探头，其缺陷深度测量误差小于 1mm，可检测和分辨的最小缺陷深度为 0.5mm，验证了信号识别技术，并将该成果进行了现场应用；

（2）开展了国内低温运行压力设备安全评价准则研究，为国内场站露天压力设备安全运行提供了理论依据。

3.1.2 油气场站设施风险评估、检测与安全评价技术

1. 简介

以陕京管道和大港储气库群为工程依托，对场站的布局、设备、运行模式等进行了较为全面的了解，对现有的常规无损检测方法与超声相控阵和 TOFD、超声导波、高频导波、超声波 C 扫描等无损检测方法进行了对比分析，结合场站地面设施布局，提出了设施检测优化配置方案。同时针对俄罗斯 MTM 检测技术、磁记忆应力检测技术和声发射检测技术的检测原理、应用现状、技术特点和相关标准进行了原理分析和现场检测，明确了各检测技术的适用性和局限性，建立了 MTM 检测技术规范；识别出了储气库地面工艺设施的主要风险因素，通过对整个工艺设施的风险计算，识别了高风险设施，制定了风险检测和减缓计划等程序，制定了储气库地面工艺设施风险评价工艺规程。基于 58 组含缺陷管道的全尺寸爆破试验结果，对 NG-18、ASME B31G、RSTRENG、API 579、BS 7910、PCORRC 等多种含腐蚀缺陷管道剩余强度评价标准的可靠性进行了分析，提出了精确性最高、分散性最小的适用性评价方法，建立了储气库地面管道适用性检测评价技术标准。

结合国外的振动诊断方法，将有限元仿真诊断方法应用于压缩机机组的关键部位的振动诊断。同时，研究压缩机机组工况变化对机组的影响，在理论上分析振动剧烈的原因，提出改进措施，从而比较好地解决了压缩机机组某些部位剧烈振动的难题，对现场压缩机振动较大的洗涤罐，提出增加合理支架的减振措施，达到了减振目的。

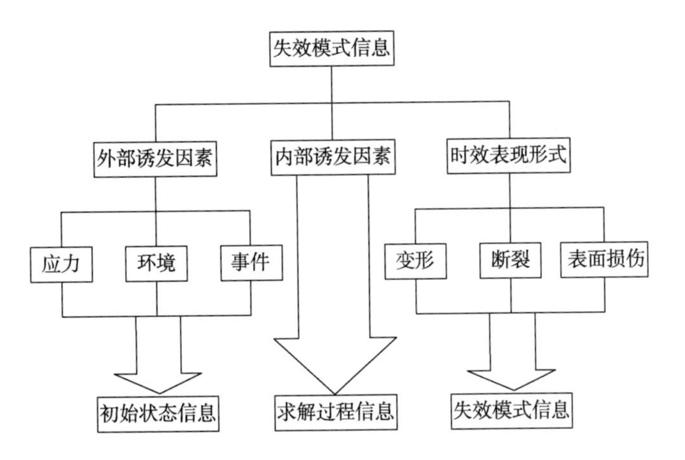

(a)失效模式与失效原因判别方法

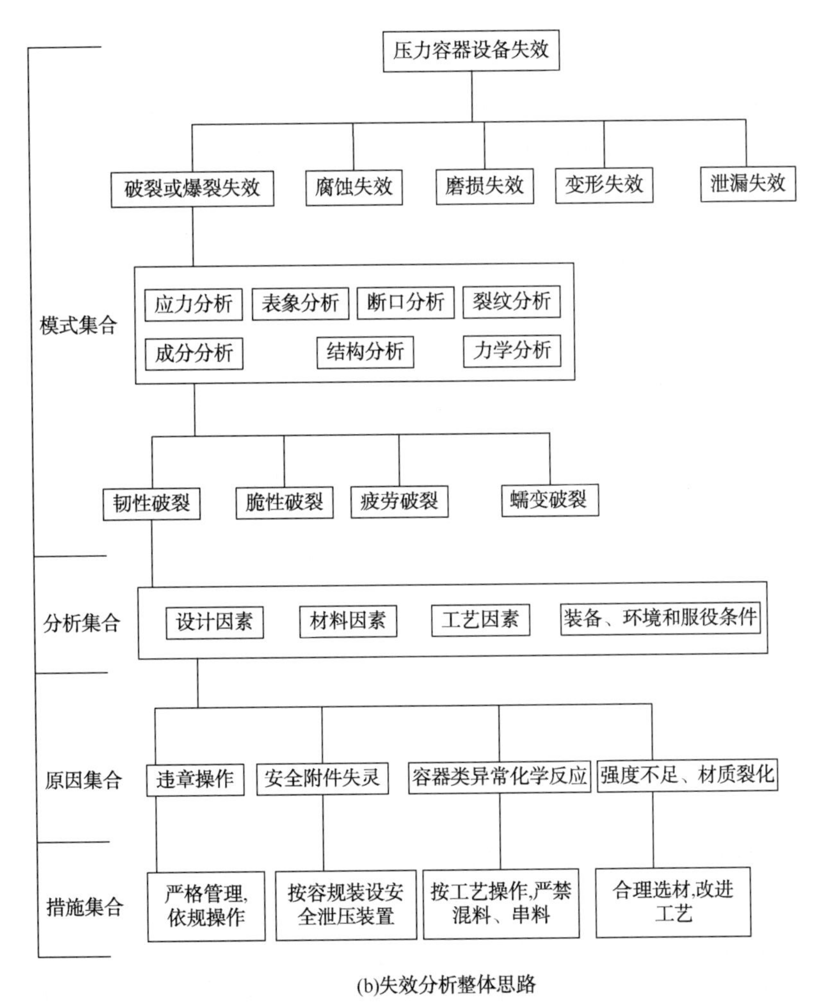

(b)失效分析整体思路

图 3-11　压力容器失效分析技术研究

该技术已在陕京管道和大港储气库群得到成功应用，为天然气场站和储气库地面工艺设施的安全管理提供了有力的技术支持和科学依据，依据该技术检测出514处大港储气库地面设施外腐蚀缺陷，外防腐层修复254处，管体缺陷修复补强23处，换管7处，3年来预防安全事故7起，直接经济效益近7700万元(7起×1100万元/起)，保障了储气库安全平稳运行，经济效益和社会效益显著。

2. 关键技术

1）各种检测方法的适用性及最有效检测设备配置方案

为提高检测结果的准确性，应根据被检管道材质、制造方法、工作介质、使用条件等预计可能产生的缺陷种类、形状、部位和取向，选择合适的检测方法。如采用同种检测方法、不同检测工艺进行检测，当检测结果不一致时，应以质量级别最差的级别为准。

超声相控阵和TOFD检测：用于检测钢制管道对接接头内部缺陷，及对管壁腐蚀形貌进行准确的扫描，得出内、外腐蚀缺陷的轴向和环向尺寸。TOFD方法能够对焊缝缺陷进行定量测量，超声相控阵技术能够帮助分析缺陷性质，得到较高的缺陷检出率，弥补TOFD方法在管壁上下表面存在的盲区。

磁记忆检测：磁记忆检测方法用于发现压力容器存在的高应力集中部位。

磁粉检测、渗透检测：磁粉检测可用于钢质管道焊接接头表面及近表面缺陷检测，铁磁性材料表面检测应优先采用磁粉检测；渗透检测可用于钢质管道焊接接头表面开口缺陷的检测。

超声导波检测：用于场站工艺管网的快速检测，对发现可疑缺陷位置进行准确的轴向和环向定位。

高频导波检测：用于作业空间狭小的管道检测，弥补长距离低频超声导波检测传感器环位置的两侧盲区检测。

常规超声检测：可用于检测管体和焊缝缺陷的位置和尺寸。

超声波C扫描：利用超声波C扫描检测系统，实现被测试件二维超声幅度衰减和声速成像的C扫描检测，绘制出工件内部缺陷横截面图形，检测精度高，可以定量检测。

声发射检测：采用高灵敏度传感器，在材料或构件受外力的作用且又远在其达到破损以前，接收来自这些缺陷与损伤开始出现或扩展时所发射的声发射信号，通过对这些信号的分析、处理来检测、评估材料或构件缺陷、损伤等内部特征。

检测方法配置原则：快速定位、定性，精确定量。

配置方案：

焊缝：磁记忆应力、超声波方法定性定位，相控阵、TOFD定量。

管体：声发射、超声导波定性定位，C扫描、超声测厚定量。

法兰：磁记忆应力检测定性定位、相控阵定量。连接焊缝法兰侧变径不适用于常规超声波探伤，采用声束为扇形区域的超声波相控阵检测做连接焊缝质量检测。

2）声发射检测技术

声发射(Acoustic Emission，AE)又称应力波发射，是材料或零部件受力作用产生变形、断裂，或内部应力超过屈服极限而进入不可逆的塑性变形阶段，以瞬态弹性波形式释放应变能的现象。在外部条件作用下，固体(材料或零部件)的缺陷或潜在缺陷改变状态而自动发出瞬态弹性波的现象亦为声发射。

声发射信号的表征参数主要有声发射振幅值、声发射事件、事件持续时间、上升时间等。

（1）声发射事件　一个声发射脉冲激发声发射传感器所造成的一个完整震荡波形称为一个声发射事件。

（2）声发射振幅值　一个完整的声发射震荡波形中的最大幅值称为声发射振幅值，它反映了该事件所释放的能量的大小。

（3）事件持续时间　一个声发射事件所经历的时间称为事件持续时间。通常用震荡曲线与阈值一个交点到最后一个交点所经历的时间来表示。事件持续时间的长短反映了声发射事件规模的大小。单个声发射事件的持续时间很短，常在0.01~100μs范围内。

（4）上升时间　震荡曲线与阈值的第一个交点到最大幅值所经历的时间称为声发射信号的上升时间。上升时间一般在几十到几百纳秒的范围内。上升时间的大小反映了声发射事件的突发程度。

声发射振幅、事件持续时间和上升时间三个参数从不同角度描述了一个事件，测得这三个参数，就可知该声发射事件的大致规模。

缺陷的位置就是声发射源的位置。确定声发射源位置时要将传感器布置成一定的阵列形式。对于一维问题，采用两个传感器连接成一条与声发射源分布区域相重合的直线分布形式，对于二维问题，传感器的布置常用正方形、直角三角形、正三角形、等菱形等形式，然后根据声发射信号到达各传感器的时间差、声发射在介质中的传播速度及解析几何关系，来确定声发射源的位置。

对于缺陷的有害度评价，按升压过程声发射频度分类评价：只考虑升压过程声发射信号出现的频度，而不注意声发射信号的强度，将缺陷的有害度分为A、B、C三级；按声发射源的活动性和强度分类评价：活动性是指声发射事件技术或振铃计数随压力变化出现的频度，强度是用声发射事件的平均幅度进行度量；按保压期间的声发射特性分类评价：以声发射持续特性为主要依据，结合升压的声发射特征，将缺陷分为4类。

缺陷有害度综合评价方法：考虑了声发射事件数、每个声发射事件的能量、声源位置与集中度、升压过程的声发射特性，并可由计算机实时处理这四方面数据并发出报警信号。

3）磁记忆应力检测技术与非接触式漏磁检测技术

由于金属磁记忆检测技术是俄罗斯学者首先提出的，因此该方法主要在俄罗斯和东欧一些国家得到推广和应用，西方国家无损检测界对这项技术的研究尚不够深入。对于管件特别是锅炉管道的检测是金属磁记忆方法应用较为成功的领域之一，研究人员第一次提出了被测管段上漏磁场与机械应力变化之间的关系。利用该项技术，对拉伸试验机上的铁磁性试件的拉伸过程进行了检测，准确预报了将要拉断的位置。利用磁记忆检测技术对涡轮发动机转子叶片的检测，显示了该项技术在重要工业设备无损评价中的作用（其原理如图3-12所示）。

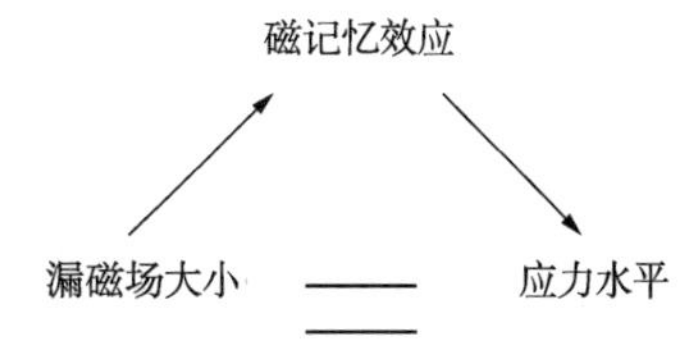

图3-12　漏磁场和磁记忆及应力水平间的关系

金属磁记忆法既可以应用于接触式的各种设备的检测，也可以应用于非接触式的埋地管道的检测。进行非接触式的埋地管道的检测或开挖后接触式检测可使用同一台仪器，只需换上相应的扫描装置就能实现不同的检测。

对于管道来说，地球磁场在工作范围较小时，地磁场的变化很小，可以认为是“常量”。管道磁场与地磁场、管道的方位和倾角、规格、材质以及敷设结构有关。在无缺陷的管段上取得相应的参数以后，可以计算管道磁场。干扰磁场包括环境干扰(邻近铁磁性物体、电器设施等)、时变干扰(磁暴、雷电、交通人流等)，还包括连续采样过程中磁力计相对目标管道位置的变化以及行进速度等的变化(影响缺陷定位)所引起的随机性干扰。实践证明，管道缺陷磁场的量级变化范围很大，分布形式也极为复杂。

金属磁记忆检测技术是20世纪90年代后期发展起来的一种检测材料应力集中和疲劳损伤的新型无损检测方法，并已得到了国际焊接学会认可。在俄罗斯、乌克兰、保加利亚和波兰等国已制定了相应的检测方法和仪器标准。印度和澳大利亚等国正在大力推广该技术。2003年俄罗斯采用了两个有关金属磁记忆的国家标准和一个协会标准，如ГОСТР 52012—2003《无损检测、金属磁记忆方法、名词定义和代表符号》、ГОСТР 52005—2003《无损检测、金属磁记忆方法、通用规范》和CTPHTCO 000-04《设备和结构的焊接 金属磁记忆方法(金属磁记忆检测)》。俄罗斯焊接科技工作者协会标准CTPHTCO 000已由国际焊接研究所建议作为ISO国际标准。近几年来，我国也已经开始对这项技术进行研究和应用，并研制出了相应的检测仪器，但对压力容器检测还没有形成相应的国家或行业标准。

非接触式磁力层析检测技术(MTM)的基本原理是铁磁性材料的磁记忆效应。在埋地管道应力分布均匀时，管道不存在漏磁场。若应力分布异常，则表明有漏磁场存在。采用磁力计从地表对漏磁场强度进行非接触探测，对漏磁场强度进行分析，从而判断管道危险点的位置和管道整体危险状况。

MTM技术可以用于管道在建时期、竣工验收、定期技术检测、缺陷发展监控、标准服务年限过后、计划修复工作以及完成工业危险项目的工业安全检验时评估管道线性部分的应力变形状况。

MTM技术具体可用于以下方面：

(1) 制管缺陷、机械缺陷、焊接缺陷、局部腐蚀缺陷、局部应力集中变形增加区域的直接检测与评价；

(2) 可识别不良防腐层；

(3) 局部管段地质灾害影响检测与评价；

(4) 新建管道的基线检测与评估。

MTM技术与漏磁智能清管器检测均是利用磁场强度的变化对缺陷进行检测，两者的对比见表3-4。

表3-4 MTM与漏磁智能清管器检测方法对比

漏磁智能清管器	MTM
人工磁化	大地磁场
在管内运动，需要管内流体作为动力	不与管道接触，不需要附加动力

续表

漏磁智能清管器	MTM
与管内壁接触，对内壁清洁要求高	不需要清管
需要专用收发装置	不需要收发装置
速度控制严格，对管输和下游用户产生影响	不会对管输和下游用户产生影响
需要人为在管道上加磁块定位	根据地面标识物或 GPS 直接定位
半定量检测，还需定量评价	直接对缺陷应力情况进行评价

MTM 检测技术的检测流程、主要工具和检测目的如图 3-13 所示。

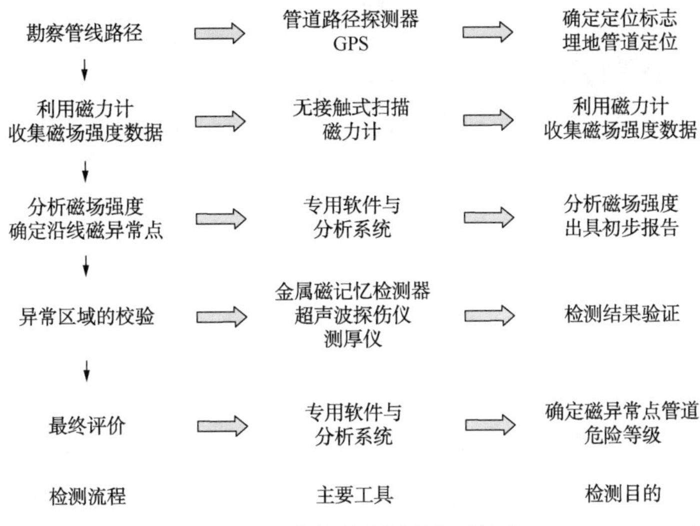

图 3-13 非接触式漏磁检测技术

缺陷等级按照以下方法划分(见表 3-5)：

第一等级缺陷：是由于金属缺陷和机械应力的结合，相当于“不许可的”管道技术状况。这种管道属于紧急情况，需要优先修复。

第二等级缺陷：是由于金属缺陷和机械应力的结合，相当于“容许的”管道技术状况。这种管道的特点在于可靠性降低，需要列入计划修复。

第三等级缺陷：相当于“良好的”管道技术状况(无关紧要的缺陷或者应力集中区)。这种管道可以在监控缺陷发展和应力集中增长的情况下，无需修复继续运行。

表 3-5 管道缺陷异常等级划分表

序 号	综合指数 F 值	危险等级
1	0~0.2	第一等级
2	0.2~0.55	第二等级
3	0.55~0.99	第三等级

4) 场站地面工艺管道和压力容器检测与评价

以基场站为例，对场站地面工艺管道采取现有技术进行检测，如导波永久探头监测、超声导波检测技术、C 扫描等多种技术手段。先后完成五次现场检测工作：

（1）2011年3月至4月：采用C扫描（见图3-14）、超声波测厚仪、声发射检测仪（见图3-15）、相控阵、TOFD、磁记忆应力检测仪（见图3-16）等多种检测设备，对B装置生产分离器出口管线、B过滤器、去板中北联通线、陕京来气管线、旋风分离器等压力容器和管道进行了无损检测。

图3-14 C扫描现场检测图

图3-15 声发射现场检测图

图3-16 磁记忆现场检测图

(2) 2011年5月至6月：采用SKIFMBS-04非接触式磁力计对板876-板三脱7.784km的ϕ89×4mm凝析油管道进行了诊断检测。

(3) 2011年10月至11月：采用SKIFMBS-04非接触式磁力计对陕京一线巨羊驼阀室下游9.2km管道进行了诊断检测。

(4) 2012年3月至4月：采用超声导波检测设备对大张坨储气库、板876储气库、板中北板中南储气库、板808板828储气库站内入地管线(含大张坨压缩机出口管道)进行了腐蚀检测与修复。

(5) 2012年8月至9月：采用超声波测厚仪、内窥镜、磁记忆、相控阵、TOFD等多种设备对A装置低温分离器、乙二醇分类器、凝析油加热器、凝析油分离器、气液换热器、B装置汇管三通、弯管、收球筒、洗涤罐等压力容器和管道进行了无损检测。

现场检测一览表见表3-6。

表3-6　现场检测一览表

序号	检测工具	被检设备	检测点
1	超声波测厚仪	A装置低温分离器、乙二醇分离器、凝析油加热器、气液换热器、预分离器、A井场采气汇管三通、采气计量管线弯管段、直管段、B井场采气计量管线直管段、B井场采气计量管线直管段、B井场采气汇管三通、B井场采气汇管三通、分离器、分气包、分气包、凝析气分离器、凝析油分离器、燃料气缓冲罐、收球筒、洗涤罐	216个壁厚测量点
2	C扫描检测	B装置生产分离器出口管线、过滤器、去板中北联通线、陕京来气进V-B3001A管线	6个部位
3	TOFD检测	陕京来气进V-B3001A管线入口、出口、过滤器、分离器	14个检测点
4	相控阵检测(扇扫、线扫)	B装置生产分离器出口管线、陕京来气进V-B3001A管线入口、出口、A井场注气管线、注气机组区域压缩机组排气汇管(去板中北联通线)、注气机组区域压缩机排气管线(B井场注气管线)、压缩机出口注气管线、压缩机进口采气管线、分离器、过滤器、A装置低温分离器、A装置富乙二醇分离器、A装置凝析油加热器、A装置气液换热器、A装置预分离器、分离器、分气包(Y2005-93)、分气包(Y2005-94)、凝析气分离器、凝析油分离器、燃料气缓冲罐、收球筒、坨注1井洗涤罐、坨注2井洗涤罐	190个检测点
5	磁粉检测	A装置预分离器	9个检测点
6	磁记忆	陕京来气进V-B3001A管线、过滤器、分离器、去板中北联通线、B装置生产分离器出口管线、A装置低温分离器、A装置富乙二醇分离器、装置凝析油加热器、A装置预分离器、分离器5、分气包Y2005-93、分气包Y2005-94、凝析气分离器、凝析油分离器、燃料气缓冲罐、收发球筒、坨注1井洗涤罐、坨注2井洗涤罐	53个检测点
7	MTM	陕京一线巨羊驼阀室下游9.2km管道、板876-板三脱7.784km凝析油管道	8个检测坑

重点检测程序如下：

（1）相控阵检测

① 检测方式

线扫：将若干发射阵元作为一组，对同一组阵元施加相同的聚焦法则，沿着超声探头的长度方向进行相同深度的扫描。这相当于传统超声换能器执行串列扫查，但超声相控阵换能器不需要移动位置，只是利用电子扫描来改变超声波的发射位置。

扇扫：又称为角度扫描，是将超声相控阵的声束偏转与声束聚焦结合起来，实现超声束在一个扇形区域内的扫描。

② 检测要点　与管体表面良好的耦合。

③ 检测特点　不需要复杂的扫查装置，不需要更换探头，通过设置软件参数就能实现对所关心区域的多角度、多方向扫查，能适应不同工况，使整个检测系统具有更大的灵活性。

（2）声发射检测

① 检测工具　SH-II 型检测仪和 ISPK6I 型探头，20~100kHz 的响应带宽和 60kHz 谐振频率。

② 检测方式　需对设备加载。

③ 检测要点　靠近压缩机房处，噪声过大，影响检测结果。

④ 检测特点　快速定性检测。

（3）磁记忆检测

① 检测工具　采用 TSC-1M-4 型检测仪和 TSC-1M-4 型探头对储气库地面工艺设施管体和焊缝进行磁记忆检测。

② 检测方式　采用检测工具在待检设备上行进，记录磁异常处信号，判断缺陷位置。

③ 检测要点　要考虑待检设备附近其他设备的影响。

5）制定地下储气库地面工艺设施风险评价的工艺规程

风险评估流程如图 3-17 中虚线框内所示。风险评估首先应确定风险评估对象，然后针对该对象，进行数据采集和整合，之后进行风险因素识别，识别不同的失效机理和可能的失效模式，根据每种失效模式分别进行失效概率和失效后果计算，分别计算每种失效模式的风险值，最后进行总风险计算及排序，从总风险计算值可以得到风险最高的失效模式。如果对多个对象进行风险评估，还可得到风险最高的评估对象。如果需要，可根据风险计算值实施风险控制措施，如根据风险排序（包括根据设备/装置的风险排序，也包括根据失效模式的风险排序）进行检测检修安排（RBI），采取不同措施降低风险。

储气库地面工艺设施风险评估的评估对象是地面的主要工艺设施和装置（见图 3-18）。为了对其进行一一评估，应依据工艺设施各自的功能将其划分单元。根据地面工艺设施的布局，可将评价对象划分成以下几个单元：①注采井口装置及注采管线；②集气站；③露点控制装置；④注气站。

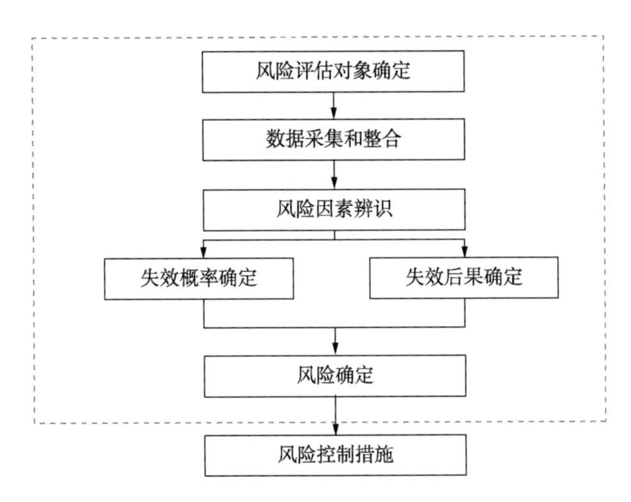

图 3-17　风险评估流程图

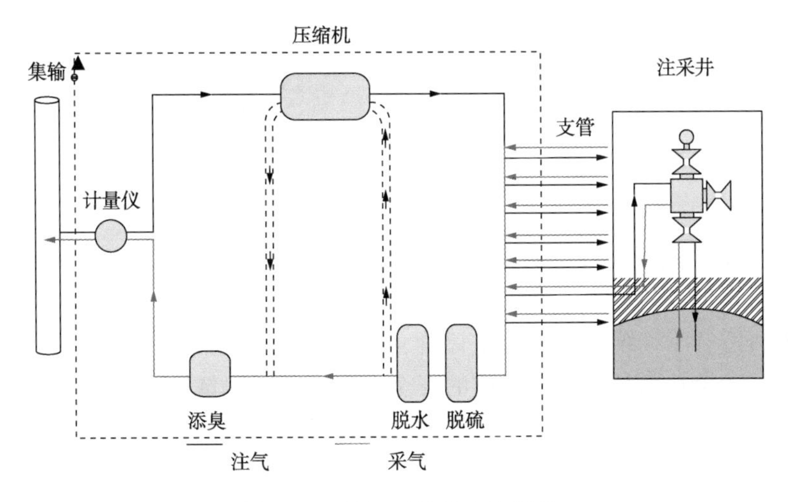

图 3-18　地面工艺设施示意图

RBI 风险计算结果如图 3-19 所示，根据风险等级，有 1 种设备为高风险设备，10 种为中高风险设备，剩余 2 种为中风险设备。由风险排序可知，风险最高的 5 种设备由高到低依次为低温分离器(露点控制装置)、注气管道、换热器(小露点控制装置)、冷箱(露点控制装置)和注气压缩机，50%的设备占了超过 95%的风险。根据设备类型，平均风险排序由高到低依次为管道、旋转设备、换热设备和压力容器。风险总量由高到低依次为压力容器、换热设备、管道和旋转设备。

由评价结果可知，风险最大的 5 种设备分别为露点控制装置的三种设备(低温分离器、冷箱、换热器)以及注气管道、注气压缩机器。露点控制装置风险较大的原因是低温分离器、冷箱等设备较大，承压较大，且存在脆断可能性。注气管道风险较大的原因是其承压很大且管线较长，外力损伤可能性大于其他设备。注气压缩机风险较大的原因是其体积庞大、承压很大、服役工况苛刻。

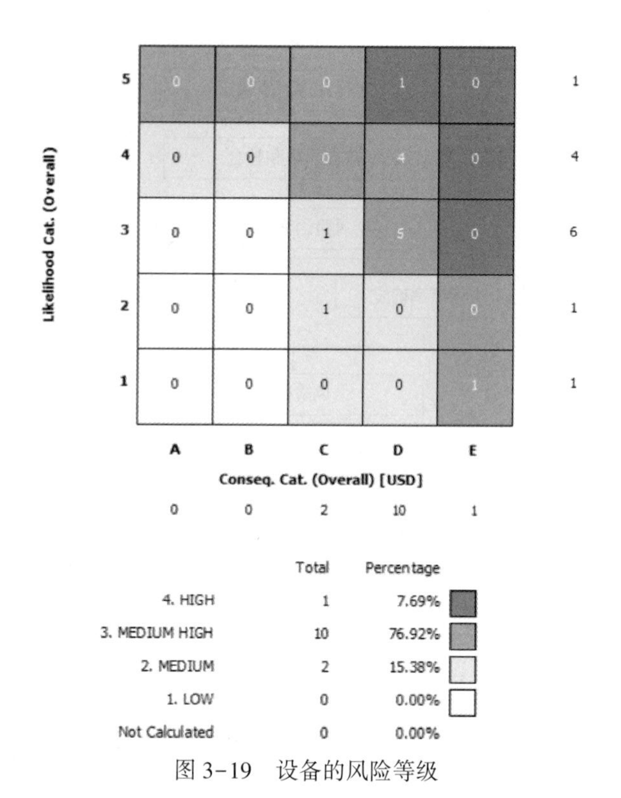

图 3-19　设备的风险等级

6）制定地下储气库地面工艺设施适用性检测评价技术标准

适用性评价是世界各大管道公司在管道安全管理中采取的一项重要内容，它是对含有缺陷的管道能否适合于继续使用的定量评价，即在缺陷定量检测的基础上，通过严格的理论分析与计算，确定缺陷是否危害结构的安全可靠性，并对缺陷的形成、发展及结构失效过程及后果作出科学判断。通过适用性评价，不仅可以大大减小管线事故发生率，而且可以避免不必要和无计划的设备/结构更换和维修，从而获得巨大经济效益。

管道适用性评价的主要对象类型有：体积型缺陷(主要是腐蚀所造成的点、槽、片状等腐蚀缺陷)、平面型缺陷(主要是指应力腐蚀缺陷、氢致宏观裂纹、焊缝裂纹缺陷、疲劳裂纹缺陷、热裂纹等面型缺陷)、几何不完整缺陷(错边、撅嘴、管体不圆等)和弥散损伤型缺陷(主要是氢鼓泡和氢致诱发微裂纹等)。

腐蚀缺陷评价方法有：

(1) ASME B31G《腐蚀管道剩余强度评价手册》;

(2) BS 7910《熔焊结构缺陷可接受性评估方法指南》;

(3) API 579《适用性评价推荐做法》。

裂纹型缺陷评价方法：

(1) CEGB R6《含缺陷结构完整性评估》;

(2) CSA Z662《油气管道系统》;

(3) BS 7910《熔焊结构缺陷可接受性评估方法指南》;

(4) API 579《适用性评价推荐做法》。

适应性评价流程如图 3-20 所示。

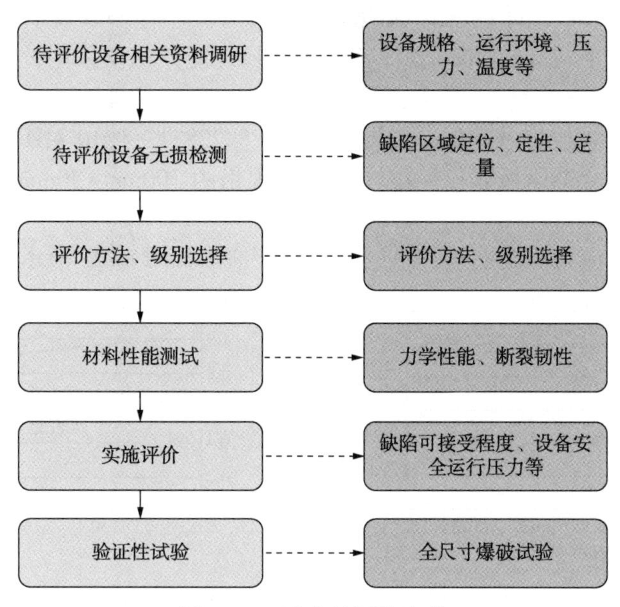

图 3-20　适应性评价流程

为了对比五种含腐蚀缺陷管道的剩余强度评价方法，对 58 组爆破试验数据进行了统计分析。试验数据覆盖的钢级从 X40 至 X60，管径从 406.40mm 至 1067mm，壁厚从 5.0mm 至 15.49mm。将爆破压力预测值与试验结果对比，如图 3-21 所示。

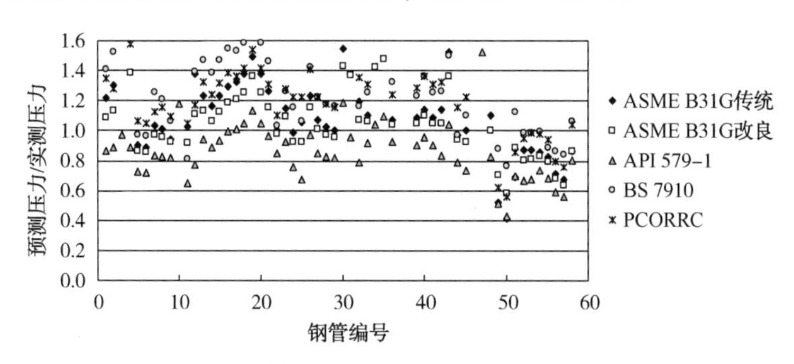

图 3-21　体积型缺陷预测值与试验结果对比

表 3-7　低钢级钢管预测值/实测值结果分析

预测值/实测值	传统 B31G	改良 B31G	API 579	BS 7910	PCORRC
平均值	1.2419	1.1803	0.928151	1.4101	1.315072
最大值	3.0616	3.7973	2.606778	4.8730	3.528733
最小值	0.4126	0.5781	0.4314	0.7646	0.560699
标准偏差	0.4775	0.5218	0.342215	0.6655	0.458056
偏差±20%	28	37	36	21	17

从图 3-21 和表 3-7 中可以看出，API 579 是最适合体积型缺陷评价的方法，标准偏差较小。

管道上裂纹型缺陷的评估方法有几种，包括 API 579、BS 7910 和 NG-18。所有这些方法都已经成功应用于裂纹缺陷的评估，但是各方法的保守程度以及不同评估参数的敏感性还不明确。为此研究了 API 5L X60 管线钢管的材料性能，主要采用拉伸试验和夏比冲击试验来测试材料的性能。

采用 SH/T 4106 型拉伸试验机，依据标准 GB/T 228.1—2010 对 1#~4#钢管进行拉伸性能测试。拉伸试验取全壁厚板状拉伸试样，试样规格为 300mm×50mm(长×宽)。试验结果如图 3-22 所示。

依据材料真实的应力应变曲线，得到的失效评估图如图 3-23 所示。

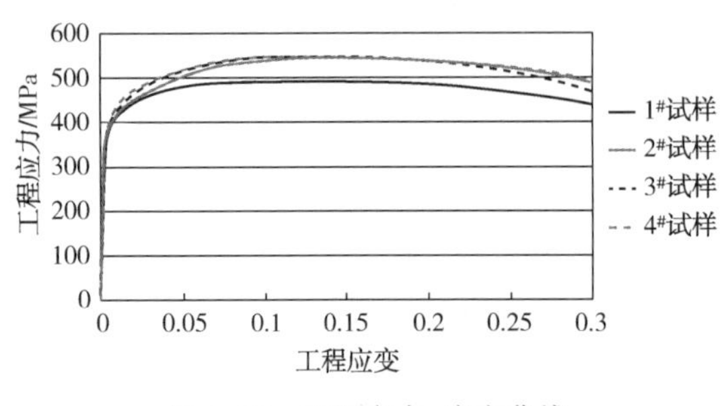

图 3-22　工程应力-应变曲线

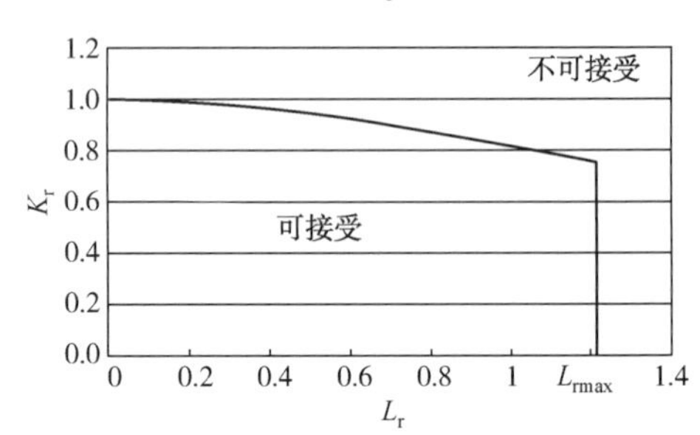

图 3-23　储气库地面工艺材料失效评估图

7）压缩机整机地脚螺栓松动和洗涤罐支架的固有特性分析模型

通过对往复式压缩机进行固有特性分析，得出了压缩机各阶振型及对应的振动频率，找出了压缩机发生各阶共振时最大振动位置为各级洗涤罐及气体缓冲罐。对增加洗涤罐支架的压缩机进行固有特性分析，得出了该模型各阶振型及对应频率，增加洗涤罐支架的压缩机模型各阶频率与未增加支架的频率相比均有所升高，各阶振型基本不变，但洗涤罐最大振动位移有明显降低。地脚螺栓的松动能够使压缩机各阶共振频率降低，相应振型的最大振动位移变小，但地脚螺栓松动位置的振动范围变大。

（1）压缩机整机固有特性有限元分析模型

根据现场测绘，应用 SOLIDWORKS 建立往复式压缩机模型。由于压缩机结构过于复杂，部件的细小结构占用资源过大，但对于仿真计算结果影响很小，故在建立有限元模型时可将其简化，压缩机整机简化模型如图 3-24 和图 3-25 所示。

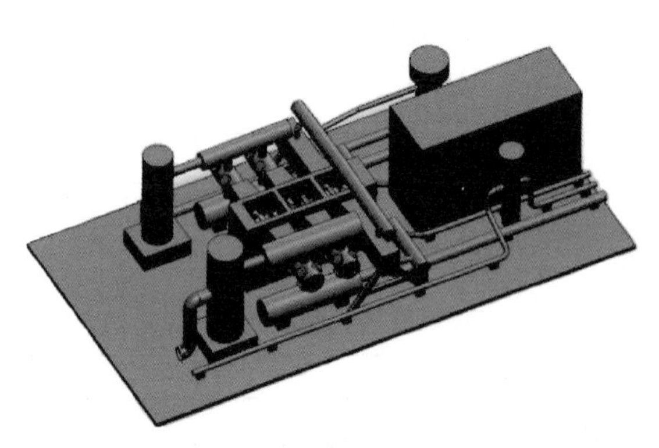

图 3-24　压缩机简化模型

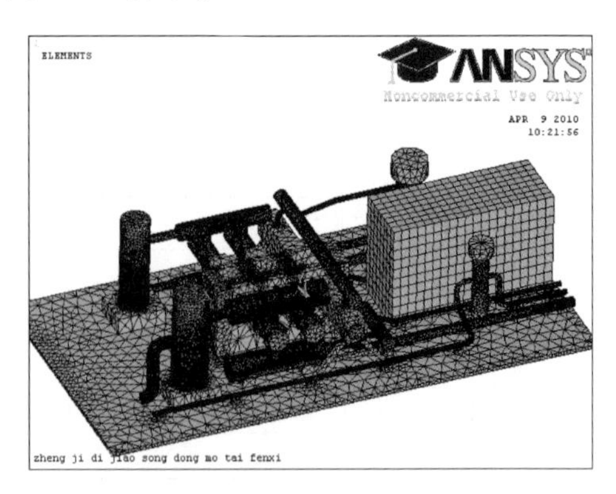

图 3-25　压缩机整机网格划分

(2) 洗涤罐支架模型的固有特性

由于压缩机的最大振幅交替出现在各级洗涤罐上，如果对洗涤罐进行局部固定，能够减小压缩机的振动幅度，从而达到减振的目的。为了研究洗涤罐的固定对洗涤罐振动幅度的影响，建立了洗涤罐增加支架的固定模型。洗涤罐增加支架后压缩机有限元模型如图3-26所示。

添加洗涤罐支架的压缩机 6 阶振型及固有频率与未添加洗涤罐支架的 7 阶振型及固有频率非常相近，该现象的产生是由于为洗涤罐增加支架后压缩机整机的刚性连接更加牢固，整机的固有频率发生了转移，转移的规律是，压缩机整体刚性越强，产生相同振型的频率越高。

(3) 地脚螺栓松动对压缩机固有特性的影响

压缩机的一阶振型最大位移出现在 3 号洗涤罐处，一阶的最大应力响应出现在 3 号洗涤罐的底部。压缩机长期在这种工况下工作能导致该处地脚螺栓的松动。为了模拟 3 号洗涤罐下部地脚螺栓的松动对压缩机的整机振型产生的影响，3 号洗涤罐下的地脚螺栓不再施加零位移约束。地脚螺栓松动的压缩机的有限元整机模型一如图 3-27 所示。

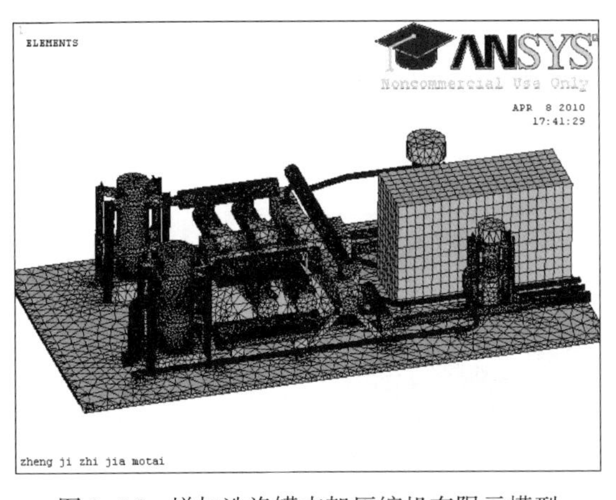

图 3-26　增加洗涤罐支架压缩机有限元模型

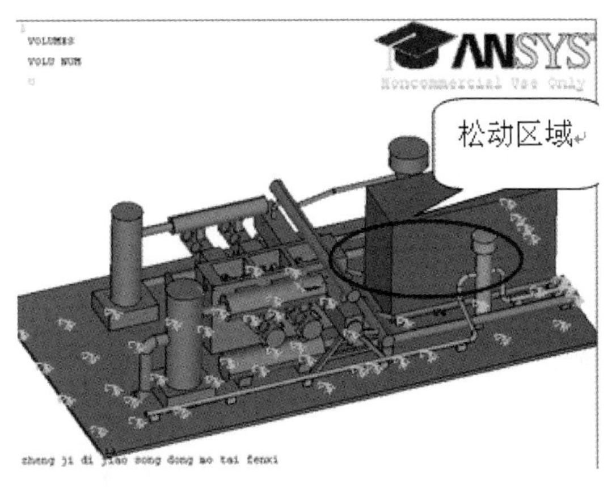

图 3-27　地脚螺栓松动压缩机有限元模型一

对于整机的撬装来说，如何来确定地脚螺栓的数量及相应的位置对压缩机的固有频率及振型有着决定性的作用。所以，一个良好的地脚螺栓分布结构是一台压缩机能够安全工作的基本保证。

8) 压缩机整机地脚螺栓松动和洗涤罐支架的瞬态动力学模型

通过对压缩机各种状态下的模型进行瞬态动力学分析，提取出压缩机六个气缸上的监测点的瞬态动力学分析结果，计算结果与现场监测结果基本相符，证明了压缩机建模的合理性。通过对洗涤罐增加固定支架压缩机模型的瞬态动力学分析，得出了压缩机洗涤罐增加支架能够明显地降低洗涤罐的振幅的规律。通过两组地脚螺栓松动模型的分析计算，得出了压缩机发生地脚螺栓松动时，松动螺栓附近的地脚螺栓支反力变化剧烈，而且越靠近压缩机动力部件部分，振动增加越明显。

(1) 气缸内交变其体力和曲轴轴承力计算

引起往复式压缩机振动的主要振源有两个，一是各级气缸内交变的气体对气缸头的周期性压力，二是曲轴、连杆、十字头及活塞组件的惯性力。进行瞬态动力学分析的关键是计算出这两种力，将这两种力施加在压缩机的相应位置，对压缩机进行瞬态动力学分析，分析压缩机在这些载荷下整机各部分的响应情况(见图 3-28)。

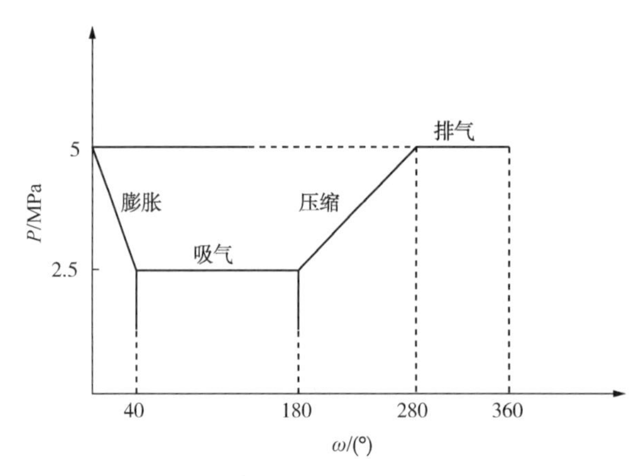

图 3-28　一级气缸内压力变化与曲轴旋转角度关系

(2) 压缩机整机瞬态动力学模型研究

将各级气缸内交变的气体和曲轴轴承的支反力施加在压缩机的相应位置，对压缩机进行瞬态动力学分析。载荷及约束施加后的压缩机有限元模型如图 3-29 所示。

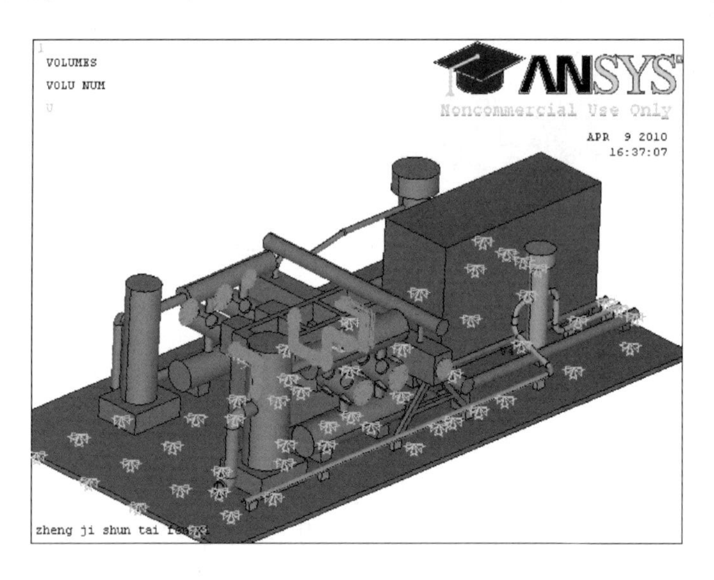

图 3-29　施加载荷及约束压缩机有限元模型

压缩机瞬态分析结果表明：压缩机运行时，压缩机曲轴箱、气缸、缓冲罐以及位于压缩机前部的两个洗涤罐振动比较大；缓冲罐中部、缓冲罐和气缸连接的管路和压缩机箱体等部位的应力值比较大。在大港区大张坨储气库现场调研压缩机时，发现液位计振动比较厉害。压缩机前方部位的两洗涤罐振动比较大，而液位计正是位于洗涤罐之上，因此液位计的振动明显，因此说明压缩机瞬态分析结果跟现场情况比较吻合。

（3）洗涤罐支架的压缩机整机瞬态动力学模型研究

由图 3-30 可以看出，压缩机洗涤罐增加支架后，1、2 号洗涤罐各方向振动最大位移均减小。所以，当洗涤罐振动幅度过大时，可以通过增加洗涤罐固定约束来实现减振。

（4）地脚螺栓松动对压缩机瞬态动力学特性的影响研究

当压缩机发生地脚螺栓松动时，松动螺栓附近的地脚螺栓受力剧烈增大，地脚螺栓松动第二种情况中 5 号螺栓的受力增加为原来的 10 倍多(见图 3-31)。而且越靠近压缩机驱动力部分，地脚螺栓受力变化越大。为了防止由于地脚螺栓松动造成的压缩机故障，现场工程师应该定期检查地脚螺栓的松动情况，定期加固螺栓。

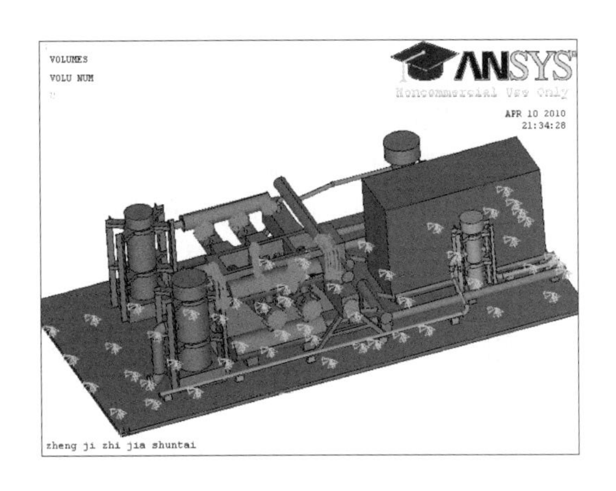

图 3-30　增加洗涤罐支架后压缩机有限元模型

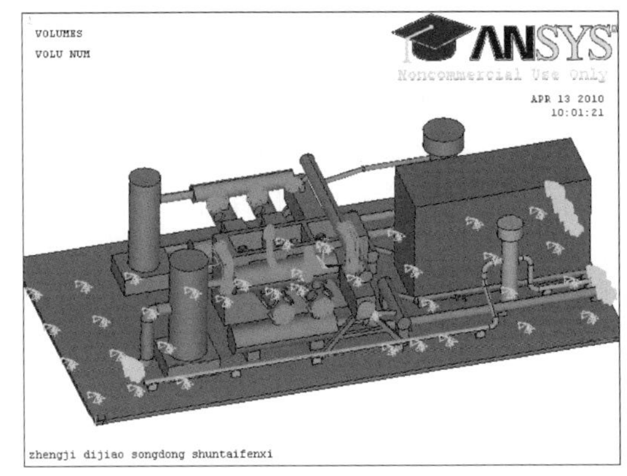

图 3-31　地脚螺栓松动压缩机有限元模型二

9）压缩机关键部件的静力学分析模型

通过对压缩机关键部件进行静力学分析，找出了曲轴、连杆、十字头、活塞组件、气阀这些关键部件易发生故障部位，为压缩机关键部件预知维修提供了理论基础。

在曲柄轴受压工况下，曲柄轴与曲柄的连接处应力、应变集中，是曲轴承载力最明显的位置，这个位置即为曲轴最容易出现裂纹的地方。根据以往压缩机曲轴裂纹(见图 3-32)故障发生位置可证明此分析与实际情况相符。

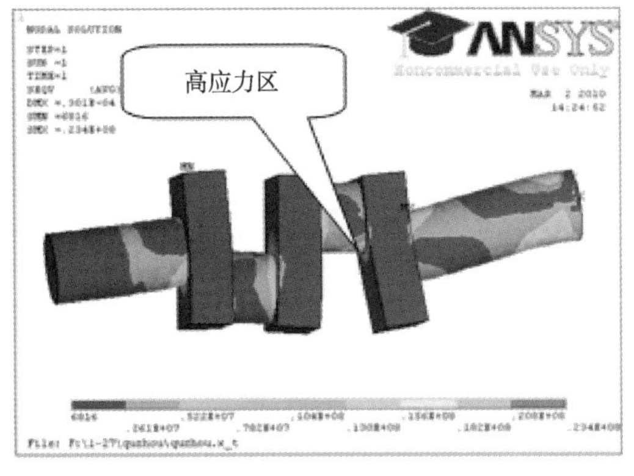

图 3-32　曲拐受压应力云图与曲轴裂纹图

随着压缩机负载变大，连杆的最大应力值变大，从而使曲轴的工作条件恶化，压缩机长期在此工况运转，连杆损坏的可能性增加，所以应尽量避免压缩机超负荷运行。

十字头的最大位移出现在十字头孔内外表面，最大等效应力出现在十字头孔的内表面上。整个十字头最大应力出现在十字头孔的承载区范围内，其他部位受力情况较均匀，这与实际情况是相符的。最大变形处也出现在十字头孔内表面，其他部位形变特别小。在实际过程中，由于十字头孔是承载区，它的变形相对较大。

各级活塞组件静力分析时的最大应力发生在活塞杆和活塞连接处，说明在该处易发生故障，而压缩机实际运行中经常发生活塞杆断裂，这跟仿真结果吻合。

10）压缩机关键部件的固有特性分析模型

通过对压缩机关键部件进行固有特性分析，找出了曲轴、连杆、十字头、曲轴箱、缓冲罐、活塞组件、气缸、洗涤罐的各阶振型及相应频率。得出了曲轴裂纹影响的只是曲轴各阶频率，不影响各阶振型的规律。洗涤罐增加支架能够明显降低洗涤罐的振动幅度。

随着裂纹的扩大，曲拐各阶对应的固有频率呈下降的趋势，说明随着曲柄和曲柄销处裂纹大小的变化，曲拐的各阶固有频率呈现一定的规律性变化。从理论上来说，可以通过测取曲拐的固有频率的变化，来推测曲拐是否有裂纹产生。

当连杆被激发振动时，小头端振幅较大，所以在实际工况中应该加强小头端与十字头的连接强度。

十字头的低阶振型中，振幅较大位置出现在与活塞杆的连接处，而高阶振型中最大振幅位置出现在与连杆的连接处。由于十字头与连杆的连接处比连杆与十字头的连接处狭窄很多，在同样的固定方法下，十字头与连杆的连接要比十字头与活塞杆的连接更加稳固，所以导致低阶频率的振幅最大位置出现在十字头与活塞杆的连接处。

压缩机曲轴箱的振动频率较低，因而在低频下容易发生共振，由于曲轴箱内部结构复杂，从振型图可以看出，每一阶的振动都既有整体的弯曲扭转变形，也有局部的变形。

3. 技术应用及创新点

1）技术应用

该技术采用边开发、边应用的模式，不仅为大港储气库安全运行提供了技术保障，而且促进了我国储气库安全管理的技术进步。该技术已成功应用于大港储气库群和集输管道的风险评估，识别出了高风险因素，并提出了合理的风险控制建议，编制的 4 项操作规程已纳入储气库 HSE 管理体系，并用于指导实际生产操作，为储气库地面主要设施的安全管理提供了决策依据，经济效益和社会效益显著。

随着我国天然气市场需求的不断扩大，天然气场站和储气库建设已列入中国天然气安全稳定供气的重点工程，战略地位举足轻重。目前我国已建成大张坨、板 876、板中南、板中北、金坛等储气库，相国寺、呼图壁等枯竭油气藏型储气库，平顶山、淮安、云应和安宁等盐穴型储气库也正在建设或开展前期评价，随着这些储气库的相继投入运行，对安全管理将提出更高的要求。该技术可为储气库地面设施安全管理提供有效的技术手段和支持，市场应用前景广阔。

2）创新点

（1）建立了适用于天然气场站地面工艺设施的最有效检测方法配置方案。

(2) 在国内首次研究了无接触式漏磁检测技术，形成了检测规范。

(3) 形成了新的钢质管道修复补强复合材料体系和工艺改进方法。

(4) 建立了大型往复式压缩机设备的整机模型，实现了整机的振动模态及瞬态动力学仿真。

(5) 对曲轴设置了人为故障裂纹，并将其与正常状况的曲轴进行模态分析结果的对比，查找出了由于曲轴裂纹引起曲轴固有特性变化的规律。

(6) 建立起曲轴、连杆、十字头和活塞组件的运动模型和力学模型的理论体系，计算出了上述各部件之间的作用力，并分析了曲轴对曲轴箱(压缩机)的作用力。

3.1.3 阀门内漏定量化检测技术

1. 简介

在陕京线、西气东输等处调研，确定球阀内漏的主要方式，了解球阀内漏后管内信号定性的特征；根据球阀发生内漏后管内声场特性和管路振动特性，开发相应的传感器；建立室内试验台架，研制适合天然气管道特点的声信号采集和处理系统，开发相应的信号分析、处理软件，针对球阀不同的内漏特点进行试验研究，得到球阀发生内漏时的信号特征和判据；对球阀气体内漏喷流声场进行数值模拟，得到球阀内漏后的流场、声场特性，为信号处理、分析提供指导。在上述研究的基础上，针对不同的压力、内漏流量进行试验研究，通过信号的分析、处理，研究建立一个数学模型来表征内漏率与采集、处理得到的信号特征之间的关系；进行球阀内漏检测现场试验研究，研究实际管道球阀发生内漏后的信号特征，并将所开发球阀内漏检测装置用于现场球阀检测，利用现场检测结果，进一步完善检测装置的软件。

2. 球阀内漏声发射检测系统总体设计方案

1) 球阀内漏检测方法

阀门是石油化工炼油装置中不可缺少的重要部分，其运输的介质多是腐蚀性强、有毒或易燃易爆的。但是在石油化工的实际生产运行中，阀门泄漏故障经常发生，造成了严重的后果。当阀门泄漏时，不但会造成原材料、能量和产品的严重浪费，也会对环境造成严重的影响，甚至会引起严重的安全事故。

综合分析阀门的泄漏原因，对于在设计、制造以及运输中形成的泄漏，可以通过前期有效的检查和检测进行可靠的控制；而对于阀门在安装和使用过程中造成的泄漏，往往不容易检测到，其泄漏形式主要是阀门连接处法兰或者阀杆填料含密封损坏造成的外漏和由于阀座密封面失效而造成的内漏。据统计，80%的阀门泄漏是由于阀座密封面的损坏而引起的，石油化工生产中，阀门内漏更不容易被发现，时有发生的介质被污染、火灾爆炸、中毒事故等大多是由阀门内漏造成的。因此及时准确地发现阀门的内漏在实际生产过程中至关重要。

(1) 球阀内漏常规检测方法对比分析

目前阀门内漏主要采用的检测手段有：①直接观察法；②压力点分析法；③超声波检测法；④气压法检漏；⑤声发射泄漏检测法。

声发射检测法作为新兴的声学检测法与目前的射线、超声波、磁粉探伤等一样，也可以作为一种无损检测方法，泄漏检测是声发射技术应用的一个重要方面。不同无损检测方法的对比见表 3-8。

表 3-8　不同无损检测方法原理及优缺点对比

方　法	原　理	特　点	缺　点
振动检测法	通过阀门在不同开度下阀体振动信号幅值变化来检测分析	通过正确选择测量位置、设定参考基准，可以很好地建立阀门泄漏与振动幅值之间的比例关系，实现阀门泄漏的定量诊断	这种检测只能对有振动的阀门进行检测，对于振动很小的阀门检测就很困难
超声波检测法	流体发生泄漏时会发生超声波，利用此现象，可以通过超声检测仪器对管道阀门泄漏进行检测	检测灵敏度高、声束指向性好、对裂纹等危害性缺陷敏感、检出率高，检测厚度与缺陷位置不限，可确定缺陷深度，适用广	只对阀门泄漏空隙很小的而产生超声的情况下才可以进行检测，在泄漏较大和具有其他噪声干扰的情况下对阀门泄漏检测的效果并不是十分明显
管线封闭试验法	如果将管线每隔一定区间进行密闭，其内部的质量除泄漏外不发生变化	由于其质量计测比较困难，所以在初期条件下预先加压，根据压力变化以探测其质量的变化	只能用于静态检测，不能用于在线动态检测。
声发射泄漏检测法	如果阀门发生内漏，流体通过缝隙泄漏时会产生喷流噪声，喷流噪声通过阀壁传播，利用传感器可接收到这种“应力波”，从而确定阀门是否泄漏	声学检测可以对整个被测物体进行在线监测，减少了不必要的阀拆卸费用，可及时辨别有问题的阀，排除工作故障；能够直接掌握、预测破裂的发生	信号容易受周围环境噪音信号的影响
气压检测法	通过被测工件充气加压或抽真空(空气)作为介质，然后对其压力、压差或流量(与比较容积间)进行取样分析，从而判断工件是否泄漏	对于出厂或已应用一段时间的可拆卸阀门，可进行试验平台的打压检测	对于大尺寸阀门和不可拆卸阀门不适合打压检测

(2) 国内外声发射检测仪器对比分析

国内外泄漏声发射检测仪主要有：①有美国物理声学公司(PAC)的 5131 便携式泄漏检测系统；②美国物理声学公司的 ALM-8 多通道声发射在线泄漏监测系统；③数字化 AIMS(多通道、工业化声发射系统)；④德国 Vallen AMSY-6 声发射仪；⑤俄罗斯 INTERUNIS A-Line32D(PCI-8)声发射系统；⑥国产 SAEU2S 声发射仪。

对比分析国内外阀门泄漏检测技术，可以看出，由于超声波检测法对阀门内漏产生的宽频率范围的不可覆盖性以及气压检测法不可对在线阀门进行检测的缺点，使得声发射检测技术凭借其自身具有的优点，在阀门内漏检测方面得到了广泛的应用。

2) 双通道球阀内漏声发射检测系统总体构架及试验

便携式双通道天然气管道球阀内漏量化声发射检测仪器的总体构架如图 3-33 所示。

① 检测仪器箱体结构主要分为两部分：防爆箱和外设放置层。防爆箱的布局有信号放大器、数据采集器、前放供电分离信号器、转换器、滑动变阻器以及连接线；外设放置层

的布局有声发射传感器、磁夹具、耦合剂以及 USB 接线。

② 检测分析软件：主要完成数据采集、数据处理、存储、检测结果分析和检测报告处理等功能。

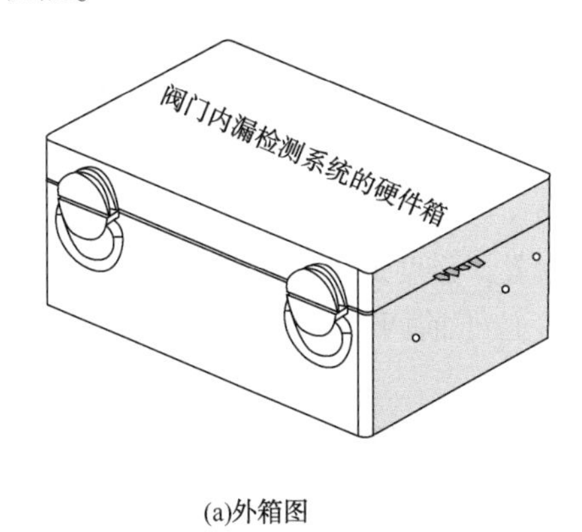

(a)外箱图

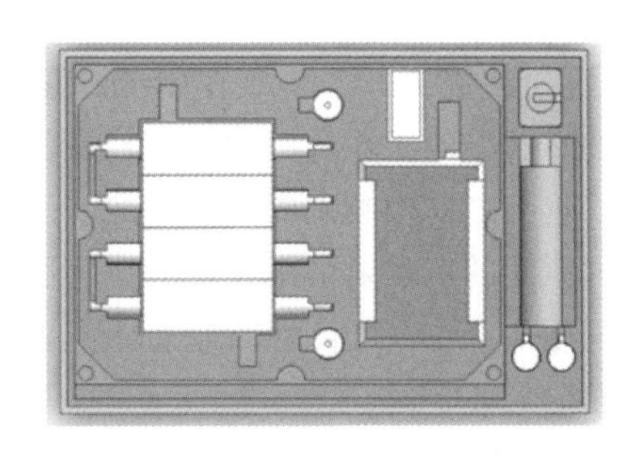

(b)内部布局图

图 3-33　声发射检测仪器总体构架图

便携式双通道天然气管道球阀内漏检测系统结构简单，可实现快速定位检测球阀内漏位置和定量检测球阀内漏流量。

（1）试验方案

① 相同孔径、不同角度孔口喷流试验　首先对直径 $D=0.35$mm，$\beta=0°$、10°、20°的小孔进行喷流试验。试验压力 $P=1.0$MPa、0.8MPa、0.6MPa、0.4MPa。将阀门置于全开状态，下游探头分别置于管壁 3 点、6 点、9 点、0 点方向。

② 不同孔径直孔孔口喷流试验　对 $\beta=0°$，直径 $D=0.35$mm、0.45mm、0.55mm 的小孔进行喷流试验。将阀门置于全开状态，安装盲板时，将小孔对准最上方 0 点方向。试验压力 $P=1.0$MPa、0.8MPa、0.6MPa、0.4MPa。下游探头分别置于管壁 3 点、6 点、9 点、0 点方向。

（2）相同孔径、不同角度孔口喷流试验

根据相同孔径 D、不同角度 β 的孔口喷流试验得到的试验数据有如下结论：

① 在相同上游压力条件下，对比同一小孔的孔口喷流试验在四个方向检测到的信号强度(*RMS* 值)。可以看到，无论直孔，还是 10°、20°斜孔，在距离泄漏孔最近的 0 点方向，探头检测到的信号最强，距离泄漏孔最远的 6 点方向次之，3 点和 9 点方向最弱。

② 在相同上游压力、相同孔口直径、探头位置相同的条件下，对比三个不同角度小孔的喷流试验检测到的信号强度(*RMS* 值)。可以看到，无论直孔，还是 10°、20°斜孔，在探头位置相同条件下，下游泄漏流量基本相同，能量值也差别不大，最大能量值差值在 15%左右。

③ 分析信号的频域特性，可以看到信号的峰值位置基本保持在 20kHz 左右。而频域峰值的大小与信号能量值大小有关，同一小孔的孔口喷流试验，在四个方向检测到的信号强度(*RMS* 值)，*RMS* 值最大的 0 点方向频域峰值也最大，6 点方向的频域峰值大小其次，3 点、9 点方向的频域峰值最小；类似的，在相同孔口直径、探头位置相同、小孔角度不同的条件下，能量值相对较大的小孔，对应的频域峰值也相对较大。

(3) 不同孔径直孔孔口喷流试验

① 同一压力条件下孔口喷流试验结果及分析

根据获得的试验数据和泄漏流量与泄漏能量间的关系有如下结论：

a. 在相同上游压力条件下，对比同一小孔的孔口喷流试验在四个方向检测到的信号强度(*RMS* 值)。可以看到，无论 $D=0.35$mm、0.45mm、0.55mm，三种情况下，在距离泄漏孔最近的0点方向，探头检测到信号最强，距离泄漏孔最远的6点方向次之，3点和9点方向最弱。这与之前检测到的情况一致。

球阀泄漏的声发射信号在距离泄漏位置最近的位置，强度最大；在与泄漏位置成45°的位置，强度最小；在距离泄漏位置最远的位置，强度位于前两者之间。此规律可以应用于球阀泄漏的具体定位。

b. 在相同上游压力、小孔与管道轴线夹角 $\beta=0°$、探头位置相同的条件下，对比不同小孔直径 D 的小孔喷流试验所得到的 *RMS* 值。可以发现，在相同上游压力条件下，随着小孔直径 D 的增大，下游的泄漏流量也随之增大，进而下游的信号强度也随之增大。

但是，在同一上下游压差条件下，由于流量较大，泄漏流量和信号强度之间的函数关系已经不符合二次方关系。

c. 分析信号的频域特性，可以看到信号的峰值位置基本保持在20kHz左右。而频域峰值的大小与信号能量值大小有关，同一小孔的孔口喷流试验，在四个方向检测到的信号强度(*RMS* 值)，*RMS* 值最大的0点方向频域峰值也最大，6点方向的频域峰值大小其次，3点、9点方向的频域峰值最小；但是，在相同角度、探头位置相同、小孔直径不同的条件下，能量值和对应的频域峰值没有明显的对应关系，有可能出现能量值较大的孔对应较小的频域峰值大小。

在上游压力 $P=1$MPa、探头处于0点方向条件下，得到 $D=0.35$mm、0.45mm、0.55mm的泄漏孔检测到的频域信号。通过频域信号图可以得出，随着孔口直径 D 增大，泄漏量和信号强度增大，但频域峰值基本稳定在20kHz。除此之外，在5kHz左右，存在一个低频的频域峰值。

② 同一孔径直孔在不同压差条件下的试验结果分析

根据该次试验结果得到，在泄漏口径不变的情况下，上下游压差与泄漏流量、信号 *RMS* 值、频域峰值基本呈线性关系。

3. 双通道球阀内漏声发射量化检测系统研制

1) 声发射检测系统构成

双通道声发射球阀内漏检测系统研制主要分为两个方面，一方面是系统的硬件选型与设计，另一方面是内漏检测系统相对应的软件设计。其中，系统的硬件主要包括声发射传感器、信号放大器、数据采集器以及调压供电器等。

2) 便携式声发射仪器集成设计

声发射检测仪器箱体布局设计主要分为两部分：隔爆箱和外设放置层。

(1) 隔爆箱的布局设计

隔爆箱的设计主要是对信号放大器、数据采集器、信号分离器、调压供电器、滑动变阻模块以及连接线进行整体布局，本设计采用 EVA 材料嵌入式布局。

本箱体底层的设计即是采用 EVA 板面的模型设计，底层的布局如图 3-34 所示。

隔爆箱元件布局尺寸如下：

隔爆箱 EVA 板尺寸：294mm×214mm×40mm；

隔爆箱尺寸：300mm×230mm×66mm。

(2) 外设放置层设计

外设放置层的布局设计元件模块包括双通道声发射传感器、探头固定模块、耦合剂以及 USB 接线。外设放置层布局如图 3-35 所示。

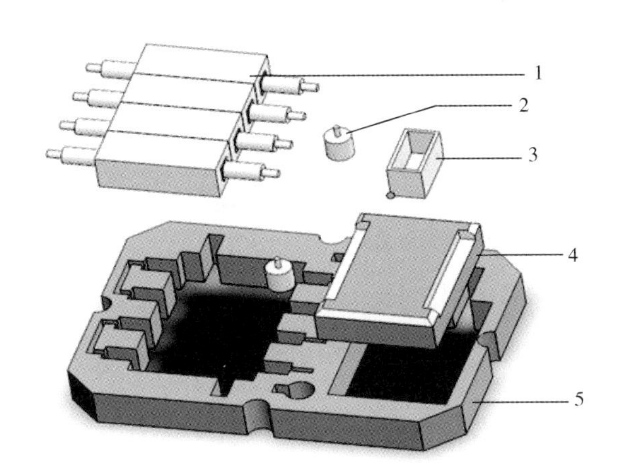

图 3-34　隔爆箱底层布局设计

1—信号放大器；2—滑动变阻模块；3—调压供电器；4—数据采集卡；5—EVA 板

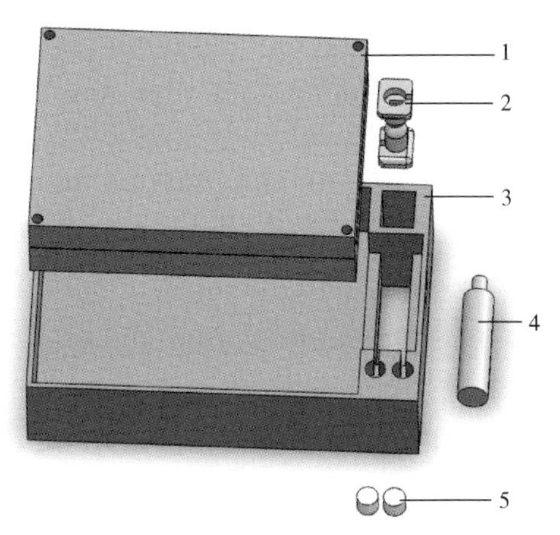

图 3-35　声发射检测仪器箱外设放置层布局设计

1—ABS 隔爆箱；2—传感器固定模块；3—EVA 板；4—耦合剂；5—双通道声发射传感器

外设放置层布局尺寸如下：

EVA 板尺寸：360mm×250mm×100mm；

EVA 板面左侧内嵌尺寸：300mm×230mm×66mm；

双通道声发射传感器内嵌尺寸：$R=9.5$mm，深度 20mm；

耦合剂内嵌尺寸：130mm×29mm×40mm；

传感器固定模块尺寸：40mm×30mm×80mm。

(3) 声发射检测仪器箱的整体布局设计

箱体整体布局如图 3-36 所示。

(4) 双通道球阀内漏声发射量化检测系统研制的优点

① 对阀门的完整性不会有影响，也不会影响阀门的正常工作，只需在被检测阀门上布置高灵敏度的声发射传感器，就可判定阀门是否发生内漏；

② 可消除环境噪声，提高检测精度，检测系统采用双通道声发射传感器，其中一个用于检测环境噪声以及管道噪声干扰；

③ 可对内漏量进行量化检测，检测系统已内置不同尺寸球阀、不同压差、不同内漏程度与检测声发射信号对应关系数据库，可对现场检测信号进行识别进而判别出内漏量大小；

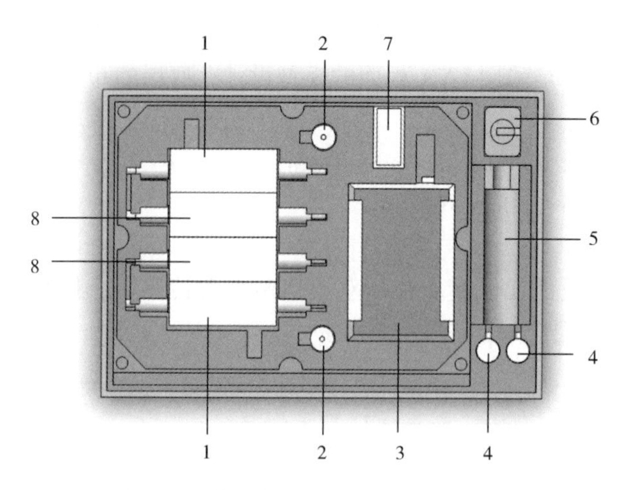

图 3-36　声发射检测仪器整体布局设计

1—信号放大器；2—滑动变阻模块；3—数据采集器；4—双通道声发射传感器；5—耦合剂；6—探头固定模块；7—调压供电器；8—信号分离器

④ 通过使用波导杆等方法，可检测难于接近的阀门；

⑤ 检测过程便捷，检测结果直观，可迅速、直观地了解被检阀门的情况。

4. 球阀内漏声发射室内检测研究

1）球阀内漏检测试验平台设计

根据阀门气体内漏声学检测试验的基本内容和要求，建立模拟气体内漏声学检测试验平台，如图 3-37 所示。其基本装置组成主要包括：

（1）高压氮气瓶及减压阀；

（2）高压接管；

（3）法兰、法兰盖、法兰紧固件及垫片；

（4）待测球阀；

（5）管道用小型设备，如压力变送器、质量流量计、过滤器等；

（6）信号采集处理软硬件部分。

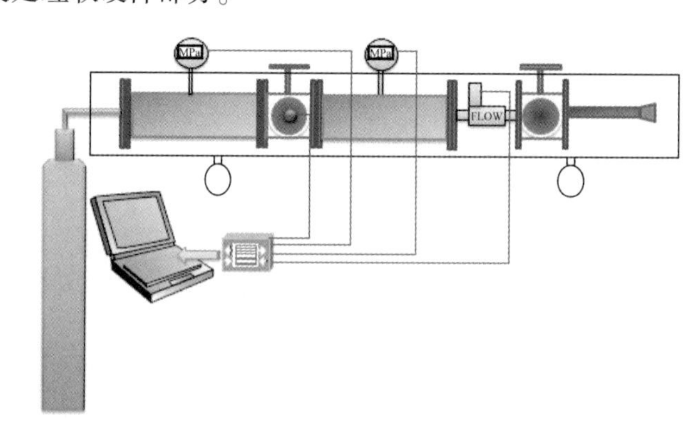

图 3-37　阀门内漏高压试验平台

2）球阀内漏点初步定位研究

在对球阀内漏检测过程中，传感器的安装位置对试验结果有很大的影响，所以需要在球阀上选择几个检测点来选择最佳的检测位置，这样有利于提高球阀内漏检测的灵敏度。首先分别在球阀上选择 4 个检测位置，如图 3-38 所示，然后通过分析各个位置在不同压力下的平均峰值的大小来确定泄漏的位置。

每个位置上选择 4 个检测采样点，它们的压力范围为 0.1~0.6MPa。四个测点的数据可通过图形表示，如图 3-39 所示。

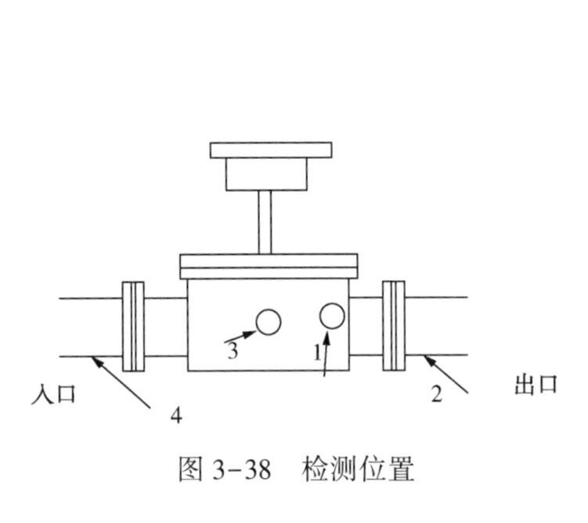

图 3-38　检测位置

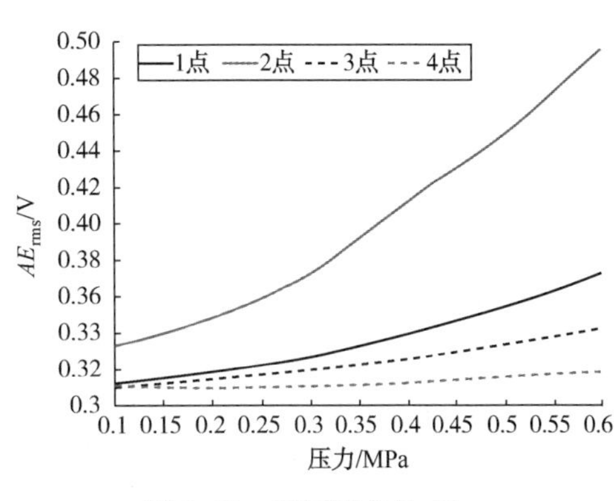

图 3-39　不同测点的 AE_{rms}

从图 3-48 中可以很清晰地看出，每个测点所测的值相差很小，但是在 2 点处信号的强度相对高一些，所以将声发射传感器固定在 2 点进行阀门内漏检测，2 点位于靠近阀门下游法兰处管道位置。

3）低压球阀内漏室内检测试验研究

球阀发生气体泄漏时，球阀中声发射信号的时域和频域信号变化与球阀上游压力和气体体积泄漏流量有关。下面以天然气管道上广泛应用的球阀作为研究对象，分别研究其在不同压力、不同泄漏流量下声发射信号时域和频域信号变化关系。

(1) 不同压力下声发射检测试验与分析

当球阀开度一定时，泄漏流量随上游压力增大而增大。有效值电压(*RMS*)作为声发射参数。声发射检测法可以作为声发射检测信号特征分析和信号处理的方法。

(2) 不同泄漏流量下声发射检测试验研究

为了研究模拟天然气管道工作状态下球阀不同内漏流量对声发射信号特征量的影响，设计试验过程如下：选择 *DN*50 球阀作为试验阀门。AE 传感器通过耦合剂紧靠在泄漏口处，分别控制调节阀，控制球阀输入压力为 0.4MPa、0.6MPa、0.8MPa。通过试验统计，得出在同一压力下不同泄漏情况下声发射信号特征参数 AE_{rms} 值如图 3-40 所示。

从图 3-40 中可以得出以下几点结论：

① 在同一压力条件下，声发射信号参数 *RMS* 值随泄漏流量的增大而增大；

② 在同一泄漏流量的条件下，声发射信号参数 *RMS* 随压力的增大而增大。

(3) 球阀阀芯划伤形式下声发射检测试验研究

同样采用上面的试验法再进行声发射泄漏检测试验，得到特征参数 AE_{rms} 值如图 3-41 所示。

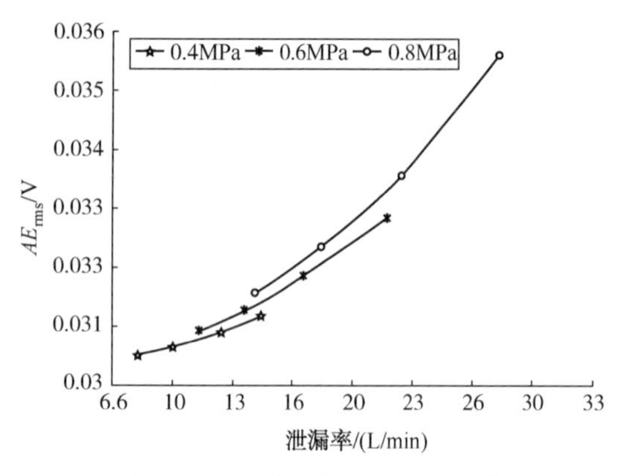

图 3-40 不同压力下球阀 *RMS* 值与泄漏流量的对应关系

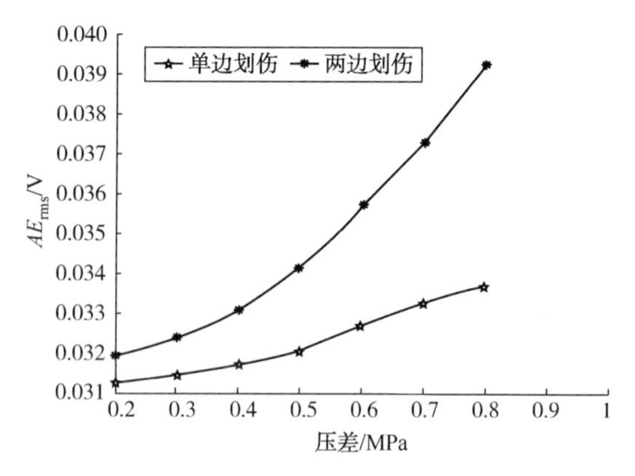

图 3-41 单边划伤和两边划伤情况下不同入口压力与 AE_{rms} 的对应关系

图 3-41 为球阀单侧划伤和两侧划伤两种破坏形式下，调节上游压力测得球阀不同入口压力与声发射信号参数 *RMS* 值之间的对应关系。从图中不难得出以下结论：球阀球芯由于划伤导致球阀发生内漏，会产生声发射信号，且声发射信号特征参数 *RMS* 值随球阀入口压力的增大而增大，球阀两侧划伤产生的声发射信号强度强于球阀球芯单侧划伤。

（4）球阀密封圈不同损伤程度下声发射检测试验研究

通过试验统计，得出在同一压力下不同泄漏情况下声发射信号特征参数 AE_{rms} 值如图 3-42所示。

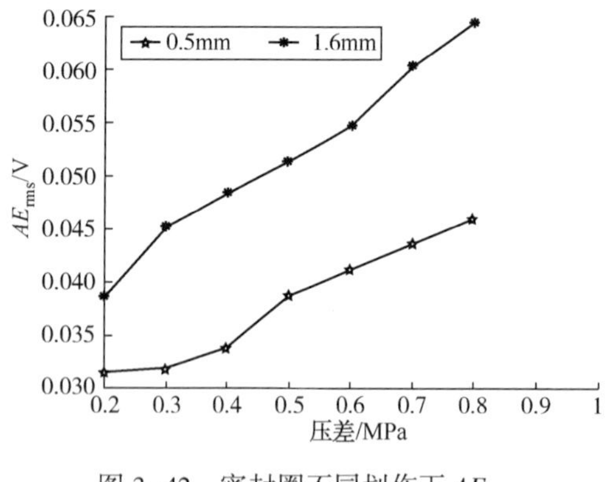

图 3-42 密封圈不同划伤下 AE_{rms} 随压力的变化曲线

图 3-42 为密封圈人工划伤深度为 0.5mm、宽度为 0.5mm 缝隙和深度为 1.6mm、宽度为 0.5mm 缝隙两种破坏形式下，调节上游压力情况下测得球阀不同入口压力与声发射信号参数 *RMS* 值之间的对应关系。从图可以看出，当球阀密封圈发生划伤等形式的损伤时，球阀会发生内漏，且声发射信号参数 *RMS* 值在同一入口压力条件下，随密封圈划伤深度的增加而增强；声发射信号参数 *RMS* 值在某一划伤深度的条件下，随球阀入口压力的增加而增强。

4）高压球阀内漏室内声发射检测试验研究

本试验采用前期已设计好的高压球阀内漏检测试验平台进行检测试验研究。试验中阀门内漏孔结构尺寸不变，通过改变阀门压差大小进而控制阀门内漏流量，得到阀门内漏过程中压差-时间关系曲线和内漏流量-时间关系曲线，进而得到阀门内漏过程中内漏率-压差关系曲线。

将声发射传感器固定于阀门靠近下游管道位置，应用耦合剂对检测表面和声发射传感器接受面进行耦合，并采用磁性夹具进行固定，在阀门压差为 4MPa 时进行声发射检测，检测过程中，阀门下游管道直接连接大气，分别得到声发射信号与压差对应关系和声发射信号与内漏率对应关系，通过检测结果可以得出，阀门内漏率在 3L/min 以上可以检测到，且在 10L/min 以上检测效果最为明显。

总结：本试验对阀门内漏声发射进行了室内试验研究，通过搭建室内试验平台分别进行低压、高压试验，确定了声发射传感器探头位于阀门下游管道靠近法兰处检测阀门泄漏信号最为强烈，确定了阀门泄漏检测点位置。通过低压、高压研究，发现声发射信号均方根值(AE_{rms})随泄漏量和阀门压差的增大而加强，因此，确定了采用均方根值作为阀门内漏声发射量化检测指标。

5. 大口径球阀内漏声发射检测试验研究

1）大口径球阀内漏检测

本次现场试验一共检测了 4 个球阀，其中 3 个是全新的球阀，尺寸分别为 *DN*150、*DN*200、*DN*250，另外一个是已经确定产生内漏的球阀，尺寸为 *DN*200。

2）试验测试数据及其结果

（1）*DN*150 球阀内漏检测试验研究

*DN*150 球阀检测试验相关参数如表 3-9 所示。

表 3-9　*DN*150 球阀试验相关参数

球　阀	*DN*150	球　阀	*DN*150
上游管线长度	$L=39.65$m	上游管线横截面积	$S=0.154$m^2
上游管线管径	$D=0.154$m	上游管线横截体积	$V=0.7329$m^3

在试验的时间 Δt 内，通过试验需要记录：P_0，第一次管线上游所测压强(MPa)；P_1，第二次管线上游所测压强(MPa)；T_0^0，第一次管线上游所测温度(℃)，热力学温度为 $T_0=(T_0^0+273.15)$K；T_1^1，第一次管线上游所测温度(℃)，热力学温度为 $T_1=(T_1^1+273.15)$K。

在试验的时间 Δt 内，通过试验测得的 P_0、P_1、T_0、T_1，与试验前所测得的 L、D、S、V 经过相关推导公式计算可以得到 Δm、ΔV、Δt、Q，然后把计算所得到的结果和双通道声发射传感器采集到的泄漏信号通过 Matlab 等工具进行分析处理，得到如图 3-43 所示的 *DN*150 声发射信号值与内漏流量关系曲线。

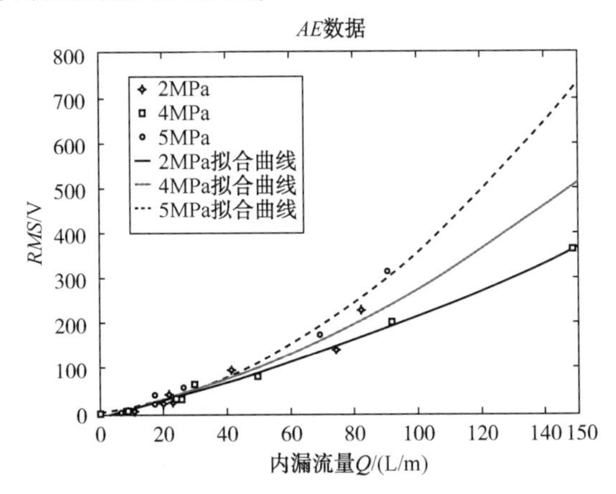

图 3-43　声发射信号值与内漏流量(*DN*150 球阀)关系曲线

如图 3-43 所示，曲线由上到下分别为 5MPa、4MPa、2MPa 下 *RMS* 均方根值与球阀内漏流量 Q 的关系拟合曲线，根据曲线可得出以下规律：

① 随着能量均方根值 *RMS* 的增大，球阀内漏流量也越来越大；

② 随着球阀上游压强越来越高，球阀内漏流量也越来越大。

（2）*DN*200 球阀内漏检测试验研究

*DN*200 球阀检测试验相关参数如表 3-10 所示。

表 3-10　*DN*200 球阀试验相关参数

球　阀	*DN*200	球　阀	*DN*200
上游管线长度	L=36.69m	上游管线横截面积	S=0.032m^2
上游管线管径	D=0.202m	上游管线横截体积	V=1.175m^3

在试验的时间 Δt 内，通过试验需要记录：P_0，第一次管线上游所测压强（MPa）；P_1，第二次管线上游所测压强（MPa）；T_0^0，第一次管线上游所测温度（℃），热力学温度为 $T_0=(T_0^0+273.15)$K；T_1^1，第一次管线上游所测温度（℃），热力学温度为 $T_1=(T_1^1+273.15)$K。本次试验为了保证其准确性，一共检测了三组数据。

在试验的时间 Δt 内，通过试验测得的 P_0、P_1、T_0、T_1，与试验前所测得的 L、D、S、V 经过相关推导公式计算可以得到 Δm、ΔV、Δt、Q，然后把计算所得到的结果和双通道声发射传感器采集到的泄漏信号通过 Matlab 等工具进行分析处理，对以上 3 组数据表进行对比分析处理，最后取第二组数据表得到如图 3-44 所示的声发射信号值与内漏流量关系曲线。

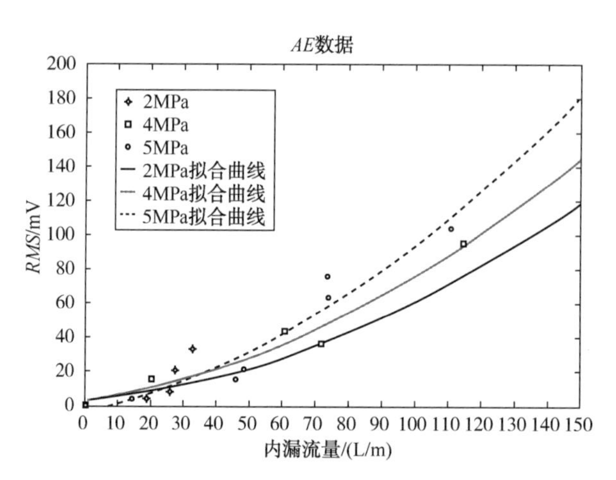

图 3-44　声发射信号值与内漏流量（*DN*200 球阀）关系曲线

如图 3-44 所示，曲线由上到下分别为 5MPa、4MPa、2MPa 下 *RMS* 均方根值与球阀内漏流量 Q 的关系拟合曲线，根据曲线可得出以下规律：

（a）随着能量均方根值 *RMS* 的增大，球阀内漏流量也越来越大；

（b）随着球阀上游压强越来越高，球阀内漏流量也越来越大。

（3）*DN*250 球阀内漏检测试验研究

*DN*250 球阀检测试验相关参数如表 3-11 所示。

表 3-11　*DN*250 球阀试验相关参数

球　阀	*DN*250	球　阀	*DN*250
上游管线长度	L=63.2m	上游管线横截面积	S=0.0506m^2
上游管线管径	D=0.254m	上游管线横截体积	V=3.2m^3

在试验的时间 Δt 内，通过试验需要记录：P_0，第一次管线上游所测压强(MPa)；P_1，第二次管线上游所测压强(MPa)；T_0^0，第一次管线上游所测温度(℃)，热力学温度为 T_0^0=(T_0^0+273.15)K；T_1^1，第一次管线上游所测温度(℃)，热力学温度为 T_1=(T_1^1+273.15)K。

在试验的时间 Δt 内，通过试验测得的 P_0、P_1、T_0、T_1，与试验前所测得的 L、D、S、V 经过相关推导公式计算可以得到 Δm、ΔV、Δt、Q，然后把计算所得到的结果和双通道声发射传感器采集到的泄漏信号通过 Matlab 等工具进行分析处理，得到如图 3-45 所示的声发射信号值与内漏流量关系曲线。

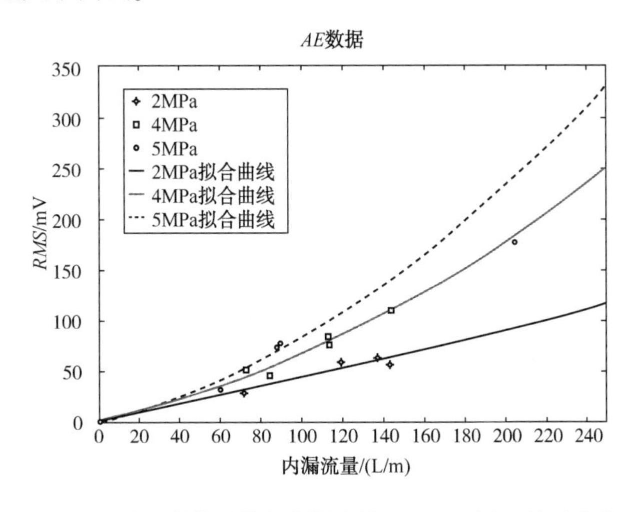

图 3-45　声发射信号值与内漏流量(*DN*250 球阀)关系曲线

如图 3-54 所示，曲线由上到下分别为 5MPa、4MPa、2MPa 下 *RMS* 均方根值与球阀内漏流量 Q 的关系拟合曲线，根据曲线可得出以下规律：

① 随着能量均方根值 *RMS* 的增大，球阀内漏流量也越来越大；

② 随着球阀上游压强越来越高，球阀内漏流量也越来越大。

6. 球阀内漏声发射智能检测评价软件开发

天然气管道球阀内漏量化声发射检测软件共有 7 大子系统，分别是用户登录系统、用户账户管理系统(包括账户注册和密码修改两部分)、使用参数设置系统(简称参数设置系统)、信号采集及内漏诊断系统(简称内漏诊断系统)、检测参数系统、历史数据回放系统、帮助文档系统。天然气管道球阀内漏量化声发射检测软件的各项主要功能如表 3-12 所示。

表 3-12 软件主要功能

功 能	具体介绍
用户登录	写入正确的用户名及对应的密码，即可登入系统，进行下一步操作
提示账号密码错误	若写入的用户名错误，或输入的密码错误，指示灯亮
密码提示	只要输入了已存在的用户名，就可查询事先准备好的密码提示，便于回忆起密码
用户权限设置	用户使用权限分为管理员和普通人员，区别在于管理员可进入用户账户管理系统
注册新账号	输入新的用户名，以及此新用户名所对应的密码和密码提示。若输入的用户名已存在，则系统报错
修改密码	可以选择需要修改任意已存在的用户名的密码，密码提示
球阀内漏声发射信号采集参数设置	在采集信号之前，对阀门尺寸、上下游压力、阀门编号、阀门名称等基本参数，以及对板卡编号、通道编号、每通道采样点数、采样频率、电压等采集参数进行设置
信号采集状态实时显示	在采集信号时，显示实际频率，错误信息(如没有则显示正常)
初始标定	对上下游两探头，在环境中进行标定，确认两探头完全一致
信号采集时域频域信号显示	双通道时域频域信号，以波形图的形式显示。其中两个时域信号既显示在同一波形图中，又分别显示在两个波形图中；两个频域信号既显示在同一波形图中，又与两信号之差的频域图显示在三个波形图中
信号采集保存	可选择将时域或频域信号进行保存
信号特征参数实时显示	双通道特征参数实时显示
信号采集特征参数保存	可选择将双通道特征参数保存
双通道时域频域信号回放	将之前保存好的双通道时域频域信号，以波形图的形式显示
对信号进行降噪处理	信号采集的同时，将双通道信号进行相减，得到去除噪声的信号差值
计算阀门泄漏程度	本软件核心功能，根据去除噪声的信号，以及阀门运行参数，通过计算，预测出阀门的泄漏流量(L/min)
生成报表	将预测的阀门流量，连同运行压力、阀门尺寸、泄漏程度(根据泄漏流量及阀门尺寸进行判断)、检测结论、阀门编号、操作人员、时间等，生成一个报表，供操作者使用
使用说明系统	对各个子系统的使用方法进行说明，便于使用者更好地使用本软件

图 3-46 待检测球阀

7. 高压球阀现场验证试验研究

1）石家庄输气站 *DN*50 球阀声发射检测研究

（1）1 号球阀内漏声发射检测试验

试验目的一：测试现场环境下，阀门上下游压差变化过程中，声发射信号强度变化。

待检测球阀如图 3-46 所示。

检测结果：检测结果如图 3-47 所示，对每一角度下检测结果求取平均值，得到如图 3-48 所示的检测结果平均值。

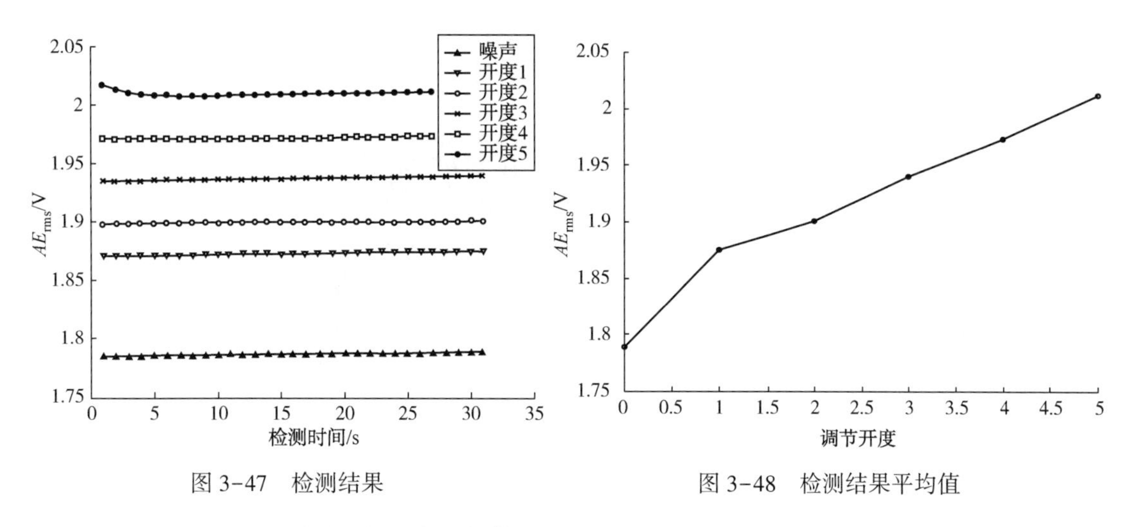

图 3-47　检测结果　　　　图 3-48　检测结果平均值

试验目的二：测试阀门内漏声发射信号随压差变化规律。

检测结果：两次检测结果分别如图 3-49 和图 3-50 所示。从图中可以看出：压差逐渐变小过程中声发射信号 AE_{rms} 值也随之减小，同样，压差逐渐变大过程中声发射信号强度也逐渐变大。

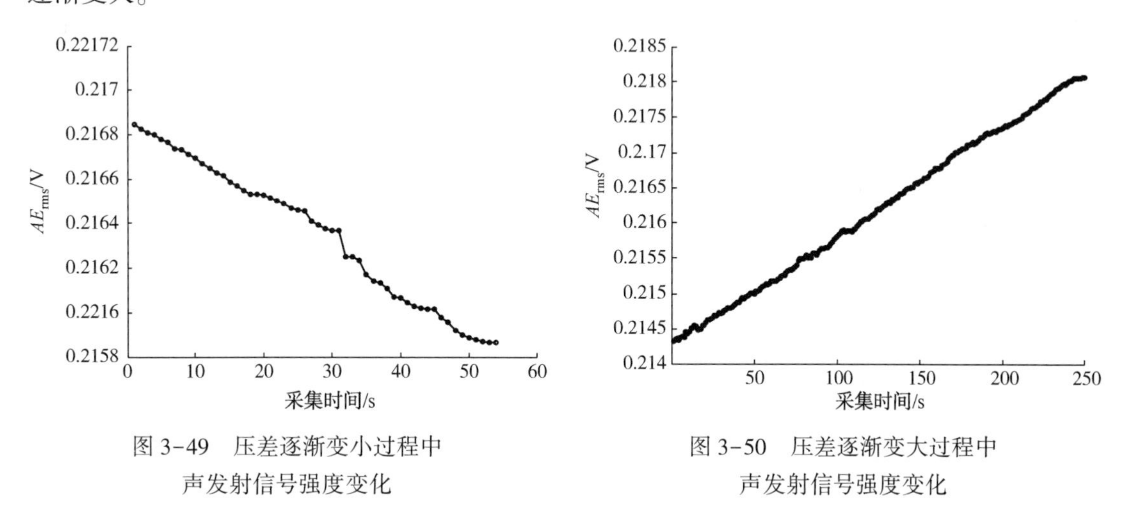

图 3-49　压差逐渐变小过程中声发射信号强度变化　　　　图 3-50　压差逐渐变大过程中声发射信号强度变化

（2）2 号球阀内漏声发射检测试验

待检测球阀和检测系统如图 3-51 所示，球阀上游压力为 3. 844MPa。

检测结果：得到如同试验一的结果，由此可见，对 2 号阀阀采用声发射检测技术仍然可以取得很好的检测结果。

结论：应用已开发双通道声发射检测仪对现场 *DN*50 球阀进行检测，测试结果表明，在改变阀门泄漏开度和阀门压差的条件下，声发射检测仪器都可以有效地捕捉到阀门内漏喷流噪声声发射信号特征，为后续进行现场阀门内漏量化评价提供了检测设备。

2）南京站 *DN*200 阀门声发射检测验证试验研究

*DN*200 球阀检测试验相关参数如表 3-13 所示。

图 3-51 待检测球阀和检测系统

表 3-13 *DN*200 球阀试验相关参数

球　阀	*DN*200	球阀	*DN*200
上游管线长度	$L=36.69$m	上游管线横截面积	$S=0.032\text{m}^2$
上游管线管径	$D=0.202$m	上游管线横截体积	$V=1.175\text{m}^3$

本次试验是在 2MPa 的压强下进行的，因为该损坏球阀的内漏非常明显，高于 2MPa 的泄漏声人工都能辨识，所以本次试验只采集该球阀在 2MPa 下的泄漏信号。试验的过程简述为：依次测定环球阀下游管道 3 点、6 点、9 点、12 点方向声发射信号 *RMS* 值大小，确定阀门内漏点位置；在泄漏点处固定探头，应用 *DN*200 球阀数据数据库预测阀门内漏流量。

通过双探头传感器测定，在 2MPa 背压下内漏流量预测结果为 450L/min，实际内漏流量为 420L/min，误差为 7%。

3）陕京二线通州东站阀门检测声发射试验研究

（1）试验一：阀门尺寸为 *DN*100，编号为 1109，品牌为 serck audco。

检测结果：球阀上游压力为 5MPa，下游为放空状态，每点方向检测 20s，检测阀门及仪器设备如图 3-52 所示。

（2）试验二：阀门尺寸为 *DN*100，编号为 6105，品牌为 serck audco。

试验结果：球阀上游压力为 4MPa，下游为放空状态，每点方向检测 20s，待测阀门如图 3-53 所示。

图 3-52 待测阀门及检测仪器

图 3-53 待测阀门及检测仪器

总结：本试验采用双通道声发射检测仪器应用于天然气站场阀门内漏检测，对待测阀门都已给出检测结果，为该阀门的后期维修提供了有效的指导意见。

8. 结论和创新点

1）结论

（1）针对天然气管道球阀内漏检测过程中存在的问题，在广泛调研分析国内外同种阀门内漏检测技术及仪器的基础上，针对高压天然气管道球阀结构及内漏特点以及检测系统工作条件要求，整体构建双通道球阀内漏声发射检测系统构架方案。

（2）通过调研查阅相关文献统计球阀失效数据，确定了球阀内漏的主要失效形式和原因，在此基础之上确定了球阀声发射检测理论，分析了声发射球阀检测技术特点和球阀内漏喷流噪声声发射检测信号特征参数提取方法，确定了采用声发射信号均方根值 AE_{rms} 作为阀门内漏信号特征提取参数。

（3）通过理论分析和数值模拟，对孔口喷流噪声的流场特征和声场特征进行数值模拟，并通过室内标准板孔式样的喷流噪声声发射模拟测试试验，分析不同压差下和孔口尺寸下声发射信号特征，为室内及现场球阀内漏流量检测评价提供重要的理论和参考依据。

（4）根据天然气站场工作条件及项目要求，设计并开发了双通道球阀内漏量化声发射检系统，包括声发射传感器、信号放大器、数据采集器、调压模块等采集系统主要构成部分，设计开发了满足现场需求的便携式声发射检测集成仪器，该装置可用于现场实际泄漏检测。

（5）根据天然气管道的设计要求，查找相关的管道设计手册，设计了相应的高压管道球阀内漏试验平台，进行了室内低压及高压球阀内漏检测试验，确定了球阀下游靠近法兰处管段位置为球阀最佳内漏点位置。针对球阀典型失效形式情况研究了泄漏声发射信号 AE_{rms} 与内漏流量对应关系。

（6）在天然气站场进行了高压大口径球阀内漏检测试验研究，研究了在高压条件下的泄漏信号分析，提取了大口径球阀内漏声发射特征参数，建立起了均方根值 AE_{rms} 与球阀尺寸、压差及流量间量化函数关系。结合室内基础试验研究，提出了球阀内漏程度量化评价方法。

（7）采用 Labview 开发软件开发出与双通道声发射检测仪相配套的球阀内漏量化智能检测评价分析软件，实现了球阀内漏声发射信号采集、数据存储、内漏检出、内漏流量智能判断以及生成检测评价报表等功能，为实际站场应用提供了实时分析工具。

（8）成功应用已开发的双通道球阀内漏声发射量化检测系统进行现场验证及应用试验，现场验证结果证明，采用该系统可有效、快速、准确地判别球阀内漏状态，为阀门后续维修工作提供有效的指导方案，天然气管道球阀内漏检测技术研究具有重要的推广应用价值。

2）创新点

（1）开发出的天然气管道球阀内漏检测系统综合了现代传感技术、信号处理分析技术，解决了球阀内漏的检测问题，单阀门检测时间 $<10min$；最小可检测内漏流量为 $0.04m^3/h \cdot in$（或 $0.66L/min \cdot in$），其中 in 为阀门尺寸；最小检测流量满足中石油北京天然气管道有限公司 GC/BJGD-SB-001—2013《球阀操作维护规程》要求（参照 API 6D 标准）。

（2）采集的天然气管道球阀内漏信号比较复杂，噪声大，信号处理和特征提取的难度较大，采用的滤波方法和试验研究中得出的内漏流量与信号特征参数之间的关系具有独创性。

3.1.4 超声导波检测技术

1. 简介

管道输送工程对于天然气的开发与利用发挥着极为重要的作用，其工作的可靠性直接影响用户的使用。在各种输送管道中，输气管道技术要求是最高的，这是由于天然气为易燃易爆气体，一旦泄漏将会导致灾难性事故。这些事故大部分是由于管道缺陷处失效引起的，干线管道普遍采用内检测的方法查出管道的缺陷，而站内管道经过气体的腐蚀和冲蚀，其管路普遍存在安全隐患，站内管道的检测问题一直没有得到很好地解决，传统的方法是使用超声波检测，但只能是逐点检测，效率不高。为了保证站内管道的安全运行，采用管道超声导波检测技术进行站内工艺管道检测是最佳的选择。

另外，我国有许多长输管道已经运行三十多年了，管道的设计处于比较低的水平，有些管线多年没有进行过清管，致使内检测不能实施，这部分管道的检测评价问题也是目前管道运行管理中存在的最大问题。使用超声导波检测技术检测这些管道是目前发现缺陷最好的方法之一。

应用管道超声导波技术检测时不需要液体进行耦合，仅采用机械或气体施加到探头的背面以保证探头与管道表面接触，从而达到超声波良好的耦合。超声导波与传统超声波检测的最大区别为，超声导波可在一个测试点对于一个长距离的管道材料进行100%的检测，而传统超声波在一个测试点只能对该点进行检测。

为了消除隐患全面了解管道现状，预防由于腐蚀等原因造成的管道泄漏事故的发生，有必要对站场管道和不能实施内检测的管道进行超声导波检测，引进和开发先进的检测技术——管道超声导波技术，为油气管道运行提供科学、准确的检测数据，并在完整性评价的基础上，及时作出维修决策，同时，建立站场(压气站、阀室、储气库、泵站、炼厂等)管道的基础档案资料，将事故消除在萌芽之中，这对于管道科学的管理和安全运行具有重要意义。

2. 关键技术

1）超声导波概述

在20世纪60年代，超声导波曾被尝试用于检测金属薄板，但由于种种原因，该项技术未得到广泛应用。自90年代起，超声导波的研究与应用取得重大突破，其中应用方面最重要的进展是对管道的检测。超声导波技术能在管道检测中得以应用，首先是由于通过理论研究和试验，对超声导波的性质有了更深入透彻的理解，这其中包括不同波型的性质和产生方法，传输特性、散射特性和波型转换规律、无用波型的抑制等。其次是计算机技术的应用使得复杂的信号处理成为可能，计算机的应用还极大地提高了操作自动化程度和检测速度。

当传输超声波介质的断面尺寸小于波长数倍时，纵波和横渡不能独立存在，此时会产生一种与介质断面尺寸有关的特殊波动，称为超声导波。在板中传输的超声导波又称为板波，而板波中最主要的波型是兰姆波。

管道中传输的超声导波有3种类型，其中两种是关于管道轴对称的(见图3-54)，即纵波(Longitudinal wave)和扭曲波(Torsional wave)，还有一种是非轴对称的挠曲波(Non-axisymmetric Flexing wave)。前两种是发射脉冲的主要波型，后一种则是识别缺陷的重要特征反射信号。

图3-55为钢管中的纵波(L)、扭曲波(T)以及散射挠曲波(F)的曲线。在100kHz频率下有大约50个散射波型，在管道超声导波检测中，实际上只有其中的1~2个可以利用。

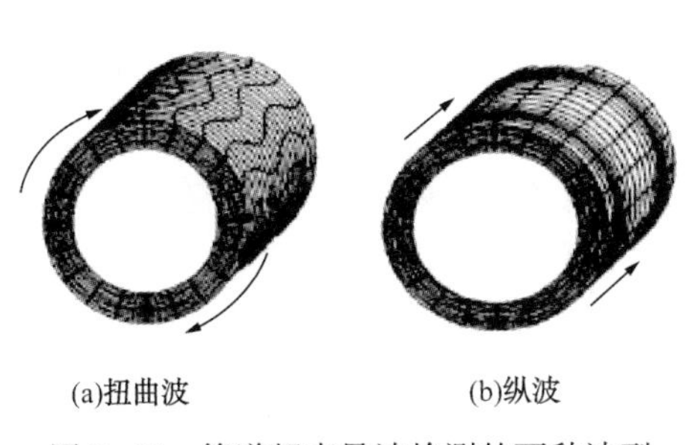

图3-54　管道超声导波检测的两种波型

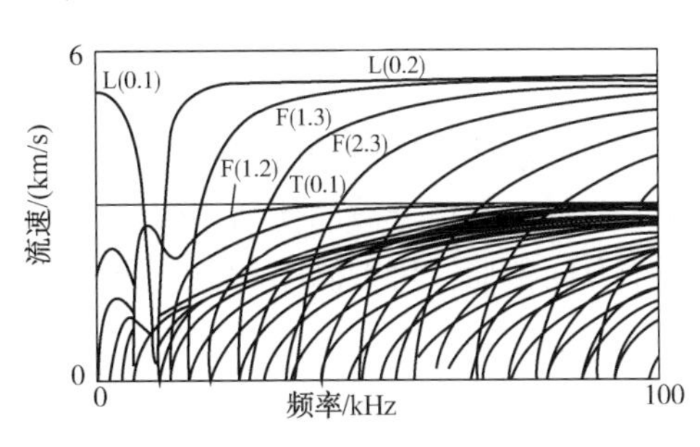

图3-55　钢管中超声导波各种波形的速度曲线

2）超声导波的基本原理

长距离超声遥探法是利用超声导波进行的。波类似于平板中产生的兰姆波，但在一般管壁厚度中要产生适当的波型，需用比常规超声探伤要低得多的频率。一般常规壁厚的探伤频率约为5MHz，而导波只需约50kHz的频率。超声缺陷检出灵敏度随频率减小而降低，但对超声导波来说，灵敏度的降低通常并不严重。对给定频率，超声导波的灵敏度要明显高于用体积波的灵敏度。

导波能传播20~30m长距离而衰减很小，因此只需在一个位置固定脉冲回波探头阵列(像手镯一样环绕管子)，就可作大范围的检测。其工作原理如图3-56所示。探头阵列发出一束超声能脉冲，此脉冲充斥整个圆周方向和整个管壁厚度，向远处传播，然后由同一探头阵列检出返回信号。管壁厚度中的任何变化，无论是在内壁或外壁，都会产生反射信号，被探头阵列接收到。因此，管子内外壁由腐蚀或侵蚀引起的金属缺损(缺陷)都可被检出。根据缺陷产生的附加波型转换信号，可将金属缺损与管子外形特征(如焊缝轮廓等)识别开来。

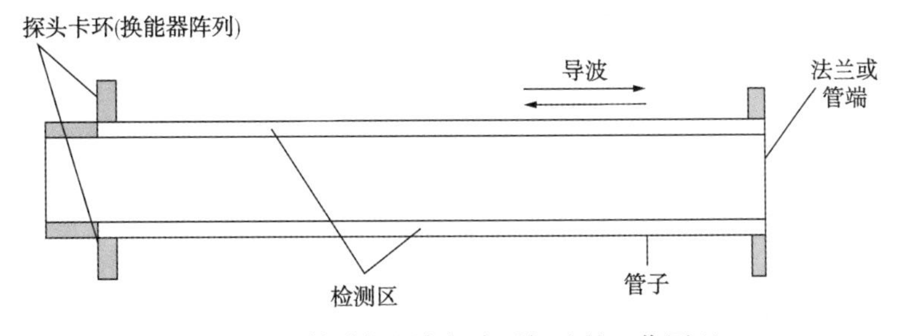

图3-56　管道长距离超声遥探法的工作原理

用此法时，缺陷的检出和定位可借助于计算机软件程序来显示和记录，这样能减少对操作判断的依赖性，能提供重复性高的、可靠的检测结果。

3）超声导波的技术特点

与传统的超声检测相比，超声导波技术有两个主要的特点：①超声导波可以沿管壁传播较远的距离而自身能量的衰减很小，因此可以一次性检测较长的距离（根据管道本身状况的不同，最长可以达到200m）；②超声导波在管壁的内外表面和中部都有质点的振动，声场遍及整个壁厚，因此可以对壁厚进行100%检测。检测的主要内容是管道环状截面的变化情况，包括截面积的减少和增大，因此可检测出管道内壁或外壁的腐蚀和各种损伤，还可以探测出被遮蔽管道的焊缝和弯头的位置。其具体特点如下：

（1）超声导波是一种被称为扭曲波（Torsional Wave）的波，属于超声波范围。超声纵波受被测管道内液体介质流动的影响很大，但在超声导波检测时，液体在管道中流动是允许的。这主要由于超声导波的传播在管壁中进行，并且换能器（即探头）发射的超声导波沿着管壁两个方向传播，可探测100%的管壁体积（见图3-57）。

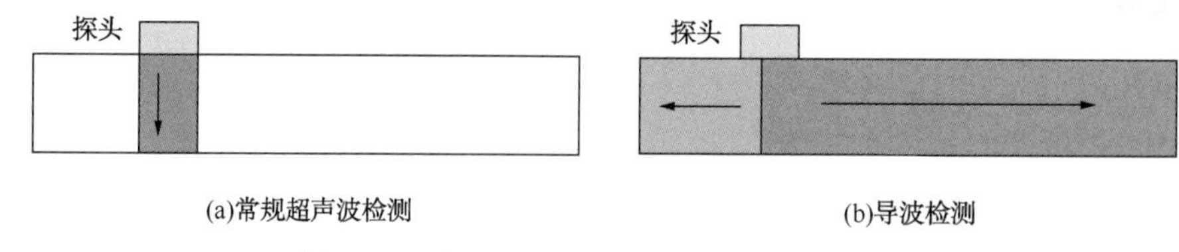

图3-57　常规超声波和超声导波检测的区域

（2）超声导波通常使用的频率小于100kHz，较常规超声波检测频率低很多，所以超声导波具有传播距离远的特点，使检测效率大大提高。应用较低频率的超声波，应用频率的范围通常为20~100kHz。而常规超声波检测应用的频率范围通常为1~5MHz。通常超声波检测缺陷的灵敏度会随频率的降低而降低，但对于超声导波来说，频率的降低对灵敏度的影响并不显著。

（3）较低频率使得超声导波在管道中能传播较长的距离，它的另一个优点是改善了耦合性能，管道超声导波检测时不需要使用耦合剂，也不需对放置探头的管道表面做特殊处理，超声导波在传入管壁的同时发生波型转换。

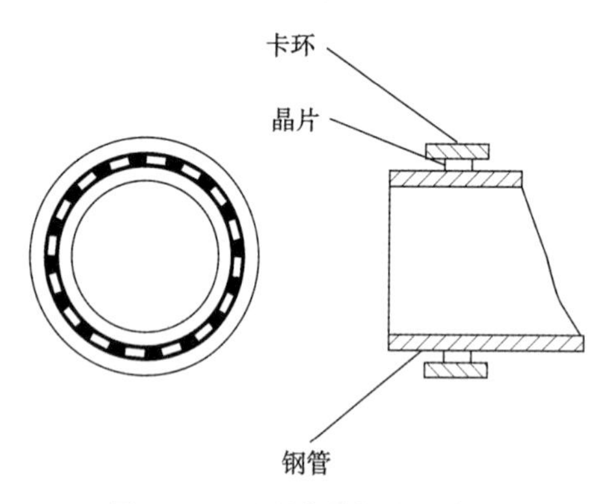

图3-58　环形梳状探头示意图

（4）超声导波检测采用多探头形式。所有探头都被安装在一个柔性环上（管径<ϕ152.4mm时使用刚性环），柔性环包裹在需要检测的管道外表面，给柔性环充气至1.5kg/cm^2（增加压力使其耦合良好）。目前较为成功的是一种环形梳状探头（见图3-58），其结构是将许多个换能器平行均布在一个圆环上。这种探头有许多优点，包括有较大的穿透力和较高的检测灵敏度，使用时不需要作移动扫查，采用不同的组合可以对波型进行选择和控制，且能为计算机提供对回波识别分析的数据。

（5）超声导波检测结论的评价。当超声导波传输过程中遇到缺陷时（缺陷在径向截面有一定的面积），超声导波会在缺陷处返回一定比例的反射波，因此可根据反射波来发现和判断缺陷的大小。超声导波的检测灵敏度用管道环状截面上的金属缺损面积的百分比评价，目前的检测水平可达 3%，即当缺损面积达到总截面积 3%时便可检出。超声导波检测软件提供了一个“ECL”(Estimated Cross Sectional Loss)的指标，用以判断金属缺损面积的百分比，ECL 包含两层意思，即总截面上面积的变化百分比和该缺损截面上面积的变化。

(6)超声导波设备和计算机结合生成的图像可供专业人员分析和判断，35kHz 探头生成的波形如图 3-59 所示。采用计算机控制和信号处理，计算机通过几种模式对回波进行分析识别，向操作员提供特征波形和参数。

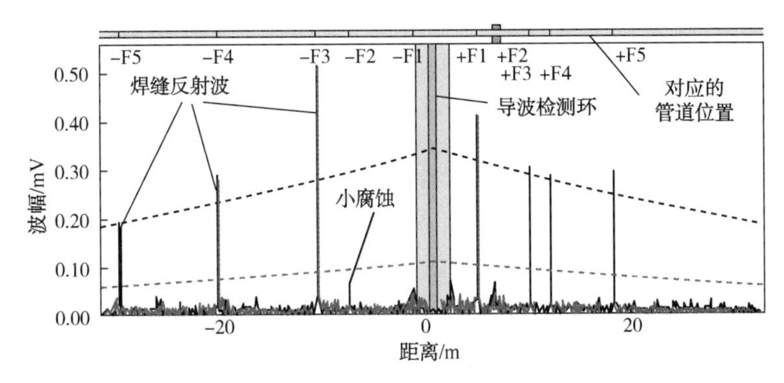

图 3-59　典型超声导波软件生成的波形图

(7) 超声导波软件为专业人员提供的信息有波幅、波形出现位置、波形特征[如来自轴对称类焊缝的黑色波、来自非轴对称类(如法兰)红色波以及判断缺损方向的辅助紫色波]、DAC 曲线(以虚线表示，由其可大致判断截面缺损的大小)以及频率(由计算机自动生成，也可改动，调整时要根据管道的具体情况和专业人员的工作经验来实施)。

此外，用于在役压力管道检测的超声导波具有以下优越性：

(1) 可以检测空中和水下管道而无需在空中或水下作业。

(2) 可以检测被保温或绝热材料包覆的管道，除安放探头的位置外，无需破坏包覆层。

(3) 可以检测难以接近区段的管道，例如有管夹、支座和套环的管段，被墙壁、容器壁、其他管子或结构件阻碍的管段，桥梁下的管道以及穿越道路、堤坝的管道，而无需破坏造成障碍的结构。

(4) 开挖少量部位便可检测埋在地下的管道。

(5) 可在运行状态下进行在线检测。

4) 超声导波检测设备的构成与使用

整套检测设备由探头卡环、信号发射和接收装置以及计算机三部分组成(见图 3-60)，十分轻便，一个人便可自由携带。

根据所用的波型来选择不同种类的卡环，产生扭曲波的卡环由 2 排探头组成，而产生纵波的卡环由 3 排或 4 排探头组成。卡环有多种规格，适用于不同管径。8in 以下管道一般采用刚性环；大于 8in 的管道，为减轻重量，使用了可膨胀的柔性环，通入压缩空气(手动气泵即可)使卡环膨胀，以保证探头与管子表面接触良好。

检测操作十分简便，管道表面稍做清理，除去浮锈，不需液体耦合剂，将卡环卡在管子上便可开始检测。从卡环安置到获得检测数据的时间通常不超过 20min。

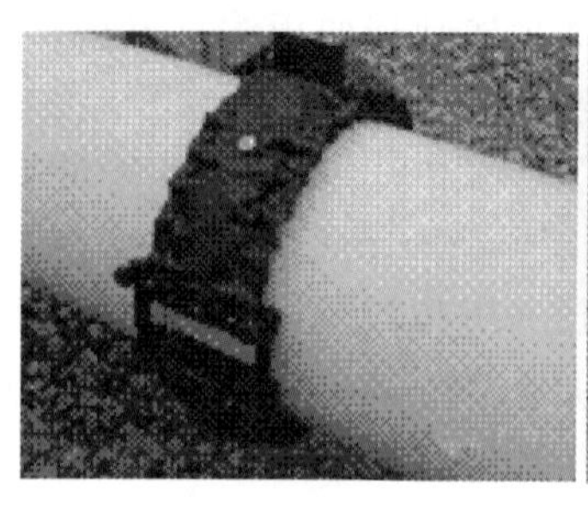

(a)卡环

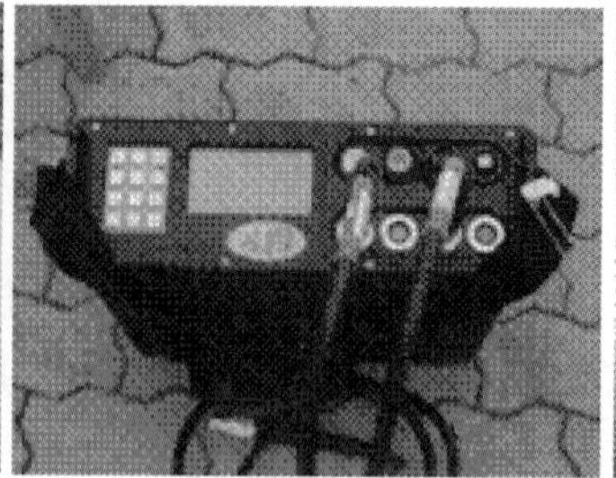

(b)信号发射和接收装置

(c)计算机

图 3-60　超声导波检测的设备组成

5）超声导波技术的适用范围

作为无损检测领域内刚刚兴起的超声导波技术，利用其检测距离长、操作简单和灵敏度高等优势，通过与其相配的检测装置，不但适用于在役管道的腐蚀检测、新建管道基线检测，而且在对埋地、穿越、架空等管道进行腐蚀检测时更显其优势。因此，可用于炼油、石化、天然气输送、电力建设以及站场、密闭系统所涉及的各种工业管道、压力管道的无损检测，以及经多年使用后所产生表面腐蚀和壁厚减薄等急需的高效评价和预警。该技术能对以下一些类型进行检测。

（1）理想情况

图 3-61 是用 GUL Wavemaker 检测设备检测一段理想情况下的直管段的情形。这个例子中，80m(250in)长管线中有局部腐蚀的区域很快被检出(包括支架接触点)。结果显示，管线情况良好。波形情况如图 3-62 所示。

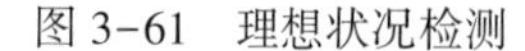

图 3-61　理想状况检测

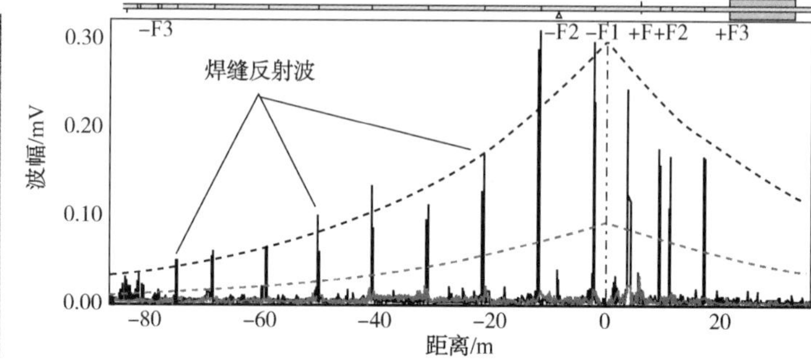

图 3-62　理想情况波形图

（2）穿墙

图 3-63 为对穿越护坡的管托处的管线进行的测试。管线不受其他管线和管托影响。测试在充满液态物质的在役管道上完成。结果显示，穿护坡区域对管线无影响，腐蚀是不存在的。波形情况如图 3-64 所示。

（3）埋地管线

GUL Wavemaker 检测设备常用于套管中和埋地管线的检测(见图 3-65)。现场情况显示，被测管线从地下穿越围墙，图中结果显示穿越围墙入口处有局部腐蚀。波形情况如图 3-66所示。

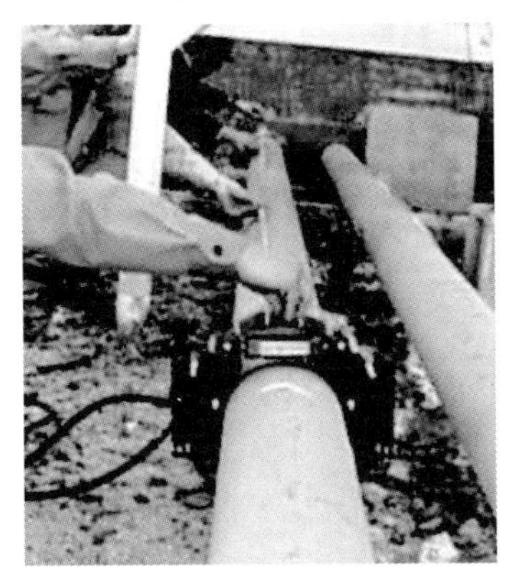

图 3-63　穿墙情况检测

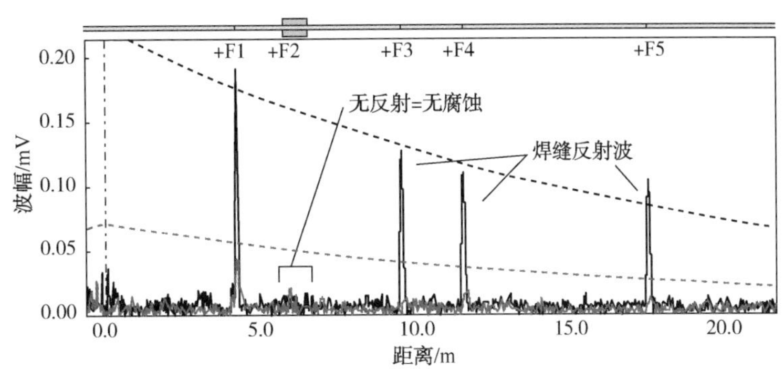

图 3-64　穿墙情况波形图

图 3-65　埋地管线检测

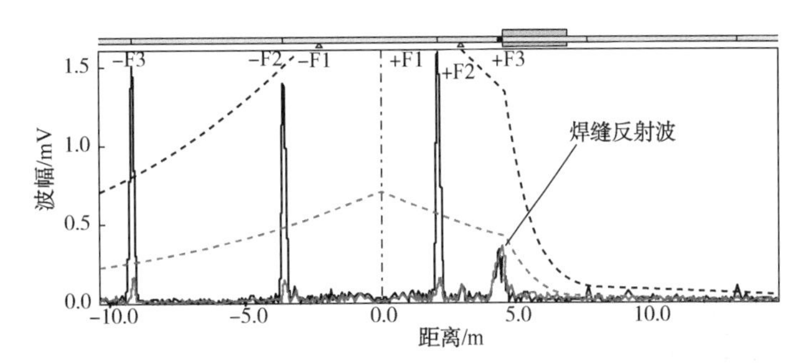

图 3-66　埋地管线波形图

（4）跨越道路

由于跨越道路或其他管线，化工厂的许多管线位于地面上方。这部分管线很难进行测试，使用常规技术花费又太大，且需要搭设临时性脚手架。Wavemaker 管道检测系统（WPSS）具有检测长距离架空管线的能力。在 3in 在役跨越管线上进行检测实验（见图 3-67），这样的长度和高度用肉眼很难全面观察管道腐蚀情况，而实际上管道表面已轻度腐蚀。

图 3-67　跨越管线检测

管线始端是水平的，然后以 90°角向上弯曲，经 5m 长水平跨越又通过 90°弯曲折回水平面，WPSS 安装在较低处弯头上部的垂直管段上，这一点不仅能检测管线的垂直部分还能检测弯头及水平部分。依据管道和涂层情况能完成管线的全面检测，但每个方向只能检测 20m 多一点。对应的检测结果显示在图 3-68 中。结果显示管线的大部分情况良好，只有少部分管段情况有待进一步检测。对发现缺陷的管段，用户可根据情况采取进一步措施，样可以节省时间和费用。

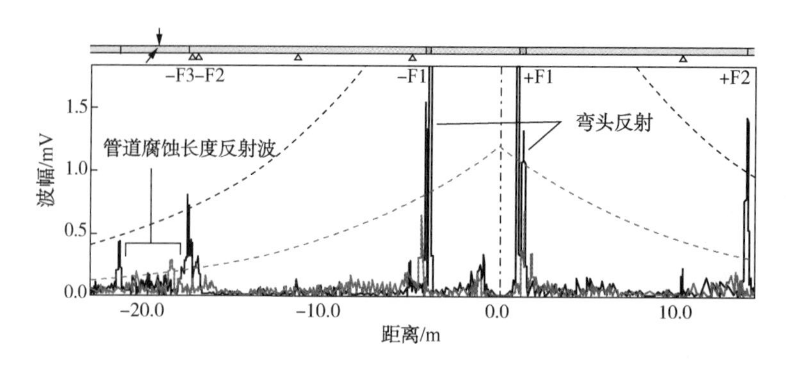

图 3-68　跨越道路波形图

（5）长距离野外管线

图 3-69 为对长距离野外在役裸管进行的检测。结果显示(见图 3-70)，标记+F5 处是泄漏点。从图中可以看到环状传感器被安装在管道上。从传感器到管线变径处约 47m 长的管段情况良好，但在远端管径变细处信号发生突变且噪声变大。标记+F5 到+F8 处腐蚀面大大增加。+F8 处是法兰，且这一位置管段已更换过。反方向同样得到良好的检测结果，检测距离可达 80m。

图 3-69　长距离野外检测图

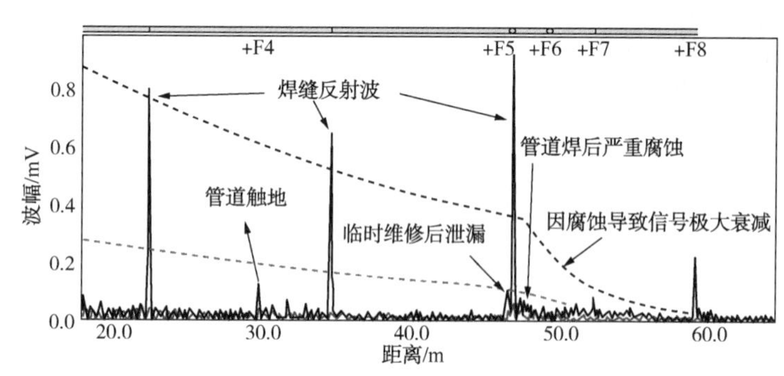

图 3-70　长距离野外管线波形图

6）导波波形信号与缺陷对应关系

超声导波系统有着常规检测系统不具备的管道全壁厚长距离检测等优点，但是其检测信号的分析和判别一直是检测中的难点。在引进超声导波检测系统后，对不同工况条件下的多种管道进行了反复测试比较，总结出了一套行之有效的、针对管道不同特征的识别方法，大大提高了检测效率和精度。该方法主要为分析每个特征信号中的黑色与红色波形信号，黑色波形信号代表能量反射的多少，黑色波形越高就有越多的能量被反射回来，红色波形代表此信号是否为局部信号，红色波形越高就有越多信号为局部信号，任何管道的特征判断都以这两点为基础。这种方法不仅能识别传统的管道特征如焊缝、弯头、法兰、支撑、支管、传统缺陷等，还能分辨焊缝缺陷、弯头内缺陷、套管内缺陷和弯头内支撑等较为复杂的管道特征信号。

(1) 焊缝信号

传统的单个焊缝信号如图 3-71 所示，信号存在较高峰值，属于仅次于法兰的次强信号，是由于导波信号能量在穿越焊缝时发生了 25%反射所致。信号波形尖锐且信号无不良杂波，而图 3-72 所示的信号则为在不同波长情况下测试的焊缝信号。

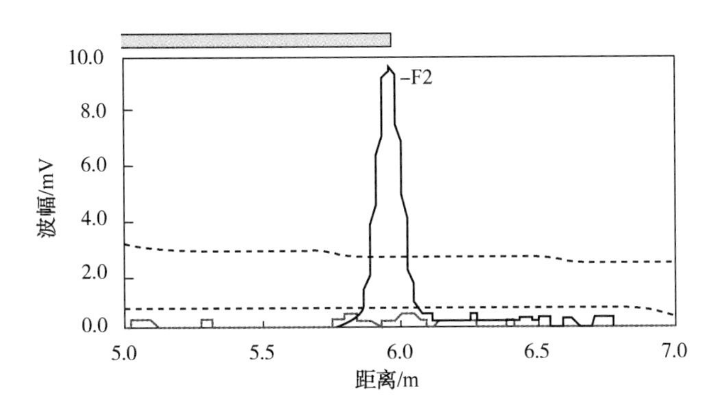

图 3-71　焊缝波形信号一

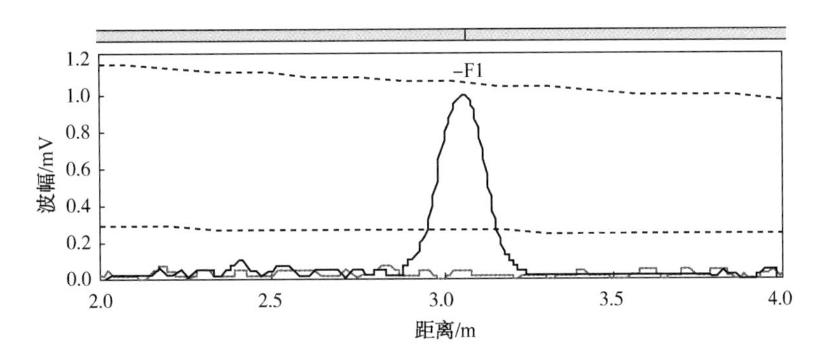

图 3-72　焊缝波形信号二

而多个焊缝信号除了满足单个焊缝信号的要求外，一般还呈现逐渐衰减的趋势(见图 3-73)，信号波峰不断降低(见图 3-74)，能量逐渐衰减。

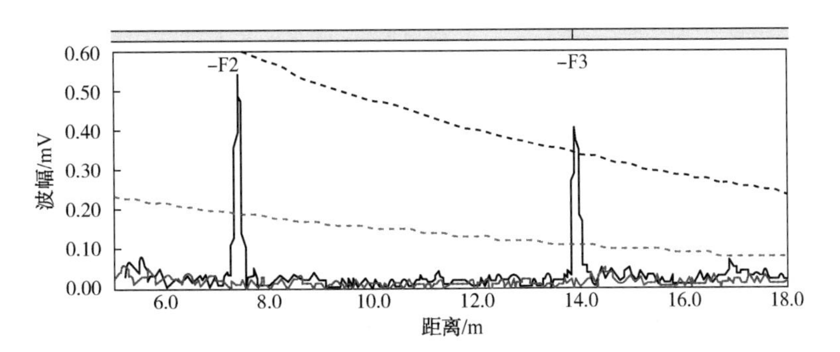

图 3-73　多个焊缝波形信号

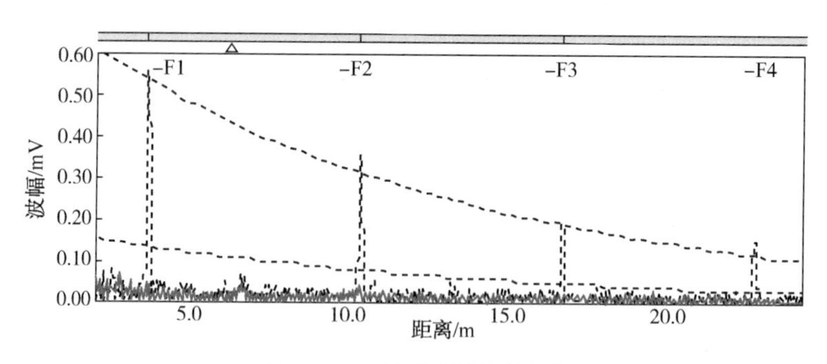

图 3-74 多个焊缝波形信号

（2）法兰信号

法兰信号属于超声导波系统中的最强烈信号，由于导波信号无法穿越法兰故能量在法兰上发生 100%反射，信号波形高、强度大。图 3-75 所示为一典型法兰信号，信号波形波峰高且有不规则其他波形信号存在。

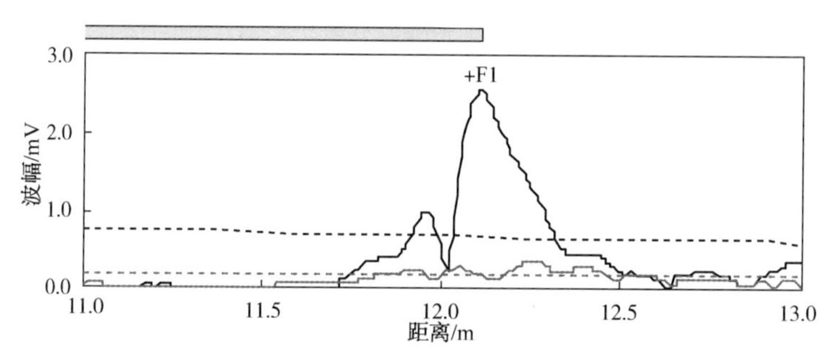

图 3-75 法兰波形信号

（3）弯头信号

弯头信号属于超声导波系统中的较强烈信号，由于导波信号穿越弯头上的两道焊缝且在后焊缝上波模式发生扭曲和模式转换，故能量在弯头上发生 10%~20%反射，信号波形高、强度较大。如图 3-76 所示为一典型弯头信号，信号波形波峰较高，存在前后两个峰值，且后波峰上存在非对称性红色波形信号。而弯头长度则由两黑色波峰的间距决定，间距越大表明弯头越长，图 3-77 所示的弯头信号就表明此弯头长 1. 2m。

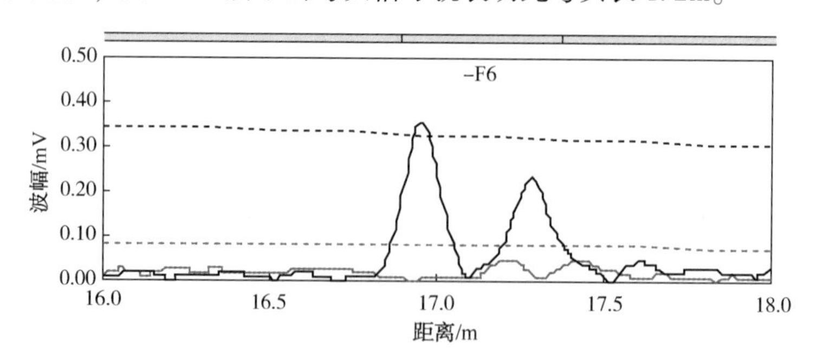

图 3-76 弯头波形信号

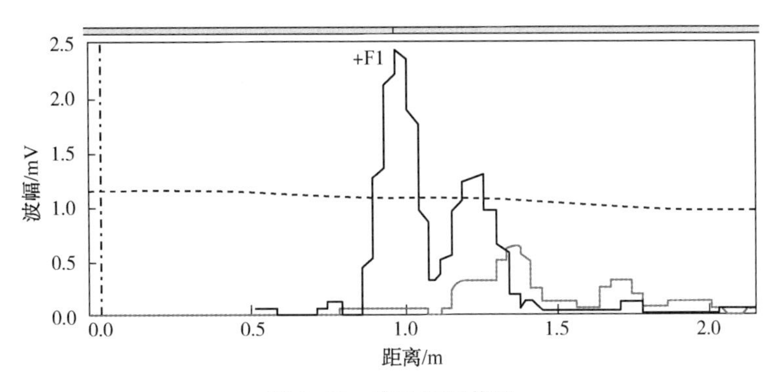

图 3-77　弯头波形信号

(4) 支撑信号

支撑信号属于超声导波系统中的较弱信号，由于导波信号大都穿越支撑，故能量在支撑上发生很少反射，信号波形高、强度较低。如图 3-78 所示为一典型单个支撑信号，信号波形波峰较低，且红色与黑色信号基本处在同一位置处。而图 3-79 所示为焊缝中间的支撑信号，从图中明显可以看出焊缝信号和支撑信号的波形区别。

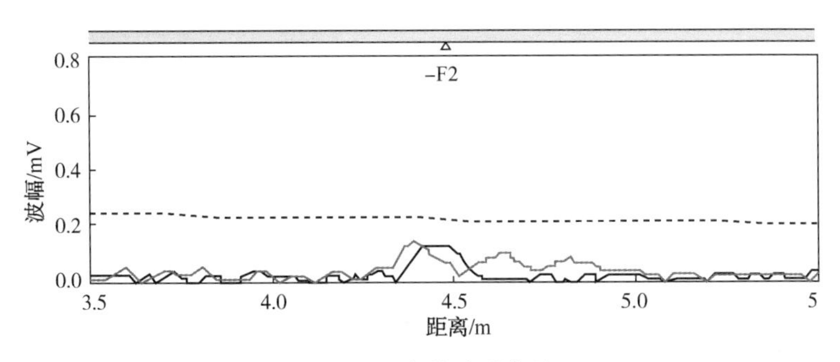

图 3-78　支撑波形信号

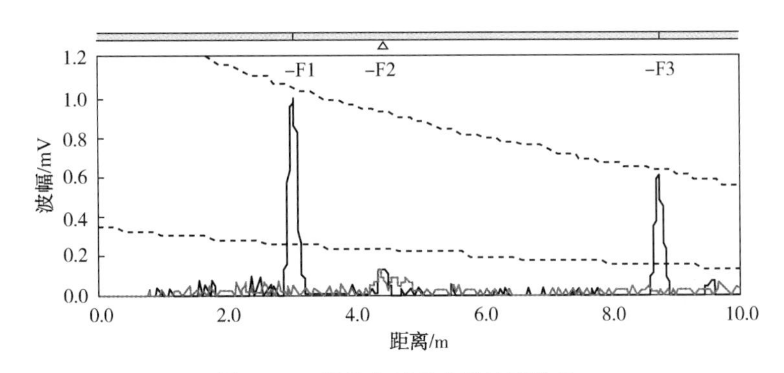

图 3-79　焊缝中间的支撑波形信号

(5) 缺陷信号

缺陷信号属于超声导波系统中的可变信号，信号强度由缺陷大小及深度决定，由于导波信号穿越弯头上的两道焊缝且在后焊缝上波形模式转换，故能量在缺陷处发生反射，信号波形有特定特征。图 3-80 所示为一典型单个缺陷信号，波形中存在红色与黑色信号，且红色信号占黑色信号的一部分。红线与黑线的比值决定了缺陷究竟是局部缺陷还是环状缺陷，红色信号越高证明缺陷越局部，而黑色信号越高证明缺陷所占面积越大。从图 3-81、图 3-82、图 3-83 可以清晰地看出局部缺陷与环状缺陷的差别。图 3-81 中-F3 处的缺陷为一个非常局部的缺陷，大约为环状的 10%~25%；图 3-82 中+F1 处的缺陷为一个较局部的缺陷，大约为环状的 35%~50%；图 3-83 中+F1 处的缺陷为一个环状的缺陷。

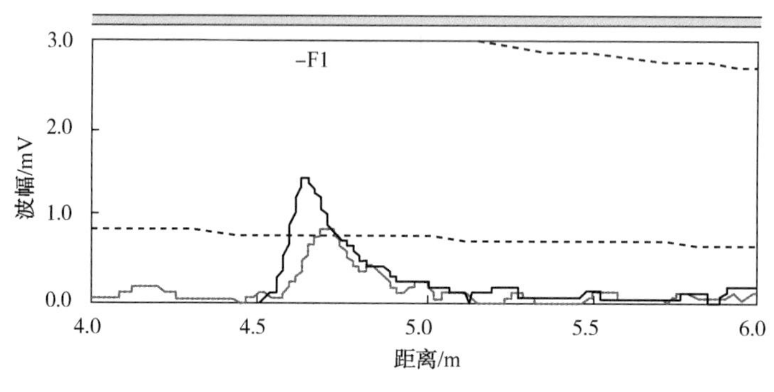

图 3-80　缺陷信号

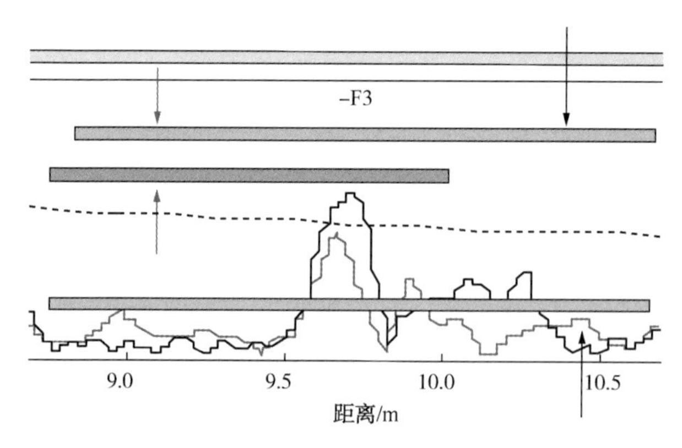

图 3-81　局部缺陷信号

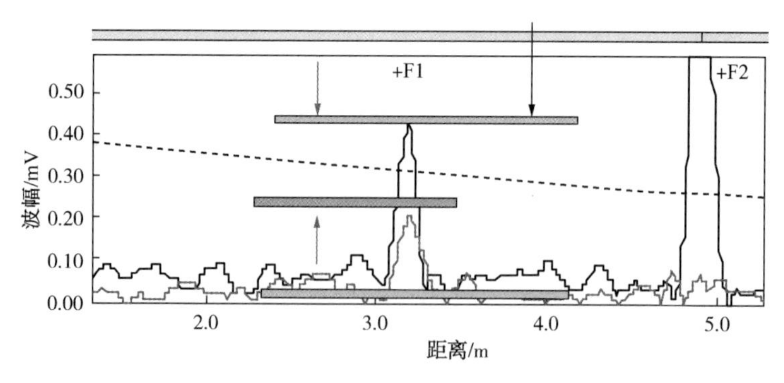

图 3-82　较局部缺陷信号

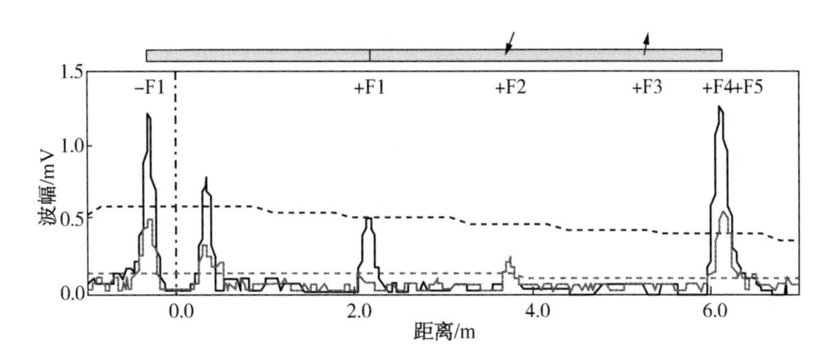

图 3-83　非局部缺陷信号

如果缺陷是连续不断的则信号会出现连续的状况，如图 3-84、图 3-85 所示。图 3-84 中从-F5 至-F2 存在一般规模的缺陷群，而图 3-85 中从-F5 至-F2 存在的缺陷群规模就大得多。

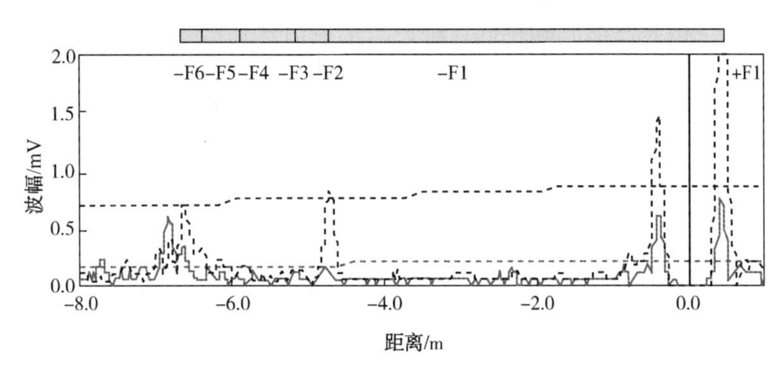

图 3-84　缺陷群信号一

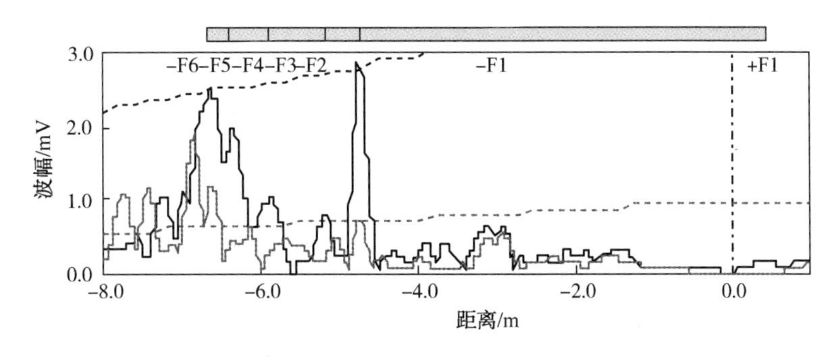

图 3-85　缺陷群信号二

（6）套管信号

套管信号是在检测含套管的特种管道如穿越道路等管道时经常遇到的情况，由于套管多为钢套管，故会吸收一部分检测能量并引起波形模式转换，一般信号较强且存在不规则信号和非环状信号。如图 3-86 所示为一典型单个套管信号，进入套管后能量会被逐步吸收从而影响检测距离。

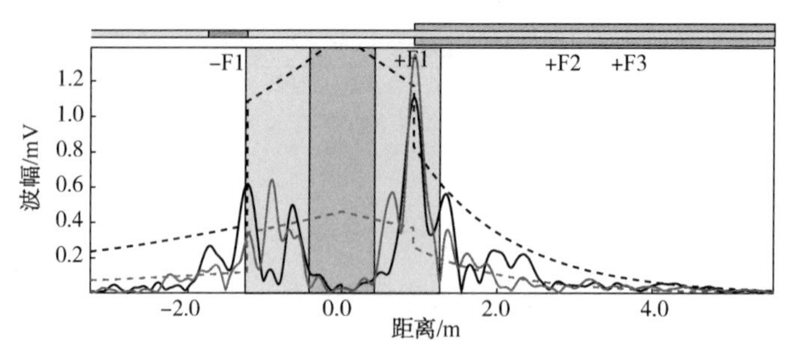

图 3-86　套管信号

（7）支管信号

支管信号与支撑信号类似，也属于超声导波系统中的较弱信号，与支撑信号的不同就在于支管信号在不同波长和模式转换时信号不会发生变化。由于导波信号大都穿越支管，故能量在支管上发生很少反射，信号波形高、强度较低。如图 3-87 所示，信号-F1 和-F2 为一典型支管信号，信号波形波峰较低且红色与黑色信号基本处在同一位置处。

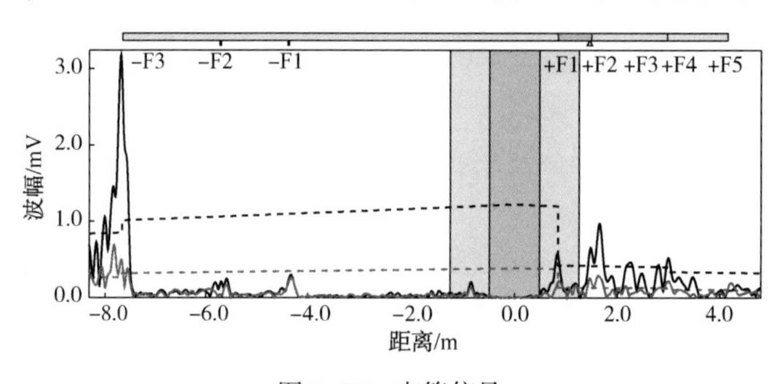

图 3-87　支管信号

（8）虚假镜像信号

虚假镜像信号由较强的信号源如法兰信号、焊缝信号等产生，信号源一般位于离检测传感器 1m 以内位置，产生的虚假镜像信号一般也位于检测环另一端 1m 位置处，虚假镜像信号与其母信号处于检测传感器左右两端对称位置。如图 3-88 所示，-F1 处的信号即为+F1 处法兰信号的虚假镜像信号。

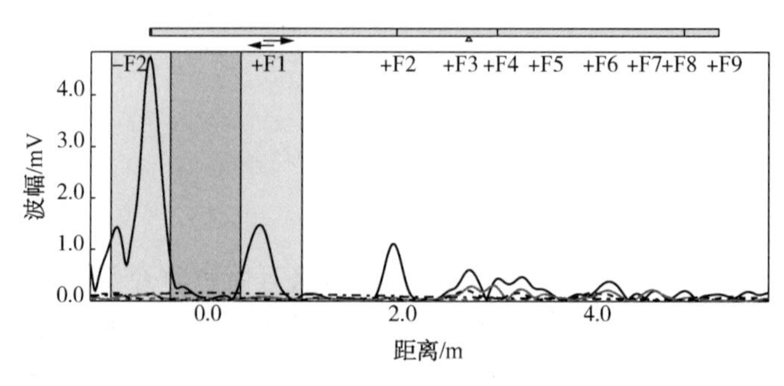

图 3-88　虚假镜像信号

(9) 带缺陷焊缝信号

带缺陷焊缝信号属于一种不规则的焊缝信号，除拥有焊缝信号的基本特征外，带缺陷焊缝信号一般还会存在一定的非对称性，即有一定高度的红色波形出现，并且焊缝信号顶端有可能出现信号分叉现象。如图3-89所示，-F2处的信号即为一个典型的带缺陷焊缝信号，此处的焊缝信号顶端出现分叉，底部出现一定高度的红色波形。

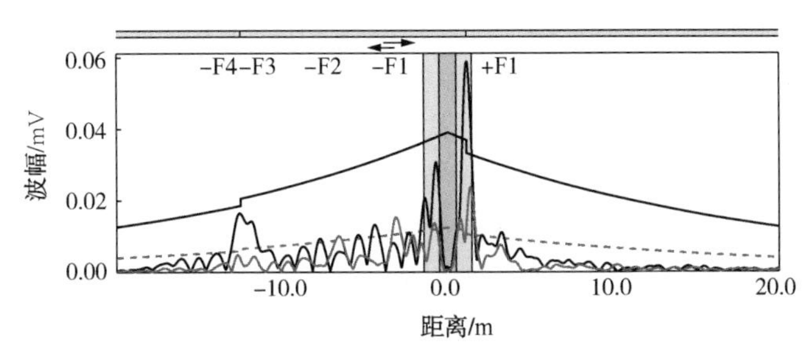

图3-89　带缺陷焊缝信号

3. 创新点

(1) 该技术通过引进国外设备，对检测技术消化吸收和再创新，在国内推广应用，解决了不能实施内检测的管道(站场管道、化工管道、集输管道等)缺陷检测的难题。

(2) 在国内首次建立了管道超声导波检测数据库，对法兰、焊缝、弯头、支撑、套管、支管、特殊地段、镜像信号、多种防腐层等管道特征导波信号进行了研究，建立了导波波形信号库，对于判断缺陷的准确性具有指导意义。

(3) 检测模式创新，能解决各种复杂问题。采用了单环检测、双环检测和双台联测等检测方法，对埋地管线、穿墙管段、跨越管段等情况进行研究，解决了高水位、高黏土、沥青防腐层管线的检测等难题。

(4) 建立了《钢制管道超声导波检测技术与实施规范》《超声导波设备操作规范》等五项检测规程和标准，编制了超声导波检测培训教材，建立了导波培训室，形成了适应我国管道的超声导波检测培训体系。

(5) 建立了陕京管道天然气站场超声导波检测数据库，实现了管道地理信息系统(GIS)三维站场的导波数据管理，完善了站场完整性管理。

(6) 该技术已在油气管道、场站大量成功应用，发现了大量其他检测技术难以发现的缺陷，可实现在线不停输的缺陷检测，应用效果良好。

3.2　压缩机组诊断评估

3.2.1　压缩机组在线振动监测与故障诊断技术

1. 简介

离心压缩机组是天然气输送生产中的关键设备，压缩机组的安全、可靠运行对保障天然气输送具有重要意义。由于离心压缩机组工作环境恶劣，系统机械结构复杂，若没有有效的安全技术保障，将可能发生恶性停机事故，从而造成严重的经济损失、人员伤亡和环境污染等严重危害。

目前，压缩机监测技术不足之处主要体现以下几个方面：

（1）对离心机械的某些故障很难从理论上给出解释。比如在故障状态下泄漏、噪声及其之间的定量关系等都还未能解释清楚，所以故障与征兆的复杂对应关系尚需进一步研究。

（2）现阶段一些在线监测诊断系统的自动诊断功能还比较欠缺，需要进一步完善。研究并完善在线状态诊断技术，提高设备监测及故障诊断的准确性、实用性，对石油石化企业有着重要的意义和价值。

（3）在线监测系统进行时域和频谱分析的过程中，往往某些高频信息的故障检测不到，使得频谱图失去价值。这样就不能提供较完整的故障信息，不能及时预防机组故障的发生。

压缩机组在线振动监测与故障诊断技术充分利用在线监测系统的优点，开展对离心压缩机组的故障诊断研究。加强电机、压缩机和齿轮箱的故障分析、诊断系统开发，对于保证机组正常运行，完善压缩机组预知维修，有着非常重要的意义。具体体现在：提高压缩机组故障诊断水平，及早发现故障；转变维修模式，开展设备视情维修；节约维修费用，降低运行成本；积累故障诊断技术经验，为其他工作的开展打下基础；提高机组管理水平。

2. 确定性故障及隐含故障标准图谱的建立

1）基于非抽样提升小波包的大型机组隐含故障特征图谱的建立

针对机械振动信号中的隐含故障特征的提取，提出了一种结合 Volterra 预测模型、非抽样提升小波包(ULSP)及奇异值分解(SVD)降噪的信号处理方法。先用二阶 Volterra 模型对延拓信号进行预测，然后用非抽样提升小波包对信号进行分解，再用奇异值分解方法对最后一层的所有频带信号进行降噪处理，最后用非抽样提升小波包的重构算法对信号进行重构，即获得降噪后的信号。

2）大型机组确定性故障图谱的建立

大型机组确定性故障图谱的建立需要结合机组的实际工况，以在线和离线监测数据作为基础条件。确定性故障图谱的建立思路如下：

（1）故障历时数据收集　通过对压缩机组以往故障记录查询，建立一份机组历史故障清单，调出数据库中保存的历史数据。

（2）在线报警数据判别　根据压气站配备的 S8000 在线监测系统实时采集的振动数据、超限报警数据等进行在线分析，判断是否存在故障及故障类别，最后提取出相应的故障数据。

（3）离线数据采集分析　通过便携式数据采集器，针对机组易于出现故障部位进行离线数据采集和分析。如显示故障征兆，即可保存相应数据。

（4）数据图谱资料建立　利用以上获取的特定故障数据，整理出相应的特征图谱，建立完整的数据图谱资料。

3. 个性化诊断标准库的建立及动态更新技术

不同型号的同类设备，因其存在机理及结构上的差异，发生故障时的表现及频发故障不尽相同。因此在提取故障特征时，应考虑这些差异性，针对不同型号的设备给出具有针对性的故障模式库。以下主要分析了故障模式库的建立过程、诊断标准库的建立方法以及动态的更新诊断标准的实现方法。

1）离心压缩机组故障模式库的建立

离心式压缩机组的故障诊断系统为实时诊断系统，以规定的时间间隔持续地从数据采集器中获取数据，且每次诊断涉及部件和测点较多，且每个部件对应的故障模式有多种，单次诊断工作量大，人工处理不可能实现实时诊断。因此，数据自动处理系统的开发是诊断工作能否持续开展下去的关键。为了实现数据的自动处理，需要建立离心式压缩机组的故障模式库。

（1）离心压缩机组故障模式库的内容及制定依据

① 故障模式库的内容

为了实现数据自动处理，建立了离心式压缩机的故障模式库。故障模式库预先将设备的各种故障以一定的数据结构存储在库中，在数据处理时系统根据库中的故障模式自动调入需要分析的数据，对各种指标进行提取，并将提取的特征值存储在模式库中。故障模式库的主要内容包括：定性关系，即当一个故障发生时，它与哪些因素有关，具体故障又与哪些诊断参数相对应，或用哪些参数对故障才能够有效地诊断；逻辑关系，即这些因素和相应故障是什么样的逻辑关系；定量值，即这些因素在多大程度上与该故障相关。

② 故障模式库制定依据

根据故障模式库所包含的内容，确定其制定依据：

定性关系和逻辑关系确定依据：项目组已有的离心式压缩机故障模型、实验台实验结果和现场维修保养报告。定量关系确定依据：诊断时，需要用重要度系数对诊断结果进行加权修正，这样使得诊断结果更趋于准确。

重要度系数是根据实际故障数据振动特征值较正常数据的变化倍数来确定的，变化倍数越大，则对应的重要度系数(权重)越大。其确定步骤为：

a. 首先确定变化倍数最大的特征参数的重要度系数，一般预设为0.9或0.8等，其最大值为1，最小值为0。

b. 其他特征参数重要度系数=(该特征参数的幅值变化倍数/变化倍数最大的特征参数的幅值变化倍数)×变化倍数最大的特征参数的重要度系数。

c. 在制定设备个性化故障模式库时，首先根据监测历史记录得到相应设备特征参数幅值变化倍数；然后根据需要监测的特定设备，考虑机组结构、质量、联轴器形式及载荷等造成的影响对重要度系数进行相应的修正。

表3-14为实验室平台设置的几种转子故障类型的相应故障参数幅值变化倍数以及重要度系数。

表3-14 故障特征参数幅值变化倍数及重要度系数

故障名称	故障特征参数幅值变化倍数及重要度系数					
转子不平衡	特征参数	1倍频	2倍频	3倍频	脉冲值	
	特征参数幅值变化倍数	2.4	1.26	1.14	1.39	
	建议重要度系数	0.95	0.5	0.45	0.55	

续表

故障名称	故障特征参数幅值变化倍数及重要度系数					
转子不对中	特征参数	1 倍频	2 倍频	3 倍频	半倍频	脉冲值
	特征参数幅值变化倍数	1.16	2	1.47	0.84	1.26
	建议重要度系数	0.55	0.95	0.7	0.4	0.6
机械松动	特征参数	半倍频	1/3 倍频	1 倍频	2 倍频	3 倍频
	特征参数幅值变化倍数	1.23	1.05	1.4	1.23	1.14
	建议重要度系数	0.7	0.6	0.8	0.7	0.65

（2）离心压缩机组故障模式

离心压缩机组发生的故障可分为离心压缩机故障、电机故障、齿轮箱故障，在建立故障库之前需要分析各设备的故障模式，然后将各故障模式以一定的数据结构存储在库中，实现压缩机组的数据自动处理。

其中离心压缩机故障模式包括转子不平衡、对中不良、机械松动、叶轮磨损、油膜涡动、喘振和旋转时速等。电机故障模式包括转子不平衡、轴瓦磨损等。齿轮箱故障模式包括断齿、点蚀、齿面磨损等。

（3）离心压缩机组故障模式库的建立

根据有关的文献资料并结合现场多次测试得到的概率分布数据，初步确定了每一种故障类型的特征频率及其幅值的重要度系数。它表明了各特征在该故障模式中的贡献大小。诊断时，需要用重要度系数对诊断结果进行加权修正。表 3-15 即为离心式压缩机组的故障模式库。

表 3-15　压缩机组故障模式库

设备	部件	故障类型	主要故障特征参数及其幅值的重要度系数(权重)					
压缩机	转子	不平衡	参数	1 倍频	2 倍频	3 倍频	4 倍频	
			权重	0.95	0.75	0.6	0.5	
		对中不良	参数	1 倍频	2 倍频	3 倍频	半倍频	脉冲值
			权重	0.55	0.95	0.7	0.4	0.6
		机械松动	参数	0.5 倍频	1/3 倍频	1 倍频	2 倍频	3 倍频
			权重	0.7	0.6	0.8	0.7	0.65
		叶轮磨损	参数	1 倍啮合频率	2 倍啮合频率	3 倍啮合频率	脉冲值	
			权重	0.55	0.9	0.7	0.6	
	滑动轴承	油膜涡动	参数	0.3 倍频	0.4 倍频	0.5 倍频	1 倍频	脉冲值
			权重	0.65	0.65	0.95	0.8	0.55
		轴瓦磨损	参数	0.5 倍频	1 倍频	2 倍频	3 倍频	
			权重	0.3	0.95	0.2	0.8	

续表

设备	部件	故障类型	主要故障特征参数及其幅值的重要度系数(权重)					
电机	转子	对中不良	参数	1 倍频	2 倍频	3 倍频	半倍频	脉冲值
			权重	0.55	0.95	0.7	0.4	0.6
		机械松动	参数	0.5 倍频	1/3 倍频	1 倍频	2 倍频	3 倍频
			权重	0.7	0.6	0.8	0.7	0.65
		不平衡	参数	1 倍频	2 倍频	3 倍频	脉冲值	
			权重	0.95	0.5	0.45	0.55	
	滑动轴承	油膜涡动	参数	0.3 倍频	0.4 倍频	0.5 倍频	1 倍频	脉冲值
			权重	0.65	0.65	0.95	0.8	0.55
		轴瓦磨损	参数	0.5 倍频	1 倍频	2 倍频	3 倍频	
			权重	0.3	0.95	0.2	0.8	
齿轮箱	转轴	对中不良	参数	1 倍频	2 倍频	3 倍频	半倍频	脉冲值
			权重	0.55	0.95	0.7	0.4	0.6
		机械松动	参数	0.5 倍频	1/3 倍频	1 倍频	2 倍频	3 倍频
			权重	0.7	0.6	0.8	0.7	0.65
		不平衡	参数	1 倍频	2 倍频	3 倍频	脉冲值	
			权重	0.95	0.5	0.45	0.55	
		轴弯曲	参数	1 倍频	2 倍频	3 倍频	脉冲值	
			权重	0.9	0.8	0.6	0.55	
	轴承	油膜涡动	参数	0.3 倍频	0.4 倍频	0.5 倍频	1 倍频	脉冲值
			权重	0.65	0.65	0.95	0.8	0.55
	齿轮	齿根裂纹	参数	1 倍频	0.5 倍啮合频率	1 倍啮合频率	2 倍啮合频率	脉冲值
			权重	0.7	0.8	0.9	0.6	0.8
		断齿	参数	1 倍频	1 倍啮合频率	2 倍啮合频率	脉冲值	
			权重	0.7	0.9	0.6	0.8	
		点蚀	参数	1 倍频	1 倍啮合频率	2 倍啮合频率	脉冲值	
			权重	0.8	0.8	0.7	0.6	
		齿面磨损	参数	1 倍频	1 倍啮合频率	2 倍啮合频率	3 倍啮合频率	脉冲值
			权重	0.7	0.9	0.8	0.8	0.7

2）个性化诊断标准库的建立方法

针对于不同的设备及故障类型选取适当的参数特征，结合机组检维修记录，对历史振动参数进行分析，从大量历史数据中，总结出每一台电机、齿轮箱、压缩机的振动标准值及其波动范围，建立个性化的诊断标准库。诊断标准所用到的数据均直接从已有的监测系统数据库中提取。通过数据截取、去除跳变值和提取标准 3 个步骤建立所需标准库。基本步骤如下：

(1) 数据截取。现场压缩机组振动标准的建立应基于机组运行良好状态下的状态参量。

因此开始的数据截取工作很重要，应根据以往多次的测试、保养和检修报告，截取机组两次保养间运行状态良好的历史运行数据，并从中提取每个测点正常运行时的振动值，从而形成压缩机初始的振动标准库。

（2）去除剧烈跳变值。截取从时间历程上有效去除了压缩机恶劣状态下的振动数据，但是两次保养期间的特征数据仍然会包括一些启停机、工况改变或者是采集系统不稳定甚至失效等原因造成的数据剧烈跳变值，该跳变值的振幅远远偏离了压缩机组正常运行振动幅值，对振动标准值的计算影响极大，因此需要去除这些跳变值。

（3）提取标准。以(1)、(2)步骤后形成的数据库为数据源进行振动标准的提取工作。以某一测点的振动指标参数2倍频为例计算：取该测点所有2倍频幅值的平均值$\bar{x}=\frac{1}{n}(\sum_{i=1}^{n}x_i)$，$i=1, 2, 3, \cdots, n$；然后将该测点2倍频幅值的标准差$\sigma=\sqrt{\frac{1}{n}\sum_{i=1}^{n}(x_i-\bar{x})^2}$作为诊断的最大波动范围值。当实测值$Y$大于标准临界值(标准值与最大波动范围值的和)时，表示压缩机运行状态不良。最大波动范围值还可用来参与衡量实测值Y在非报警情况下的状态等级，计算公式如下：

$$\delta=\frac{[\max(x_i)-Y]}{\sigma=\sqrt{\frac{1}{n}\sum_{i=1}^{n}(x_i-\bar{x})^2}}\quad(i=1, 2, 3, \cdots, n)\tag{3-1}$$

当$\delta<25\%$时，运行状态为优；当$26\%<\delta<50\%$时，运行状态为良；当$51\%<\delta<75\%$时，运行状态为中；当$\delta>76\%$时，运行状态为差。不同状态等级的判断界线可以根据实际情况进行调整。

（4）用上述方法可同样得到所有测点的各个特征值的标准临界值，计算所有测点的各个特征值的平均值即可获得不同测点不同特征值所对应的诊断标准值，从而获得最大波动范围值，形成离心压缩机组的诊断标准库。

标准库的建立与使用，可有效地实施自动诊断。标准库的应用，极大地降低了诊断工作量，提高了工作效率，为在线故障诊断系统能够切实投入使用提供了有力的基础。

3）诊断标准库的动态更新方法

为了使诊断标准库能够始终与设备运行状态相一致，引入了诊断标准库的动态更新。诊断标准库的动态更新包括以下几个方面：

（1）触发更新　动态更新的触发方式为定时更新。从系统启机开始，当系统运行到大修周期时触发诊断标准库更新。这是由于大修之后设备的部件及装配情况发生变化，设备的振动也会随之改变，通过原有的标准值无法准确地对设备的运行状态进行评价。

（2）计算标准特征值　触发更新后，系统自动截取每个测点一定时间长度(默认为1个月)内保存的振动数据，按照前文中的计算方法，计算每个测点振动信号的所有标准特征值。

（3）更新标准库　将新得到的各个测点的标准特征值替代标准库中的旧的特征值，作为设备新的状态评价标准。

通过以上三个步骤即可完成对诊断标准库的动态更新，该技术可以使得诊断标准库更好地与设备运转真实情况相符合，依据动态更新的诊断库进行设备的故障诊断和状态评价能够得到更准确的结果。

4. 大型压缩机组故障诊断及状态评价技术

离心压缩机在经过长时间运行或环境条件的改变之后，机器本身的性能参数会发生变化，这些变化导致故障征兆与故障原因间的隶属关系是模糊的。为此，将模糊理论方法引入到离心压缩机设备故障诊断中。主要思路为：首先提取数据库中原始振动数据，计算故障模式库中涉及的特征参数，针对离心式压缩机不同的故障类型，将相应的时域与频域特征值和故障标准库中对应的特征值进行模糊贴近度计算，根据贴近度值判断故障是否存在及其故障的严重程度，实现压缩机组的故障诊断；然后将计算获得的时域与频域特征值作为待识别样本，应用模糊聚类方法，进行压缩机组的状态评级(A、B、C、D 四级)；最后进行转子的劣化程度定量估算。

1）基于模糊贴近度的压缩机组故障诊断

（1）模糊贴近度原理

贴近度是对两个模糊子集接近程度的一种度量，模糊集合 A 和 B 越接近，则两个模糊子集的贴近度越大。

设 A，B，$C\in F(U)$，若映射 $N: F(U)\times F(U)\to[0,\ 1]$ 满足条件：①$N(A,\ B)=N(B,\ A)$；②$N(A,\ A)=1$，$N(U,\ \Phi)=0$；③若 $A\subseteq B\subseteq C$，则 $N(A,\ C)\leqslant N(A,\ B)\wedge N(B,\ C)$；则称 $N(A,\ B)$ 为 F 集 A 与 B 的贴近度，N 称为 $F(U)$ 上的贴近度函数。$N(A,\ B)$ 的值在 $[0,\ 1]$ 之间，$N(A,\ B)$ 的值越大，则模糊集合 A 和 B 越接近，即两个模糊子集的贴近度越好，越相似，反之则越差。因此，一般进行故障诊断时，可通过计算测试样本的特征值与相应的标准特征值之间的贴近度，从最大的贴近度值可判别出测试样本的故障模式，即诊断出其所属的故障类型。

（2）基于模糊贴近度的故障诊断原理

在进行故障诊断时，利用模糊贴近度方法，将实际的测试值与相应的标准值进行比较，确认属于哪一类故障。此方法利用的是将振动信号相应的特征值信息进行比较，一般选用最大贴近度算法，通过求贴近度进行故障模式类识别。

对于给定论域 U 上的模糊子集 V_1，V_2，…，V_n 及另一个模糊子集 A，若有 $1\leqslant i\leqslant n$ 使

$$N(A,\ V_i)=\max_{1\leqslant j\leqslant n}(A,\ V_j)$$

则认为 A 与 V_i 最贴近，A 应归为模式 V_i，称作最大贴近度原则。

设离心式压缩机组故障标准模式为 $\{E_i\}$ $(i=1,\ \cdots,\ m)$，各模式所对应的故障为 $\{Y_i\}$ $(i=1,\ \cdots,\ m)$，待诊断向量为 R，则模糊贴近度采用的是一种几何相似的识别方法，它通过计算 R 与 $\{E_i\}$ $(i=1,\ \cdots,\ m)$ 中各个状态模式 E_i 的相似程度，即模糊贴近度，来确定 E_i 所对应的故障 Y_i 发生的可能性 $N(R,\ E_i)$。模糊贴近度较为成熟的计算方法有距离法、内积法和最大最小法。一般采用较多的是最大最小法：

$$N(A,\ V)=\frac{\sum_{i=1}^{n}[\mu_{\mathrm{A}}(u)\ \wedge\ \mu_{\mathrm{V}}(u)]}{\sum_{i=1}^{n}[\mu_{\mathrm{A}}(u)\ \vee\ \mu_{\mathrm{V}}(u)]} \tag{3-2}$$

式中：∨代表取最大值，∧代表取最小值；$u \in U$ 指出了取最大值和最小值的范围是 U 中的所有元素；$\mu_A(u)$ 和 $\mu_V(u)$ 分别为论域 U 中的元素 u 对 A、V 的隶属度。

(3) 故障的征兆隶属度函数构造

建立离心压缩机组的故障模式库，需预先将设备的各种故障以一定的数据结构存储在库中。针对不同的故障类型，将相应时域与频域特征值与故障标准库中对应特征值进行模糊贴近度计算，根据贴近度值判断故障严重程度。而进行贴近度的计算需要构造征兆隶属度函数，然后得到各故障特征值对相应模糊集合的隶属度，利用最大最小法求出贴近度，以判别出故障类型。

在振动故障的诊断中，选择频谱中各区域峰值的最大值为特征值建立隶属函数，对测试信号征兆成分的计算通常采用升半哥西分布函数，其一般形式为：

$$\mu(x)=\begin{cases}\dfrac{k^2\ (x-x_0)^2}{1+k^2\ (x-x_0)^2} & (x>x_0)\\ 0 & (x\leqslant x_0)\end{cases} \tag{3-3}$$

式中：x 为征兆的大小；k 为常数，一般为定值 1/2500。征兆论域为 $U=\{x_0$ 测点通频振幅值，$x_1 0.5$ 倍频，$x_2 1$ 倍频，…$\}$，其中各元素 x_i 的隶属度 u_{x_i} 组成模糊向量 R：$R=[u_{x_0},\ u_{x_1},\ u_{x_2},\ \cdots]^T$。

通过计算测试信号的征兆隶属度组成的模糊向量 R 与故障标准模式库中相应特征值隶属度组成的模糊向量 E_i 之间的贴近度，可以判断出测试信号所属的故障类型。

2）基于模糊聚类的压缩机组状态评价

鉴于传统的状态评价方法对于离心式压缩机组的状态评价无法取得理想的效果，结合离心式压缩机组故障种类多且对其诊断的主要问题是对一些隐含故障的特征模式提取等特点，因此采用模糊聚类的方法进行数据分析。模糊聚类分析的实质是根据研究对象本身的属性来构造模糊矩阵，在此基础上根据一定的隶属度来确定分类关系，也就是用模糊数学的方法对具有模糊性的事物进行分类。它在理论上可分为两大类，一类是基于模糊等价关系的动态聚类，如传递闭包法；另一类是以模糊 C 均值聚类为代表的聚类方法(FCM)，其主要优点是理论严谨、算法明确、聚类效果较好，可借用计算机进行计算，应用广泛。

(1) 模糊 C 均值聚类算法

① 模糊 C 均值聚类算法原理

模糊 C 均值聚类算法中，将有限样本集 $X=\{x_1,\ x_2,\ \cdots,\ x_n\}$ 划分成 c 类$(2<c<n)$，要求相似的样本尽量在同一类，各样本以一定的程度隶属于 c 个不同的类。用 μ_{ij} 表示第 j 个样本对第 i 类的隶属度，μ_{ij} 满足以下条件：

a. $\mu_{ij}\in[0,\ 1]$；

b. $\sum_{i=1}^{c}\mu_{ij}=1,\ \forall j=1,\ 2,\ \cdots,\ n$（每个样本对全部聚类中心的隶属度之和为 1）；

c. $0<\sum_{j=1}^{n}\mu_{ij}<n,\ \forall i=1,\ 2,\ \cdots,\ c$（每个聚类中心包含的样本个数介于 0 和 n 之间）。

模糊 C 均值算法的出发点是基于对目标函数的优化，通过对平方误差函数[见式(3-4)]求最优值。

$$J_m(U,V)=\sum_{i=1}^{c}\sum_{j=1}^{n}(\mu_{ij})^m(d_{ij})^2 \tag{3-4}$$

式中：U 为初始隶属度矩阵；m 为加权指数，$m\in[1,+\infty]$；$V=(V_1,V_2,\cdots,V_i,\cdots,V_c)^T$；$d_{ij}$表示样本到中心矢量的距离，$d_{ij}=\|x_j-V_i\|$，$x_j$ 为第 j 个样本，V_i 为第 i 个聚类中心矢量；$J_m(U,V)$表示各类中的样本到聚类中心的加权距离平方和。

模糊 C 均值聚类算法的实质就是寻找这样一组中心矢量，使各样本到它的加权距离平方和达到最小，即使目标函数 $J_m(U,V)$达到最小值。通过对目标函数的优化，便可以找到 μ_{ij}和 d_{ij}之间的关系，通过拉格朗日乘子法使 $J_m(U,V)$取极小值的必要条件为：

$$V_i=\frac{\sum_{j=1}^{n}\mu_{ij}^m x_j}{\sum_{j=1}^{n}\mu_{ij}^m} \tag{3-5}$$

$$\mu_{ij}=\frac{1}{\sum_{k=1}^{c}\left|\frac{d_{ij}}{d_{kj}}\right|^{2/(m-1)}} \tag{3-6}$$

据此，若样本集 X、聚类类别数 c 和加权指数 m 为已知，就能通过迭代算法确定最佳模糊分类矩阵和聚类中心。

② FCM 算法的主要步骤

根据上述模糊 C 均值聚类算法的原理，可以看出该算法就是一个简单的迭代过程，可通过下列步骤确定聚类中心 V_i 和隶属矩阵 $U^{(l)}$：

a. 取迭代步骤 $l=0$，给定一组初始 c 组分类 $U^{(l)}$；

b. 利用式(3-5)计算初始分类的聚类中心向量 $Vi^{(l)}$；

c. 利用式(3-6)计算 $U^{(l+1)}$。

给定收敛的判别精度 $\varepsilon>0$，检验是否满足 $\|U^{(l+1)}-U^{(l)}\|<\varepsilon$，若满足，迭代结束；否则，回到 a 步骤继续迭代，直至满足 $\|U^{(l+1)}-U^{(l)}\|<\varepsilon$ 条件为止，最终得到分类矩阵 U 和聚类中心 V。

(2) 离心式压缩机组状态评价步骤

首先，对压气站点的压缩机组进行数据采集，分别提取 n 组振动数据作为样本，得到样本集 $X=\{x_1,x_2,\cdots,x_n\}$。将样本归一化并进行聚类得到分类矩阵，根据聚类中心对同类样本平均可以得到各个级别的标准向量。将待识别样本与标准向量再聚类就能评判出样本所属的状态级别。

① 特征参数的选取

通过对中石油北京天然气管道公司各个站点的压缩机组振动信号进行现场定期采集，将采集的振动信号进行时域和频域分析，通过大量的数据样本进行横向(同一时间采集的不同测点之间的振动信号)和纵向(过去采集的同一测点的振动信号)比较，从时、频域参数中选出离心式压缩机组的故障敏感参数。随机选取 20 组作为样本数据，进行模糊聚类分析。

② 原始数据标准化

由于原始数据的量纲和物理意义不同，为使它们能够进行比较，要对其进行归一化处理，即标准化，以求模糊向量。对给定的样本数据集 $X=\{x_1, x_2, \cdots, x_n\}$ 进行平移、变换。

a. 平移、标准差变换。

$$x'_{ij}=\frac{x_{ij}-\overline{x_j}}{s_j} \quad (i=1, 2, \cdots, n; j=1, 2, \cdots, p) \tag{3-7}$$

式中：$\overline{x_j}=\sum_{i=1}^{n} x_{ij}/n$ 为同一特征值的均值；$s_j=\sqrt{\sum_{i=1}^{n}(x_{kj}-\overline{x_j})^2/n}$ 为同一特征值的方差；p 为特征参数的个数。

b. 平移、级差变换：原始数据按照隶属度的原理转换到(0, 1)之间。

$$x_{ij}=\frac{x'_{ij}-\bigwedge_{i=1}^{i=n} x'_{ij}}{\bigvee_{i=1}^{i=n} x'_{ij}-\bigwedge_{i=1}^{i=n} x'_{ij}} \quad (j=1, 2, \cdots, p) \tag{3-8}$$

式中：x_{ij}为各样本中的特征参数；p 为特征参数的个数。

c. 参数设定

根据离心式压缩机组实际情况确定样本最佳分类数 $c=4$(优、良、中、差)，给定模糊加权指数 m(一般选 2)；设定最大迭代次数 T；设定一个任意小的终止迭代误差 $\varepsilon=10^{-5}$；迭代起始计数值为 $t=0$。

③ 采用 FCM 方法进行状态评级

输入离心式压缩机组的数据样本，采用 FCM 方法开始迭代，直至满足条件为止。通过模糊聚类，得到分类矩阵和聚类中心，从分类矩阵中可以看出样本归属的类别，然后根据聚类中心对同类样本的特征参数值进行平均，就可以得到各个类别的标准向量，即离心式压缩机组状态级别对应的标准值。

评判压缩机组所处的状态，可通过测取的数据样本进行状态评定，将测取的数据样本作为待识别样本，进行归一化处理，然后与已经建立的标准组成论域，进行再聚类，从而判别出该压缩机组所处的状态。

5. 基于 Volterra 级数模型的压缩机组预测预警技术

对机械未来的状态进行预测，可为有计划停机提供依据，避免突然停机带来的经济损失。机械振动烈度可反映机械设备的状态，国际上普遍采用的机械振动绝对标准都以振动烈度为依据对机械状态进行分类。用已有的振动值对未来的振动值进行预测，可对机械未来的状态进行定性分析。预测方法分为全局预测、局域预测和非线性自适应预测。Volterra 级数预测属于非线性自适应预测中的一种，具有计算方法简单、预测精度高、计算量小、运算速度快、占用内存小等优点，在时间序列预测中获得了广泛的应用。

1)基于二阶 Volterra 级数的振动信号预测

下面先介绍二阶 Volterra 级数预测模型，然后单纯使用二阶 Volterra 级数预测模型对仿真信号与实际工程信号进行预测。

(1)二阶 Volterra 级数预测模型

二阶 Volterra 级数模型是较常用的模型，其计算量小，在很多情况下能满足逼近精度。设时间序列为 $x_i(i=1, 2, \cdots, N_x)$，二阶 Volterra 级数预测模型的表达式如下：

$$x'(n+1)=F[x(n)]=h_0+\sum_{i=0}^{N_1-1}h_1(i)x(n-i)+\sum_{i=0}^{N_2-1}\sum_{j=0}^{N_2-1}h_2(i,j)x(n-i)x(n-j) \tag{3-9}$$

通过假近邻域法求取信号的最小嵌入维数 m，令 $N_1=N_2=m$。输入向量 $X(n)=[1, x(n), x(n-1), \cdots, x(n-m-1), x^2(n), x(n)x(n-1), \cdots, x^2(n-m+1)]^T$，预测系数向量为 $W(n)=[h_0, h(0), h(1), \cdots, h(m-1), h_2(0,0), h_2(0,1), \cdots, h_2(m-1, m-1)]^T$，则式(3-9)可以写为：

$$x'(n+1)=X^T(n)W(n) \tag{3-10}$$

预测系数向量 $W(n)$ 可用递推最小二乘法(RLS)求取。先进行初始化：

$$Q(0)=\delta^{-1}I \tag{3-11}$$

式中：δ 是很小的正常数；I 为单位矩阵。

$$W(0)=0 \tag{3-12}$$

对式(3-10)~式(3-12)进行迭代运算，可求出 $W(n)$。

令：

$$G(n)=\frac{\lambda^{-1}Q(n-1)X(n)}{1+\lambda^{-1}X^T(n)Q(n-1)X(n)} \tag{3-13}$$

式中：λ 为遗忘因子。

$$\alpha(n)=D(n)-W^T(n-1)X(n) \tag{3-14}$$

式中：$D(n)$ 为理想输出信号。

$$W(n)=W(n-1)+G(n)\alpha(n) \tag{3-15}$$

$$P(n)=\lambda^{-1}Q(n-1)-\lambda^{-1}G(n)X^T(n)Q(n-1) \tag{3-16}$$

对 x_i 进行相空间重构：

$$X_{N_m\times m}=\begin{bmatrix} x_1 & x_{1+\tau} & x_{1+2\tau} & \cdots & x_{1+(m-1)\tau} \\ x_2 & x_{2+\tau} & x_{2+2\tau} & \cdots & x_{2+(m-1)\tau} \\ \vdots & \vdots & \vdots & & \vdots \\ x_{N_m} & x_{N_m+\tau} & x_{N_m+2\tau} & \cdots & x_{N_x} \end{bmatrix} \tag{3-17}$$

式中：$N_m=N_x-(m-1)\tau$；τ 为延时；m 为嵌入维数。

从式(3-17)中可获得用于训练预测系数的输入样本及理想输出。输入样本为：

$$X=[X_1, X_2, \cdots, X_{N_x-m\tau}]^T=\begin{bmatrix} x_1 & x_{1+\tau} & x_{1+2\tau} & \cdots & x_{1+(m-1)\tau} \\ x_2 & x_{2+\tau} & x_{2+2\tau} & \cdots & x_{2+(m-1)\tau} \\ \vdots & \vdots & \vdots & & \vdots \\ x_{N_x-m\tau} & x_{N_x-(m-1)\tau} & x_{N_x-(m-2)\tau} & \cdots & x_{N_x-\tau} \end{bmatrix} \tag{3-18}$$

理想输出为：

$$Y=[x_{1+m\tau}, x_{2+m\tau}, \cdots, x_{N_x}]^T \tag{3-19}$$

通过迭代算法，可对样本进行预测：

$$x_n=f([x_{n-m\tau}, x_{n-(m-1)\tau}, \cdots, x_{n-\tau}]) \tag{3-20}$$

式中：f 为预测函数，对应于二阶 Volterra 级数预测模型。

（2）工程信号预测实例

2009 年 2 月 27 日，应县压气站 2#离心压缩机发生了不平衡故障，实测该压缩机输入端的振动位移信号，每隔 5min 采集一次。取出 120 个振动位移值，用 100 个数据作为训练样本，预测后面 20 个数据。训练样本的时域波形如图 3-90 所示。令嵌入维数 $m=4$，延时 $\tau=1$，进行相空间重构，并构造二阶 Volterra 级数预测模型。共有 21 个预测系数，用递推最小二乘法训练得到预测系数为：

$W=[-202.9149,6.6883,8.8998,4.7882,6.1196,-0.2535,-0.0739,0.1692,-0.0672,-0.0739,0.1538,-0.3112,-0.0231,0.1692,-0.3112,0.0002,0.0205,-0.0672,-0.0231,0.0206,-0.1300]$

预测值及理想输出如图 3-91 所示。引入两个误差指标评价预测效果。

误差平方和：
$$s_1=\sum_{i=1}^{Np}[x_r(i)-x_p(i)]^2 \tag{3-21}$$

最大绝对相对误差：
$$s_2=\max\left[\frac{x_r(i)-x_p(i)}{x_r(i)}\right]\quad(i=1,2,\cdots,Np) \tag{3-22}$$

式中：$x_r(i)$为理想输出样本的第 i 个数据，$x_p(i)$为预测样本的第 i 个数据；Np 为预测数组长度。

这两个指标越小，则预测效果越好。算得误差平方和 $s_1=23.82$，最大绝对相对误差 $s_2=0.20$。

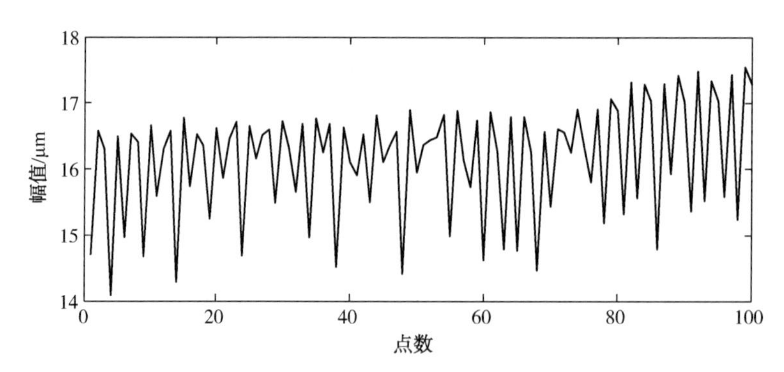

图 3-90　训练样本时域波形

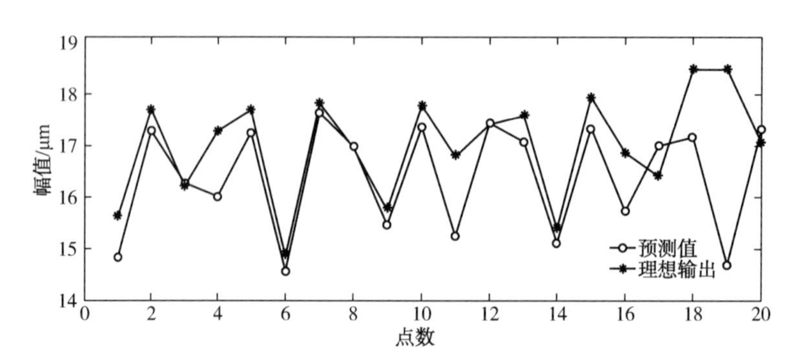

图 3-91　二阶 Volterra 级数预测结果

2）基于非抽样提升小波包的 Volterra 级数预测

（1）结合降噪和多分辨率分析提高预测精度

通过分析可知，非抽样提升小波包降噪及多分辨率分析都能提高二阶 Volterra 级数预测模型的预测精度。为获得更好的预测效果，可同时将非抽样提升小波包降噪及多分辨率分析与二阶 Volterra 级数预测模型相结合，提高预测精度。算法流程如下：

① 对训练样本进行非抽样提升小波包分解。

② 用奇异值分解降噪对最后一层各频带信号进行降噪处理，根据奇异熵增量曲线选择降噪阶次。

③ 用降噪后的各频带信号进行预测。用假近邻域法选择适合于各层信号的嵌入维数，进行相空间重构，构造二阶 Volterra 级数预测模型并进行预测。

④ 用非抽样提升小波包的逆变换，对各层的预测信号进行重构，获得预测信号。

用上述方法进行预测，对训练样本进行两层非抽样提升小波包分解，第二层各频带信号的奇异值降噪阶次分别取为 10、12、13 和 17，嵌入维数分别为 5、6、5 和 5。预测结果如图 3-92 所示。算得误差平方和 $s_1=10.19$，最大绝对相对误差 $s_2=0.10$。上述四种预测方法的误差指标如表 3-16 所示，从表中可看出，ULSP 多分辨率-SVD 降噪-二阶 Volterra 级数预测获得了最小的误差指标，具有很好的预测效果。结合非抽样提升小波包的多分辨率分析及降噪，能明显提高二阶 Volterra 级数预测模型的预测精度。

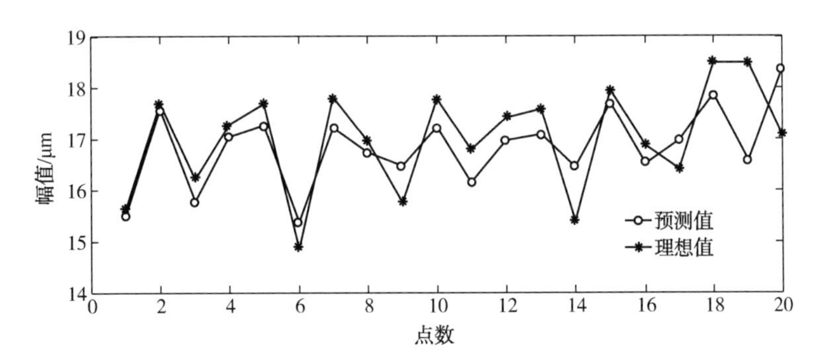

图 3-92　ULSP 多分辨率分析-SVD 降噪-二阶 Volterra 级数预测结果

表 3-16　四种预测方法的误差指标

预 测 方 法	误差平方和/μm²	最大绝对相对误差
二阶 Volterra 级数	23.82	0.20
ULSP-SVD 降噪-二阶 Volterra 级数	18.04	0.19
ULSP 多分辨率-二阶 Volterra 级数	17.32	0.13
ULSP 多分辨率-SVD 降噪-二阶 Volterra 级数	10.19	0.10

（2）参数选择对预测精度的影响

降噪阶次及嵌入维数对预测精度有很大的影响，必须合理选取。降噪阶次选取过大则不能将噪声滤除，降噪阶次选取过小则会滤除有用信号，都会降低预测精度。嵌入维数过大或过小，会影响相空间的重构质量，使得预测值严重偏离实际值。可变的参数共有 8 个，分别是第二层四个频带信号的奇异值降噪阶次及嵌入维数，选取的降噪阶次分别取为 11、12、13 和 17，嵌入维数分别为 5、6、5 和 5。其中 7 个参数的值保持不变，让 1 个参数在一定范围内变化，研究预测误差的变化情况。

降噪阶次对预测误差平方和的影响曲线如图 3-93 所示，图中 j_1、j_2、j_3 和 j_4 分别为第二层四个频带信号的降噪阶次，纵坐标为预测误差平方和。曲线最小值所对应的值为最佳降噪阶次。可以看出，预测误差对降噪阶次很敏感。为避免盲目选取，可采用试算法选择降噪阶次。在奇异熵增量曲线上选取一个范围，计算不同降噪阶次下的预测误差。最小预测误差所对应的降噪阶次为最佳阶次。因高频带信号含有较多的噪声，降噪阶次要选得小一些；低频带信号含的噪声较少，相应的降噪阶次要选得大一些。

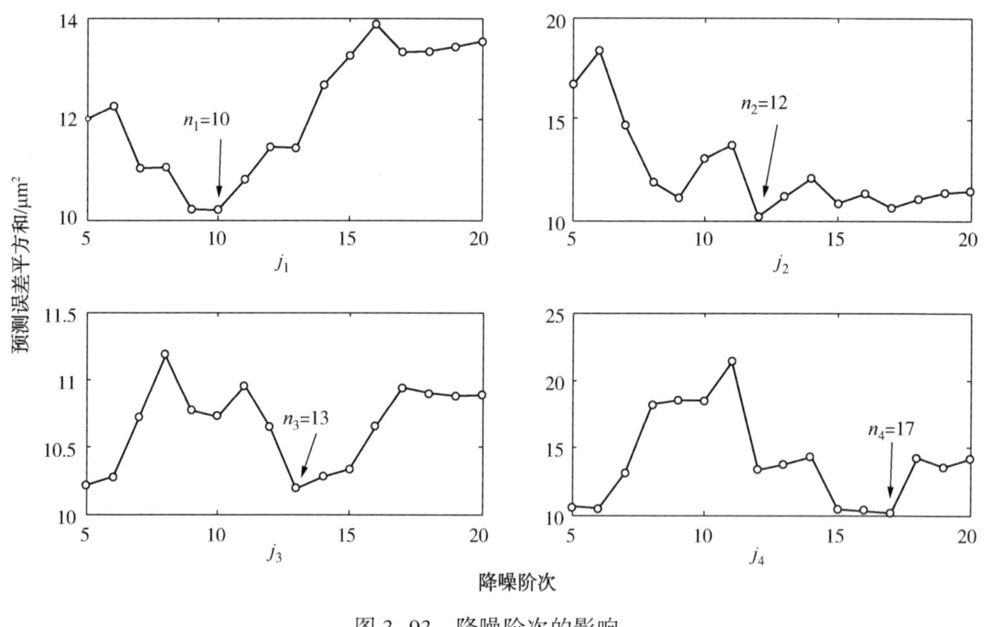

图 3-93 降噪阶次的影响

嵌入维数对预测误差平方和的影响曲线如图 3-94 所示，图中 m_1、m_2、m_3 和 m_4 分别为第二层四个频带信号的嵌入维数，纵坐标为预测误差平方和。曲线最小值所对应的值为最佳嵌入维数。可看出，预测误差对嵌入维数很敏感，必须选择合适的嵌入维数。可采用假近邻域法选择嵌入维数。

6. 齿轮箱离线精密诊断系统

齿轮箱的监测与诊断可以分为在线与离线两大类，在线监测与诊断具有反应及时等优点。但由于实时性要求，在线监测系统的采样频率都不太高，无法覆盖齿轮箱的故障特征频率。如图 3-95 所示（为 DY405 机组在电机转速 1290r/min 齿轮箱的振动频谱），可知 S8000 无法监测到齿轮啮合频率及其谐波频率。因此，研制了一套能够覆盖齿轮箱特征频率的精密诊断系统，以提高齿轮箱故障诊断的准确性。

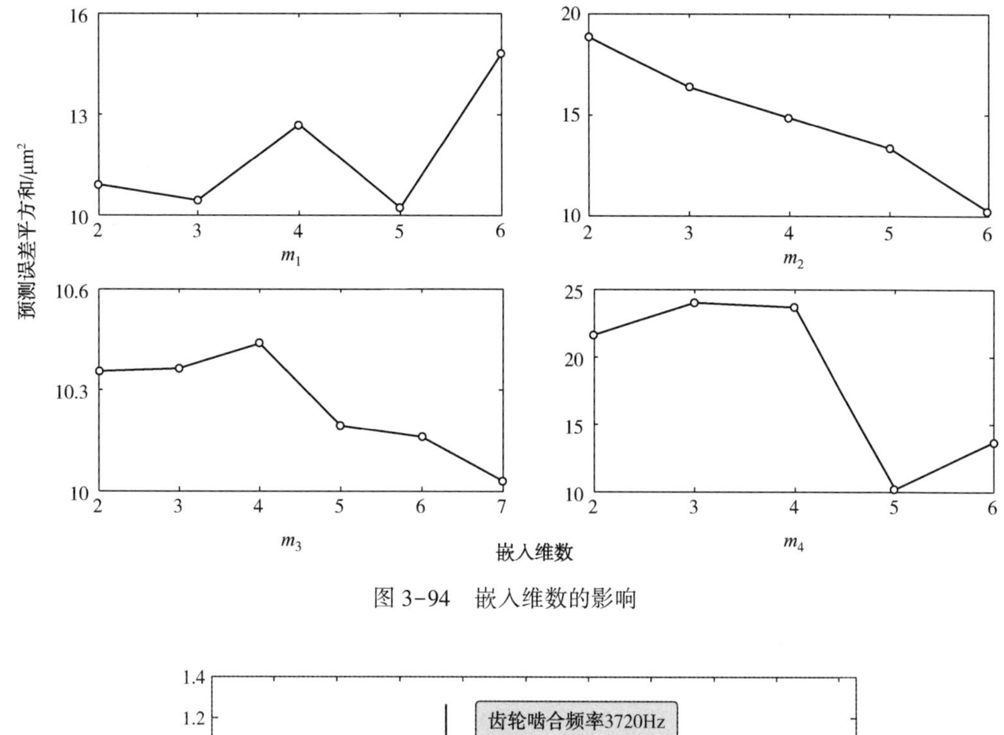

图 3-94　嵌入维数的影响

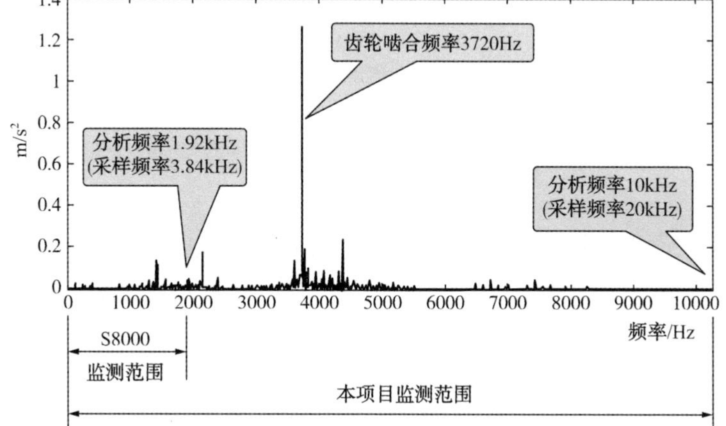

图 3-95　新研制的精密诊断系统与 S8000 系统对齿轮箱振动频率的监测范围比较

1）系统设计的基本思路和指导思想

系统设计的基本思路是通过分析现场使用设备的劣化因素，确定测定参数，建立一系列故障模型，研制齿轮箱精密诊断系统。其应具有便携式、双通道、大容量、多参数特点；能对振动、相位、转速等信号进行高速、精密、大数据量采集、自适应分析；开发出集成各种振动、相位、转速等多种指标为一体的综合智能诊断系统；在现场能得到有效使用，取得较好的经济效益。

齿轮箱故障诊断系统设计指导思想体现在以下三个方面：

（1）诊断参数　诊断参数是诊断方法的核心，因此要根据实用性、经济性、可靠性、稳定性、正确性等原则对诊断参数进行选择，从而保证诊断方法的正确；

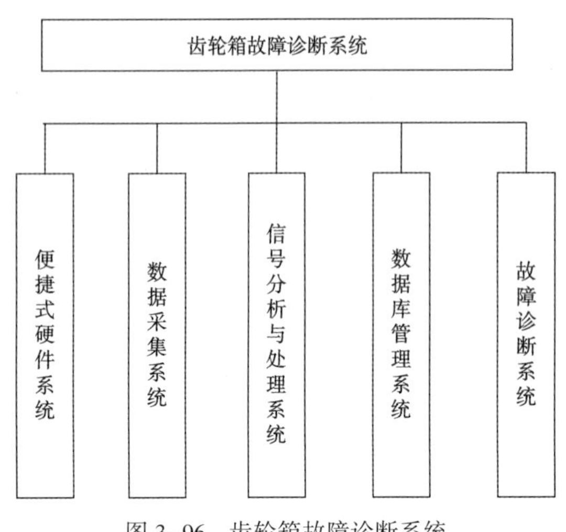

图 3-96 齿轮箱故障诊断系统

(2) 诊断技术 诊断技术应能实现诊断方法的自动执行，从而保证诊断的智能性；

(3) 推理模型 推理模型具有多种推理功能，以提高实用性，同时具有推理解释功能，并可方便地进行维护，此外还能解决推理信息不完备性、非线性问题，提高诊断的容错性。

2) 系统总体方案设计

齿轮箱故障诊断系统含 5 个子系统，其中包括 1 个硬件子系统，4 个软件子系统，总体结构如图 3-96 所示。各子系统主要功能为：

(1) 便携式硬件系统 对诊断参数(振动、相位、转速)进行正确的信息采集；

(2) 数据采集系统 控制硬件系统，将采集到的诊断信息进行数字化，并以数据文件的形式存储在主机中；

(3) 信号分析与处理系统 包括各种时域、频域、相关、时序等数学变换方法，对故障特征进行提取；

(4) 数据库管理系统 存储每次测量采集到的设备信息，并进行查看、清理、备份、恢复等各项操作；

(5) 故障诊断系统 对可能发生的故障及已发生故障的劣化趋势进行预测并可生成诊断报告。

硬件系统由传感器、诊断仪主机、便携式计算机及连接电缆组成，其结构如图 3-97 所示。采集数据时，传感器采集的振动、相位、转速等信号通过电缆传给诊断仪主机，再经过主机内的 A/D 转换器转换后存入内存直接在诊断仪主机上进行分析，也可通过 USB 通信接口传入计算机进行分析。诊断仪主机分为五个子系统：嵌入式控制系统、滤波器、A/D 转换、前端预处理、电源。

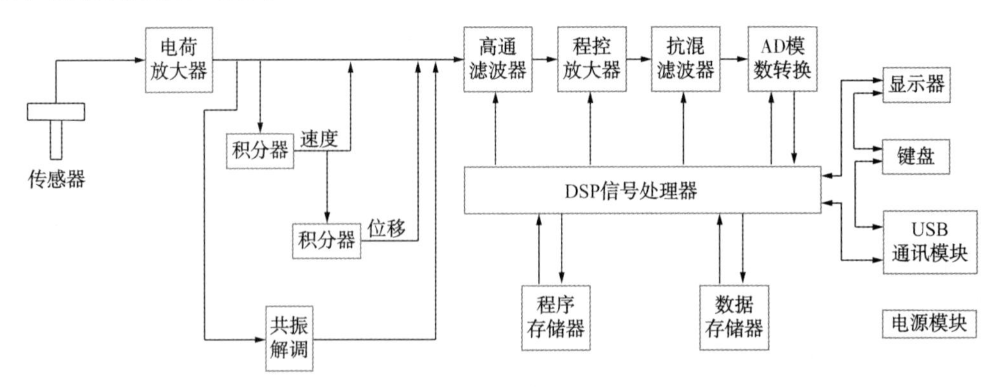

图 3-97 硬件系统总体结构

3）软件系统的架构

如图 3-98 所示，软件系统由以下几部分组成：

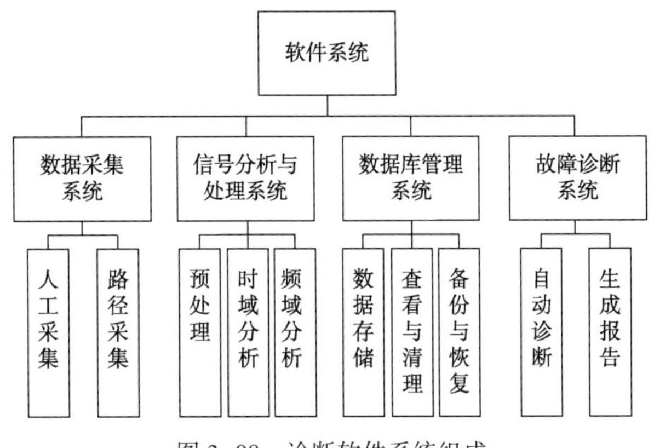

图 3-98 诊断软件系统组成

（1）数据采集系统

数据采集系统的主要功能是驱动诊断仪主机，对设备的振动、转速、相位等数据进行采集，并存储在主机中。数据采集系统含人工采集、路径采集两大功能。

① 人工采集是指可选择任意通道、采集频率、采样长度对数据进行采集。该方法要求操作者具有相当深的专业知识，因而使用起来较为繁琐，但适应性强。

② 路径采集是指事先将设备需采集的参数建好一个路径，操作者按这个路径的引导进行采集即可。该方法简单、实用、智能性高，是本系统推荐使用的数据采集方法。

（2）信号分析与处理系统

信号分析与处理系统包括时域、频域、倒频域、波形分析、幅值谱、功率谱、对数谱、趋势分析、三维频谱分析等多种信号分析方法，可以对设备的振动、转速、相位等数据进行处理、分析，并提取出相应的故障特征，如图 3-99～图 3-102 所示。

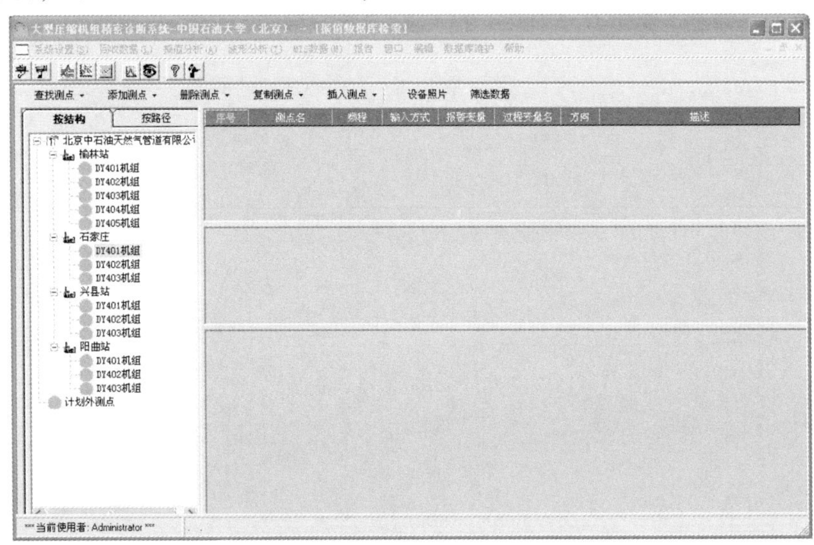

图 3-99 软件系统主程序界面

查找测点　添加测点　删除测量数据　复制测点　插入测点　设备照片　筛选数据

按结构　按路径

- 北京中石油天然气管道有限公司
  - 榆林站
    - DY401机组
    - DY402机组
    - DY403机组
    - DY404机组
    - DY405机组
  - 石家庄
    - DY401机组
    - DY402机组
    - DY403机组
  - 兴县站
    - DY401机组
    - DY402机组
    - DY403机组
  - 阳曲站
    - DY403机组
    - DY401机组
    - DY402机组
  - 计划外测点

[illegible]	[illegible]	[illegible]	[illegible]	[illegible]	[illegible]	[illegible]	[illegible]
7	HDY1-07	1000	S	V	T		低速齿后X
8	HDY1-08	1000	S	V	T		低速齿后Y
9	HDY1-09	1000	S	V	T		高速齿前X
10	HDY1-10	1000	S	V	T		高速齿前Y
11	HDY1-11	1000	S	V	T		高速齿后X

	[illegible]	[illegible]	[illegible]	[illegible]	[illegible]
[illegible]	0	0	2.8	0	0
[illegible]	0	0	4.5	0	0
[illegible]	0	0	11.2	0	0

[illegible]	[illegible]	[illegible]	[illegible]	[illegible]	[illegible]	[illegible]	[illegible]	[illegible]
2013-1-17	60	180.48	1.69	15.95	78.81	1	12	
2013-1-17	60	135.27	1.46	10.84	56.4	1	12	
2013-1-16	60	217.57	1.64	32.17	80.88	1	12	
2013-1-16	60	113.23	1.64	8.68	34.75	1	12	
2013-1-15	60	314.3	5.34	117.98	98.79	1	18	
2013-1-15	60	212.26	2.21	72.54	89.39	1	13	
2013-1-14	60	254.67	3.19	56.66	84.92	1	13	
2013-1-14	60	110.24	1.18	12.72	46.79	1	12	
2013-1-12	60	234.53	2.54	15.32	85.19	0	12	
2013-1-11	60	225.17	1.99	16.66	88.33	1	12	

图 3-100　振动指标值分析

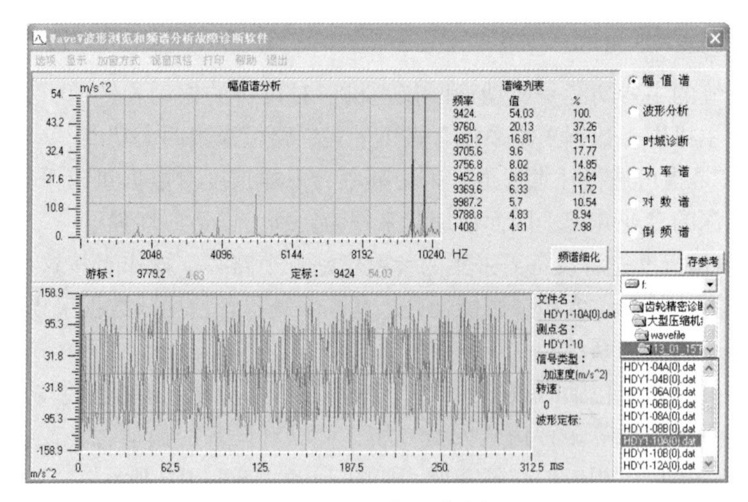

图 3-101　幅值频谱分析

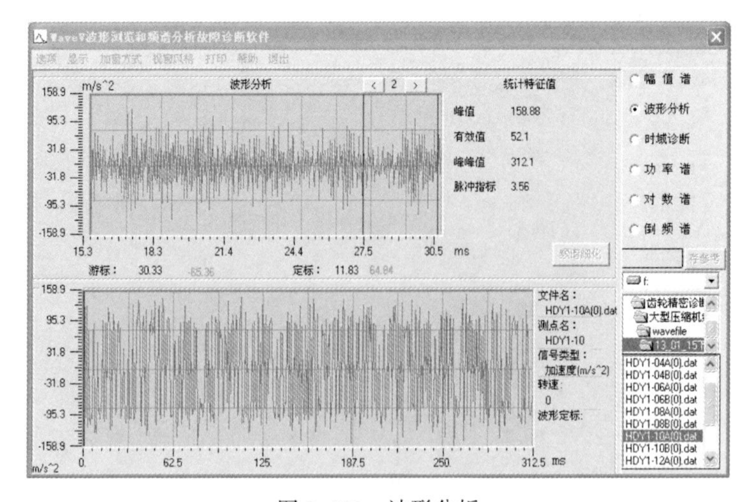

图 3-102　波形分析

（3）数据库管理系统

数据库管理系统可储存每次测量得到的设备运行信息，并可进行查看、清理、备份、恢复等各项操作。

（4）故障诊断系统

故障诊断系统可对数据进行自动处理、分析，并自动与预先设定的标准值进行比较，诊断出可能的故障，并生成诊断报告。诊断报告有当前设备报告、所有设备报告、测点综合报告等多种形式。

（5）软件系统的特点

设备故障诊断软件与国内外同类系统相比，具有以下几大特点：

① 具有自动处理数据的功能，极大地减轻了诊断人员的数据分析工作量，使诊断能够切实、长期地在实际中使用，并且可以供不同层次的人员使用；

② 数据分析与处理功能强大，涵盖了多种传统与现代的故障诊断模型与方法；

③ 具有数据的自适应处理功能，无需分析人员过多地设置、选择；

④ 输出结果功能强大，可适应不同分析场合的需要。

上述特点，使该软件系统在自动处理数据、智能诊断等关键功能上在国内外同类系统中保持领先。

4）诊断系统常用指标

参数选择要符合灵敏性、方便性和合理性的原则。由于齿轮箱系统是较复杂的动力机械，利用单一传感器进行故障诊断只能获得部分信息，反映设备运行状态的某一个侧面。因此，需要根据多个指标进行综合诊断，增加置信度，从而提高诊断的可靠性。诊断系统常用指标主要分为以下两类：

（1）时域指标　包括峰值、峰峰值、有效值、峰均比、歪度、峭度等。

（2）频域指标　包括对数谱、幅值谱、功率谱、包络谱、相关谱、相干谱、传递函数谱等。

7. 技术应用及创新点

1）技术应用

从大型离心压缩机组状态诊断及评价的理论方法、技术方面逐步着手研究，形成了一套基于模糊算法的机组故障诊断与状态评价技术；提出了一种基于 Volterra 级数模型的机组预测预警理论；利用非抽样提升小波包实现了对大型机组隐含故障的特征提取。同时，在实验基础上研究了基于状态监测的典型部件劣化程度定量估算模型；结合现场，建立起了压缩机组故障模式库与振动标准库；最终利用 C#语言实现了在线故障诊断及评价软件的全部开发。目前压缩机组在线状态诊断与评价系统以及齿轮箱离线精密诊断系统已在陕京二线离心压缩机组现场得到了有效应用，并取得了很好的效果。

2）创新点

（1）提出了离心压缩机组个性化诊断标准库的建立及动态更新技术。通过历史数据分析为每台机组制定个性化的诊断标准库，实现了压缩机组的精细化故障诊断；结合站场压缩机组的定期检修，提出了标准的触发更新技术，保证了诊断标准的合理性。

（2）提出了基于振动信号的旋转机械典型部件劣化程度的定量估算方法。根据不同转速、负载下的振动信号，提取劣化敏感特征值，利用数据拟合方法挖掘各特征参数与故障严重程度的函数关系和规律，从而实现了转子不平衡量、轴不对中程度的量化估计。

3.2.2 工艺设施及压缩机组离线振动测试与评估技术

1. 简介

近几年，我国的天然气工业得到了高速发展，相继建成了陕京线、涩兰线、西气东输线、西气东输二线、忠武线、陕京二线和陕京三线等长输管线。预计几年内，国内天然气管道总里程将达到10万公里。在长输管道天然气输送过程中，压缩机组是动力之源，其重要性不言而喻，压缩机组配管的安全运行也越来越受到管道运营者的关注。在高压负荷下，随着运行时间的增长，压缩机组及其配管发生故障的频率越来越高，找出一种行之有效的压缩机故障诊断方法已变得尤为重要。同时随着天然气管道输量增加，在管道系统的运行过程中，系统组件由于振动引起的故障越来越多，建立有效的测试分析方法保证其安全运行状态是当前许多压气站、分输站面临的新课题。

通过对压缩机配管振动状况的测试，对压缩机的运行状态进行诊断，深入剖析产生压缩机故障的成因，杜绝压缩机事故发生，为压缩机检修及维修提供科学的理论依据。为此开展了大量的研究和应用工作，建立了压缩机测试技术体系，包括振动测试设备系统操作、维护的程序文件、作业文件以及企业标准编制研究。研究成果应用到生产实践中，减少了压缩机组配管故障，延长了检修时间，提高了输气效率，节约了维修经费，避免了事故的发生，对提升了国内压缩机诊断技术水平具有重要的意义。北京天然气管道有限公司结合多年管道振动测试与评估的技术经验，总结出一套用于阀门、管道系统、压缩机组配管的振动检测与评估的方法，并多次成功解决了公司管道系统结构振动故障问题，取得了良好效果。

2. 关键技术及研究

1）振动测试系统

压缩机振动测试系统采用美国 Iotech 公司的振动测试设备，主要包含了ZONICBOOK618E测试主机、传感器、笔记本电脑、配套分析软件以及连接缆线几个部分。此外，在将测试通道扩展时，还包括扩展模块、安全栅、模块连接线等，如图3-103所示。

2）系统特征分析

测试系统携带方便，操作简便，利用强力磁座将传感器与压缩机所需要测试的部位相连，可同时测量压缩机组多个位置的振动情况。作为压缩机组配管、阀门及其管道系统振动故障诊断的重要手段，ZONICBOOK618E振动测试设备利用携带简便、操作简单和灵敏度高等优势，应用于压缩机各个机械部位，通过具体的分析，达到故障诊断的目的。

在对压缩机组配管振动测试系统研究中，该系统主要有以下几个方面的特点：体积小，质量轻，约2kg；高速英特网接口，确保连续记录数据；交流供电或直流供电，可配电池模块，适于便携测试；8个模拟电压信号输入通道，增加WBK18可扩展至56通道；4个转速输入通道；1个外触发输入通道；1路任意波形输出通道；8个调理后信号输出通道，便于

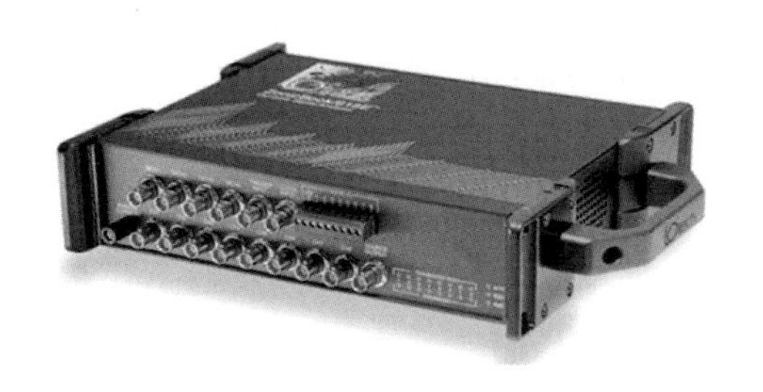

(a)ZONICBOOK618E主机

(b)传感器

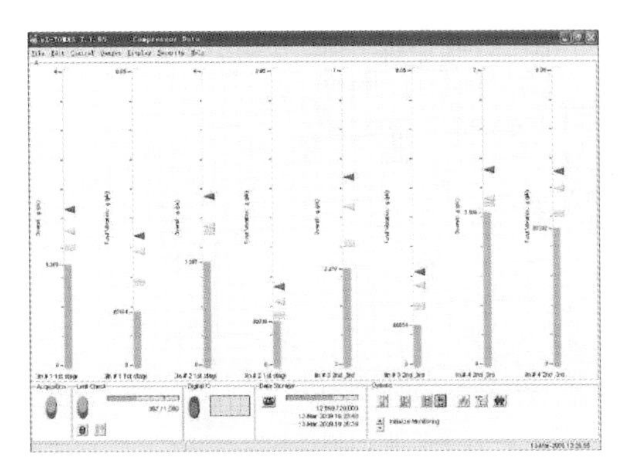

(c)eZ-Tomas测试软件界面

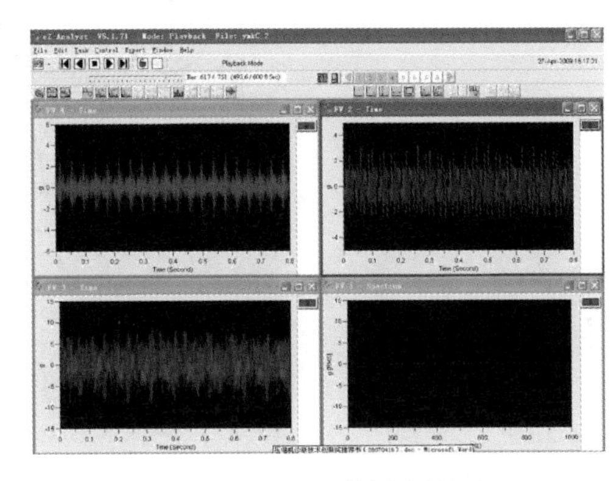

(d)eZ-Analyst软件测试界面

图 3-103　振动测试系统主机、传感器及软件界面

监视及记录；8 路数字 I/O 通道，可直接驱动报警装置；所有通道都支持 ICP 及 TEDS 传感器；具有通道过载检测及报警功能，具有 ICP 检测及报警功能；无缝支持 STAR6、I-DEAS 等模态分析、声学分析软件包；配套的软件功能强大，并且界面友好，使用方便。

在对阀门及其管道系统的振动测试与分析研究中，对系统的创新性特点研究分析包括：8 个模拟电压信号输入通道，增加 WBK18 可扩展至 56 通道；4 个转速输入通道；1 个外触发输入通道；1 路任意波形输出通道；8 个调理后信号输出通道，便于监视及记录；8 路数字 I/O 通道，可直接驱动报警装置；所有通道都支持 ICP 及 TEDS 传感器；具有通道过载检测及报警功能，具有 ICP 检测及报警功能；无缝支持 STAR6、I-DEAS 等模态分析、声学分析软件包。

3）振动测试技术文件

压缩机振动测试主要技术文件包括《在非旋转部件上测量和评价机器的机械振动 第 6 部分：100kW 以上的往复式机器》(GB/T 6075.6)、《Iotech 振动测试技术规程》等。

3. 技术应用及创新点

1）技术应用

应用该技术完成了对汇园公司衙门口加气站、华北储气库分公司、大港储气库分公司、榆林压气站等 50 多台压缩机组配管的定期检测，及时发现了多起管道振动安全隐患。

(1) 压缩机组配管的振动测试应用

根据汇园公司衙门口加气站的现场实际情况，与站内工程师讨论分析了各部件振动产生的原因，最终确定将4只加速传感器的位置安装在每个活塞缸的十字头顶部：通道1和通道2的加速传感器分别安装在1级压缩气缸的2处十字头顶部；通道3的加速传感器安装在2级压缩气缸的十字头顶部；通道4的加速传感器安装在3级压缩气缸的十字头顶部。传感器安装位置示意图如图3-104所示。

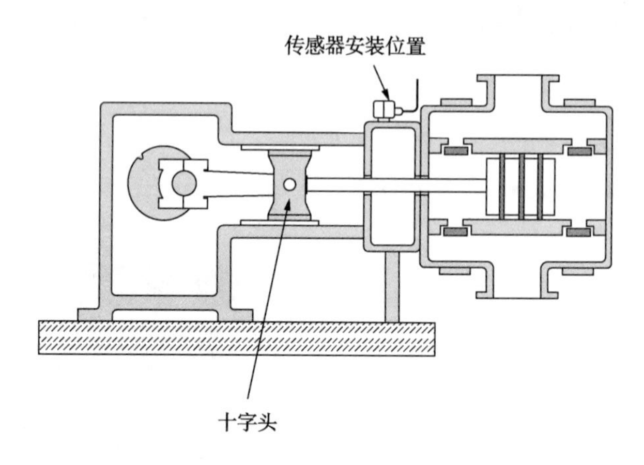

图3-104　传感器安装位置示意图

① 信号采集

数据信号采集从2009年3月12日17点22分开始，2009年3月13日10点30分结束，整个过程历时17小时8分钟，经历三次停机、三次启机。整个过程开机信号基本平稳正常。通道1、通道2、通道3、通道4的信号采集信息如图3-105所示。

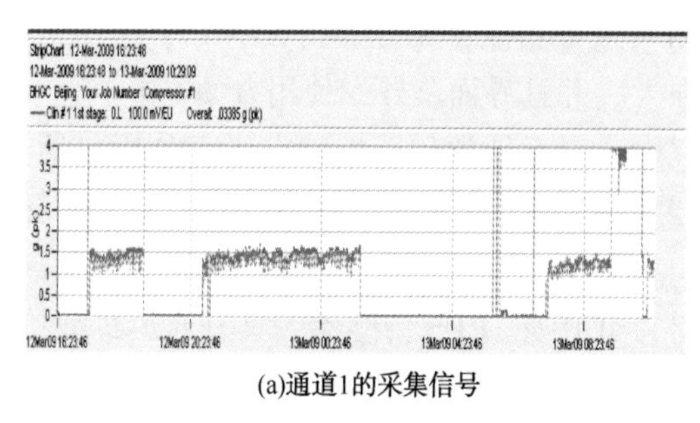

(a)通道1的采集信号

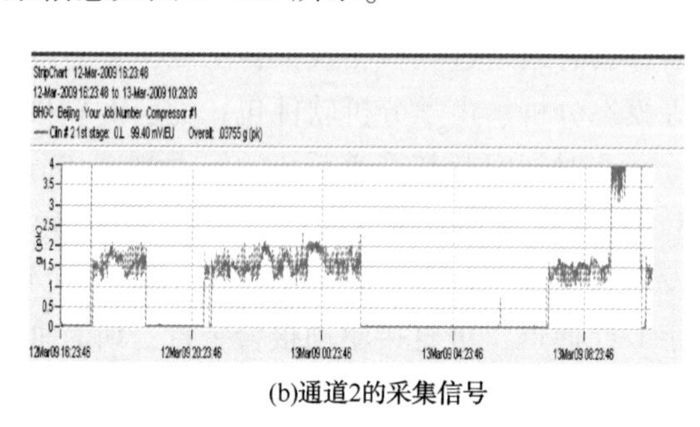

(b)通道2的采集信号

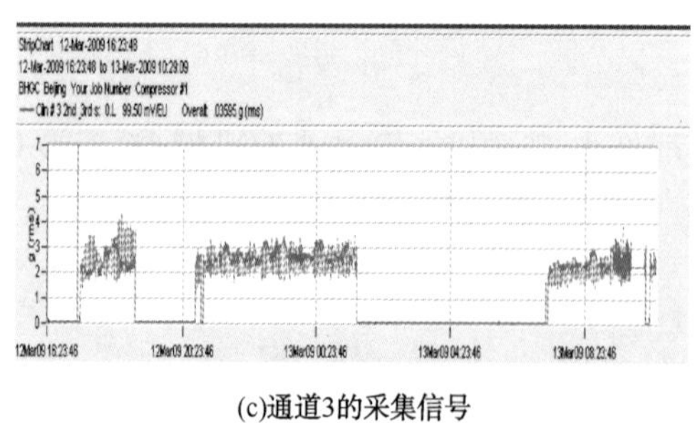

(c)通道3的采集信号

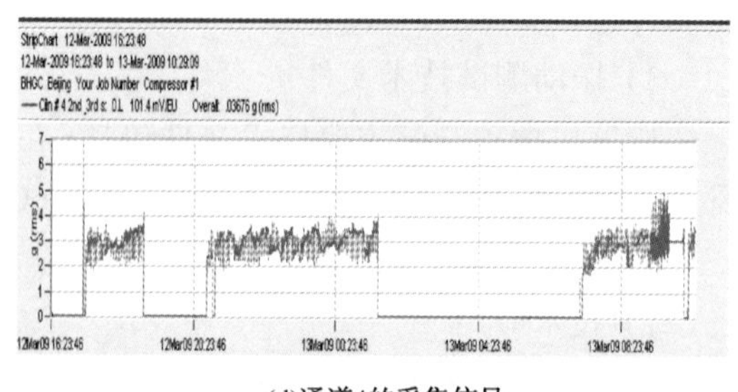

(d)通道4的采集信号

图3-105　通道的信号采集信息

② 信号整体分析

四个通道信号的振动趋势是一致的，说明检测数据真实有效。将信号合在一起比较，发现一级压缩气缸通道 1 和通道 2 明显比通道 3 和通道 4 的振动变化明显。信号整体分析如图 3-106 所示。

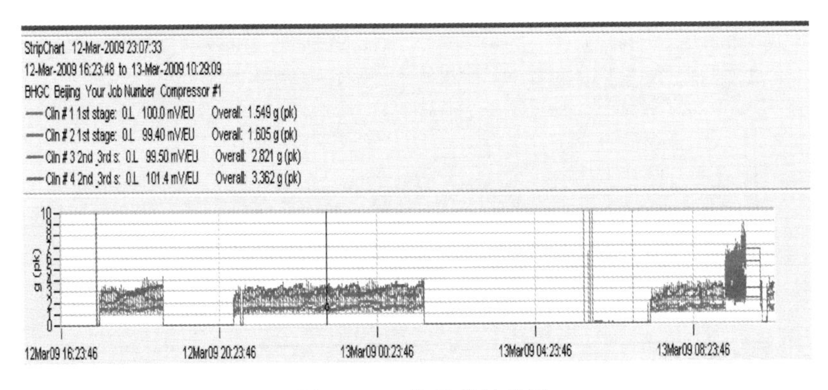

图 3-106　信号整体分析

③ 异常信号分析

采用通道 1 的信号分析(见图 3-107)，从整个监测周期内的通道信号来看，基本上开机状态下的振动平均为 1.5g。在第三次停机期间，2009 年 3 月 13 日 1 点 35 分至 7 点 14 分，系统抓到几个大的冲击脉冲，幅度达 90g，如图 3-107 中左边线圈范围内的信号。原因分析：经过现场问讯，发现第三次停机过程中，风力达到 5~6 级，隔离栅栏曾倒塌，砸到测试线缆上，现场人员叙述时间与测试电脑上时间基本吻合，信号出现突然增大属于外力行为。

2009 年 3 月 13 日 9 点 12 分，气缸 1 的振动从正常状态 1.5g 突然增加到 6g，而且表明由气缸中的冲击导致。10 点 07 分恢复正常水平，如图 3-107 中右边线圈范围内的信号。正常停机状态下的数据周期图、正常运转状态下的数据周期图、9 点 12 分至 10 点 07 分压缩机某一刻振动的数据周期图如图 3-108 所示。通过对三种情况下的数据周期图比较，发现在正常运转情况下，时域信号是随机的，最大振动为 4g~5g，而在 9 点 12 分至 10 点 07 分时间段中最大振动为 8g，并明显看到有规律的冲击。

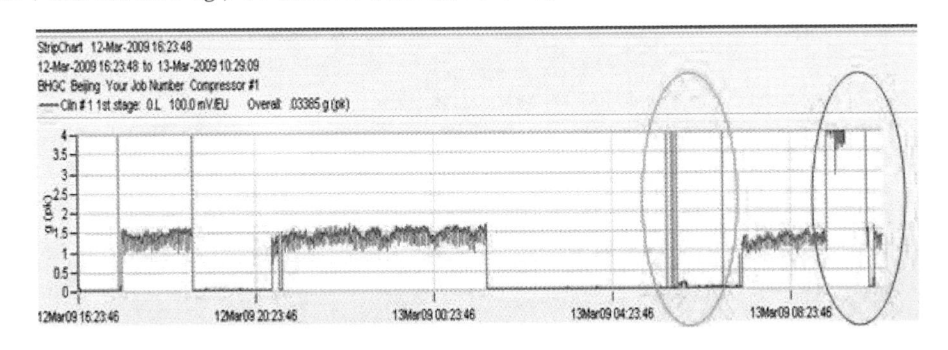

图 3-107　通道 1 的信号分析

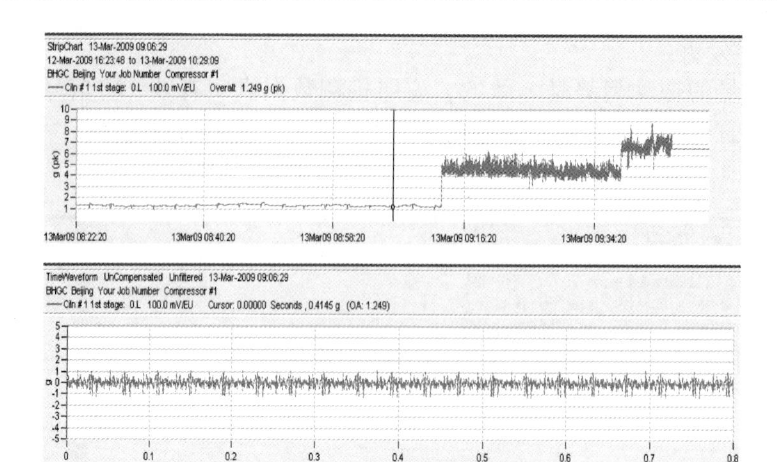

(a)正常停机状态下的数据周期图

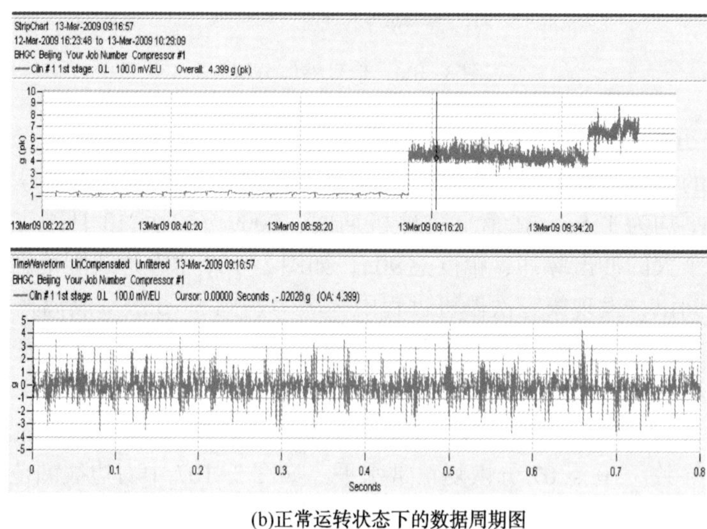

(b)正常运转状态下的数据周期图

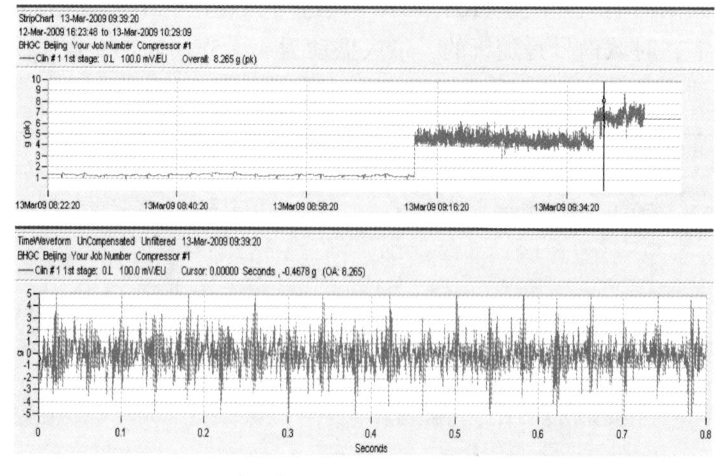

(c)9点12分至10点07分中某一时刻的数据周期图

图 3-108 振动数据周期图

由于榆林压气站陕京一线压缩机区 A-D 机组已经运行 11 年，应用本技术进行分析，反映出的问题最为明显。榆林一线往复压缩机组 A-D 机组加载后的加速度值部分测点超过 $2g$，4 个测点中，每个机组均有 2 个以上测点超标，超标率达到 50%以上，按测试规程，设备长期处于振动高位运行，压缩机进气缓冲罐顶部加速度最高达到 $6g$。通过空转时的各机组的分析比较，以及查阅设计资料，可知压缩机前后配管刚度不足是引起振动大的主要原因。前后配管壁厚为 8.0mm，严重不足，同时压缩机组建设阶段装机过程各种因素也会引起加速度的异常变化。依据 GB/T 6075.6—2002，往复式压缩机振动幅值超过 $2g$ 即为超标，$4g$ 以上为严重超标。A-D 机组被检测点均超标。

（2）永清站调压阀振动测试方法创新应用

永清站新增一路调压装置，目的是降低大港站的进站压力，减少压降而引起的截流低温问题。安装后距站外港清复线转角桩的埋深在 2m 左右的管线发出异常声响，地面感觉到明显振动且噪声较大，在站外 1km 和 2km 的里程桩附近有较大声响，声音如开水般响动。管道安全与材料测试实验室工程师携带 IOTECH 振动测试仪赶赴现场，同时针对现场描述的情况进行了核实和勘察，得知站内与调压阀前后区域连接的进气和排气管路振动异常，明显超过未加调压阀之前的状态，进而初步判断与调压阀的安装有关，同时确定了测试方案。永清站振动情况如图 3-109 所示。

图 3-109　永清站振动情况

根据现场情况，采取调压阀前后四点联测的方式，主要测试四个参数：位移、速度、加速度和振动频率。位移代表应力应变量，速度、加速度代表动应变量，振动频率与疲劳强度有关。测试的主要目的是：确定调压阀前区域的配管气流流动对调压阀的影响；调压阀的开度和流量、压差对前后配管振动量的影响程度；找出振动的基本原因。然后通过测试数据进行分析：首先，计算调压区域固有频率，与测试频率相比较，确定是否有共振发生；其次，分析振动频率对材料疲劳特性的影响，计算是否有损伤发生；最后，找出改变固有频率减缓振动发生的措施。

① 测试数据分析

分析 2014 年 5 月 21 日的测试数据，从调压阀区域的三向振动测试数据上看，当压差达到 2.5MPa 时，瞬时流量达到 $900\times10^4m^3$，轴向振动的加速度达到 $4.0g\sim5.0g$，当压差达到 0.5MPa 时，轴向加速度保持在 $1.0g$ 左右，其他两个方向的径向加速度均在 $0.5g$ 左右的正常范围内，这表明轴向加速度是造成振动的主要原因。进入调压阀前后的轴向加速度如

图 3-110 所示。

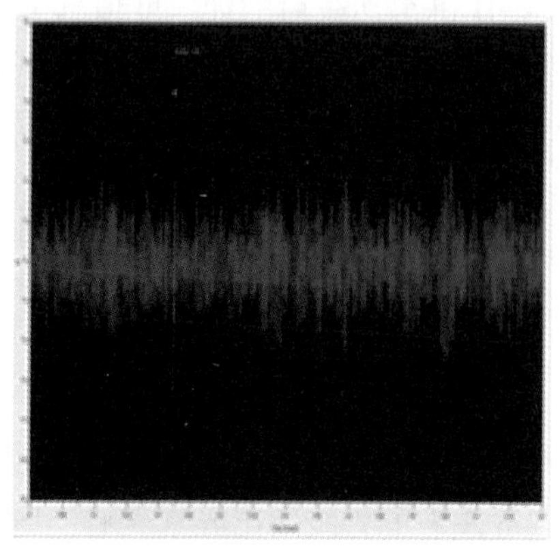

(a)调压阀前轴向加速度为3.02g

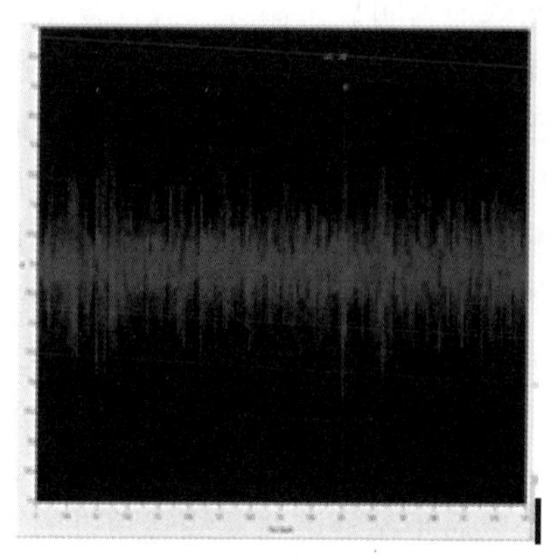

(b)调压阀后轴向加速度为4.25g

图 3-110　进入调压阀前后的轴向加速度

② 有限元分析

有限元分析管道振动模型如下：管道简化为管单元，5901 阀简化为质量单元，考虑土壤刚度对管道的影响，埋地段管道采用土弹簧进行约束，忽略管道内气体和外涂层的质量。管道的端点简化为固定约束，现有管道支撑简化为垂向约束。分析刚度与质量对管道振动的影响：一是对埋地段管道的约束方式由土弹簧变为固定约束，改变其刚度，分析刚度对管道固有频率的影响；二是对地面上部的管道增加支撑，改变支撑位置和支撑结构，分析质量对管道固有频率的影响。有限元振型分析图如图 3-111 所示。

通过振型分析，得出了管道振动处理前后的频率，由其数值可以看出，固定埋地段管道(即增加埋地管道的刚度)的固有频率发生了很大的变化，可以避开激发管道振动激发频率；添加固定支撑后管道的固有频率也发生了一定变化，同样可以避开激发管道振动激发频率。振动的位置在固定埋地段或增加固定支撑后得到了很大的改善，其中固定埋地段后各阶振型变化较大，表现明显。

③ 结论分析

本次测试后，振动加剧的原因有三个方面：首先，本次增加调压阀是加剧振动的主要原因，改造后轴向气流的扰动、冲击引起了管道的振动；其次，气流经过调压后，激振扰动频率与调压阀出口管线、调压阀本身质量组件组成的系统固有频率极为接近，产生共振；最后，大口径迷宫式调压阀对气流产生扰动有重大影响，前后配管的工艺配置不匹配。

针对永清站增设调压装置后出现的管线振动问题，管道安全与材料测试实验室及永清分输站员工采用创新的三轴振动测试方法现场测试，并建立有限元分析模型，对振动过程进行模拟，提出定量化的测试分析结论和诊治方案，经过对振动管线的整改处理，再次测试表明：该技术对于站场管线节流产生的振动问题，适用性强，具有良好的推广应用价值。

2）创新点

(1) 该技术使用了三轴向测试新方法，相对于以往单轴向测试方法的优势在于能够判断三维的振动幅值，有助于对测试结果的分析和判断。

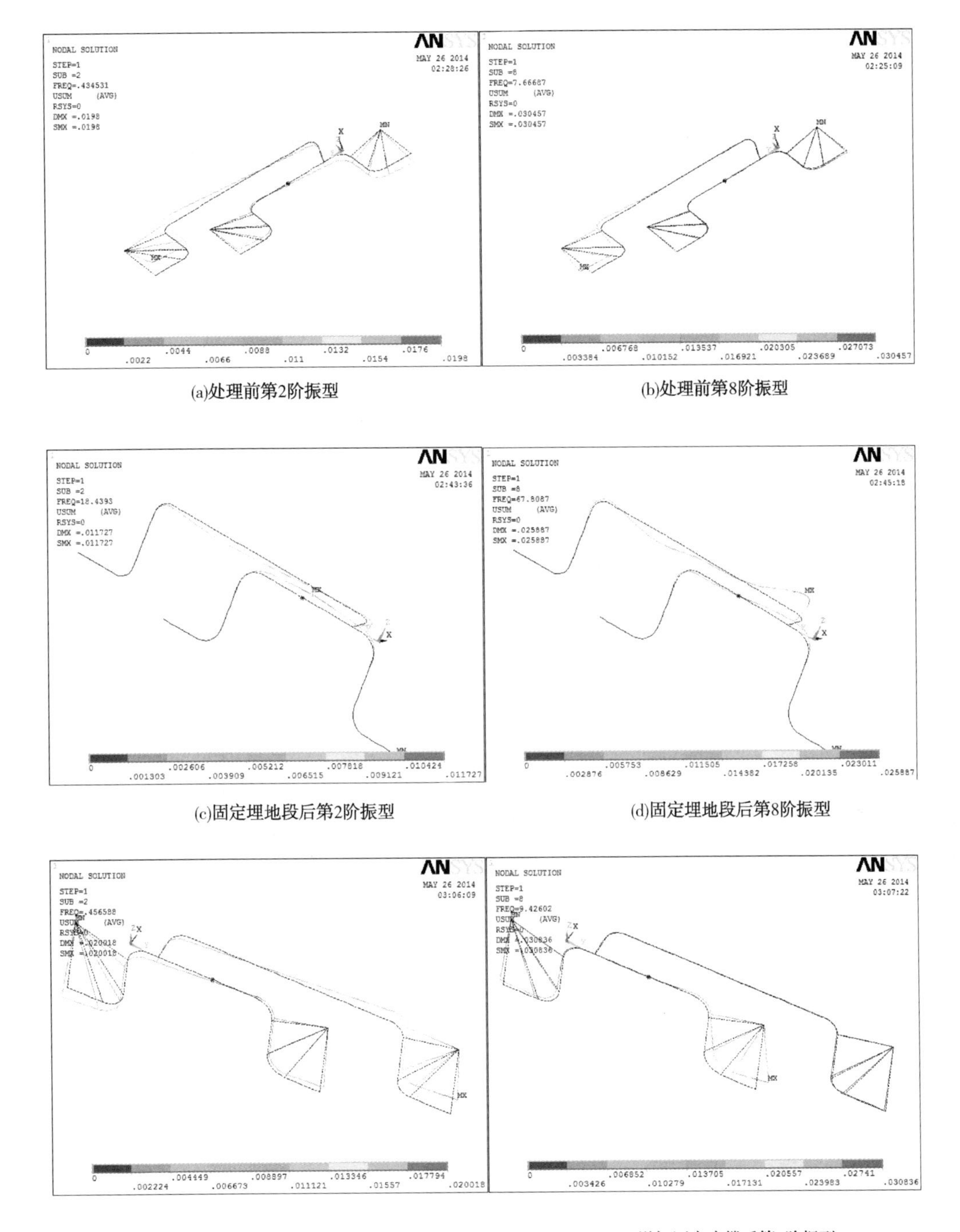

(a)处理前第2阶振型　(b)处理前第8阶振型

(c)固定埋地段后第2阶振型　(d)固定埋地段后第8阶振型

(e)增加固定支撑后第2阶振型　(f)增加固定支撑后第8阶振型

图3-111　有限元振型分析图

（2）该技术在分析方法上有所创新，采用有限元建模振动分析方法，将解析法创新为数值法，可有效判断固有频率和气体的脉冲频率是否发生共振。

第4章　储气库安全保障技术

4.1　地下储气库风险控制

4.1.1　地下储气库完整性管理技术

1. 概述

天然气地下储气库的建造，是从根本上解决城市季节性调峰，平抑供气峰值波动的最合理、有效途径之一。一般地下储气库是在较深的地下，找到一个完全封闭的构造体，在地面用压缩机把天然气注入这个构造中储存起来。当需要时，又通过生产井把天然气采出到地面输送到用户。由于受气候条件、用户种类和用量等因素影响，天然气的用量存在极大的不均衡性，为了保证天然气的供需平衡，天然气供应商必须具备储存手段，以便随时调整输出量并保证管道压力平衡，满足用户需求。

地下储气库的优点是：储气量大；安全系数高，不易引发火灾及爆炸；经济效益好，与金属气罐相比储气成本低；具有战略意义，其隐蔽性和安全性适于战略储备。

但天然气泄漏、火灾、爆炸的频繁发生表明地下储气设施是风险性很高的设施。目前国内的储气井还没有发生重大安全事故，但随着使用年限的增长，由于部件的磨损变形、锈蚀老化、密封失效以及意外事故等原因，很有可能引发天然气泄漏。因此对储气库井安全性检测和评价长效管理机制采用完整性管理，具有重要意义。

储气库具有储气量大、安全系数高、经济效益好、具有战略意义等重要作用，但是世界上已发生过地下储气库系统的泄漏和因泄漏引起的爆炸事故。因此对地下储气库进行安全风险控制意义重大。例如，大港储气库群虽然已经安全运行了数年，但是储气库群的地面装置和井口处于天津大港开发区、国家一级湿地保护区、盐池内，属于居民生活区附近人口稠密和环境敏感的地区，需要对生产井油套管进行检测和安全评估，达到排查危险因素，使其处于安全状态的目的。

2. 完整性管理的基本理论

1)储气库完整性管理的概念

储气库完整性(Underground Gas Storage Integrity，UGSI)是指储气库井始终处于安全可靠的服役状态。主要包括以下内涵：储气库井在物理上和功能上是完整的；储气库井处于受控状态；储气库井运营商已经并仍将不断采取行动防止库井事故的发生。储气库井完整性与储气库井的设计、施工、运行、维护、检修和管理的各个过程密切相关。

储气库井的完整性不仅仅是一个技术范畴的问题，更重要的是要持续不断地提高整体管理水平。储气库完整性管理(Underground Gas Storage Integrity Management，UGSIM)是指对所有影响储气库井完整性的因素进行综合的、一体化的管理。大体上包括以下内容：拟定工作计划、工作流程和工作程序文件；进行安全分析，了解事故发生的可能性和将导致的后果，制定预防和应急措施；定期进行储气库井完整性检测和评价，了解管道可能发生事故的原因和部位；采取修复或减轻失效威胁的措施。

储气库完整性评价(Underground Gas Storage Integrity Assessment，UGSIA)是指对可能使储气库井失效的主要威胁因素进行检测，据此对储气库井的适应性进行评估的过程。如何评价这些储气库井的状况，保证安全、经济地运行，是储气库井完整性评价要解决的主要问题。

2）储气库井完整性管理流程

储气库井完整性管理主要包含以下几个方面：

(1) 完整性管理危险分类；

(2) 识别危险对储气库的潜在影响；

(3) 数据收集、检查和综合；

(4) 风险评估；

(5) 完整性评价；

(6) 完整性评价的响应；

(7) 持续改进，数据的更新、整合和检查；

(8) 风险再评价；

(9) 完整性管理方案；

(10) 完整性管理评价方案；

(11) 变更管理方案；

(12) 完整性质量控制；

(13) 应急救援联络。

3. 完整性管理数据采集、检查和综合

储气库运营公司的程序、操作维护方案、事故信息和其他文件，都应规定适应完整性评价、风险评估的数据要求。要得到完整性管理程序所需的完整、准确的信息，必须对数据项进行综合分析。

1）数据要求

储气库公司应制定一个收集各种数据的综合性方案计划，必须首先收集风险评估所需的数据。要实施完整性管理程序，就必须收集充分了解、预防或削减储气库井危害所需的其他数据信息，并进行优先次序排列。

2）数据来源

完整性管理程序所需的数据，可从储气库总公司和分公司获取。一般在设计和施工文件中以及近期操作、维护记录中，都能得到所需数据项。

3）数据收集、检查和分析

应制定数据收集、检查和分析方案，且该方案在数据收集工作的构思上应恰当。应确定数据的分辨率和单位，综合数据时，应保持单位一致。应尽量利用储气库地下设施的各种实际数据。在完整性管理程序中，如缺少分析某种危险所需的数据，不能因此排除这种危险存在的可能性。可根据所需数据的重要性，进行额外的检测或进行现场数据收集。

4）数据整合

应综合、整合收集多项单项数据，并根据其相互关系进行分析，以发挥完整性管理和风险评估的全部作用，数据整合开始阶段要制定一个统一的参照系，以便将从多种渠道获得的各种数据综合起来。

4. 完整性检测的准备工作

储气库注采井的安全检测与评价工作是一个复杂的过程，在开展安全检测工作之初，做好前期准备工作是非常重要的。初始阶段工作为安全检测与评价工作的顺利进行提供了正确的依据和指导，具有极其重要的作用。

初始阶段的工作顺序为：

（1）井的现有技术资料分析；

（2）井的生产条件和制度分析；

（3）采气树现有技术规范文件分析；

（4）采气树生产条件分析；

（5）安全检测初步工作计划制定。

5. 储气库井完整性技术检测与评价技术

1）技术检测步骤

根据前期的准备工作并综合国内储气库的特点，把技术检测对象分为采气树和井口设备两部分来进行。具体的技术检测步骤为：

（1）查找并分析检测前需要准备的资料；

（2）分析以上生产文件，从而获得该储气井的相关资料；

（3）确定检测的对象、内容和方法；

（4）分析得出安全检测的结论。

2）采气树和井口设备技术检测

（1）技术检测顺序

技术检测工作包括基本技术检测和定期技术检测，它按照如下顺序进行：

① 基本技术检测　即初步技术检测，应在检测对象交付使用前进行。如果没有，就可以在使用过程中进行。

② 定期技术检测（按照计划顺序进行）　首先，在设备厂商质保期结束前进行，或对已经交付使用的先前未接受技术检测的对象进行检测；其次，第一年使用后每隔三年进行，但必须在进行生产安全检测前的一年内。

（2）检测内容和方法

① 目测和测量检查　储气库井的地面装置包括采气树和井口设备，目测和测量检查的对象就是采气树和井口设备。

② 性能检测　在对井上部采油树及井口装置的技术检测中，应检查：启闭部件的密封性及全通过性；运行条件下的密封垫状态；增压阀和润滑器的性能；压力表底部阀门的性能。

③ 工具（仪器）检测　对采油树及井口装置的工具（仪器）检测包括：硬度测量；超声波厚度测量；材料密实性超声波检查。

3）井的技术检测

（1）使用地球物理测井方法，对套管和套管外空间进行技术检测；

（2）储气库井不提升油管地球物理检测。

4）对井近井口部分的检测

近井口检测对象包括单法兰套管壳体和套管头阀门，其检测顺序为：

（1）目测和测量检验；

（2）仪器检查；

（3）强度分析；

（4）工作结果的处理。

6. 储气库井安全性检测和评价长效管理机制

鉴于现在输油管道完整性管理的发展，储气库井安全性检测和评价长效管理机制可以采用完整性管理，即储气库井的完整性管理和评价。运营公司通过对储气库运营中面临的安全因素的识别和评价，制定相应的安全风险控制对策，不断改善识别到的不利影响因素，将管道运营的安全风险水平控制在合理的、可接受的范围内，达到减少管道事故发生、经济合理地保证管道安全运行的目的。

1）储气库井完整性管理的原则

储气库井完整性管理是一种全新的技术和生产管理理念，它既是贯穿于油气井整个寿命周期的全过程管理，又是应用技术、操作和组织措施的全方位综合管理。它不仅仅是一个技术范畴的问题，更重要的是要持续不断地提高整体管理水平以及自上而下对管理理念的认同与积极参与。其实施需要遵循以下原则：

（1）在设计、建设和运行管理系统时，应融入储气库井完整性管理的理念。

（2）储气库井完整性管理的理念是防患于未然。

（3）要对所有与储气库井完整性相关的信息进行分析整合。

（4）要建立负责进行储气库井完整性管理的机构及管理流程，配备必要的手段。

（5）结合每一个储气库井的具体情况，进行动态的储气库井完整性管理。

（6）必须持续不断地进行储气库井完整性管理。

（7）在储气库井完整性管理过程中应当不断采用各种新技术。

（8）管理过程中"人"是重要的元素，不能重技术轻管理。从储气库井完整性管理的自身特点来看，"技术"和"管理"偏废任何一个方面，都会影响完整性管理目标的实现。只注重技术投入而忽略管理投入会严重影响完整性管理的效果。

（9）建立合理的组织结构以及明确的分工。建立完整性管理的数据库，对相关数据进行收集、整合、存储、维护和管理，应用先进的、专业的手段，由专业人员对完整性管理所需数据进行采集、整合、维护和管理。明确负责开展完整性管理的领导，保证完整性管理的顺利开展。

（10）调动全民参与的积极性。员工对完整性管理不了解，自然也就无意参与也无力参与。应开展对包括新员工在内的全体员工的完整性管理基本知识的宣传和培训，确保完整性管理的实施。

2）储气库井完整性管理工作的建议

通过分析现有的储气库井完整性管理，结合完整性管理的原则，现给出以下四条工作建议：

建议一，加强对国外储气库井完整性管理的跟踪和技术交流，理解和掌握国外 WIM 的先进技术和管理理念的发展趋势。

建议二，油气井从最初的规划、设计和施工，就应考虑完整性管理的功能要求。油气井的完整性管理始于油气井合理的设计和施工。要建立有效的油气井完整性管理程序，应建立专门的组织机构、配备专业人员、明确职责以保证完整性管理的持续开展。储气库井完整性管理应对所有影响油气井完整性的因素进行综合的、一体化的全过程、全方位的管理，贯穿在整个油气井生命周期，以保证油气井、员工、公众和环境安全。

建议三，应及早制定储气库井完整性管理的企业标准和相关规范，使库井完整性管理工作有章可循。储气库井运行企业应参照有关标准，制定 WIM 计划。定期进行储气库井完整性评价。对新建以及改造成的库应强调在投产初期就要进行基准数据(Baseline)的测定，作为以后评价缺陷的对比依据。

建议四，逐步建立我国进行储气库井完整性评价的专业评价机构，配备先进的检测仪器和分析软件。开发我国制造的各种智能检测器是当务之急，应组织科研单位和制造企业进行开发，早日形成国产的智能检测器系列产品。

7. 储气库套管柱结构分析与评价

1）大港储气库群套管柱现状分析

固井质量评价主要体现在套管与水泥环(Ⅰ界面)、水泥环与地层(Ⅱ界面)交界面的水泥胶结程度。目前，固井质量评价大多集中在固井Ⅰ界面，而对Ⅱ界面胶结质量的评价考虑较少。由于储气库井长期处于注、采气的工况条件下，套管需要长期承受由于温度和井内压力变化所造成的交变应力，为防止套管变形以及套管与管外水层接触发生电化学腐蚀，将各层套管固井水泥均返至地面，实现套管与水泥环Ⅰ界面、Ⅱ界面全程固井，以提高套管使用寿命和安全性。为避免油层套管一次固井产生的液柱压力压裂储层或上部水层，采用了二级固井的方法。为保证目的层的固井质量，一级固井的水泥浆密度不得低于 1.85g/cm^3。分级箍的安放深度应为 1665m 左右，二级固井的水泥浆密度应低于 1.60g/cm^3。

2）套管-水泥环-围岩力学模型

利用有限元方法模拟套管-水泥环-地层的受力情况，建立套管、水泥环和地层计算模型，应用解析方法分析套管损坏变形机理。固井后，套管、水泥环与岩石紧密地结合在一起。水泥浆凝固后，套管、水泥环及井壁围岩将固结为一个组合弹性体，同时作如下假设：水泥环和井壁围岩均为均匀各向同性体；套管无缺陷，水泥环完整、厚度均匀；假定组合体各层之间紧密连接，无相对滑动。

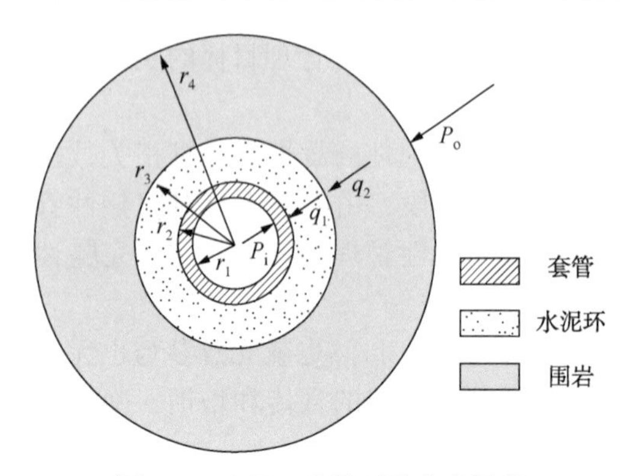

图 4-1　套管、水泥环及井壁围岩组合体示意图

根据组合体受力状态及其几何特征，将套管、水泥环及井壁围岩组合体的三维受力问题简化为平面应变问题。组合体示意图如图 4-1 所示。

图 4-1 中的 r_1、r_2、r_3、r_4 分别表示套管内径、套管外径、水泥环外径以及近井围岩外边界。组合体承受的内、外压用 P 表示，层间压力用 q 表示。组合体平面应变计算模型参数如表 4-1 所示。

表 4-1　套管-水泥环-地层平面应变计算模型参数

参数 模型	外径/mm	壁厚/mm	热膨胀系数/10^{-5}℃$^{-1}$	弹性模量/GPa	泊松比	最小屈服强度/MPa	抗拉强度/MPa	抗压强度/MPa
套管	177.8	10.36/9.19	1.17	210	0.3	758	862	
水泥环	253		1.05	10~60	0.25	—	6	27.2
地层	5000		0.58	20	0.2	—	—	—

大港储气库注采井生产套管外径为 177.8mm，壁厚有 10.36mm、9.19mm 两个系列，同时根据 API 规范最大允许壁厚有 12.5%的偏差，计算中又考虑了最小壁厚分别为 9.06mm 和 8.04mm 的情形。

P110 套管管材应力应变曲线如图 4-2 所示。用水泥环的弹性模量变化模拟不同的固井质量，计算中水泥环弹性模量取 10~60GPa。

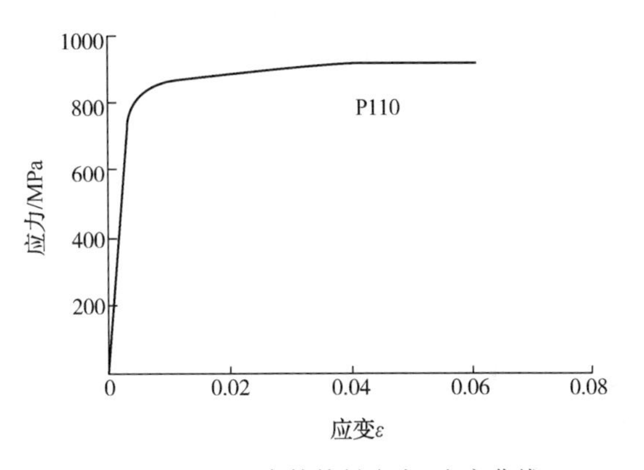

图 4-2　P110 套管管材应力-应变曲线

3）温度及腐蚀环境对储气库井水泥环强度的影响

套管外的水泥环起保护套管、实现层间封隔的作用。当地层水介质一定时，温度、CO_2分压是环境因素中影响水泥腐蚀最为关键的两个因素。注采气过程中温度的变化会给水泥的强度带来很大的影响。地层中的 CO_2在适宜的湿度及压力条件下会对水泥产生腐蚀作用，降低水泥石的碱性，使水泥环抗压强度下降而渗透率增大，严重时会进一步导致地层中 CO_2渗过水泥环使套管产生点蚀、穿孔甚至断裂，缩短气井的寿命，造成巨大的经济损失。

大港储气库群注采井在注采过程中井筒温度会在 60~80℃范围内变化，同时大多数注采井均有地层水产出并含一定的 CO_2，因此有必要就储气库实际工况的温度和 CO_2腐蚀对水泥环的强度影响进行研究。

通过研究 CO_2分压、温度对水泥强度的影响分析，可以得到以下结论：

（1）当温度小于 110℃时，温度升高（含温度循环）及养护时间增加均可一定程度地提高水泥的抗压强度。常温下水泥环抗压强度约为 23MPa，温度升高到 60~80℃时，抗压强度升高到约 27MPa，经过充分高温养护后可达 35MPa。

（2）CO_2开始腐蚀后的 14 天内，水泥抗压强度升高，但随着腐蚀时间的增加，水泥石抗压强度会不断下降。

（3）提高环境温度，将降低水泥与套管的抗剪强度，抗剪强度降低了约 60%。

4）套管、水泥环强度评价

通过研究发现，各种工况下，水泥环径向均受压应力作用，内侧大于外侧，且弹性模量越大，水泥环的径向应力越大。当弹性模量大于20GPa后，水泥弹性模量增加时，水泥环径向应力增加缓慢。

地层深度越大，围岩外挤压力越大，水泥环径向压应力越大，最大约为20MPa，小于水泥抗压强度27MPa，因此水泥环不会出现第一界面和第二界面的破坏，其密封性是有保障的。注采工况对水泥环径向压应力的影响不大，因为注气时尽管内压增大，可温度降低，而采气时尽管内压降低，可温度增高，二者相互综合抵消了对水泥环径向压应力的影响。

水泥环的环向应力主要受套管内压影响，因此注气工况下水泥环的环向应力有可能为较小的拉应力，正常固井情况下(水泥弹性模量为20GPa)最大约为1MPa，小于水泥的抗拉强度，不会出现径向裂缝破坏。因此正常情况下套管水泥环密封性是有保障的。采气工况下，套管内压小，水泥环为较小的压应力，不超过5MPa。水泥环的环向应力会随水泥弹性模量的增加而破坏。因此储气库井不能使用高弹性模量水泥。

采气时，水泥环因压力和温度变化引起的轴向应力为压应力，不超过2MPa。但注气时，因压力地层膨胀，且温度下降，水泥环为11~16MPa的拉应力，超过水泥环的抗拉强度，水泥环会发生轴向断裂形成水平裂缝，但该裂缝不会造成气体泄漏。

5）基于ISO 10400的套管强度计算方法

ISO 10400在引入断裂力学的基础上，给出了套管的断裂力学设计方法，它根据出厂时通过检测的新套管可能含最大深度为5.0%壁厚的裂纹和由于壁厚不均造成的12.5%壁厚负偏差，分别给出了基于断裂力学的套管抗外挤、抗内压和抗拉伸强度计算公式，并且引入了标准，用断裂力学方法研究和设计套管强度。

(1) 套管抗挤强度

ISO 10400基于理论方法、数值计算和试验结果统计，给出了不同径厚比的套管只受外挤情况下的最小抗挤强度计算式：

$$p_{\rm to}=\begin{cases}2\sigma_{\rm ts}\dfrac{t(D-t)}{D^2} & (D/t\leqslant 12.44)\\ \sigma_{\rm ts}\left(\dfrac{3.181t}{D}-0.0819\right)-19.68 & (12.44<D/t\leqslant 20.41)\\ \sigma_{\rm ts}\left(\dfrac{2.066t}{D}-0.0532\right) & (20.41<D/t\leqslant 26.22)\\ 3.24\times10^5\dfrac{t^3}{D(D-t)^2} & (26.22\leqslant D/t)\end{cases} \tag{4-1}$$

式中：D为套管的外径，m；t为套管实际壁厚，m；$\sigma_{\rm ts}$为套管材料最小屈服强度，MPa。

当有轴向应力$\sigma_{\rm ta}$(拉伸为正，压缩为负)存在时，式(4-1)中将套管材料最小屈服强度按下式修正即可：

$$\sigma'_{\rm ts}=\left\{\left[1-0.75\left(\frac{\sigma_{\rm ta}}{\sigma_{\rm ts}}\right)^2\right]^{\frac{1}{2}}-0.5\frac{\sigma_{\rm ta}}{\sigma_{\rm ts}}\right\}\sigma_{\rm ts} \tag{4-2}$$

当有内压 p_{ti} 存在时，式(4-3)修正为：

$$p'_{to}=p_{to}+\left(1-\frac{2t}{D}\right)p_{ti} \tag{4-3}$$

(2) 套管抗内压强度

对于 P110 套管，仅有内压作用时(已包含封头力)，套管抗内压韧性断裂强度 p_{iR} 为：

$$p_{iR}=2.05\sigma_{tb}\frac{t-0.1t_n}{D-(t-0.1t_n)} \tag{4-4}$$

式中：D 为套管外径，m；t 为套管实际壁厚，对于新套管为 0.875 倍的公称壁厚；t_n 为套管公称壁厚。

当有外压 p_o 及轴向应力 σ_{ta}(拉伸为正，压缩为负)存在时，由下式迭代修正为：

$$\begin{aligned}
&p_{iRa}=p_o+\min\left[\frac{1}{2}(p_M+p_{refT}),\ p_M\right]\\
&p_{refT}=1.9\frac{t-0.1t_n}{D-(t-0.1t_n)}\sigma_{tb}\\
&p_M=2.21\frac{t-0.1t_n}{D-(t-0.1t_n)}\sigma_{tb}\left[1-0.94\left(\frac{F_{eff}}{\sigma_{tb}}\right)^2\right]^{\frac{1}{2}}\\
&F_{eff}=\sigma_a+p_o-\frac{p_M}{4}\frac{[D-2(t-0.1t_n)]^2}{(t-0.1t_n)[D-(t-0.1t_n)]}
\end{aligned} \tag{4-5}$$

(3) 套管抗拉伸强度

考虑套管壁厚不均导致的壁厚负偏差为 12.5%时，套管抗拉伸强度应满足：

$$\sigma_{te}<\sigma_{ts} \tag{4-6}$$

式中：σ_{te} 为等效应力，MPa，由下式计算：

$$\begin{aligned}
&\sigma_{te}=(\sigma_{tr}^2+\sigma_{th}^2+\sigma_{ta}^2-\sigma_{tr}\sigma_{th}-\sigma_{tr}\sigma_{ta}-\sigma_{th}\sigma_{ta})^{\frac{1}{2}}\\
&\sigma_{tr}=\frac{d_w^2p_i-D^2p_o}{D^2-d_w^2}-\frac{d_w^2D^2(p_i-p_o)}{(D^2-d_w^2)(2r)^2}\\
&\sigma_{th}=\frac{d_w^2p_i-D^2p_o}{D^2-d_w^2}+\frac{d_w^2D^2(p_i-p_o)}{(D^2-d_w^2)(2r)^2}\\
&\sigma_{ta}=\frac{F_a}{A_p}
\end{aligned} \tag{4-7}$$

式中　σ_{ts}——套管管材额定最小屈服强度，MPa；

σ_{tr}——套管径向应力，MPa；

σ_{th}——套管环向应力，MPa；

σ_{ta}——套管轴向应力，拉伸为正，MPa；

d_w——考虑套管壁厚负偏差的套管内径，对于新套管 $d_w=D-1.75t_n$，mm；

D——公称套管外径，mm；

p_i——内压，MPa；

p_o——外压，MPa；

r——径向坐标，mm；

F_a——轴向力，N；

A_p——套管横截面积，$A_p=\pi/4(D^2-d^2)$，mm^2；

d——套管内径，$d=D-2t_n$，mm；

t_n——公称套管壁厚，mm。

6）套管接头强度与密封性

储气库在注采天然气的过程中，温度和压力不断变化，对接头密封性的要求要比油井更加严格。套管接头的密封性与接头的形式及压力介质均有关。当套管内气体压力低于接头接触应力时，套管接头会保持良好的密封性。

套管接头结构如图4-3所示。按照套管螺纹牙型划分，API套管有圆螺纹套管和偏梯形套管两种，它们的螺纹形状不一样。

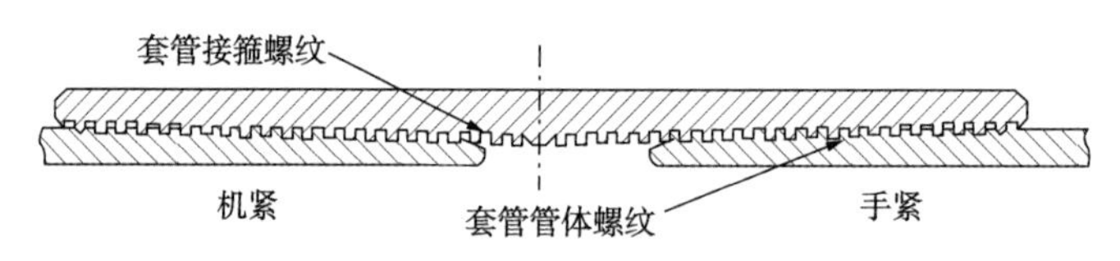

图4-3　套管接头结构示意图

（1）API套管接头强度

若套管接头的抗拉强度小于套管管体的抗拉强度，则套管将首先在套管接头处发生断裂、滑脱等失效，API标准给出了套管接头抗拉强度的相应计算公式，对于圆螺纹（包括长圆螺纹和短圆螺纹）套管，取式（4-7）中较小的计算结果作为圆螺纹套管的抗拉强度 P_j（N）：

$$P_j=0.95A_{jp}\sigma_{bp} \quad \text{（管体螺纹断裂）}$$

$$P_j=0.95A_{jp}L_K\left(\frac{5D^{-0.59}\sigma_{bp}}{0.5L_K+0.14D}+\frac{\sigma_{sp}}{L_K+0.14D}\right) \quad \text{（螺纹滑脱）} \tag{4-8}$$

$$P_j=0.95A_{jc}\sigma_{bc} \quad \text{（接箍螺纹断裂）}$$

式中　A_{jp}——管体螺纹横截面积，$A_{jp}=\frac{\pi}{4}[(D-3.62)^2-d^2]$，$mm^2$；

D，d——套管的外径和内径，mm；

σ_{bp}，σ_{bc}——套管和接箍材料的最小抗拉强度，MPa；

σ_{sp}——套管材料的最小屈服强度，MPa；

L_K——螺纹啮合长度，mm；

A_{jc}——接箍截面积，$A_{jc}=\frac{\pi}{4}(W^2-d_1^2)$；

W——接箍外径，mm；

d_1——接箍螺纹内径，$d_1=E_1-0.0625(L_1+12.7)+1.89$，mm；

E_1——手紧面螺纹中径，mm；

L_1——完整螺纹长度，mm。

对于偏梯形螺纹套管，取式(4-9)和式(4-10)中较小的计算结果作为其抗拉强度：

$$P_j = 0.95\frac{\pi}{4}(D^2-d^2)\sigma_{bp}\left[1.008-0.00156\times\left(1.083-\frac{\sigma_{sp}}{\sigma_{bp}}\right)D\right] \tag{4-9}$$

$$P_j = 0.95A_{jc}\sigma_{bc} \tag{4-10}$$

当外径较大的套管接头附近承受较大的轴向压力时，易出现跳扣失效，圆螺纹套管接头的抗压强度为其抗拉强度的137%~143%，偏梯形及其他特殊螺纹套管接头的抗压缩强度比其抗拉强度高3%~6%。

(2) API套管接头密封性

在正常情况下，API套管无论是圆螺纹还是偏梯形螺纹，其密封是靠在接头螺纹表面涂覆一层软金属、接箍与管体螺纹之间的过盈配合及涂抹含有软金属颗粒的螺纹脂来实现的。为了保持密封，要求螺纹配合面的接触压力高于流体压力。由于接头结构的特点，接头螺纹在啮合时，即使是过盈配合，但齿根或齿顶处仍存在一定的间隙，这种间隙在整个接头中形成螺旋形泄漏通道，该通道须填充螺纹脂以实现整个接头的密封。

对于套管接头螺纹脂的密封能力，已有的研究结论表明：

① 螺纹脂压力随着接头螺纹之间的间隙面积的增大而减小，当面积达0.5mm^{2}时，螺纹脂压力急剧下降；

② 螺纹脂压力随着时间的推移而不断减小，最终趋于一定值；

③ 螺纹脂压力随着温度的升高而降低；

④ 螺纹脂黏度越大，螺纹脂压力下降越缓慢，最终压力也越大。

螺纹脂的密封能力主要取决于螺纹脂的黏度。对于三种黏度分别为7mPa·s、70mPa·s、700mPa·s的螺纹脂，压力随时间变化关系的测试表明，不同的黏度造成密封内外不同的压力差，黏度越大，压力差越大，随时间变化越慢，最终的密封内外之间的压力差就越大，这一密封压差就是套管接头的密封能力。

8. 油套管腐蚀评价及腐蚀预测

大港储气库群注采井由于是由废气气藏改建而成，因大多数注采井均有地层水产出，天然气中的H_2S含量为20mg/cm^3，CO_2含量<2%，它们溶于水，会对油套管会产生腐蚀作用，管材的腐蚀将会造成储气库的运行寿命可能大大低于设计年限，影响管柱安全使用的寿命。可通过研究储气库不同工况环境下管材的腐蚀规律和特征，明确高温高压条件下套管在CO_2等腐蚀介质的腐蚀速率及腐蚀寿命。

1) 腐蚀环境

通过收集大港储气库群现场服役的工况资料和现场调研，并对所收集的现场资料进行整理和分析，确定了实验室腐蚀环境模拟方案与实验参数。根据储气库腐蚀工况设计了CO_2腐蚀模拟实验参数，如表4-2所示。

表4-2 大港储气库群CO_2腐蚀模拟实验参数

实验材料	CO_2分压/MPa	温度/℃	矿化度/(g/L)	含水率/%
N80、P110	0.3/0.6/0.8	30/60/80	7089	3/100

2) 水气两相腐蚀介质中N80、P110材料腐蚀速率与腐蚀形貌

(1) N80 油管腐蚀速率与腐蚀形貌

表4-3 给出了在 CO_2分压为0.3MPa 条件下，温度对水气两相腐蚀介质中 N80 腐蚀速率的影响规律。

表 4-3 水气两相腐蚀介质中 N80、P110 腐蚀速率

材料	CO_2分压/MPa	腐蚀速率/(mm/a)		
		30℃	60℃	80℃
N80	0.3MPa	0.4057	8.3255	0.2311
P110	0.3MPa	0.8495	8.2668	0.6500

从腐蚀数据可以看出，在 CO_2分压为0.3MPa 条件下，水气两相腐蚀介质中 N80 腐蚀速率在30℃为0.4057mm/a，在60℃有一个峰值，腐蚀速率急剧增加到8.3255mm/a，然后腐蚀速率随温度增加明显降低，温度为80℃时腐蚀速率为0.2311mm/a。观察腐蚀后试样表面宏观形貌可知，在60℃时试样表面出现严重的均匀腐蚀，未出现局部腐蚀。温度对腐蚀产物膜的活性、状态影响明显。低温时腐蚀速度较低，腐蚀产物成膜慢，不能形成连续、附着力高、保护性好的产物膜，且在介质流动力的作用下容易破坏；随着温度的升高，腐蚀速率加快，腐蚀产物达到过饱和而加速沉淀，膜的致密性增强。研究发现，腐蚀速率具有温度敏感性，随着温度的升高，腐蚀速率出现峰值，但由于其他因素诸如 CO_2分压、流速不同，峰值出现的位置也不同。

表 4-4 不同温度下 N80 腐蚀产物 EDS 能谱分析结果 %

温度	Fe	Mn	Si	Cl	Cr	Ca
30℃	99.81	0.19				
60℃	99.23	0.22	0.06	0.27		
80℃	99.61	0.23		0.03		0.05

在30℃条件下，由于流体的冲刷作用，大部分腐蚀产物脱落，暴露出金属基体。而在60℃条件下，腐蚀产物膜较为疏松，其腐蚀速率较高。温度增加到80℃时，试样表面形成了比较致密的腐蚀产物层。EDS 能谱分析表明 N80 表面主要为 Fe、O、Mn、Si、Cl 等元素，如表4-4 所示。XRD 分析表明其表面腐蚀产物为 $FeCO_3$膜。

(2) P110 套管腐蚀速率与腐蚀形貌

表4-3 给出了相同 CO_2分压条件下，温度对水气两相腐蚀介质中 P110 腐蚀速率影响规律。从腐蚀数据可以看出，与 N80 钢类似，在 CO_2分压为0.3MPa 条件下，水气两相腐蚀介质中 P110 腐蚀速率在60℃有一个峰值，腐蚀速率达到8.2668mm/a，然后腐蚀速率随温度增加明显降低。观察腐蚀后试样表面宏观形貌可知，在60℃时试样表面出现严重的均匀腐蚀，未出现局部腐蚀。

从微观形貌可以看出，在30℃条件下，由于流体的冲刷作用，大部分腐蚀产物脱落，60℃时腐蚀产物较为疏松，对基体的保护作用变差，故其腐蚀速率较高。而当温度增加到

80℃时，试样表面形成了比较致密的腐蚀产物层。EDS 能谱分析表明 P110 表面主要为 Fe、O、Mn、Si、Cl 等元素，如表 4-5 所示。

表 4-5　不同温度下 P110 腐蚀产物 EDS 能谱分析结果　　%

温度	Fe	Mn	Si	Cl	Cr	Ca
30℃	99.6	0.25	0.09			0.05
60℃	99.75	0.10		0.14		
80℃	99.45	0.20	0.17	0.08	0.10	

3）油水气三相腐蚀介质中 N80、P110 材料腐蚀速率与腐蚀形貌

（1）N80 油管腐蚀速率与腐蚀形貌

表 4-6 为 N80 在现场凝析油和模拟产出水配制的腐蚀介质中，选取在不同温度、含水率和 CO_2分压下，经过 7 天的腐蚀，利用失重法测试得到的腐蚀速率。

表 4-6　油水气三相腐蚀介质中 N80 腐蚀速率

CO_2分压/MPa	含水率/%	腐蚀速率/(mm/a)		
		30℃	60℃	80℃
0.3	3	0.0947	0.0977	0.1097

表 4-6 是 N80 在 CO_2分压为 0.3MPa、含水率为 3%条件下的腐蚀速率。从表中可以看出，由于含水率较低，凝析油在试样表面形成一定连续的油膜对腐蚀有抑制作用，因此，在整个温度范围内，N80 腐蚀速率变化并不大，腐蚀速率都很小，最大腐蚀速率只有 0.1097mm/a，表现出了较好的耐腐蚀性。同时，观察腐蚀后试样表面宏观形貌可知，材料表面发生较轻微的腐蚀，试样表面形成很薄的腐蚀产物膜，腐蚀形式主要是均匀腐蚀，80℃时试样表面光亮，出现少量的点蚀坑。

（2）P110 套管腐蚀速率与腐蚀形貌

表 4-7　油水气两相腐蚀介质中 P110 腐蚀速率

CO_2分压	含水率	腐蚀速率/(mm/a)		
		30℃	60℃	80℃
0.3MPa	3%	0.4248	0.5419	0.1552

表 4-7 是 P110 在 CO_2分压为 0.3MPa、含水率为 3%条件下的腐蚀速率。从表中可以看出，同样腐蚀环境下，P110 的腐蚀速率较 N80 的要高，并且 P110 在低温比高温具有更高的腐蚀速率，在 30℃和 60℃时，腐蚀速率达到 0.4248mm/a 和 0.5419mm/a，并且随温度升高，腐蚀速率有降低的趋势，80℃腐蚀速率只有 0.1552mm/a。观察腐蚀后 P110 试样表面宏观形貌可知，材料表面发生较轻微的腐蚀，材料表面形成比较薄的腐蚀产物膜，腐蚀形式主要是均匀腐蚀，90℃时试样表面光亮，出现少量的点蚀坑。扫描电镜、EDS 能谱和 XRD 分析表明，P110 的腐蚀产物膜主要为 $FeCO_3$。

4）腐蚀寿命预测及检测周期建议

储气库井套管公称壁厚为9.19mm，规范要求的允许最小壁厚为8.04mm，实测套管的最小壁厚为8.9mm。湿气腐蚀实验结果表明，在CO_2分压分别为0.3MPa和0.6MPa及温度为60℃时，P110的腐蚀速率分别为0.1452mm/a和0.3959mm/a。由于储气库每年8个月注入井下干天然气，4个月时间将带有凝析水的天然气抽出，因此，油套管材料每年遭受腐蚀的时间仅为4个月。由此可得P110套管壁厚8.9mm腐蚀到8.04mm所需时间分别为：

$$\frac{8.9-8.04}{\frac{120}{365}\times 0.3959}=6.6(\text{年})\quad(\text{深井})$$

$$\frac{8.9-8.04}{\frac{120}{365}\times 0.1452}=18(\text{年})\quad(\text{浅井})$$

由此建议套管检测周期应不大于6年。

9. 套管失效评价标准

1）套管失效评价标准

储气库套管失效评价针对套管使用工况，不考虑套管在固井安装时承受的载荷。套管失效评价主要研究套管的完整性状态与所能达到的极限载荷之间的关系，主要包括：

（1）完整套管柱所能达到的极限状态(承受的极限载荷)；

（2）工作载荷下，套管柱所能容忍的套管缺陷；

（3）含缺陷套管在工作载荷及腐蚀环境作用下的寿命分析。

2）套管柱失效故障树

套管柱失效故障树如图4-4所示。

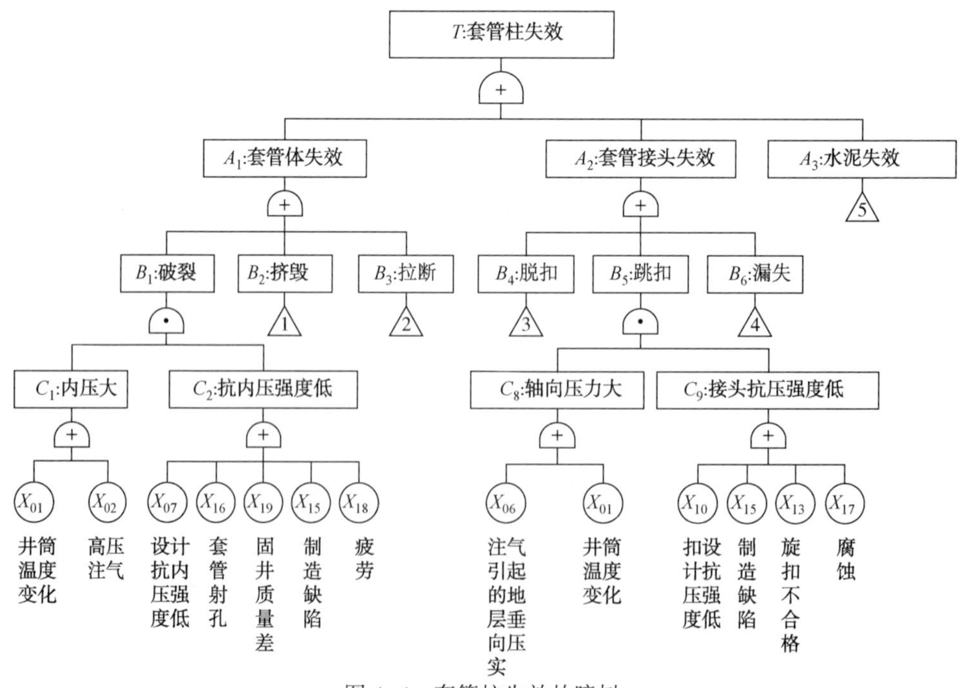

图4-4 套管柱失效故障树

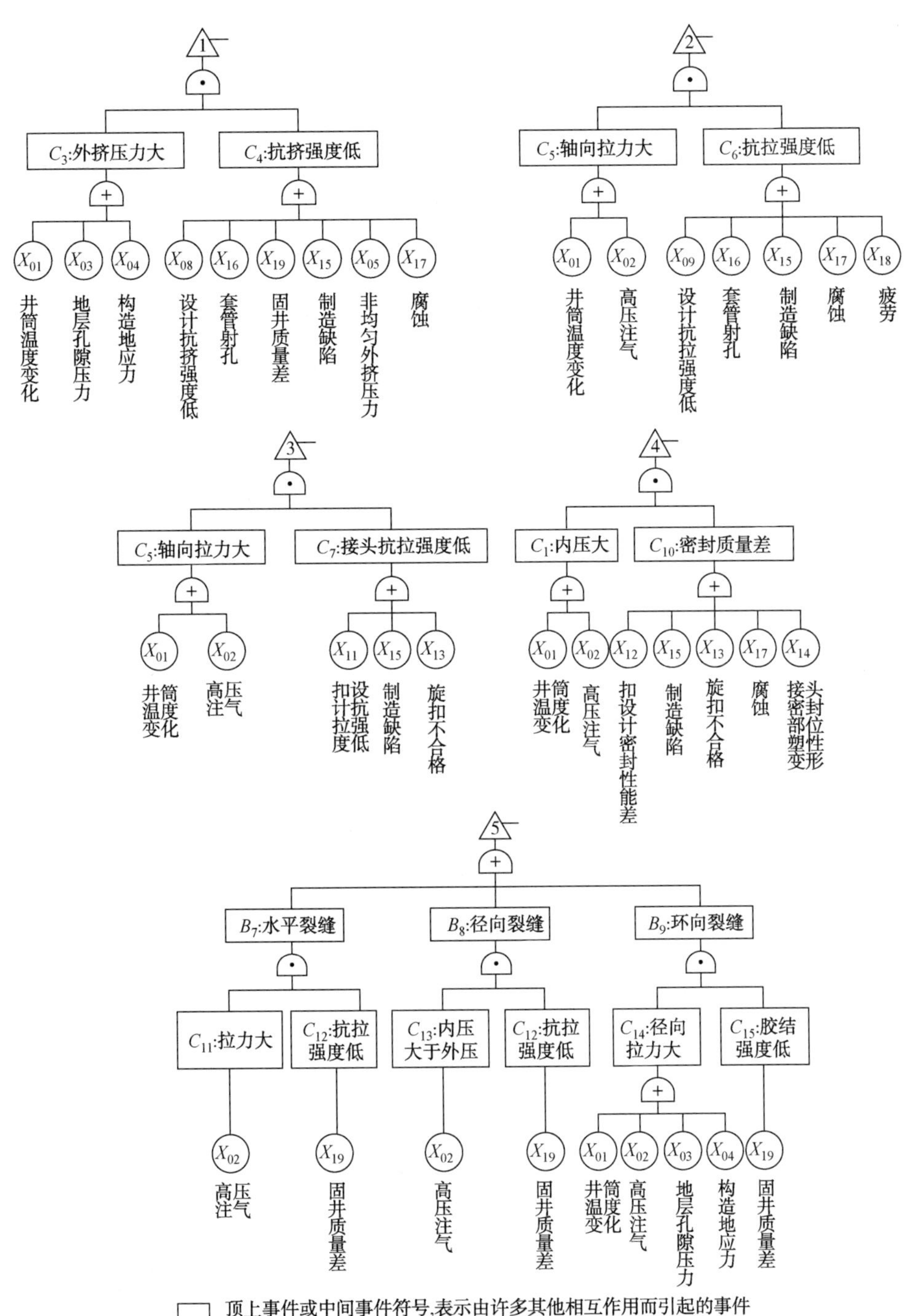

图 4-4　套管柱失效故障树(续)

10. 地下储气库完整性管理技术和管理体系

地下储气库完整性管理技术和管理体系如图4-5所示。

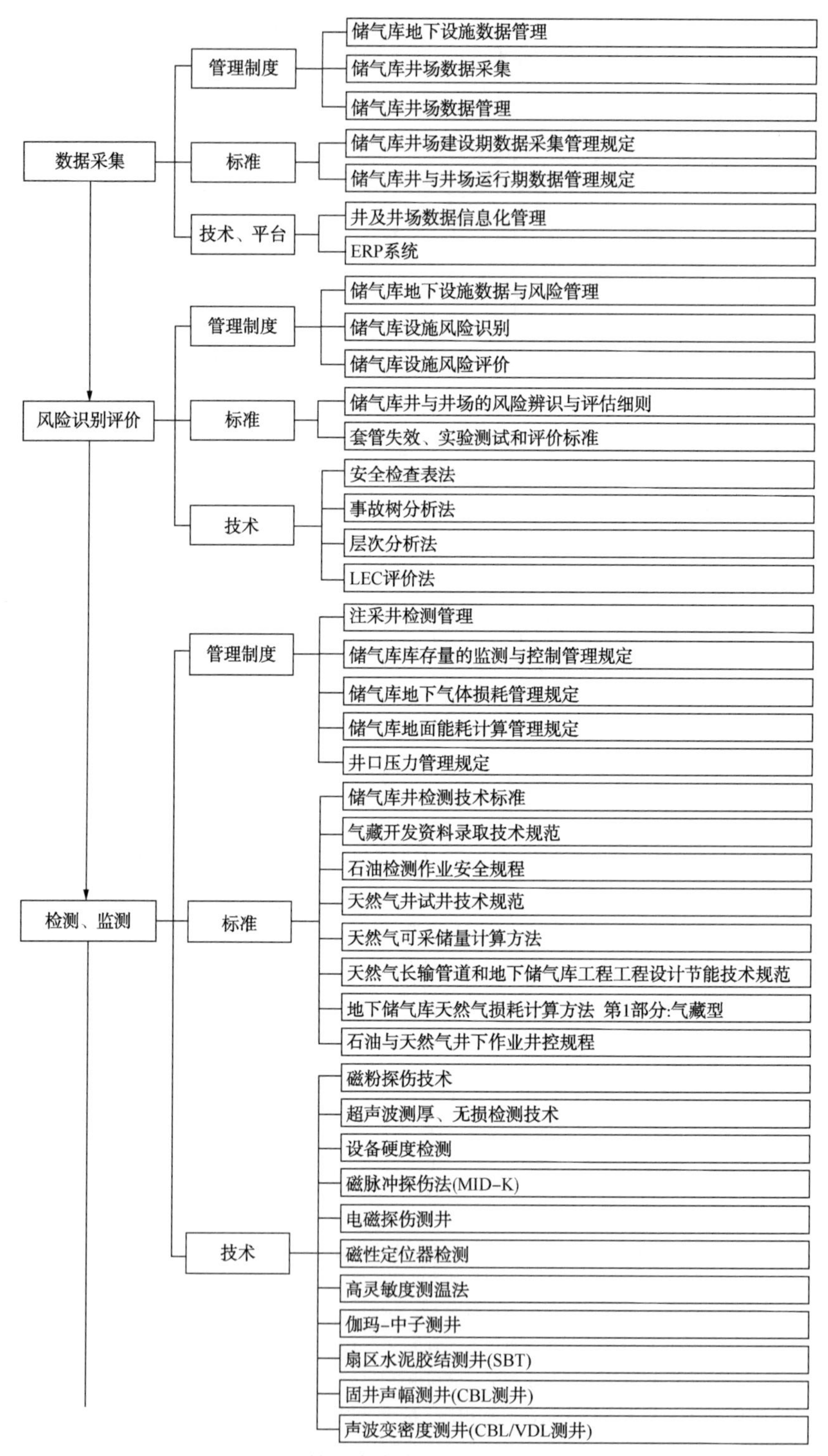

图4-5 地下储气库完整性管理技术和管理体系

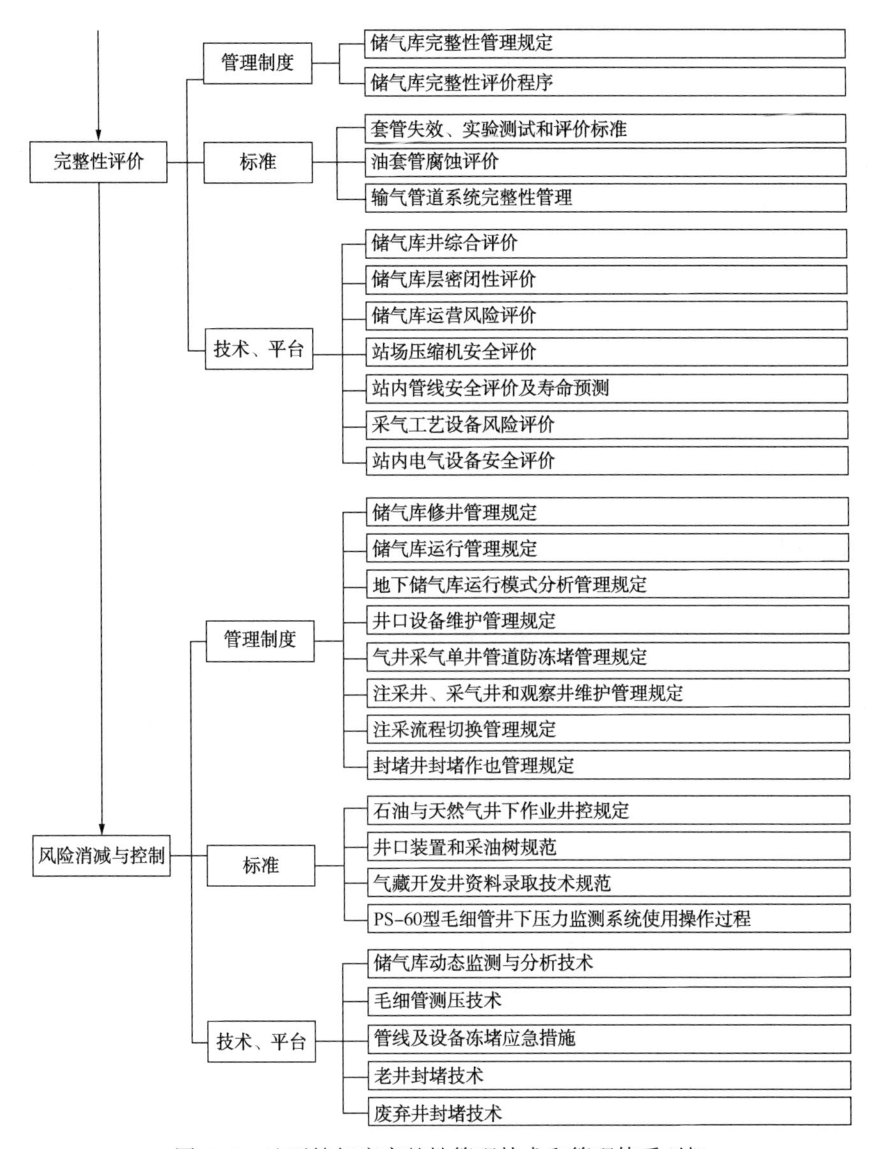

图 4-5 地下储气库完整性管理技术和管理体系(续)

4.1.2 储气库注采井腐蚀控制技术

本节以大港地区六座储气库为例，介绍储气库注采井的腐蚀控制。

1. 概述

大港地区六座储气库已经运行了十余年，从实际运行情况来看，部分注采管柱存在不同程度的腐蚀现象，个别井注采管柱甚至发生了腐蚀穿孔，将会缩短注采管柱更换周期，增加修井频率，造成储气库运行费用的增加，并将给储气库的安全运行带来隐患。

储气库注采井注采管柱在运行期间所受到的力呈周期性变化，在交变应力的作用下，管柱气密封性降低，容易发生泄漏，造成腐蚀环境的变化。目前，国内各储气库在运行中都出现了油套压上升的情况。国外储气库在实际运行中也存在着油套压上升的情况。

为了解决上述问题，开展腐蚀因素分析和腐蚀环境评价，认识清楚产生腐蚀的根源、影响因素，从而有针对性地开展腐蚀控制技术研究，制定相关的措施，降低修井次数，保障储气库井安全运行，将对储气库的运行管理和建设具有重要意义。

2. 关键技术

1）储气库注采井腐蚀因素分析

通过X射线图谱(XRD)对注采井内油管实际腐蚀物进行化学成分、基体组织和腐蚀产物结构分析，找出油管腐蚀穿孔的主要原因为油管外壁腐蚀，腐蚀类型为CO_2腐蚀和H_2S腐蚀，以CO_2腐蚀为主。

2）储气库注采井腐蚀环境分析评价

通过对注采管柱结构、腐蚀发生的位置进行分析，并通过CO_2高压釜模拟腐蚀环境实验，认为油管外壁腐蚀的主要原因是注采管柱密封性下降，天然气发生泄漏，直观表现是油套环空带压，但天然气中所含有的CO_2和H_2S改变了油套环空的环境，造成了油管外壁腐蚀。随着腐蚀程度的加剧，天然气泄漏更加严重，形成恶性循环。因此，提高注采管柱气密封性，减缓气体泄漏是控制腐蚀的重要手段之一。

3）储气库注采井注采管柱力学分析计算及编制软件

提高注采管柱气密封性，减缓气体泄漏，需要进行管柱优化和管柱力学分析。因此根据储气库注采井运行特点，编制了一套针对储气库气井管柱工作特殊性的管柱受力分析设计软件，可以对井下注采管柱在受到温度、压力及其他因素影响时发生的轴向应力和变形进行科学计算，校核井下工具和管柱的强度；可在设计过程中预测某些潜在危险，尽量避免作业事故发生；可在作业过程中分析某些事故原因，以便有针对性地处理问题。其计算结果可为生产、测试、井下作业提供较准确的理论指导。

(1) 针对投球坐封封隔器打球瞬间封隔器下部管柱对封隔器卡瓦的上冲力进行了计算，分析了上冲力的影响因素。

(2) 建立了井口和井底温度约束下的注气和采气过程中井筒温度的计算方法，为注采管柱受力分析做好了基础工作。

(3) 建立了以坐封工况为基本状态的坐封后各工况管柱受力增量的分析方法，简化了分析计算方法。

4）储气库注采井腐蚀控制技术

通过对储气库注采井腐蚀因素和腐蚀环境进行分析评价，并通过CO_2高压釜腐蚀实验，形成了一套包括注采管柱优化、管柱受力分析、井下工具优选、管柱受力改善、新型环空保护液研发、施工工艺改进等系列技术的注采井腐蚀综合控制措施，经过近两年的实际应用，效果明显。

3. 腐蚀控制方法和措施

1）通过腐蚀物实验和腐蚀环境变化分析找出腐蚀控制思路

随着大港地下储气库注采周期的不断延长，部分注采井出现了套压不断升高的现象(见图4-6)。由于套压较高，给安全生产带来了隐患，导致修井作业，影响了储气库的正常注采运行，同时造成了经济损失。从修井作业起出的注采管柱看，部分井油管发生了严重腐

蚀甚至穿孔现象(见图4-7)，是造成油、套窜通的原因之一。

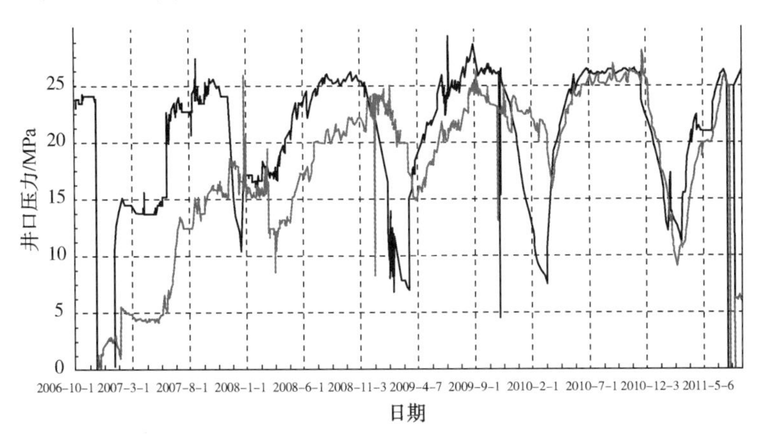

图4-6　库5-2井油套压变化趋势图

图4-7　库5-1井油管腐蚀情况

(1) 油管腐蚀物实验

2006年首次使用宝钢L80BGT1油管，2011年修井起出油管后发现现场端管体穿孔，井下服役时间5~6年。截取5-1井穿孔油管进行研究分析。

穿孔发生在现场端的管体距螺纹消失约20mm处，接箍外壁有腐蚀坑，管体内壁有较浅局部腐蚀和很薄的黑色沉积物，没有深腐蚀坑，如图4-8所示。

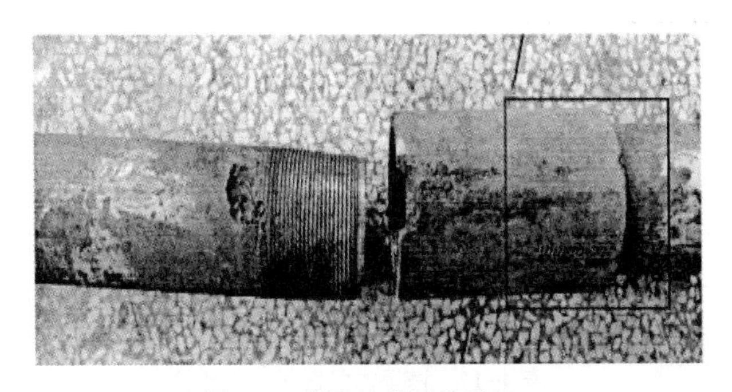
图4-8　穿孔油管外貌形状

从穿孔油管上取样做化学成分、基体组织和腐蚀产物结构分析，由化学成分检验结果可知(见表4-8)，钢管成分符合要求，钢管基体组织显示，钢管为正常回火索氏体组织。

表 4-8 穿孔油管的化学成分 %

C	Si	Mn	P	S
0.248	0.246	1.695	0.015	0.036

从穿孔油管孔洞处取样做XRD检验，由检验结果可知，油管内壁及腐蚀孔洞的外表面均存在大量 $FeCO_3$，在腐蚀孔洞的外表面有少量FeS存在，说明该孔洞的产生是由 CO_2 和 H_2S 腐蚀所致。

(2) 实验分析

穿孔的L80油管主要用于注采气，其中8个月注干气，干气对油管腐蚀甚微或基本不发生腐蚀；4个月采气，采气期为油、气、水共存，在含水的 CO_2 或 H_2S 条件下，油管会发生腐蚀，腐蚀速度取决于 CO_2 或 H_2S 的浓度、分压、所处的环境温度、压力等，如果有 Cl^- 的存在会大大提高腐蚀速率。在60~80℃的环境中，容易发生 CO_2 腐蚀。

从油管外观显示，内壁有一层薄薄的黑色沉积产物，许多地方有铁锈或较浅的局部腐蚀，但未见较深的腐蚀坑；而接箍外壁却存在少量较深的腐蚀坑，油套环空中替入的是密度为1.02g/cm^{3}左右的水基保护液。接箍和油管发生腐蚀是环空中进入少量 CO_2 所致，虽然天然气中 CO_2 含量并不算高，但环空是个密闭空间，持续泄漏进入的 CO_2 会持续累积，将保护液的pH值由碱性变为酸性，酸性的液体导致油管和接箍外壁发生局部腐蚀，在腐蚀速率最快的地方(合适的温度、压力、油管钳牙痕等缺陷处)甚至发生腐蚀穿孔现象。穿孔造成更多的气体进入环空，相关损坏也更加严重。

(3) 实验结论

造成油管腐蚀穿孔的主要原因是油管的外壁腐蚀，腐蚀产物主要是 $FeCO_3$，说明腐蚀主因是 CO_2 所致。

(4) 气源组分

气源构成及气源组分见表4-9~表4-13。

表 4-9 陕京二、三线气源构成(摩尔分数) %

气源	2011年	2012年	2013年	2014年	2015年	2020年
中亚一期	55.0	42.7	24.1	11.9	0.0	0.0
塔里木或中亚二期	0.0	6.9	20.5	32.1	39.8	48.4
长庆气	45.0	50.4	55.4	56.0	60.2	51.6
合计	100.0	100.0	100.0	100.0	100.0	100.0

表 4-10 中亚天然气组分 %

组分	C_1	C_2	C_3	i-C_4	n-C_4	i-C_5	CO_2	N_2	H_2S
摩尔分数	92.5469	3.9582	0.3353	0.1158	0.0863	0.221	1.8909	0.8455	0.0001

表 4-11 塔里木气区天然气组分 %

组分	C_1	C_2	C_3	C_4	C_5	C_6+	CO_2	N_2
摩尔分数	96.1	1.74	0.58	0.28	0.03	0.09	0.62	0.56

表 4-12　长庆气区天然气组分　%

组　分	C_1	C_2	C_3	$i-C_4$	$n-C_4$	N_2	CO_2	He
摩尔分数	94.7	0.55	0.08	0.01	0.01	1.92	2.71	0.02

表 4-13　陕京二、三线主要腐蚀气体构成　%

组　分	CO_2	H_2S
摩尔分数	2.216	0.0000427

（5）工况环境

油管主要用于注采气，注气为干气，干气对油管的腐蚀甚微或基本不产生腐蚀；采气期间为气、油和水共存，而在含水的 CO_2 或 H_2S 条件下，钢管会发生腐蚀，腐蚀的速度取决于 CO_2 或 H_2S 的浓度、分压、钢管服役的环境温度等，如果有 Cl^-的存在会大大提高腐蚀速率。

由上述分析可知，接箍和油管发生腐蚀或许是环空中进入了少量 CO_2 所致。油管腐蚀位置多发生在接箍和接箍上部的公扣端，且有较为明显的点坑状和线状腐蚀痕迹。该位置为油管上扣时液压钳的咬合处，这些机械损伤造成油管外表面的可见变形和不可见的晶格变形，这些变形造成其在电解质溶液中电位降低，与其他的相邻表面形成电位差，形成大阴极小阳极的电偶，加速作为阳极部分的金属溶解，产生严重的局部腐蚀。

油管的具体工况环境如表 4-14 所示。

表 4-14　工 况 环 境

大港储气库	储层深度/m	温度/℃	压力/MPa	平均气液比/($m^3/10^4m^3$)	总矿化度或 Cl^- 含量/(mg/L)
大张坨	板Ⅱ2650	101	15~30.5	0.19	7089
板 876	板Ⅱ2220	85	13~26	0.65	7396
板中北	板Ⅱ2760	102	15~30.5	0.60	8755
板中南	板Ⅱ2600	101	13~30.5	0.66	1281
板 808	板Ⅱ2750 板Ⅳ3100	99 120	13~30.5 15~37	1.90	1500~2500
板 828	板Ⅳ3100	120	15~37	3.59	1500~2500

（6）腐蚀穿孔形成的原因

注采井油管的腐蚀为典型的外壁腐蚀，由于腐蚀性气体在环空是一个逐渐累加的过程，单纯提高材质等级既增加投资又无法从根本解决外壁腐蚀和套压增高的问题，因此从管柱受力分析入手，优化注采管柱从而减缓气体泄漏是控制油管腐蚀、治理套压增高的根本措施。

（7）腐蚀控制思路

油管腐蚀问题成为油套环空带压、影响注采井安全运行的关键因素之一。但通过前期研究表明，选择的油套管材质是能够适应注采井运行工况的。从历年修井情况来看，同样的材质、同样的运行工况，不是每口井都发生了腐蚀的，因此，解决储气库注采井腐蚀的问题绝不能简单地从油套管选材上入手。

可针对修井起出的油管腐蚀产物进行分析，对腐蚀因素和腐蚀环境进行评价，找出储气库注采井运行期间影响腐蚀的关键性因素。研究发现，提高管柱的气密封性是储气库注采井运行后期影响腐蚀的关键性因素。要想解决这个问题就必须从优化管柱和施工工艺入手，而管柱优化和工艺改善的重要前提是管柱的力学校核。由于储气库注采井管柱受力情况十分复杂，为了科学地分析油管柱在各种工况下的受力情况，有必要研制一套针对储气库气井管柱工作特殊性的管柱受力分析设计软件。

2）通过 CO_2 腐蚀实验找出环空压力与腐蚀的关系

（1）实验目的

按照大港储气库工况条件，参考标准 SY/T 5273《油田采出水处理用缓蚀剂性能指标及评价方法》，利用 CORTEST 高温高压釜设备开展模拟油套环空条件的室内腐蚀评价实验，验证油管腐蚀的原因。

（2）实验条件

实验温度为 80℃，并按照压力 7MPa、14MPa、21MPa（2% CO_2 和 98% N_2 混合气体）配制模拟天然气进入环空保护液的液体。

（3）实验材料

实验材料选用 N80、P110、L80 共 3 种材质，L80 材质的试片模拟油管下井后的有牙痕和无牙痕两种情况。

（4）实验结果

实验完成后的试片经过酸洗、脱水、称重等步骤处理后，采用《水腐蚀性测试方法》中的静态失重法计算试片的腐蚀速率（见表 4-15～表 4-17）。

表 4-15 实验结果（7MPa）

实验时间：48h；实验温度：80℃；总压：7MPa；二氧化碳分压：0.14MPa							
材质	编号	实验前		实验后		质量差/g	腐蚀速率/（mm/a）
		质量/g	溶液 pH 值	质量/g	溶液 pH 值		
L80（有牙痕）	003	10.7753	10	10.7739	6.1	0.0014	0.0278
	064	10.8991	10	10.8977	6.3	0.0014	0.0278
L80（无牙痕）	048	10.8095	10	10.8090	6.5	0.0005	0.0099
	042	10.7920	10	10.7914	6.4	0.0006	0.0119
N80	337	10.9204	10	10.9188	6.2	0.0016	0.0318
	350	10.6965	10	10.6953	6.6	0.0012	0.0238
P110	046	11.0228	10	11.0220	6.0	0.0008	0.0159
	085	11.0505	10	11.0495	6.2	0.0010	0.0198

表 4-16 实验结果（14MPa）

实验时间：48h；实验温度：80℃；总压：14MPa；二氧化碳分压：0.28MPa							
材质	编号	实验前		实验后		质量差/g	腐蚀速率/（mm/a）
		质量/g	溶液 pH 值	质量/g	溶液 pH 值		
L80（有牙痕）	070	10.7586	10	10.7589	5.3	-0.0030	—
	074	10.7436	10	10.7406	5.5	0.0030	0.0608

续表

材　质	编号	实验前		实验后		质量差/g	腐蚀速率/(mm/a)
实验时间：48h；实验温度：80℃；总压：14MPa；二氧化碳分压：0.28MPa							
		质量/g	溶液 pH 值	质量/g	溶液 pH 值		
L80（无牙痕）	044	10.9545	10	10.9537	5.6	0.0008	0.0162
	047	10.9328	10	10.9309	5.2	0.0019	0.0385
N80	326	10.8912	10	10.8909	5.0	0.0003	0.0061
	331	10.9274	10	10.925	5.4	0.0024	0.0486
P110	042	10.0519	10	10.0519	5.7	0.0000	0.0000
	043	11.1684	10	11.1681	5.1	0.0003	0.0061

表 4-17　实验结果(21MPa)

材　质	编号	实验前		实验后		质量差/g	腐蚀速率/(mm/a)
实验时间：48h；实验温度：80℃；总压：21MPa；二氧化碳分压：0.42MPa							
		质量/g	溶液 pH 值	质量/g	溶液 pH 值		
L80（有牙痕）	051	10.7548	10	10.7450	4.3	0.0098	0.1986
	069	10.8015	10	10.7937	4.6	0.0078	0.1581
L80（无牙痕）	029	10.8724	10	10.8672	4.1	0.0052	0.1054
	041	10.7654	10	10.7569	4.4	0.0085	0.1723
N80	306	10.8485	10	10.8427	4.2	0.0058	0.1176
	315	10.9589	10	10.9501	4.5	0.0088	0.1784
P110	014	11.0065	10	10.9968	4.7	0.0097	0.1966
	037	11.1883	10	11.1810	4.7	0.0073	0.1480

（5）实验结论

① CO_2 分压越高，腐蚀速率越快，证明腐蚀环境的改变影响腐蚀速率；

② 有牙痕腐蚀速率高于无牙痕腐蚀速率，证明大钳牙痕等机械损伤是局部腐蚀穿孔的影响因素之一；

③ 环空压力高低是判断井底是否腐蚀的重要参考依据。

3）通过编制软件对注采管柱受力进行精确分析

（1）管柱受力总体分析思路

管柱受力总体分析思路如图 4-9 所示。

（2）受力分析关键点

① 油管下入、坐封、解封和起出四种工况下管柱受力分析按正常方式进行；其他工况需要计算相对坐封工况温度、压力条件下的油管虚拟伸缩量，然后根据虚拟伸缩量反求轴向力，进而对管柱强度进行校核。

② 各工况受力分析的关键是确定该工况下管柱轴向力、内外压力和温度沿井深的分布。

（3）软件程序总体结构

软件程序总体结构如图 4-10 所示。

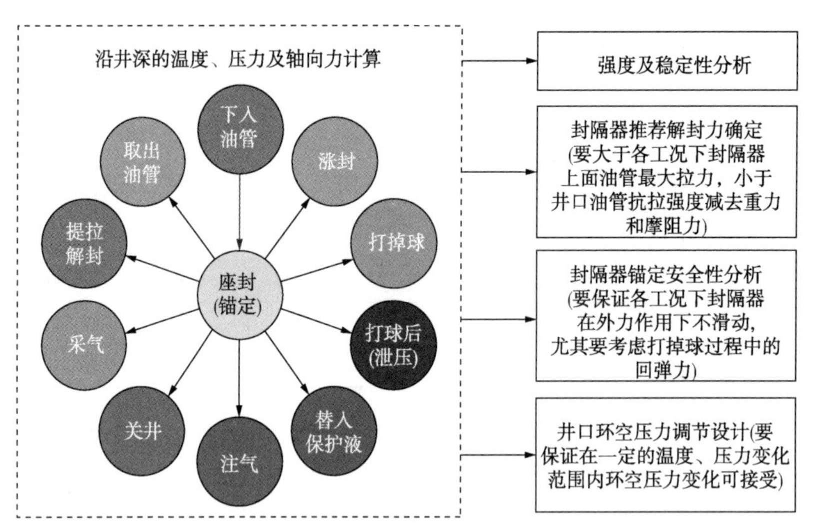

图 4-9　管柱受力总体分析思路

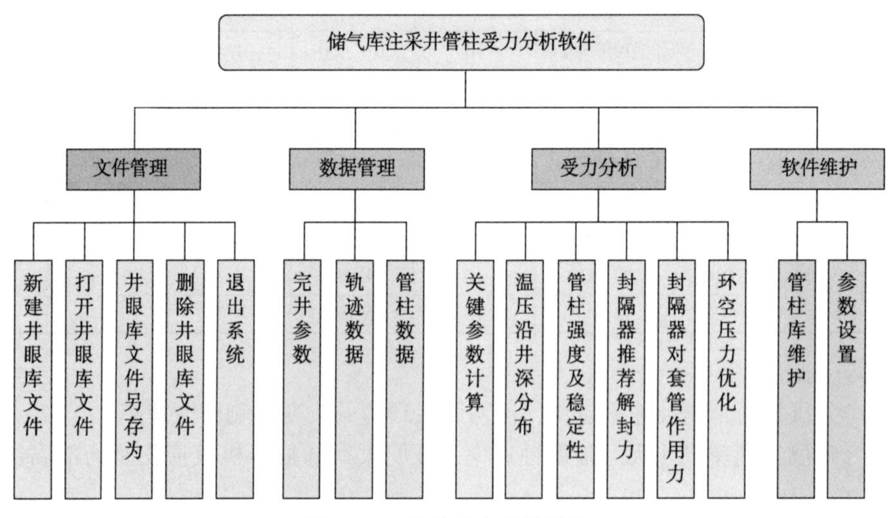

图 4-10　软件程序总体结构

4）形成一套完整的腐蚀控制综合措施

（1）地下储气库是利用适于储气的地下构造解决天然气供销不平衡而建设的一种地下储气设施。注采井管柱是沟通地下和地面的唯一通道，注采井单井生产能力的大小直接影响储气库的调峰能力和注采井的数量，因此合理的注采工艺是保障储气库长期、安全生产和高效运行的重要保证。储气库注采井与一般的采气生产井不同，需要同时满足注气、采气两种工况的运行要求，因此，简单、安全、可靠的管柱是储气库注采井追求的最终目标。

（2）优化注采管柱，优选井下工具，提高管柱整体密封性。选择配套工具的目的是实现管柱在完井作业、注采气生产以及今后的修井作业中特定的功能，主要通过管柱上配套以下工具实现相应功能：

① 油管在完井作业起下过程中使用大钳，油管接箍及相邻区域的外表面会受到机械损

伤和看不见的晶格变形，因此根据 CO_2 腐蚀试验结果和牙痕损伤机理，储气库注采井油管上扣宜选用无牙痕或微牙痕油管钳，减少机械损伤，防止可能的电偶腐蚀。

② 双公短节与油管的连接丝扣是传统试压的盲点。通过对现场施工情况的跟踪分析，若管柱下到位后不安装油管挂直接试压，封隔器试压时误坐封需要大修处理，且双公上下的连接不能进行试压。为了消除这种风险，对试压程序进行了改进，管柱下到位后，连接双公和油管挂，坐好油管挂再试压，保证了试压的完整，即使封隔器提前坐封也不需要再处理，直接转入下步工序即可。

③ 钢丝作业会对油管内壁产生磨损，内外壁同时腐蚀会加快腐蚀穿孔的速度。

④ 通过投球坐落于球座处，打压坐封封隔器。待封隔器坐封后，通过加压方式将球打掉。剪切球座的剪切力大小可通过剪切销钉调节，剪切力大于封隔器液压坐封所需要的力。使用剪切球座与坐落短节相比最大的优点是减少了钢丝作业下堵塞器的时间，缩短了施工周期，节约了施工费用。但剪切球座不适用于射孔-注采完井联作工艺。利用剪切球座坐封封隔器与坐落短节相比，可以节约 4 趟钢丝作业，不但节约工期，减少施工风险，同时减少了钢丝对油管内壁的摩擦，降低了油管内产生壁腐蚀的概率。如果选用永久式封隔器，通过剪切球座坐封，没有任何安全问题；如果选用可取式封隔器，只要计算好封隔器的剪切销钉值，剪切球座坐封也没有问题。

(3) 优化施工工艺，减少诱发和加剧腐蚀的因素。

(4) 环空加注氮气垫，改善管柱受力，降低管柱泄漏的风险。

地下储气库井在生产运行过程中，通常是在井的生产套管内下入油管，通过油管进行注气和采气作业。为了防止油管和套管腐蚀，平衡封隔器上下及油管内压力，通常会在油套环空中注满保护液。在天然气的注采过程中，油管内的流体温度、压力不断变化，引起油管膨胀及密闭环空中保护液体积变化，在环空充满或基本充满保护液的情况下，将导致油套环空压力急剧变化。当套压变化超过生产套管的承压能力或井下封隔器的承压极限时，将导致生产套管被压漏或封隔器密封被损坏，气体泄漏进入环空腐蚀油管，直接缩短储气库井的生产寿命。

为解决储气库井在注采过程中套压过大的问题，考虑氮气的可压缩性和稳定性，充入环空保护液时在环空上部注入一定数量的氮气，并通过计算和优化注入氮气柱的长度，有效减小注采过程中生产工况变化导致的套压变化。

(5) 研发新型环空保护液，适应腐蚀环境的变化，减缓腐蚀程度。

注采管柱下入生产套管内，封隔器坐封后，油套环空内应加注保护介质，用以保护环空内套管、油管、井下工具等，以利于延长注采井寿命，同时能平衡封隔器上下压力，确保封隔器稳定工作。

保护介质可以是惰性气体、油基保护液或水基保护液。由于油基保护液价格相对较高，气体保护不容易控制，施工难度大，目前现场应用最广泛的是水基保护液。该保护液具有很好的杀菌、缓蚀、阻垢作用。

根据对储气库注采井腐蚀环境的分析，为了更好地适应管柱密封性能下降造成的环空腐蚀环境的变化，研发了新型环空保护液。在保持保护液 pH 值为 10 的基础上，加入了新的缓蚀溶液。

环空保护液中加入缓冲溶液，可以根据腐蚀环境的变化，自动补充生产氢氧根离子，稳定 pH 值。其原理是电离平衡原理，随着外来氢离子的加入，消耗部分氢氧根后，反应向生成氢氧根离子方向移动。

储气库注采井使用寿命长，使用后期不可避免有少量含有 CO_2 和 H_2S 的气体泄漏进入环空，产生的氢离子消耗部分氢氧根后，保护液中的缓冲溶液根据液体 pH 值的变化，自动补充氢氧根离子，保持保护液的 pH 值稳定，从而减少对油、套管的腐蚀，延长管柱寿命。

4. 现场应用效果

储气库注采井腐蚀控制综合措施于 2013～2015 年在大港储气库进行了现场应用。大港储气库应用该技术的注采井修井后最长运行周期达 3 年，从能观察到的环空压力来看，控制效果良好。下面以库 5-7 井为例，进行修井前后效果对比，如图 4-11 和图 4-12 所示。

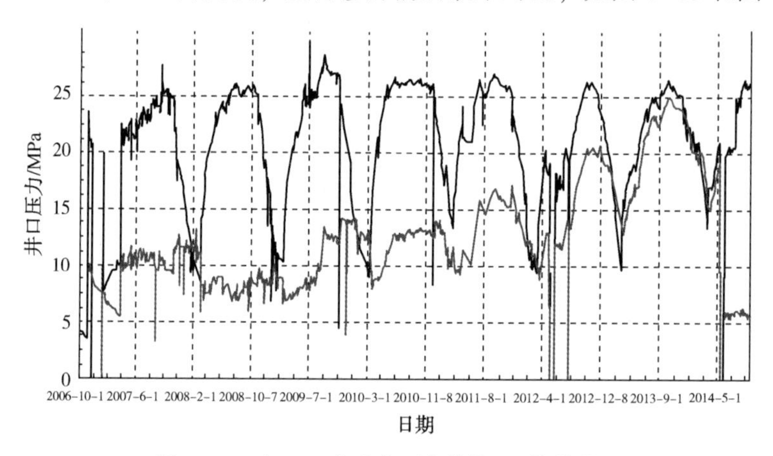

图 4-11　库 5-7 井油套压变化情况(修井前)

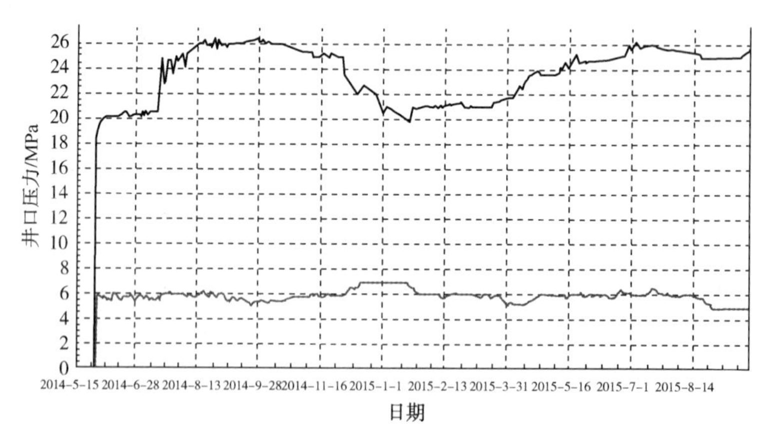

图 4-12　库 5-7 井油套压变化情况(修井后)

从库 5-7 井修井前后的套压变化情况看，储气库注采井腐蚀综合控制技术是行之有效的，值得在今后的修井作业中继续推广。

5. 主要创新点

(1) 在国内首次针对注采井环空压力与腐蚀的关系进行了理论分析和室内实验，认为环空压力与腐蚀速度呈正相关关系，并得出了优化管柱、改善受力、提高管柱密封性是控制注采管柱腐蚀的关键因素的结论，为今后注采管柱的持续改进指明了方向。

（2）建立了储气库注采管柱受力分析数学模型，开发了储气库注采井受力分析软件，全面分析注采管柱起下、坐封、解封、循环入井液、氮气掏空、关井、注气、采气等十余种工况下的静、动态受力情况，为工艺完善、工具优化提供了理论依据。

（3）通过现场摸索实践，形成了“真空压降法”加注气垫，简化了施工工艺，方便了现场操作，提高了管柱的密封性能。

（4）形成了包括注采管柱优化、管柱受力分析、井下工具优选、管柱受力改善、新型环空保护液研发、施工工艺改进等系列技术的注采井腐蚀综合控制措施，现场应用表明，达到了提高注采管柱密封性及消除安全隐患的目的，效果显著。

4.1.3　地下储气库风险评价技术

1. 简介

地下储气库风险评估与控制涉及油气储运、安全工程、石油管工程和岩土工程领域，针对新建盐穴地下储气库风险预评估、在役盐穴地下储气库风险评估与风险控制，是储气库完整性管理技术体系的关键和核心技术。

该技术以我国首座盐穴型地下储气库金坛储气库为工程依托，将消化吸收和自主创新相结合，在储气库风险评估领域开展了系统性的理论探索、技术开发和现场应用研究。通过项目研究攻关，全面识别了盐穴型地下储气库运行过程中的风险因素，在国内首次建立了系统的盐穴型地下储气库风险评估方法，针对性地提出了盐穴型地下储气库风险控制措施，开发了功能完备的风险评估软件和地下储气库事故案例库系统，制定了国内首部盐穴型储气库风险评估标准，即 CNPC 企标《在役盐穴地下储气库风险评价导则》，形成了系统的盐穴型地下储气库风险评估技术体系。

该技术取得了系列创新性研究成果，包括盐穴地下储气库风险因素识别方法、基于层次分析法和模糊理论的地下溶腔稳定性风险评分法、基于故障树技术的地下储气设施风险评估方法、地面站场设施定量风险评估方法、修正肯特风险指标评分体系及权重的地面集输管道风险评分法和储气库风险控制措施等。

地下储气库风险评价技术采用边开发、边应用的模式，不仅为地下储气库安全运行提供了技术保障，而且促进了我国盐穴地下储气库安全管理的技术进步。该技术已成功应用于金坛盐穴地下储气库在役老腔、西注采气站和集输管道的风险评估，识别出了高风险因素，并提出了合理的风险控制建议，为金坛地下储气库的安全管理提供了决策依据，经济效益和社会效益显著。随着我国金坛、平顶山、云应、淮安和安宁等盐穴储气库的建设，该技术将具有广阔的应用前景。

2. 关键技术

1）盐穴型地下储气库风险因素识别

综合盐穴型地下储气库的特点，将盐穴型地下储气库划分为地下储气设施、地面站场设施和地面集输管线三个子系统，细分为地下溶腔、注采管柱、注采井口、压缩机组、天然气处理系统、工艺管路及地面集输管线七个子单元，如图 4-13 所示，采用事故分析、系统分析、数值模拟和试验验证的综合分析方法全面系统识别了盐穴地下储气库运行过程中的风险因素，并归类为腐蚀、冲蚀、水合物生成、设备失效、操作相关、机械损伤、地质构造因素以及自然力八类共性风险因素，14 大类和 45 小类风险因素（见表 4-18），同时确定了各类风险因素的影响参量，为开展储气库风险评估和制定有效的风险控制方案提供了基础。

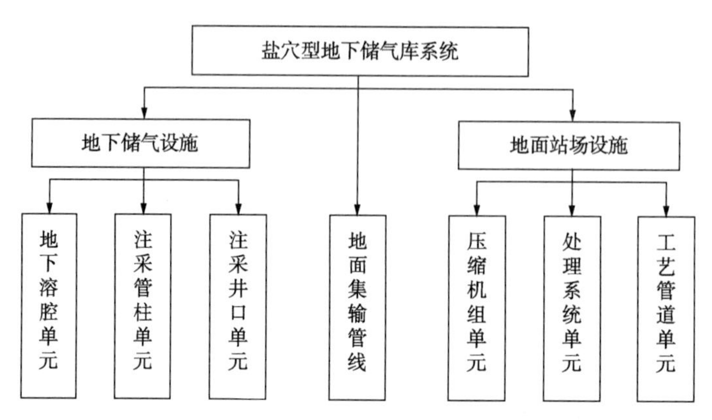

图 4-13　评价单元划分

表 4-18　盐穴型地下储气库风险因素

类别	共性风险因素		小类名称
1	腐蚀	外腐蚀	外腐蚀
2		内腐蚀	内腐蚀
3		细菌腐蚀	细菌腐蚀
4		应力腐蚀	应力腐蚀
5	设备失效	制造缺陷	管体缺陷、管焊缝缺陷、井口装置缺陷、井口阀门缺陷
6		焊接、施工缺陷	环焊缝缺陷、施工缺陷、螺纹接头失效、管内壁皱褶变形
7		设备元件失效	O 形垫圈失效、控制/泄放阀失效、固井水泥失效、套管失效、封隔器失效、密封、泵密封垫失效、注采管柱失效、仪器或仪表失准
8		机械疲劳、振动	压力波动金属疲劳
9	冲蚀	冲蚀	内部沙粒、盐屑侵蚀
10	水合物生成	水合物生成	水合物生成
11	地质构造	地质构造缺陷	断层、废弃井、含水层、含可渗透层、盖层含缺陷、岩溶
12	操作相关	操作相关	注气量超负荷、运行压力超高、运行压力超低、维护操作失误、盐穴闭合、顶板坍塌、相邻盐穴连通
13	机械损伤	第三方破坏或机械破坏	第三方活动造成的破坏
			人为故意破坏
14	自然力	气候或外力作用	极端温度（如寒流）、飓风（裹挟岩屑）、暴雨、洪水、雷电、地层运动、地震
未知因素			

（1）事故分析

通过统计国外23起盐穴型地下储气库失效事故原因，分析压缩机、换热器、空冷器、储罐、分离器等地面站场同类设施失效事故原因，以及参考我国城市燃气输送系统事故案例统计结果，明确了盐穴型地下储气库地下储气设施、地面站场设施和地面集输管道的失效原因和失效类型。

（2）系统分析

针对地下溶腔、注采管柱、注采井口、压缩机组、天然气处理系统、工艺管路及地面集输管线七个子单元的功能和工作特点，结合事故统计分析结果，系统地分析了盐穴型地下储气库运行过程中各单元的风险因素，并确定了影响风险因素的参量。

（3）数值模拟分析

① 管柱螺纹接头完整性数值分析　提出了螺纹接头结构和密封完整性评价准则，建立了螺纹接头结构和密封完整性数值分析模型，分析了腐蚀减薄、盐穴闭合、注采循环对管柱螺纹结构完整性和密封完整性的影响，如图4-14所示。结果表明：盐穴闭合引起的轴向拉伸和注采循环的温度压力变化共同作用时，螺纹接头局部部位已超过材料的屈服极限，存在局部开裂和多周期注采下的疲劳风险；腐蚀减薄10%时对螺纹接头密封性的影响要比对强度的影响大。

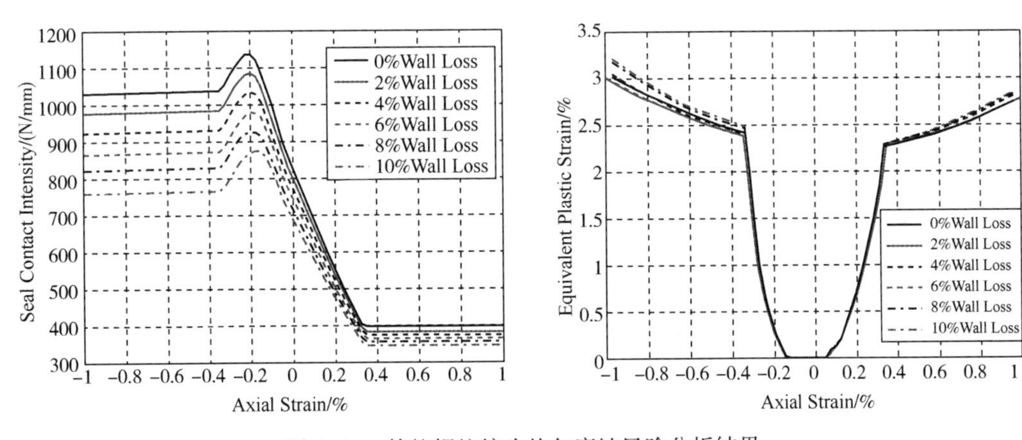

图4-14　管柱螺纹接头均匀腐蚀风险分析结果

② 储气库地面沉降数值分析　运用FLAC3D软件，模拟分析了单腔、双腔储库在不同工况下地表沉降随流变时间的变化规律，进一步识别了储气库地表沉降风险，并采用指数伴随函数关系建立了盐穴型地下储气库地面沉降预测模型[见式(4-11)]，采用Weibull模型函数建立了盐穴型地下储气库地面沉降衰减预测模型[见式(4-12)]，为储气库地面沉降监测点设置与控制提供了依据。

$$S=a[1-\exp(-bt)] \tag{4-11}$$

$$S_r=c-d\exp(-et^f) \tag{4-12}$$

（4）试验验证

采用复合加载试验系统模拟了储气库注采过程，评价了3组金坛储气库用注采管(N80，ϕ177.80×9.19mm，VAGT扣)螺纹接头在注采交变载荷下的密封完整性，试验说明在拉压循环下特别是压缩载荷较大时，螺纹接头密封性失效风险增加。在金坛储气库完成了两次地面沉降监测试验，监测结果进一步验证了储气库存在地面沉降的风险。

2）盐穴型地下储气库风险评估方法

在风险因素识别的基础上，在国内首次建立了一套盐穴型地下储气库风险评估方法，包括基于层次分析法和模糊理论的地下溶腔稳定性风险评分法、基于故障树技术的地下储气设施风险评估方法、地面站场设施的定量风险评估方法和修正肯特风险指标评分体系和权重的地面集输管线风险评分法，并开发了盐穴型地下储气库风险评估软件和地下储气库事故案例数据库系统。

（1）地下溶腔稳定性风险评分法

针对盐穴型地下储气库运行过程中可能存在的地下溶腔体积收缩风险，建立了层状盐岩三维数值计算模型，分析了溶腔形状、最小内压、最大内压、采气速率、套管鞋高度、夹层和溶腔间距等因素对地下溶腔稳定性的影响规律(见图 4-15)，并根据分析得到的影响规律，采用层次分析法建立了地下溶腔运营期稳定性评价指标体系和评价集，并确定了指标权重，建立了指标评分方法，绘制了评分曲线，并构造了梯形分布隶属函数计算隶属度，最终建立了地下溶腔稳定性模糊风险评价模型，可有效判定地下溶腔稳定性级别，为地下溶腔稳定性控制提供科学的决策依据。

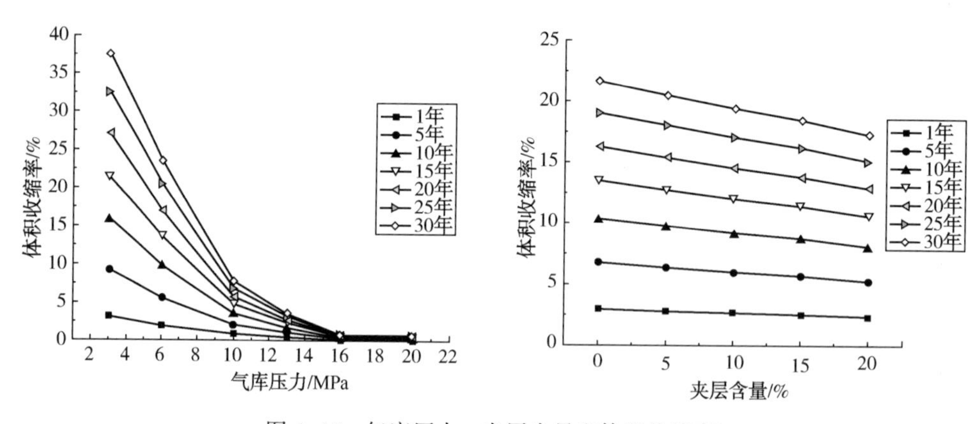

图 4-15　气库压力、夹层含量和体积收缩率

① 地下溶腔稳定性评价指标体系　依据层次分析法原理，设置目标层、一级指标层和二级指标层，建立了地下溶腔运营期稳定性评价指标体系(见图 4-16)，其中目标层为地下溶腔稳定性，一级指标层由溶腔形状、运行压力、夹层等 6 个对地下溶腔稳定性影响较大的因素构成，二级指标层由运行压力、周围盐岩层和盐岩力学特性等指标的子指标构成。另外，如评价的储气库包括多个溶腔，应将溶腔间距和邻腔压力差等溶腔相互作用因素加入一级指标层。

② 评价集　地下溶腔稳定性风险评价集为 $V=\{V_1, V_2, V_3, V_4, V_5, V_6\}$ = {特别稳定，很稳定，较稳定，一般稳定，不稳定，特别不稳定}。为减小评价的主观性，不采用专家直接打分的方式，而采用数值模拟和实际测试结果进行评分。

③ 指标权重　通过对一级指标层、二级指标层的指标两两比较、构造两两比较判断矩阵、求解判断矩阵的特征值及其特征向量，并进行一致性检验，最终计算各层指标相对于目标层的权重 W。

④ 评分曲线　根据各影响因素对地下溶腔稳定性影响规律，建立了溶腔形状、运行压力、采气速率、套管鞋高度、夹层和溶腔间距等 7 个指标的评分方法并绘制了评分曲线。表 4-19 为夹层指标评分方法。

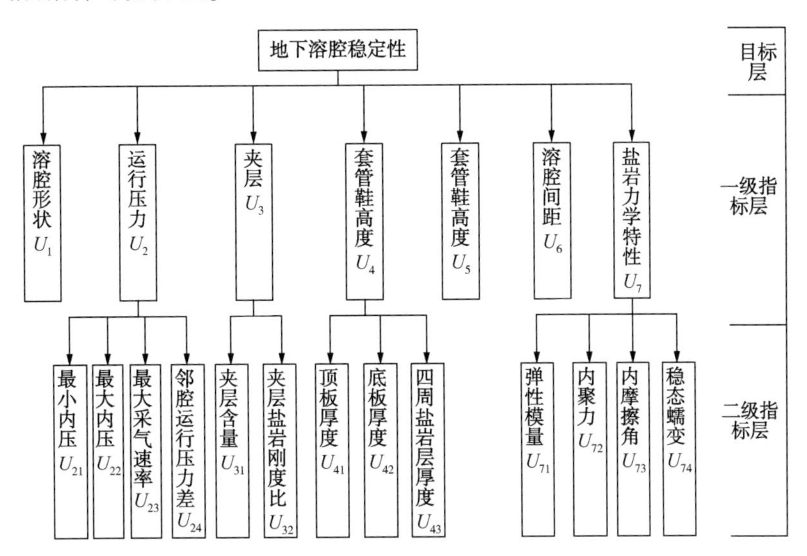

图 4-16　地下溶腔运营期稳定性评价指标体系

表 4-19　夹层指标评分方法

夹层子指标	分类情况	得　分
夹层含量 U_{31}	$0\% \leqslant C\% < 10\%$	$0.4C^2-8C+100$
	$10\% \leqslant C\% < 20\%$	$-0.6C^2+12C$
	$C\% \geqslant 20\%$	0
夹层盐岩刚度比 U_{32}	$0 < Q_M/Q_S \leqslant 0.2$	$-1500(Q_M/Q_S)^2+600Q_M/Q_S$
	$0.2 < Q_M/Q_S \leqslant 3$	$[-250(Q_M/Q_S)^2+1500Q_M/Q_S+2650]/49$

⑤ 模糊关系矩阵　根据数值模拟和实际测试结果，计算各指标得分，将评分值代入如下梯形分布隶属函数，得到各指标对评价集 V_j 的隶属度[见式(4-13)]，从而可以得到模糊关系矩阵[见式(4-14)]。

$$r_{jk}=\frac{f_k(u_{jk})}{\sum_{k=1}^{6} f_k(u_{jk})} \quad (k=1,\ 2,\ \cdots,\ 6) \tag{4-13}$$

$$R=\begin{pmatrix} r_{11} & \cdots & r_{16} \\ \vdots & \ddots & \vdots \\ r_{j1} & \cdots & r_{j6} \end{pmatrix} \tag{4-14}$$

⑥ 求综合得分　根据权重集和模糊关系矩阵，确定地下溶腔运营期稳定性的综合评价矩阵，再根据式(4-15)和式(4-16)，求得储气库运营期稳定性的综合得分，将综合得分与评价集对比即可确定所评价地下溶腔稳定性的等级。

$$B=W\cdot R \tag{4-15}$$

$$M = B \cdot V^T \tag{4-16}$$

（2）基于故障树技术的地下储气设施风险评估方法

考虑泄漏和注采能力下降两类失效事件，建立了地下储气设施失效故障树，基于历史失效数据、工程评价计算模型和故障树逻辑关系，考虑不同失效模式对后果的影响，建立了地下储气设施泄漏和注采能力下降的失效概率计算方法；分析地下储气设施失效事故灾害类型，研究建立地下储气库设施泄漏速率计算模型和各种事故灾害模型，分别建立了地下储气设施泄漏和注采能力下降失效后果估算方法；在地下储气设施失效概率计算模型和失效后果估算模型研究的基础上，建立了地下储气设施个体风险和经济风险的计算方法，并建立了地下储气设施个体风险和经济风险的评定方法。

① 地下储气设施失效概率计算方法

a. 故障树建立

以地下储气设施失效作为顶事件，泄漏和注采能力下降作为次级事件，建立了地下储气设施失效故障树(见图 4-17)，识别出地下储气设施失效的紧急关闭阀泄漏、油管挂上面井口泄漏、封隔器泄漏等 18 个基本事件和 22 个割集，其中泄漏对应 9 个割集，注采能力下降对应 13 个割集。

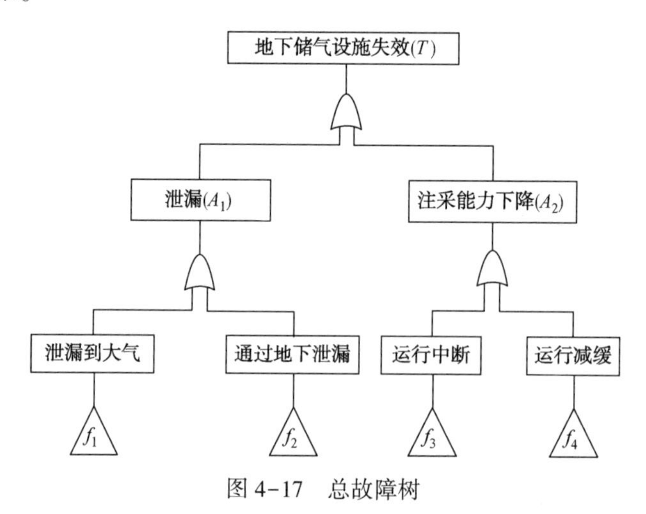

图 4-17　总故障树

b. 基本事件发生概率计算基本模型

地下储气设施基本事件发生概率基本模型为：

$$Pf_{kil} = 1 - \prod (1 - Pf_{kjl} A_{jil}) \tag{4-17}$$

式中：Pf_{kil}为失效模式 i、失效事件 l 对应的基本事件 k 的发生概率；Pf_{kjl}为风险因素 j 引起失效事件 l 对应的基本事件 k 发生的概率；A_{jil}为失效模式因子，指风险因素 j 引发失效事件 l、失效模式 i 的相对发生概率。

失效事件 l 指地下储气设施的泄漏和注采能力下降两类失效事件。基本事件 k 指紧急关闭阀泄漏、油管挂上面井口泄漏、封隔器泄漏等 18 个基本事件。风险因素 j 指腐蚀、冲蚀、设备试销、第三方损伤等 8 类风险因素。

失效模式因子 A_{jil} 要综合考虑风险因素、失效事件和失效模式。对于泄漏，考虑小泄漏、大泄漏和破裂三种模式。对于注采能力下降，考虑较小运行减缓、较大运行减缓、临时中断和长期中断四种模式。失效模式因子通过历史失效数据统计分析获得。

Pf_{kjl}可由国内外储气库或同类设施运行历史数据统计分析获得，或根据地下储气设施实际运行参数，采用建立的工程评价模型计算得到。建立的工程评价模型包括井筒/井口设备冲蚀、套管/注采管腐蚀、水合物堵管、地下溶腔闭合导致套管失效、地震致注采井套管失效等事件的发生概率计算模型。以下主要介绍下冲蚀和盐穴闭合导致套管失效概率计算模型。

冲蚀发生概率计算模型为：

$$f_{\text{erosion}}=\frac{E_{\text{k}}}{t}\times ratio=2.572\times10^{-3}\left[\frac{S_{\text{k}}W\left(\frac{V}{D}\right)^{2}}{t}\right]\times ratio \tag{4-18}$$

盐穴闭合导致套管失效概率计算模型为：

$$Pf(x)=\frac{1}{0.018\times\sqrt{2\pi}}\int_{-\infty}^{x}e^{\left[-\frac{1}{2}\left(\frac{x-0.145}{0.018}\right)^{2}\right]}\mathrm{d}x \tag{4-19}$$

其中注采运行导致的盐穴闭合量 x 按下式计算：

$$x=\frac{\mathrm{d}V}{V\mathrm{d}t}=k\cdot\frac{3\cdot\varepsilon_{0}}{2}\left(\frac{3}{n}\cdot\frac{\sigma_{\infty}-p}{\sigma_{0}}\right)^{n} \tag{4-20}$$

泄漏和注采能力下降失效概率计算模型：泄漏和注采能力下降失效概率根据各自对应的割集发生概率计算。割集发生概率由包含的基本事件个数来确定，对于只含一个基本事件的割集，割集发生概率等于基本事件发生概率。对于含多个基本事件的割集，假设由割集中最后发生的基本事件控制该割集的失效模式。

② 失效后果估算方法

地下储气设施失效后果包括泄漏和注采能力下降两类失效后果。考虑财产损失、人员伤亡、服务中断等后果，建立了泄漏失效后果的定量估算模型；考虑经济损失后果，建立了注采能力下降失效后果的定量估算模型。地下储气设施失效后果评估步骤如图4-18所示。

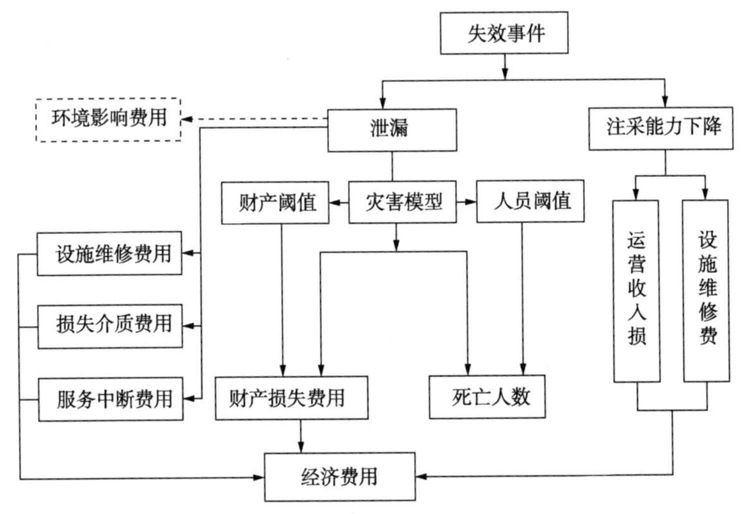

图4-18　地下储气设施失效后果评估步骤

a. 泄漏后果计算模型

a）危害模型

地下储气设施泄漏可能发生的灾害类型包括喷射火（JF）、蒸气云火（VCF）、蒸气云爆炸（VCE）、有毒或能使人窒息的蒸气云（VC）、安全扩散（SD）。

其中，喷射火灾害的危害以热辐射强度来衡量，火源附近热辐射强度的分布为：

$$I_{\mathrm{F}}=\frac{P}{4\pi r^{2}}P=XQ_{\mathrm{eff}}H_{\mathrm{c}} \tag{4-21}$$

蒸气云爆炸的危害以爆炸超压来衡量：

$$P_{\mathrm{E}}=\exp\left\{9.097-\left[25.13\ln\left(\frac{r}{M_{\mathrm{TNT}}^{1/3}}\right)-5.267\right]^{1/2}\right\}\leqslant 14.7\mathrm{psi} \tag{4-22}$$

考虑大气泄漏和通过地层泄漏两种泄漏途径，确定了小泄漏、大泄漏和破裂三种失效模式的稳定和非稳定两种状态下的泄漏率计算模型，见表 4-20。

采用迭代法建立了储气库准瞬态泄漏率计算模型，该模型充分描述了非稳定状态下气库运行压力随天然气泄漏下降过程，预测结果更趋实际。

表 4-20　不同泄漏模式的泄漏率计算模型

<table>
<tr><th colspan="2">泄漏模式</th><th>泄漏率计算模型</th></tr>
<tr><td rowspan="3">大气泄漏</td><td>小泄漏</td><td>稳定状态（未考虑泄漏引起盐穴压力变化）：
$q_{\mathrm{SC}}=\frac{C_{\mathrm{n}}p_{1}d_{\mathrm{ch}}^{2}}{\sqrt{\gamma_{\mathrm{g}}T_{1}Z_{1}}}\sqrt{\left(\frac{k}{k-1}\right)\left(y^{\frac{2}{k}}-y^{\frac{k-1}{k}}\right)}$</td></tr>
<tr><td>大泄漏</td><td rowspan="2">稳定状态：$Q_{\mathrm{i}}=2.743\cdot d^{2}\cdot P\sqrt{\left(\frac{k}{GTZ_{\mathrm{i}}}\right)\cdot\left(\frac{2}{k+1}\right)^{\frac{k+1}{k-1}}}$
非稳定状态（考虑泄漏引起盐穴压力下降过程）：准瞬态泄漏模型</td></tr>
<tr><td>破裂</td></tr>
<tr><td rowspan="3">通过地层泄漏</td><td>小泄漏</td><td>稳定状态：$q_{\mathrm{SC}}=\frac{C_{\mathrm{n}}p_{1}d_{\mathrm{ch}}^{2}}{\sqrt{\gamma_{\mathrm{g}}T_{1}Z_{1}}}\sqrt{\left(\frac{k}{k-1}\right)\left(y^{\frac{2}{k}}-y^{\frac{k-1}{k}}\right)}$</td></tr>
<tr><td>大泄漏</td><td rowspan="2">稳定状态：$q(t)=\frac{2\pi kh}{\mu}\frac{p_{\mathrm{w}}-p_{\mathrm{e}}}{\ln[r(t)/r_{\mathrm{w}}]}$
非稳定状态：准瞬态泄漏模型</td></tr>
<tr><td>破裂</td></tr>
</table>

b）死亡人数计算

天然气泄漏导致的死亡人数是灾害种类、强度以及这种灾害的人员允许阈值的函数。图 4-19 为在计算死亡人数时使用的区域模型。在坐标点(x,y)处，灾害强度为$I(x,y)$，死亡概率为$p[I(x,y)]$，人口密度为$\rho(x,y)$。死亡人数的计算模型则为：

$$n(x,y)=p[I(x,y)]\times[\rho(x,y)\Delta x\Delta y] \tag{4-23}$$

整个区域内的死亡总人数按下式计算：

$$N=\sum_{\mathrm{Area}}p[I(x,y)]\times[\rho(x,y)\Delta x\Delta y] \tag{4-24}$$

c）财产损失费用

对于一种给定灾害类型，考虑更换损伤建筑及其附属设施的费用和现场复原费用，建

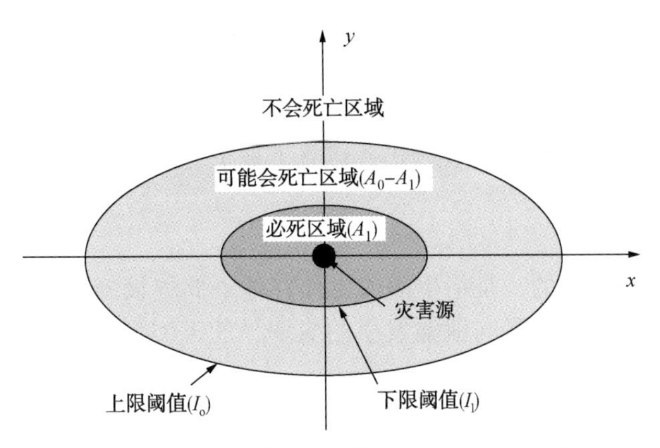

图 4-19　在计算死亡人数时使用的区域模型

立了财产损伤费用估算模型，如式(4-25)所示。

$$c_{\mathrm{dmg}} = \sum c_{\mathrm{u}} \times g_{\mathrm{c}} \times A \tag{4-25}$$

d）泄漏引起的总经济费用

地下储气设施泄漏所产生的总经济费用包括设施维修费用、介质损失费用、财产损失费用、服务中断费用，按式(4-26)计算：

$$c = c_{\mathrm{prod}} + c_{\mathrm{rep}} + c_{\mathrm{int}} + c_{\mathrm{dmg}} \tag{4-26}$$

其中介质损失费用、设施维修费用和服务中断费用计算模型见式(4-27)～式(4-29)。

$$c_{\mathrm{prod}} = u_{\mathrm{p}} V_{\mathrm{R}} \tag{4-27}$$

$$c_{\mathrm{rpr}} = c_{\mathrm{rpr-leak}} + c_{\mathrm{rpr-damage}} \tag{4-28}$$

$$c_{\mathrm{int}} = t_{\mathrm{interruption}} \times v_{\mathrm{product}} \times Value_{\mathrm{gas}} \tag{4-29}$$

地下储气设施泄漏的介质损失体积计算应考虑泄漏到大气和通过地层泄漏两种情况。对于泄漏到大气的天然气损失体积按式(4-30)计算，泄漏到地层的气体体积按式(4-31)计算。

$$V_{\mathrm{leak}} = Q \times t_{\mathrm{leak-duration}} \tag{4-30}$$

$$V_{\mathrm{leak-formation}} = \pi r^2(t) h (1 - S_{\mathrm{W}}) \phi \tag{4-31}$$

泄漏到地层的气体体积计算关键是确定天然气在地层孔隙介质中径向迁移半径 $r(t)$，为此建立了通过地层泄漏天然气径向迁移半径估算模型。

$$\frac{kt}{\mu(1-S_{\mathrm{W}})\phi r_{\mathrm{w}}^2}(p_{\mathrm{w}} - p_{\mathrm{e}}) = \frac{1}{2}\left\{\left[\frac{r(t)}{r_{\mathrm{w}}}\right]^2 - 1\right\}\left\{\ln\left[\frac{r(t)}{r_{\mathrm{w}}}\right] - \frac{1}{2}\right\} \tag{4-32}$$

b. 注采能力下降后果计算模型

注采能力下降失效事件，考虑运行减缓和运行中断两种情况。其后果模型仅考虑经济因素，包括运行中断或运行减缓而造成的储气库设施维修费用和运行收入损失。

a）运行收入损失

运行收入损失计算模型见式(4-33)：

$$c_{\mathrm{int}} = t_{\mathrm{interruption}} \times v_{\mathrm{product}} \times Value_{\mathrm{gas}} \tag{4-33}$$

b）设施维修费用

设施维修费用 $c_{rpr-reduced}$ 由劳动力费用和更换设备费用构成。

③ 地下储气设施风险评估模型

基于失效概率计算模型和失效后果模型，考虑小泄漏、大泄漏、破裂、轻微减缓、严重减缓、临时中断和长期中断等失效模式，建立了地下储气设施个人安全风险和经济风险评估模型。

a. 个体风险

个人风险是对泄漏而言的，是指生活或工作在地下储气设施附近的任何个人由于储气设施泄漏造成的年死亡概率，是与泄漏发生的概率、危害类型、灾害区域类的人员分布情况相关的，按式(4-34)计算：

$$IR_{ijkl}=\theta_{il}\cdot P_{il}\cdot P_{leak,j}\cdot P_{jk}\cdot P_{fat,i,j,k,l} \tag{4-34}$$

b. 经济风险

经济风险是失效事件发生概率与失效后果(经济费用)相乘得到的。经济风险主要考虑大气泄漏、地层泄漏、运行减缓、运行中断四类失效事件，并对泄漏经济风险分别考虑小泄漏、大泄漏和破裂三种严重度级别来计算，注采能力下降经济风险同样如此，考虑轻微减缓、严重减缓、临时中断和长期中断四种严重度级别来确定。计算公式如下：

$$R_{ik}=Pf_{ik}\times C_{ik}=\left[\sum\left(\sum Pf_{jl}\times A_{lk}\right)\right]\times C_{ik} \tag{4-35}$$

(3) 地下储气设施风险评定

基于 ALARP 原则，参照我国的事故伤亡情况和年平均人口死亡率，确定了地下储气设施个人安全风险可接受准则，推荐个人安全风险不可接受线为 10^{-4}次/年和广泛接受线为 10^{-6}次/年，如图 4-20 所示；对于经济风险则根据成本效益分析法来确定其是否可接受。

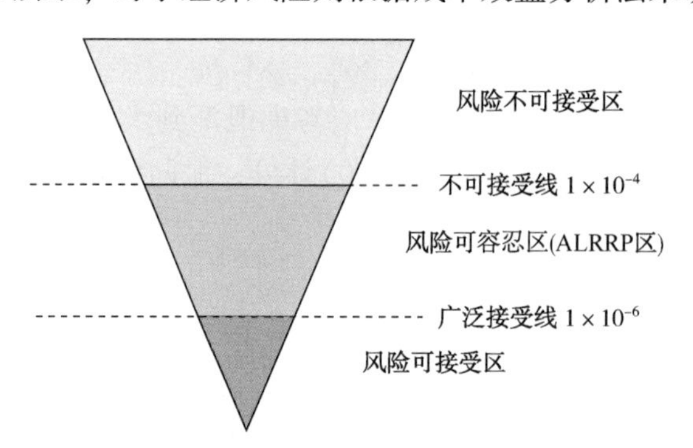

图 4-20　地下储气设施个人风险可接受准则

3) 地面站场设施定量风险评估方法

综合定量风险评价方法和 HAZOP 分析法建立了地面站场设施定量风险评估方法，是运用定量风险评价方法进行风险排序，查找主要风险单元，或风险单元的主要风险设备或管路，并以此作为主要分析对象，有针对性地进行设备风险 HAZOP 分析，详细分析设备工艺过程危害，查找风险原因，并提出切实有效的控制措施。储气库地面站场设施风险评估流程如图 4-21 所示。

(1) 地面站场设施评价单元划分

针对储气库地面站场设施按照装置工艺功能划分为三个评价单元，即压缩机组、处理系统和管路系统，然后对单元划分子单元，如图 4-22 所示。

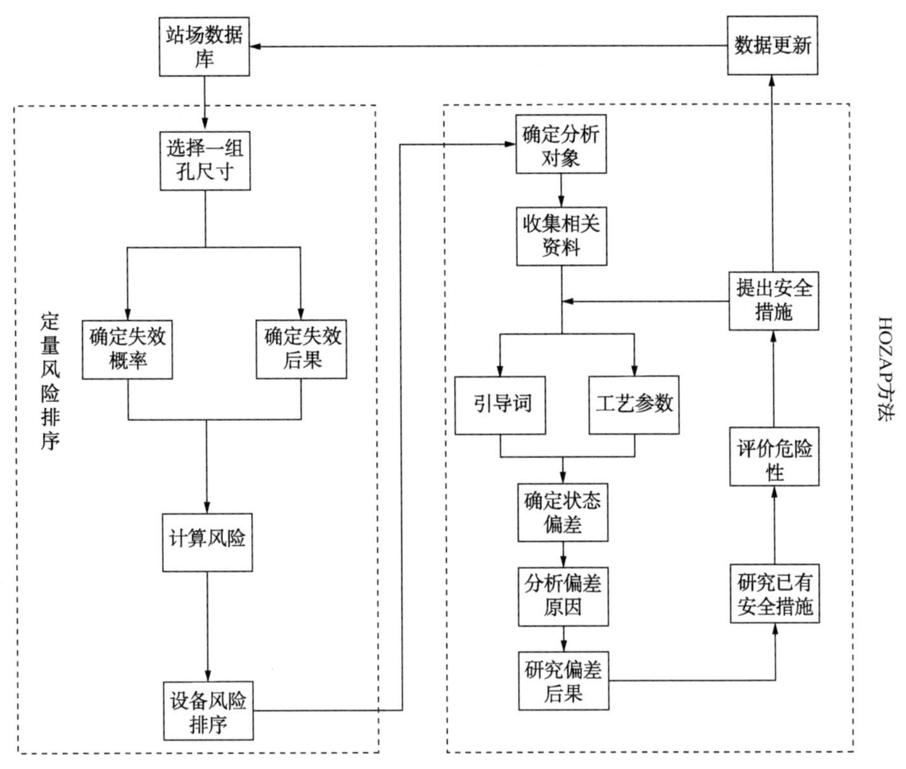

图 4-21 储气库地面站场设施风险评估流程

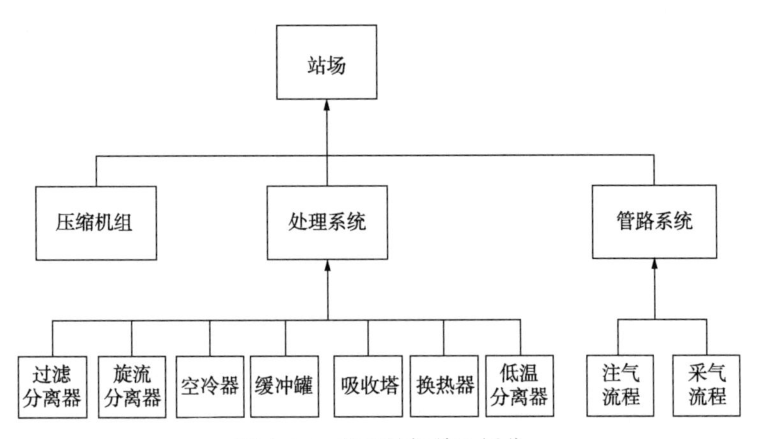

图 4-22 地面站场单元划分

（2）失效概率计算模型

失效概率的模型是通过采用同类失效概率数据，以及设备修正系数 F_E 和管理系统修正系数 F_M 两项来修正同类概率，计算出一个经过调整的失效概率，计算模型见公式(4-36)。

$$概率_{调整} = 概率_{同类} \times F_E \times F_M \tag{4-36}$$

同类失效概率数据基于历史失效数据统计确定，推荐采用 API 581 建议的设备同类失效概率值。设备修正系数根据设备运行的特定环境确定。管理系统修正系数根据与同类工艺安全管理系统的比较而得出。

(3) 失效后果计算模型

考虑持续泄漏和瞬时泄漏两种泄漏类型，以及设备破坏和致死事故两类后果，建立了地面站场设施失效后果计算模型，见表4-21。

表4-21 泄漏后果计算模型

泄漏类型	后果类型	计算模型	备注
持续泄漏	设备破坏面积	$A=43x^{0.98}$	A 为面积，ft^2；x 为泄漏量，lb
	致死事故面积	$A=110x^{0.96}$	
瞬时泄漏	设备破坏面积	$A=41x^{0.67}$	
	致死事故面积	$A=79x^{0.67}$	

(4) 风险计算及评定

储气库地面站场设施风险考虑评价单元破坏风险和人员致死风险两类，计算模型见式(4-37)和式(4-38)。

$$\text{评价单元破坏风险值}=\sum_{n=1}^{4}[\text{单孔失效后果(设备破坏面积)}\times\text{单孔失效概率}] \tag{4-37}$$

$$\text{人员伤亡风险值}=\sum_{n=1}^{4}[\text{单孔失效后果(人员伤亡面积)}\times\text{单孔失效概率}] \tag{4-38}$$

采用风险矩阵图来评价地面站场设施各设备单元的风险水平，规定了失效概率、失效后果和风险等级，见表4-22。

表4-22 失效概率与失效后果等级

失效概率等级	失效概率	失效后果等级	可能性加权平均面积
1	$<10^{-5}$	A	$<1m^2$
2	$10^{-5}\sim10^{-4}$	B	$1\sim10m^2$
3	$10^{-4}\sim10^{-3}$	C	$10\sim100m^2$
4	$10^{-3}\sim10^{-2}$	D	$100\sim1000m^2$
5	$>10^{-2}$	E	$>1000m^2$

4) 地面集输管道风险评估方法

在肯特管道风险评分法的基础上，结合地面集输管道特有性质和运行工况，通过调整评分指标体系和风险因素权重，建立了适用于储气库拟建、在建和在役的集输管线风险评分法，以达到识别管道沿线高风险后果区域、确定风险动态排序、策划事故应急方案的作用，指导管道运营、改建、维护等安全管理工作。具体调整的内容如下：

(1) 评分指标体系调整

① 将第三方破坏指数评分项的直呼系统调整为报警系统，并附加法规的建立和完善、广泛宣传和对报警的恰当回应3项评分指标；

② 删除了腐蚀指数的密间隔测量和内检测评分项，增加防腐层状况和土壤腐蚀性指标项权重；

③ 删除了误操作指数中的中毒品检查指标项，将包覆层、连接、产品等修改为防腐层、焊接、介质等国内管道行业术语；

④ 修改了第三方破坏指数的公共教育评分项，并增加了与地方政府会晤、居民保护意识和宣传力度评分指标。

(2) 风险因素权重调整

通过统计分析国内管道事故案例，将第三方破坏、腐蚀、设计和误操作风险因素权重由25%分别调整为45.1%、28.2%、5.6%和21.1%，可更为准确地评价管道的风险，更好地体现我国管道的真实情况。最终相对风险值计算模型调整为：

$$V = \frac{\sum w_i x_i}{l} \tag{4-39}$$

式中：V 为相对风险值；w 为相对权重；x 为一级指数因素分值；l 为泄漏影响指数。

5) 盐穴型地下储气库风险评估软件开发

运用 Visual Studio 2008 和 Access 2003 软件，基于模型-视图-控制器三层架构模式，开发了盐穴型地下储气库风险评估软件，包括基本信息库、地下储气设施风险评估、地面站场设施风险评估、地面集输管线风险评估、风险评估案例数据库和辅助文件模块六大功能模块，实现了盐穴地下储气库地下储气设施、地面站场设施和地面集输管线的风险评估，为地下储气库安全管理提供了专业评估软件。

另外，采用 C#语言，基于 B/S 架构模式，开发了地下储气库事故案例数据库系统，包括案例维护、案例浏览、案例分析及用户管理四大模块，并录入了国外 64 起地下储气库事故案例信息，实现了地下储气库事故案例的集中管理，可为我国地下储气库安全管理提供参考。

开发的软件功能完备，使用方便，有良好的人机交互界面和可操作性。典型的软件界面如图 4-23 所示。

6) 盐穴型地下储气库风险控制措施

(1) 综合储气库溶腔稳定性评价、储气库注采腐蚀监测及防腐蚀措施、注采井口自然灾害防护措施、地面沉降预测方法的研究成果，从降低失效概率和减少失效后果两个方面，考虑监/检测、维修更换、预测预防和管理四种手段提出了一套地下储气设施、地面站场设施和地面集输管线的风险控制措施，可指导储气库管理者进行风险控制，如图 4-24 所示。

(2) 为控制盐穴型地下储气库风险，编制了风险评价标准和操作规程等管理文件，促进了盐穴型地下储气库安全管理规范化和科学化，从而保障盐穴型地下储气库安全运行。具体文件包括：

① CNPC 企业标准《在役盐穴地下储气库风险评价导则》(报批稿)；

② Q/SY TGRC50—2013《地下储气库风险评价导则》；

③ 盐穴地下储气库风险评价数据管理工作程序；

④ 井口设备安全检查表；

⑤ 三甘醇脱水装置操作规程；

⑥ 采气井开、关井操作规程；

⑦ 注气井开、关井操作规程；

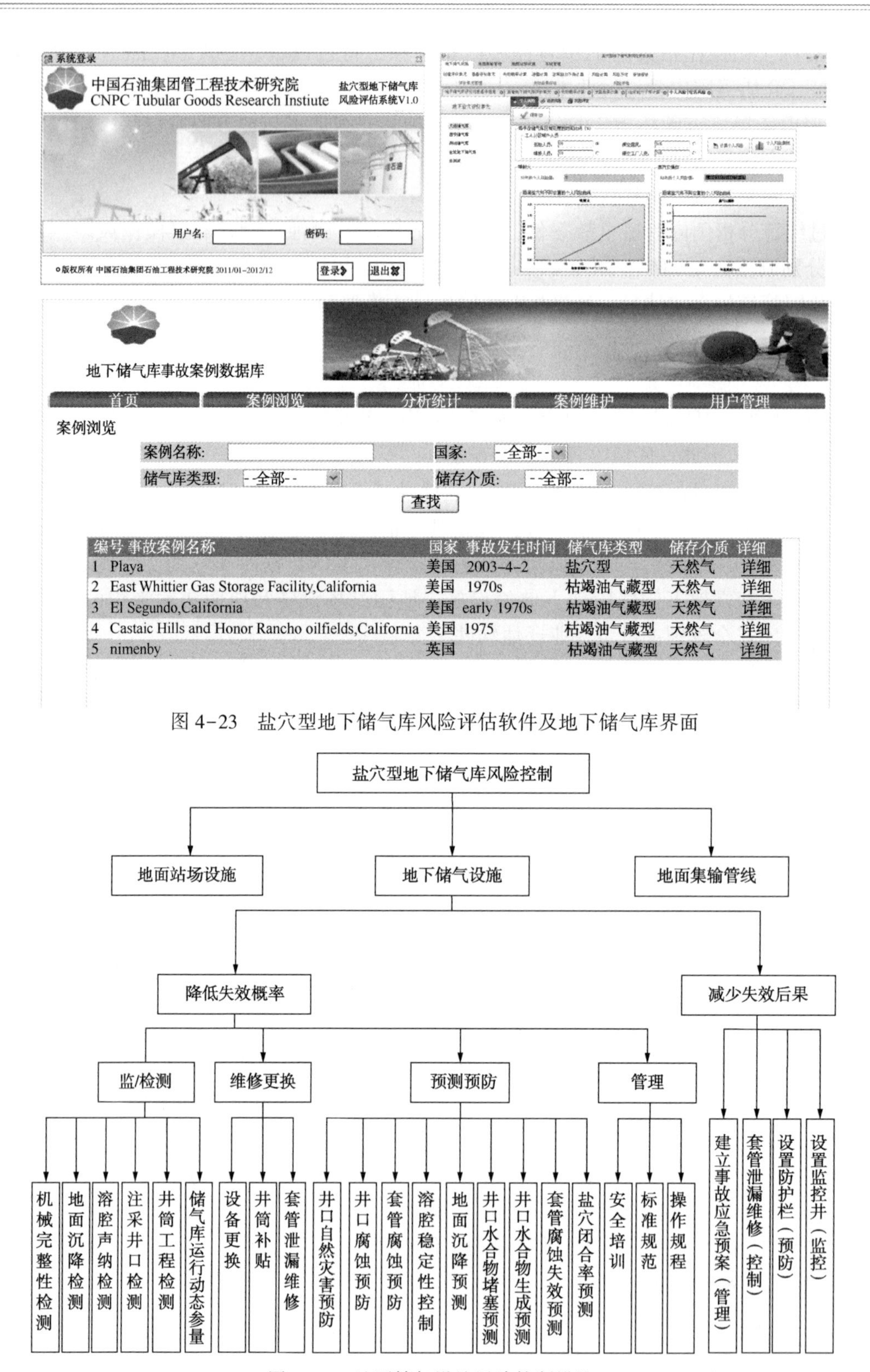

图 4-23 盐穴型地下储气库风险评估软件及地下储气库界面

图 4-24 地下储气设施风险控制措施

⑧ 单井巡检操作规程；

⑨ 单井关井操作规程；

⑩ 井口泄压操作规程；

⑪ 运行人员紧急事故应急处理操作规程；

⑫ 盐穴地下储气库声呐测腔操作规程。

7）盐穴型地下储气库风险评估技术应用

该技术已成功应用于我国首座盐穴地下储气库西气东输金坛地下储气库在役老腔、西注采气站和集输管道的风险评估，识别出了高风险因素和高风险单元，提出了合理化的风险控制建议，为金坛储气库编制了 8 项运行与维护操作规程，其中有 7 项已纳入金坛地下储气库 HSE 管理体系，并已用于指导实际生产操作，为金坛地下储气库的安全运行管理提供了决策依据，经济效益和社会效益显著。

根据风险评估结果，建议金坛储气库重点监控设备失效特别是螺纹扣密封失效、冲蚀、水合物生成等高风险因素，并将 108.25m 作为西 1 井的安全距离，同时重点加强压缩机、空冷器和缓冲罐高风险单元的安全监控和检测，定期对高风险管路 P2112~P2118 及高后果管路 P2201、P2101 和 P2104 进行检测和维护，重点监控靠近阀组和池塘穿越段的集输管道。表 4-23、图 4-25、图 4-26 为金坛储气库风险评估的部分结果。

表 4-23 西 1 井经济风险评价结果

失效事件		严重度级别	事件率/（次/年）	总经济后果/（千元/次）	经济风险/（千元·次/年）
泄漏	大气泄漏	小泄漏	2.86×10^{-1}	97.5	27.85
		大泄漏	1.18×10^{-1}	186.1	22.05
		破裂	4.12×10^{-3}	6754	27.83
	地下泄漏	小泄漏	1.98×10^{-4}	4633.2	0.92
		大泄漏	3.05×10^{-4}	4474.4	1.37
		破裂	6.04×10^{-6}	7290.6	0.04
注采能力下降	运行减缓	较小减缓	1.6×10^{-1}	43.3	6.9
		较大减缓	7.43×10^{-2}	43.3	3.2
	运行中断	临时中断	2.36×10^{-1}	43.3	10.2
		长期中断	1.83×10^{-3}	171740	314.3

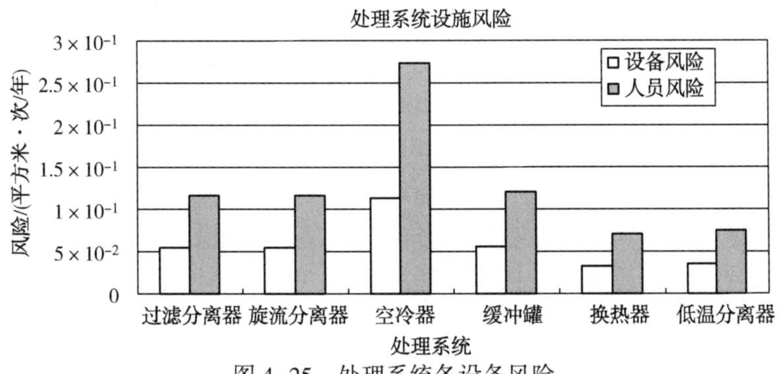

图 4-25 处理系统各设备风险

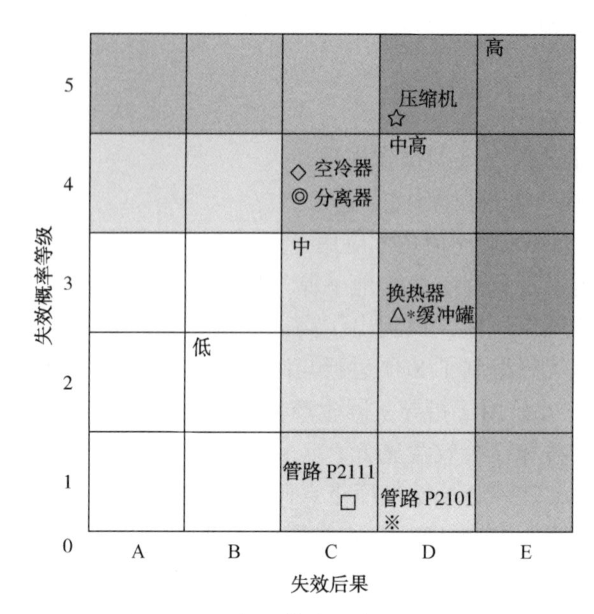

图 4-26 设备和管路风险评定矩阵图

3. 创新点

在国内首次建立了系统的盐穴型地下储气库风险评估的技术体系，包括盐穴型储气库风险评估方法、风险评估软件和地下储气库事故案例库、盐穴型地下储气库风险控制措施，制定了国内首部盐穴型储气库风险评估标准，填补了我国在该技术领域的空白。

4.2 储气库建库及运行安全

4.2.1 大港储气库群建库与运行关键技术

1. 大港储气库群储气库建库必要性

研究随着我国管道事业的不断发展，供气对象也从建库初期的华北地区迅速扩大至全国，储气库的作用也从单一的季节调峰向多方面发展，以满足京津城市用气季节调峰、日调峰、事故应急调峰甚至战略储备的需求。

大港板桥地区已相继建成大张坨、板 876、板中北、板中南、板 808、板 828 储气库，共建成各类井 173 口，其中注采井 65 口，排水井 24 口，观察井 1 口，封堵老井 83 口。大港储气库管辖的各类井分布范围广，分布面积达 100 多平方公里，周边环境复杂，大多分布于湿地保护区、盐池、河道边、开发区以及工农村、上古林村等人口稠密区和环境敏感区，井的完整性管理难度较大。同时，我国地下储气库的管理水平与国外有着近百年储气库建设、运行管理经验的管理水平相比，还存在着较大的差距。倘若在注、采气生产和各类井的施工作业过程中一旦发生井喷甚至井喷失控等井下事故，将会造成不可估量的经济损失和恶劣的社会影响，甚至可能报废一座地下储气库。储气库井的完整性管理是保障储气库安全的需要。

据报道，美国堪萨斯州、密苏里州等地下岩穴库发生过因天然气井筒泄漏引发爆炸着火事故。国内西南油气田分公司天然气井、中原油田(文 31 井)等也发生过因为套管失效而导致天然气泄漏的事故。开展储气库井的完整性管理、实现风险的预控，是保障储气库各类井安全运行的有效手段。

2. 大港储气库群库址及井深设计及运行控制

1）从设计着手，削减风险，提高储气库的本质安全性

在进行设计时，根据各构造的不同特点，从储层、井口周边环境进行风险识别，并制定相应的应对措施。

（1）在选库原则上和井位部署上保证储气库地质构造的密封、安全

选库时，从构造特征、盖层圈闭有效性、断层封闭有效性等方面对气藏进行综合地质评价，选取密闭性好的气藏改建储气库，从地质方面保障储气库储层的完好性。进行井位部署时，井底靶位离断层 100m 以上，防止注采井附近压力频繁变化对断层封闭性造成的影响。

（2）本着“百年大计”理念设计井和储层的风险削减措施

① 井口部署

为了满足冬季调峰的需要，储气库井调峰期间操作频繁，为了减少频繁操作造成的人为操作风险，同时也考虑到“防恐”的需要，通过综合对比、分析，地下储气库注采井采用井口集中部署的方式，实施井口集中生产管理。

② 井眼轨迹

根据井身结构和钻井方式的优选结果，储气库对井的设计采用两种井身剖面：三段制(见图 4-27)和五段制(见图 4-28)井身剖面。大张坨、板 876 储气库在建设过程中，为了提高钻井速度，保障井身质量，减少地层污染，采用了三段制井身结构。板中北、板中南、板 808 储气库存在着许多老井，为防止在钻井过程中与这些老井发生碰撞冲突，保障钻井质量，采用了五段制井眼轨迹。

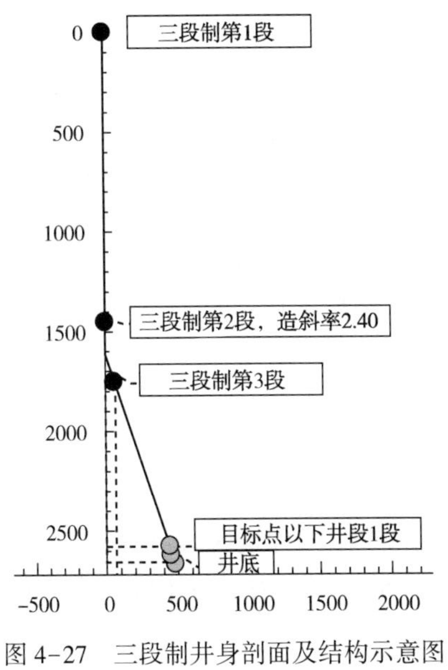

图 4-27　三段制井身剖面及结构示意图

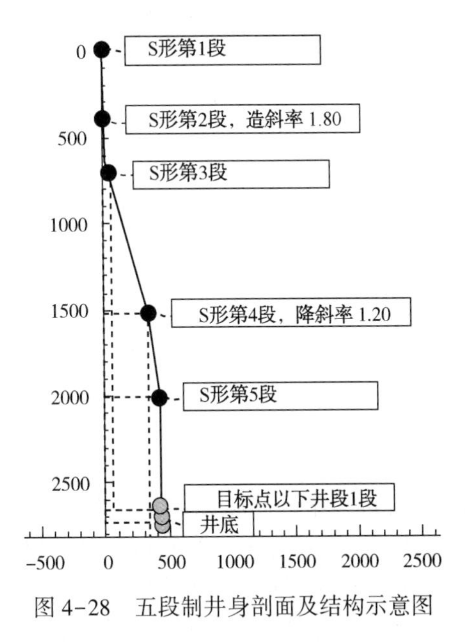

图 4-28　五段制井身剖面及结构示意图

③ 井身结构

考虑到注采井在生产过程中受交变应力的影响，为了保证安全生产和提高井眼使用寿命，根据大港油田板桥区块的特点，打破常规设计采用了3种不同的井身结构，从实际应用情况来看，达到了储层保护，安全施工的目的。

a. 常规“二开”井身结构　大张坨断块建库时储层压力系数为0.75，设计了“二开”井身结构，为了保证在钻开储层时使用低密度的钻井液及保护储层，将表层套管向下延伸至700~1000m，保证在钻进下部井眼时，上部井眼不会产生垮塌现象。其井身结构如图4-29所示。

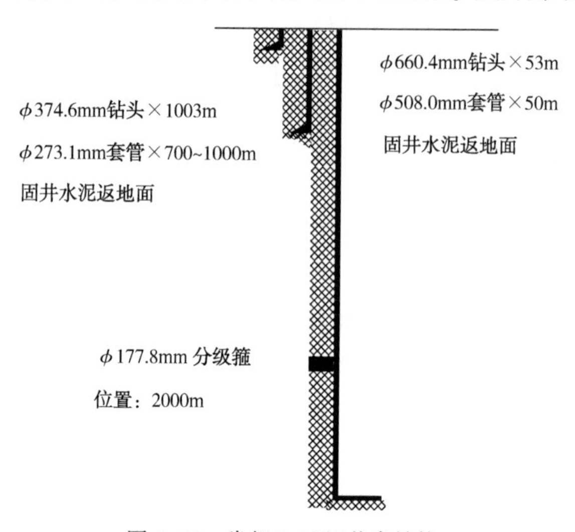

图4-29　常规“二开”井身结构

b. “加深技术套管下深、保护储气层”的“二开”井身结构　板876储气库注采井，由于建库时储层压力系数仅为0.4左右，为了充分保护储层，将技术套管下在了储层顶部，在揭开储层时采用低密度优质钻井液钻进，尽量减少对储层的污染。这样中间套管下入较深，在固井时采用了双级固井法，保证了中间套管固井水泥浆返至地面。生产套管的固井方法仍然采用了分级固井方法，在满足固井要求的条件下，分级箍安放位置尽量接近储层，充分地降低了一级固井时对储层的压差，减少了漏失污染。其井身结构如图4-30所示。

c. 保障钻井安全的“三开”井身结构　板中北储气库分两期进行，2003年6月一期工程竣工，新钻六口注采井，延用常规的“二开”井身结构，以加快钻井速度，及早参与调峰。2004年4月板中北储气库二期钻井施工开始，此时一期6口井进入第二个注气周期，储层压力逐渐升高。为了保证钻井过程的安全和保护储层，根据地质情况，提出了“三开”井身结构(见图4-31)。后来所建储气库中，均沿用了此井身结构。

④ 钻井、完井过程中的储气地层保护

储层的生产能力如何，直接决定井的完整性。因此在钻井、完井过程中研制了有针对性的保护措施。

a. 钻井过程中的储层保护　大张坨储气库群储层中黏土矿物蒙脱石相对含量高，主要连通喉道较大(半径为1~10.6μm)，地层水中HCO_3^-含量较高，为了防止机械堵塞和水敏影响，在钻井过程中采取如下保护储层措施：

(a) 钻储层时选用优质泥浆，滤失量控制在小于等于4mL，防止大量的滤液进入目的层。

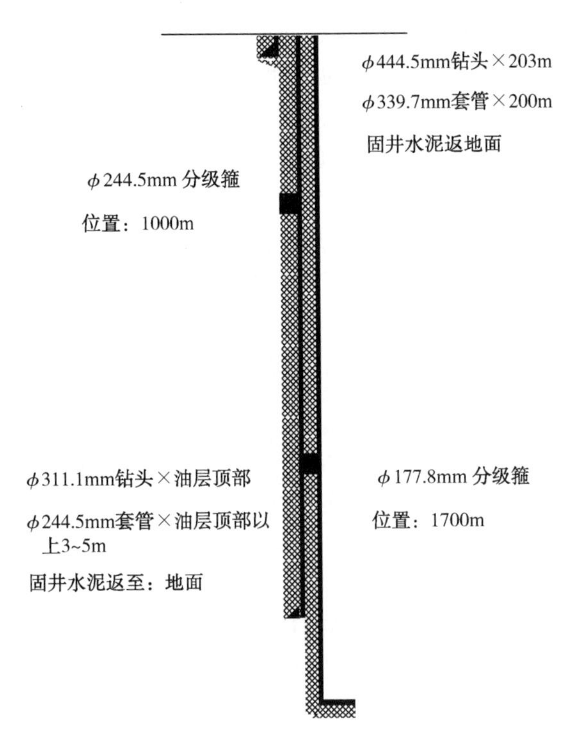

图 4-30　加深技术套管下深、保护储气层的"二开"井身结构

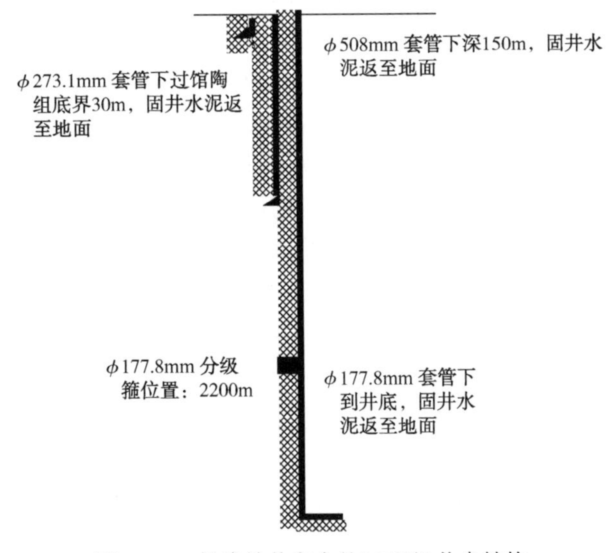

图 4-31　保障钻井安全的"三开"井身结构

（b）用中间套管下在油气层以上，将上部较高压力地层和低压储气层分隔开，并用快速钻井方法打开储层，加快施工进度，减少测井、完井时间，减少储层的浸泡时间。

（c）采用低密度优质屏蔽暂堵硅基钻井液体系，并针对储层的孔喉直径选择屏蔽暂堵剂的粒径，用屏蔽暂堵技术保护储气层。

b. 固井过程中的储层保护　由于储气库井长期处于注气、采气的工况条件，套管需要长期承受由于温度变化和井内压力变化所造成的交变应力，以及由此使套管柱产生的变形和弯曲，因此，要求各层套管的水泥浆均返出地面，实现生产套管全程固井，以保护套管，提高其寿命和安全性。但储气库注采井均较深，如果一次将水泥浆返至地面，水泥浆产生的液柱压力足以压裂储层或上部水层，势必造成对储气层的伤害，也有可能由于水层坍塌而使固井水泥无法返至地面，影响固井质量。因此，采用二级固井的方法，以保护储层。

c. 射孔、测试、注气、采气四联座工艺管柱保护储层　由于储层一旦受到损害，要恢复到原来的生产水平是相当困难的，为了保护射孔后的油气层不受压井液的污染，设计配套了四联座工艺管柱。作业时，完井管柱底端接射孔管柱同时下入井中，射孔后通过丢手将射孔管柱丢入井底，即可进行测试和生产，简化了作业步骤，节省了作业时间，保护了储层。

d. 大负压射孔技术　优化射孔工艺参数，采用 ϕ127mm 射孔枪、16 孔密 SDP43RDX-55 深穿透射孔弹，射孔弹穿透污染带，进一步解除近井地带的污染，保证打开油气层后有很高的产量。

⑤ 防腐工艺

针对大港地下储气库群的腐蚀条件，设计应用了以下防腐技术：

a. 油管材质采用 N80，井下工具选用 9Cr1Mo 材质。

b. 油管内层进行了内涂层处理。

c. 生产过程中，套管内壁和油管外壁由环空保护液保护。开发研制的环空保护液具有良好的防腐性能。L80 试片腐蚀速率为 0.0035mm/a，P110 试片腐蚀速率为 0.0007mm/a。

d. 利用井下封隔器对套管进行保护，免受交变应力和井流物的冲蚀和腐蚀。

⑥ 形成了一套针对储气库注采井的安全控制设计程序

地下储气库注采井均具有单井采气量大的特点(为 $60\times10^4\sim100\times10^4m^3/d$)，地面井口为丛式井组，地理位置特殊(大张坨储气库井处于泄洪区，板 876 井组周围为盐卤池，板中北、板中南为大港经济开发区)，因此，保证注采井安全平稳运行是设计中围绕的一条主线，通过研究确定了由“三道安全防线”组成的储气库注采井安全系统设计，确保了安全生产。这三道安全防线包括：

第一道：设计了两级固井方法，实现了表层套管、技术套管、生产套管固井至地面，防止储层气在层间发生窜槽以及泄漏到地层，确保注采井的安全使用；

第二道：油层套管与生产油管全部采用气密封丝扣，并与井下封隔器共同使用，油套环空充填环空保护液，保证安全生产。

第三道：采用井下安全阀及新进的地面安全控制系统(见图 4-32)，当地面发生火灾或压力异常时，可实现紧急情况下井下自动关井以及远程人工遥控关井。

⑦ 优选井下工具配套技术，削减了生产过程的风险

针对大港地区实际地质特征和地理环境，为保证注采气顺利安全进行，考虑实际操作可行性和井下管柱的特点，优选、配套了以下工具：

a. 井下安全阀　为确保注采井的安全以及注采气过程中生产测试和有关作业时的安全，防止环境污染，需选用井下安全阀。根据储气库的情况，确定选用油管起下、地面控制的井下安全阀，结构上采用自平衡式，下深 100m。使用该安全阀在采油树被毁坏或地面出现

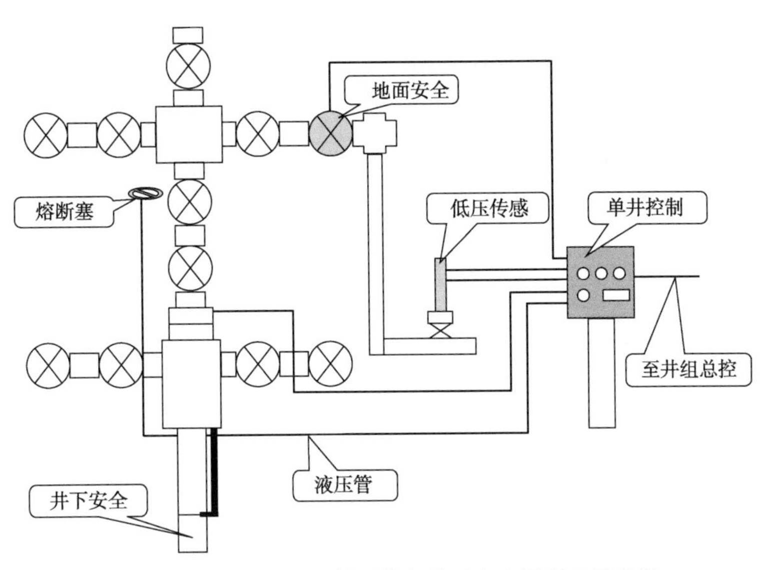

图 4-32　地面安全控制系统与井下安全阀配套示意图

火灾等异常情况时可实现自动关闭。

b. 井下封隔器　为了保护套管免受高温高压交变应力的影响，延长井的使用寿命，优选了井下封隔器与油管、套管配套。

c. 循环滑套　考虑到注采井生产过程中可能要进行的洗井、封隔液的替换、负压射孔的气举掏空等，因此选择安装循环滑套。

d. 膨胀伸缩管　由于储气库注采井具有注气和采气双重功能，并且注采管柱下部已采用封隔器固定，因此注气和采气时井筒内温度场和压力场的变化会引起管柱的附加应力。使用膨胀伸缩管，使该管柱能自由伸缩 3m 左右，改善了管柱的受力状态，增加了管柱的安全性，并延长了管柱的使用寿命。

e. 工作筒　在管柱设计中，考虑使用两个工作筒，上工作筒设置在封隔器以下，主要是用来坐落堵塞器，并密封隔绝两端的压力；下工作筒主要是用来悬挂生产测试中的仪表，达到测压、测温的目的，以判断气库的运行状况。

⑧ 优选监测工艺，为井下设备的风险分析提供依据

为了监测地层压力，为动态分析提供依据，对于重点井下入毛细管测压装置(见图 4-33)，实现对井底压力值的实时监测，以指导注采气生产，并为井筒内压力节点分析和井下设备实际承受的应力分析提供依据。

2）研究开发了老井防泄漏封堵技术

对于老井封堵，国内油气田普遍采用在射孔层段之上打一个 20~50m 悬空水泥塞的方法，防止油气流沿井筒上窜；国外除采用打悬空水泥塞外，对未固结的套管进行取套回收后全井眼封堵，防止油气上窜和保护浅层水。

在板中北老井、板中南储气库前部分老井封堵过程中，结合储气库复杂的地面条件和井筒条件，老井封堵时采用“卡死两头，挤死中间”的封堵思路，对于射孔较为复杂的井，首先在目的层之下打一厚度为 50m 左右的悬空水泥塞，防止注入气窜入下部地层；采用油

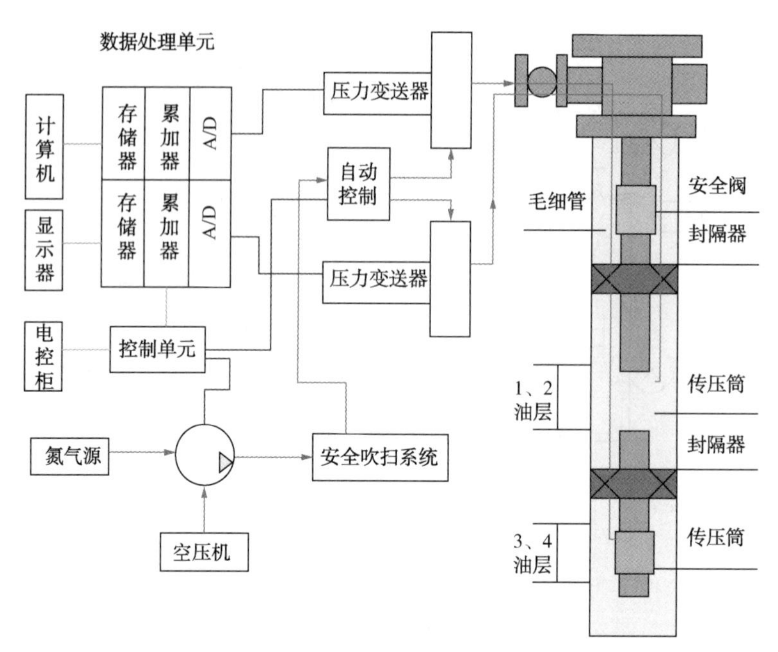

图 4-33　毛细管测压系统原理图

井水泥挤注目的层，利用超细水泥的特性，挤死储层内天然气向井筒渗流的通道，同时也封堵了水泥环的微裂缝，切断天然气沿水泥环向上运移的通道；在目的层之上的水泥返高处再打一厚度为 50m 的悬空水泥塞。对于一些水泥返高较深、固井质量不好的特殊井，采用锻铣的方法铣掉 20m 左右的生产套管，并在锻铣部位挤注水泥，使水泥与地层直接固结，从而对天然气形成有效的阻挡。

在板中南储气库的封堵过程中，由于油田原先封堵的悬空灰塞造成板 20 井天然气的集聚而发生了井喷污染河道事件，且板深 34 井由于没有封堵彻底出现了井口带压的现象。针对这一情况，对老井施工以及今后生产运行中可能出现的风险进行了充分识别，并从设计源头提出了处理措施。在板 808、板 828 储气库老井的封堵过程中，采取了全井筒挤注水泥塞的做法，且在施工过程中无论井下状况多么复杂，均要求处理至储气库目的层段，对目的层段进行挤注封堵。

3）大张坨风险与安全运行

大张坨储气库处于处天津南部的泄洪区和自然保护区内，水灾造成的第三方破坏是井完整性的重要风险因素。针对此风险，设计时独创性地采用了井口采气树、阀组整体升高方案：采用平地打井方法，完钻后，使生产套管高出地平面 2m，利用独特设计的 2m 升高短节把油管四通和采油树整体升高，而阀组区域采用 2m 的操作平台整体抬高。同时在井组的上游区域设置了防洪桩，防止泄洪时漂流物冲断井口。这样，板 876、板 808、板 828 储气库井组周围为盐卤池，板中北、板中南储气库处于大港经济开发区，周边环境均比较复杂，第三方人为破坏是井组管理的潜在风险因素。针对这些风险，储气库分公司建立了预防程序以及巡护机制，开展站内工程师 4h 一次的定期巡检、井组设置专门值班人员 24h 看护的制度，及时发现人影响井场区域的安全因素，并采取有效预防、整治措施。

3. 大张坨储气库安全运行

近几年来，储气库管理者在管理理念不断提升的同时，围绕风险管理开展了重点工作，通过井的完整性管理的实施，对井存在的风险持续进行了识别，并有针对性地采取了处理措施，保证了储气库连续 7 年的安全生产运行。

1）以管理不留死角为纲，初现"地下储气库管理体系"的雏形

从大张坨储气库投产以来，储气库的管理有了全面的改进和提高。在以后的工作中，本着"完整性管理"的理念，采用现代化管理方法，建立了地下储气库运行管理体系，提高了储气库管理的水平。

地下储气库运行管理体系把储气库的各项工作有机地联系起来，根据各项工作的性质和特点，将管理体系分为四个部分：地下储气库状况分析部分；注采方案编制及实施部分；生产管理及跟踪监测部分；注采效果评价部分。

在每个部分中，采用与之相适应的管理方法，使整个大系统能够协调管理、有序运行，最终提高工作质量和效率。

（1）地下储气库状况分析部分

通过该子系统的储气库分析，可以正确认识储层、气井的技术状况，指导注采气方案编制、工作量安排以及生产管理等工作。所以，这一子系统包括储层状况分析、气井状况分析、集注站状况分析等分内容。

① 储层状况分析　包括储层压力状况、气水界面、库容、工作气量以及储气能力和供气能力等分析内容；

② 气井状况分析　包括井筒状况、井底状况、各井的注气能力和供气能力等分析内容；

③ 集注站状况分析　包括注气压缩机的设备状况及性能、计量设备状况、阀组及管线状况等分析内容。

（2）注采方案编制及实施部分

该系统在储气库状况分许的基础上，开展注气方案编制、采气方案编制、方案实施等工作。方案编制的好坏决定着储气库的注采效果，因此要严格遵循质量管理的标准，充分考虑储气库的具体状况，制定方案编制原则，编制出切合实际的注采方案。

① 注气方案编制　明确注气原则、年注气量、月注气量、工作制度、措施工作量安排等。

② 采气方案编制　确定采气原则、年采气量、月采气量、工作制度、措施工作量安排等。

③ 方案实施　通过一系列实施机构的密切配合，按计划实施完成注采方案。其中，注采气由各个储气库管理站负责实施，措施及改造工作由其他施工单位负责实施。

（3）生产管理及跟踪监测部分

在储气库日常生产管理中，必须按照有关规章制度和方案的要求，做到管理到位，按时录取详细的日常资料和监测资料，及时发现生产中存在的问题，并对方案进行改进和调整。该子系统包括注采气生产管理、日常生产及监测资料录取和生产中的跟踪调整等内容。

① 注采气生产管理　严格按照公司颁布的《地下储气库注采过程控制程序》《采气管理

规定》《地下储气库气藏管理规定》等文件对气井进行正规管理，严格执行操作规程。

② 日常生产及监测资料的录取　要求录取的资料有油压、套压、井口温度、日注(采)气量、天然气气组分、水分析、流压、静压等。

③ 产中的跟踪调整　根据生产过程中出现的变化和新情况及时调整注采气方案，以适应实际需要。

(4) 注采效果评价部分

储气库完成一年的注采任务后，应及时进行动态分析，对效果进行评价，以便总结经验、发现问题，指导以后的工作。该系统主要评价指标包括：检查注气量、采气量是否达到方案要求，储层压力系统是否合理，储气库的运行效率以及地下储气量的损耗。

2) 以多种形式结合、合理部署观察井，适时进行压力和边水运移规律监测

观察井是储气库建设和安全运行的重要设施，用以监测气库的压力变化情况以及边水运移规律，美国利用废弃的油气构造改建的储气库观察井的比例约为 1 : 3。但是储气库老井基本为 20 世纪 70 年代中后期完钻，井身结构、固井质量以及套管质量均无法满足安全的要求。在整个大港储气库群中，结合各库自身的特点，除各库下入毛细管监测系统时时监测压力外，利用气藏边部的板 57 井和板 848 井作为观察井，同时采用注采井本身和边部的排水井作为整个气藏的监测井。实际操作过程中，制定了有针对性的测压计划、探液面计划和试井计划，开展产能试井和不稳定试井以及各井地层压力、井底流压、井底温度等资料的录取工作，并及时进行分析对比。一方面对整个气藏实施监测，保障气藏的完整性；另一方面，通过井的压力监测，本着“事前预控”的原则随时对井面临的风险进行识别。例如 2005 年通过大张坨板 57 井以及周边井的监测和风险识别，认为气体已运移至该井区域，为了下步安全，及时对该井实施了封堵作业。

3) 合理实施井口防冻措施，优化工况条件

针对大张坨储气库投用初期井口冻堵的现象，组织开展了专题性的研究，研究认为有两种情况会造成冻堵：一是在储气库采气初期，由于井口温度较低，地层采出井流物到达井口时的温度较低，通过节流阀时，节流降温，温度低于操作压力下的水合物形成温度时，就会造成管线冻堵；二是为适应储气库调峰工况，在不同的时间所采气量发生大幅度的变化，需要部分单井频繁开关，使井口温度场不能建立，井口井流物温度较低，通过油嘴时，节流降温，温度低于操作压力下的水合物形成温度时，也会造成管线冻堵。为了消除管线冻堵造成的节流阀设备的损坏以及憋压造成的风险，进行了认真研究和摸索，采取间歇地、适时地、短时间地在井口加注甲醇，防止开井时井口的短期低温管线冻堵。实践证明效果较好，一方面延长了节流阀的使用寿命，另一方面也保障了井口安全。

4) 针对储气库的运行管理特点，加强科研工作

(1) 围绕运行中气藏及井的风险分析，开展了“有水气藏改建地下储气库天然气损耗预测及控制方法研究”的课题研究：以大张坨储气库为研究载体，进行了储气库天然气损耗机理及多周期气垫气量预测评价研究，对多周期气垫气量损耗量变化规律以及工程因素损耗量等进行了深入分析和预测，建立了相应的预测模型，提出了预测未来气垫气损耗率和综合损耗率变化的数学模型，预测了今后 10 年损耗率的变化趋势，提出了有水气藏储气库减少损耗气量的措施与建议，并建立了《储气库天然气损耗预测标准》(中国石油企业标准)，

为油气藏型储气库的气藏、井的风险分析提供了手段。

(2) 围绕如何从设计开始提升储气库本质安全，开展了"陕京输气管道大张坨地下储气库工程"和"凝析气藏改建储气库技术研究"的课题研究，指导了后续储气库的安全建设，为今后储气库设计、建设和运行管理标准的形成奠定了基础。

(3) 围绕如何开展储气库维护和动态分析，重点开展了"大张坨储气库运行规律跟踪研究"课题研究：开展了国外储气库维护方法的调研，为今后储气库的设计以及维护管理方面提供了借鉴；单井产量和产能的研究成果，为制定保护储层、防止出砂的生产方案提供了直接依据。通过对7个不同阶段注采量和压力数据的整理，计算出各个阶段末地下库容量的增减量，得出了气水边界收缩和外推的距离，为生产运行中控制边水、保障气藏完整性发挥了重要作用。以上成果对我国今后储气库的运行动态研究和技术管理具有借鉴和指导意义。

5) 通过设备风险分析，逐步淘汰不适应储气库工况的设备

2004年针对气井针式节流阀冲蚀严重的现象，储气库分公司展开了大量的研究分析和评价工作，认为针式节流阀不适合储气库大气量采气的要求。经过调研，采用了耐高压、高冲蚀工况的笼套式节流阀，避免了节流阀经常冲蚀造成生产流程不封闭的隐患；2003年对刚投用的多井集中地面安全控制系统进行跟踪评价，认为该系统存在检维修工作量大、故障率高等弊端，增加了人为操作的风险。今后的设备采购过程中，采纳了生产中的风险评价意见，各井配备了流程相对简单的单井地面安全控制系统，减少了设备故障，削减了人为操作风险，保障了各井的安全。

6) 实现了IT技术与完整性管理的有效结合

应用先进的IT技术，开发了储气库生产信息管理系统，收录了各井井下设备、井口设备以及储层的数据库。并适时进行动态跟踪分析，及时发现了设备的异常，制定了相应的风险削减措施。例如，2006年从储气库生产信息系统反映出的板深30-1井的动态生产曲线中发现，该井储层物性较好，但注采气量与以往相比偏小，结合储气库生产信息系统收录的该井的静态、动态资料进行了进一步的风险分析，确定该井井下安全阀损坏的可能性较小，随即制定了相应的处理措施并予以实施，最终通过注采气流程的切换修复了该井的井下安全阀，保障了该井的完好性和安全生产；同时，储气库分公司主管工程师自己动手编制了垂直管流压力计算软件，通过井口压力预测各井的井底压力，减少了测压作业计划，削减了井下作业风险。

7) 展开各类井的风险识别，并制定应对措施，削减风险

鉴于储气库建设时对排水井认识的局限性，排水井设计时基本上沿用了常规油田采油井的设计思路以及生产管理模式。排水井运行两年来，板802井、板12-24井、板中7井相继发生气窜造成井口压力上升的现象，为了保障储气库的安全，对上述三口井进行了永久性封堵。经过几年来的摸索、实践和总结，逐步认识到储气库排水井与油田的抽油机井具有显著的不同，其主要表现为两点：一是储气库排水井井底压力以及液面随着注采生产呈现大幅度周期性的升降变化(而油田抽油井井底压力呈平稳或缓慢下降趋势)；二是随着储气库运行，含气区域和库容不断扩大，排水井均存在气窜使得井口压力突然上升的可能性，给储气库生产造成了安全隐患。为此提出了更换井口、更换悬挂泵并加深尾管深度、

清理井场道路和完善应急预案等有针对性的整改措施。

在对排水井进行风险识别的同时，又开展了针对注采井、封堵井和观察井的“查找隐患、不留死角”的活动，并制定了相应的井场标准。

8）研发了“不压井、不动生产管柱、不污染储层”的过油管电缆射孔技术和天然气回收技术，消除了修井过程中的安全隐患

大张坨储气库的含气层位为板二油组的 1~4 层，其中板二 1~3 层为主力含气层位。2000 年第一批注采井制定完井试油方案时，考虑到第四层砂层的含气面积小、气层厚度小，从减小边水影响的角度出发，仅射开了板二油组的 1~3 层。作为大张坨储气库的含气层之一的第四砂层，在储气库的注采生产中并未发挥作用，从长远考虑和保证 2005 年冬季北京用气，并提高储气库最高调峰能力的保障程度，储气库分公司于 2005 年 2 月组织实施了对大张坨储气库注采井的补孔作业，射开板二油组 1 小层的 4 砂体和板二油组 2 小层。在采气末期地层压力及井口压力较低的情况下，为了保证射孔后仍能自喷，采用了“不压井、不动生产管柱、不污染储层”的过油管电缆射孔技术工艺，该工艺在纯气井实施不压井、不动生产管柱射孔作业施工国内属于首次，有效地保护了储层；射孔后，克服常规天然气点火放喷方式造成的安全隐患，创造性地将放喷管线直接与生产流程接通，直接对放喷的天然气进行了回收，快速、高效、安全地完成了本项工作，确保了作业流程的密闭性和完整性，保障了施工安全。

9）通过“对标”活动，不断完善储气库的管理水平

我国管道企业从 2001 年开始引进管道完整性管理理念。2003 年底，北京天然气管道有限公司储气库分公司根据公司的总体部署，开展了“找差距、定目标，不断提高储气库现代化管理水平”的“对标”工作，在储气库建设、维护管理、安全与应急管理等方面与国外先进水平进行了一次较为系统的比对，并逐步上升到储气库运营管理理念、运行控制方式、维护管理方式的转变。通过与国际先进水平对标，使观念得到了更新，从思想意识中能将安全贯穿于储气库建设和运行管理的各个环节，提高了科学性和可靠性。

4. 下步工作

（1）持续对各类井场进行风险识别并制定相应的应对措施，完善各类井井场的标准并予以实施；制定储气库各类井的排查规定，规范排查程序。从事故苗头的提出、需要参加排查的人员组成、排查的内容和方法(包括如何取样、压力监测等)、地方关系的协调、排查报告的编写和上报程序等方面作出明确要求，以规范排查程序及上报程序。

（2）引进国外的多层管柱电磁探伤成像测井技术，实施油套管检测，并建立储气库检测和评价标准。

目前国内进行井下油套管腐蚀状况检测的技术主要有井下超声波电视、40 臂井壁仪等，但井下超声波电视需要在液体状态下工作，40 臂井壁仪的仪器直径较大，精度较差，不适合注采井生产管柱的检测。国内的现有仪器设备无法实现在生产状态下对注采井生产管柱和套管同时进行检测的需要，而要对油管测试则需要对气井进行压井作业，将对储层造成新的伤害；对套管测试则必须起出生产管柱，作业费用昂贵，也存在较大的作业风险。

2006 年 4 月 19 日公司组团赴俄罗斯考察该国储气库建设和管理储层型的地下储气库的建设、安全生产、管理、防井喷事故等。考察期间了解到俄罗斯天然气股份公司拥有世界

上独有的多层管柱电磁探伤成像测井技术，可同时对两层管柱进行探伤和厚度测量，测定两层管壁的厚度变化值，探明套管横向和纵向的损伤。该仪器外径为42mm(带扶正器为45mm)，实现了不压井对油套管的腐蚀情况和损伤的检测。经过论证，应用该仪器可以同时实现储气库 7″和 2⅞″、3½″、4½″油管的检测，其中油管的检测精度可达壁厚变化0. 5mm，套管的检测精度可达壁厚变化1mm。

大张坨储气库建于2000年，至今已经历了16个注采周期。按照设计要求，该储气库注采井生产管柱的设计寿命为5~7年，目前已接近设计寿命。从注采井目前的资料反映，注采井的生产管柱存在部分渗漏现象，但井下油套管的井下技术状况到底如何尚缺乏实际资料，因此制定注采井及修井方案缺乏实际依据，按照设计的管柱寿命安排作业，盲目性较大。为了确保注采井的安全，使注采井既能够及时得到作业，又能够有效避免无效作业，提高作业方案的科学性和经济性，建议引进俄罗斯天然气运输公司的《多层管柱电磁探伤及成像测井仪》，同时开展技术合作，开展注采井安全性评价工作，建立注采井安全评价的标准。

(3) 继续考察欧美等国储气库建设管理，加快国际合作进程，提高储气库管理、运行水平。

我国地下储气库研究和建设起步晚，与发达国家差距明显。不过正因如此，无论在技术上还是在经验上，都应沿着学习、借鉴、实践、总结、创新、发展的思路前进，从而加快我国储气库运行管理水平的提高速度，缩短我国储气库与国际先进水平的差距。

建议继续加强与国际上储气库管理运营公司的交流，寻求进一步开展储气库管理、生产运行等方面的技术和培训合作，推进与国外的“对标”工作。通过培训、技术交流和合作，不断借鉴国外储气库的经验，结合我国储气库实际，建立我国储气库建设、管理和运行标准化体系(或企业标准)，做到有法可依、有章可循，削减储气库在设计、建设和管理各环节的风险。

① 在设计中，关键工艺设施、关键设备要体现储气库特色，提高设备的本质安全程度。

② 在基本建设和生产过程中，选用实践证明为优质的设备，逐步淘汰不适应储气库工况的设备，改造储气库生产中不合理的工艺流程，优化生产运行参数，保障安全生产。

③ 结合公司QHSE体系文件的建设，进一步完善储气库的程序文件、作业文件(如各类井井场管理标准、井下作业管理规定等)，建立和完善储气库各类设施监测、评价和保养维护规程。

④ 建立与实施具有储气库特点的井下作业评估体系和作业的储气库标准，削减施工风险，提高井下作业效果。首先，从设计的提出到作业实施，从作业实施到作业后评估，要建立与完善相应的管理制度；其次，将这些制度变为操作的运行程序与量化标准；最后，在具体构造的实施中加以不断完善，用以进一步指导井下作业实践，使提高井下作业效果效益的途径建立在科学指导基础之上。

⑤ 建立储气库技术培训体系。储气库是一个技术性强、专业覆盖面广、工艺操作复杂、安全性要求高的系统工程，其性质决定了储气库的管理者和操作者必须具有较高的业务素质。拟分专业编写适用于储气库运行管理的培训教材，细化岗位培训纲要，明确岗位、

工种需掌握的知识要点和操作技能，尽快建立一套适合于储气库运行管理的“培训-认证-考核”体系和培训管理制度，使培训工作步入正规管理。

（4）调研国内外修井的新技术。

目前储气库的修井作业队伍仅限于大港油田井下公司和华北油田井下公司，而与国内外其他修井单位几无合作，这在一定程度上限制了新技术的采用。随着储气库运行时间的加长，各种井下复杂状况势必会出现。为了保障今后修井的成功率和安全，有必要与国内外相关单位合作，调研国内外的井下故障和相对应的新技术，并形成数据库。

（5）加强应急演练，提高处置能力，有效防范和控制各类突发事件。

今后，储气库分公司将采用桌面演练、功能演练、全面演练三种类型的应急预案演练方式，一方面，暴露出公司相关预案和程序的缺陷以及应急救援的硬件设施和装备的不足，以便持续改进；另一方面，加强职工处理突发事件应急能力的培养锻炼，确保一旦发生险情，职工能够沉稳、迅速、有效地实施现场抢救；再一方面，增强老井周边企业和群众对突发事件的救援信心和应急意识，提高其与储气库分公司的整体协调性，提高整体应急反应能力。

4.2.2 京58储气库群建库及运行技术

1. 简介

陕京二线输气管道于2005年7月投产，其天然气主供北京市场，兼顾津冀鲁晋地区，设计年输气能力为$120\times10^8m^3$。目前已经投产的大港储气库群，为陕京二线的配套储气库，其工作气量尚不能满足陕京二线用户季节调峰的需要，因此决定建设京58地下储气库群，将京58、永22、京51三个地质条件较好的断块改建为地下储气库。

2. 建设京58储气库群的关键技术

1）地质气藏技术

京58储气库群由三座类型不同的油气藏改建，包括处于开发后期的气顶油藏、衰竭的定容气藏和在试采阶段的含硫凝析气藏，其中气顶油藏和含硫凝析气藏改建地下储气库在我国均尚属首次，建库关键技术尚未成熟，处于摸索前进阶段。对于各个储气库库容参数设计、单井的注采气能力、建库周期、运行方案及H_2S浓度预测等亟需解决的问题，开展了以下几方面的关键技术研究：

（1）京58复杂断块砂岩气顶油藏建库方案研究重点解决了以下几个方面的关键技术：注采层系优化评价技术，建库库容评价技术，注采运行工作气体积优化评价技术，注采井网部署优化评价技术。

（2）永22带油环的底水含硫化氢的凝析气藏建库方案研究重点解决了以下几个方面的关键技术：地质储量复算，气库井型优选及单井注采气能力优化设计，采出气中硫化氢含量预测及建库方案优化设计。

（3）京51凝析气藏建库方案研究重点解决了以下几个方面的关键技术：京51断块气井注采气能力优化设计，建库库容参数及运行方案优化设计技术。

2）储气库井控技术

（1）丛式水平井钻完井控制技术。

（2）潜山含硫化氢储层井身结构、固井工艺、完井方式综合配套技术及优化技术。

3）地面工艺技术

京58储气库群作为陕京二线的配套储气库，通过陕京二线及永清分输站可与陕京线、陕京二线、大港储气库群、规划中的华北储气库群及其配套管线相互联通，可实现多储气库的统一管理、统一调度、互相补充，使整个京津地区天然气输配系统运行更加安全、可靠、灵活，充分发挥整个输气系统的能力。

3. 地质与气藏工程技术

1）京58储气库群油气藏概况

京58储气库群地理上位于河北省廊坊市永清县，距北京市南70km左右。地质上位于华北油田河西务构造带，库群由京58储气库、京51储气库和永22储气库构成，京58储气库由一废弃的气顶油气藏改建，京51储气库由一废弃的气藏改建，永22储气库由正处于试采阶段的含硫气藏改建。

2）储气库密封性评价

如果断面物质（如断层泥等）或断层一侧物质的排驱压力大于另一侧，则断层是封闭的，反之则是开启的。大量研究事实证明，在相同压实条件下，泥岩的排驱压力远大于砂岩的排驱压力，因此一般认为如果断层两侧为砂、泥对接或泥、泥对接或有断层泥存在，则认为断层是封闭的；若断层两侧为砂岩、砂岩对接，则认为封闭条件变差。大量事实还证明，同生断层在形成过程中，因为沉积和断裂同时发生，泥质层尚未被压实固结而呈半塑性状态，泥层很易沿断面或破裂带发生塑性流动，充填张开的断面，经压实后形成断层泥，因此认为同生断层多为封闭的。

4. 建库气藏工程技术集成

1）京58储气库

（1）储气库运行压力区间设计

运行上限压力一般不应高于原始地层压力的50%，以保证油气藏原有的密封性不受到破坏。由于京58断块地质条件复杂，构造破碎，内幕断层发育，并且该断块目前已完钻各类井38口，其中有18口采油井穿过了气层，为了不破坏其密封条件，建库初期运行压力上限确定为原始地层压力附近为宜。以原始油气界面1870m作为参考深度，原始气层压力系数为1.12，确定运行上限压力为20.6MPa。运行下限压力经综合分析认为，确定为11.0MPa比较合理。

（2）气库库容设计

在原物质平衡方程基础上，引入注气驱动指数，从而建立了物质平衡注采动态预测模型：

溶气驱的驱动指数（DDI）+气顶驱的驱动指数（SDI）+人工水驱的驱动指数（WiDI）+人工注气驱动指数（GiDI）= 1

根据京58储气库库容和工作气量计算结果，可以确定气库库容的几个基本参数：

气库库容气库总库容为$8.1\times10^8m^3$，其中气顶自由气库容为$5.0\times10^8m^3$，油层自由气库容为$3.1\times10^8m^3$。气库有效工作气量为$3.9\times10^8m^3$，其中气顶有效工作气量为$2.4\times10^8m^3$，油层有效工作气量为$1.5\times10^8m^3$。基础垫气量为气顶气残余气量。断块气顶气储量为5.5×

10^8m^3，利用气顶压降法重新标定可采储量为 $4.89\times10^8m^3$，因此气顶气残余气量为 $0.61\times10^8m^3$。附加垫气量，根据压力下限为 11.0MPa，Ⅰ～Ⅳ砂组采气末总气量为 $4.21\times10^8m^3$，则需附加注入气体总量为 $3.60\times10^8m^3$。补充垫气量，根据工作气比例计算，Ⅰ～Ⅳ砂组气垫气总量为 $4.21\times10^8m^3$，目前气顶气已采出 $4.04\times10^8m^3$，剩余气量为 $1.46\times10^8m^3$，因此需补充垫气量为 $2.75\times10^8m^3$。气库运行的压力区间，运行上限不高于原始地层压力 20.6MPa，下限压力确定为 11.0MPa。

2）永 22 储气库

（1）储气库运行压力区间设计

永 22 潜山原始地层压力为 31.36MPa，考虑到安全因素，不宜将气库上限压力(最大储气压力)提高，应不超过原始地层压力，故确定永 22 储气库的上限压力为 31.36MPa。气库下限压力确定的主要原则是要求库容的利用率在 40%左右，在井口压力不小于 6MPa 的情况下，通过节点分析计算确定下限压力为 17MPa 左右。

（2）气库库容设计

计算含油面积为 $2.85km^2$，石油地质储量为 29.46×10^4t；含气面积为 $2.5km^2$，凝析气储量 $7.4\times10^8m^3$。永 22 储气库的库容量约为 $7.4\times10^8m^3$。

通过综合分析研究以后，认为永 22 储气库气垫气比例取 60%左右比较稳妥，其相应的垫气量为 $4.4\times10^8m^3$。考虑到永 22 潜山标定的气层气可采储量为 $4.98\times10^8m^3$，溶解气可采储量为 $0.12\times10^8m^3$，因此其基础垫气量为 $2.42\times10^8m^3$，附加垫气量为($4.4-2.42=1.98$) $1.98\times10^8m^3$，其相应的有效工作气量为 $3.0\times10^8m^3$。

3）京 51 储气库

（1）储气库运行压力区间设计

考虑到京 51 断块地处冀中平原，周围人口较多，考虑到安全因素，不宜将气库上限压力(最大储气压力)提高，应不超过原始地层压力，故上限压力取原始地层压力，为 16.47MPa；由于考虑将京 51 与京 58 储气库共用一套系统，因此设计时借鉴了京 58 储气库的井口压力的要求，要求井口压力不小于 6MPa，通过节点分析计算确定下限压力为 8.6MPa 左右。

（2）气库库容设计

由于京 51 断块气藏已经废弃，动态资料比较丰富，且气藏规模较小，因此利用压降法进行了动态储量计算，最终确定京 51 储气库的合理库容选取动态储量为 $1.27\times10^8m^3$。

有效工作气量是气库压力从上限压力下降到下限压力时的总采气量，它反映了储气库的实际调峰能力。根据库容与地层压力的关系，求得京 51 储气库的有效工作气量为 $0.635\times10^8m^3$。

5. 京 58 储气库群井网部署及优化设计

1）京 58 储气库

京 58 断块砂层发育，纵向分布集中，含油气井段长。纵向地层流体性质差异大，气顶主要分布在上部的Ⅰ～Ⅱ砂组，而下部Ⅲ～Ⅳ砂组则以油层为主。由于内部小断层及隔层细小裂缝的存在，使内部隔层的局部分隔作用减弱，断块局部不可避免地存在流体纵向窜流的通道，因此Ⅰ～Ⅱ砂组气顶和Ⅲ～Ⅳ砂组油层在气库注采过程中难以有效阻隔，故考虑统一建库。

注采及排液井网对比方案设计：10口注采气井改变为行列式布井，第一排6口注采井布置在主断块的断棱高部位，第二排4口注采井布置在油气过渡带1860m等高线附近，两排注采井排距为200～300m；边底部排液井外扩至油水过渡1940m等高线附近，井距约为300m，与注采井排距为300～350m。

2）永22储气库

永22储气库主要产油气层位为奥陶系的峰峰组和上马家沟组，其储集空间有构造缝、缝合线、溶洞、晶间孔等，其中构造缝最为发育；裂缝中有效缝较少，大多数裂缝被方解石充填。井网优化设计主要遵循以下几个原则：①根据用气需求与规律，按季节调峰运行进行方案设计；②永22储气库方案全部按照均采均注设计；③为了保证储气库的安全，尽量利用新井作为注采井，在构造的有利部位布井，以利于库容的动用；④设计采用一套层系建立储气库。

在上述分析的基础上，利用得到的结论和认识，结合永22潜山的实际情况，共设计了3套方案，利用油藏工程方法对其指标进行了预测和优选(见表4-24)。

表4-24 永22储气库初步设计方案指标对比表

方案号	设计指标					
	工作气比例/%	工作气量/10^8m^3	工作井数/口	日注气量/10^4m^3	日采气量/10^4m^3	采气末期井口压力/MPa
方案一	32	2.4	4	109.1	200.0	10.5
方案二	40	3.0	5	136.4	250.0	8.0
方案三	49	3.6	6	163.6	300.0	6.0

综上所述，在考虑了气藏地质、动态、水平井优化设计等多方面因素的基础上，通过多方法、多方案的对比分析后，认为相比于其他方案，方案二更加合理。因此，最终推荐采用方案二作为永22储气库的运行方案。

3）京51储气库

由于京51断块存在构造比较平缓，圈闭面积较小，构造形态狭长，纵向上气层埋藏较浅、分布集中、气层段较长、小层数较多等方面的特点，因此设计主要遵循以下原则：①根据用气需求与规律，按季节调峰运行进行方案设计；②京51储气库方案全部按照均采均注设计；③为了保证储气库的安全，尽量利用新井作为注采井，在构造的有利部位布井，以利于库容的动用；④设计采用一套层系建立储气库。

在上述分析的基础上，利用得到的结论和认识，结合京51气藏的实际情况，设计了3套对比方案，对其指标进行了预测。其中，方案一设计新钻工作井5口，工作气量为$0.76\times10^8m^3$，工作气比例为60%左右；方案二设计新钻工作井4口，工作气量为$0.64\times10^8m^3$，工作气比例为50%左右；方案三设计新钻工作井3口，工作气量为$0.51\times10^8m^3$，工作气比例为40%左右。

综上所述，推荐方案二为京51储气库的合理运行方案。

6. 钻采工程技术

1）注采井井身优化

（1）井身结构设计依据

井身结构应根据地层的具体特点来制定，同时也要考虑到储气库注采井长期注采循环生产过程中的安全。地下储气库的注采井与一般的油气井相比，有许多独特之处。因此，在进行工程设计时，必须对这些特殊要求进行充分考虑，使之达到储气库注采井的要求。

（2）京58、京51储气库井身结构方案

根据京58储气库群三个储气库的不同特点，京58、京51储气库与大港储气库地质分层和地层岩性类似，所以京58和京51两个储气库借鉴了大港储气库井身结构的设计经验，即设计二开井身结构。①生产套管：按照管流计算和地质产能预测，要求下入生产套管的规格为ϕ177.8mm；②表层套管：为了保证钻井施工顺利进行，不出现复杂情况，不耽误工期，将表层套管下深600m左右，目的是防止浅层地层的垮塌，表层套管的尺寸选择ϕ273mm；③导管：下深50m左右，有两个目的，一是建立循环，防止钻进时钻井液冲毁井口，二是给井口提供保护，防止在冬天有结冰时井口被挤毁。

（3）永22储气库井身结构方案优化

根据永22潜山区块的地层特点、老井的实钻情况、储层含硫化氢、储气库运行特点等因素，注采井井身结构有三种方案可供选择。

其中方案三为采用水平井四开井身结构。一开下入ϕ508mm表层套管100m左右，封住平原组表层流沙层段；二开下入下入ϕ339.7mm表层套管1300m左右，封固平原组及明化镇较疏松地层，保护民用水层；三开下入ϕ244.5mm技术套管进入奥陶系风化壳5~8m，封住石炭二叠系地层，为下步使用低密度钻井液钻开潜山目的层打下良好基础；四开使用ϕ212.7mm钻头钻开潜山目的层至完钻井深，下入ϕ177.8mm套管+尾筛管完井。

三种方案为便于集中管理，降低综合成本，减少占用耕地面积都采用了三个井场。经过对三个方案的对比，其中第三方案：①三开采用ϕ244.5mm普通套管坐入潜山，三开钻进中可以不考虑ϕ244.5mm套管的磨损问题，在钻达完钻井深下入ϕ177.8mm防硫生产套管确保整个储气库的安全正常运行；②由于ϕ244.5mm技术套管采用了普通套管，ϕ177.8mm防硫套管又比第二方案减少大量的费用，整体综合成本比第二方案不会增加多少，但确可以保证生产套管的安全，不再增加补救套管投资的风险；③由于三开技术套管采用了ϕ244.5mm套管，在三开中就可以使用ϕ127mm的钻具组合，相比使用ϕ88.9mm小钻具其抗载能力更大，降低了出现钻具事故的概率，同时使钻水平井段的井眼轨迹控制难度降低；④如果一旦井下出现复杂情况，由于井眼的直径较大，因此处理可选择的施工方案也会更多。通过几种方案的比对，建议采用第三方案。

2）井场及井眼轨迹控制技术

（1）京58储气库井场及井眼轨道控制设计

① 井场及井口布置优选

根据钻井地质目标和现场勘探情况，综合考虑距离村庄安全距离、钻井施工安全距离、后期修井作业井场需要、生产运行管理方便、工期要求、节约土地等综合因素，确定为2个井场。

A井场：10口井位于该井场，采用丛式井组，既可节约土地占用，又方便后期管理，该井场位于京58井附近，相对远离村庄和居民生活区，安全性较好。B井场：3口井位于该井场，采用丛式井组，既可节约土地占用，又方便后期管理，该井场位于京58-10井附近，相对远离村庄和居民生活区，安全性较好。

② 造斜率分析及井眼轨道优化设计

井眼轨道优化首先应考虑与老井防碰问题，还要考虑新井与新井之间的防碰问题。与新井井眼轨迹小于30m的4口老井需要测陀螺，以更准确地掌握老井的井眼轨迹，用测取的陀螺测斜数据对新井眼轨迹进行校正。与新井井眼轨迹大于30m小于50m的11口老井需要复测井口坐标，井口坐标误差大于10m的老井需要重新测陀螺。

新钻注采井的水平位移在450~800m范围内，钻井垂深大约为2000m。为了加快钻井速度，降低施工风险，井眼轨道应采用三段制井身剖面。由于构造上老井较多，且存在防碰要求，为了保证钻井施工的安全性，避免发生碰撞，有的井需要采用五段制剖面。

井眼轨道的设计根据地质目标参数对造斜点、造斜率、井斜角和防碰措施进行优化。结合目前定向井施工技术水平，并对套管柱下入时最大摩阻力进行分析计算，将造斜率设计为6.25°/25m左右。造斜点的选择主要是依据位移的大小及防碰要求进行优化选择。

③ 井眼轨道控制

五段制下部垂直井段较长，而且关系到钻入靶区，必须加强该井段的控制，因此，该井段仍采用钟摆钻具组合实施严格吊打钻进，防止井眼再增斜后脱靶。

（2）永22储气库井场及井眼轨道控制设计

① 井场及井口布置

永22储气库构造平面上北侧近邻河北永清县辛务村，南部近邻老幼屯村，西侧近邻南朝王和大缑庄村。由于地面环境村庄紧密，为保证钻完井施工安全距离、后期生产运行管理方便、减少土地占用等，由原设计的3个井场改为2个井场。C井场：布置3口水平井，井距间隔20m，井场临时占地面积为140m×100m；D井场：布置2口水平井，井距间隔20m，井场临时占地面积为120m×100m。

② 造斜率分析及井眼轨道优化设计

在设计轨道时，311.2mm井眼最大造斜率不超过12°/100m，215.9mm井眼在潜山灰岩地层中造斜率最大不超过30°/100m。

根据地质要求，对于两个靶点的定向井采用“直-增-稳”三段制剖面，可减少复杂事故，提高钻井速度。而对于3个靶点的水平井，在设计轨道时，既要满足地质目标，又要考虑水平井钻井施工的难度，有利于井眼轨道的控制。通过优化后，最终确定了“直-增-稳-增-调整-稳”的剖面。

3）京51储气库井场及井眼轨道控制设计

① 井场及井口布置优选

根据京51断块构造呈偏北长条形和现场勘探情况，确定的井场位置和井口布局方案为：E井场位于新京51-1X井附近，布置4口井，各井的水平位移均控制在700m左右，4口井井口地面位置呈东西方向一字排开，每个井口相距5m，钻机大门朝西，井场面积为70m×180m。一部钻机施工，钻机搬家采用整托措施，方便施工。

② 造斜率分析及井眼轨道优化设计

新钻注采井的水平位移在200~700m范围内，钻井垂深大约为1880m。为了加快钻井速度，降低施工风险，3口井的井眼轨道应采用三段制井身剖面。由于新钻井与构造上老井存在防碰要求，为了保证钻井施工的安全性，避免发生碰撞，华3-4井需要采用五段制井身剖面。

③ 井眼轨道控制

同京58储气库类似。

7. 防塌、防漏及保护储层

1）京58、京51储气库钻井液体系的确定

根据京58、京51地层情况和多年来该地区的钻井经验，并结合储层已经枯竭、压力系数低的特点，对钻井液体系作如下选择：ϕ660.4mm井眼，采用膨润土钻井液；ϕ374.6mm井眼，采用聚合物钻井液；ϕ241.3mm井眼，采用聚合物钻井液。

2）钻井液密度确定

根据京58、京51地层孔隙压力、坍塌压力、邻井资料及井身结构，钻井液密度：ϕ374.6mm井眼应尽可能控制在1.10g/cm^{3}以下；ϕ241.3mm井眼在明化镇组井段控制在1.05~1.10g/cm^{3}之间，在沙三井段控制在1.10~1.15g/cm^{3}之间，在沙四储层井段控制1.20~1.25g/cm^{3}之间。

3）储层保护措施(针对京58、京51储气库)

（1）采用屏蔽暂堵型技术保护储层，即根据储层孔喉半径的大小，选用与之相匹配的钻井液类型及暂堵剂，钻开目的层后很短时间内在井壁周围形成一个渗透率接近零的屏蔽带，阻止钻井液相和固相对储层的伤害。

（2）钻井完井液的密度应尽可能地走低限。

（3）为减少水敏性损害，防止黏土的水化膨胀和分散运移，钻井液完井液的滤液要有较强的抑制性，钻井液完井液的滤失量API失水≤4mL，HTHP失水≤14mL。

（4）为减少固相颗粒和滤液的侵入深度，在储层钻井过程中应加入封堵剂，对储层进行封堵。同时，为避免钻井液漏失，井场储备足够量的随钻堵漏剂和复合堵漏剂。

（5）在进入油层前100m应对钻井液性能进行调整，保证API失水≤4mL，HTHP失水≤14m。该地区存在渗透率大于200×10^{-3}μm^{2}的储层，为避免固相损害，进入储层100m前，加入1.5%~2.0%的油层封堵剂，以确保储层不受钻井液的污染。

4）永22储气库防漏失及防硫化氢

防漏失措施：若发生井漏，在钻井液中加入DCL等细目的随钻堵漏剂；储备一罐桥堵漏剂(加5%~10%复合堵漏剂的泥浆)，当随钻堵漏剂不能有效堵漏时，用桥堵泥浆堵漏；如果钻遇较大的溶洞，漏失严重，要立即起钻，打水泥塞堵漏；保证水源的供应充足。

防硫化氢的措施：要严格执行SY/T 5087—2017《硫化氢环境钻井场所作业安全规范》和SY/T 6610—2017《硫化氢环境井下作业场所作业安全规范》标准；井场宿舍区与井场距离要大于150m，宿舍区位于季风的上风方向，钻台配备逃生滑道，二层台安装逃生装置；严格按照标准要求安装、配备硫化氢监测仪和防护设备；井控设备选用抗硫化氢的设备；在钻井液中加入碱式碳酸锌，调整钻井液的pH值在9.5~10.5之间，并在井场储备3t碱式

碳酸锌；加强井控培训和防硫化氢教育。

永 22 储气库储层为奥陶系峰峰组和上马家沟组：峰峰组岩性上部为褐灰色灰岩和泥灰岩，下部为白云岩和厚层泥灰岩；上马家沟组岩性上部为褐灰色泥晶灰岩，中部为微层状白云岩和泥质灰岩，下部为褐灰色厚层灰岩，底部为一套泥灰岩。其储集空间有构造缝、缝合线、溶洞、晶间孔等，需要进行酸洗改造储层才能进行注采气生产，因此不存在储层保护的问题，其关注重点为防井漏、防井喷措施。

8. 完井技术

1）京 58、京 51 储气库完井方式

京 58、京 51 两座气库的地质构造、井身结构设计、生产套管规格均与大港储气库类似，其完井方式借鉴大港储气库的设计研究成果，即：

（1）完井方式　套管射孔完井。

（2）生产套管　ϕ177.8mm，壁厚 9.19mm，钢级 N80，气密封丝扣。

（3）固井工艺　为实现生产套管外水泥返至地面，减少固井时对储层的伤害，采用双级注水泥工艺，每级都是双凝固井工艺。分级箍安放位置：为保证分级箍能正常工作，并且能极大地减小注水泥时水泥浆对目的层的污染，同时兼顾下一级固井施工安全，将分级箍安放在距井底 800m 左右处的套管柱上。

（4）射孔工艺　采用油管传输负压射孔工艺，采用 ϕ127mm 射孔枪，大 1m 弹，孔密为 16 孔/m，相位角为 90°。

2）永 22 储气库完井方式

永 22 储气库地层岩性为灰岩，井壁稳定性好，不易坍塌，借鉴该区块其他老井的完井经验，主体采用裸眼完井方式，经过对比先期裸眼完井和后期裸眼完井方案，并结合该储气库采用水平井井型，水平井段长度为 300～500m，水平段距离底水界面不小于 150m，同时考虑到钻完井施工时，尤其是钻井施工时，会采用堵漏剂防止钻井液漏失，而生产时部分堵漏剂会堵塞生产流程中的节流阀，造成无法开井生产，因此需要增加筛管。增加筛管的目的是：防止采气时大量固相堵漏剂进入井筒内，同时筛管对较长的水平段有一定的支撑作用。

采用双分级箍完井方案，并严格按照分级箍的操作程序施工，从施工排量、施工压力、入井的扶正器数量及质量等细节方面加强管理。

（1）完井方式　采用“双分级箍”实现“中期裸眼筛管完井”方案；

（2）生产套管　ϕ177.8mm，壁厚 10.36mm，钢级 95SS，气密封丝扣；

（3）固井工艺　采用双级注水泥工艺，每级都是双凝固井工艺；水泥返至地面。

9. 储层改造技术

1）永 22 储气库储层措施改造的特点

（1）永 22 气藏潜山储层物性较好，储集岩储集空间类型以微细裂缝为主，裂缝中有效缝较少，大多数裂缝被方解石充填，大缝大洞不发育。

（2）由于潜山大部分井在钻井过程中，钻具放空、扩径和泥浆漏失小，反映出大缝大洞不发育。

（3）永 22 潜山气藏的 H_2S 含量较高，最高达到 1300mg/m^3。措施改造必须考虑 H_2S 的影响，采取必要的防护及解决措施。

（4）永 22 储气库采用水平井筛管完井。

2）酸液体系优化及特点

（1）酸液配方

预处理酸液：HCl+清洗剂+缓蚀剂+铁离子稳定剂；

胶凝酸液：HCl+缓蚀剂+铁离子稳定剂+破乳助排剂+胶凝剂；

自转向酸液：HCl+自转向剂+缓蚀剂+铁离子稳定剂；

泡沫酸液：HCl+起泡剂+稳泡剂+缓蚀剂+铁离子稳定剂+破乳助排剂。

（2）胶凝酸液性能实验数据

胶凝酸液性能实验数据见表 4-25～表 4-28。

表 4-25　酸液体系的缓蚀性能评价结果

酸液配方	反应温度/℃	反应时间/h	腐蚀速率/[g/(m^2·h)]	行业标准/[g/(m^2·h)]
胶凝酸体系	60	4	1.38	<5

表 4-26　铁离子稳定剂性能评价结果

样品名称	外　观	铁离子浓度/10^{-6}	溶解混合后现象	20℃铁离子浓度/10^{-6}	60℃4h 后铁离子浓度/10^{-6}
铁离子稳定剂	白色晶体	1000	黄绿色立即消失	2.5	5 （浅黄色透明液体）

表 4-27　酸液表面张力测定结果

酸液配方	表面张力/(mN/m)		备　注
	鲜酸	残酸	蒸馏水的表面张力为72.4mN/m
胶凝酸体系	28.50	29.65	

表 4-28　酸液体系黏度测定结果

酸 液 配 方	10℃黏度/mPa·s	60℃黏度/mPa·s
胶凝酸体系	75.79	12.28

（3）自转向酸液性能实验数据

自转向酸液黏度小(≤20mPa·s)，易流动，酸液首先进入储层污染较轻的层段，随着酸岩反应的进行，受反应产物——盐类(如 $CaCl_2$)的作用及酸液浓度的降低，在储层就地逐步形成凝胶，当残酸浓度降到 5%时形成的凝胶黏度最高(300mPa·s 左右)。酸岩反应 15min 后，残酸浓度降到 5%，因此在自转向酸与岩石反应后的 15min 左右形成高黏凝胶暂堵污染较轻的层，而鲜酸则进入污染严重的原高渗层或渗透率更低的储层，最终实现整个水平层段的均匀酸化解堵。自转向酸液体系的最主要优点是平板推进并能将整个层段覆盖。

3）注排酸工艺管柱方案优化

方案：酸压-注采完井管柱一次完成，下接尾管。

方案简述：普通管柱洗井，洗井后起出洗井管柱，下入注采管柱，下接尾管，替入酸液，封隔器坐封后利用注采管柱进行酸化，诱喷投产。

方案优点：能实现全井段布酸，酸化效果较好；酸化、放喷等工艺在采气树安装之后，施工作业较安全；生产运行时，井下安全有保障；连接尾管，可有效消除井底积液。

方案缺点：不能采用投球坐封，增加了钢丝作业次数和时间，增加了施工的风险；由于尾管的下入，增加了垂直管流摩阻，井口油压降低约1MPa；针对方案一，增加四趟钢丝作业费用，及400m的3½in油管费用，每口井增加约6万元，5口井合计30万元。

综合安全、酸化效果、投资、施工难易程度等因素，推荐该方案。

4）排液方式

在注酸完毕后，直接在油管内泵入液氮，靠液氮把整个井筒内的酸液压入储层。这种方法的优点是：把酸液全部挤入储层，减少酸液对油套管的腐蚀；可保证放喷一次成功，尤其对硫化氢井，可减少施工风险，有效控制含硫化氢天然气放喷；可最大限度地把残酸排出储层和井筒内，减少对储层的堵塞。其缺点是消耗的液氮量较大。

10. 老井处理及封堵技术

1）封堵材料及性能

（1）京58、京51储气库封堵水泥及水泥浆优选结果

选择600目超细水泥，适合京58、京51储气库储层孔喉半径实际，满足京58、京51储气库老井封堵的技术要求。

按照悬浮液和超细水泥1.2~1.4配比形成的水泥浆体系，在保证施工安全、注入流动性、注入量、形成的灰塞抗压强度、封堵储层孔隙后的渗透性等方面均可满足京58、京51储气库老井封堵的安全施工要求。

（2）永22储气库封堵材料及性能

永22储气库老井为永久性封堵，储集空间为裂缝和溶洞型，可直接采用水泥浆封堵，考虑到储层温度为109℃，因此按照API 10A水泥标准分类，在井深2000m以下采用D级水泥，井深2000m以上采用普通G级水泥。

2）特殊老井施工技术

（1）京51-1X井基本情况和难点

① 基本情况

京51-1X位于河北省永清县刘其营乡东麻村，井型为定向井，最大井斜为39°，该井开钻时间为2002年4月27日，钻进到石炭二迭系地层2088.64m处，发生放空、井漏、井壁坍塌，于2002年5月17日事故完井，修井前有1061.48m的钻具落井，鱼头在852m深处，井下钻具大多位于斜井段，表层套管为339.7mm规格，下深116.75m，外部水泥返至地面。

② 施工难点

a. 井上部地层松软，钻至鱼头时，可能出现新井眼，找不到鱼头，无法进行下步施工。

b. 造斜点1102m，在斜井段施工时存在套铣筒进鱼困难、套铣过程蹩钻严重、携岩困难、卡套铣筒情况随时可能发生等情况，套铣过程中难免损伤钻具，引起更复杂事故，使下步施工无法进行。

c. 该井是一口定向井，最大井斜为39°，最大水平位移为561.59m，有1061.48m的落鱼，鱼头在852m深处，井下钻具大多位于斜井段，该井钻井时间距今已有多年，井筒内的

泥浆已经失水固化，老井眼已经坍塌。

d. 井口距离永清-后奕 110kV 高压线的垂直距离为 35m，若使用钻机修井，须把高压线迁移到距井口 75m 之外，才能满足施工的安全要求，改线费用测算为 552 万元。

(2) 最终优化施工方案

使用 XJ750 修井机(150t)，不移动高压线，分为两个施工阶段进行。

(3) 实施效果

该井于 2009 年 10 月 26 日开始进场至 2010 年元月 17 日施工结束，历时 80 天圆满完成了整个施工任务，整个施工费用为 980 万元，没有移动井口附近的 110kV 的高压线。

11. 地面工艺技术

1) 站址及集输工艺优化

(1) 站址选择

结合储气库群所在区域和与陕京二线的相对位置关系及储气库所辖各注采井和排液井的位置，推荐储气库群统一设一座集注站。

结合京 58 储气库群所在区域的地面状况，集注站站址选择在古一接转站东南约 300m 处，距 A 井场约 1. 1km，距 B 井场约 2. 0km，距 C 井场约 0. 5km，距 D 井场约 1. 5km。集注站周围场地平坦开阔，距村庄的最近距离约 0. 5km。

根据以上对比可知，只考虑京 58 储气库时，集注站站址采用方案一，即集注站靠近井场和古一站设置，位于泛区内，在技术和经济方面较优。从整个储气库群的建设方面考虑，永 22 储气库位于京 58 东侧约 0. 5km，也位于泛区内，且永 22 在三座储气库中工作气量较大、压力最高且含 H_2S，因此若将集注站设于泛区外，则抗硫高压集输管线均需增长，投资增加，且危险性也增加。

综合考虑京 58 储气库群的建设，推荐集注站的站址采用方案一，即靠近井场和古一站设置，位于泛区内，在古一接转站东南约 300m 处。

(2) 京 58 储气库群集输系统优化效果

① 便于操作控制，单井投产只需人工开启井口的生产阀门，其余流程可以在开井前倒通，可以实现在井场及站场无人的情况下，通过远程开启智能电动油嘴达到开井并控制气量的目的，从而进一步规避了开井期间可能出现的安全风险。

② 有效利用了储气库井口压力能，达到了节能降耗的目的。

③ 在满足生产需要的前提下，最大限度地节约了工程建设投资。

④ 京 58 储气库群各生产单井均设置了 1 台井口靶式流量计，可以对采气量和注气量进行单独计量。

2) 烃水露点控制技术

(1) 露点控制装置工艺流程

① 京 58 储气库

天然气经进站空冷器冷却至 30℃，再经乙二醇注入器注入乙二醇或甲醇，进管壳式换热器与低温分离器分出的天然气换冷至 0℃，当采气天然气压力高于 9. 1MPa 时，经 J-T 阀节流，天然气温度降至-7℃进低温分离器。采气压力低于 9. 1MPa 时，天然气经丙烷蒸发器制冷(或节流与丙烷制冷相结合)至-7℃，低温分离器分出的气相经管壳式换热器复热后，通过天然气管线返回陕京二线永清分输站。低温分离器分离出的油相进凝液分离器，分出的富乙二醇溶液进入乙二醇再生系统进行再生。

采气压力低于9.1MPa、高于7.3MPa时，天然气可通过J-T阀制冷和丙烷制冷相结合的工艺，脱烃、脱水、复热后经天然气管道输至永清继而进到陕京二线管线系统；在采气压力低于7.3MPa时，天然气采出压力过低，不能适应陕京二线的进气压力，可经过J-T阀+丙烷制冷脱烃脱水后，压力为5.3MPa，输至永京管道。

② 永22储气库

生产分离器分出的天然气，经空冷器冷却至30℃后进预冷分离器进行气液分离，分离出的液相与生产分离器的液相一起外输至永22脱硫集气站，分离出的气相进脱硫装置。脱硫合格天然气注入乙二醇后甲醇，进管壳式换热器与低温分离器分出的天然气换冷至0℃左右，经J-T阀节流制冷(或通过丙烷蒸发器制冷)至-7℃进低温分离器。低温分离器分出的气相经管壳式换热器复热后与京58储气库的天然气汇合，经管线输送至永清分输站进陕京二线或永京管线。低温分离器分离出凝析油节流至1.4MPa去永22集气站凝析油处理装置，富乙二醇水溶液去乙二醇再生系统再生。

3）烃水露点控制技术优化

京58储气库群采气中含有水和轻烃，为满足天然气外输的露点要求，需对注采井所采天然气进行脱水、脱烃处理。

京58储气库群各库在采气前期，采出气压力满足进入陕京二线时，可充分利用其压力能，采出气进入陕京二线。此时陕京二线在永清分输站节点压力为6.4MPa，考虑天然气外输管线的沿线压降，集注站外输压力确定为6.7MPa。采用J-T阀制冷工艺时，J-T阀前压力需为8.8MPa，对应井口压力为9.1~9.3MPa；采用辅助制冷时，进辅助制冷系统的压力需为7.0MPa，对应井口压力为7.4MPa。

采气后期，压力不能满足进入陕京二线时，改进永京管线。永京管线在永清分输站的节点压力为4.8MPa，京58储气库采气井口最低压力(6.0MPa)也能够满足集注站不增压外输的要求。所以在采气后期，当采出气压力<7.3MPa时，采出气可进入永京管线，外输压力确定为5.4MPa。此时，可利用J-T阀制冷或J-T阀和丙烷辅助制冷相结合的工艺进行烃水露点控制。

4）脱硫技术研究

永22断块为含硫天然气凝析气藏，由于目前刚转入开发阶段，根据地质数据，在建库初期，含硫量最高达790mg/m^3，因此必须对采出气进行脱硫净化处理，脱除天然气中的H_2S。

（1）干法脱硫方案

永22储气库的平均采气量为250×10^{4}m^3/d，需要建设的脱硫装置天然气处理规模应当为250×10^{4}m^3/d。

根据地质确定的永22储气库“先采后注，控制脱硫总量，先期70×10^{4}m^3/d连续开采429天，第一个注采周期采气量为200×10^{4}m^3/d(120天)，此后进入正常注采(日均采气250×10^{4}m^3/d)”的建库方案，计算脱硫装置最大迁硫量(脱硫能力)为860kg/d。同时脱硫装置需要满足70×10^{4}m^3/d处理量的运行下限的要求。确定塔径为2.1m，单塔装填脱硫剂量约为 35m^3。脱硫装置设置 8 塔 4 组，单组 2 塔可串联操作，组与组并联操作。分两期建成，一期先建设 2 组 4 塔，2 组并联，每组内 2 塔相互切换操作，最大处理量能够达到 125×$10^4m^3/d$。

（2）推荐方案详述

在京 58 集注站设脱硫装置两套，位于京 58 集注站南侧。

辅助生产厂房有阴极保护间、化验室、维修工具间、值班室、配电间、空压机间等。

设计规模：125×$10^4m^3/d$；设计压力：7.7MPa；操作压力：7.0～5.6MPa；操作温度：20～60℃。

① 流程及参数

每套橇装固体脱硫装置设置 4 塔 2 组，单组可以是 1 塔，也可以是 2 塔串联，2 组并联，每组内 2 塔相互切换操作，两套脱硫塔的最大处理量为 250×$10^4m^3/d$。

② 适应性分析

天然气规模变化的适应性：脱硫装置基本可以满足采气初期处理量 70×$10^4m^3/d$ 至储气库正常运行 250×$10^4m^3/d$ 的天然气脱硫处理量的要求。

天然气压力变化的适应性：固体脱硫装置可以适应天然气操作压力的 7.0～5.6MPa 变动范围。

③ 自动控制

脱硫装置的自控部分包括监控用 PLC 系统、脱硫塔出口天然气 H_2S 含量在线监测系统、脱硫装置区的可燃气体报警及有毒气体(H_2S)自动报警设施。

④ 配套设施

脱硫装置的配套设施有空压站 1 座及氮气站 1 座，集注站外新建脱硫剂及废弃脱硫剂堆放场地，站内建污水循环池。空压站和制氮装置为整体撬装。

空压站供应仪表风的规模为 10m^3/min，包括空压机、干燥撬、高效除油器、润滑油泵等。制氮装置的规模为 3m^3/min。

⑤ 废脱硫剂的处置

工程采用进口 Sulfatreat XLP 脱硫剂，Sulfatreat XLP 是一种组成独特的氧化铁化合物，常用于固定床脱硫工艺，它的消耗量只与原料气中 H_2S 的含量有关，硫容大约为 2.4kg 硫/kg 脱硫剂，床层压降小，硫容量大，用量相对较少，降低了装卸、运输的能耗。新鲜或废弃脱硫剂均对环境无毒、无腐蚀性、无害，废剂常规的处理方式采用填埋，也可以用于其他许可的场合。

（3）工艺流程

来自永 22 脱硫集气站 1.2MPa 的低压天然气，通过已建的永 22 脱硫集气站至古一接转站的天然气输送管线(D159×5)输送至古一接转站。

京 58 储气库 1.2MPa 的低压天然气通过新建 D159×5 的输气管线进入永 22 脱硫集气站至古一接转站的天然气输送管线输送至古一接转站。低压天然气进入古一接转站后由站内已建的天然气处理装置进行处理。

5）注气系统优化

（1）注气系统工艺流程

陕京二线来气经永清分输站至京 58 集注站(3.56～4.5MPa，20℃)，经过滤分离器(3

套并联，2用1备）除去粉尘和杂质后，进入注气压缩机组（1套）入口缓冲罐，经压缩至10.0~32.0MPa（根据地层压力变化），进空冷器（注气压缩机组附带）冷却至65℃以下，经集注站至各储气库井场的注气管线输送至井场，通过单井管线注入地下储气库。

对京58储气库群的压缩机选型从设备投资、供电系统投资、降噪投资等固定资产投资和操作运行费用、维护费用等方面一起进行综合对比。四种压缩机选型经济对比见表4-29。

表4-29 压缩机选型经济对比表

项目		单位	燃驱往复式	电驱往复式	普通电驱离心式	整体式离心压缩机	备注
固定资产投资	压缩机组设备总价（CIF）	万元	17379	11421	13366	27020	
	供配电系统投资	万元	1397	2910	2910	2910	
	合计	万元	18766	14331	16276	29930	
运行、维护费用	燃气消耗	$10^4m^3/a$	1305	0	0	0	气价：1.28元/m^3
	电消耗	$10^4kW\cdot h/a$	222	4706	5614	5372	燃驱电价：0.56元/kW·h 电驱电价：0.45元/kW·h
	维护和维修、大修费用	万元/a	810	443	160	39.5	
20年费用现值		万元	32773	32072	34750	45221	

（2）推荐意见

经过对比分析，考虑到电驱往复式压缩机在技术方面能够满足要求，工况适应性较好，经济性也较好，同时在正常工况下可实现远程控制、自动运行，在运行维护、备品备件、系统简化、噪声、废气排放、占地等方面也具有一定优势，因此京58储气库群注气压缩机推荐采用电驱往复式压缩机组。

京58、京51储气库选用2台注气压缩机组，单台机组的压缩机功率为3000kW、电机功率为3750kW；永22储气库选用2台注气压缩机组，单台机组的压缩机功率为3300kW、电机功率为3750kW。

6）自动控制系统设计

（1）新建地面工程

① 总体设计方案

a. 自控系统设计方案

自控系统由集注站DCS、ESD、井场RTU、注气压缩机PLC、丙烷压缩机PLC等第三方设备控制系统、火气检测报警系统等组成。

b. 仪表选型

集注站火气检测报警统一考虑设计为一个检测报警控制系统，包括火焰、可燃气体泄漏、硫化氢气体泄漏和室内火灾（室内火灾部分见通信专业设计）检测报警。火气检测仪表信号进入火气报警控制盘进行指示、报警，其检测信号进入DCS系统，报警信号进入ESD系统。

可燃气体检测报警仪表、火焰检测报警仪表及ESD回路的检测仪表，选用经过安全认证的产品，认证等级不低于SIL2。

② 仪表系统设计方案

a. 安全仪表

按照《石油化工安全仪表系统设计规范》(SH/T 3018—2003)规定，京58储气库群的安全等级确定为2级，检测仪表及关断阀配置如下：

检测仪表与过程控制系统分开设置，采用4~20mA DC模拟信号的变送器，并通过安全认证。重要场合如集注站进、出口关断控制采用冗余变送器，3选2配置。其他场合单台设置。

关断阀与过程控制系统分开设置。关断阀不作冗余配置，但与其配套的电磁阀需作冗余配置。关断阀采用气动提升式轨道球阀，阀门有阀位输出信号，可在ESD系统显示阀门的开启状态。

b. 火气仪表

在集注站生产装置区和压缩机房安装红外式可燃气体变送器，其信号进入火气报警盘，报警盘报警信号进入ESD系统进行显示、报警、打印、记录。

在集注站内可能泄漏硫化氢气体的场合，如脱硫单元、永22进站分离单元等装置区，设硫化氢气体检测报警装置。硫化氢检测信号进入火气报警盘，报警盘报警信号进入ESD系统进行显示、报警、打印、记录。

在集注站生产装置区和压缩机房安装三频红外火焰探测器，其信号进入火气报警盘，报警盘报警信号进入ESD系统进行显示、报警、记录。由于三频红外火焰检测报警装置可以完全避免误报，当报警器发出报警信号时即可实施全厂紧急关断，并发出火灾报警通知消防泵房启动消防设施。

为了确保站内生产安全，方便事故报警，在各井场和集注站的装置区出口等位置设置了防爆手动控制按钮，现场巡检人员在发现火灾或危险情况时可以立即就地报警，直至全厂紧急停车。

c. 过程控制仪表

站内压力、温度、液位调节执行机构为气动调节阀，调节阀配套智能型电气阀门定位器，由DCS实现对调节阀的控制。燃料气及压液气压力调节采用自力式调节阀就地调压。采出气节流调压采用J-T阀。

压力检测采用智能压力变送器，温度检测采用智能一体化温度变送器。其信号进入DCS或ESD系统，进行显示、记录、报警或联锁控制。

站内天然气流量计量采用智能气体旋进旋涡流量计，较为重要的场合配套温度、压力补偿仪表。其信号进入DCS进行显示记录。

站内油、甲醇、导热油流量计量采用涡轮流量计，其输出信号进入DCS进行显示、记录。站内污水流量计量采用电磁流量计，其输出信号进入DCS进行显示、记录。

液位检测采用智能双法兰液位变送器，分离器油水界面检测采用智能外浮筒界面变送器，地下排污罐液位检测采用浮子液位计。其信号进入DCS进行显示、报警和控制。

用于设备切换的阀门采取自动控制，口径较大的采用电动球阀，配总线型电动执行器，电动球阀工作电源为380V AC。口径较小的阀门采用气动球阀。由DCS控制球阀的开、关，并接受阀位反馈信号显示阀门的开启状态。

③ 天然气双向输送管道自控设计方案

天然气双向输送关断集注站收发球单元的自动监控由集注站 DCS/ESD 系统完成。

永清分输站内原有 1 套 PLC 控制系统，并将数据上传北京油气调控中心。本方案利用已有 PLC 系统对改造部分生产过程进行自动监控，将有关数据随原有通信网络上传。届时，将根据实际需要对其进行 I/O 扩展，使之能够满足扩建后的生产需要。

进站紧急关断采用气液联动球阀，当处于事故状态或需要关断时，由站内控制系统发出指令实施紧急关断。

站内压力检测采用智能压力变送器，温度检测采用智能一体化温度变送器。其信号进入站内控制系统进行显示、记录、报警。

天然气电动球阀控制，均由站内控制系统根据生产工艺要求发出指令，控制相应阀门的开、关，同时，各阀位状态将在站内控制系统显示。

天然气压力调节执行机构采用电动调节阀，由站内原有的 PLC 进行控制。

④ 永 22 脱硫集气站扩建自控系统设计方案

永 22 脱硫集气站扩建利用站内原有 1 套 PLC 控制系统，本方案对原有 PLC 进行扩展后对扩建部分的过程控制进行数据采集和自动控制。另外，本方案增加 1 套小型 ESD 控制系统，用于扩建部分的紧急关断控制。

为了确保站内生产安全，方便事故报警，在站内装置区入口设置了防爆手动报警控制按钮，现场巡检人员一旦发现险情，可以立即就地报警。

7）安全控制系统设计

(1) 京 58 储气库群紧急关断系统

京 58 储气库群紧急关断(ESD)系统参照目前国际上普遍采用的《海上生产平台上部设施安全系统的基本分析、设计、安装和测试的推荐方法》(API RP 14C)设置紧急截断阀。

① 集注站紧急关断系统

集注站紧急关断系统介绍详见前文 ESD 系统介绍。

② 井口紧急关断系统

井口紧急关断分地面井口关断和井下关断。地面井口紧急切断阀采用液压式反向闸板阀，井下关断执行机构由采气树配套提供井下安全控制系统。

(2) 京 58 储气库群放空系统

京 58 储气库群各库放空系统共用，永 22 储气库天然气含硫，因此集注站设置放空火炬系统。集注站设置了高压放空系统和低压放空系统，并分别设置了高压放空分液罐、高压水封罐和低压放空分液罐、低压水封罐，高、低压放空系统共用 1 座放空火炬。高压放空系统为高压工艺设备安全阀、压缩机安全阀等设备放空，低压放空系统主要排放排液生产分离器、凝液分离器、乙二醇富液闪蒸罐等低压设备的安全阀放空气量。集注站内各关键部位设置 BDV 阀，放空系统连接了站内的 BDV 阀门的放空，当集注站内发生火灾时，通过 BDV 阀释放事故隔离单元的烃类气体，保证设备或装置的安全。按照 API 521 规范的推荐作法，BDV 阀在 15min 内应将系统压力由当前压力泄压至 0.69MPa 或容器设计压力的

50%(两者中取较低者),由此计算站内最大瞬时放空量约为 $2.5\times10^4 m^3/h(60\times10^4 m^3/d)$。

同时,由于永 22 采出气含硫,因此,火炬的高度设计除满足热辐射影响要求以外,还需考虑满足 SO_2 排放标准的要求。确定放空火炬规格为 $DN350\times H60000$。

8) 工程技术特点及设计特点

(1) 理念新

① 设施建设以"安全、环保"为核心;

② 风险最小化设计;

③ 人性化设计;

④ 工项目建设充分体现价值工程学理念。

(2) 技术新

① 国内第一座刚刚投入开发的含硫凝析气藏改建地下储气库;

② 国内第一座枯竭油藏改建地下储气库;

③ 在严格执行国家标准的同时大胆采用了欧美相关规范要求,提高了设计水平;

④ 第一次采用电驱往复压缩机组作为储气库的注气压缩机;

⑤ 噪声治理有的放矢,既节省了投资,又保证了治理效果。

(3) 技术难

① 脱硫工艺选取和装置设计难度大;

② 各库类型不同,井口集输工艺设计难度大;

③ 节地和环保要求高;

④ 放空系统设计难度大;

⑤ 投资控制难度大。

12. 工程技术实施效果评价

1) 储气库多周期运行效果评价

(1) 京 58 储气库

京 58 储气库 2010 年投入运行,目前已经历了三个多周期注采运行。2012~2013 年周期,京 58 储气库运行库存量动用率为 70.1%,总库容量为 $6.19\times10^8 m^3$,总垫气量为 $4.60\times10^8 m^3$,工作气量为 $1.59\times10^8 m^3$,工作气比例为 25.7%;工作气量变化率为 15.7%,垫气变化率为 24.6%。气库经历了快速扩容阶段后,目前正处于快速扩容向稳定扩容过渡阶段,各项运行指标稳定增加。

京 58 储气库建库目的层位主要为砂四上段Ⅰ~Ⅳ砂组,建库前气藏已枯竭,因此建库初期注入气主要填补原始含气范围内地层亏空,并沿相对发育孔喉、高渗带快速突进,迅速占据较大孔喉,储气库处于快速扩容阶段,运行曲线表现为快速向右移动,其含气孔隙体积、库容量及工作气量等主要运行指标迅速增加,储气库气驱扩容效率较高;经历了初期的快速扩容阶段后,注入气已占据了气驱波及范围内的主要发育孔喉,储气库气驱扩容效率有所降低,但井控范围内气驱波及效果仍在进一步改善,表现为储气库运行曲线向右持续移动、主要运行指标稳定增加,但增量及增幅较初期快速扩容阶段降低,储气库进入稳定扩容,各项指标稳定增加。

（2）永22储气库

永22储气库2010年投入运行，目前已经历了三个注采运行周期，获得大量宝贵的注采运行动态资料，运用凝析气藏型储气库盘库方法对其进行盘库分析。2012~2013年周期，永22储气库运行总库容量为$8.81\times10^{8}m^{3}$，总垫气量为$5.02\times10^{8}m^{3}$，工作气量为$3.79\times10^{8}m^{3}$，工作气比例为43.0%，气库随着注采运行时间的增加，各项运行指标稳定增加，目前气库各项指标已达到设计值，气库运行效果较好。

永22储气库由枯竭的凝气气藏改建而成，建库前正处于试采阶段，地层压力保持水平较高，改建储气库后，受脱硫能力限制，运行压力区间较小，随着注采周期增加，大量地层流体被注入干气所替换，地下可动孔隙体积明显增加，气库可动库存量稳定增加，气库运行较好，随着注采周期的增加，各项指标将稳定增加。

从气库可动库存量与视地层压力曲线可以看出，随着注采周期的增加，曲线斜率减小，表明气库没有明显的漏失倾向，运行情况较好。

2）储气库井网适应性评价

（1）京58储气库

利用现代产量不稳定分析软件（RTA），选取其中的Blasingame、Agorwal-Garder、Normalized Pressure Integral、Transient四种模型，拟合京58地下储气库6口气井生产数据，反求储层参数，得到了单井控制储量、单井控制面积、储层渗透率、表皮系数等重要参数；并通过诊断实际生产动态与理论曲线差别，定性地判断了气井流动状态、生产指数变化（表皮增加或降低）、井间干扰、外来能量补充等。

由现代产量不稳定分析结果可以看出，随着采气周期的增加，气井的有效控制半径在逐渐增加，这进一步增加了气库可动地下孔隙体积，增大了气库库容量。分析结果表明，气库井对构造高部位控制程度较高，但受注气驱替及排液效果差的影响，Ⅰ~Ⅱ砂组腰部存在未动用库存量，中低部井网不完善，利用该分析结论对后续京58储气库调整井井位、腰部井射孔上返提供了重要依据。

（2）永22储气库

整理永22储气库在2011~2013年两个采气周期生产数据，分别带入Blasingame和Analytical Models的水平井模型中，通过生产历史拟合，求取不同理论模型对应的单井参数，包括井控储量、井控半径、拟合有效渗透率、表皮系数等，求取储层参数。

通过模型计算得到的区块井控储量为$9.0\times108m^{3}$左右，与之前核实的气藏地质储量是相符的。构造高部位单井控制面积出现叠加，井网对储层的控制程度较高，由于永22储气库属于碳酸盐岩储层，局部裂缝发育，注气末期测压表明，气井并未因注气量差异性而形成局部低压区，说明储层的连通性较好。

3）小结

经过三个注采周期的平稳注采运行，气库单井注采气能力及调峰采气能力逐年增加，库容量及工作气量稳定提升，核心建库技术使我国在气顶油藏和潜山凝析气藏建库理论方面得到进一步提升，为储气库发展奠定了良好基础。

13. 钻采工程部分

1）工程总体施工情况

京 58 地下储气库群新钻注采井 22 口，部署在 5 个井场，其中 A 井场 10 口，B 井场 3 口，C 井场 3 口，D 井场 2 口，E 井场 4 口。钻井及完井试油施工按照工程设计方案全部顺利完工。

京 58 地下储气库群有老井 50 口，已经全部顺利完工。

2）工程实施效果

（1）新钻井井身结构设计符合率 100%。

（2）井眼控制符合设计，未发生碰撞等异常井下事故，井眼轨迹合格率 100%，中靶率 100%。

（3）固井及试压情况：各层套管外水泥均返至地面，固井质量合格，套管试压满足设计要求。

（4）井下作业施工严格按设计要求进行通井、刮削洗井、下完井管柱、坐封、替环空保护液等工序，各工序施工均正常。特别是油管上扣扭矩、油管试压、封隔器坐封与验封等关键参数均满足设计要求。

（5）京 58 储气库与京 51 储气库注采井采用完井管柱与射孔管柱联座，一次成功率均为 100%，试压合格率 100%，由于两座气库均由枯竭油气藏改建，射开储层后，均不能自喷。

（6）永 22 储气库注采井采用酸洗与完井管柱联座，一次成功率均为 100%，试压合格率 100%，放喷测试产能满足 $50\times10^4m^3/d$ 的设计目标。

（7）老井施工基本情况：京 58 储气库群 50 口老井处理任务全部完成，46 口井按照设计在储层上部采用超细水泥带压封堵，普通水泥注灰至距井口 600m 处，上部充满保护液，装简易井口。新京 51-1X 和京 51-1X 改造为观察井。各项工序均按照设计要求施工，满足设计要求。永 32 井和永 20 井按照中油钻井院评估结论，暂不进行处理。

3）结论意见

永 22 储气库采用水平井井型，不但减少了施工量和占地面积，更减少了在高含硫化氢储层的施工风险，建议在满足钻水平井的地质条件下，尽量采用水平井技术。

14. 地面工艺技术实施效果

1）京 58 储气库群站址优化效果

（1）在站址的选择上兼顾了储气库各井场尽可能靠近地下储层，减少了从井口至站场的距离，同时将能集中的井场尽可能集中设置。

（2）充分利用当地资源，包括当地的社会资源和华北油田现有的生产资源，减少了储气库的配套设施设置。

（3）将生产基地与生活基地分离。

（4）京 58 集注站作为京 58 储气库群的总机关，距离华北油田古一接转站的距离为 300m，为就近充分利用华北油田现有生产设施资源创造了条件，方便京 58 储气库群所采低压气、油、污水的外输处理以及华北油田向京 58 集注站提供生产及消防水，节约了建设成本和运行成本。

2）京 58 储气库群露点控制优化效果

（1）将京 58、京 51 储气库的露点控制装置与永 22 储气库的露点控制装置分开设置，可以满足这三座储气库分别独立生产以及联合生产的露点控制需要，京 58 储气库群天然气生产规模可以在(100~700)×$10^4m^3/d$ 之间调节，采气量控制范围较宽，可大可小，同时避免了大马拉小车的情况。

（2）京 58 储气库群的两套露点装置可以通过流程切换，达到互为利用的效果。

（3）充分利用了储气库井口压力进行露点控制，在储气库生产的前期、中期完全可以利用储气库的压力通过单井智能油嘴节流、通过冷量回收及 J-T 阀节流技术，控制露点温度，确保外输天然气质量合格。

（4）露点控制所产生的副产品，包括原油、污水、凝析油、轻油、低压气等全部交给华北油田处理，通过与华北油田的协议进行生产，达到了高效、环保的目的，另外华北油田也可以从京 58 储气库群生产中受益，对储气库的生产以及支持具有现实的动力，为储气库的平稳生产创造了外部条件。

3）京 58 储气库群低压油气处理优化效果

（1）充分利用了京 58 储气库群毗邻华北油田采油四厂别古庄采油工区的地理条件，以及别古庄采油现有的处理原油、污水、低压气的设备和资源，成功解决了京 58 储气库群生产过程中所产生低压油气的处理问题。

（2）通过对京 58、京 51 储气库所采凝液进入凝液分离器的进一步分离，实现了油气水的分离、计量并单独外输进入华北油田古一站，既可以掌握储气库的生产数据，也方便了油田的接收及处理。

（3）由于永 22 储气库含硫，其凝液生产系统单独设置，解决了气相、液相的脱硫问题，简化了油田接收这部分低压油气的处理工艺。

4）京 58 储气库群注气系统优化效果

（1）经过对比分析，电驱往复式压缩机在技术方面能够满足要求。与同类燃驱往复压缩机相比，其工况适应性较好，经济性也较好，同时在正常工况下可实现远程控制、自动运行，在运行维护、备品备件、系统简化、噪声、废气排放、占地等方面也具有一定优势。

（2）解决了京 58 储气库群三座储气库的分注问题，达到了工艺简化、操作控制简单的效果。

（3）京 58、永 22 储气库的注气压缩机组出口设连通旋塞阀，在注气井口压力和储气库吸气量许可的情况下，京 58、永 22 的注气机组可以实现给各库注气，具有操作控制灵活的特点。

5）站场平面布置优化效果

（1）京 58 储气库群集注站位于泛区内，总平面在满足生产、工艺流程要求的同时，合理利用了地形、地物等自然条件，因地制宜，使土方工程量最小，节省了工程投资。

（2）集注站平面布置综合考虑了京 58 储气库及永 22 储气库的建设，场区按功能进行区域划分，满足了生产要求。在满足操作方便、检修和施工要求的前提下，同类设备集中布置，力求做到流程短、顺。

（3）在保证各种安全距离的同时，相关建、构筑物布置紧凑合理，最大限度地节约了用地。

（4）办公及生产辅助用房均采用双层结构，设备布置尽量考虑采用框架结构，最大限度地减少了集注站的占地面积。

（5）平面布置中预留了一定的扩建空间，为将来华北油田储气库群的改扩建提供了条件。

第5章　安全保障系统平台技术

5.1　线路安全保障平台

5.1.1　基于完整性管理的GIS应急决策支持系统

1. 概述

天然气长输管道是国家重要的能源基础设施，承担着我国国内99%的天然气运输，对经济发展、促进民生、社会安定和国防建设发挥重要的保障作用。近年来，随着国家能源战略的调整和社会对清洁绿色能源需求的不断增长，天然气长输管道建设得到了迅猛发展。但由于天然气长输管道具有线路长、地域广、口径大、压力高、输送介质易燃易爆、外部自然和社会环境复杂等特点，一旦发生泄漏、火灾、爆炸等事故，不仅会造成大范围人员伤害和财产损失，还会引发供气安全、环境破坏、社会稳定等一系列次生灾害，导致严重的社会影响和政治影响。因此，如何在管道应急状况下，及时提供管道本体、周边应急资源、维抢修队伍等信息，对于提升抢修工作效率、尽快恢复供气、降低经济损失、保障平稳供气具有重要意义。基于管道完整性的GIS决策系统是以地理信息、管道运营、管道维护各类数据库为基础，以管道完整性信息网络为纽带，以标准、制度和安全体系为保障，以管道生产、维护各项管理业务流程优化为主线，以支撑管道决策为核心的一个互联互通、贯穿上下的管道建设、运营、决策支持和信息发布的系统(见图5-1)。

1）系统功能

系统基于完备的、高性能的ArcGIS Server和空间数据库，以及分布式的系统应用部署，能够为长输管线管理及维护工作中的多项业务提供稳定、可靠的服务。通过可视化的界面及时观察、重现或预见管道本身、周边环境及各项业务活动，为管道日常巡检、应急资源支持、高后果区识别、风险评估、完整性评价等工作提供及时有效的数据支持，也为管道运维和应急管理提供一体化信息平台。

基于管道完整性的应急决策支持系统，在管道沿线发生应急事故时，可快速将管道本体、管道周边环境、钢管信息、竣工电子资料、纵断面图、维抢修队和物资库资源和最佳路由等信息整合输出，为决策者提供应急决策支持。

(1) 基础地理信息子系统

基础地理信息子系统是GIS系统的基础平台，基于Flex Viewer框架和ArcGIS Server服务器搭建，能够以图形化的方式展示管道走向和周边环境，查询分析管道管道本体和周边资源数据。

① 地图基本功能　包括地图浏览、中心放大、缩小、全局放大、缩小、地图鹰眼、图

层管理、管道要素基本信息查看、矢量/影像的切换显示等。

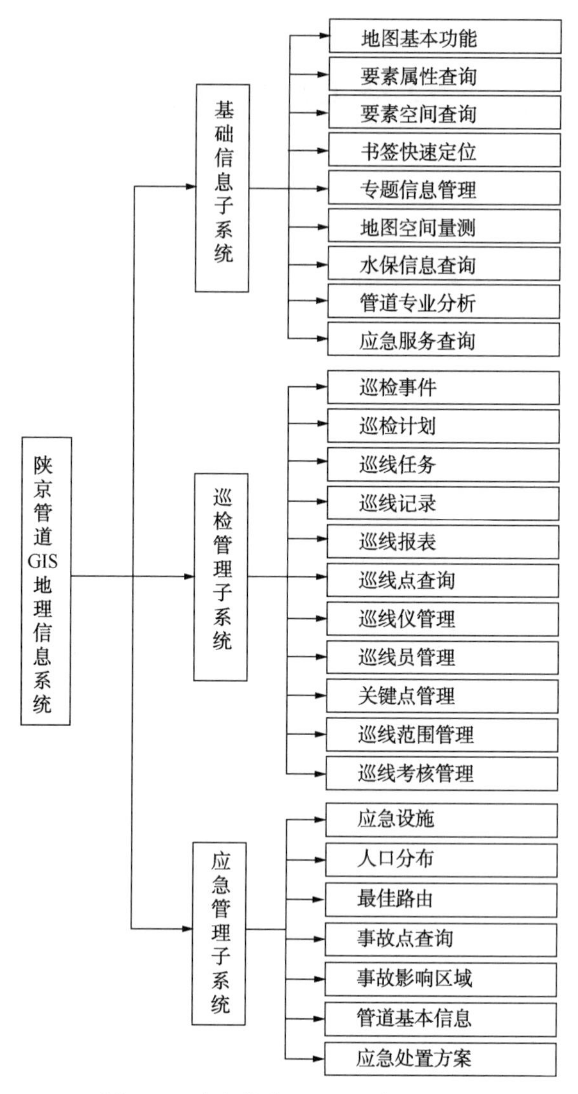

图 5-1 陕京管道 GIS 地理信息系统

② 要素信息查询 查询是 GIS 用户最经常使用的功能，用户提出的很大一部分问题都可以以查询的方式解决，查询的方法和查询的范围在很大程度上决定了 GIS 的应用程度和应用水平。陕京管道 GIS 系统为用户提供了基于属性特征和空间位置分布特征的管道要素信息查询功能，方便用户快捷准确地对管道要素进行定位。

③ 书签快速定位 系统将站场等重要管道设施的地理位置统一存储，方便用户快速定位，并允许用户添加、删除自定义地理书签。

④ 专题图管理 专题图是利用颜色渲染、图案填充、直方或饼图形式将属性数据在地图上表现出来，是用于分析和表现数据的一种强有力的方式。用户可以清楚地看出数据发展的模式和趋势，为决策支持提供依据。陕京管道 GIS 系统从多种角度、多个数据来源绘制了不同种类的管道专题图。

⑤ 地图空间量测 该模块提供了各种几何要素的测量方式和要素标注方式，实现了点、直线、折线、矩形、多边形的绘制和量测。

⑥ 地图动态标注 该模块实现了各种地图标注符号的动态绘制，包括简单箭头、燕尾箭头、双箭头、集结地等，方便用户在地图中标示应急资源调配、应急队伍集结等态势信息。

⑦ 管道专业分析 该模块实现了管道纵断面的分析和数据曲线图展示功能，以起始、终止桩号为分析条件，生成管线随着里程变化的管顶高程、地表高程、埋深的变化程度，直观地展示了管道本体与地形间的关系。

（2）管道应急管理子系统

管道应急管理子系统在管道发生突发事件时，能够快速查询和输出管道应急相关数据，为决策者应急决策提供依据。系统在地图上展现各种应急资源、计算并绘制事故影响区域、查询物资和机具存放情况、给出维抢修队伍及物资库到达事故地点的最优路径等信息查询分析需求，一键式应急处置预案文档输出。主要包括管道基本信息查询、事故影响范围、应急设施、人口分布、最佳路由、应急处置方案模块。

① 事故点信息查询 该模块为用户提供管道本体受损后一定范围内的基本信息，包括钢管类型、管径、壁厚、三桩信息、竣工资料、竣工图、设计资料、设计图等。

② 应急资源分布查询 事故处置应急不仅需要专业的维抢修队、管道设备，同时需要社会依托资源的协助，陕京管道 GIS 系统将管道沿线的社会依托资源，如医院、政府机构、消防、公安、军事设施等地理要素收集入库，可以在启动应急响应后，通过事故点的空间位置以及事故影响范围查询其范围内的第三方应急资源，为决策者提供应急辅助信息。

③ 人口分布分析 管道人口分布分析主要考虑管道事故点两侧一定距离内的周边人口分布状况，确定出如果管道发生失效而影响的居住人口的空间地理分布。对于在这些区域内的人口，管道运营商应首先给予特别关注，优先制定人员疏散计划，合理分配应急资源，确保人口聚集地内的生产生活安全。

④ 最佳路由分析 最佳路由分析通常指的是带权图上的最短路径分析。从网络模型的角度看，最短路径分析就是在指定网络中的两节点间找出一条阻碍强度最小的路径。陕京管道 GIS 系统以管道经过省、市、区(县)的道路数据(包括国道、高速、省道、城市道路等)为基础构建了几何网络数据集，能够快速准确地计算出事故点到维抢修队、物资库的最佳路由信息。

⑤ 应急预案输出 事故应急预案功能通过对事故影响范围的分析，快速定位应急以及抢修资源，同时查找地方救援机构，对事故的快速处理以及响应起到一个决定的作用。整合钢管信息、周边环境、影响范围、社会依托资、应急物资、设备机具、竣工资料等数据，形成事故应急处置方案，输出为 Word 文档。

（3）水保工程管理子系统

根据管线周边地质灾害发生及风险评估情况，公司定期组织对水毁灾害点进行维护整治和维修，开展水工保护工程。为统计分析水工保护工程实施情况，规范管理，科学合理地调配资源，陕京管道 GIS 系统开发了水保工程费用管理模块。

① 水保费用查询 能够按照水保类型、水保材料、竣工日期、桩号位置、春季/汛期

水工等条件进行查询，以表格和统计图的形式快速准确、直观、多角度地展示水工保护工程实施情况，进行多样化的信息统计分析。

② 水保重复段分析　水保重复段分析功能能自动分析管理处/分公司水工保护工程重复段。水工保护工程重复长度可配置分析，默认为1m(可以任意输入重复段长度)。

③ 水保工程费用录入　GIS系统提供在线单条数据录入和离线批量数据录入两种方式。

a. 在线单条数据录入是由用户在GIS系统中填写所属管线、起止桩号、预算费用和结算费用等信息审核后上传至系统中。

b. 离线批量数据录入是用户根据录入模板在本地计算机完成数据填写后上传至GIS系统中。

单条录入：在GIS系统中在线填写所属管线、起止桩号、构筑物长宽高、预算费用和结算费用等水工保护数据，同时可以为提交的水工数据上传工程现场照片。管道科主管领导、输气处/分公司主管领导、管道处主管领导依次对数据进行审核确认，点击办理查看当前工作表单、流程图和详细水保数据和照片，管道处主管领导最后审批完成后，将数据导入GIS系统中，完成水保数据录入工作。

批量录入：用户根据录入模板，在本地计算机完成数据填写后上传至GIS系统中。管道科主管领导、输气处/分公司主管领导、管道处主管领导依次对数据进行审核确认，管道处主管领导最后审批完成后，将数据导入GIS系统中，完成水保数据录入工作。

(4) 高后果区管理子系统

高后果区是指管道发生泄漏后会对民众健康、安全、环境、社会造成很大破坏的区域。利用GIS的空间数据处理与分析功能，实现数据的存储入库、查询、分布展示等高后果区管理分析功能。

高后果区管理模块实现了多源化的数据整合与管理，查询高后果区详细信息并空间定位至管线所在地图区域，查看高后果区周边基础地理数据、遥感航拍影像和高后果区现场照片。

高后果区信息查询以管道沿线风险隐患排查数据为基础，该模块实现了HCA信息的查询、统计、分析功能。数据根据业务类别划分为：

① 管线　市政管道交叉、隧道防护措施、高后果区、违章占压、高风险管段管理状态；

② 阀室　阀室隐患排查；

③ 工程　在建管道风险排查；

④ 风险点分析　该模块以HCA要素为依托，以GIS缓冲区和叠加分析为技术支撑，实现了高后果区要素200m范围内的其他风险要素的识别和信息的查询。

(5) 管道巡检子系统

巡检子系统升级至Flex整体框架，保持和地理信息子系统相同界面风格，将原巡检业务、巡检查询、巡检管理模块功能复制，并加入巡检轨迹播放、巡线报表统计等更强大的功能。

① 巡线点查询　该模块实现了巡检人员上传数据的实时查询功能，并以上传的巡线点坐标为基础，实现了巡线轨迹的动态绘制，直观地展示出巡检人员的巡检路线和巡检范围。

② 巡检人员管理　该模块以公司各级单位为管理范围，通过登录用户权限实现巡检人

员的增、删、改、查功能。

③ 巡检仪器管理 该模块以公司各级单位为管理范围，通过登录用户权限实现巡检仪器的增、删、改、查功能。

④ 巡检报表 该模块以巡检数据位基础，统计标准点与非标准点个数，并以报表的形式对统计数据作直观展示。

⑤ 巡线考核 该模块通过巡检人员上传的数据，计算其巡检合格率。

（6）业务数据在线维护子系统

业务数据在线维护子系统实现了管道本体数据、设备设施、管道周边环境数据在线更新维护，向使用者提供数据更新接口，通过流程审批的方式完成 GIS 系统管道基础数据的更新维护。提供数据更新接口的要素包括桩、桩在线位置、村庄人口、村庄人口在线位置、埋深、市政交叉管道、阀室隐患、隧道防护措施、高风险管道管理、违章占压、高后果区管理、穿跨越、区域范围、站场、站场在线位置、土壤、应急资源、物资清单、机具设备、风险评价、收发球筒、物资库、维抢修队共计 23 类数据。各要素更新方式见表 5-1。

表 5-1 各要素更新方式

分类	数据名	表 名	定位类型			更新类型			
			桩+偏移量+距离+方向	桩+偏移量	里程	新增	删除	属性更新	定位信息更新
在线要素	埋深	DepthOfCover		√	√	√	√	√	√
	穿跨越	Crossing		√	√	√	√	√	√
	土壤	SoilZone		√	√	√	√	√	√
	区域范围	SubSystemRange		√	√	√	√	√	√
	风险评价	PipeRisk		√	√	√	√	√	√
	市政管道交叉	HCAIntersection		√	√	√	√	√	√
	高后果区管理	HCAManager		√	√	√	√	√	√
	违章占压统计表	HCATiedup		√	√	√	√	√	√
	高风险管道管理	RiskRangeManager		√	√	√	√	√	√
	阀室隐患	SiteRisk		√	√	√	√	√	√
	隧道防护措施	TunnelProtection		√	√	√	√	√	√
离线要素	村庄	Village	√			√	√	√	√
	应急资源	EmergencyService	√			√	√	√	
	桩	Marker						√	
	站场	Site						√	
	物资库	Meterialwarehouse						√	
	维抢修队	Repairteamlocation						√	
设备	收发球筒	PiggingStructure						√	
其他	物资清单	Meteriallist				√	√	√	
	机具设备	Machiontools				√	√	√	

2）系统架构

系统基于 Web 2.0 的 B/A/S 模式进行开发，即应用浏览器/中间件/服务器结构，采用分布式架构(数据库层、中间件层、客户端层)进行系统的架构设计和开发。中间件提供空间数据引擎和工作流引擎，管理各种业务逻辑。浏览器端利用 Web 2.0 技术提供丰富高效的界面，并与后台进行异步数据交换，提供图形发布、各种数据的查询、报表的填写、统计等功能(见图 5-2)。

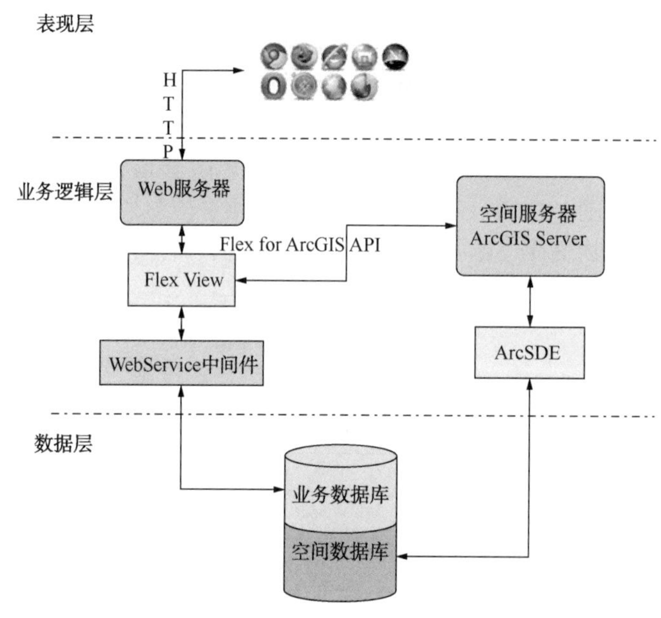

图 5-2　系统架构图

2. 关键技术

1）Flex Viewer 开发框架

（1）Flex 富客服端技术

RIA(Rich Internet Application，富互联网)是一种网络的应用程序，它通过桌面应用程序交互的用户体验与传统 Web 应用的部署灵活性相结合，加之声音、视频和实时对话等综合通信技术的结合，具有了前所未有的网络用户体验。目前出现的几种 RIA 客户端开发技术中，以 Adobe 公司的 Flex 较为成熟，用户直接基于 XML 的 MXML 来定义丰富的用户界面，并由 Flex 服务器翻译成 SWF 格式的客户端应用程序，最终在 Flash Player 中运行。Flex 技术框架主要由 XML 语言、ActionScript 语言、Flex 类库以及 Flex 框架模型组成，并提供了三种 Flash Player 与服务器端通信方式供用户选择，它们分别基于 HttpService、WebService 和 RemoteObject。由于 Flex 和 Flash 都以 ActionScript 作为其核心的编程语言，并被编译成 .swf 文件运行在 Flash Player 虚拟机上，所以 Flex 也继承了 Flash 在表示层上的美感，除了视觉上的舒适感之外，还具备方便的矢量图形、动画以及媒体处理接口。在浏览器中，Flash Player 已得到广泛应用，客户端无需下载额外的 GIS 插件。

Flex 技术开发的 RIA 应用程序不仅给 WebGIS 的表示层开发带来了一种全新的表示模

式，而且它将 Flex 特效引入地图，尤其是对空间要素点、线、面的渲染，给客户端地图的显示带来了良好的视觉效果。基于在线地图服务进行应用程序的开发，在不安装任何软件的情况下，结合 ArcGIS API for Flex 充分利用 Flex 提供的组件（如 Grid、Chart）以及 ArcGIS 提供的各种资源（如 Map、GP 模型），以方便地构建出表现性和交互体验良好的 Web 技术应用。在系统设计方面，通过采用 ArcGIS Flex API，可以充分利用 ArcGIS 服务中强大的制图、地理编码以及地理处理等功能。应用程序用户只需简单地点击按钮，就能方便地实现很多功能，例如在交互式地图中发布本地数据、搜索以及显示 GIS 数据的要素和属性、定位、识别要素以及实现各种复杂的空间分析功能等。Flash Player 不仅能够显示栅格数据，而且能够绘制矢量数据。在 Flex 的网络 GIS 应用中，栅格地图、矢量地图的服务会叠加显示；利用 Flash Player 的客户端业务逻辑，在客户端转换成相应的 Flex 对象并进行显示。系统采用 Flex 技术作为表现层，通过 BlazeDS 框架实现前后台的数据通信，以 JBPM 工作流引擎为基础实现水工数据的录入审核，通过 Oracle 和 ArcSDE 管理属性数据空间数据，系统总体架构如图 5-3 所示。

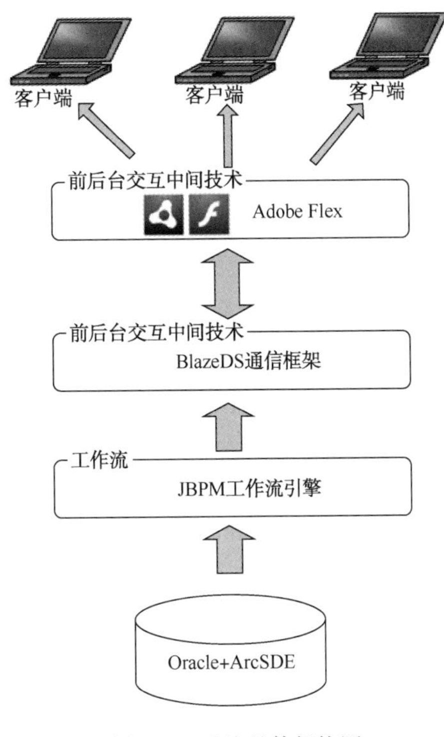

图 5-3 系统总体架构图

(2) ArcGIS API for Flex

ArcGIS API for Flex 是在 ArcGIS Server 基础上扩展的开发组件，它在使用 ArcGIS Server 构建的 GIS 服务的基础上，开发 RIA 应用。其优点是可以使用 ArcGIS 提供的 Map、Geoprocessing 模型等资源以及与 Flex 中提供的各种组件（如 Chart、Grid）进行结合，构建表现出色、交互体验性良好的 Web 应用，而且运行速度快。ArcGIS API for Flex 可以在 Web 应用开发中使用 ArcGIS Server 提供的 Map 和 Task 工具，能够表现一个可交互的地图，在服务器上执行一个地理信息系统模型并且在客户端表现结果；调用网络地图数据，在地图数据中搜索地物的要素、属性，同时快速定位至目标区域等。

(3) Flex Viewer 框架

① Flex Viewer 框架原理

Flex Viewer 开发框架是 ESRI 公司结合 ArcGIS API for Flex 最近推出的针对 RIA 技术应用的客户端开发框架，它的优点是使用了 ArcGIS API for Flex 开发的、能够即拆即用(out-of-box)的 RIA 技术应用。Flex Viewer 框架提供了 GeoWeb 2.0 的一种开发模式。Flex Viewer 中整合了 ArcGIS Online、ArcGIS Server 及其他服务器提供的应用服务（如 GeoRSS），它的应用将使 GeoWeb 2.0 成为真正的现实。使用 Flex Viewer 可以更加简单、灵活地处理各种空间服务。Flex Viewer 实例是具有生命周期的，这个生命周期贯穿于程序开始到用户与 Widget

交互。Flex Viewer 实例主要包括 5 个主要生命周期事件：

a. Flash Player 通过加载和运行容器 Flash 文件在浏览器里启动 Flex Viewer 应用程序。

b. Flex Viewer Container 从 Web 服务中加载 XML 配置文件和皮肤 Flash 文件应用于整个应用程序。

c. 基于配置文件，Flex Viewer Container 从地图服务器中加载地图服务，如 ArcGIS Online 服务或 ArcGIS 9.3 本地地图服务。容器同时也构建并且在控制条上显示菜单和来自配置文件的标记信息。

d. Container 中的 Widget Manager 根据配置文件中指定的 URLs 加载 Widget Flash files。

e. 用户操作 Widget 运行各种业务逻辑。

② Flex Viewer 容器

Flex Viewer 容器使我们能够摆脱地图管理、地图导航、应用配置、组件间的通信、数据管理等繁重复杂的编程工作，专注于核心业务功能开发。而且只需要在 Flex Viewer 应用程序的配置文件中增加配置项，就可以将功能以 Widget 的形式快速部署到已有的 Flex Viewer 应用中。Flex Viewer 框架的所有部件都包含在该容器之中。这部件可按类型分为 6 类：

a. 配置管理(Configuration Manager)　用来管理所创建的对象。Flex Viewer 通过配置文件来组织数据、功能。其责任是适时读取配置文件，对配置文件进行解析，然后将解析结果分发出去，由其他需要使用配置文件的数据的模块接收。

b. 用户界面管理(UI Manager)　包括管理展示界面外观的功能，如 .CSS 和 skin 文件、符标与品牌等。Flex Viewer 用户体验之所以风格统一，是因为做了大量的工作，UI Manager 会根据配置文件中的说明脚本对样式进行配置。

c. 控制工具栏(Control Bar)　包括管理菜单栏、浏览器部分等。

d. 地图管理(Map Manager)　有关地图层的管理。Map 是 GIS 应用的基础。Map Manager 解决了 Map 的问题。Map Manager 不是对 Map 的简单封装，而是提供了所有与 Map 相关的操作，比如根据配置文件加载地图，放大、缩小这些基本操作，画图，在地图上显示信息框，图层控制等。

e. 组件管理(Widget Manager)　包括根据配置文件创建 Widget 信息列表，加载 Widget、布局 Widget、关闭 Widget 等。

f. 数据管理(Data Manager)　Flex Viewer 各个部分之间需要共享数据，比如 Widget 与 Widget 之间数据共享。数据管理提供了一种数据共享方案，任何模块都可以通过该方案把数据贡献出来，供其他模块使用。

(4) Widget 模块开发

用户可以采用 Flex Viewer 框架的 Widget 灵活地定制系统界面以及设计功能模块。Widget 在经过编译之后是一标准的 .swf 文件。通过简单地修改 Flex Viewe 的应用程序配置文件，就可以把这个 .swf 文件部署到某个基于 Flex Viewer 开发的应用程序中。Flex Viewer 中 Widget 这一轻量级的编程模型使开发人员不必关心 Flex Viewer 应用程序开发的底层实现，从而方便地开发自己的 Widget 模型。Flex Viewer 中的 Widget 编程模型具有以下的特点：

a. Widget 模型编译后是一个独立的 . swf(Flash)文件，这个文件可以在 Flex Viewer 应用程序中共享、移动以及配置 Widget。

b. Widget 模型封装了一系列独立的业务逻辑，开发者可以在这些业务逻辑中执行任务。

c. Widget 模型中一系列相互关联的 Widget 以及它们之中定义好的清晰的业务操作流程构成了业务解决方案。这些解决方案都可以应用在企业级的业务进程中。

Flex Viewer Widget 这一轻量级的编程模型让开发人员可以很方便地定制 Widget 应用，而不必开发将 Widget 整合到 Flex Viewer 应用开发程序中所需的底层代码。

2）ArcGIS 服务扩展

（1）SOE 介绍

在 ArcGIS 中作为粗粒度和数据进行交流的对象被称为 Server Object。这些 Server Object 提供了对 ArcGIS Server 服务进行访问、操作、分析和显示数据的能力，例如通过 Map Server Object 访问地图内容，通过一个 locator 开发进行地图定位，通过 GP Server Object 可以进行地理处理。这些 Server Object 能为交通、通讯等行业提供地理信息服务，如地图服务、地理编码服务及 GP 服务。

但这些没有进行组装的 Server Object 没法为行业提供完整的流程化处理，因此，在 ArcGIS 服务器中需要一个可扩展的框架，它允许创建可扩展的服务器对象，并构建定制解决方法，这种扩展服务器对象的开发方法叫 SOE 开发方法。

在 ArcGIS 10. 1 中 ArcGIS Server 不再支持 DCOM 方式的连接，即在代码中不能再使用 Server 库中的 GISServerConnection 或者 GISClient 库中的 AGSServerConnection 进行连接了，这也就意味着我们不能通过本地方式的连接使用 ArcObjects 提供的更多功能，在这种情况下就要使用一种新的方式来实现这些功能，这种方式就是 SOE 服务器对象扩展。SOE 存在于整个服务对象的生存期内，可以利用服务对象的资源并对其进行扩展。一个 SOE 通常在服务对象创建时初始化，并且在整个服务对象的生存期内只会被创建一次。SOE 支持 SOAP 和 REST 两种访问方式，其通过强大的 AO 来扩展服务对象，并可以运行在一个没有 AO 的客户端中。

SOE 特别适用于那些使用 ArcGIS APIs 无法完成的复杂业务逻辑功能。SOE 可以提供粗粒度的接口，一次性完成复杂的工作，而不是向服务器端发送大量的请求。例如，对于复杂的管网数据，ArcGIS APIs 并没有提供几何网络相关操作内容，开发人员大多数通过利用 AE 在后台完成分析操作，然后返回 json 格式数据。这样每个开发者都可能会有一套自己的函数库用来完成以上问题，SOE 的出现刚好可以用来提供统一的方法来解决这个问题，且其执行速度很快。

SOE 比较适合那些有多种平台工作经验的开发者，开发一个 SOE 通常会用到 AO、. NET 或 Java、REST 或 SOAP Web 服务通信技术。

（2）接口

SOE 开发包含几个必要的接口（REST 方式）：IServer Object Extension、IObject Construct（可选）、IREST Quest Handler。

IServer Object Extension 接口主要有两个方法：

① Init　该函数有一个 IServer Object Helper 类型的参数。该函数在服务启动时被调用，并将 IServer Object Helper 对象传入，此接口是对 Server 对象弱引用，可以通过其 Server Object 属性得到 Server 对象。

② Shutdown　该方法用在服务器关闭时调用，我们经常在该方法中释放 SOE 中使用的资源。

IObject Construct 只有一个方法：Construct( )。该方法在 Init 方法执行后立即执行，该方法也只会执行一次，通常用来配置 SOE 属性，也可以将比较耗费资源的逻辑放在这个方法中，比如获取地图代码，或者获取一个每次请求都会被操作的图层。

IREST Quest Handler 接口主要有以下两个方法：

① GetSchema( )　以 JSON 格式返回 SOE 的资源列表。

② HandleRESTREquest( )　该方法主要有两个作用，即回调资源和操作的方法、获取资源在实例级别的描述。该方法在识别这两个作用的时候是通过 operationName 参数，如果该参数是空字符那就是第二个作用，否则是第一个作用。该方法的参数如下：

a. String capabilities：一组被资源授权的操作，可以为空字符串；

b. String resourceName：资源名称，空字符串表示根级别，子资源会通过'/'表示；

c. String operationName：操作名称；

d. String operationInput：操作的参数，JSON 格式；

e. String outputFormat：客户端请求的输出格式，如 JSON、AMF；

f. String[ ] responseProperties：通过操作返回的一组键值对，以逗号分开。

SOE 是开发者的一个高级选项，使开发者能够将 ArcGIS Server 服务基本功能进行扩展。SOE 具有两大优势：

① SOE 可以作为 SOAP 或 REST Web 服务，使得用 ArcGIS Web APIs 建立的客户(用于 JavaScript、Flex、Silverlight、iOS 等)便于调用这些应用程序。事实上，SOE 将出现在 ArcGIS Services Directory 之内，并将提供特性设置、基本类型等 ArcGIS APIs 能够理解的典型对象类型。

② SOE 能够对 ArcObjects 进行有效封装，提供理想环境以快速执行指令。可以建立一个 SOE，使用动态分段获取里程标志位置，或者实现几何网络分析。

(3) SOE 解析过程

在 SOE 中将请求获取，然后将传入的参数转化为 AO，然后通过 AO 处理，再将处理的结果转成 json 格式，传给客户端，客户端得到 json 格式的结果，然后解析。图 5-4 描述了请求响应的整个过程，图 5-5 描述了请求回复的整个过程。

3) SDE 多版本视图

SDE 多版本化视图将数据库视图、存储过程、触发器和函数整合在一起，用以通过结构化查询语言(SQL)访问地理数据库表中指定版本的数据。在 ArcSDE 级别实现多版本化视图。这意味着多版本化视图不使用在地理数据库级别实现的功能。因此，多版本化视图不应用于编辑参与地理数据库行为的数据。必须将多版本化视图所基于的数据集注册为版本。

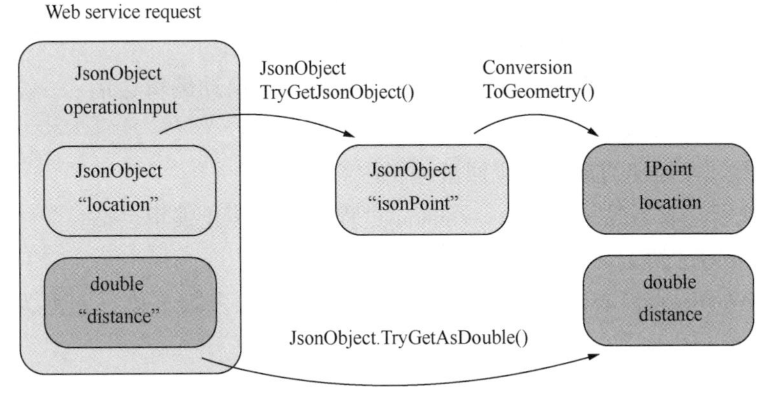

图 5-4 请求响应的整个过程

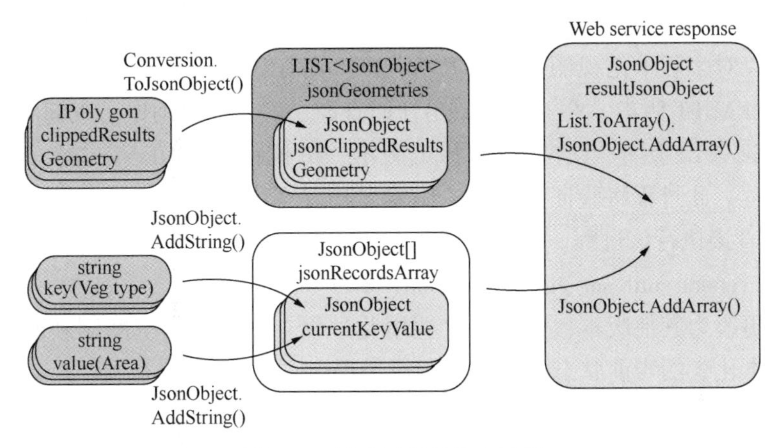

图 5-5 请求回复的整个过程

每个版本化数据集都具有记录对数据集所进行的编辑内容的相关增量表。通过多版本化视图访问版本化数据集时，业务表中的所有记录都被选中并与增量表中的记录合并，以构建包括在指定版本环境中对业务表进行的所有更改的视图。多版本化视图与它们表示的业务表具有相同的列和行。与数据库或空间视图不同，多版本化视图并不用于更改表的方案或限制访问，而是用于快速访问表的特定版本。不支持 ArcSDE 地理数据库版本化的应用程序仅可直接查询版本化数据集的业务表，并且与增量表没有任何连接。通过这些应用程序使用多版本化视图使它们可以访问增量表中的数据。虽然多版本化视图可以访问空间列，但其主要的目的在于访问表的属性列而不是空间列。如果正在使用 ST_ Geometry 或 SDO_ Geometry 等空间类型来存储几何，则通过多版本化视图访问空间列更加简单直接；如果正在使用 ArcSDE 压缩二进制、开放地理空间联盟(OGC)以及其他熟知的二进制类型等二进制几何存储类型，则使用多版本化视图访问空间列较为复杂。可使用多版本化视图在使用多版本化视图的版本化表中阅读或编辑数据。使用多版本化视图进行编辑是视图的高级应用，并且是特定于数据库管理系统(DBMS)的，如果操作不正确有可能会损坏地理数据库。以下为在命令提示符下使用多版本化视图进行编辑的步骤，应按顺序执行各步骤：

(1) 创建多版本化视图。

(2) 创建用于执行编辑的版本。

(3) 设置多版本化视图以使用新版本。

(4) 通过执行适合数据库的 edit_ version 过程或函数启动编辑会话。

(5) 使用 SQL 在多版本化视图上执行编辑。

(6) 将编辑内容提交到数据库或回滚编辑内容。

(7) 通过执行适合数据库的 edit_ version 过程或函数停止编辑会话。

(8) 通过 ArcGIS 协调并提交编辑。

(9) 使用 ArcGIS 将所有更改提交到父版本后，可删除多版本化视图上为进行编辑而创建的版本。

(10) 创建多版本视图。

在已通过 ArcGIS 注册为版本的单个业务表中使用管理命令 sdetable-o create_mv_view 创建多版本化视图。每个要素类中只能存在一个多版本化视图，并且无法在视图上创建多版本化视图。可以对多版本化视图执行 SQL SELECT 语句以访问版本化数据。多版本化视图将自动访问 DEFAULT 版本。在对视图发出任何查询之前，必须确保已查询所需的版本。要访问不同于 DEFAULT 版本当前状态的特定版本，可执行 ArcSDE version_util. set_current_version 存储过程。此过程将验证所提供的版本名称并在内部设置相应的数据库状态，可以从 SQL 客户端直接执行该过程。用于设置当前版本的存储过程的语法如下：

EXEC sde. version_util. set_current_version('<version_name>')

如果需要更改为其他版本，可以再次调用此过程。每当工作空间刷新时都可调用此过程，以便将版本化表的当前状态返回到调用应用程序。

4) 专网隔离

为了保证涉密管道数据的安全，必须采取两套数据库同时并存的方式管理管道数据。同时为了满足普通用户和系统管理员不同的数据查询和业务开展需求，分别开发了面向于中石油内网和涉密局域网两套专网的 GIS 系统。两套管道数据库和 GIS 系统各有侧重点：中石油内网 GIS 系统面向于从基层站场到科室、分公司，涉及上千用户的日常数据查询和巡检业务开展需求，因此删除了涉密的管道数据，并对部分管道数据进行了降密处理；涉密局域网 GIS 系统面向系统管理员和公司制定的少数专业用户，保留了涉密管道数据，同时建立了严格完善的数据保密制度。两套系统之间采用数据同步系统实现数据的交换，达到信息完整的目标。

5) 地图保密处理技术

为满足各种应用系统对数据的使用需要，遵循国家 2003 年 5 月发布《公开地图内容表示若干规定》，在 2009 年 1 月 23 日发布《公开地图内容表示补充规定》的基础上，对管道数据必须进行保密处理，删除涉及国家安全的数据，对管道上所有设备设施去除坐标，只提供属性信息，采用加密移动硬盘作为存储介质。遵照国家在 2009 年 1 月 23 日发布的《公开地图内容表示补充规定》的第 3 条：公开地图位置精度不得高于 50m，等高距不得小于 50m，数字高程模型格网不得小于 100m。针对管道数据中矢量数据，如站列、桩、站场等核心要素，利用矢量数据压缩及光滑处理的方法进行坐标精度降低，既保证满足管道数据在各管理系统的应用，又满足国家对测绘数据的保密精度。

基于管道完整性的 GIS 决策系统实现了管道空间信息、属性信息及各种管道业务产生的活动信息等数据的集中有效管理；实现了管道业务管理的信息化，为领导决策提供了第一手决策依据；实现了管道完整性数据的完善；实现了信息互联及资源共享。GIS 决策平台系统是一个实用性极强的管道业务综合信息平台。地理信息子系统划分为地图基本功能、要素属性查询、要素空间查询、书签快速定位、专题信息管理、地图空间量测、管道专业分析、功能模块，专题图是利用颜色渲染、图案填充、直方或饼图形式将属性数据在地图上表现出来，是用于分析和表现数据的一种强有力的方式。用户可以清楚看出数据发展的模式和趋势，为决策支持提供依据。陕京管道 GIS 系统从多种角度、多个数据来源绘制了不同种类的管道专题图。

6）信息数据整合

系统建立了竣工资料、照片、影像截图之间的关联查询，桩与竣工图纸一一对应，根据高后果区空间位置，以桩号范围为依据查询高后果区对应的电子化竣工资料。开发 Flex Viewer 框架的高后果区管理 GIS 系统，整合了行政区划、河流湖泊、公路铁路、居民地等管线周边环境地图，同时显示管道本体管道走向、三桩、站场阀室、穿跨越等管道数据，以遥感影像、航拍影像为背景图层，同时能检索竣工资料、现场照片等电子化资料。实现了多源化的高后果区数据整合与管理，为高后果区相关资料的查询与分析提供了平台和依据。

系统整合高后果区等风险隐患的多源化数据展示和动态管理，实现了风险隐患排查整改在线管理，开发了在线查询、管线定位及空间分析功能，在线直观地展示了周边基础地理数据和遥感航拍影像和高后果区现场照片。实现了风险的在线统计分析、卫星影像等数据的展示。根据管线周边地质灾害发生及风险评估情况，公司定期组织对水毁灾害点进行维护整治和维修，开展水工保护工程。为统计分析水工保护工程实施情况，规范管理，科学合理地调配资源，陕京管道 GIS 系统开发了水保工程管理子系统，实现了水工保护业务流程化管理、水工保护重复区段分析、水工保护费用趋势分析和水工保护费用造价统计功能。

系统将管道沿线医院、政府机构、消防、公安、军事设施等地理要素收集入库，可以在启动应急响应后，通过事故点的空间位置以及事故影响范围查询其范围内的第三方应急资源，为决策者提供应急辅助信息。统计管道周边人口的情况，获取管道发生失效而影响的居住人口的空间地理分布。对于在这些区域内的人口，优先制定人员疏散计划，合理分配应急资源，及时疏散周边人口，保证管道周边居民人身财产安全。

3. 系统应用及创新

为满足管道应急情况下对管道基础数据和管道周边环境数据的需求，中石油北京天然气管道有限公司在国内首家完成了应急系统的开发，实现了应急情况下管道数据的及时调取，满足了应急指挥方面信息查询分析需求，一键式应急处置预案文档输出。主要包括管道基本信息查询、事故影响范围、应急设施、人口分布、最佳路由、应急处置方案模块。实现了管道基本信息，包括钢管类型、管径、壁厚、三桩信息、竣工资料、竣工图的查询，并实现了与所有管道竣工资料的关联和即时调取。目前系统完成了陕京一线、陕京二线、储气库配套管线及永唐秦管道数据采集工作，搭建完成了管道地理信息基础数据库、管道运维动态数据库，将陕京管道共计 3927km 的管道基础数据和影像数据纳入完整性管理(见图 5-6)。

图 5-6 陕京管道地理信息 GIS 决策系统

以 2012 年“7·21”特大暴雨漂管、悬管事故为例，2012 年 7 月 21 日夜至 22 日凌晨，北京及河北部分地区遭遇了进入 2012 年主汛期以来首场暴雨袭击，此次暴雨系 61 年以来时间最长、强度最大。作为首都生命线，陕京管道在此次暴雨的袭击下，北京输气管理处所辖的管线多处出现险情。此次暴雨共造成管道水毁点 220 处，其中较严重的有：漂管 2 处，分别为 S1cL-0290 处、S1c-0626 处；悬管 2 处，分别为 S1c-0628 处、S3dP-0127 处；露管 7 处。在收到应急通知后，系统管理员立即登录陕京管道应急决策支持系统，点击应急管理子系统下拉选择应急管理按钮，进入应急预案模块，输入事故点准确桩号(S1cL-0290)和事故点定位。点击查询按钮，进入应急预案信息展示对话框，如图 5-7 所示。

分别点击应急资源和设备机具选项卡，系统将自动计算各物资库和维抢修队至事故点的路由信息，如图 5-8 所示(此处涉及复杂路网计算，在出现路径长度后标志着最佳路网计算完毕，再点击下一个选项卡)。

点击管道资料选项卡，系统将自动搜索到该事故点相应的竣工图、竣工资料、设计图与设计资料。输出的应急决策支持文档包括失效点管道本体详细信息、周边应急资源、钢管信息、竣工电子资料、纵断面图、维抢修队和物资库资源和最佳路由信息，为公司决策层提供应急决策支持，在应急抢险中发挥了重要作用(见图 5-9)。

GIS 决策支持系统构建了基于 APDM 模型的输气管道应急决策支持平台，通过对管道运营中的各类应急活动及管道风险识别等方面的管理，有机地将管道属性信息、活动信息与空间信息融为一体。系统具有以下特点：

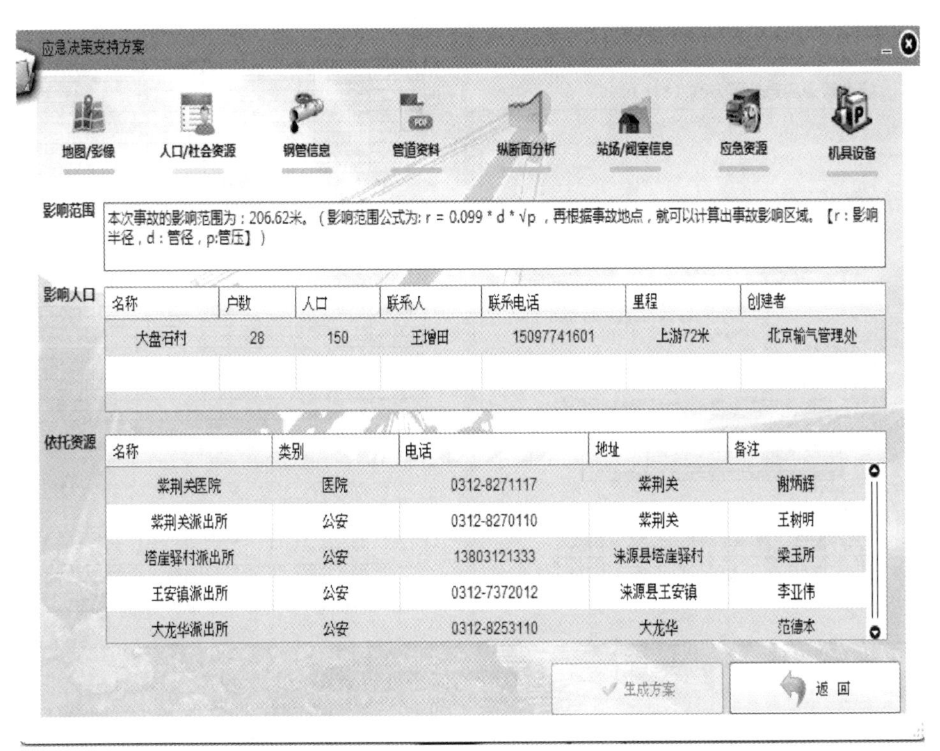

图 5-7 应急预案信息展示对话框

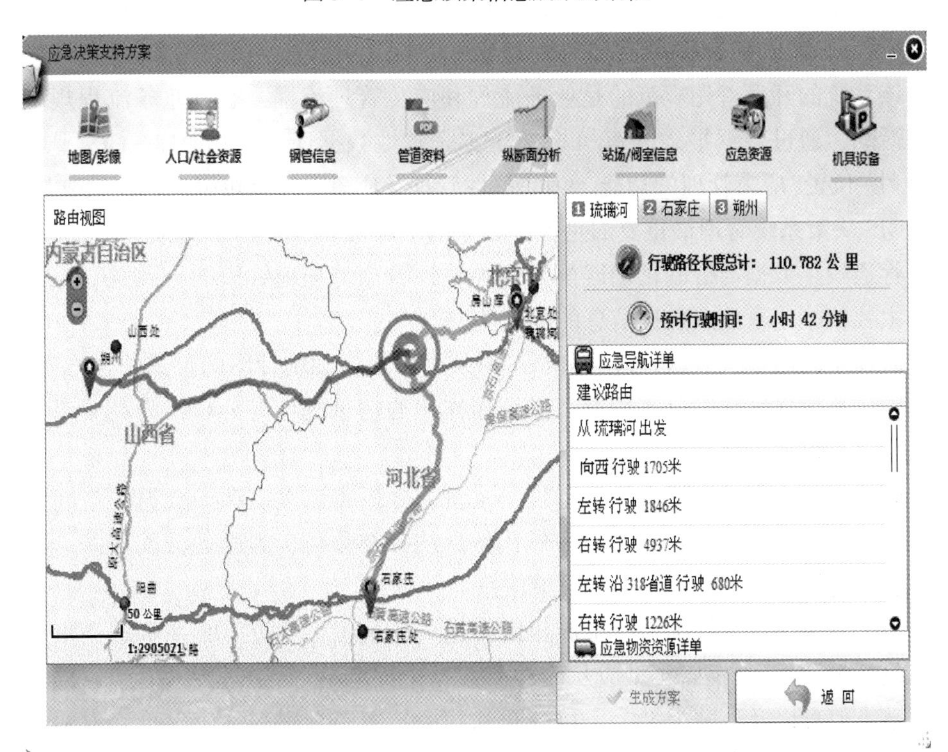

图 5-8 路由信息

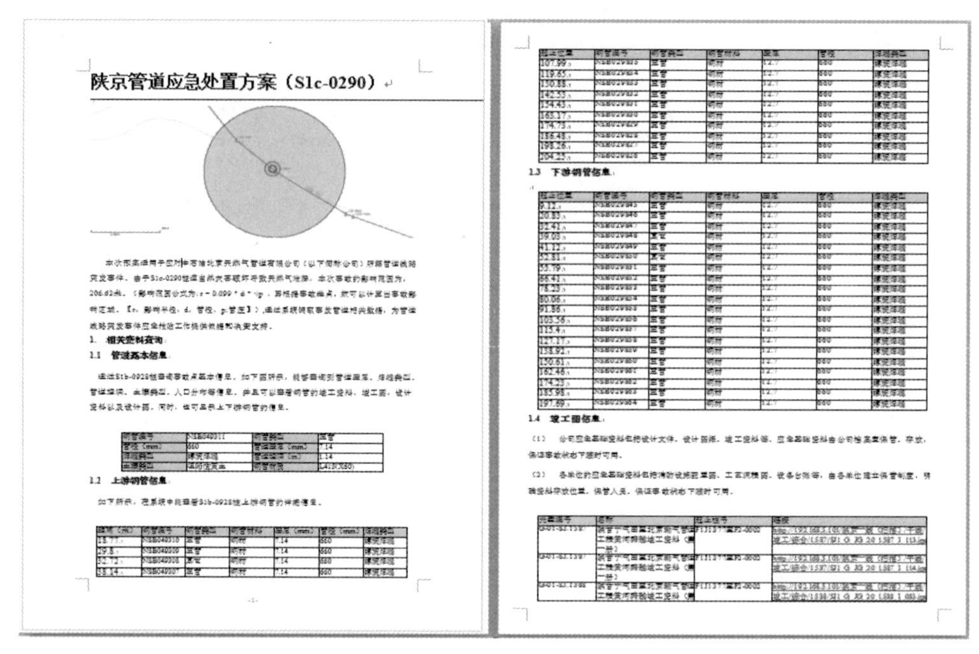
陕京管道应急处置方案（S1c-0290）

1. 相关资料查询

1.1 管道基本信息

1.2 上游钢管信息

1.3 下游钢管信息

1.4 竣工图信息

图 5-9 陕京管道应急处置方案

（1）GIS 决策系统在国内真正意义上实现了“面向应用”为核心的目标，在管道的整个运营和维护活动中，实现了管道应急管理、巡检管理、水工保护管理、高后果区动态管理等各项完整性管理活动，提高了完整性管理水平

（2）该系统的开发首先规范的是业务流程和应急管理流程，通过业务流程规范管道运营和维护活动，通过数据报表的审核提交充实完整性数据库，使用 Web-GIS 平台实现了“事件-属性-位置”应急管理的功能，为完整性管理及应急管理提供强大的决策支持。

（3）GIS 决策系统管理最重要的是保证数据的准确性和及时性，特别是应急资源数据的准确性、管道竣工数据与桩的正确匹配及管道属性数据与埋地管段的一致性，应急活动的决策依据主要依赖于事故点数据信息的准确性。

（4）研发了高后果区数据管理与分析子系统，以表格和统计图的形式快速准确、直观、多角度地展示高后果区数据分布情况，进行多样化的信息统计与分析，为高后果区相关资料的查询与分析提供了平台和依据。

（5）研发了水工保护数据查询与分析子系统，分析查询水工保护数据的空间分布和费用投入情况，并实现了对历史数据的多样化信息统计与分析，为合理分配资源、科学管理工程实施、避免资源浪费提供了辅助决策信息。

（6）根据管道突发事件类型，生成相应管道应急模板，通过 GIS 系统查询事发管道相关数据，包括钢管类型(钢管类型应从内检测数据中提取)、管道埋深、管道材质、管径壁厚等管道基本信息以及土壤类型、人口分布和相关竣工图纸资料；应急抢修方案和最佳路由信息集成一体化，动态生成管道应急预案，实现管道应急预案一键生成功能，为管道线路突发事件应急抢险工作提供依据和决策支持。

(7) 系统服务器群包括巡检数据伺服器、空间数据服务器、巡检业务管理服务器、PIS系统服务器等多源服务器，通过 WebService 接口和数据加密通信技术实现了多源异构服务器之间数据通信协同。

5.1.2　管道运行自控远维系统

1. 远程维护技术概述

随着数字管道技术的发展，油气长输管道的自动化、信息化程度不断加深，各工艺站场里的智能电子设备(IEDs)的数量越来越多。为了保障储运生产活动能够持续安全稳定进行，工程师不仅需要关心站控和调控相关的 SCADA 数据，还需要对现场承载这些数据的智能电子设备的运行状态相关信息有所了解。因为这些智能设备是否在正常运行，直接决定着数字管道的监视与控制功能能否正确实现。

一般来说，站场内的智能设备包括各种控制器、PLC/RTU、流量计算机、色谱分析仪、ESD 系统以及其他属于 IEDs 范畴的电子设备等。在生产运行与维护过程中，对它们的运行状态进行监测，才能在发生故障或生产需要时，可以及时、快速地进行故障分析，甚至完成参数修改、程序调整等维护性操作。通常，对智能设备的维护操作有两个基本需求：

(1) 能够对现场系统与设备的运行状态进行充分(这里所说的“充分”是指设备的数量和相关数据的详尽度)监测并实时告警(就地的和远程的)提示。这一基本需求通常由一个远程维护系统(简称“远维系统”)来提供支撑。

(2) 能够对故障设备进行故障处理和参数/程序调整等维护操作。实现这一功能目标，需要由远维系统提供一个服务平台，以便维护人员运行智能设备的各厂家的软件(也常称作“第三方软件”)，并借助这个平台，相互安全隔离且互不干扰地连接到远程智能设备，执行各自的相关维护操作。

2. 维护方式

常规的维护过程是维护人员从 SCADA 系统接到故障报告或现场管理人员的通知，然后进行故障判断和故障处理指导，经常需要具备技术资格的本单位工程师或厂家技术人员到现场处理。当前存在两种主要维护手段：

(1) 本地方式　在发生故障的设备现场，将计算机(通常是便携式笔记本电脑)通过网线、USB 或串口线直接连接到故障设备的维护接口上(也叫 Console 接口)，实现与维护相关的操作；

(2) 远维方式　在故障设备现场以外的远程位置，通过通信手段连接计算机到故障设备的维护接口，实现与本地方式一样的维护功能。

3. 远维系统技术关键

远维方式的功能实现基础是具备从维护人员到远端现场的通信网络，一般包括光纤网络、以太网络、GPRS/CDMA、卫星、DDN 等，或者是以上方式的混合网络。IT 技术发展到今天，网络技术应用已经深入到生产、生活的方方面面。远维所需要的通信基础网络建设，可以参照成熟技术和采用成熟产品、方案。

远维系统安全问题比较突出，必须高度重视。SCADA 系统的“安全”被破坏的一般后果是 SCADA 系统的正常功能被破坏，如破坏者使系统发出错误的控制命令，而远维系统的“安全”被破坏的后果往往是自动化系统内部的系统或智能设备本身被破坏，如破坏者损毁配置文件或操作系统文件从而导致设备损坏，系统丧失可用性。一旦远维系统被破坏，破坏者恶意行为的后果必然导致 SCADA 系统受到损伤。根据信息安全相关的国家标准要求，现场的智能设备(应受保护的资产)的安全等级是比 SCADA 信息的安全等级要更高的。因此，远维系统的技术关键是：

（1）实现远维所需的数据采集与处理、监视与分析诊断、告警等功能；

（2）必须采用先进的技术和产品，以确保远维系统是一个功能完备、安全可信的“信息系统”平台。

4. 远维技术发展

远程维护技术是随着 SCADA 技术和应用的发展而发展的。当前，远程维护系统与 SCADA 系统由于从业务上各自关注的侧重面不同，所以当行政管理上出现将调度/调控和运行维护分开的格局后，这两个系统就更凸显出了其差异性。二者在技术上也逐渐各具特色，已经产生了技术上互相促进和借鉴，应用上互相支持和依赖的局面。就这两个系统而言，它们之间的相互独立性对各自业务的专业化精准管理，则起到了促进作用。

当然，在 SCADA 系统的发展过程中，还出现了利用 PC Anywhere、VNC 等软件的“远程接管”功能来实现的远程维护模式。例如，通过这类软件，拨号连接或者通过互联网连接到现场，对站控组态系统进行组态修改。

PC Anywhere 和 VNC 都是著名的远程控制软件。它主要采用拷屏方式，通过 IP 网络连接，实现对远程计算机的完全操作接管，从而达到对远程计算机系统及系统中连接的自动化智能设备的远程控制与维护的目的。此方式的远程控制，需要通过设置防火墙/路由器等基础网络设备，建立从维护人员 PC 到目标设备的固定路由。这种解决方案在实际应用中存在很大的安全隐患：

（1）固定路由　路由一旦打通，则网络上任何计算机(内部人员或攻击者)均可对远程站控主机实现完全控制。维护操作过程中，一般有口令登录过程。但事实也证明了：单纯依靠口令并不能提供安全信心。这是此方案的先天缺陷。由此造成远程设备和自动化系统的误操作和操作失控问题，已经有实际案例。

（2）没有管理　维护行为随机和离散发生，不构成“系统”。远程控制从登录到维护均无“管理措施”，管理者对于发生在路由开通和关闭时刻之间的任何事项，均不了解，也没有人工/自动的紧急“关断”措施。

因此，这类通过远程控制软件方式实现的远维，不应该作为企业的常规、常备和常用手段。

5. 油气管道自控智能设备远程维护管理系统

图 5-10 为陕京天然气管道自控远程维护系统。在本系统中开发了一种油气管道自控智能设备远程维护授权管理方法(见图 5-11)，使用该方法，远程维护系统中子站的授权执行设备与智能设备之间的连接是隐蔽的，维护人员无法通过客户端直接连接到目标智能设备，需通过主站授权管理服务器对其进行身份以及权限的验证后，在授权管理服务器的控制下，

目标授权执行设备与目标设备建立虚拟连接，并由授权管理服务器将相关授权信息反馈给客户端，客户端凭借该授权信息连接到目标授权执行设备，使用其虚拟通道对目标设备进行远程维护，从而确保在客户端无验证授权情况下，无法自行连接到场站的智能设备，使得远程维护过程中智能设备的安全性得到保障。授权管理包括连接通道的授权、维护的目标设备的授权、维护操作内容的授权，三位一体，最大程度提升远程维护过程中智能设备的安全性。

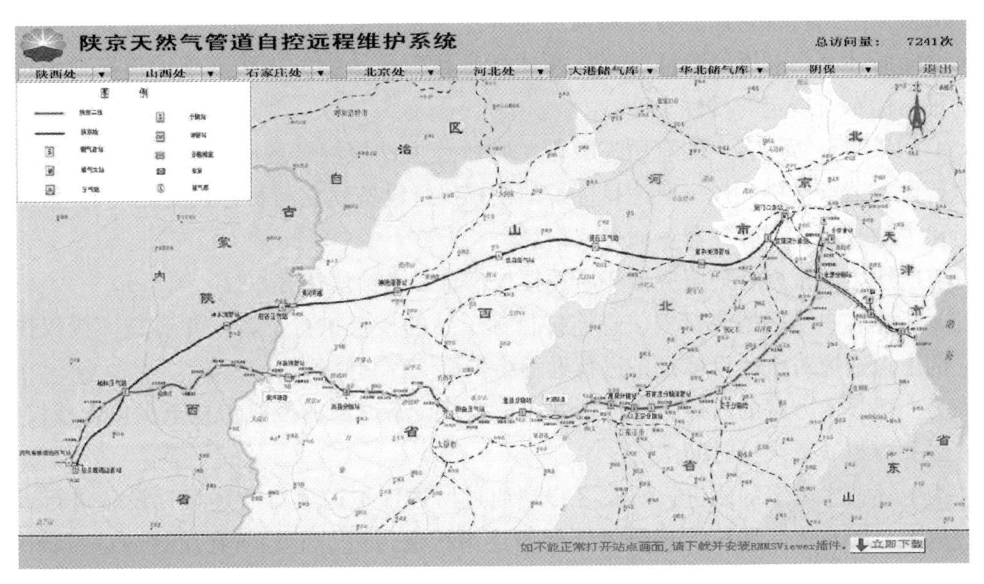

图 5-10 陕京天然气管道自控远程维护系统

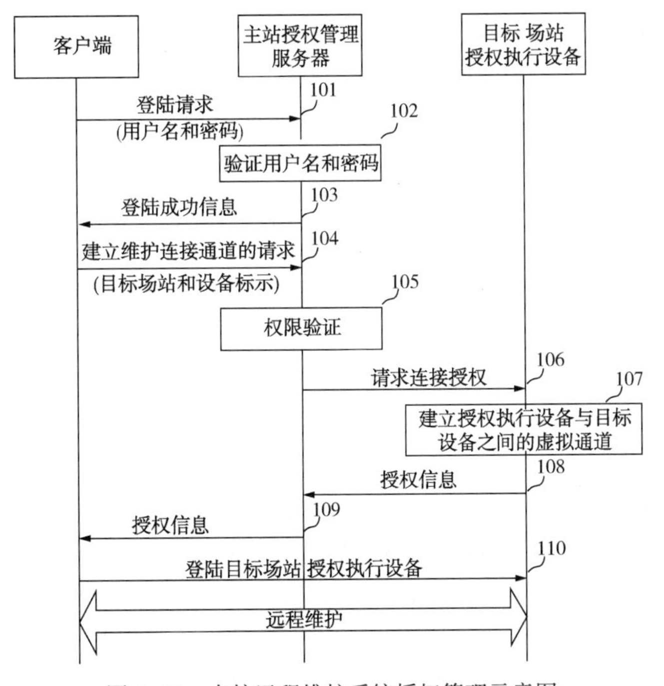

图 5-11 自控远程维护系统授权管理示意图

该方法包含以下步骤：

（1）客户端携带用户名和密码向主站授权管理服务器发起登录请求。

（2）所述主站授权管理服务器对所述用户名和密码进行验证，并向所述客户端返回验证结果。

（3）如果验证通过，所述客户端向所述授权管理服务器发送建立维护连接通道请求，在该请求中携带待维护的目标设备标示和该目标设备所属子站标示。

（4）所述主站授权管理服务器验证所述客户端是否有维护指定目标子站的目标设备的权限，并向所述客户端返回验证结果；所述指定目标子站为所述建立维护连接通道请求中携带的子站标示所指定的目标子站。

（5）如果验证所述客户端有所述权限，则所述主站授权管理服务器向所述目标子站的授权执行设备请求连接授权，所述目标子站授权执行设备建立与目标设备之间的虚拟通道，并向所述主站授权管理服务器返回授权信息。

（6）所述主站授权管理服务器将所述授权信息发送给所述客户端。

（7）所述客户端根据该授权信息连接目标子站的授权执行设备，并通过该授权执行设备建立的虚拟通道对所述目标设备进行远程维护。

作为上述技术方案的改进，所述子站授权执行设备返回的授权信息至少包含授权密码、操作权限和虚拟通道维持时间 T。

作为上述技术方案的改进，所述客户端通过所述虚拟通道对所述目标设备进行远程维护的过程中，所述主站授权管理服务器对所述虚拟通道进行监控，在所述通道维持时间 T 内，拒绝其他客户端对所述目标设备发起建立维护连接通道请求。

作为上述技术方案的改进，所述客户端通过所述虚拟通道对所述目标设备进行远程维护的过程中，所述主站授权管理服务器对所述虚拟通道进行监控，在达到所述通道维持时间 T 后，指示所述目标子站授权执行设备关闭所述虚拟通道。

作为上述技术方案的改进，所述客户端通过所述虚拟通道对所述目标设备进行远程维护的过程中，所述主站授权管理服务器对所述客户端的维护操作进行监控，禁止该客户端操作权限外的维护操作。

作为上述技术方案的改进，如果在所述虚拟通道达到通道维持时间 T 之前，所述客户端未完成目标设备的维护，则所述客户端向主站远程服务器申请续时，在所述续时申请通过后，所述主站远程服务器指示所述目标子站授权执行设备保持所述虚拟通道。

作为上述技术方案的改进，所述主站授权管理服务器上配置有预设时间内客户端申请续时的次数及申请通过后延长的时间值 ΔT，所述主站授权管理服务器根据所述配置信息处理所述客户端的续时申请。

与现有技术相比，本技术主要区别及其效果在于：目标子站的授权执行设备与智能设备之间的连接是隐蔽的，维护人员无法通过客户端直接连接到目标智能设备，需通过主站授权管理服务器对其进行身份以及权限的验证后，在授权管理服务器的控制下，目标授权执行设备与目标设备建立虚拟连接，并由授权管理服务器将相关授权信息反馈给客户端，客户端凭借该授权信息连接到目标授权执行设备，使用其虚拟通道对目标设备进行远程维护，从而确保在无验证授权情况下，客户端无法自行连接到场站的智能设备，使得远程维护过程中智能设备的安全性得到保障。

5.2　站场安全保障平台

5.2.1　储气库集注站应急三维系统

1. 系统背景

1）应用背景

充分利用华北油田良好的地质条件，依托完善的地面已建设施，京 58 储气库群通过陕京二线及永清分输站实现了陕京线、陕京二线、大港储气库群及其配套管线的相互联通。储气库群包括京 58、永 22 和京 51 储气库，三个储气库彼此毗邻。项目工程总投资 115084 万元，建库总容为 $15.35\times10^8m^3$，有效工作气量为 $7.535\times10^8m^3$，其中京 58、永 22 和京 51 三个地下储气库的有效库容分别为 $8.1\times10^8m^3$、$7.4\times10^8m^3$、$1.27\times10^8m^3$，有效工作气量分别为 $3.9\times10^8m^3$、$3.0\times10^8m^3$、$0.635\times10^8m^3$。储气库地下工程包括新钻 19 口注采井、3 口排液井及封堵处理 49 口老井，地面工程包括京 58 集注站、四座注采井场、井场至集注站的集输管线以及集注站至陕京二线永清分输站的双向输气管线。

2）面临的挑战

（1）天然气的注采、外输的过程要经过注/采气、进站分离、露点控制、乙二醇再生、丙烷制冷、脱硫、凝析油闪蒸等复杂工序。另外为了满足生产需要，还设有消防、供电、给排水、供热、暖通、放空、甲醇注入、缓蚀剂注入、仪表风和制氮等庞大的辅助系统。

（2）京 58 储气库群构成的重大危险源众多，危险级别比较高。

（3）永 22 地下储气库先期采气等阶段采出的天然气中含有 H_2S。

（4）目前集注站至永清分输站的天然气双向输送管线尚未进行试压，管理存在一定弊端，应急任务较为艰巨。永 22 储气库、京 58 地下储气库群由于某些原因较易发生破坏。

（5）目前现有预案大部分是纸质的文档，非常不便于查询、保存。

（6）基于讲座式培训，使得一些专业应急知识不易为公众所理解和掌握。

（7）应急救援指挥是应急过程中最重要的环节，指挥人员需要对事故进行整体掌控。

（8）通常的纸质文件既不利于保存，也不便于在需要时快速查询。

（9）没有一个有机的整体，导致在同时查询各类信息时需要进入不同的专业系统，从而无法有效地利用现有资源进行应急管理。

2. 系统设计依据、原则及建设目标

1）设计依据

根据华北储气库分公司的实际情况以及业务需求，三维安全决策信息系统的设计将遵守以下规范和指南：

（1）《国家安全生产应急平台系统建设指导意见》；

（2）《国家突发公共事件总体应急预案》；

（3）《中国石油信息技术总体规划》；

（4）《中国石油天然气集团公司突发事件应急预案》；

（5）《危险化学品重大危险源辨识》（GB 18218）；

（6）《基础地理信息要素分类与代码》（GB/T 13923）。

2）建设目标

根据华北储气库分公司的应急管理需求和实际情况，建立三维安全决策信息系统，在该系统下实现地理信息及场景全息化管理、全息化安全生产管理、全息化应急预案管理、模拟培训演练、应急响应与辅助决策管理、气象监测、短信平台等功能，并集成短信平台、工业电视监控系统的相关信息。

通过三维安全决策信息系统的建设，在突发事故状态下能够保证应急指挥人员通过可视化平台进行作战部署、资源调配、命令下达等工作，提高应急指挥的效率，同时方便应急人员能够根据事故情况快速匹配查询应急相关信息，为应急救援的科学决策分析和快速响应提供支持。在应对重大突发事故时，可以充分利用该系统实现华北储气库分公司和北京天然气管道有限公司之间的应急联动，使上级公司能够实时掌握事故状况，协同开展应急指挥和事故救援工作。通过系统的使用，最大限度地减少突发事故造成的人员伤亡和财产损失，并显著提高华北储气库分公司的应急管理水平和员工应对突发事故的能力，在平时能够用作企业的日常 HSE 管理，并通过系统进行安全培训与应急演练。

3）设计原则

（1）“统筹规划，平战结合”的设计原则；

（2）“技术先进，安全可靠”的设计原则；

（3）“资源共享，互联互通”的设计原则；

（4）“立足长远，适应发展”的设计原则。

3. 系统整体设计

1）系统整体架构

作为应急平台，在突发事故情况下需要各种救援信息能够快速、准确、全面地传达给应急相关人员，因此对应急平台的数据实时性要求非常高，采用单一 B/S 模式显然不能满足要求。对于非常态的应急指挥还需要平台有很高的计算能力，这些适合采用 C/S 模式来实现。同时为了能够适应随着企业发展而变化的应急业务需求，还需要平台能够满足各类应用的扩展开发，这就需要发挥 C/S 和 B/S 模式的易扩展性和开发的灵活性。在综合考虑了各种不同系统结构的特点和应急管理特殊需求的情况下，本系统决定采用基于 Internet/Intranet 通信方式的 C/S 嵌 B/S 相结合的架构模式开发。

通过 C/S 嵌 B/S 的方式使系统更加实用、灵活，系统可以独立通过 B/S 门户进入专题页面，也可以通过 C/S 调用直接进入，充分发挥了 C/S 和 B/S 各自的优点。

（1）对于与位置或设备无关联的信息，如 HSE 体系文件、法律法规、员工的职业健康资料等，这些信息对实时性要求不高，系统可采用 B/S 模式实现。

（2）对于与位置或设备有关联的信息，如工艺流程、重大危险源、应急行动方案等信息，数据量大、交互性强，且要求数据处理的实时性高，系统可通过 C/S 嵌 B/S 的方式实现三维全息场景和主题页面的互操作。

集成应用服务器是本系统与集成的外系统的接口，用户需访问外系统信息时，通过访问集成应用服务器获取所集成的数据。

2）系统层次结构

构建三维安全决策信息系统是企业应急管理的现代化管理手段，是企业信息化的发展趋势。如图 5-12 所示，三维 GIS 平台是三维安全决策信息系统的数据来源、逻辑支持、表现平台和实现环境。该层次结构充分考虑到系统的灵活性和未来的扩展性，由于有了三维 GIS 平台这样一个开放环境的支持，无论是扩展更多的地理场景、业务数据、专业模型，还是开发更多的应用系统，都能借助三维 GIS 平台提供的各类服务来方便快速地完成。

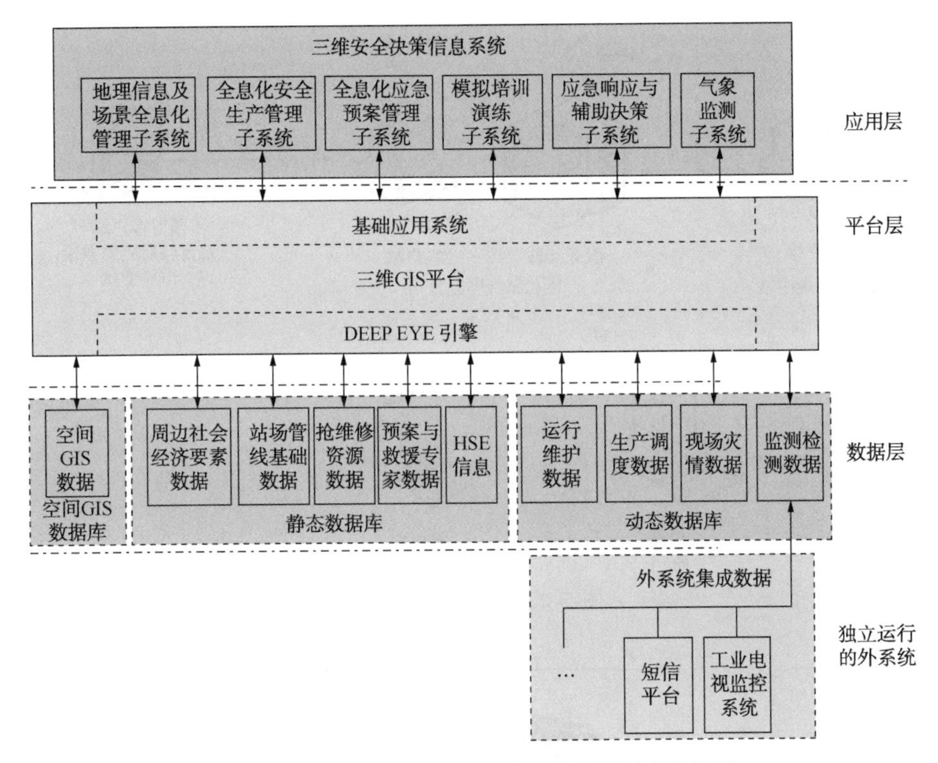

图 5-12　以三维 GIS 平台为核心的系统层次结构图

3）系统物理拓扑结构

系统设计时在纵向结构上将用户分为两个不同的群体：北京天然气管道有限公司、华北储气库分公司；同时在横向结构上预留华北储气库分公司和北京天然气管道有限公司分别与各自所在行政区域的政府应急救援指挥部门之间的应急救援指挥信息同步通道，能够在应对大型突发事件时与政府进行协同指挥和应急联动。

如图 5-13 所示，为了便于系统维护和数据采集传输，系统服务器群设计放置在华北储气库分公司和北京天然气管道有限公司，客户端分别放置在京 58 集注站、井场、永清分输站。

4）系统逻辑拓扑结构

如图 5-14 所示，北京天然气管道有限公司和华北储气库分公司的服务器集群中的系统数据采用分级方式管理，物理服务器放置的位置可变动且不对系统的正常运行造成影响。

系统可以为地方政府应急机构预留客户端，便于地方政府通过系统进行应急指挥或参与应急演练。

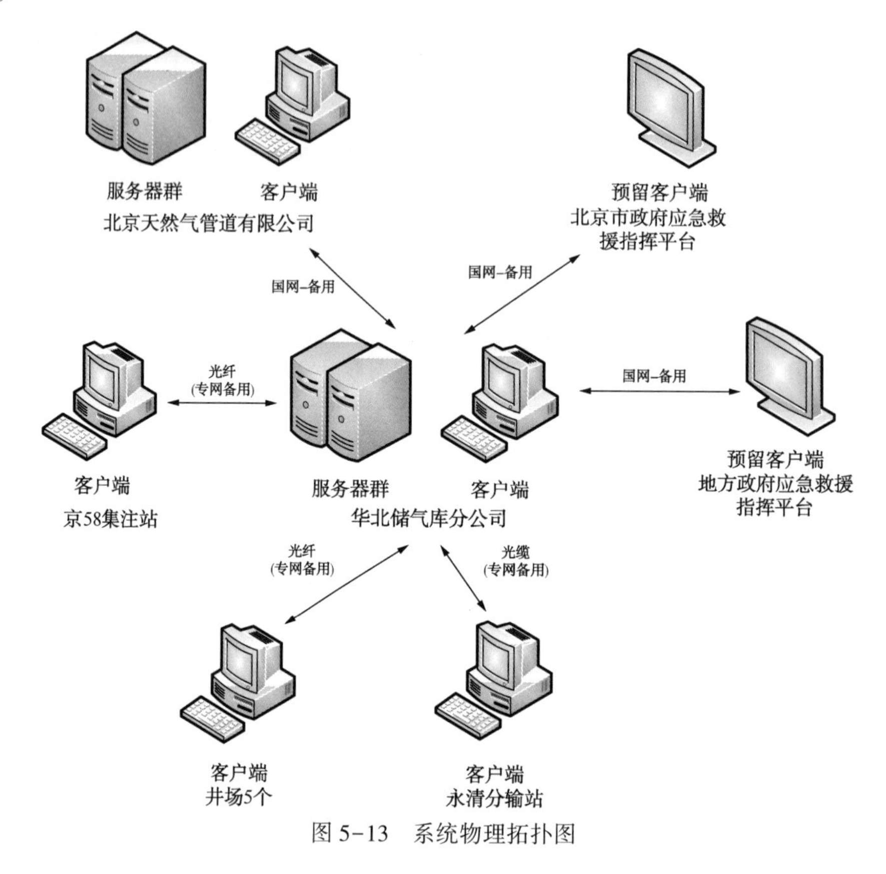

图 5-13　系统物理拓扑图

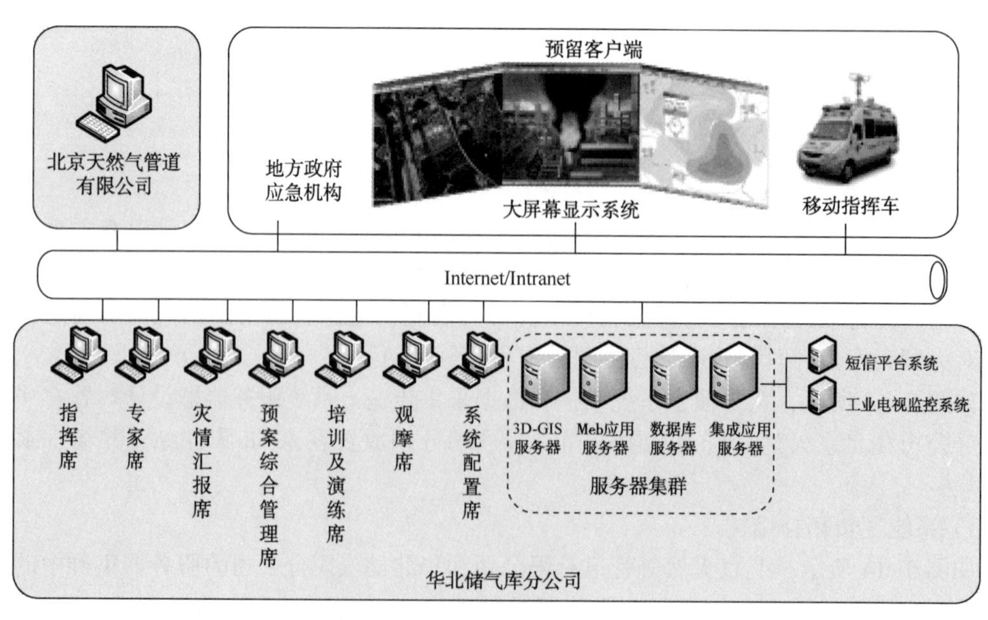

图 5-14　系统逻辑拓扑图

突发事故的应急救援指挥需要多个部门和人员的配合，场外领导或专家可能有多人，由于各人员关注的重点不同，系统应为不同的用户群体灵活地分配相应的权限和功能。同时，指挥中心的运作也需要多个部门协同作业，为总指挥提供多方有效信息并辅助完成指挥工作。系统需要根据不同用户群体的职责配备多种席位提高工作效率，客户端席位可以根据用户的需求灵活配置，是一个可以人为扩充的逻辑概念。目前系统初步构想的逻辑席位分别是：①指挥席；②专家席；③灾情汇报席；④预案综合管理席；⑤培训演练席；⑥观摩席；⑦系统配置席。

4. 系统功能

三维安全决策信息系统包括地理信息与场景全息化管理子系统、全息化安全生产管理子系统、全息化应急预案管理子系统、模拟培训演练、应急响应与辅助决策子系统、气象监测子系统、系统工具等部分。

1）地理信息与场景全息化管理子系统

（1）地理信息查询与管理　系统可构建和显示三维数字地球，包括星空、地球、地球大气层、多种样式的太阳光晕、水域等，并可通过DEM、DOM、DLG数据构建大范围三维彩色地景，可以显示真实的地表地貌，并融合行政区划、交通道路、河流、植被、居民地等矢量线划信息，可为后期规划、设计、维护提供基础地理数据。另外，系统可以实现二维和三维地理信息的无缝融合，并实时共享。

系统支持实时地理信息查询、标绘等功能，用户可以在三维场景下进行道路、建筑物、区域等信息的标绘，并可在二维界面下查看、选中或标绘信息，保证二维和三维数据的无缝融合及实时共享。在三维场景中可实现图层控制，并根据用户需要显示或隐藏植被、地表、建筑物、设备等图层。在二维界面下可以显示重大危险源、道路、区域、应急救援力量、植被的位置及分布情况，并可实现图层控制，选择需要显示或隐藏的图层，通过标牌形式查看详细信息。用户也可以在地图上进行点、线、面的标绘，并可在三维场景中实时查看标绘信息。系统支持二、三维信息的切换显示及叠加显示，切换时间小于等于200ms。系统还支持Internet/Intranet方式的地景数据网络分发。

（2）站场(集注站、井场)三维场景查询与管理　站场三维场景查询与管理包括设施设备可视化查询、区域管理、上下游设备查询、因果逻辑关断展示四部分。各部分功能如下：

① 设施设备可视化查询　系统可对站场内设备设施进行分类管理，并可在三维场景中查询设备设施的地理位置、基本属性等信息。通过系统折别编辑器动态编辑设备属性信息，以及设备设施的材质。此功能为用户提供了有效观察地标以下设施的方法。系统能够可视化地查看站场内的消防设备、设施的位置，用户不但可以查询消防栓属性信息，还可动态展示其有效作用半径，为突发事故的应急救援提供决策支持。系统还可以立体化展现站场综合楼的内部构造，便于在应急时组织人员疏散。

② 区域管理　系统提供站场内的办公及辅助生产区、变电站区、增压区、京58储气库及库群装置区、永22先期采气装置区和放空区等区域的查询功能，并以着色、闪烁等方式立体展示区域分布和区域名称，使整个站场的规划、分布在二、三维场景中一目了然，方便人员对现场区域划分情况进行了解，并能在灾情发生时为人员疏散等决策的制定提供依据。用户可以根据后期站场的规划，在二、三维场景中添加新区域的范围和名称。

③ 上下游设备查询　用户在三维场景中点选一设备时，可通过列表方式查询与所选设备相关联的上下游设备，当在列表中选择某设备时，可在三维场景中定位显示该设备位置及名称，并能够动态展现所选设备到达上游、下游设备的路径。紧急状态下可通过该功能迅速了解事发设备的上下游设备，为正确下达紧急关断决策提供支持。

④ 因果逻辑关断展示　用户可以在原因列表中查看仪表位号、类型、保护对象、关断级别等，当选择某一仪表时，可在结果列表中查看到与该仪表相关的生产设备、阀门等，并可定位显示位置。

（3）管道设施三维场景查询与管理　系统可以直观显示站场内外管线信息，实现按不同条件对管线进行查询，查询结果以表格、图形等方式进行显示，支持打印或导出。系统可以显示不同管线的敷设方式，宏观上可以展现整个管道设施在地理上的分布位置及走向，微观上能够剖切展现具体某管线在地下埋设的状况信息。用户可根据管道沿线的外部条件变化以及管线自身的变化，在三维场景中对管道设施模型进行编辑和拖放，自行更新场景信息，提高系统使用维护效率。

（4）工艺流程管理　在建立的全息化场景中，不仅能够表现在各类零件级设备的外形和位置，还将设备之间的连通逻辑关系置入场景，用户可以根据实际工艺过程在三维场景中制作动态仿真的流程表现。系统可以动态显示整个工艺流程的路线、流经设备的名称和属性参数，便于对员工进行生产工艺培训，帮助员工了解介质名称、流向等信息。

当突发事故发生时，可以通过工艺流程的动态演示查看与事发设备相关联的设备、管线、阀门等，以便于应急指挥人员根据事故情况及时关断受影响的工艺，避免次生灾害。

2）全息化安全生产管理子系统

（1）库区设施设备信息管理　系统根据设计图纸和竣工图建立了与现实情况高度一致的站场设施、设备模型及全息化场景，并将各类记录植入其中，用户可以对这些属性信息进行编辑更新。为了便于用户快速、直观地使用各类图纸资料，系统可将图纸资料分类保存，支持用户通过列表或检索的方式查找图纸，授权用户还可对图纸进行编辑。

（2）重大危险源动态监管　系统对重大危险源的动态监管主要从重大危险源辨识、信息管理、风险评价、自动巡检四个方面进行。

（3）隐患风险管理　隐患风险管理考虑了自然灾害风险、储运设施风险、第三方破坏风险等。本系统将隐患风险管理分为以下四个方面：自然灾害风险信息管理、储运设施风险信息管理、第三方破坏风险信息管理、隐患查询和统计分析。

（4）监测检测信息管理　系统可对不同设施的数据进行管理，便于查询、比对分析。在进行检测工作之前，用户可以结合三维安全决策信息系统提供的全息化场景进行检测计划的制定、审核、修订，并在三维场景中进行可视化展示。系统可对各类在线检测和非在线检测信息进行录入、查询管理，通过专题图的方式展现参数的历史变化趋势，通过比对帮助用户了解管道缺陷发展趋势，制定保养、维修计划，确定检测时间间隔，并在到期前提醒用户。

（5）维检修信息管理　系统支持对站场内的维检修物资管理、维检修设备管理、维检修人员管理、维检修预案管理、维检修计划管理、维检修记录管理等维检修信息进行建档、录入、查询检索和分析，便于用户总结导致故障的主要因素，为日常安全生产提供第一手资料。

（6）HSE信息管理 系统的HSE信息管理主要可以实现以下四个功能：HSE知识及文件管理、劳保用品信息管理、生产人员安全培训考试管理、职业健康信息管理（该功能包括职业健康检查管理、职业健康监护管理两部分功能）。

（7）管道安全与寿命评估 系统可对储运介质中含 H_2S 和不含 H_2S 的管道的缺陷进行分类管理，可在三维场景中定位查询，并直观展示腐蚀、裂纹的状态。通过集成专业模型，可进行管道安全与寿命的评估，并以专题图的方式展现评价数据，便于用户掌握缺陷发展趋势，为制定维检修计划提供依据。

3）全息化应急预案管理子系统

（1）数字化预案管理 系统对已编定预案进行梳理整合，实现预案分级分类管理；系统通过对预案结构分析，提供预案制作模板，并分类保存，实现预案的机构管理和模板管理；系统还可实现预案的版本管理和快速更新维护。系统可将文本预案按照标准的结构拆分后录入数据库，调用文本预案时可以按不同的检索条件进行检索，便于对不同预案的相同部门进行同步更新，可以极大地方便应急预案的维护。系统可对华北储气库分公司总体预案、专项预案和现场处置方案进行体系化管理。利用集团内部网络，上级部门可通过各自的三维应急平台查看公司的预案管理情况，并可通过预案推演验证预案的合理性。

（2）预案三维可视化制作 系统提供专门的数字化预案制作工具，基于真实的场景、真实的周边情况和真实的数据，通过设定灾情，策划救援及抢修的行动方案，将文本预案制作成可视化预案，进行展示、存储，使预案具有可操作性、直观性。在应急救援时，能够快速匹配预案，辅助应急指挥员下达应急指令，快速、有效地应对突发事件。在平时可作为预案培训教材，也可进行推演。

（3）事故案例管理 系统可建立企业事故案例库，方便用户实现事故信息的录入和查询。通过系统可将火灾、高处坠落、触电、机械伤害等各种安全生产事故进行分类保存，并可详细查看事故发生的时间、地点、采取的应对措施等。同时借助三维场景用户可将事故信息同设备设施进行关联匹配，便于直观掌握导致事故发生的设备设施信息或场所，实现增、删、改、查询等功能。

4）模拟培训演练

（1）模拟培训演练 系统能够通过在三维场景中直观、生动的表现形式对站场周边群众进行培训，使他们准确理解，保证事故发生时最大限度地减少事故损失。系统能够根据应急演习的需要，灵活设定不同的模拟演习场景和应急演习方案，同时提供两种使用模式：演示模式和互动模式。

（2）演练评估 在模拟演练过程中，系统可以记录现场汇报的事故灾情、应急决策信息、应急资源调配情况、现场应急行动过程、应急决策指令等重要信息和经过，统计伤亡人员数量、财产损失数量、调用应急力量等，系统可将上述数据进行汇总，并可导出生成报表，为演习效果评估或点评提供参考依据。

5）应急响应与辅助决策子系统

（1）应急资源管理 应急资源管理模块可以实现对应急人员和机构、应急装备物资、救援专家信息进行管理，并能够在三维场景中可视化查询及显示上述信息以及应急避难场所的位置。通过系统分类列表可以定位查询和显示某一类或某一个应急救援机构及应急物资情况，系统还可实现信息的可视化查询。

（2）应急信息查询　为了保证在突发事故情况下能够快速、直观地查看事故相关信息，系统提供应急信息快速查询功能。在用户指定中心点及查询范围后，系统可自动查询选定范围内的重大危险源、应急救援力量、居民区等信息，通过列表形式按距离远近给出查询结果，并能够可视化地查看关注目标的位置及中心点的距离。通过该功能可以使应急相关人员根据事故情况，对影响范围内的重大危险源采取紧急措施，并通过短信平台子系统发布消息，对受影响居民进行紧急疏散，自动拨号进行短信群发，从而快速通知周边应急救援力量进行救援。

（3）事故模拟推演　系统可模拟气体泄漏扩散、火灾、蒸气云爆炸事故，通过集成专业的事故后果分析数学模型，根据事故情况和实际环境参数进行灾情推演。在系统中输入灾情发生位置、事发物质特性，结合气象信息，分析得到事故的关键数据，并能够通过二维和三维画面结合的方式进行可视化后果展示。根据事故状况，为事故救援决策提供依据。

（4）应急救援与辅助决策　系统为管道事故点的快速定位提供辅助功能，自动显示管道事故点周边高后果区、重点穿越区情况；对管段紧急停输、关闭泄漏点上游和下游最近的紧急截断阀等事故处理程序进行三维可视化展示，并自动显示断气影响区域。利用系统的路由分析功能，可以规划出最佳的维抢修、疏散及救援路线，同时三维显示需疏散区域及应急避难场所，对可能受到影响道路作出警戒提示。系统能够根据用户平时制作或存放的大量预案和处置方案，辅助指挥人员进行救援车辆、抢修设备物资调配，避免因慌张遗漏救援物资。

（5）灾情汇报与协同指挥　系统可实现事故现场与应急救援指挥中心、应急指挥中心及总公司等同步通信，在三维场景中将现场态势、分析得到的事故影响范围及后果、目前应急资源调配情况和现场部署等借助三维可视化平台展示给各级指挥中心和领导，达到信息直观传递与快速了解的目的，利于各级救援指挥部门的联合行动、实时反馈救援信息。

6）气象监测子系统

建立专门用于储气库气象信息监测的气象监测子系统，包括移动式自动气象站相关硬件设施。

（1）实时气象数据采集管理　系统能够对环境温度、环境湿度、风向、风速、雨量、辐射、气压进行监测，并将这些瞬时数据实时地以图形和数字等方式动态显示出来。气象监测子系统可实时获取储气库周边天气状况，为灾害信息预警提供支持，也为灾情模拟推演、应急演练提供实时数据，在突发事故发生时可借助数学模型准确预测事故发展趋势和影响范围，为事故救援疏散提供准确的数据支持。

（2）气象数据统计分析与预警　通过对气象历史数据的统计分析，可对易受天气影响的区域、设备等进行判断分析，并结合三维场景进行定位显示，供相关人员决策是否进行预警。

7）系统工具

（1）场景漫游　系统提供多种控制方式的全场景漫游、沿管道漫游以及剖切浏览功能，可以全方位、多视角、立体化地观察集注站、井场、外输管道及其他附属设施的三维场景信息，实现行走、驾车、飞行等多种不同的漫游感受。

（2）场景编辑　系统提供对基础模型进行编辑、存储的工具，实现基础模型的录入、组装、存储管理和基础属性编辑，构建基础模型库。系统支持对不同的模型采用不同的材质，并且可以对模型材质进行动态改变。系统支持场景元素以多种方式导入，提供管线与设备的自动配准和自动关联功能。支持场景元素的整体选择和局部区域选择，并对其进行属性编辑和外观调整。

（3）场景输出　打印输出：系统支持场景和地图打印输出；视频输出：系统支持将界面内容以多种视频格式进行输出。

（4）空间量算　系统可在二、三维场景中进行空间量测，支持沿管线距离、地标距离、直线距离、投影距离测量，地表面积、投影面积测量，高度、坡度、北向夹角测量等。在突发事件应急救援过程中，可实时量算维抢修队伍或各应急救援力量到达事发地点的距离、所经过道路坡度以及需要进行人员疏散的区域面积，节省大量人力物力。

（5）路由分析　系统支持最短、最优以及自定义条件的道路路由分析和查询，并能够提供详细的路径导航信息引导维抢修或救援队伍达到事故现场。

（6）系统维护　配置建立整个系统的网络通信体制；明确上下级关系；确定通讯端口、IP 等参数；选择通信协议格式。根据用户习惯定制输入设备的操作方式，提供多种操控方式供用户选择。提供菜单定制功能，实现菜单的简化，从而简化操作。提供用户权限的配置功能，不同权限的用户可编辑和浏览的场景是不同的，具备的操作权限也是不同的。

5. 系统特点

1）可扩展性

系统为将来的业务应用和业务拓展提供了充分的自由空间，数据接口及应用接口具备高度开放性和可扩展性。

（1）地理信息数据可扩展　系统从数据量、数据精度、数据地理位置和范围等多方面提供自由扩展，通过空间标绘和数据维护服务，支持设施、设备模型数量和类型的扩展。

（2）功能及应用可扩展　系统提供服务调用的接口标准，以支持 DOT NET、J2EE 两种主流技术架构的 B/S 应用的二次开发。所开发的 B/S 应用系统可通过标准结构访问专业 GIS 数据，调用各专业 GIS 服务，驱动本系统为其应用作针对性的显示和呈现。

（3）专业数学模型可扩展　系统提供标准的调用接口形式，可以集成各类专业数学模型。系统能够根据具体应用无缝更换、更新各专业数学模型产品或算法成果。

（4）专业管道数据可扩展　系统支持现有流行和通用的各类管道模型数据，可根据具体情况无损导入以 PODS/APDM 为代表的各类管道属性数据。

2）健壮性

（1）N 层设计　系统基于 N 层结构开发，在开发过程中每一层面开发人员只负责本层面内部实现，在开发的过程中做到分工明确、并行开发，可以有效提高开发效率。层与层之间耦合适中，清晰的架构分层和模块划分，使各对象间高内聚、低耦合，所以在业务逻辑变更、使用平台变更、通信手段变更或实现技术变更发生时，系统可以很快地完成重构，并保证未变动层面对整体系统可靠性贡献不受损失，从而使系统维护的工作量和风险降到最低。

（2）自主知识产权引擎　DEEP EYE 完全由底层自主开发，整合了 GIS 引擎与虚拟现实引擎的优点，实现了空间 GIS 技术、虚拟现实技术与模拟仿真技术的有机结合。且 DEEP EYE 能依据用户需求来不断更新和完善引擎功能，进而满足各种应急管理信息、数据整合显示和特殊业务逻辑实现需求。

(3) 灾容备份　为保证服务器之间数据的一致性以及满足系统备份的需要，系统采用两种备份策略：第一，根据系统运行时对数据的要求，需要将其中一部分数据进行实时同步，保证这些数据可以通过不同服务器分发到各个客户端，这部分数据具有数据量少、实时性高的特点；第二，系统会将其余的大部分数据进行定时同步，以保证各个服务器之间最后的数据一致，该部分数据具有数据量较大的特点，所以一般会选择在子夜等网络流量小的情况下同步。上述介绍为在线备份，还建议定期进行离线备份。建议每周一次拷贝到服务器外的存储介质上保存。

3) 易维护性

(1) 可伸缩性；

(2) 自我检测修复；

(3) 自升级更新。

4) 安全性

(1) 物理层面　系统提供整体部署和物理链路层防护策略方案，能够防止恶意用户入侵系统进行破坏性操作。

(2) 应用层面　系统提供安全可靠的登录验证方式并记录访问来源；提供权限分配功能，以便不同层次的用户在使用系统时获得与其权限匹配的服务，同时对被调用的服务操作进行记录。

(3) 数据库层面　系统采用具有 C2 级以上安全验证的大型关系数据库系统(Oracle10g)来管理，并提供数据库权限策略管理方案，支持对操作者、操作时间、操作内容跟踪、记录等。

(4) 业务数据层面　空间 GIS 数据采用专有格式存储，既安全又高效。此外，系统对于有保密要求的数据，支持两种方式的数据加密、解密机制：一种是通过使用非公开的加密算法进行加解密；另一种是通过使用公开的加密算法配合非公开的密钥进行加密和解密。支持异地加解密机制，即本地加密、远程解密和远程加密、本地解密。

6. 实施规划

1) 数据的收集、整合和植入

(1) 整体所需整合数据　三维安全决策信息系统所需整合的数据包括设计资料(重要度五星)、GIS 数据(重要度五星)、业务数据(重要度四星半)、动态数据(重要度三星半)等，需现场采集的照片包括厂区全景照片、全景标注平面图、场内各分区级别照片、消防设施照片等，需图标文档类资料包括设备清单列表、厂内应急预案、周边危险区域等。

(2) GIS 数据的购置处理　周边场景的简历需要以下 GIS 数据的支持：全要素矢量地图数据(DLG 数据)、数字高程数据(DEM 数据)、各种精度的卫星遥感影像经过一系列处理后得到的数字正射影像数据(DOM 数据)。DLG 数据主要用于二维模式地理信息查询和显示、三维模式下道路、水系、地标等信息的显示叠加以及逃生路径/救援路线的计算；DEM 和 DOM 数据用于构建三维地理信息系统查询、显示以及叠加矢量地图数据、外业调绘数据、企业全息化模型的显示背景。

(3) 应急业务信息的外业调绘　应急业务信息包括站场、管道周边社会经济要素、救援力量的分布等，进行外业调绘，采集相关属性信息并做定位测量（GPS 定位设备量测），主要调绘对象及调绘内容包括单户居民、密集居民区、村委会和乡镇所在地、重大危险源（申报为重大危险源的）、环境监测单位、消防救援队伍、电力线路穿越、库区周边饮水源等。

2）全息化生产

基于自主知识产权的 DEEP EYE 引擎产品，实现对储气库的管线、装置、设备进行快速、准确、生动逼真的三维建模基础属性数据捆绑。主要工作包括：数据整理、数据转化及录入、实体模型构建、数字化场景构建、属性资料整理录入等。整个全息化建模的生产流程如图 5-15 所示。

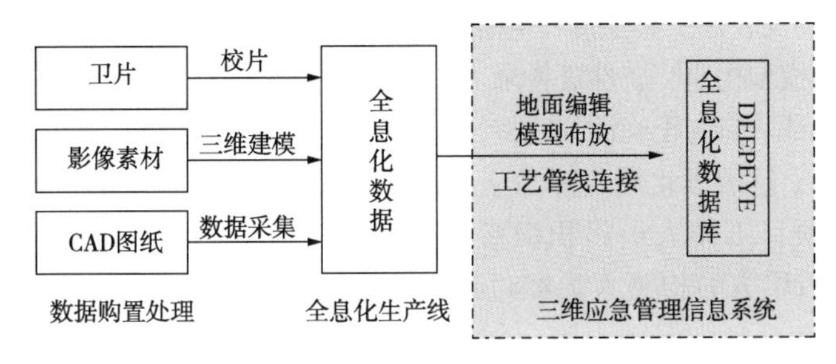

图 5-15　全息化建模生产流程

3）外系统集成

（1）短信平台系统集成

① 功能设计　短信平台主要分为四大功能模块，分别是短信信息管理、手机号码管理、事件管理、历史纪录查询。

② 实施方案　由于短信平台子系统主要用于在突发事故中迅速发布事故信息和救援情况，并通知相关人员快速撤离危险区域，因此对于应急管理中的短信平台应符合高实时性、高可靠性的要求。目前常用的短信群发方式有两种，分别是短信网关接入和短信接入。根据华北储气库分公司实际情况，将充分利用北京天然气管道有限公司现有的短信平台，需要业主配合提供接口，故设计对短信平台类型和功能进行集成。

（2）工业电视监控系统集成

① 功能设计　用户在三维场景中打开某一视频设备时，不仅可以弹出窗口实时显示现场工业电视监控系统的视频画面，还可以根据该视频设备的云台参数，模拟显示与视频监控相应范围和内容的三维全息画面，并将视频画面与三维全息场景进行比对。

② 实施方案　工业电视监控系统可通过 OCX 控件的方式进行集成。嵌入用户控件 OCX 是一种具有特殊用途的程序，它由在微软 Windows 系统中运行的应用软件所创建。OCX 提供操作滚动条移动和视窗恢复尺寸的功能。

系统集成实施的前提条件是必须提前添加所有摄像头的信息，这些信息需要与工业电视监控系统的数据一致，并且保证 OCX 空间接口统一，数据格式正确。

4）软件系统建设

软件系统建设工作包括对用户需求的整理、需求分析、系统设计、总体设计、详细设计、软件开发和调试、系统测试、试运行和过程控制等。

5）硬件系统建设

该部分工作包括系统必要的计算机等硬件设备的购置、安装、调试和试运行，如配套操作系统、数据库系统的安装、调试和初始化等。

根据系统总体设计，一个服务器集群包含两台物理服务器，数据库服务器、WEB 应用服务器部署在一台物理服务器上，集成应用服务器和 3D-GIS 服务器部署在另一台物理服务器上。随着系统数据量增加，可进行服务器扩展，四种逻辑服务器可分别部署在一台或多台物理服务器上。

6）安装实施与服务

（1）技术服务

① 硬件环境建设及软件工程实施　包括服务器及客户端搭建、网络联调、软件系统开发、厂区数据收集、实体模型构建、属性资料录入、外业数据调绘等。由华北储气库分公司提供场景数字化的资料，并保证资料的正确性和完整性，这是系统建设按期高质量完成的保障。

② 产品的调试　包括华北储气库分公司和北京天然气管道有限公司之间的系统测试。系统实施期间，本项目工作人员将积极参与有关的安装、测试、诊断及解决问题等工作，以保证在项目完成后甲方的相关人员经过乙方培训，由双方共同考核合格后，能够独立使用、运行和维护系统。

（2）系统培训

系统实施完毕后，本项目负责提供系统培训资料，进行系统操作及维护培训，对华北储气库分公司和北京天然气管道有限公司的相关人员进行系统培训，根据不同的关注点进行不同层级的专题培训，以使公司相关人员全面掌握三维安全决策信息系统的维护、场景配置及功能操作。系统培训完毕，积极配合公司共同制定培训考核计划及考核案例。

培训方式包括实施过程中传帮带、实施完毕后的集中培训、系统正式交付使用后的在线学习和远程培训等。平时，系统应用人员可通过邮件、微信、QQ 和电话等方式与本项目技术人员随时进行交流。

5.2.2　压缩机监测诊断信息化管理平台

1. 目的和意义

目前华北储气库由燃气发动机驱动的往复压缩机组有 17 台，正在建设的由电机驱动的往复压缩机组有 4 台。压缩机组由国外引进，价格昂贵，占储气库投资的 50%左右。往复压缩机组是整个储气库的“心脏”，由于机组功率大、转速高、压力超高、结构复杂、监控仪表繁多、运行及检修要求高等原因，在安装、检修、运行等环节稍有不慎，都会造成机组在运行时发生种种故障，一旦往复压缩机组出现不可预见故障，将造成机组停机、影响正常注气生产，严重的恶性机械故障还将导致机组部件损坏，甚至导致爆炸、火灾等恶性事故，直接危及现场人员及设备安全，造成不可估量的经济损失。因此搭建往复机组诊断平台准确地诊断机组健康状态，进一步提升往复压缩机组整体管理水平，深化设备的完整性管理，对于避免安全事故的发生和减少生产及维修损失具有非常重要的意义。

由于往复压缩机的故障机理复杂、故障类型较多，监测技术方案较难制定，因而该项目自立项初期就调研了国内外先进的往复式机组监测系统，但目前国际较为流行的系统对于往复机组的诊断也不是十分全面，往往只是侧重压缩机或是压缩机的某些部件的监测，缺乏对整体机组的全面监控和综合健康诊断。例如在考虑大张坨 B 机组的监测诊断系统时，不光考虑到对压缩机振动信号的提取和监测分析，而且把实时在线监测系统的数据和机组的工艺参数(机组的各级进出口压力、温度、负荷等)进行了结合，把发动机、涡轮增压器、冷却器等重要部件的振动及工艺信号进行了结合，这样的综合诊断在项目中达到了较好的诊断应用效果。大张坨 B 机组的监测诊断系统可以提供往复压缩机、燃机、冷却器运行时机械性故障、热力性故障等潜在故障信息。这些信息能够在公司内部局域网随时查看和分析该机组的运行状态，已形成专业技术诊断报告 4 份。可以说大张坨 B 机组项目在国内外技术领域的应用上是综合的、全面的、领先的，例如在以振动、活塞杆运行轨迹、动态压力、工艺热力参数为基础的信息融合技术方面，在大型往复压缩机组信号处理技术及典型故障特征提取技术方面，在往复压缩机组系统及关键部件故障诊断方面等。

2. 实施方案

大张坨站 B 机组的网络化状态监测诊断系统方案包括测量传感器、安全栅、数据采集及服务器系统、大机组(往复压缩机、燃机、冷却器)综合状态监测软件系统，以提供往复压缩机、燃机、冷却器运行时机械性故障、热力性故障等潜在故障信息。这些信息可以对整个动设备运行状态及维修决策提供决策支持，帮助优化设备的运行(见表 5-2)。

表 5-2　动设备运行状态信息

机组序号	往复压缩机			燃机	冷却器	备　注
	气缸数	气阀数	转速/(r/min)	涡轮增压机转速/(r/min)	叶轮转速/(r/min)	
1	6	32	1000	20000	1500	具备示功孔
2	6	32	1000	20000	1500	具备示功孔
3	6	32	1000	20000	1500	具备示功孔

1）监测诊断系统总体结构

大机组的状态监测系统需要根据压缩机的测点实际布置，其系统结构如图 5-16 所示。

在线监测诊断系统主要包括传感器及前置器部分、防爆箱及信号电缆部分、安全隔离系统、信号采集及处理系统、监测分析软件系统、远程网络及通信系统等主要部分。

2）监测诊断系统网络拓扑结构

网络化在线监测诊断系统网络拓扑图如图 5-17 所示。

(1) 各种传感器测点布置图　往复压缩机单缸测点布置如图 5-18 所示。

(2) 现场主要工作内容　大机组在线监测诊断系统现场部分工作，包括传感器安装内容及方式、安装传感器数量、安全防爆设计等(见表 5-3)。考虑压缩机的典型故障模式与维修和停机损失，监测气缸内动态压力(P-V 示功图曲线)能够更好地确定气阀的物理状况和机械性能。

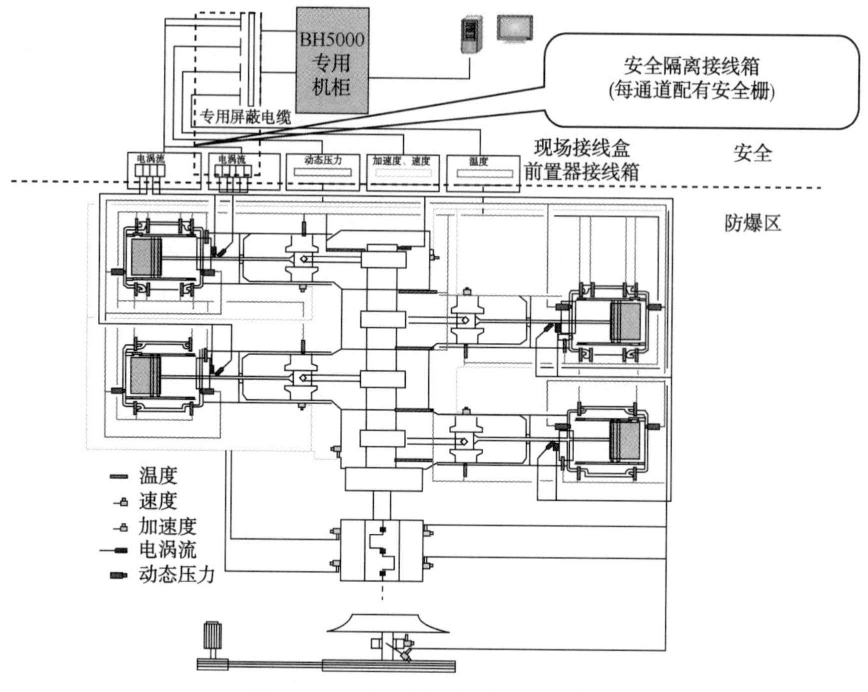

图 5-16　在线监测诊断系统示意图

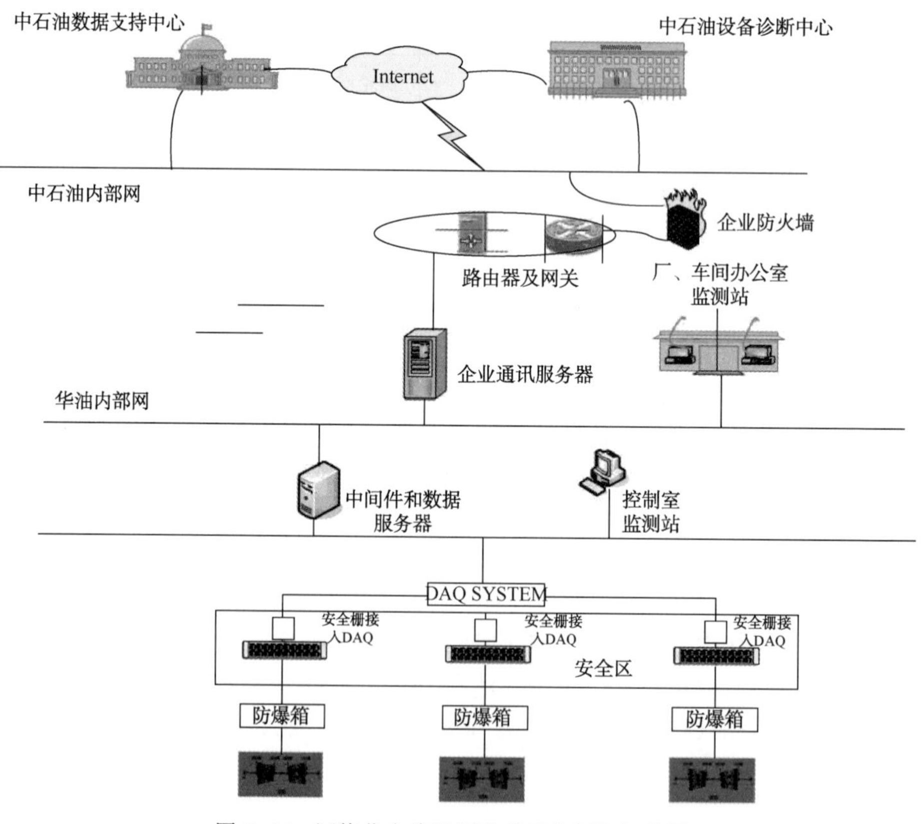

图 5-17　网络化在线监测诊断系统网络拓扑图

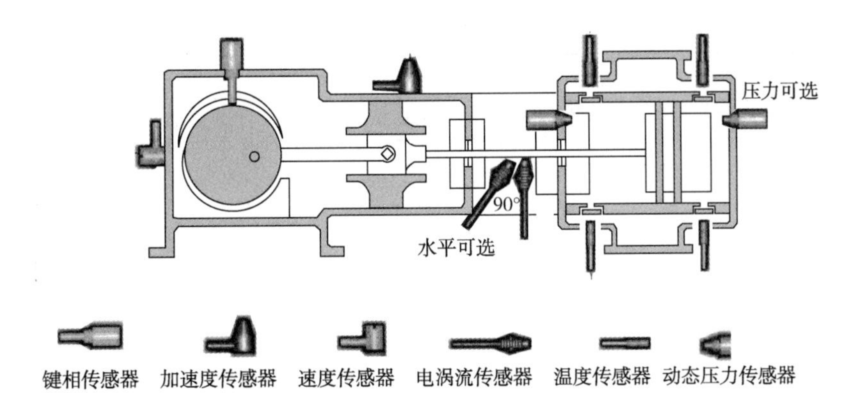

图 5-18 往复式压缩机单缸测点布置示意图

表 5-3 现场主要工作内容

机组	部件	测点定义	传感器选择	安装方内容及方式			测点统计		
				安装部位	安装方式	接线要求	K202A	K202B	K202C
往复压缩机	曲轴	键相	键相传感器	飞轮上刻槽	传感器支架	防爆、屏蔽	1	1	1
		壳体振动	压电式速度传感器	曲轴箱水平	钻孔攻丝或钕铁硼强力磁座	本安传感器带屏蔽层	2	2	2
	十字头	十字头冲击	冲击传感器	十字头壳体中间正上方	钻孔攻丝或钕铁硼强力磁座	本安传感器带屏蔽层	6	6	6
	活塞杆	活塞杆位置(垂直)	电涡流传感器	活塞杆上端填料函端盖外侧	填料函端盖钻孔攻丝固定传感器支架	本安传感器带屏蔽层	6	6	6
		活塞杆位置(水平)	电涡流传感器	活塞杆水平侧面填料函端盖外侧	填料函端盖钻孔攻丝固定传感器支架	本安传感器带屏蔽层	(6)	(6)	(6)
	气缸	气缸压力	动态压力传感器	气缸前后止点处引压孔	螺纹固定	本安传感器带屏蔽层	(12)	(12)	(12)
		气阀温度	热电阻(RTD)	进出口阀端盖表面	表面粘贴或钕铁硼强力磁座	本安传感器带屏蔽层	32	32	32
燃机	本体壳体	壳体振动	加速度传感器	本体底座两侧	钻孔攻丝或钕铁硼强力磁座	本安传感器带屏蔽层	4	4	4
	涡轮壳体	壳体振动	加速度传感器	壳体上方	钻孔攻丝或钕铁硼强力磁座	本安传感器带屏蔽层	1	1	1
冷却器	叶轮轴承	轴承振动	加速度传感器	轴承座	钻孔攻丝或钕铁硼强力磁座	本安传感器带屏蔽层	2	2	2

注：其他相关的工艺量参数可通过 OPC 接口从用户的过程控制系统(DCS、PLC 等)获得(可选)。

(3) 控制室主要工作内容　根据现场机组的远程网络化实时监测诊断要求，系统监测通道数量、类型以及系统系统控制室部分配置情况、安装方式如表 5-4 所示。

表 5-4 控制室主要工作内容

机组序号	安全区隔离方式	数采与隔离箱接线方式	系统-R		网络通信方式	网络状态
			数据采集器	数据应用管理系统		
1	隔离安全栅	端子排(带屏蔽)	DAQ1	DAM	局域网	有网络
2	隔离安全栅	端子排(带屏蔽)	DAQ2		局域网	有网络
3	隔离安全栅	端子排(带屏蔽)	DAQ3		局域网	有网络

注：振动信号、活塞杆位置信号、冲击信号需要定制高频隔离安全栅。

3）传感器和监测的硬件配置

(1) 往复压缩机配置

① 键相信号

键相系统及传统的标准键相(一个槽)，它使用电涡流传感器对飞轮上的键相槽进行监测，可以提供每转一次的参考点(电压脉冲)，产生的参考信号用于系统-R 监测系统作为准确的曲轴位置参考。

在振动监测、活塞杆位置监测、冲击上都采用键相参考。每转一次的参考点通常与 1 号气缸前止点位置对齐。

② 往复压缩机壳体振动

对称平衡式压缩机上的气缸作用在曲轴上的力从物理上讲能相互抵消，但是当过程发生变化，如气阀卸载或气阀损坏时，其作用在机器上的压力会产生不平衡。这些压力经过轴承传送到壳体，使曲轴在 1 倍或 2 倍的机器运行速度上振动。其机械转速的½倍频到 2 倍频的谐波上也会产生同样的影响。这些倍频处的幅值过大显示了机器有机械或运行问题。压电式速度传感器可对这种往复式压缩机旋转振动传送到压缩机壳体的机械振动提供理想的监测。

壳体振动监测可检测的典型运行问题包括：由于压差异常或惯性失衡而产生的不平衡；基础松动(如砂浆或垫片损坏)；连杆负荷过大引起的力矩过高。

壳体振动监测系统包括两个部分：压电式速度传感器和系统-R 振动信号处理模块。压电式速度传感器采用压电晶体测量加速度并经过低噪声放大器/积分器转换为速度信号输出。该传感器体积小，没有移动部件，具有集成的元器件和很长的使用寿命。传感器振动输出可以选择加速度或速度信号输出。

壳体振动传感器最佳的安装位置在壳体上每对气缸之间水平于轴的地方。传感器的安装最好与轴的中分线水平，其位置正好位于压力作用于机器的方向上。

③ 十字头振动

安装于十字头上的加速度传感器能检测出由冲击所引起的机械故障，如十字头松动、液体吸入气缸或连杆与套筒间隙过大。

由于冲击引起的是高频振动，因此加速度传感器比速度式传感器更适合于冲击类的机械故障测量。在正常情况下，其振动很小，当产生冲击时，其振动增大。通过观察加速度波形，可以很明显地看到每次冲击时产生的大幅度的振动幅值增加。

通过加速度传感器进行振动监测可以检测以下机械故障：液体吸入气缸；十字头间隙过大；十字头螺母或螺栓松动；活塞销圈间隙过大；整体动力压缩机的动力缸爆裂。

系统每个振动监测模块可接受 1 个通道的压电式传感器输入信号，一个数采器最多可监测 32 路信号和 4 路键相信号，经过信号调理进行各种振动测量，并将调理信号与用户组态可编程的报警信号进行比较给出报警显示等。

④ 活塞杆位置

往复式压缩机通常采用支撑环(滑动带)来减小气缸套磨损和由于活塞与气缸接触带来的损害。支撑环(滑动带)的主要问题是当机器运行时，在活塞与气缸接触之前，产生多大的磨损时需要停机。

系统活塞杆位置监测模块设计用于监测活塞杆相对于气缸膛理想中心的位置。根据组态数据定义一个圆形的可运行区。根据此定义的可运行区，当活塞杆以任何方向距离气缸壁距离过近时，将生成报警或危急信号。

活塞杆位置监测系统连续监测十字头松动、活塞杆弯曲和往复式压缩机的每个气缸的滑动区状况。监测具有以下特点：

a. 连续在线监测活塞杆移动的最大幅度和方向以及具有最大幅度时的曲柄角度，从而可以在必要时进行支撑环替换或十字头维修以延长寿命。

b. 监测系统通过连接每个活塞杆上成对的 X-Y 电涡流探头，可对两个活塞杆位置进行监测。连续监测可以得到活塞杆移动的最大幅度和方向以及具有最大幅度时的曲柄角度。对每个水平和垂直方向的探头都可以进行峰峰值、间隙、1 倍频幅值、2 倍频幅值和非 1 倍频幅值的报警设置。

X 探头与 Y 探头必须直角安装。探头必须直接安装在高压填料轴封处。如果没有键相信号，监测模块的功能仍然能够实现，系统推荐采用键相信号进行测量。

⑤ 气缸压力

检测往复式压缩机整体运行状况的最有效的方法就是监测气缸压力。对每个压缩机气缸的内部压力进行在线监测，可以实现对气缸压力、压缩比、尖峰活塞杆负荷以及活塞杆反向的连续监测，从而可以获得吸气阀、排气阀、活塞环、填料轴封和十字头销的状态信息。

气缸压力通过永久安装在每个气缸膛上的压力传感器进行监测。气缸压力和曲轴位置用于连续的状态监测和性能计算。对每个连续监测点都可以分别进行报警和危急设定点设置。

连续监测数据包括：排气压力、吸气压力、曲轴每转的最大压力、曲轴每转的最小压力。

可通过气缸压力监测数据获得以下性能数据：排气容积效率、吸气容积效率、指示功率、实际压缩比、压缩系数、膨胀系数。

软件根据气缸压力监测数据可生成以下图谱：压力与容量曲线($P-V$ 图)、压力与曲轴角度曲线($P-\alpha$ 图)、压力与时间曲线($P-t$ 图)。

每个气缸膛上都要求有压力开孔。根据 API 618(第 4 版)第 2. 6. 4. 6 条规定，所有的压缩机气缸都应该提供压力开孔。在气缸压力开孔中安装特殊的压力传感器，并将压力传感器输出连接到气缸压力监测模块(在数采中)。

⑥ 气阀温度

吸气和排气阀通常是往复式压缩机中维修率最高的部件。故障阀会明显降低压缩机的效率。6通道阀门温度监测模块能够显示压缩机阀门温度并帮助管理往复设备。

采用阀门温度监测所带来的好处有：

a. 早期确定损坏和有故障的阀门。损坏的阀门会导致容量变小、效率降低或由于阀门部件落入气缸而损坏气缸套。

b. 确定活塞头与曲柄端之间是否有由于活塞环的损坏或磨损而带来的气体泄漏。

在正常运行条件下，阀门附近的气体温度增加是阀门故障的首要表现。温度监测模块提供了阀门温度变化的早期警报，并帮助操作员找到故障阀门。操作员应利用趋势显示跟踪温度数据变化，因为当泄漏持续发展时，阀门的温度将恢复到正常。

在压缩同一种气体时，发生泄漏的气阀温度会高于正常值，引起气阀盖温度升高。由于每个阀门的正常运行温度随着负荷、气量和周围温度的变化而不同，所以必须比较在相同过程工况下相似阀门的温度。监测这些阀门之间的温度差可以提供早期和可靠的阀门性能降低指示。阀门卸载会影响阀门温度而引起较大的温度变化。在这种情况下，在阀门卸载前旁路此通道以减少对阀门组的影响。泄漏的活塞环会因为对活塞两侧的气体反复工作而引起整个气缸的温度增加。因此，监测绝对阀门温度的变化也很重要。如果同一个气缸的所有阀门温度不是因为过程变化或润滑问题而增加，那么很有可能是因为活塞环泄漏。活塞环泄漏会导致吸气和排气侧的阀门温度都升高。同理，气缸曲轴侧的所有阀门温度增加说明了气缸填料泄漏。热电阻或热电偶应尽量靠近阀门安装。

（2）燃机配置

① 本体壳体振动

安装在燃机本体基础两侧的加速度传感器，可以实时监测燃机整体的运行状态，保证机组长周期稳定运行，为燃机机械故障分析诊断提供有效手段。

② 涡轮增压机壳体振动

涡轮增压机属于高速转子，一旦增压机出现故障(如不平衡、不对中等)，从壳体振动上便能准确反映，通过监测壳体振动，可以发现增压机的潜在故障，防止恶性事故发生。

（3）冷却器配置

轴承座振动：通过监测轴承座的振动，可以有效分析诊断叶轮故障、轴承故障及皮带传动类故障。

系统专用机柜将安装在用户制定的控制室中。系统机柜包含在此项目的供货范围内。

3. 解决的关键技术问题

1）早期故障的预报警

通过在线监测系统获得实时数据(机组本身机械状态数据和工艺数据)，根据国际的维修标准在故障发生的萌芽状态进行早期智能报警，及时跟踪潜在故障的发展变化，预测故障发展趋势，提前制定检维修计划，避免突发性恶性事故的发生。

2）避免过剩维修和维修不足造成运行隐患

目前机组均采用1k、4k、8k及定期大修等维修模式进行设备维护，由于往复压缩机故障的随机性和复杂性，不可避免地会造成过剩维修和维修不足等问题。

3）转变维修模式，实现往复压缩机组“视情维修”

目前机组采用的定期进行不同级别的保养维修属于预防性维修，这样往往会造成维修过剩或维修不足，即机组零部件运行工况良好，但到了维修期又必须要进行保养，造成维修过剩；而当机组出现突发性故障需要维修时又得不到有效检修，造成维修不足。这样不仅降低了机组使用率，也增加了维修成本，甚至造成重大事故的发生。因此，有必要根据机组故障种类、形式、严重程度、对安全的影响等实施针对性的“视情维修”，即发现有潜在故障的零部件，根据部件劣化程度实施维修。同时，在发现故障时，可辅助维修人员对故障进行分析，快速定位，及时排除。

4）节约维修费用，降低运行成本

通过开展“视情维修”，可对压缩机组按不同部件、组件按照运行工况进行针对性的专项维修，按照机组的运行工况确定维修周期，延长机组维修周期，同时也减少盲目按照维修周期更换零部件，节约维修成本和备品备件费用。

5）提高往复压缩机组管理水平

在往复压缩机在线监测分析系统的基础上，通过专家分析诊断出机组故障，逐步实施“视情维修”模式，可减少不必要的维修量，减少维修时间，避免盲目更换零部件，做到既节约维修费用，又提高机组利用率及延长机组使用寿命，提高机组科学化、专业化管理水平。

4. 应用情况及结论

目前应用机组诊断系统诊断大张坨 B 机组情况为：该机组总体运行稳定，各气缸未出现撞缸、活塞杆断裂等严重故障；燃气发动机、涡轮机各测点振动趋势无显著异常。但是发现了多处隐患，例如4$^{\#}$缸活塞杆偏摆量在6月异常增大后，7月继续保持较大偏摆量，并且4$^{\#}$缸缸体振动、撞击次数均维持在较高水平；涡轮增压器6H振动幅值较大，并存在一定冲击等。这些诊断系统的发现可以更深入地研究往复压缩机组的运行工况和故障规律，在维修或隐患发展成故障前进行维修决策，为机组实施预知维修提供科学指导。目前已形成了四份专业技术报告，应用成果主要体现在以下方面：

（1）天然气往复压缩机故障诊断系统应用后，填补了国内在燃驱天然气领域中往复压缩机组监测诊断系统的空白。

（2）系统应用可以对往复压缩机组进行实时诊断分析，及早发现机组潜在故障，避免机毁人亡事故发生，具有不可估量的安全生产价值。

（3）可实现往复压缩机关键部件的不解体分析诊断，进行视情维修，节约维修费用。

（4）通过监测往复压缩机组运行工况，避免机组无计划事故停机。

（5）往复压缩机监测诊断系统除满足本公司自用外，其诊断案例完全可以推广应用到国内外同类型设备上，可向其他管输企业推广，带来可观的经济效益和社会效益。

参 考 文 献

[1] 姚伟．我国油气储运标准化现状与发展对策．油气储运，2012，31(6)：416-421.

[2] 黄维和，郑洪龙，吴忠良．管道完整性管理在中国应用 10 年回顾与展望．油气储运，2013，33(12)：1-5.

[3] 董绍华．管道完整性技术与管理．北京：中国石化出版社，2007.

[4] 董绍华．管道氢致裂纹扩展的分形模型．中国腐蚀与防护学报，2001，21(2)：106-111.

[5] 肖纪美．腐蚀总论—材料的腐蚀及控制方法．北京：化学工业出版社，1994.

[6] 小若正伦(日)．金属的腐蚀破坏与防蚀技术．北京：化学工业出版社，1988.

[7] 董绍华．螺旋焊管焊缝Ⅰ/Ⅱ型裂纹 R 阻力曲线的确定．油气储运，2000，19(5)：26.

[8] 林雪梅．四川输气干线失效分析．焊管，1998，21(4)：55-58.

[9] 张淑英(译)．输气管道破裂的原因分析．国外油气储运，1995，13(6).

[10] E. M. Moore，J. J. Warga. Factors Influencing the Hydrogen Cracking Sensitivity of Pipeline Steels. Materials Performance，1976，15(1).

[11] 乔利杰，等．应力腐蚀机理．北京：科学出版社，1993.

[12] 董绍华，等．PE 管道在天然气工业中的应用与研究进展．油气储运，2000，19(7)：1-4.

[13] X. L. Cheng，H. Y. Ma etc. Corrosion of Iron in Acid Solutions with Hydrogen Sulfide. Corrosion，1997，54(5).

[14] Lofa Z A，Batrakov VV. Ngok Ba Kho. The influence of anions on the action of inhibitors of acid corrosion of iron and titanium. Zasch. Met.，1965，1(1).

[15] 褚武扬，肖纪美，等．Advanced in Fracture research. P1009. Proceedings of the 5th International Conference on Fracture(ICF5)，Cannes，France，1981.

[16] 黄长河，等．重轨钢氢脆的表现形式及规律．中国腐蚀与防护学报，1997，17(2)：129-134.

[17] 丁洪志，刑修三，等．氢致脆化区开裂模型应用于计算门槛应力强度因子．北京理工大学学报，1995，159(2)：55-60.

[18] 董绍华．管道完整性管理体系与实践．北京：石油工业出版社，2009.

[19] 孟广哲，贾安东．焊接结构强度和断裂．北京：机械工业出版社，1986.

[20] 董绍华．氢致裂纹扩展的分形研究进展．中国腐蚀与防护学报，2001，21(3)：188-192.

[21] 沈成康．断裂力学．上海：同济大学出版社，1996.

[22] Kanninen. M. F. An Estimated of the Limiting Speed of a Propagating Ductile Crack. J. Mech. Phy. Solids，1968，16(3).

[23] Kanninen. M. F，Popelar. C. H. Advanced Fracture Mechanics. 北京：北京航空学院出版社，1987.

[24] Kanninen. M. F，Sampath. S. G and Popelar. C. H. Steady State Crack Propagation in Pressured Pipelines without Backfill，Journal of Pressure Vessel Technology，1976.

[25] DuffyA. R. etal. Fracture Design Practices for Pressure Piping. New York，Academic Press，1969.

[26] Rice，J. R. and Rosengreen，G. f. Plane Strain Deformation near a Crack in a Hardening Material，J. Mech. Phy. Solids，1968，16(1).

[27] Hutchinson，J. W. "Singular Behavior at the end of a Tensile Crack in a Hardening Material. J. Mech. Phy. Solids，1968，16(1).

[28] 沈成康．断裂力学．上海：同济大学出版社，1996.

[29] 董绍华，吕英民．螺旋焊管与直缝焊管裂纹断裂分析．油气储运，1999，18(12)：24-27.

[30] 董绍华．管道裂纹的随机有限元可靠性研究．油气储运，1999，18(10)：21-25.

[31] 董绍华. 油气管道氢损伤失效行为研究进展. 油气储运, 2000, 19(4): 1-6.
[32] 严大凡, 翁永基, 董绍华. 油气管道风险评价与完整性管理. 北京: 化学工业出版社, 2005.
[33] 董绍华. 管道安全管理的最佳模式-管道完整性技术实践. 中国国际管道(完整性管理)技术会议论文集. 上海: 2005.
[34] 黄志潜. 管道完整性与管理. 管道腐蚀与评价高级研讨班论文集. 沈阳: 2003.
[35] 姚伟. 以管道安全为中心, 完整性管理为手段, 开创管道技术与管理新领域. 中国石油管道技术与管理座谈会会议论文集. 北京: 2004.
[36] 姚伟. 陕京输气管道采用国际先进检测技术的重要性. 油气储运, 2002, 21(10): 1-3.
[37] 董绍华. 管道完整性技术与管理实践. 2005 年中国管道安全国际会议论文集. 北京, 2005.
[38] 董绍华. 油气管道检测与评估新技术. 石油天然气管道安全国际会议论文集. 北京, 2005.
[39] 董绍华, 刘立明. 天然气管道完整性(安全)评价及寿命预测理论与软件包开发研究. 全国油气储运技术交流研讨会论文集. 东营: 中国石油大学出版社, 2002.
[40] ASME B31G　腐蚀管道剩余强度测定手册.
[41] ASME B31.8S　输气管道系统完整性管理.
[42] API 1160　液体管道完整性管理.
[43] Dong Shaohua, Lu Yingmin, Zhang Yue et al. Fractal Research on Cracks Propagation of Gas Pipeline X52 Steel Welding Line under Hydrogen Environment Acta Metallurgica Sinica, 2001, 14(3).
[44] Dong Shaohua, FeiFan, Gu zhiyu Lu Yingmin. A pipeline fracture model of hydrogen-induced cracking. Petroleum Science, 2006, 3(1).
[45] 董绍华. 韧性硬化材料裂纹扩展的分形研究. 机械工程学报, 2002, 38(1): 47-50.
[46] 董绍华. 管道完整性管理技术与实践. 石油安全, 2006, 7(2).
[47] 董绍华, 等. 在 HIC 环境下管道断裂模式与承压能力评价. 油气储运, 2005, 24(增刊): 75-79.
[48] 董绍华, 等. 管道安全管理的最佳模式-陕京管道完整性管理与实践. 油气储运, 2005, 24(增刊): 8-13.
[49] 董绍华, 费凡, 等. 超声导波技术及应用. 油气储运, 2005, 24(增刊): 147-150.
[50] Genady P. Cherepanov. Fractal fracture mechanics -A review. Eng. Frac. Mech., 1995, 51(6).
[51] Masashi Kurose, Yukio Hirose, Toshihiko Sasaki. Fractal charactertics of stress corrosion cracking in SNCM 439 steel differents prior-austenite grain sizes. Eng. Frac. Mech, 1996, 53(3).
[52] 董绍华. 管道非稳态裂纹扩展速度研究. 管道运输, 2000, 4(1).
[53] 董绍华. 油气管线动态可靠性研究. 管道运输, 2000, 5(2).
[54] A. B. Mosolov. Mechanics of fractal cracks in brittle solids. Europhysics Letters, 1993, 24(8).
[55] Bo Gong, Zu hanlai. Fractal characteristics of J-R resistence curves of Ti-6Al-4V alloys. Eng. Frac. Mech., 1993, 44(6).
[56] 郑洪龙, 吕英民, 董绍华. 腐蚀管道评定方法研究—对 B31G 公式的分形修正. 机械强度, 2004, 26(5).
[57] Bohumir Strnadel. Hydrogen assisted microcracking in pressure vessel steels. Int. Journal. Frac., 1998, 89(1).
[58] Scott X. Mao, M. Li. Mechanics and thermodynamics stress and hydrogen interaction in crack tip stress corrosion. Experiment and Theory, 1998, 46(6).
[59] J. Toribio, V. Kharin. K-dominance conditions in hydrogen cracking: the role of the far field. Fatigue and Fracture of Engineering, 1997, 20(5).
[60] J. Toribio, V. Kharin. Evaluation of hydrogen assisted cracking: the meaning and significent of the fracture

mechanics approach. Nuclear Engineering and Design，1998，18(2).

[61] A. Toshimistu，YoKoborl. Numerical analysis on hydrogen diffusion and concentration in solid emission around the crack tip. Eng. Frct. Mech.，1996，55(1).

[62] 董绍华. 天然气管道氢致开裂失效行为研究. 北京：石油大学，2001.

[63] 董绍华，等. 油气管道完整性管理体系. 油气储运，2010，29(9)：641-647.

[64] 董绍华，韩忠晨，曹兴. 物联网技术在管道完整性管理中的应用. 油气储运，2012，31(12)：906-908.

[65] 张余，董绍华. 管道完整性管理的发展与腐蚀案例分析. 腐蚀与防护，2012，33(增刊)：125-130.

[66] 中国石油管道公司. 油气储运设施完整性数据管理技术. 北京：石油工业出版社，2012.

[67] 中国石油管道公司. 油气管道完整性管理技术. 北京：石油工业出版社，2010.

[68] 中国石油管道公司. 油气管道地质灾害风险管理技术. 北京：石油工业出版社，2010.

[69] 中国石油管道公司. 油气管道安全预警与泄漏检测技术. 北京：石油工业出版社，2010.

[70] 董绍华. 管道完整性评估理论与应用. 北京：石油工业出版社，2014.

[71] ANSI/ASME B31.4　液化烃及其他液体管道运输系统.

[72] 董绍华，等. 天然气管道黑色粉尘分析与腐蚀抑制技术. 油气储运，2009，28(增刊).

[73] 谷志宇，董绍华. 天然气管道泄漏后果影响区域的计算. 油气储运，2013，32(1)：82-87.

[74] ANSI/ASME B31.8　天然气运输和配送管道系统.

[75] NACE PR0502　管道外部腐蚀直接评价方法.

[76] 黄维和. 油气管道输送技术. 北京：石油工业出版社，2012.

[77] 董绍华，等. 输油气站场完整性管理与关键技术应用研究. 天然气工业，2013，33(12)：1-7.

[78] 姚伟. 管道完整性管理现阶段的几点思考. 油气储运，2012，31(12)：881-883.

[79] AEA RP401　管道临时/永久性维修指南.

[80] API 570　工艺管道检测规程.

[81] API Publication 2201　焊接和带压开孔设备的程序.

[82] API 1104　管道焊接与相关设备.

[83] PR-218-9307(AGA L51716)　PRCI 管道维修手册.